建筑安装工程施工
技术交底手册

李 君 主编

中国建筑工业出版社

图书在版编目(CIP)数据

建筑安装工程施工技术交底手册/李君主编. —北京:
中国建筑工业出版社,2006
 ISBN 7-112-05083-9

Ⅰ.建… Ⅱ.李… Ⅲ.建筑安装工程—工程施工—技术
手册 Ⅳ.TU758-62

中国版本图书馆 CIP 数据核字(2006)第146954号

建筑安装工程施工技术交底手册

李君 主编

*

中国建筑工业出版社出版、发行(北京西郊百万庄)
新 华 书 店 经 销
广东省肇庆市科建印刷有限公司印刷

*

开本:787×1092毫米 1/16 印张:40⅝ 字数:989千字
2006年12月第一版 2006年12月第一次印刷
印数:1—4000册 定价:**76.00**元
ISBN 7-112-05083-9
(10610)

版权所有 翻印必究
如有印装质量问题,可寄本社退换
(邮政编码 100037)
本社网址:http://www.cabp.com.cn
网上书店:http://www.china-building.com.cn

本书共有三章内容,分别是施工组织设计、施工方案、技术交底的作用和关系;安装工程技术交底的基本要求及流程;分部分项及子分项技术交底(包括钢结构安装;网架和索膜结构;建筑给水、排水及采暖;建筑电气安装;智能建筑;通风与空调;电梯)。

本书可供建筑施工企业各级技术管理人员、施工员、班组长等人员参考使用,对实践施工有很好的指导作用,并可供施工组织设计人员等参考。

＊　＊　＊

责任编辑　常　燕　周艳明

主编： 李　君
编写： 李　君　武果亮　聂仁明　唐广红　郭玉霞　李　硕

序　言

　　我国注册的建筑施工企业已经有7万多家,在国民总产值中占有较大的比重,但我国的建筑企业总体呈现"大而不强、小而不专",施工人员的整体文化水平、技术素质和管理水平仍然相对落后,经验式管理仍然起主导作用,但近年来新材料新工艺和新的法规不断推出,传统的经验管理模式和依靠工人的经验进行操作来保证工程质量已经不能适应我国经济快速发展的需要。传统的技术交底大多流于形式,内容空洞,缺乏可操作性和针对性,详细可操作、有针对性的技术交底是快速推进新工艺、贯彻新法规的重要途径,也可以降低对作业人员的技术水平的要求,只要作业人员认真的按照技术交底的要求去操作即可,减少因作业人员不能及时掌握规范和法规变化带来的问题。

　　本书较为详细地介绍了建筑安装工程施工技术交底的要求、基本内容和实例,结合了深圳帝王大厦、国贸大厦、上海环球金融中心、广州白云机场、大亚湾核电站、燕莎购物商城、上海化工厂、首钢、济钢、宝钢等工程的实际施工经验,具有较强的实用性,重点突出设备安装的内容。

　　本书可供施工企业各级技术管理人员、施工员、班组长阅读参考。

目 录

第一章 施工组织设计、施工方案、技术交底的作用和关系 ………… 1
第二章 安装工程技术交底的基本要求及流程 ………… 3
第三章 分部分项及子分项技术交底 ………… 5

第一节 钢结构安装 ………… 5
一、钢结构焊接 ………… 5
二、紧固件连接 ………… 8
三、高强度螺栓连接 ………… 10
四、单层钢结构安装 ………… 16
五、多层及高层钢结构安装 ………… 23
六、钢结构防腐涂装 ………… 38
七、钢构件组装及预总装 ………… 41
八、钢结构矫正 ………… 47
九、钢网架结构安装 ………… 72
十、压型金属板 ………… 80
十一、某厂房钢结构安装技术交底 ………… 82
十二、某轧钢机械设备改造工程安装技术交底 ………… 90

第二节 网架和索膜结构 ………… 101
网架制作、安装 ………… 101

第三节 建筑给水、排水及采暖 ………… 109
一、室内给水系统 ………… 109
二、室内排水系统 ………… 120
三、系统压力试验及调试 ………… 123
四、卫生器具安装 ………… 130
五、室内采暖系统 ………… 141
六、室外给水管网 ………… 157
七、室外排水管网 ………… 163
八、室外供热管网 ………… 166
九、管道防腐、保温 ………… 172
十、供热锅炉及辅助设备安装 ………… 181
十一、某工业建筑液压系统安装工程技术交底 ………… 258
十二、工业管道安装技术交底实例 ………… 267
十三、某钢厂加热炉机械设备安装技术交底 ………… 276

第四节 建筑电气安装 ………… 292

一、室外电气	292
二、变配电室的成套配电柜、控制柜(屏、台)和动力安装	332
三、供电干线	345
四、电气动力	404
五、电气照明安装	417
六、柴油发电机组安装	455
七、防雷及接地装置安装	461
八、电气设备安装工程技术交底案例	472
第五节 智能建筑	482
一、通信网络系统	482
二、火灾报警控制系统	497
三、消防联动系统	515
四、安全防范系统	519
五、综合布线系统	539
六、楼宇设备自控系统	542
第六节 通风与空调	544
一、送排风系统	544
二、防排烟系统风机安装	582
三、除尘系统除尘器与排污设备安装	586
四、净化空调系统消声设备制作与安装	588
五、制冷设备系统	591
六、冷却塔安装技术交底	601
第七节 电梯	605
一、导轨	605
二、门系统	614
三、轿厢	619
四、对重(平衡重)	625
五、悬挂装置	629
六、电气装置	632
七、自动扶梯土建交接检验	639

第一章 施工组织设计、施工方案、技术交底的作用和关系

施工技术资料是指导施工全过程的纲领性文件,包括施工组织设计、施工方案、技术交底三个层次的内容。

1. 施工组织设计

施工组织设计的重要性是指导拟建工程施工全过程各项活动的技术、经济和组织的综合性文件。

施工组织设计是对施工过程实行科学管理的重要手段,是编制施工预算和施工计划的重要依据,是建筑企业施工管理的重要组成部分。施工组织设计根据建筑产品的生产特点,从人力、资金、材料、机械和施工方法这五个主要因素进行科学合理地安排,使之在一定的时间和空间内,得以实现有组织、有计划、有秩序的施工,以及在整个工程施工上达到相对的最优效果,即时间上耗工少,工期短;质量上精度高,功能好;经济上资金省,成本低。这就是施工组织设计的根本任务。

施工组织设计是在充分研究工程的客观情况和施工特点的基础上编制的,用以部署全部施工生产活动,制定合理的施工方案和技术组织措施。从总的方面看,施工组织设计具有战略部署和战术安排的双重作用。它体现了实现基本建设计划和设计的要求,提供了各阶段的施工准备工作内容(建立施工条件,集结施工力量,解决施工用水、电、交通道路以及其他生产、生活设施,组织资源供应等);协调着施工中各施工单位、各工种之间,资源与时间之间,各项资源之间,在程序、顺序上和现场部署的合理关系。因此施工组织设计是从施工全局出发,按照客观的施工规律,统筹安排施工活动有关的各个方面,是企业部署施工和对每个建筑物施工进行管理的依据。

2. 施工方案

施工方案一般有季节性施工方案、架子方案、暂设供电方案、大体积混凝土施工方案、大型结构吊装方案、测量方案、设备安装工程方案、水暖、电气工程方案,以及在"质量计划"中界定为关键工序和特殊工序等的分项工程施工方案。

3. 技术交底

技术交底是使参与施工的人员熟习和了解所担负的工程项目的特点、设计意图、技术要求、施工工艺、材料要求和应注意的问题、质量标准、成品保护以及质量检验、管理的要求。它是依据国家标准、规范、规程、现行行业标准、上级技术指导性文件和企业标准制定的,可操作性的技术支持性文件。

技术交底文字尽量通俗易懂,图文并茂,必须有很强的可操作性和针对性,使施工人员持技术交底便可进行施工。

技术交底是一项技术性很强的工作,对保证工程质量至关重要,不但要把设计意图和建设单位的合理要求在工程建设中具体体现,还要贯彻上级技术指导的意图和要求。技术交底必须严格执行设计和施工规范、标准、规程、工艺标准和质量验评标准的规定,应根据实际将操作工艺具体化,使操作人员在执行工艺的同时能符合规范、工艺要求,并满足质量标准。技术交底必须以书面的形式进行,经过检查和审核,只有签字齐全后,方可生效,并发至施工班组。

4. 施工组织设计、施工方案、技术交底的关系

单位工程施工组织设计、施工方案和技术交底是依次三个层次文件。施工组织设计是制定施工方案、技术交底的依据,是一种指导性的文件;施工方案是依据施工组织设计,针对重点、特殊、关键的工艺给出的方案,使用者为专业管理者;技术交底的制定必须符合施工组织设计和施工方案在各个方面的要求,它是施工组织设计和施工方案的具体化,具有很强的可操作性。

第二章 安装工程技术交底的基本要求及流程

安装工程技术交底要有针对性及详细可操作性。安装工程技术交底的基本要求及流程主要有以下几个方面：

1. 工程概况

工程概况是说明部分，是对拟建项目安装工程的一个简单扼要、突出重点的文字介绍，使施工操作人员能够熟悉所施工的工程内容。

2. 质量目标

标明本分项工程要求的技术质量标准，若有企业标准按企业标准要求，没有制定企业标准的分项工程，按国家质量验收标准和有关规范、规程执行，要有具体的量化的数值。

3. 施工准备

主要包括技术准备、材料准备、机具准备、人员安排、作业条件等内容。

(1) 技术准备

1) 熟悉图纸，按设计要求准备相应的施工工艺规程、施工验收规范、施工质量检验评定标准及图集等。

2) 提供施工人员用工手续，备齐相应的上岗证及培训证书。

3) 所需材料要求复试的，要提供合格的材料复试检验报告单。

4) 备齐施工中所需的计量、测量器具，并要经检测部门检测合格，有合格证书。

5) 检查主要机具是否完好，能否满足正常施工使用。

6) 工种交接检检查记录应齐全，并有交接双方工长签字认可。

(2) 材料准备

本分项工程主要采用的原材料、辅料的准备。

(3) 机具准备

本分项工程使用的主要机具、量具等。

(4) 劳动力安排

根据本分项工程所需主要工种、配合工种人员情况，合理安排劳动力，技术工人不能少于总工人人数的70%。

(5) 作业条件

根据本分项工程的实际情况，要写清楚：

1) 满足本道工序施工的必备条件。

2) 要求上道工序达到的标准。

4. 操作工艺

主要包括工艺流程、操作要点和技术要求等内容。

(1) 工艺流程

一般分项工程工艺流程用图框及箭头表示。□→□→□→□

(2) 操作要点

要明确本分项工程的主要操作要点,具体操作要描述清楚。

(3) 技术要求

要表达清楚本分项工程在技术上的具体要求是什么。

5．质量标准

(1) 主控(保证)项目要求

详细描述对产品或工程项目的质量起到决定性作用的检验项目的具体要求。

(2) 一般(基本)项目要求

简单描述对产品或工程项目的质量不起决定性作用的检验项目。

6．成品保护

成品保护有三个方面的内容,一方面是保护已施工完成主体结构及装修完成的成品保护;第二方面是对自己施工完成项目的成品保护;第三方面是要求下道工序对已完成品的保护措施。

7．其他

主要包括安全措施、文明施工、环境保护措施等。

安全措施包括本分项工程保证安全的具体措施;与本分项工程相关的机具安全防护措施的制定。文明施工是按北京市文明施工具体要求,加强材料管理,做到活完底清。环境保护是施工中垃圾的清理、废弃物的处理、减少施工噪声等的具体措施。

第三章 分部分项及子分项技术交底

第一节 钢结构安装

一、钢结构焊接

（一）工程概况（略）

（二）工程质量目标和要求（略）

（三）施工准备

1. 施工人员

开工前以及施工过程中，技术部门要求现场管理人员进行相关业务的培训，做到熟悉相关专业知识的有关法律、法规、技术规范。所有人员必须持证上岗。岗位证书必须在相应的有效期限内。

2. 施工机具设备和测量仪器

电焊机(交、直流)、焊把线、焊钳、面罩、小锤、焊条烘箱、焊条保温桶、钢丝刷、石棉条、焊缝检验尺、磁粉探伤仪、游标卡尺、钢卷尺、测温计等。

3. 材料要求

(1) 钢材应按施工图的要求选用，其性能和质量必须符合国家标准和行业标准的规定，并应具有质量证明书或检验报告。如果用其他钢材和焊材代换时，须经设计单位同意，并按相应工艺文件施焊。

(2) 电焊条：其型号按设计要求选用，必须有质量证明书。按要求施焊前经过烘焙。严禁使用药皮脱落、焊芯生锈的焊条。设计无规定时，焊接 Q235 钢时宜选用 E43 系列碳钢结构焊条；焊接 16Mn 钢时宜选用 E50 系列低合金结构钢焊条；焊接重要结构时宜采用低氢型焊条(碱性焊条)。按说明书的要求烘焙后，放入保温桶内，随用随取。焊条由保温桶取出到施焊的时间不宜超过 2h(酸性焊条不宜超过 4h)。不符上述要求时，应重新烘干后再用，但焊条烘干次数不宜超过 2 次。酸性焊条与碱性焊条不准混杂使用。

(3) 引弧板：用坡口连接时需用弧板，弧板材质和坡口形式应与焊件相同。

4. 施工条件

(1) 熟悉图纸，做焊接工艺技术交底。

(2) 施焊前应检查焊工合格证有效期限，应证明焊工所能承担的焊接工作。

(3) 现场供电应符合焊接用电要求。

(4) 环境温度低于 0℃，对预热、后热温度应根据工艺试验确定。

(5) 施焊前，焊工应复核焊接件的接头质量和焊接区的坡口、间隙、钝边等的处理情况。当发现有不符合要求时，应修整合格后方可施焊。

（四）施工工艺

1．工艺流程

作业准备→电弧焊接（平焊、立焊、横焊、仰焊）→焊缝检查

2．钢结构电弧焊接

(1) 平焊

1) 选择合格的焊接工艺、焊条直径、焊接电流、焊接速度、焊接电弧长度等，通过焊接工艺试验验证。

2) 清理焊口：焊前检查坡口、组装间隙是否符合要求，定位焊是否牢固，焊缝周围不得有油污、锈物。

3) 烘焙焊条应符合规定的温度与时间，从烘箱中取出的焊条，放在焊条保温桶内，随用随取。

4) 焊接电流：根据焊件厚度、焊接层次、焊条型号、直径、焊工熟练程度等因素，选择适宜的焊接电流。

5) 引弧：角焊缝起落弧点应在焊缝端部，宜大于 10mm，不应随便打弧，打火引弧后应立即将焊条从焊缝区拉开，使焊条与构件间保持 2~4mm 间隙产生电弧。对接焊缝及时接和角接组合焊缝，在焊缝两端设引弧板和引出板，必须在引弧板上引弧后再焊到焊缝区，中途接头则应在焊缝接头前方 15~20mm 处打火引弧，将焊件预热后再将焊条退回到焊缝起始处，把熔池填满到要求的厚度后，方可向前施焊。

6) 焊接速度：要求等速焊接，保证焊缝厚度、宽度均匀一致，从面罩内看熔池中铁水与熔渣保持等距离（2~3mm）为宜。

7) 焊接电弧长度：根据焊条型号不同而确定，一般要求电弧长度稳定不变，酸性焊条一般为 3~4mm，碱性焊条一般为 2~3mm 为宜。

8) 焊接角度：根据两焊件的厚度确定，焊接角度有两个方面，一是焊条与焊接前进方向的夹角为 60°~75°；二是焊条与焊接左右夹角有两种情况，当焊件厚度相等时，焊条与焊件夹角均为 45°；当焊件厚度不等时，焊条与较厚焊件一侧夹角应大于焊条与较薄焊件一侧夹角。

9) 收弧：每条焊缝焊到末尾，应将弧坑填满后，往焊接方向相反的方向带弧，使弧坑甩在焊道里边，以防弧坑咬肉。焊接完毕，应采用气割切除弧板，并修磨平整，不许用锤击落。

10) 清渣：整条焊缝焊完后清除熔渣，经焊工自检（包括外观及焊缝尺寸等）确定无问题后，方可转移地点继续焊接。

(2) 立焊：基本操作工艺过程与平焊相同，但应注意下述问题：

1) 在相同条件下，焊接电源比平焊电流小 10%~15%。

2) 采用短弧焊接，弧长一般为 2~3mm。

3) 焊条角度根据焊件厚度确定。两焊件厚度相等，焊条与焊条左右方向夹角均为 45°；两焊件厚度不等时，焊条与较厚焊件一侧的夹角应大于较薄一侧的夹角。焊条应与垂直面形成 60°~80°角，使角弧略向上，吹向熔池中心。

4) 收弧：当焊到末尾，采用排弧法将弧坑填满，把电弧移至熔池中央停弧。严禁使弧坑甩在一边。为了防止咬肉，应压低电弧变换焊条角度，使焊条与焊件垂直或由弧稍向下吹。

(3) 横焊：基本与平焊相同，焊接电流比同条件平焊的电流小 10%~15%，电弧长 2~4mm。焊条的角度，横焊时焊条应向下倾斜，其角度为 70°~80°，防止铁水下坠。根据两焊

件的厚度不同,可适当调整焊条角度,焊条与焊接前进方向为70°~90°。

(4) 仰焊:基本与立焊、横焊相同,其焊条与焊件的夹角和焊件厚度有关,焊条与焊接方向成70°~80°角,宜用小电流、短弧焊接。

3. 冬期低温焊接

(1) 在环境温度低于0℃条件下进行电弧焊时,除遵守常温焊接的有关规定外,应调整焊接工艺参数,使焊缝和热影响区缓慢冷却。风力超过4级,应采取挡风措施;焊后未冷却的接头,应避免碰到冰雪。

(2) 钢结构为防止焊接裂纹,应预热,预热以控制层间温度。当工作地点温度在0℃以下时,应进行工艺试验,以确定适当的预热、后热温度。

(五) 质量标准

1. 保证项目

(1) 焊接材料应符合设计要求和有关标准的规定,应检查质量证明书及烘焙记录。

(2) 焊工必须经考试合格,检查焊工相应施焊条件的合格证及考核日期。

(3) Ⅰ、Ⅱ级焊缝必须经探伤检验,并应符合设计要求和施工及验收规范的规定,检查焊缝探伤报告。

(4) 焊缝表面Ⅰ、Ⅱ级焊缝不得有裂纹、焊瘤、烧穿、弧坑等缺陷。Ⅱ级焊缝不得有表面气孔、夹渣、弧坑、裂纹、电弧擦伤等缺陷,且Ⅰ级焊缝不得有咬边、未焊满等缺陷。

2. 基本项目

(1) 焊缝外观:焊缝外形均匀,焊道与焊道、焊道与基本金属之间过渡平滑,焊渣和飞溅物清除干净。

(2) 表面气孔:Ⅰ、Ⅱ级焊缝不允许;Ⅲ级焊缝每50mm长度焊缝内允许直径≤0.4t;且≤3mm气孔2个;气孔间距≤6倍孔径。

(3) 咬边:Ⅰ级焊缝不允许。

Ⅱ级焊缝:咬边深度≤0.05t,且≤0.5mm,连续长度≤100mm,且两侧咬边总长≤10%焊缝长度。

Ⅲ级焊缝:咬边深度≤0.1t,且≤1mm。

注:t为连接处较薄的板厚。

3. 允许偏差项目见表3.1-1

(六) 成品保护

1. 焊后不准撞砸接头,不准往刚焊完的钢材上浇水。低温下应采取缓冷措施。

2. 不准随意在焊缝外母材上引弧。

3. 各种构件校正好之后方可施焊,并不得随意移动垫铁和卡具,以防造成构件尺寸偏差。隐蔽部位的焊缝必须办理完隐蔽验收手续后,方可进行下道隐蔽工序。

4. 低温焊接不准立即清渣,应等焊缝降温后进行。

5. 焊后不准撞砸接头,不准往刚焊完的钢材上浇水。低温下应采取缓冷措施。

6. 不准随意在焊缝外母材上引弧。

7. 各种构件校正好之后方可施焊,并不得随意移动垫铁和卡具,以防造成构件尺寸偏差。隐蔽部位的焊缝必须办理完隐蔽验收手续后,方可进行下道隐蔽工序。

8. 低温焊接不准立即清渣,应等焊缝降温后进行。

允许偏差项目 表 3.1-1

项次	项目		允许偏差(mm) I级	允许偏差(mm) II级	允许偏差(mm) III级	检验方法
1	对接焊缝	焊缝余高(mm) $b<20$	0.5~2	0.5~2.5	0.5~3.5	用焊缝量规检查
		焊缝余高(mm) $b\geq20$	0.5~3	0.5~3.5	0~3.5	
		焊缝错边	$<0.1t$ 且不大于2.0	$<0.1t$ 且不大于2.0	$<0.15t$ 且不大于3.0	
2	角焊缝	焊角尺寸(mm) $h_f\leq6$		0~+1.5		
		焊角尺寸(mm) $h_f>6$		0~+3		
		焊缝余高(mm) $h_f\leq6$		0~+1.5		
		焊缝余高(mm) $h_f>6$		0~+3		
3	组合焊缝焊角尺寸	T形接头、十字接头、角接头		$>t/4$		
		起重量 $\geq50t$，中级工作制，车梁T形接头		$t/2$ 且 ≥10		

注：b 为焊缝宽度，t 为连接处较薄的板厚，h_f 为焊角尺寸。

（七）其他

二、紧固件连接

（一）分项（子分项）工程概况（略）

（二）分项（子分项）工程质量目标和要求（略）

（三）施工准备

1．施工人员

（1）施工人员应熟悉图纸，掌握设计对普通螺栓、自攻钉、拉铆钉、射钉等普通紧固件的技术要求。

（2）分规格统计所需的普通紧固件数量。

2．施工机具设备和测量仪器

（1）普通螺栓主要施工机具为普通扳手。根据螺栓的不同规格、不同操作位置可选用双头扳手、单头梅花扳手、套筒扳手、活扳手、电动扳手等。

（2）自攻钉施工根据不同种类（规格），可采用十字形螺丝刀、电动螺丝刀、套筒扳手等。

（3）拉铆钉施工机具主要有手电钻、拉铆枪等。

（4）射钉施工机具主要为射钉枪。

3．材料要求

（1）普通螺栓

1）螺栓按照性能等级分 3.6、4.6、4.8、5.6、5.8、6.8、8.8、9.8、10.9、12.9 共十个等级，其中 8.8 级以上螺栓材质为低碳合金或中碳钢并经热处理，通称为高强螺栓，8.8 级以下（不含

8.8级)通称普通螺栓。

2) 普通螺栓按产品质量和制作公差的不同,分有A级和B级(精制螺栓)、C级(粗制螺栓)。钢结构用连接螺栓,除特殊注明外,一般即为普通粗制C级螺栓。常用螺栓技术规格有:六角螺栓—C级(GB 5780)和交角头螺栓——全螺纹——C级(GB 5781)。

3) 普通螺栓作为永久性连接螺栓,当设计有要求或对其质量有疑义时,应进行螺栓实物最小拉力荷载实验,试验方法见GB 50205—2001附录B。检查数量为每一规格螺栓随机抽查8个,其质量应符合现行国家标准《紧固件机械性能螺栓、螺钉和螺柱》BG 3098的规定。

4) A级、B级精制螺栓连接是一种紧配合连接,目前基本上已被高强度螺栓连接所替代。

(2) 自攻钉、拉铆钉、射钉

连接薄钢板采用的自攻钉、拉铆钉、射钉等其规格尺寸应与被连接钢板相配。

4．施工条件

(1) 构件已经安装调校完毕。

(2) 高空进行普通紧固件连接施工时,应有可靠的操作平台或施工吊篮。需严格遵守《建筑施工高处作业安全技术规范》(JGJ 80—91)。

(3) 被连接件表面清洁、干燥,不得有油(泥)污。

(四) 施工工艺

1．工艺流程(图3.1-1)。

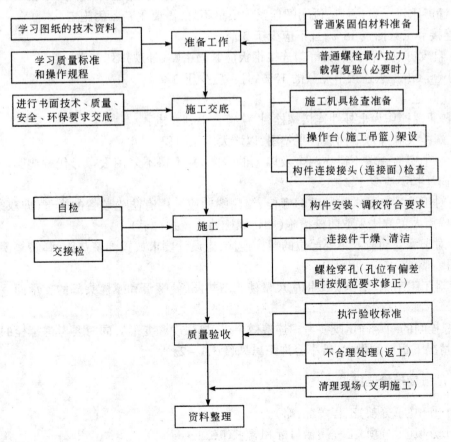

图3.1-1 普通紧固件连接施工工艺流程图

2. 为使普通螺栓连接接头的螺栓受力均匀,螺栓的紧固次序应从中间开始,对称向两边进行。对于大型接头应采用复拧,即两次紧固方法,保证接头内各个螺栓能均匀受力。

(五)质量标准

1. 主控项目

(1)普通螺栓、自攻钉、拉铆钉、射钉等紧固标准件及其螺母、垫圈等标准配件,其品种、规格、性能等应符合现行国家产品标准和设计要求。

全数检查产品的质量合格证明文件、中文标志及检验报告等。

(2)普通螺栓作为永久性连接螺栓时,当设计有要求或对其质量有疑义时,应进行螺栓实物最小拉力载荷复验,试验方法详见 GB 50205—2001 附录 B,其结果应符合现行国家标准《紧固件机械性能螺栓、螺钉和螺柱》GB 3098 的规定。

每一规格螺栓抽查 8 个,检查螺栓实物复验报告。

(3)自攻钉、拉铆钉、射钉等其规格尺寸应与被连接钢板相匹配,其间距、边距等应符合设计要求。

按连接节点数抽查 3%,且不应少于 3 个。

2. 一般项目

(1)永久性普通螺栓紧固应牢固、可靠,外露丝扣不应少于 2 扣。可用锤击法检查。即用 0.3kg 小锤,一手扶螺栓(或螺母)头,另一手用锤敲,要求螺栓头(螺母)不偏移、不颤动、不松动,锤声比较干脆;否则,说明螺栓紧固质量不好,需要重新紧固施工。

按连接节点数抽查 15%,且不应少于 3 个。

(2)自攻钉、拉铆钉、射钉等与连接钢板应紧固密贴,外观排列整齐。

用小锤敲击检查连接节点数的 15%,且不应少于 3 个。

(六)其他

1. 普通螺栓作为永外性连接螺栓时,应符合下列要求:

(1)螺栓头和螺母下面放置平垫图,以增大承压面积。

(2)每个螺栓一端不得垫两个及以上的垫圈,并不得不采用大螺母代替垫圈。螺栓拧紧后,外露丝扣不应少于 2 扣。

(3)对于设计有要求防松动的螺栓、锚固螺栓应采用有防松装置的螺母(即双螺母)或弹簧圈,或用人工方法采取防松措施(如将螺栓外露丝扣打毛)。

(4)对于承受动荷或主要部位的螺栓连接,应设计要求放置弹簧垫圈,弹簧垫圈必须设置在螺母一侧。

(5)对于工字钢、槽钢类型钢应尺量使用斜垫圈,使螺母和螺栓头部的支承面垂直于螺杆。

2. 螺栓间的间距确定既要考虑连接效果(连接强度和变形),同时要考虑螺栓的施工方便,通常情况下螺栓的最大、最小容许距离见表 3.1－2。

三、高强度螺栓连接

(一)分项(子分项)工程概况(略)

(二)分项(子分项)工程质量目标和要求(略)

(三)施工准备

螺栓的最大、最小容许间距表　　　　　表3.1-2

名称	位置和方向			最大容许间距（取两者的较小值）	最小容许间距
中心间距	任意方向	外排		$8d_0$ 或 $12t$	$3d_0$
		中间排	构件受压力	$12d_0$ 或 $18t$	
			构件受压力	$16d_0$ 或 $24t$	
中心到构件边缘距离	顺内力方向			$4d_0$ 或 $8t$	$2d_0$
	垂直内力方向	切割边			$1.5d_0$
		轧制边	高强度螺栓		
			其他螺栓或铆钉		$1.2d_0$

注：1. d_0 为螺栓的孔径，t 为外层较薄板件的厚度。
    2. 钢板边缘与刚性构件（如角钢、槽钢等）相连的螺栓或铆钉的最大间距，可按中间排的数值采用。
    3. 螺栓孔不得采用气割扩孔。对于精制螺栓（A、B级螺栓），螺栓孔必须钻孔成型，同时必须是Ⅰ类孔，应具有H12的精度，孔壁表面粗糙度 Ra 不应大于 $12.5\mu m$。

1. 施工人员

施工前应当根据本工艺标准的质量技术要求结合工程实际编制专项作业指导书，用书面的形式，根据工作范围、作业要求交底到每一个施工人员。针对不同的施工管理人员，技术交底书应确定其施工安全、技术责任，使之清楚地知道它的上道工序应达到的质量要求，使用哪些特殊的施工方法，施工中发现问题按照什么途径寻求技术指导和援助，需要达到的施工质量标准，如何交接给下一施工工序等，使整个施工进程良性有序。

2. 施工机具设备和测量仪器

高强度螺栓施工最主要的施工机具就是力矩扳手，根据施工对象分别有扭剪型高强螺栓用扳手、扭矩型高强度螺栓扳手（大六角螺栓适用）、通用机具、手动工具。

3. 材料要求

高强度螺栓的规格、数量应根据设计的直径要求，按长度分别进行统计，根据施工实际需要的数量多少、施工点位的分布情况、构件加工质量、运输损坏情况、现场的储运条件、工程难度等因素，考虑2%～5%的损耗，进行采购。

施工使用的高强度螺栓必须符合《钢结构用高强度大六角头螺栓》（GB/T 1228）、《钢结构用大六角螺栓、大六角螺母、垫圈技术条件》（GB/T 231）、《钢结构用扭剪型高强螺栓连接副》（GB/T 3632）、《钢结构用扭剪型高强螺栓连接副技术条件》（GB/T 3633）以及其他有关标准的质量要求。

高强度螺栓连接副必须经过以下试验，符合规范要求时方可出厂：

（1）材料、炉号、制作批号、化学成分与机械性能证明或试验数据。
（2）螺栓的楔负荷试验。
（3）螺母的保证荷载试验。
（4）螺母及垫圈的硬度试验。
（5）连接副的扭矩系数试验（注明试验温度）。大六角头连接副的扭矩系数平均值和标准偏差,扭剪型连接副的紧固轴力平均值和标准偏差。

采购交货时应将上述试验资料及相关次料(产品规格、数量、出厂日期、装箱单等)随产品交购置方。

4. 施工条件

(1) 高强度螺栓应在钢结构吊装完毕、按照设计和施工规范的要求矫正位、检查合格之后开始施工;

(2) 施工前应根据工程特点设计施工操作吊篮,并按施工组织设计的要求加工制作或采购;

(3) 高强度螺栓的有关技术参数已按有关规定进行复验合格;抗滑移系数检验合格;

(4) 钢结构安装的刚度单元内的框架构件已经吊装到位,校正合格后应及时进行高强度螺栓的施工。

(四) 施工工艺

1. 工艺流程(图3.1-2)

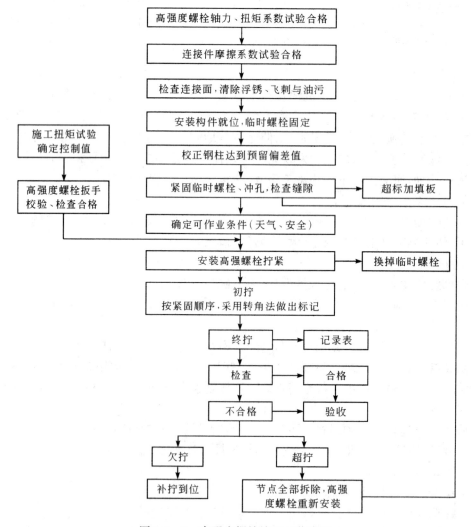

图 3.1-2 高强度螺栓施工工艺流程

2. 操作工艺要求

(1) 高强度螺栓的储存

1) 高强度螺栓连接副由制造厂按批号,一定数量一规格配套装为一箱(桶),从出厂至安装前严禁随意开包。在运输过程中应轻装、轻卸,防止损坏,防雨、防潮。当出现包装破损、螺栓有污染等异常现象时,经复验扭矩系数或轴力合格后,方能使用。

2) 工地储存高强度螺栓时,应放在干燥、通风、防雨、防潮的仓库内,并不得损伤丝和沾染脏物。连接副入库应按包装箱上注明的规格、批号分类存放。安装时,要按使用部位,领取相应规格、数量、批号的连接副,当天没用完的螺栓,必须装在干燥、洁净的容器内,妥善保管并尽快使用完,不得乱放、乱扔。

3) 使用前应进行外观检查,表面油膜正常无污物的方可使用。

4) 使用开包时应核对螺栓的直径、长度。

5) 使用过程中不得雨淋,不得接触泥土、油污等脏物。

(2) 高强度螺栓的紧固方法

高强度螺栓的紧固是用专门扳手拧螺母,使螺杆内产生要求的拉力。

1) 大六角头高强度螺栓一般用二种方案拧紧,即扭矩法和转角法:

扭矩法分初拧和终拧二次拧紧。初拧扭矩用终拧扭矩的 30% ~ 50%,再用终拧扭矩把螺栓拧紧。如板层较厚,板叠较多,复拧扭矩和初拧扭矩相同或略大。

转角法也分初拧和终拧二次进行。初拧用扭矩扳手终拧扭矩的 30% ~ 50% 进行,使接头各层钢板达到充分密贴,再在螺母和螺杆上面通过圆心画一条直线,然后用扭矩扳手转动螺母一个角度,使螺栓达到终拧要求,转动角度的大小在施工前由试验统计确定。

2) 扭剪型高强度螺栓固也分初拧和终拧二次进行:

初拧用定扭矩扳手,以终拧扭矩的 30% ~ 50% 进行,使接头各层钢板达到充分密贴,再用电动扭剪型扳手把梅花头拧掉,使螺栓杆达到设计要求的轴力。对于板层较厚,板叠较多,安装时发出连接部位有轻微翘曲的连接接头等原因使初拧的板层达不到充分密贴时应增加复拧,复拧扭矩和初拧扭矩相同或略大。

(3) 高强度螺栓的安装顺序

一个接头上的高强度螺栓,应从螺栓群中部开始安装,逐个拧紧。初拧、复拧、终拧都应从螺栓群中部开始向四周开展逐个拧紧,每拧一遍均应用不同颜色的油漆做上标记,防止漏拧。

接头如有高强度螺栓连接又有电焊连接时,是先紧固还是先焊接应按设计要求规定的顺序进行,设计无规定行,先终拧完高强度螺栓再焊接焊缝。

高强度螺栓的紧固顺序从刚度大的部位不受约束的自由端进行,同一节点内从中间向四周,以使板间密贴。

(五) 质量标准

1. 主控项目

(1) 钢结构用高强度螺栓连接副其品种、规格、性能等应符合现行国家产品标准和设计要求,出厂时附带产品合格证明文件、中文标志及检验报告。高强度大六角头螺栓连接副和扭剪型高强度螺栓连接副出厂时随箱带有扭矩系数和紧固轴力(预拉力)的检验报告。

(2) 高强度大六角螺栓连接副应按《钢结构工程施工质量验收规范》附录 B 复验扭矩系

数并符合其规定,提出复验报告。

(3) 扭剪型高强度螺栓连接副应按本标准 3.6.4.1 条复验紧固轴力(预拉力),检验结果应符合本条规定,并提出检查复验报告。

(4) 钢结构制作和安装单位应按本标准 3.6.4.1 条分别进行高强度螺栓连接摩擦面的抗滑移系数试验,其结果应符合设计要求,并抽出试验报告和复验报告。

(5) 高强度大六角头螺栓紧固检查,用 0.3~0.5kg 的小锤逐颗敲击螺栓,检查其紧固程度,防止漏拧。对每个节点螺栓数的 10%,但不少于 1 颗进行扭矩抽检,检查时先在螺杆和螺母上面划一直线,松动螺母 60° 测得的扭矩应在 $(0.9 \sim 1.1) T_{ch}$ 范围内,T_{ch} 按下式计算:

$$T_{ch} = K \cdot P \cdot d$$

式中 T_{ch}——检查扭矩,N·m;

K——高强度螺栓连接副扭矩系数;

P——高强度螺栓设计预拉力,kN;

d——螺栓公称直径,mm。

如有不符合上述规定的节点,应扩大 10% 进行抽检,如仍有不符合规定者,则整个节点应重新紧固并检查。对扭矩低于下限值的螺栓应进行补拧;对超过上限值的应更换螺栓。扭矩检查应在 1h 后进行,并应在 24h 以内检查完毕。

(6) 对扭矩扳手前扳后必须进行校核,其误差不得大于 3%,并做记录。

(7) 扭剪型高强度螺栓紧固检查,以目视确认螺栓梅花卡头被专用扳手拧掉,即判定终拧合格;对不能采用专用扳手紧固的螺栓,应按高强度大六角螺栓检验方法检查,不得采用专用扳手以外的方法将螺栓的梅花头取掉。

2. 一般项目

(1) 高强度螺栓连接副应按包装箱配套供应,包装箱上应标明批号、规格、数量及生产日期。螺栓、螺母、垫圈外表面应涂油保护,不应出现生锈和沾染脏物,螺纹不应损伤,按 5% 箱数抽查。

(2) 对建筑结构安全等级一级、跨度 40m 及以上的螺栓球节点钢网架结构,其连接高强度螺栓应根据表面硬度试验,对 8.8 级的高强度螺栓其硬度为 HRC21~29;10.9 级高强度螺栓其硬度为 HRC32~36,且不得有裂缝,按规格抽查 8 只。

(3) 高强度螺栓连接副的施拧顺序和初拧、复拧扭矩应符合设计要求及《钢结构工程施工质量验收规范》附录 B 的规定,全数检查并做记录。

(4) 高强度螺栓连接副终拧后,螺栓丝扣外露应为 2~3 扣,其中允许有 10% 的螺栓丝扣外露 1 扣或 4 扣,抽查 5% 且不少于 10 个。

(5) 高强度螺栓连接摩擦面应保持干燥、整洁,不应有飞边、毛刺、焊接飞溅物、焊疤、氧化铁皮、污垢等,除设计要求外摩擦面不应涂漆,应全面检查。

(6) 高强度螺栓应自由穿入螺栓孔。高强度螺栓孔不应采用气割扩孔,扩孔数量应征得设计同意,扩孔后的孔径不应超过 $1.2d$(d 为螺栓直径)。

(7) 螺栓球节点网架总拼完成后,高强度螺栓与球节点应紧固连接,高强度螺栓拧入螺栓球内的螺纹长度不应小于 $1.0d$(d 为螺栓直径),连接处不应出现间隙、松动、未拧紧的情况。

(六) 施工要求

1. 高强度螺栓施工质量的关键要求

安装高强度螺栓前做好接头摩擦面清理,不允许有毛刺、铁屑、油污、焊接飞溅物,用钢丝刷沿受力垂直方向除去浮锈。摩擦面应干燥,没有结露、积霜、积雪,并不得在雨天进行安装。

使用的扭矩扳手应按规定进行校准,班前应对准扭矩扳手进行校核,合格后方能使用。

高强度螺栓应自由穿入螺栓孔内。扩孔时,铁屑不得掉入板层间。扩孔数量不得超过一个接头螺栓的扩孔工作。

严格按照从中间向四周扩孔的顺序,执行初拧(复拧)、终拧的施工工艺程序,严禁用一步到位的方法直接终拧。

2. 高强度螺栓施工技术的关键要求

施工前应对大六角头螺栓的扭矩系数、扭剪型螺栓的紧固轴力和摩擦面抗滑移系数进行复验,合格后方允许施工。

一个接头上的高强度螺栓,应从螺栓群中部开始安装,逐个拧紧,每拧一遍均应用不同颜色的油漆做上标记,防止漏拧。高强度螺栓的紧固顺序从刚度大的部位向不受约束的自由端进行,从中间向四周进行,以便板间密贴。

3. 职业健康和施工安全关键要求

高强度螺栓施工高空移动频繁,应有可靠的措施既保证操作的安全,又方便施工人员移工位。

施工中拧下来的扭剪型高强度螺栓的梅花头要随拧随收集,严防坠落,严禁高空抛撒。

4. 环境保护关键要求

施工中如使用风动工具时应避免噪声污染。

施工中拧下来的扭剪型高强度螺栓的梅花头,要随拧随收集到地面集中存放和处理。

(七)其他

高强度螺栓施工时应注意以下事项:

(1)螺栓穿入方向以便利施工为准,每个节点整齐一致;

(2)螺母、垫圈均有方向要求,螺栓、螺母均标级别与生产厂家;

(3)已安装高强度螺栓严禁用火焰或电焊切割梅花头;

(4)因空间狭窄,高强度螺栓扳手不宜操作部位,可采用加高套管或用手动扳手安装;

(5)高强度螺栓超拧应更换,弃换下来的螺栓,不得重复使用;

(6)安装中的错孔、漏孔不允许用气割开孔,错孔应严格按《钢结构工程施工质量验收规范》(GB 50205—2001)和《钢结构高强度螺栓连接的设计、施工及验收规范》(JGJ 82—91)的要求进行处理;

(7)当气温低于-100℃时停止作业;当摩擦面潮湿或暴露于雨雪中,停止作业;

(8)高强度螺栓的包装、运输与使用中应尽量保持出厂状态;

(9)施工前必须对扭矩扳手进行标定;终拧时,大六角螺栓应按施工扭矩施拧,扭剪型螺栓用专用电动扳手施拧,拧掉梅花头;

(10)高空施工时严禁乱扔螺栓、螺母、垫圈及尾部梅花头,应严格回收,以免坠落伤人;

(11)施拧后应及时涂防锈漆;

(12)对于露天使用或接触腐蚀性气体的钢结构,在高强度螺栓拧紧检查验收合格后,连接处板缝应及时用防水或耐腐蚀的腻子封闭；

(13) 要求初拧、复拧、终拧在24h内完成；

(14) 母材生浮锈后在组装前必须用钢丝刷清除掉；

(15) 再次使用的连接板需再次处理；

(16) 连接板叠的错位或间隙必须按照《钢结构工程施工质量验收规范》GB 50205—2001的要求进行处理，确保结合面贴实。

四、单层钢结构安装

(一) 工程概况(略)

(二) 工程质量目标和要求(略)

(三) 施工准备

1. 施工人员

2. 施工机具设备和测量仪器

起重机、千斤顶、交流弧焊机、直流弧焊机、小气泵、砂轮、全站仪、经纬仪、水平仪、钢尺、拉力计、气割工具、捯链、滑车、高强度螺栓扳手。

3. 材料要求

(1) 钢构件复验合格，包括构件变形、标识、精度和孔眼等。对构件变形和缺陷超出允许偏差的应在安装前进行矫正，修补达到合格。

(2) 高强度螺栓的准备：

钢结构用的高强度连接螺栓应根据图纸要求按需用计划配套供应至现场。应检查其出厂合格证、扭矩系数或紧固轴力(预拉力)的检验报告是否齐全，并按规定作紧固轴力或扭矩系数复验。

对高强度螺栓连接摩擦面的抗滑移系数按规范规定及时进行复验，其结构应符合设计要求。

(3) 焊接材料的准备：

钢结构焊接施工之前应对焊接材料的品种、规格、性能进行检查，各项指标应符合现行国家产品标准和设计要求。对重要钢结构采用的焊接材料应进行抽样复验，其结果应符合设计要求和产品要求。

4. 施工条件

(1) 根据正式施工图纸及有关技术文件结合现场条件编制施工组织设计(或施工方案)并经审批运至施工现场。

(2) 对使用的各种测量仪器及钢尺进行计量检查复验。

(3) 根据土建提供的纵横轴线和水准点进行验线交接完毕。

(4) 按施工平面布置图划分：材料堆放区、杆件制作区、拼装区，构件按吊装顺序进场。

(5) 场地要平整夯实，并设排水沟。

(6) 在制作区、拼装区、安装区设置足够的电源。

(7) 搭好高空作业操作平台，并检查牢固情况。

(8) 放好柱顶纵横安装位置线及调整好标高。

(9) 对参与钢结构安装人员，安装工、测工、电焊工、起重机司机、指挥工要持证上岗。

(10) 检查地脚螺栓外露部分的情况,若有弯曲变形、螺牙损坏的螺栓,必须对其修正。

(11) 将柱子就位轴线弹测在柱基表面,对柱基标高进行找平。

(四) 施工工艺

1. 工艺流程(图3.1-3)

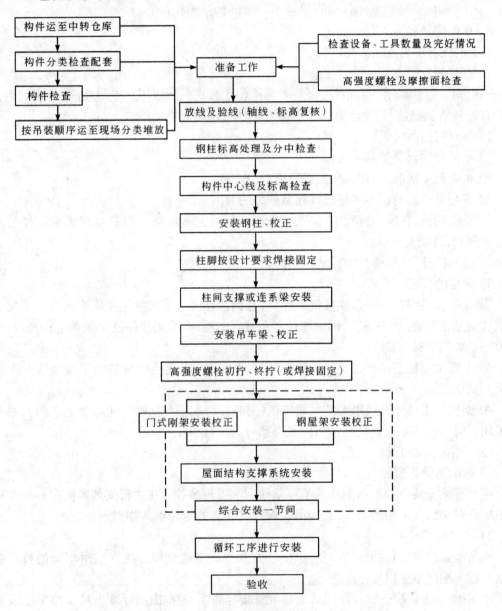

图3.1-3 单层钢结构安装工艺流程图

2. 构件吊装顺序

(1) 并列高低跨的屋盖吊装:必须先高跨安装,后低跨安装,有利于高低跨钢柱的垂直度。

(2) 并列大跨度与小跨度安装:必须先大跨度安装,后小跨度安装。

(3) 并列间数多的与间数少的安装：应先吊装间数多的，后吊装间数少的。

(4) 构件吊装可分为竖向构件吊装(柱、连系梁、柱间支撑、吊车梁、托架等)和平面构件吊装(屋架、屋盖支撑、桁架、屋面压型板、制动桁架、挡风桁架等)两大类，在大部分施工情况下是先吊装竖向构件叫单件流水法吊装，后吊装平面构件，叫节间综合法安装(即吊车一次吊完一个节间的全部屋盖构件后再吊装下一节间的屋盖构件)。

3. 单件构件安装工艺

(1) 钢柱的安装工艺

1) 钢柱的安装方法

一般钢柱弹性和刚性都很好，吊装时为了便于校正一般采用一点吊装法，常用的钢柱吊装法有旋转法、递送法和滑行法。对于重型钢柱可采用双机抬吊。

2) 在双机抬吊时应注意的事项

① 尽量选用同类型起重机。

② 根据起重机能力，对起吊点进行荷载分配。

③ 各起重机的荷载不宜超过其起重能力的 80%。

④ 双机抬吊，在操作过程中，要互相配合，动作协调，以防一台起重机失重而使另一台起重机超载，造成安全事故。

⑤ 信号指挥，分指挥必须听从总指挥。

3) 钢柱的校正

① 柱基标高调整。有钢柱直接插杯口，有钢柱直接与基础所埋件螺栓或焊接连接。根据钢柱实际长度、柱底平整度、钢牛腿顶部距柱底部距离，重点要保证牛腿顶部标高值，以此来控制基础找平标高。

② 平面位置校正。在起重机不脱钩的情况下将柱底定位线与基础定位轴线对准缓慢落至标高位置。

③ 钢柱校正。优先采用无缆风绳校正(同时柱脚底板与基础间间隙垫上垫铁)，对于不便采用无缆风绳校正的钢柱可采用缆风绳或可调撑杆校正。

(2) 钢吊车梁的安装工艺

1) 钢吊车梁的安装

钢吊车梁安装一般采用工具式吊耳或捆绑法进行吊装。在进行安装以前应将吊车梁的分中标记引至吊车梁的端头，以利于吊装时按柱牛腿的定位轴线临时定位。

2) 吊车梁的校正

钢吊车梁的校正包括标高调整、纵横轴线和垂直度的调整。注意钢吊车梁的校正必须在结构形成刚度单元以后才能进行。

① 用经纬仪将柱子轴线投到吊车梁牛腿面等高处，根据图纸计算出吊车梁中心线到该轴线的理论长度。

② 每根吊车梁测出两点用钢尺和弹簧秤校核这两点到柱子轴线的实际距离，看实际距离是否等于理论距离，以此对吊车梁纵轴进行校正。

③ 当吊车梁纵横轴线误差符合要求后，复查吊车梁跨度。

④ 吊车梁的标高和垂直度的校正可通过对钢垫板的调整来实现。

注意吊车梁的垂直度的校正应和吊车梁轴线的校正同时进行。

(3) 钢屋架安装工艺

1) 钢屋架侧向刚度较差,安装前需要进行强度验算,强度不足时应进行加固。钢屋架吊装时的注意事项如下:

① 绑扎时必须绑扎在屋架节点上,以防止钢屋架在吊点处发生变形。绑扎节点的选择应符合钢屋架标准图要求或经设计计算确定。

② 屋架吊装就位时应以屋架下弦两端的定位标记和柱顶的轴线标记严格定位并点焊加以临时固定。

③ 第一榀屋架吊装就位后,应在屋架上弦两侧对称设缆风固定,第二榀屋架就位后,每坡用一个屋架间调整器,进行屋架垂直度校正,再固定两端支座处并安装屋架间水平及垂直支撑。

2) 钢屋架的校正

钢屋架的垂直度的校正方法如下:在屋架下弦一侧拉一根通长钢丝(与屋架下弦轴线平行),同时在屋架上弦中心线反出一个同等距离的标尺,用线锤校正。也可用一台经纬仪,放在柱顶一侧,与轴线平移 a 距离,在对面柱子上同样有一距离为 a 的点,从屋架中线挑出 a 距离,三点在一个垂面上即可使屋架垂直。

(五)质量标准

1. 基础和支承面

(1) 基础混凝土强度达到设计要求。

(2) 基础周围回填夯实完毕。

(3) 基础的轴线标志和标高基准点齐备、准确。

(4) 基础顶面直接作为柱的支承面和基础顶面预埋钢板或支座作为柱的支承面时,其支承面、地脚螺栓(锚栓)的允许偏差应符合表3.1-3的规定。

支承面、地脚螺栓(锚栓)位置的允许偏差(mm)   表3.1-3

项 目		允 许 偏 差
支承面	标 高	±3.0
	水 平 度	l/1000
地脚螺栓(锚栓)	螺栓中心偏移	5.0
	螺栓露出长度	+30.0 0
	螺纹长度	+30.0 0
预留孔中心偏移		10.0

检查数量:抽查10%,且不应少于3个。

检查方法:用经纬仪、水准仪、全站仪、水平尺和钢尺实测。

(5) 采用坐浆垫板时,坐浆垫板的允许偏差应符合表3.1-4的规定。

检查数量:抽查10%,且不应少于3处。

检查方法:用经纬仪、水准仪、全站仪、水平尺和钢尺实测。

坐浆垫板的允许偏差(mm) 表3.1-4

项　　目	允许偏差	项　　目	允许偏差
顶面标高	0 -3.0	水平度 位置	1/1000 20.0

(6) 采用杯口基础时,杯口尺寸的允许偏差应符合表3.1-5的规定。

检查数量:抽查10%,且不应少于4处。

杯口尺寸的允许偏差(mm) 表3.1-5

项　　目	允　许　偏　差
底面标高	0 -5.0
杯口深度(H)	±5.0
杯口垂直度	H/100,且不应大于10.0
位　　置	10.0

2. 钢结构质量检验

(1) 运输钢构件时,应根据钢构件的长度、重量选择车辆;钢构件在运输车辆上的支点、两端伸出的长度及绑扎方法均应保证钢构件不产生变形、不损伤涂层。

(2) 钢结构安装前应对钢构件的质量进行检查。钢构件的变形、缺陷超出允许偏差时应进行处理。检查标准见《钢结构工程施工质量验收规范》GB 50205—2001。

(3) 钢结构采用扩大拼装单元进行安装时,对容易变形的钢构件应进行强度和稳定性验算,必要时采用加固措施。

采用综合安装时,应划分成若干独立单元。每一单元的全部钢构件安装完毕后,,应形成空间刚度单元。

(4) 要求顶紧的节点,顶紧接触面不应小于70%。用0.3mm厚的塞尺检查,可插入的面积之和不得大于接触顶紧面总面积的30%;边缘最大间隙不得大于0.8mm。

检查数量:抽查10%,且不应少于3个。

检查方法:用0.3mm厚和0.8mm厚的塞尺现场检查。

(5) 钢屋架、梁及受压杆件的垂直度和侧向弯曲矢高的允许偏差应符合表3.1-6的规定。

检查数量:抽查10%,且不应少于3个。

检查方法:用吊线、拉线、经纬仪和钢尺现场实测。

(6) 单层钢结构主体结构的整体垂直度和整体平面弯曲的允许偏差应符合表3.1-7的规定。

检查数量:对主要立面全部检查。对每个检查的立面,除两列角柱外,尚应至少选取一列中间柱。

检查方法:采用经纬仪、全站仪等测量。

钢屋架、梁及受压杆件垂直度和侧向弯曲矢高的允许偏差(mm) 表3.1-6

项　目	允许偏差	图　例
跨中的垂直度	$h/250$,且不应大于 15.0	
侧向弯曲矢高	$l \leqslant 30m$	$l/1000$ 且不应大于 10.0	
	$30m \leqslant l \leqslant 60m$	$l/1000$ 且不应大于 30.0	
	$l \geqslant 60m$	$l/1000$ 且不应大于 50.0	

整体垂直度和整体平面弯曲的允许偏差(mm) 表3.1-7

项　目	允许偏差	图　例
主体结构的整体垂直度	$l/1000$,且不应大于 25.0	
主体结构的整体平面弯曲	$l/1500$,且不应大于 25.0	

(7) 钢柱等主要钢构件的中心线及标高基准点等标志应齐全。

检查数量:抽查10%,且不应少于3件。

检查方法:观察检查。

(8) 钢柱安装的允许偏差应符合 GB 50205—2001 的规定。

检查数量:抽查 10%,且不少于 3 件。

检查方法:用吊线、钢尺、经纬仪、水准仪等。

(9) 钢吊车梁或类似直接承受动力荷载的构件,其安装的允许偏差应符合《钢结构工程施工质量验收规范》GB 50205—2001 附表 E.0.2 的规定。

检查数量:抽查 10%,且不应少于 3 榀。

检查方法:用吊线、拉线、钢尺、经纬仪、水准仪等检查。

(10) 檩条、墙架等次要构件安装的允许误差应符合《钢结构工程施工质量验收规范》GB 50205—2001 附表 E.0.3 的规定。

检查数量:抽查 10%,且不应少于 3 件。

检查方法:用吊线、钢尺、经纬仪等检查。

(11) 钢平台、钢梯、栏杆安装应符合现行国家标准《固定式钢直梯》GB 4053.1、《固定式钢斜梯》GB 4053.2、《固定式防护栏杆》GB 4053.3 和《固定式钢平台》GB 4053.4 的规定。

钢平台、钢梯、防护栏杆安装的允许偏差应符合 GB 50205—2001 附表 E.0.4 的规定。

检查数量:钢平台按总数抽查 10%,栏杆、钢梯按总长度抽查 10%,钢平台不应少于 1 个,栏杆不应少于 5m,钢梯不应少于 1 跑。

检查方法:用吊线、拉线、钢尺、经纬仪、水准仪等检查。

(12) 钢结构表面应干净,结构主要表面不应有疤痕、泥砂等污垢。

检查数量:抽查 10%,但不应少于 3 件。

检查方法:观察检查。

(六) 成品保护

1. 吊装损坏的防腐底漆应补漆,以保证漆膜厚度能符合规定要求。

2. 钢构件堆放场地要坚硬,构件堆放支垫点要合理,以防构件变形。

3. 对已检测合格的焊缝及时刷上底漆保护。

(七) 其他

1. 柱基标高调整,建议采用螺栓微调方法,重点保证牛腿顶部标高值。

2. 钢柱、吊车梁、钢屋架(门式刚架、立体拱桁架)的垂偏值,在允许偏差值以内。

3. 钢柱采用无缆风校正时,要防止初偏值过大,柱倾倒造成事故。

4. 根据工程特点,在施工以前要对吊装用的机械设备和索具、工具进行检查,如不符合安全规定不得使用。

5. 现场用电必须严格执行 GB 50194—93、JGJ 46—2005 等的规定,电工须持证上岗。

6. 起重机的行驶路线必须坚实可靠,起重机不得停置在斜坡上工作,也不允许两个履带板一高一低。

7. 严禁超载吊装,歪拉斜吊;要尽量避免负荷行驶,构件摆动越大,超负荷就越多,就可能发生事故。双机抬吊各起重机荷载,不允许大于额定起重能力的 80%。

8. 进入施工现场必须戴安全帽,高空作业必须系好安全带,穿防滑鞋。

9. 吊装作业时必须统一号令,明确指挥,密切配合。

10. 高空操作人员使用的工具及安装用的零部件,应放入随身佩带的工具带内,不可随便向下丢掷。

11. 钢构件应堆放整齐牢固,防止构件失稳伤人。

12. 要搞好防火工作,氧气、乙炔要按规定存放使用。电焊、气割时要注意周围环境有无易燃物品后再进行工作,严防火灾发生。氧气瓶、乙炔瓶应分开存放,使用时要保持安全距离,安全距离应大于10m。

13. 在施工前应对高空作业人员进行身体检查,对患有不宜高空作业的疾病(心脏病、高血压、贫血等)的人员不得安排高空作业。

14. 做好防暑降温、防寒保暖和职工劳动保护工作,合理调整工作时间,合理发放劳动用品。

15. 雨雪天气尽量不要进行高空作业,如需高空作业则必须采取必要的防滑、防寒和防冻措施。遇6级以上大风、浓雾等恶劣天气,不得进行露天攀登和悬高空作业。

16. 施工前应与当地气象部门联系,了解施工期的气象资料,提前做好防台风、防雨、防冻、防寒、防高温等措施。

17. 基坑周边、无外脚手架的屋面、梁、吊车梁、拼装平台、柱顶工作平台等处应设临边防护栏杆。

18. 对各种使人和物有坠落危险或危及人身安全的洞口,必须设置防护栏杆,必要时铺设安全网。

19. 施工时尽量避免交叉作业,如不得不交叉作业时,不得在同一垂直方向上操作,下层作业的位置必须处于依上层高度确定的可能坠落范围之外,不符合上述条件时应设置安全防护层。

五、多层及高层钢结构安装

(一)工程概况(略)

(二)工程质量目标和要求(略)

(三)施工准备

1. 施工人员

2. 施工机具设备和测量仪器

在多层与高层钢结构施工中,常用主要机具有:塔式起重机、汽车式起重机、履带式起重机、交直流电焊机、CO_2气体保护焊机、空压机、碳弧气刨、砂轮机、超声波探伤仪、磁粉探伤、着色探伤、焊缝检查量规、大六角头和扭剪型高强度螺栓扳手、高强度螺栓初拧电动扳手、栓钉机、千斤顶、葫芦、卷扬机、滑车及滑车组、钢丝绳、索具、经纬仪、水准仪、全站仪等。

3. 材料要求

(1) 一般要求:

1) 在多层与高层钢结构现场施工中,安装用的材料,如焊接材料、高强度螺栓、压型钢板、栓钉等应符合现行国家产品标准和设计要求。CO_2、C_2H_2、O_2等应符合焊接规程的要求。

2) 多层与高层建筑钢结构的钢材,主要采用Q235的碳素结构钢和Q345的低合金高强度结构钢。其质量标准应分别符合我国现行国家标准《碳素结构钢》GB 700和《低合金高强度结构钢》GB/T 1591的规定。当有可靠根据时,可采用其他牌号的钢材。当设计文件采用其他牌号的结构钢时,应符合相对应的现行国家标准。

3) 品种规格

钢型材有热轧成型的钢板和型钢,以及冷弯成型的薄壁型钢。

热轧钢板有:薄钢板(厚度为0.35~4mm)、厚钢板(厚度为4.5~6.0mm)、超厚钢板(厚度>60mm),还有扁钢(厚度为4~60mm、宽度为30~200mm,比钢板宽度小)。

钢板和型钢表面允许有不妨碍检查表面缺陷的薄层氧化铁皮、铁锈、由于压入氧化铁皮脱落引起的不显著的粗糙和划痕、轧辊造成的网纹和其他局部缺陷,但凹凸度不得超过厚度负公差的一半。对低合金钢板和型钢的厚度还应保证不低于允许最小厚度。

钢板和型钢表面缺陷不允许采用焊补和堵塞处理,应用凿子或砂轮清理。清理处应平缓无棱角,清理深度不得超过钢板厚度负偏差的范围,对低合金钢还应保证不薄于其允许的最小厚度。

4)厚度方向性能钢板,要求钢板在厚度方向有良好的抗层状撕裂性能,参见国家标准《厚度方向性能钢板》GB 5313—85、行业标准《高层建筑结构用钢板》YB 4104—2000中相关规定。

(2)现场安装的材料准备

1)根据施工图,测算各主耗材料(如焊条、焊丝等)的数量,做好订货安排,确定进厂时间。

2)各施工工序所需临时支撑、钢结构拼装平台、脚手架支撑、安全防护、环境保护器材数量确认后,安排进厂制作及搭设。

3)根据现场施工安排,编制钢结构件进厂计划,安排制作、运输计划。对于特殊构件的运输,如有放射性、腐蚀性的,要做好相应的措施,并到当地的公安、消防部门登记;如超重、超长、超宽的构件,还应规定好吊耳的设置,并标出重心位置。

4. 施工条件

(1)参加图纸会审,与业主、设计、监理充分沟通,确定钢结构各节点、构件分节细节及工厂制作图已完毕。

(2)根据结构深化图纸,验算钢结构框架安装时构件受力情况,科学地预计其可能的变形情况,并采取相应合理的技术措施来保证钢结构安装的顺利进行。

(3)各专项工种施工工艺确定,编制具体的吊装方案、测量监控方案、焊接及无损检测方案、高强度螺栓施工方案、塔吊装拆方案、临时用电用水方案、质量安全环保方案审核完成。

(4)组织必要工艺试验,如焊接工艺试验、压型钢板施工及栓钉焊接检测工艺试验。尤其是对新工艺、新材料,要做好工艺试验,作为指导生产的依据。对于栓钉焊接工艺试验,根据栓钉的直径、长度及是穿透压型钢板还是直接打在钢梁等支撑点上的栓钉焊接,要做相应的电流大小、通电时间长短的调试。对于高强度螺栓,要做好高强度螺栓连接副和抗滑移系数的检测合格。

(5)对土建单位做的钢筋混凝土基础进行测量技术复核,如轴线、标高。如螺栓预埋是钢结构施工前已由土建单位完成的,还需复核每个螺栓的轴线、标高,对超过规范要求的,必须采取相应的补救措施。

(6)对现场周边交通状况进行调查,确定大型设备及钢构件进厂路线。

(7)施工临时用电用水铺设到位。

(8)劳动力进场。所有生产工人都要进行上岗前培训,取得相应资质的上岗证书,做到持证上岗。尤其是焊工、起重工、塔吊操作工、塔吊指挥工等特殊工种。

(9) 施工机具安装调试验收合格。

(10) 构件进场：按吊装进度计划配套进厂，运至现场指定地点，构件进厂验收检查。

(11) 对周边的相关部门进行协调，如治安、交通、绿化、环保、文保、电力、气象等，并到当地的气象部门去了解以往年份每天的气象资料，做好防台风、防雨、防冻、防寒、防高温等措施。

（四）施工工艺

1. 工艺流程（图 3.1-4）

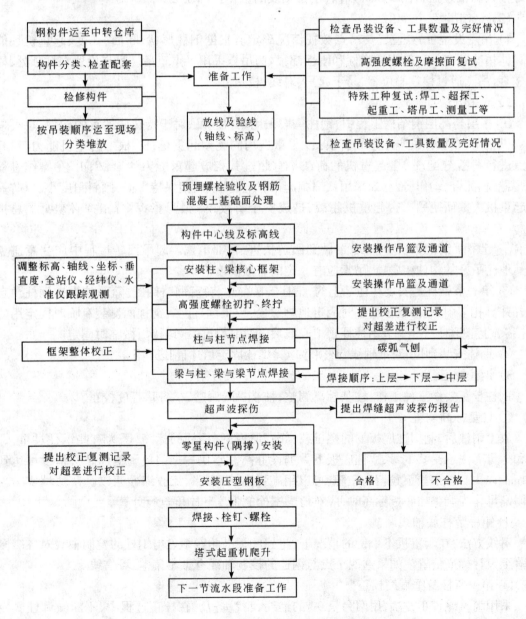

3.1-4　多层及高层钢结构安装流程图

2. 操作工艺

(1) 钢结构吊装顺序。多层与高层钢结构吊装一般需划分吊装作业区域,钢结构吊装按划分的区域,平行顺序同时进行。当一个片区吊装完毕后,即进行测量、校正、高强度螺栓初拧等工序,待几个片区安装完毕后,再进行测量、校正、高强度螺栓终拧、焊接。焊后复测完,接着进行下一节钢柱的吊装,并根据现场实际情况进行本层压型钢板吊放和部分铺设工作等。

(2) 螺栓预埋。螺栓预埋很关键,柱位置的准确性取决于预埋螺栓位置的准确性。预埋螺栓标高偏差控制在±5mm以内,定位轴线的偏差控制在±2mm。

(3) 钢柱吊装

1) 吊点设置:吊点位置及吊点数视情况确定。根据钢柱形状、断面、长度、起重机性能等具体情况确定。一般钢柱弹性和刚性都很好,吊点采用一点正吊。吊点设置在柱顶处,柱身竖直,吊点通过柱重心位置,易于起吊、对线、校正。

2) 起吊方法:

① 多层与高层钢结构工程中,钢柱一般采用单机起吊,对于特殊或超重的构件,也可采取双机抬吊,双机抬吊应注意的事项:a. 尽量选用同类型起重机;b. 根据起重机能力,对起吊点进行荷载分配;c. 各起重机的荷载不宜超过其相应起重能力的80%;d. 在操作过程中,要互相配合,动作协调,如采用铁扁担起吊,尽量使铁扁担保持平衡,倾斜角度小,以防一台起重机失重而使另一台起重机超载,造成安全事故;e. 信号指挥,分指挥必须听从总指挥。

② 起吊时钢柱必须垂直,尽量做到回转扶直,根部不拖。起吊回转过程中应注意避免同其他已吊好的构件相碰撞,吊索应有一定的有效高度。

③ 第一节钢柱是安装在柱基上的,钢柱安装前应将登高爬梯和挂篮等挂设在钢柱预定位置并绑扎牢固,起吊就位后临时固定地脚螺栓,校正垂直度。钢柱两侧装有临时固定用的连接板,上节钢柱对准下节钢柱柱顶中心线后,即用螺栓固定连接板做临时固定。

④ 钢柱安装到位,对准轴线,必须等地脚螺栓固定后才能松开吊索。

3) 钢柱校正:

钢柱校正要做三件工作:柱基标高调整,柱基轴线调整,柱身垂直度校正。

① 柱基标高调整

放上钢柱后,利用柱底板下的螺母或标高调整控制钢柱的标高(因为有些钢柱过重,螺栓和螺母无法承受其重量,故柱底板下需加设标高调整块——钢板调整标高),精度可达到±1mm以内。柱底板下预留的空隙,可以用高强度、微膨胀、无收缩砂浆以捻浆法填实。当使用螺母作为调整柱底板标高时,应对地脚螺栓的强度和刚度进行计算。

② 第一节柱底轴线调整

对线方法:在起重机不松钩的情况下,将柱底板上的四个点与钢柱的控制轴线对齐缓慢降落至设计标高位置。如果这四个点与钢柱的控制轴线有微小偏差,可借线。

③ 第一节柱身垂直度校正

采用缆风绳校正方法,用两台呈90°的经纬仪找垂直。在校正过程中,不断微调柱底板下螺母,直至校正完毕,将柱底板上面的两个螺母拧上,缆风绳松开不受力,柱身呈自由状态,再用经纬仪复核,如有微小偏差,再重复上述过程,直至无误,将上螺母拧紧。

地脚螺栓上螺母一般用双螺母,可在螺母拧紧后,将螺母与螺杆焊实。

④ 柱顶标高调整和其他节框架钢柱标高控制

柱顶标高调整和其他节框架钢柱标高控制可以用两种方法:一是按相对标高安装,另一种是按设计标高安装,一般采用相对标高安装。钢柱吊装就位后,用大六角头高强度螺栓固定连接上下钢柱的连接耳板,但不能拧得太紧,通过起重机起吊,撬棍可微调柱间间隙。量取上下柱顶预先标定得标高值,符合要求后打入钢楔、点焊限制钢柱下落,考虑到焊缝及压缩变形,标高偏差调整至4mm以内。

⑤ 第二节柱轴线调整

为使上下柱不出现错口,尽量做到上下柱中心线重合。如有偏差,钢柱中心线偏差调整每次3mm以内,如偏差过大,分2~3次调整。

注意:每一节钢柱的定位轴线决不允许使用下一节钢柱的定位轴线,应从地面控制线引至高空,以保证每节钢柱安装正确无误,避免产生过大的积累误差。

⑥ 第二节钢柱垂直度校正

钢柱垂直度校正的重点是对钢柱有关尺寸预检,即对影响钢柱垂直度因素的预先控制。

经验值测定:梁与柱一般焊缝收缩值小于2mm;柱与柱焊缝收缩值一般在3.5mm。

为确保钢结构整体安装质量精度,在每层都要选择一个标准框架结构体(或剪力筒),依次向外发展安装。

安装标准化框架的原则:指建筑物核心部分,几根标准柱能组成不可变的框架结构,便于其他柱安装及流水段的划分。

标准柱的垂直度校正:采用两台经纬仪对钢柱及钢梁安装跟踪观测。钢柱垂直度校正可分两步。

第一步,采用无缆风绳校正。在钢柱偏斜方向的一侧打入钢楔或顶升千斤顶。

注意:临时连接耳板的螺栓孔应比螺栓直径大4mm,利用螺栓孔扩大足够余量调节钢柱制作误差-1~+5mm。

第二步:将标准框架体的梁安装上。先安装上层梁,再安装中、下层梁,安装过程会对柱垂直度有影响,可采用钢丝绳缆索(只适宜跨内柱)、千斤顶、钢楔和手拉葫芦进行,其他框架柱依标准框架体向四周发展,其做法与上同。

4) 框架梁安装工艺:

① 钢梁安装采用两点吊。

② 钢梁吊装宜采用专用卡具,而且必须保证钢梁在起吊后为水平状态。

③ 一节柱一般有2层、3层或4层梁,原则上竖向构件由上向下逐件安装,由于上部和周边都处于自由状态,易于安装且保证质量。一般在钢结构安装实际操作中,同一列柱的钢梁从中间跨开始对称地向两端扩展安装,同一跨钢梁,先安装上层梁,再安装中、下层梁。

④ 在安装柱与柱之间的主梁时,会把柱与柱之间的开档撑开或缩小。测量必须跟踪校正,预留偏差值,留出节点焊接收缩量。

⑤ 柱与柱节点和梁与柱节点的焊接,以互相协调为好。一般可以先焊一节柱的顶层梁,再从下向上焊接各层梁与柱的节点。柱与柱的节点可以先焊,也可以后焊。

⑥ 次梁根据实际施工情况一层一层安装完成。

5) 柱底灌浆:

在第一节柱及柱间钢梁安装完成后,即可进行柱底灌浆。

6)补漆:

补漆为人工涂刷,在钢结构按设计安装就位后进行,完成后,应进行检查。

补漆前应清渣、除锈、去油污,自然风干,并经检查合格。

(五)质量标准

1. 基本规定

(1)钢结构工程施工单位应具备相应的钢结构工程施工资质,施工现场质量管理应有相应的施工技术标准、质量管理体系、质量控制及检验制度,施工现场应有经项目技术负责人审批的施工组织设计、施工方案等技术文件。

(2)钢结构工程施工质量的验收,必须采用经计量检定、校准合格的计量器具。

(3)相关各专业工种之间,应进行交接检验,并经监理工程师(建设单位项目技术人员)检查认可,形成记录。未经监理工程师(建设单位项目技术人员)检查认可,不得进行下道工序施工。

(4)钢结构工程施工质量验收应在施工单位自检的基础上,按照检验批、分项工程、分部(子分部)工程进行。钢结构分部(子分部)工程中分项工程划分应按照现行国家标准《建筑工程施工质量验收统一标准》GB 50300—2001 的规定执行。钢结构分项工程应由一个或若干检验批组成,各分项工程检验批应按本工艺标准的规定进行划分。

(5)分项工程检验批合格质量标准应符合下列规定:

1)主控项目必须符合本工艺标准中的合格质量标准的要求。

2)一般项目其检验结果应有 80% 及以上的检查点(值)符合本工艺标准合格质量标准的要求,且最大值不应超过其允许偏差值的 1.2 倍。

3)质量检查记录、质量证明文件等资料应完整。

(6)钢结构工程施工质量应按下列要求进行验收:

1)钢结构工程施工质量应符合本标准和相关专业验收规范的规定。

2)钢结构工程施工质量应符合工程勘察、设计文件的要求。

3)参加工程施工质量验收的各方人员应具备规定的资格。

4)工程质量的验收均应在施工单位自行检查评定的基础上进行。

5)隐蔽工程在隐蔽前应由施工单位通知有关单位进行验收,并应形成验收文件。

6)涉及结构安全的试件以及有关材料,应按规定进行见证取样检测。

7)检验批的质量应按主控项目和一般项目验收。

8)对涉及结构安全和使用功能的重要分部工程应进行抽样检测。

9)承担见证取样检测及有关结构安全检测的单位应具有相应的资质。

10)工程的观感质量应由验收人员通过现场检查,并应共同确认。

(7)检验批的质量检验,应根据检验项目的特点在下列抽样方案中进行选择:

1)计量、计数或计量—计数等抽样方案。

2)一次、二次或多次抽样方案。

3)根据生产连续性和生产控制稳定性情况,尚可采用调整型抽样方案。

4)对重要的检验项目当可采用简易快速的检验方法时,选用全数检验方案。

5)经实践检验有效的抽样方案。

(8) 在制定检验批的抽样方案时,对生产方风险(或错判概率 α)和使用方风险(或漏判概率 β)可按下列规定采取:

1) 主控项目:对应于合格质量水平的合格率不宜超过 5%。

2) 一般项目:对应于合格质量水平的 α 不宜超过 5%,β 不宜超过 10%。

(9) 当钢结构工程施工质量不符合本工艺标准中的质量标准的要求时,应按下列规定进行处理:

1) 经返工重做或更换构(配)件的检验批,应重新进行验收。

2) 经有资质的检测单位检测鉴定能够达到设计要求的检验尺寸且仍能满足安全使用要求的,可按处理技术方案和协商文件进行验收。

(10) 通过返修或加固处理仍不能满足安全使用要求的钢结构分部工程,严禁验收。

2. 一般规定

(1) 适用于多层与高层钢结构的主体结构、地下钢结构、檩条及墙架等次要构件、钢平台、钢梯、防护栏杆等安装工程的质量验收。

(2) 多层与高层钢结构安装工程可按楼层或施工段等划分为一个或若干个检验批。地下钢结构可按不同地下层划分检验批。

(3) 钢构件预拼装工程可按钢构件制作工程检验批的划分原则分为一个或若干个检验批。

(4) 预拼装所用的支承凳或平台应测量找平,检查时应拆除全部临时固定和拉紧装置。

(5) 进行预拼装的钢构件,其质量应符合设计要求和本标准合格质量标准的规定。柱、梁、支撑等构件的长度尺寸应包括焊接收缩余量等变形值。

(6) 安装柱时,每节柱定位轴线应从地面控制轴线直接引上,不得从下层柱的轴线引上。

(7) 结构的楼层标高可按相对标高或设计标高进行控制。

(8) 安装的测量校正、高强度螺栓安装、负温度下施工及焊接工艺等,应在安装前进行工艺试验或评定,并应在此基础上制定相应的施工工艺或方案。

(9) 安装偏差的检测,应在结构形成空间刚度单元并连接固定后进行。

(10) 安装时,必须控制屋面、楼面、平台等的施工荷载,施工荷载和冰雪荷载等严禁超过梁、桁架、楼面板、屋面板、平台铺板等的承载能力。

(11) 在形成空间刚度单元后,应及时对柱底板和基础顶面的空隙进行细石混凝土、灌浆料等二次灌浆。

(12) 吊车梁或直接承受动力荷载的梁其受拉翼缘、吊车桁架或直接承受动力荷载的桁架其受拉弦杆,不得焊接悬挂物和卡具等。

(13) 钢结构安装检验批应在进场验收和焊接连接、紧固件连接、制作等分项工程验收合格的基础上进行验收。

3. 基础和支承面

(1) 主控项目

1) 建筑物的定位轴线、基础上柱的定位轴线和标高、地脚螺栓(锚栓)的规格和位置、地脚螺栓(锚栓)紧固应符合设计要求。当设计无要求时,应符合表 3.1-8 的规定。

检查数量:按柱基数抽查 10%,且不应少于 3 个。

检验方法:采用全站仪、经纬仪、水准仪和钢尺实测。

支承面、地脚螺栓(锚栓)位置的允许偏差(mm)　　表3.1-8

项　　目		允　许　偏　差
支承面	标　高	±3.0
	水平度	L/1000
地脚螺栓(锚栓)	螺栓中心偏移	5.0
预留孔中心偏移		10.0

2) 多层建筑以基础顶面直接作为柱的支承面,或以基础顶面预埋钢板或支座作为柱的支承面时,其支承面、地脚螺栓(锚栓)位置的允许偏差应符合表3.1-8的规定。

检查数量:按柱基数抽查10%,且不应少于3个。

检验方法:采用全站仪、经纬仪、水准仪和钢尺实测。

3) 多层建筑采用坐浆垫板时,坐浆垫板的允许偏差应符合表3.1-4的规定。

检查数量:资料全数检查。按柱基数抽查10%,且不应少于3个。

检验方法:采用全站仪、经纬仪、水准仪和钢尺实测。

4) 当采用杯口基础时,杯口尺寸的允许偏差应符合表3.1-5的规定。检查数量:按基础数抽查10%,且不应少于4处。

检验方法:观察及尺量检查。

(2) 一般项目

地脚螺栓(锚栓)尺寸的允许偏差应符合表3.1-9的规定。

检查数量:按基础数抽查10%,且不应少于3处。

检验方法:用钢尺现场实测。

地脚螺栓(锚栓)尺寸的允许偏差(m)　　表3.1-9

项　　目	允许偏差
螺栓(锚栓)露出长度	+30 0.0
螺纹长度	+30 0.0

4. 预拼装

(1) 主控项目

高强度螺栓和普通螺栓连接的多层板叠,应采用试孔器进行检查,并应符合下列规定:

1) 当采用比孔公称直径小1.0mm的试孔器检查时,每组孔的通过率不应小于85%。

2) 当采用比螺栓公称直径大0.3mm的试孔器检查时,通过率应为100%。

检查数量:按预拼装单元全数检查。

检验方法:采用试孔器检查。

(2) 一般项目

预拼装的允许偏差应符合表3.1-10的规定。

检查数量:按预拼装单元全数检查。
检验方法:见表 3.1-10。

钢构件预拼装的允许偏差(mm)　　　　　表 3.1-10

构件类型	项目		允许偏差	检验方法
多节柱	预拼装单元总长		±5.0	用钢尺检查
	预拼装单元弯曲矢高		$L/1500$,且不应大于 10.0	用拉线和钢尺检查
	接口错边		2.0	用焊缝量规检查
	预拼装单元柱身扭曲		$H/1200$,且不应大于 5.0	用拉线、吊线和钢尺检查
	顶紧面至任一牛腿距离		±2.0	
梁、桁架	跨度最外两端安装孔或两端支承面最外侧距离		+5.0 -10.0	用钢尺检查
	接口截面错位		2.0	用焊缝量规检查
	拱度	设计要求起拱	±$L/5000$	用拉线和钢尺检查
		设计未要求起拱	$L/2000$	
	节点处杆件轴线错位		4.0	划线后用钢尺检查
管构件	预拼装单元总长		±5.0	用钢尺检查
	预拼装单元弯曲矢高		$L/1500$,且不应大于 10.0	用拉线和钢尺检查
	对口错边		$t/10$,且不应大于 3.0	用焊缝量规检查
	坡口间隙		+2.0 -1.0	
构件平面总体预拼装	各楼层柱距		±4.0	用钢尺检查
	相邻楼层梁与梁之间距离		±3.0	
	各层间框架两对角线之差		$H/2000$,且不应大于 5.0	

5. 安装和校正

(1) 主控项目

1) 钢构件应符合设计要求、规范和本工艺标准的规定。运输、堆放和吊装等造成的构件变形及涂层脱落,应进行矫正和修补。

检查数量:按构件数抽查 10%,且不应少于 3 个。
检验方法:用拉线、钢尺现场实测或观测。

2) 柱子安装的允许偏差应符合表 3.1-11 的规定。

检查数量:标准柱全部检查;非标准柱抽查 10%,且不应少于 3 根。
检验方法:采用全站仪、经纬仪、水准仪和钢尺实测。

3) 钢主梁、次梁及受压杆件的垂直度和侧向弯曲矢高的允许偏差应符合表 3.1-11 的规定。

检查数量:按同类构件数抽查10%,且不应少于3个。

检验方法:用吊线、拉线、经纬仪和钢尺现场实测。

4) 设计要求顶紧的节点,接触面不应少于70%紧贴,且边缘最大间隙不应大于0.8mm。

检查数量:按节点数抽查10%,且不应少于3个。

检验方法:用钢尺及0.3mm和0.8mm的塞尺现场实测。

5) 多层与高层钢结构主体结构的整体垂直度和整体平面弯曲的允许偏差应符合表3.1-11的规定。

检查数量:对主要立面全部检查。对每个所检查的立面,除两列角柱外,还应至少选取一列中间柱。

检验方法:对于整体垂直度,可采用激光经纬仪、全站仪测量,也可根据各节柱的垂直度允许偏差累计(代数和)计算。对于整体平面弯曲,可按产生的允许偏差累计(代数和)计算。

(2) 一般项目

1) 钢结构表面应干净,结构主要表面不应有疤痕、泥砂等污垢。

检查数量:按同类构件数抽查10%,且不应少于3件。

检验方法:观察检查。

2) 钢柱等主要构件的中心线及标高基准点等标记应齐全。

检查数量:按同类构件数抽查10%,且不应少于3件。

检验方法:观察检查。

3) 钢构件安装的允许偏差应符合表3.1-11的规定。

检查数量:按同类构件或节点数抽查10%。其中柱和梁各不应少于3件,主梁与次梁连接节点不应少于3个,支承压型金属板的钢梁长度不应少于5m。

检验方法:采用全站仪、水准仪、钢尺实测。

4) 主体结构总高度的允许偏差应符合表3.1-11的规定。

多层与高层钢结构安装的允许偏差　　　　表3.1-11

项　目	允许偏差(mm)	图　例
钢结构定位轴线	±L/20000 ±3.0	
柱定位轴线	1.0	

续表

项　目	允许偏差(mm)	图　例
地脚螺栓位移	2.0	
柱底座位移	3.0	
上柱和下柱扭转	3.0	
柱底标高	±2.0	
单节柱的垂直度	$H/1000$ 10.0	

续表

项　　目	允许偏差(mm)	图　　例
同一层柱的柱顶标高	±5.0	
同一根梁两端的水平度	$(L/1000)+3$ 10.0	
压型钢板在钢梁上的相邻列错位	≤15.0	
建筑物的平面弯曲	$L/1500$ ≤25.0	
建筑物的整体垂直度	$(H/2500)+10.0$ ≤50.0	
主梁与次梁表面高差	±2.0	

续表

项 目		允许偏差(mm)	图 例
建筑物总高度	按相对标高安装	$\pm \sum_{1}^{n}(\Delta_h + \Delta_z + \Delta_w)$	
	按设计标高安装	$\pm H/1000$ ± 30.0	

注：表中，Δ_h 为柱的制造长度允许误差；Δ_z 为柱经荷载压缩后的缩短值；Δ_w 为柱子接头焊缝的收缩值。

检查数量：按标准柱列数抽查10%，且不应少于4列。

检验方法：采用全站仪、水准仪、钢尺实测。

5) 当钢构件安装在混凝土柱上时，其支座中心对定位轴线的偏差不应大于10mm；当采用大型混凝土屋面板时，钢梁（或桁架）间距的偏差不应大于10mm。

检查数量：按同类构件数抽查10%，且不应少于3榀。

检验方法：用拉线和钢尺现场实测。

6) 多层与高层钢结构中墙架、檩条等次要构件安装的允许偏差应符合表3.1-12的规定。

墙架、檩条等次要构件安装的允许偏差(mm)　　　　　表3.1-12

项 目		允许偏差	检验方法
墙架立柱	中心线对定位轴线的偏移	10.0	用钢尺检查
	垂直度	$H/1000$，且不大于10.0	用经纬仪或吊线和钢尺检查
	弯曲矢高	$H/1000$，且不大于15.0	用经纬仪或吊线和钢尺检查
抗风桁架的垂直度		$H/250$，且不大于15.0	用吊线和钢尺检查
檩条、墙架的间距		±5.0	用钢尺检查
檩条的弯曲矢高		$L/750$，且不大于12.0	用拉线和钢尺检查
墙架的弯曲矢高		$L/750$，且不大于10.0	用拉线和钢尺检查

注：H 为墙架、立柱、抗风桁架高度；
L 为檩条或墙架的长度。

检查数量：按同类构件数抽查10%，且不应少于3件。

检验方法：用经纬仪、吊线和钢尺现场实测。

7) 多层与高层钢结构中钢平台、钢梯、栏杆安装应符合现行国家标准《固定式钢直梯》

GB 4053.1、《固定式钢斜梯》GB 4053.2、《固定式防护栏杆》GB 4053.3、《固定式钢平台》GB 4053.4 的规定。钢平台、钢梯和防护栏杆安装的允许偏差应符合表 3.1－13 的规定。

钢平台、钢梯和防护栏杆安装的允许偏差(mm) 表 3.1－13

项 目	允许偏差	检验方法
平台高度	±15.0	用水准仪检查
平台梁水平度	$L/1000$,且不应大于 20.0	用水准仪检查
平台支柱垂直度	$H/1000$,且不应大于 15.0	用经纬仪或吊线和钢尺检查
承重平台梁侧向弯曲	$L/1000$,且不应大于 10.0	用拉线和钢尺检查
承重平台梁垂直度	$H/250$,且不应大于 15.0	用吊线和钢尺检查
直梯垂直度	$L/1000$,且不应大于 15.0	用吊线和钢尺检查
栏杆高度	±15.0	用钢尺检查
栏杆立柱高度	±15.0	用钢尺检查

注：L 为平台梁、直梯的长度；
H 为平台梁的高度、平台立柱的高度。

检查数量：按钢平台总数抽查 10%,栏杆、钢梯按总长度各抽查 10%,但钢平台不应少于 1 个,栏杆不应少于 5m,钢梯不应少于 1 跑。

检验方法：用经纬仪、水准仪、吊线和钢尺现场实测。

8）多层与高层钢结构中现场焊缝组对间隙的允许偏差应符合表 3.1－14 的规定。

现场焊缝组对间隙的允许偏差(mm) 表 3.1－14

项 目	允许偏差	检验方法
无垫板间隙	+3.0 0.0	用钢尺检查
有垫板间隙	+3.0 -2.0	用钢尺检查

检查数量：按同类节点数抽查 10%,且不应少于 3 个。

检验方法：用钢尺现场实测。

（六）成品保护

1．高强度螺栓、栓钉、焊丝等,要求以上成品堆放在库房的货架上,最多不超过四层。

2．要求场地平整、牢固、干净、干燥,钢构件分类堆放整齐,下垫枕木,叠层堆放也要求垫枕木,并要求做到防止变形、牢固、防锈蚀。

3．不得对已完工构件任意焊割,空中堆物,对施工完毕并经检验合格的焊缝、节点板处马上进行清理,并按要求进行封闭。

（七）其他

1．在多层与高层钢结构工程施工现场中,吊装机具的选择,吊装方案、测量监控方案、焊接方案等的确定尤为关键。

2．对焊接节点处必须严格按无损检测方案进行检测，必须做好高强度螺栓连接副和高强度螺栓连接件抗滑移系数的试验报告。对钢结构安装的每一步都应作好测量监控。

3．混凝土核心筒与钢框架连接节点应符合设计要求，如核心筒预埋件有偏差与设计洽商处理。

4．攀登和悬空作业人员，必须经过专业培训及专业考试合格，持证上岗，并必须定期进行专业知识考核和体格检查。

5．施工中对高空作业的安全技术措施，发现有缺陷和隐患时，应及时解决；危及人身安全时，必须停止作业。

6．雨天和雪天进行高空作业时，必须采取可靠的防滑、防寒和防冻措施。对于水、冰、霜、雪均应及时清除。

7．防护栏杆具体做法及技术要求，应符合《建筑施工高处作业安全技术规程》JGJ 80—91 有关规定。

8．高空防护设施具体做法及技术要求，应符合《建筑施工高处作业安全技术规程》JGJ 80—91 有关规定。

9．钢柱安装登高时，应使用钢挂梯或设置在钢柱上的爬梯。钢柱安装时应使用梯子或操作台。

10．登高安装钢梁时，应视钢梁高度，在两端设置挂梯或搭设钢管脚手架。

11．悬空作业人员，必须戴好安全带。

12．结构安装过程中，各工种进行上下立体交叉作业时，不得在同一垂直方向上操作。

13．起重机的行驶道路，必须坚实可靠。

14．严禁超载吊装。

15．禁止斜吊。

16．双机抬吊，要根据起重机的起重能力进行合理的负荷分配（每台起重机的负荷不应超过其安全负荷的 80%），并在操作时要统一指挥。

17．绑扎构件的吊索须经过计算，所有起重工具，应定期进行检查，对损坏的做出鉴定。

18．过大的风载会造成起重机倾覆，工作完毕轨道两端设夹轨钳，遇有台风警报，塔式起重机应拉好缆风。

19．塔式起重机应安有起重量限位器、高度限位器、幅度指示器、行程开关等，防止安全装置失灵而造成事故。

20．群塔作业，两台起重机之间的最小距离，应保证在最不利位置时，任一台的起重臂不会与另一台的塔身、塔顶相碰，并至少有 2m 的安全距离；应避免两起重臂在垂直位置相交。

21．为防止高处坠落，操作人员在进行高处作业时，必须正确使用安全带。

22．在雨期、冬期里，构件上常因潮湿或积有冰雪而容易使操作人员滑倒，采取清扫积雪后再安装，高空作业人员必须穿防滑鞋方可操作。

23．地面操作人员必须戴安全帽。

24．高空作业人员使用的工具及安全带的零部件，应放入随身携带的工具袋内，不可随便向下丢掷。

25．在高空用气割或电焊切割时,应采取措施防止割下的金属或火花落下伤人。

26．使用塔式起重机或长吊杆的其他类型起重机时,应有避雷防触电设施。

27．各种起重机严禁在架空输电线路下面工作,在通过架空输电线路时,应将起重臂落下,并确保与架空输电线的垂直距离。严禁带电作业。

28．氧乙炔瓶放置安全距离应大于10m。

29．使用电气设备和化学危险物品,必须符合技术规范和操作规程,严格防火措施,确保安全,禁止违章作业。

六、钢结构防腐涂装

（一）工程概况（略）

（二）工程质量目标和要求（略）

（三）施工准备

1．材料

建筑钢结构工程防腐材料的选用应符合设计要求。防腐蚀材料有底漆、面漆和稀料等。建筑钢结构工程防腐底漆有红丹油性防锈漆、钼铬红环氧脂防锈漆等；建筑钢结构防腐面漆有各色醇酸磁漆和各色醇酸调合漆等。各种防腐材料应符合国家有关技术指标的规定,还应有产品出厂合格证。

2．主要机具

喷砂枪、气泵、回收装置、喷漆枪、喷漆气泵、胶管、铲刀、手砂轮、砂布、钢丝刷、棉丝、小压缩机、油漆小桶、刷子、酸洗槽和附件等。

3．作业条件

（1）油漆工施工作业应有特殊工种作业操作证。

（2）防腐涂装工程前钢结构工程已检查验收,并符合设计要求。

（3）防腐涂装作业场地应有安全防护措施,有防火和通风措施,防止发生火灾和人员中毒事故。

（4）露天防腐施工作业应选择适当的天气,大风、遇雨、严寒等均不应作业。

（四）操作工艺

1．工艺流程

| 基面清理 | → | 底漆涂装 | → | 面漆涂装 | → | 检查验收 |

2．基面清理

（1）建筑钢结构工程的油漆涂装应在钢结构安装验收合格后进行。油漆涂刷前,应将需涂装部位的铁锈、焊缝药皮、焊接飞溅物、油污、尘土等杂物清理干净。

（2）基面清理除锈质量的好坏,直接关系到涂层质量的好坏。因此涂装工艺的基面除锈质量分为一级和二级,见表3.1-15的规定。

（3）为了保证涂装质量,根据不同需要可以分别选用以下除锈工艺。

1）喷砂除锈,它是利用压缩空气的压力,连续不断地用石英砂或铁砂冲击钢构件的表面,把钢材表面的铁锈、油污等杂物清理干净,露出金属钢材本色的一种除锈方法。这种方法效率高,除锈彻底,是比较先进的除锈工艺。

钢结构除锈质量等级 表3.1–15

等级	质 量 标 准	除 锈 方 法
1	钢材表面露出金属色泽	喷砂、抛丸、酸洗
2	钢材表面允许存留干净的轧制表皮	一般工具(钢丝刷、砂布等)清除

2)酸洗除锈,它是把需涂装的钢构件浸放在酸池内,用酸除去构件表面的油污和铁锈。采用酸洗工艺效率也高,除锈比较彻底,但是酸洗以后必须用热水或清水冲洗构件,如果有残酸存在,构件的锈蚀会更加厉害。

3)人工除锈,是由人工用一些比较简单的工具,如刮刀、砂轮、砂布、钢丝刷等工具,清除钢构件上的铁锈。这种方法工作效率低,劳动条件差,除锈也不彻底。

3．底漆涂装

(1)调合红丹防锈漆,控制油漆的黏度、稠度、稀度,兑制时应充分的搅拌,使油漆色泽、黏度均匀一致。

(2)刷第一层底漆时涂刷方向应该一致,接槎整齐。

(3)刷漆时应采用勤沾、短刷的原则,防止刷子带漆太多而流坠。

(4)待第一遍刷完后,应保持一定的时间间隙,防止第一遍未干就上第二遍,这样会使漆液流坠发皱,质量下降。

(5)待第一遍干燥后,再刷第二遍,第二遍涂刷方向应与第一遍涂刷方向垂直,这样会使漆膜厚度均匀一致。

(6)底漆涂装后起码需4~8h后才能达到表干,表干前不应涂装面漆。

4．面漆涂装

(1)建筑钢结构涂装底漆与面漆一般中间间隙时间较长。钢构件涂装防锈漆后送到工地去组装,组装结束后才统一涂装面漆。这样在涂装面漆前需对钢结构表面进行清理,清除安装焊缝焊药,对烧去或碰去漆的构件,还应事先补漆。

(2)面漆的调制应选择颜色完全一致的面漆,兑制的稀料应合适,面漆使用前应充分搅拌,保持色泽均匀。其工作黏度、稠度应保证涂装时不流坠,不显刷纹。

(3)面漆在使用过程中应不断搅和,涂刷的方法和方向与上述工艺相同。

(4)涂装工艺采和喷涂施工时,应调整好喷嘴口径、喷涂压力,喷枪胶管能自由拉伸到作业区域,空气压缩机气压应在 $0.4~0.7N/mm^2$。

(5)喷涂时应保持好喷嘴与涂层的距离,一般喷枪与作业面距离应在100mm左右,喷枪与钢结构基面角度应该保持垂直,或喷嘴略为上倾为宜。

(6)喷涂时喷嘴应该平行移动,移动时应平稳,速度一致,保持涂层均匀。但是采用喷涂时,一般涂层厚度较薄,故应多喷几遍,每层喷涂时应待上层漆膜已经干燥时进行。

5．涂层检查与验收

(1)表面涂装施工时和施工后,应对涂装的工件进行保护,防止飞扬尘土和其他杂物。

(2)涂装后的处理检查,应该是涂层颜色一致,色泽鲜明、光亮,不起皱皮,不起疙瘩。

(3)涂装漆膜厚度的测定,用触点式漆膜测厚仪测定漆膜厚度,漆膜测厚仪一般测定3

点厚度,取其平均值。

(五) 质量标准

1. 保证项目应符合下列规定:

(1) 涂料、稀释剂和固化剂等品种、型号和质量,应符合设计要求和国家现行有关标准的规定。

检验方法:检查质量证明书或复验报告。

(2) 涂装前钢材表面除锈应符合设计要求和国家现行有关标准的规定:经化学除锈的钢材表面应露出金属色泽。处理后的钢材表面应无焊渣、焊疤、灰尘、油污、水和毛刺等。

检验方法:用铲刀检查和用现行国家标准《涂装前钢材表面锈蚀等级和除锈等级》规定的图片对照观察检查。

(3) 不得误涂、漏涂,涂层应无脱皮和返锈。

检验方法:观察检查。

2. 基本项目应符合下列规定:

(1) 涂装工程的外观质量:

合格:涂刷应均匀,无明显皱皮、气泡,附着良好。

优良:涂刷应均匀,色泽一致,无皱皮、流坠和气泡,附着良好,分色线清楚、整齐。

检验方法:观察检查。

(2) 构件补刷漆的质量:

合格:补刷漆漆膜应完整。

优良:按涂装工艺分层补制,漆膜完整,附着良好。

检查数量:按每类构件数抽查10%,但均不应少于3件。

检验方法:观察检查。

3. 涂装工程的干漆膜厚度的允许偏差项目和检验方法应符合表3.1-16的规定。干漆膜要求厚度值和允许偏差值应符合《钢结构工程施工及验收规范》的规定。

检查数量:按同类构件数抽查10%,但均不应少于3件,每件测5处,每处的数值为3个相距约50mm的测点干漆膜厚度的平均值。

干漆膜厚度的允许偏差项目和检验方法 表3.1-16

项 目	检 验 方 法
构件制造的干漆膜厚度	用干漆膜测厚仪检查
干漆膜总厚度	

(六) 成品保护

1. 构件涂装后应加以临时围护隔离,防止踏踩,损伤涂层。

2. 钢构件涂装后,在4h之内如遇有大风或下雨时,应加以覆盖,防止粘染尘土和水气,影响涂层的附着力。

3. 涂装后的构件需要运输时,应注意防止磕碰,防止在地面拖拉,防止涂层损坏。

4. 涂装后的钢构件勿接触酸类液体,防止咬伤涂层。

(七) 其他

1. 涂层作业气温应在 5~38℃ 之间为宜,当天气温度低于 5℃ 时,应选用相应的低温涂层材料施涂。

2. 当气温高于 40℃ 时,应停止涂层作业。因构件温度超过 40℃ 时,在钢材表面涂刷油漆会产生气泡,降低漆膜的附着力。

3. 当空气湿度大于 85%,或构件表面有结露时,不宜进行涂层作业。

4. 钢构件制作前,应对构件隐蔽部位、结构夹层难以除锈的部位,提前除锈,提前涂刷。

(八) 质量记录

应具备以下的质量记录:

1. 钢网架结构底漆涂层产品合格证。

2. 钢网架结构面漆涂层产品合格证。

3. 钢网架结构涂层的质量检查记录和报告。

七、钢构件组装及预总装

(一) 分项(子分项)工程概况(略)

(二) 分项(子分项)工程质量目标和要求(略)

(三) 施工准备

1. 施工人员

组装前,施工人员必须熟悉构件施工图及有关技术要求并且根据施工图要求复核其根据施工图要求复核其需组装零件质量。

2. 施工机具设备和测量仪器

组装用于零件夹紧定位的夹具有夹紧器、拉紧器、正反丝扣推撑器、卡兰或铁楔条夹具、槽钢夹紧器、矫正夹具。

3. 施工条件

(1) 零件复核:按施工图要求复核其前道加工质量,并按要求归类堆放。

(2) 以基准面的选择,来作为装配的定位基准。一般按下列规矩选择:

1) 构件的外表有平面也有曲面时,应以平面作为装配基准面。

2) 在零件上有若干个平面的情况下,应选择较大的平面作为装配基准面。

3) 根据构件的用途,选择最重要的面作为装配准面。例如,准作件中某些技术要求较高的面经过机械加工,一般以该加工面为装配基准面。

4) 选择的装配基准面在装配过程中最便于对零件定位和夹紧。

(四) 施工工艺

1. 钢结构构件组装方法选择,必须根据构件的结构特性的技术要求,结合制造厂的加工能力、机械设备等情况,选择能有效控制组装的精度、耗工少、效益高的方法进行。

2. 组装的通常使用方法(表 3.1-17)。

3. 胎模装配是用胎模把各零件固定其装配的位置上,用焊接定位,使装配一次成形。其特点是装配质量高、工效快,是目前制作大批构件组装中普遍采用方法之一。

(1) 制作组装胎模一般规定

1) 胎模必须根据施工图的构件 1:1 实样制造,其各零件定位靠胎模加工精度与构件精度符合或高于构件精度。

钢结构件组装方法　　　　　　　　　　表 3.1－17

名　称	装　配　方　法	适　用　范　围
地样法	用比例1:1在装配平台上放有构件安样。然后根据在实样上的位置,分别组装起来成为构件	桁架、柜架等少批量结构组装
仿形制装配法	先用地样法组装成单面(单片)的结构,并且必须定位点焊,然后翻身作为复胎模,在上装配另一单面的结构,往返2次组装	横断面互为对称的桁架结构
立装	根据构件的特点及其零件的稳定位置,选择自上而下或自下而上地装配	用于放置平稳、高度不大的结构或大直径圆筒
卧装	构件放置卧的位置的装配	用于断面不大、但长度较大的细长构件
胎模装配法	把构件零件用胎模定位在其装配位置上的组装	用于制造构件批量大、精度高的产品

注:在布置拉装胎模时必须注意各种加工余量。

2) 胎模必须是一个完整的、不变形的整体结构。

3) 胎模必须在离地 800mm 左右架设或是人们操作的最佳位置。

(2) 组装用的曲型胎模

1) H 型钢结构组装水平胎模

胎模由① 部工字钢组成横梁平台;② 侧向板定位靠板;③ 缘板搁置牛腿;④ 纵向腹板定位工字梁;⑤ 缘板夹紧工具组成的(图 3.1－5)。

其工作原理是利用翼缘板与腹板本身,使各零件分别放置在工作位置上,然后用 5 夹具夹紧一块翼缘板作为定位基准面,从另一个方向增加一个水平推力,亦可用铁楔或千斤顶等工具横向施加水平推力至翼腹板三板紧密接触,最后,用电焊定位三板翼缘点,H 型钢结构即组装完工。

其胎模特点:适用于大批量 H 钢结构组装,H 钢结构装配质量高、速度快等优点,但装配的场地占用较大。

2) H 型钢结构竖向组装胎模

竖向组装胎模结构由:① 工字钢平台横梁;② 胎模角钢立柱;③ 腹板定位靠模;④ 上翼缘板定位限位;⑤ 顶紧用的千斤顶等组成(图 3.1－6)。

其工作原理:利用各定位限企使 H 结构翼腹腔板初步到位,然后用千斤顶产生向上顶力,使腹腔翼板顶紧,最后用电焊定位组装 H 型钢结构。

它的使用方法:把下翼缘放置在工字钢横梁上,吊上腹板先进行腹板与下翼缘组装定位点焊好,吊出胎模备用。在 I 字钢横梁上铺设好上翼板,然后,把装配好上形结构翻为 T 型结构装在胎模上夹紧,用千斤顶顶紧上翼缘与腹板间隙,并且用电焊定位,H 型结构即形成了。

竖向组装胎具特点:占地少、胎模结构简单、组装效率较高,其缺点是组装 H 型钢需二次成型,先加工成为 T 型结构,然后再组合成 H 型结构。

3) 箱型组装胎模

它的组成由① 工字钢平台横梁;② 腹板活动定位适靠模;③ 活动定位靠夹头;④ 活动

框图臂腹腔板定位夹具;⑤ 腹腔板固定靠模;⑥ 活动装配千斤顶等件组成(图3.1-7)。

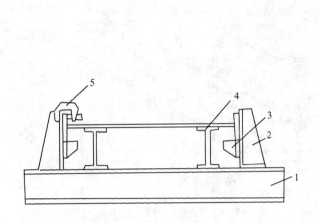

图3.1-5　H型水平组装胎模

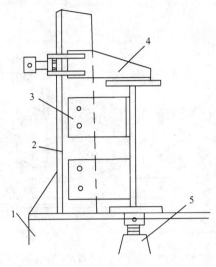

图3.1-6　H型竖向组装胎模

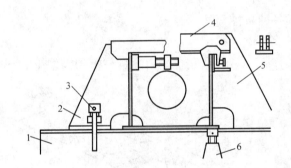

图3.1-7　箱型结构组装胎模(1)

它的工作原理是利用腹板活动定位适靠模与活动框图臂腹板腔定位夹具的作用固定腹板,然后,用活动装配千斤顶顶紧腹腔板与底板接缝并用电焊定位好。

图3.1-8是箱型结构组装胎模另一种形式。

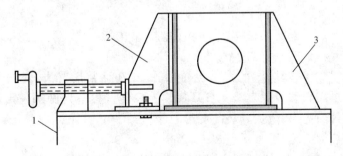

图3.1-8　箱型结构组装胎模(2)

其工作原理利用活动腹板定位靠模产生的横向推力,来使腹板紧贴接触其内部肋板;利用腹板重力,使腹板紧贴下翼板;最后分别用焊接定位,组装成为箱型结构。

4) 特殊的装配胎模(图 3.1-9)

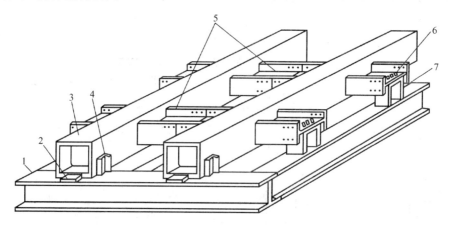

图 3.1-9 特殊的装配胎模
1—装配平台；2—纵向定位板；3—箱型物件；4—横向定位靠模；
5—H 型构件；6—定位孔销轴；7—定位孔模胎

它是根据结构各零件的特性与技术要求由胎模各定位靠模把零件固定起来，达到整体组装的目的。

桁架结构组装胎模(图 3.1-10)，它也是由定位靠模把零件组装起来的整体结构。

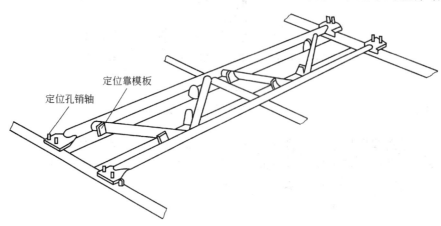

图 3.1-10 桁架结构组装胎模

钢结构组装必须严格按照工艺要求进行，其顺序在通常情况下，先组装主要结构的零件，从内向外或从里向表的装配方法。在其装配组装全过程不允许采用强制的方法来组装构件；避免产生各种内应力，减少其装配变形。

4. 实腹式 H 结构组装，用水平组装。

(1) 实腹式 H 结构是由上、下翼缘板与中腹板组成 H 型焊接结构。

(2) 组装前翼缘板与腹板等零件的复验，主要使平直度及弯曲保证小于 1/1000 的公差且不大于 5mm 的公差内，方可进入下道组装准备阶段。

(3) 组装前准备工作

1) 翼、腹板装配区域用砂轮打磨去除其氧化层,区域范围是装配接缝两侧 30~50mm 内。

2) H 胎模调整,根据 H 断面尺寸分别调整其纵向腹板定位工字钢水平高差,使其符合施工图要求尺寸。

3) 在翼板上分别标志出腹板定位基位线,便于组装时检查。

(4) H 钢组装方法,先把腹板平放在胎模上,然后,分别把翼缘竖放在靠模架上,先用夹具固定好一块翼缘板,再从另一块翼缘板的水平方向,增加从外向里的推力,直至翼腹板紧密贴紧为止(图 3.1-9),最后用 90°角尺测其二板组合垂直度,当符合标准即用电焊定位(图 3.1-11a)。一般装配顺序从中心向二面组装或由一端向另一端组装,这种装配顺序是减少其装配产生内应力最佳方法之一。当 H 结构断面高度 >800 时或大型 H 结构在组装时就增加其工艺撑杆,来防止其角变形产生(图 3.1-11b)。

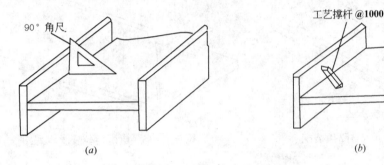

图 3.1-11 H 组装法中的角度检查与加撑

5. 箱型结构组装

箱型结构是由上、下盖板,隔板,两侧腹板组成的焊接结构(图 3.1-12)。

(1) 组装顺序及方法

1) 以上盖板作为组装基准。在盖板与腹板、隔板的组装面上,按施工图的要求分别放上各板组装板(图 3.1-13),并且用样冲标出来。

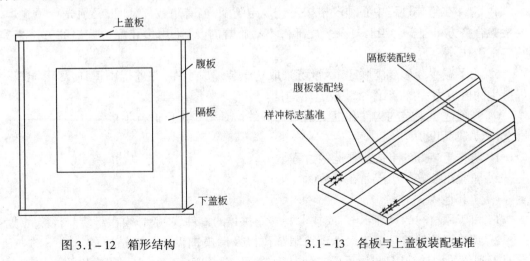

图 3.1-12 箱形结构　　　3.1-13 各板与上盖板装配基准

2) 以盖板与隔板组装,在胎模上进行(图3.1－14)。装配好以后,必须施焊完毕后,方可进行下道组装。

3) H型组装(图3.1－5)。在腹板装配前必须检查腹板的弯曲是否同步。反之必须矫正后方可组装。装配方法通常用一个方向装配,先定位中部隔板,后定位腹板(图3.1－15)。

4) 箱体结构整体装配是在H结构全部完工后进行,先将H型结构腹板边缘矫正好,使其不平度<1/1000,然后下盖板上放上与腹板装配线定位线,翻过面与H结构组装,组装方法通常采用一个方向装配,定位点焊采用对称方法,这样可以减少装配应力,防止结构变形。

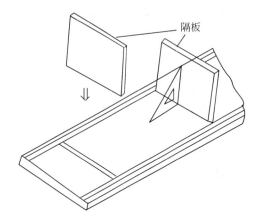

图3.1－14　上盖板与隔板装配　　　图3.1－15　电焊定位要求示意图

(五) 质量标准

在采用胎模时必须遵照下列规定:

1. 选择的块地必须平整,而且还具有足够的刚度。

2. 布置装配胎模必须根据其结构构件特点考虑预放焊接伸缩余量及其他各种加工余量。

3. 组装出首批构件后,必须由质量检查站进行全面检查,经合格认可后方可进行继续组装。

4. 构件在组装过程中必须严格按工艺规定装配,当有隐蔽焊缝时,必须先行预施焊,并经检验合格方可覆盖。当有复杂装配部件不易施焊时,可采用边装配边施焊的方法来完成其装配工作。

5. 为了减少变形装配顺序,尽量可采取先组装焊成小件,并进行矫正,使尽可能消除施焊产生的内应力,再将小件组装成整体构件。

6. 高层建筑钢结构构件和框架钢结构构件均必须在工厂进行预拼装。

(六) 成品保护

1. 防止组装好的半成品在运输过程变形。

2. 防止组装好的半成品在堆放时变形。

(七) 其他

1. 由于原材料的尺寸不够,或技术要求需拼接的零件,一般必须在组装前拼接完成。

2. 预装尺寸偏差是由于构件预总装部位以及胎模铺设不正确造成的。修正的办法一般对不到位的构件采用顶、拉手段来使其到位;胎模铺设不正确,则采用重机关报修正方法。

3. 节点部位孔偏差是由于构件制孔不正确造成的。一般处理的方法是：孔偏差≤3mm时，用扩孔方法解决；孔偏差>3mm时，用电焊接补孔打磨平整、重新钻孔方式解决；当补孔工作量大的时候，则采用换节点连接板方法解决。

八、钢结构矫正

(一) 分项(子分项)工程概况(略)
(二) 分项(子分项)工程质量目标和要求(略)
(三) 施工准备
1. 施工人员
组装前，施工人员必须熟悉构件施工图及有关技术要求，并且根据施工图要求复核其根据施工图要求复核其需组装零件质量。
2. 施工机具设备和测量仪器
卷板机、压力射机、吸式焊距(俗称烘枪、烤枪、焊枪)、锤、板头或自制简单工具等。
3. 施工条件
(四) 施工工艺
1. 在钢结构制作全程中，由于材料、设备、工艺、运输等质量影响，引起钢材原材料变形；气割剪切变形；钢结构成型后焊接变形；运输变形等等。为保证钢结构制作及安装质量，必须对不符合技术标准的材料、构件进行矫正。

矫正主要形式有：
① 矫直：消除材料或构件的弯曲。
② 矫平：消除材料或构件的翘曲或凹凸不平。
③ 矫形：对构件的一定几何形状进行整形。

钢结构矫正，就要通过外力或回热作用，使钢材较短部分的纤维伸长；或使较长部分的纤维缩短，最后迫使钢材反变形，以使材料或构件达到平直及一定几何形状要求并符合技术标准的工艺方法。

钢结构变形原因有以下几个方面：
1) 钢结构材料或构件由于受外力或内应力作用会引起拉伸、压缩、弯曲、扭曲或其他复杂变形。矫正工作的对象就是钢材的变形件。应先了解变形及其原因，以便采取合理的矫正方法，也是防止或减少变形的途径。
2) 钢结构原材料变形
钢材原材料变形是由钢材内部残余应力及存放、运输、吊运等不当引起的。
(1) 原材料残余应力引起变形
这类变形产生于钢铁厂轧钢材的过程中。当钢铁厂用坯料热轧或冷拉方式在轧辊中沿钢材长度方向轧制时轧辊的弯曲、间隙调整不一致等原因，会导致钢材在宽度方向压缩不均匀形成钢材内部产生残渣应力而引起变形。

例如，热轧薄钢板，轧制时钢板冷却速度较快，在轧制结束时薄钢板温度600~605℃左右，此时钢材塑性降低，钢板内部由于延伸纤维间的相互作用，延伸得较多的部分在压缩小应力作用下，失去其稳性残余应力使薄钢板产生曲皱现象。

(2) 存放不当引起变形

钢结构使用原材料大部分较长、较大,且量多,钢材堆放时钢材的自重会引起钢材的弯曲、扭曲等变形。特别是长期堆放、地基的不平或钢材下面热块不平会引起直钢材产生塑性变形。

对于长期露天堆放,引起锈蚀严重的钢材不宜进行矫正。

(3) 运输、吊运不当引起变形

钢材的运输或吊运过程中,安放不当或吊点、起升工夹具选择不合理会引起变形。

成型加工后变形钢材在成型加工过程中工艺和操作方法等选择不当,极易引起成型件变形。

1) 剪切变形

钢材剪切,特别是剪切狭长钢板,由于一般采用斜口剪切,会引起钢板弯曲、扭曲等变形。采用圆盘剪切会引起钢板扭曲等复杂变形。另外冲切模具如设计不当也会使冲切后的钢材产生变形。

2) 气割变形

目前我国钢材气割大多采用氧—乙炔,在气割过程中,当钢材被氧气和乙炔气产生的混合预热火焰顶热至高温时,立即被高纯度的氧气流喷射,使钢燃烧产生大量的化学热而形成液态溶渣(FeO、Fe_2O_3、Fe_3O_4)及少量溶化了的铁,被高速氧气流吹走,从而形成切口。气割时切口处形成高温,气割后逐渐冷却,由于金属热胀冷缩特性,在气割时切中边朝外弯曲,冷却后由于内应力作用切口边各向弯曲;这种情况在气割狭长钢板时若只一边有割缝时变形尤为严重。

3) 弯曲加工后变形

对钢材弯曲加工成不规则几何形状时,一般采用加工或热加工的方法,并对钢材施加外力使其产生永久性变形。冷加工时外力作用过大或过小,热加工时由于钢材内部产生的热应力作用,而使钢材未能达到所需弧或角度等几何形状所要求的范围时,即变形过大或过小而产生钢材弯曲加工后的变形。

4) 焊接变形

钢材焊接是一种不均匀的加热过程,焊接通电弧或火陷热源的高温移动进行。焊接时钢材受热部分膨胀,而周围不受热部分在常温下并不膨胀,相当于钢性固定,它将迫使受热部分膨胀受阴而产生压缩塑性变形,冷却后焊缝及其附近,钢材因收缩而造成焊件产生应力变形。

焊接应力分类有多种,按引起应力原因分有温度应力和组织应力,一般焊件内部都存在这两种应力。

焊接变形因焊接接头形式、材料厚薄、焊缝长短、构件形状、焊缝位置、焊接时电流大小、焊缝焊接顺序等原因会产生不同形式的变形。焊接变形一般可分为:整体变形和局部变形。

焊缝和焊缝附近钢材收缩主要表现在纵向和横向收缩二个方面,因而形成了焊件压缩、弯曲、角变形等多种形式。

5) 其他变形

在钢结构制作、安装过程中,由于工序较多、工艺繁复、加工时间较长,因此引起变形的其他原因也很多,如吊运构件时碰撞;钢结构工装模具热处理后产生热应力和组织应力超过工装模具材料的屈服强度;钢结构长期承受荷载等,也会引起变形。

2. 机械矫正

(1) 机械矫正就是通过一定的矫正机械设备对矫正件进行矫正。

机械矫正一般适用于批量较大、形状比较一致、有一定规格的钢材及构件。机械矫正由于利用机械动力产生外力大,因而能矫正其他矫正方法所不能达到的所要求技术标准范围的刚性大的矫正件。

机械矫正生产率高、质量好,且能降低工作的体力消耗,因此是矫正工作直向机械化、自动化的有效途径。

机械矫正一般在专用机械上矫正,由于各企业规模、设备、产品品种等因素不相同,机械矫正也有在通用机械设备或自制矫正设备上矫正的。

(2) 专用矫正机械

专用矫正机械种类很多,一般用于原材料或切割后钢材的矫正。

为提高钢结构加工的质量、加快钢结构制作的进度,对不符合质量要求的变形材料,应在号料前就进行矫正。

1) 钢板矫平机(轧平机)

① 钢板矫平机矫平钢板原理

钢板矫平机矫平钢板是使钢板在轴辊中反复弯曲,从而使钢板内的短纤维拉长,使钢板的应力超过其弹性极限时发生永久变形来达到使钢板平整的一种矫正方法。小件板材的矫平可把同一厚度的小板材放在比其厚一些的整线大钢板上,利用轴辊对小件板材的压力反复碾展,使小件板短纤维伸展而被矫平。

② 钢板矫平机类型

钢板矫平机矫根据轴辊布置形式有以下几种:

上下列辊平行矫平机:其轴辊排列结构如图 3.1 – 16。

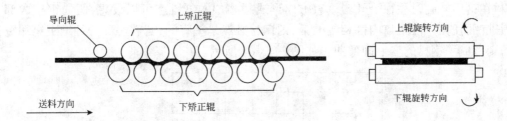

图 3.1 – 16　上下列辊平行矫平机结构示意图

此矫平机上下列轴辊平行,并呈交叉排列。上面一列轴辊分二种:外面二根为导向辊,对钢板不起弯曲作用,仅是引导钢板进入中间轴中,一般轴辊都能作上下各自的调节以利不同厚度的钢板矫平时能调节上下两列轴辊的距离。下面一列轴辊由电动机带动旋转,位置一般固定。

用矫平机矫平钢板,一般要使矫正辊与下一辊调整到略小于被矫钢板厚度,使钢板受轴辊的摩擦力。

2) 矫正原理

当变形程度超过技术规定范围时就必须进行矫正。矫正方法很多,明确变形原因才能对症下药进行矫正。矫正原理就是利用钢材的逆性、热胀冷缩的特性,以外力或内应力作用迫使钢材反变形,消除钢材的弯曲、翘曲、凹凸不平等缺陷,以达到一定几何形状并符合技术标准范围。

根据金属学研究,金属材料都是多晶体。金属材料塑性就是在外作用后变形能够永久变形而不发生破裂。金属的塑性变形有二种基本形式:滑移方变形和孪动变形。

矫正主要是利用金属晶体的滑移变形。因矫正工作不涉及孪动变形,故在此不作介绍,其变形方式如图 3.1 – 17 所示。

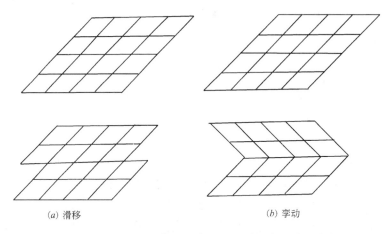

图 3.1 – 17　金属晶体塑性变形的两种基本形式示意图

如图 3.1 – 17 所示,滑移变形的主要原理是:在适当的外力作用下,金属晶料内部会沿一定的结晶面产后相互滑移,使原子位置由原来的稳定状态移动到新的稳定状态,当外力撤除后原子位置不再复原,但晶粒结构并未被破坏面形成金属的塑性变形。

钢材在钢厂轧制时往往沿轧辊垂直方向形成很多层的纤维。可以设想,假如钢格内部各纤维长度的任何一段距离内都相等的话,则钢材必然是平直的;若有一部分纤维距离缩短或伸长,则形成了钢材的变形即弯曲。如图 3.1 – 18 所示。

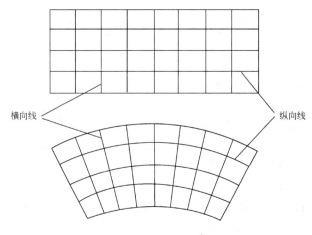

图 3.1 – 18　弯曲变形示意图

钢材弯曲形后,可以清楚地看出所有的纵向线都由直线变成了圆弧线,靠近凸边的纵向线伸长,靠近凹边的纵向线缩短,但在所有的纵向线中间必有一条纵向线既不伸长也不缩短,这一纵向线变形后只是互相平行变成了互相倾斜一个角度。因此钢材变形是由于晶格滑动,各纤维长度(纵向线长度)必然由相等变成了不等。

矫正就是假设此纵向线是由无数纤维组成的。钢材凸边纤维的伸长称为"松",凹处纤维的缩短称为"紧"。矫正就是通过外力或加热调整钢材晶格排列即调整钢材纤维长度,从而使矫正件达到所需要形状。

要使弯曲处矫直,一般可有二种方法:一是使凹处纤维伸长,如使用机械矫正、手工矫正等;二是使凸处纤维缩短,如使用火焰矫正、高频热点矫正等。

3) 矫正分类

矫正分类方法有多种:一般企业中根据钢结构加工工序前后分有原材料矫正、成型矫正、焊后矫正等;大部分文献中都根据矫正时外力的来源分为机械矫正、火焰矫正、高步面热点矫正、手工矫正、热矫正等;也有根据钢材矫正时的温度分为冷矫正、热矫正等。

① 辊的摩擦力带动而进入下一辊之间强行实行反复弯曲。当钢板弯曲应力超过材料屈服极限时,纤维产生塑性变形而伸长,使钢板趋于平整。

有些矫平机的导向辊能单独驱动,其主要作用是使钢板能较快地进入上下轴之间,以作钢板矫平。

矫平机矫正钢板的质量取决于轴辊数的多少及钢板的厚度。常用轴辊数有 5~9 根,也有 11 根以上的,轴辊越多矫平质量越好。

② 上列辊倾斜的矫平机

上列辊倾斜的矫平机专用于薄板矫平。其结构大部分与下一列辊平行矫平机相同,不同之处是上列轴辊排列与辊的轴线形成一个不大的倾斜角,此角能由上辊进行调节。

用这种矫平机矫平薄板时,使薄板在上下轴辊间的曲率逐渐减小。当薄板经过前几对轴辊进行了基本弯曲,而其余各辊对薄板产生附加拉力,以至在薄板经过最后对轴辊前已接近弹性弯曲的曲率,因此大大提高了矫平薄板的质量。

③ 成对导向辊矫平机

成对导向辊矫平机的矫平薄板的另一种矫平机,其结构不同于上下列辊平行矫平机之处在于导向辊两端不是各一根,而是两端成对的,其主要作用是压紧薄板。导向辊有一端可供驱动,也有二端可供驱动的。

当薄板进入一对进料导向辊时被压紧并随导向辊旋转送入矫正辊,由于进料导向辊转动的圆周线速度稍低于中间矫正辊,而出料导辊的转动圆周线速度又稍大于或等于矫正辊,使薄板在矫平机中除发生弯曲外不定期受拉力作用,薄板在此二种力的作用下趋于平整。

④ 卷料拆卷矫正机

钢结构制作中,如采用卷筒薄板,必须先拆料并矫平后才能使用。

卷料的拆卷一般可在卷料拆卷矫正机上进行。如图 3.1-19 所示,卷料的拆卷机由拆料和矫平二部分组成,矫平后可按需要长度用龙门剪板机进行前切后使用。

对卷筒薄板拆卷时,由电动机驱动托料辊,使卷料因摩擦力作用作相应的转动,进入矫平机,使拆料和矫平二道工序连续进行。

(3) 型钢矫正机:其矫正原理与钢板矫平机相同。

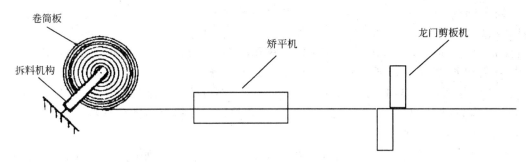

图 3.1-19 卷料拆卷示意图

型钢矫正机可矫正角钢、槽钢等型钢,其辊轮形状与被矫型钢截面相适应,并呈交叉排列,当型钢通过几组辊轮时被反复弯曲拉长而矫直。辊轮可调换以适应不同形状或规格的型钢。

(4) 撑直机

它是采用反向弯曲方法来矫直型钢或条头钢板的。撑直机工作原理如图 3.1-20 所示。

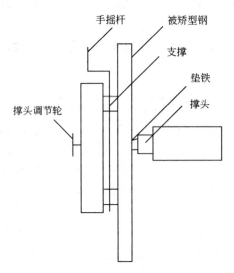

图 3.1-20 撑直机工作示意图

撑直机一般为卧式,工作部分呈水平布置。撑直机按撑头数分有单头和双头二种。撑直机撑头由电动机带动偏心轴作前后方向水平运动,撑头撑出长度根据矫正件弯曲角度由撑头调节轮调节。支撑间的距离由丝杆来调节。

(5) 通用矫正机械

对于形状较特殊,不能专用矫正机上矫正的构件,或当企业缺乏专用矫正机时,可用通用矫正机矫正。

1) 卷板机

卷板机主要作用是将板材或某种型钢卷曲成圆弧形,但也可用来矫平板材及某些种类的型钢。

对于槽钢、工字钢小面弯曲和中板及在卷板机负荷能力范围内的厚板在卷机上矫平直，可先将矫正件滚出适当的大圆弧，再翻身并略加大上下轴辊的距离再滚，如此反复滚压使矫正件原有的弯曲反弯形从而逐渐趋于平直。

对于薄板或小件同一厚度板材，可利用厚钢板作衬垫，在卷板机内反复滚压从而达到矫平目的，如图 3.1-21 所示。

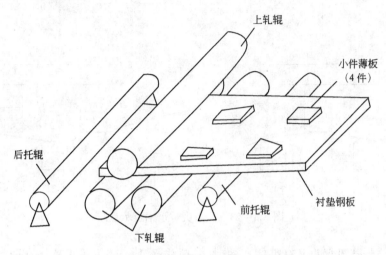

图 3.1-21　三辊卷板机矫正小件钢板示意图

2) 压力机

钢材具有弹性和逆性。材料在外力作用下产生变形，当外力去除后能恢复原状的能力称为弹性变形。钢材在弹性范围内外力与变形成正比关系。当材料在外力作用下超过其弹性限度，在外力去除后材料不能恢复原状的变形称为塑性变形。

如图 3.1-22，当钢材受外力作用而逐渐由凸变凹，由于所加外力只在一定限度以内，当外力去除后仍能恢复原来的凸形状态，这属弹性变形。如继续加大外力，当外力大于弹性限度后逐渐减少并在去除外力后，钢材不随外力去除而恢复原来的凸形状态，产生塑性变形（由凸变平或用力大时凸变凹），如图 3.1-22(b)所示。这就是压力矫正钢材的原理。要使钢材发生塑性变形，一要有超过钢材弹性限度的的外力，二要有支点。钢结构矫正件如较大，刚性也大。由于液压机能产生巨大的压力，因此矫正时常常被利用作为外力的来源，而支点则用钢材或制作的模具代替。

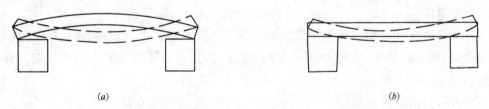

(a)   (b)

图 3.1-22　钢材弹性变形与塑性变形示意图
(a)弹性变形；(b)塑性变形

① 钢板弯曲矫平

钢板矫平一般准备二根方钢作支点,矫正时先找出钢板弯曲最高点及最低点,一般矫正把二根方钢放在最低点下,一根方钢放在最高点上,如图 3.1-23 所示。矫正钢板要估计下压量超过钢板的弹性限度,为防止下压量过多,可在受压点下放置适当厚度的钢板。如钢板较大,可按图 3.1-23 所示方法矫正。

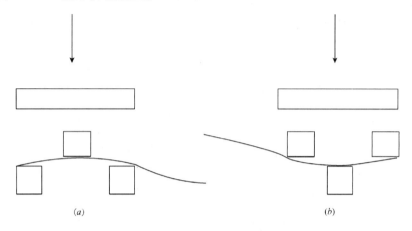

图 3.1-23 压力机矫正钢板示意图

当钢板既有局部弯曲又有整体弯曲时,一般先矫正局部后矫正整体弯曲。

用压力机可矫正中板或厚板弯曲,也可矫正部分型钢弯曲。

② 钢板扭曲矫平

钢板扭曲必有二对角等高,用压力机矫正扭曲钢板可分别在此二处放上垫铁,再在别处二对角下放垫铁,然后用压力机施加压力进行扭曲矫正。

当钢板扭曲变形同时不定期存在弯曲变形时,一般先矫扭曲变形,后矫弯曲变形。

(6) 手动矫正机

手动矫正机具有简易、轻型、使用方便等特点,在缺少设备的中小型企业或工地尤为适宜。

手动矫正机压力源可采用千斤顶、螺旋等,支点可用槽钢、工字钢等型钢焊接而成。

手动矫正机因产生的压力较小,速度较慢,不适用于刚性较大的结构件矫正,也不适用于批量较大的钢结构生产。

3. 火焰矫正

(1) 概述

火焰矫正是利用火焰所产生的高温对矫正件变形的局部进行加热,使加热部位的钢材热膨胀受抑,冷却时收缩,从而使矫正部位纤维收缩,以使矫正件达到平直或一定几何形状并符合技术范围的方法。

(2) 火焰矫正原理

当火焰对矫正件部位加热时钢材随温度升高而膨胀,但周围大部分钢材却处于常温下并不膨胀,相当于刚性未固定,阻碍和压抑了受热部位钢材的膨胀,使加热区的钢材遇到径向反作用力,当温度超过金属屈服点产生挤压形成压缩塑性形。停止加热后,随着加热区温度降低,高温下产生的局部压缩变形量仍然保留并由于冷却收缩产生了巨大的收缩应力,使加热区金属纤维收缩而变短,从而达到矫正目的。

火焰矫正加热温度的控制,低碳钢和普通低合金结构钢采用600~800℃为宜。温度过高或过低矫正效率都不高,温度过低使钢材内部的应力超过屈服点应力就会达到塑性状态。温度过高钢材的塑性变好、而抗弯和屈服点应力下降,如图3.1-24所示:Ⅰ、Ⅱ、Ⅲ为低塑区,A为高塑区。在Ⅰ区相应范围内(200~300℃)变形抗力有所回升,塑性δ下降呈脆性,继续升温δ与f_u变化趋势正好相反,δ增加、f_u降低。当温度达到980℃左右时会出现热脆性,称为红脆区。在A区呈温度较高,但还未产生过烧、过热现象,因此具有最佳塑性,变形抗力也比较小。在Ⅲ区由于过烧和过热钢的塑性急剧下降,变形抗力处于极低值。

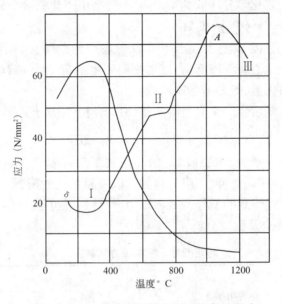

图3.1-24 温度对钢的塑性和抗弯的影响

以钢结构常用低碳钢为例,常温下屈服点应力f_u为235N/mm²,而在600~800℃屈服点火焰趋向于零,这时只要加很小的力就会产生很大的变形。根据虎克定律:

$$\varepsilon = \frac{f_u}{E}$$

式中　ε——弹性变形;

　　　f_u——应力;

　　　E——弹性模数(低碳钢弹性模数为$2.06 \times 10^5 N/mm^2$)。

$$\varepsilon = \frac{f_u}{E} = 235 \div (2.06 \times 10^5) \approx 0.001143$$

如加热低碳钢完全刚性固定,不能自由膨胀,当加热至t℃时,热应力达到屈服点,则热变形与弹性应相等,则$\varepsilon = \varepsilon_t = \alpha \cdot t$

$$t = \frac{\sum}{\alpha} = 0.001143 \div (1.2 \times 10^{-5}) \approx 100(\text{℃})$$

由此可见,把低碳钢加热到100℃以上时就可达到屈服点,继续加热就会产生塑性变形,这种塑性变形是不会复原的,因此在低碳钢内部产生了残余应力。了解并认识钢材局部加热所引起的变形规律是掌握火焰矫正的关键。如在同一部位再次加热矫正,效果不如第一次,同一部位多次加热反而会失去矫正效果。

火焰矫正不适用于炭钢、高合金钢、不锈钢及铸铁等脆性材料的矫正。

(3) 常用工具及其应用

1) 射吸式焊矩(俗称烘枪、烤枪、焊枪)的工作原理

采用火焰矫正时产生火焰的方法、使用工具和燃料有多种,有以煤、煤气作燃料用各种方法产生火焰;工具则有用等压式焊矩、割矩等。常用的是以乙炔作燃料的射吸式焊矩。射吸式焊矩是气焊的工具,其发热量大量集中,效率高,被广泛应于火焰矫正。

乙炔,又名电石气,其化学分子式为 C_2H_2。乙炔是由碳化钙(电石)生成的,其化学反应方程式为:$CaC_2 + 2H_2O = Ca(OH)_2 + C_2H_2$

乙炔在高温或 $2 \times 10^5 Pa$ 以上大气压下有自燃爆炸的危险,火焰矫正可采用瓶装乙炔气。使用乙炔发生器产生乙炔气较麻烦,使用中要产生的沉淀物 $Ca(OH)_2$ 及电石内含有的多种杂质,如硫化氢、磷化氢、氨等易污染环境。

乙炔与氧气混合点燃后会产生大量的热量(312 千卡/克分子)。其化学反应方程式为:

$$2C_2H_2 + 5O_2 \xrightarrow{点燃} 4CO_2 + 2H_2O$$

矫正使用氧气纯度一般为 97.5% 以上的高压装氧气。氧气在高压情况下遇到油脂有爆炸危险,故氧气不准放在高温旁、太阳的直射下以及易燃物的附近。

火焰矫正选用射吸式焊矩的型号及气体压力、气体耗量见表 3.1 – 18。

2) 氧—乙炔火焰种类及温度分析

焊矩型号及气体压力耗量表　　　　表 3.1 – 18

型号	焊嘴号	焊嘴孔直径(mm)	气体压力(N/mm²) 氧气	气体压力(N/mm²) 乙炔	气体耗量 (m³/h) 氧气	气体耗量 (L/h) 乙炔
H01 – 12	1 号	1.4	0.4		0.37	430
	2 号	1.6	0.45			580
	3 号	1.8	0.5	0.001 ~ 0.1	0.65	786
	4 号	2.0	0.6		0.86	1050
	5 号	2.2	0.7		1.10	1210
H01 – 20	1 号	2.4	0.6		1.25	1500
	2 号	2.6	0.65		1.45	1700
	3 号	2.8	0.7		1.65	2000
	4 号	3.0	0.75		1.95	2300
	5 号	3.2	0.8		2.25	2600

续表

型号	焊嘴号	焊嘴孔直径(mm)	气体压力(N/mm²)		气体耗量	
					(m³/h)	(L/h)
			氧气	乙炔	氧气	乙炔
H01-40	1号	3.0	0.8		1.95	2300
	2号	3.2	0.85		2.25	2800
	3号	3.4	0.9		2.65	2900
	4号	2.5	0.95		2.70	3050
	5号	3.6	1.0		2.90	3250

射吸式焊炬是利用氧与乙炔混合气体点燃后燃烧产生火焰，调节氧和乙炔的混合比例可以获得三种不同性质的火焰，如图3.1-25所示碳化焰、中心焰、氧化焰。此三种火焰氧、乙炔体积比和可达最高温度见表3.1-19。

三种火焰氧乙炔体积比及可达最高温度　　　　　表3.1-19

焰　别	氧炔比	温度(℃)
碳化焰	0.8~0.9	2700~3100
中心焰	1.0~1.2	3100
氧化焰	1.2~1.5	3100~3300

碳化焰因乙炔充分燃烧，易使钢材碳化，特别对熔化的钢材有加入碳质的作用，因此火焰矫正时应尽量避免采用。

中心焰因乙炔充分燃烧，喷嘴处呈现一个很清晰的内焰芯，色白而明高，这是部分乙炔在高温下分解而产生的碳在炽热时发生亮度很高的白光。焰芯成分是碳和氧，对熔化钢材有渗碳和氧化作用。内焰呈蓝白色，有呈杏核状的深蓝色线样，它来自内焰芯碳、氢与氧气剧烈烧部分，离焰芯尖端2~4mm处温度最高在3100℃，是氧化最剧烈之处，此处气体成分包括60%~66%一氧化碳，34%~40%氢气，对钢材熔池有还原脱氧作用，并能保护熔池免受其他气体侵害。中心焰的外焰和内焰没明显界限，外焰的颜色由里向外逐渐由淡紫色变成澄黄色。外焰由未燃烧的一氧化碳和氢气与空气中的氧气化合燃烧生成二氧化碳和水蒸气。外焰有来自空气中的多余氧气，具有氧化作用。中心焰的温度分析如图3.1-26所示。

氧化焰含氧气量高，乙炔量低，喷嘴处呈现比中心焰尖而小的蓝白色焰芯，外焰短、稍带紫色，焰挺直，燃烧时发出急促的"嘶嘶"声，其最高温度可达3300℃，此焰对红热或熔化钢材有氧化作用。

对于变形较大的部位矫正，要求加热深度大于5mm，因此需要较慢的加热速度，此时宜用中心焰矫正较为适当。

对于变形较小的部位矫正，要求加热深度小于5mm，则需要较快的加热速度，此时宜用氧化焰进行矫正。

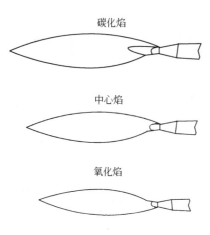

图 3.1-25 氧-乙炔火焰示意图

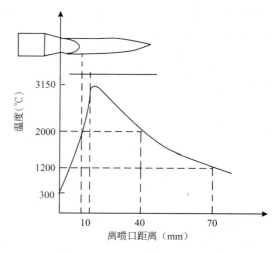

图 3.1-26 中心焰温度分析图

3) 射吸式焊炬主要用于焊接薄钢板、有色金属、生铁铸件及堆焊硬质合金等,在气体焊接工作上有其特殊的用途,但也广泛应用于火焰矫正及加热矫正。使用射吸式焊炬进行火焰矫正,因使用设备简单,气体便宜易取,故有成本低、能降低工人劳动强度和工作场地清洁等优点。

(4) 火焰矫正加热位置、加热宽度、加热长度、加热速度对矫正效果的影响

火焰矫正关键是正确掌握火焰对钢材进行局部加热以后钢材的变形规律。影响火焰矫正效果的因素很多,主要有火焰加热位置、加热形状、宽度、长度、大小、温度等等。被矫正件本身的刚度大小,火焰矫正时是否同时采用其他矫正方法混合进行矫正,被矫正件本身的厚度等等也会影响矫正效果。

加热位置的确定应选择在钢材弯曲外其纤维需缩短的部位,如图 3.1-27 所示。一般来说在弯曲处向外凸一侧加热能使弯曲趋直,反之弯曲和曲率半径变小。

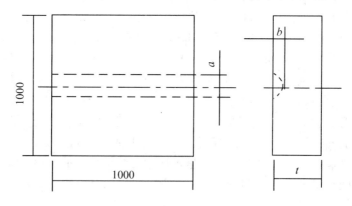

图 3.1-27 钢板加热示意图
a-加热宽度;b-加热深度;t-钢板厚度(单位:mm)

加热宽度(包括加热线的宽度、点的直径、三角形的面积大小等)对矫正变形能力的大小

有显著影响。如图 3.1-27 所示,分别以不同的加热宽度(a)对 1000mm×1000mm 几种不同厚度(t)的钢板沿其中心线加热(700℃),其结果见表 3.1-20。

加热线宽度对钢板弯曲影响(700℃)单位:mm　　　表 3.1-20

变形加热线宽度 钢板厚	20	30	40	60	80	加热深度
20	3.8	5.3	6.6	8.0	—	2~3
30	—	3.2	4.1	5.6	6.5	2~3
60	—	2.1	2.5	3.2	3.7	3~5
80	—	—	0.5	0.8	1.2	3~5
135	—	—	—	0.2	0.6	5~7

由表 3.1-20 可以看出,同一厚度的钢板加热线越宽,钢板弯曲量越大。根据表 3.1-20可作出图 3.1-28。

从图 3.1-28 可以看:一般来说,加热线宽度与弯曲量成正比关系。

以 30mm 钢板为例,加热线宽度(a)对弯曲量(弯曲矢高)的影响程度建立函数关系式

$$\frac{f-6.5}{6.5-3.2} = \frac{a-80}{80-30}$$

得 $f \approx 0.66a + 1.22$

此式表示为 30mm 的钢板,当加热温度为 700℃、加热深度为 2~3mm 时,加热线宽度(a)在 20~80mm 范围内,每米长度的弯曲量为 f。

根据图 3.1-28 也可以看出,当加热温度和深度确定后,为了达到同样的弯曲量 f,那么厚板应比薄板加热线宽度宽。一般说加热线宽度为板厚的 0.5~2 倍左右。

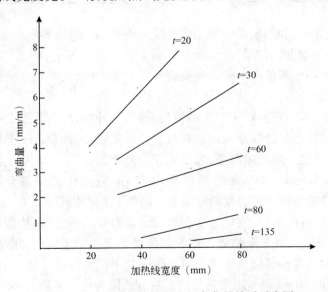

图 3.1-28　钢板加热线宽度与弯曲量关系示意图

钢材的加热温度,在火焰矫正所允许的温度范围内,一般来说温度越高矫正变形能力越强。如图 3.1-29,对 $\phi 100$ 长 100mm 的圆钢在中间加热,其加热温度与冷却后钢弯曲量关系见表 3.1-21。根据表 3.1-21 作图 3.1-30 可以看出,加热温度与矫正变形能力成正比关系。温度过低,当低于 200℃ 时,一般对变形部位不起作用;温度过高,当高于 900℃ 时,会使钢材内部组织发生变化,内部晶粒材质差。

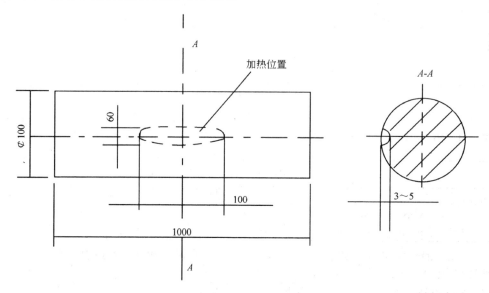

图 3.1-29 圆钢加热位置示意图

加热温度与弯曲量关系表　　　　　表 3.1-21

加热温度 t(℃)	200	400	600	800	1000
弯曲量 f(mm/m)	0.08	0.14	0.20	0.26	0.32

在火焰矫正实践中,加热温度一般是凭经验看钢材加热后所显示的颜色来判断的。

火焰矫正的加热速度,对变形量 f 也有影响。火焰温度不高,钢的加热时间就会延长,使受热范围扩大,影响变形量。一般来说要提高矫正能力(增大矫正后变形量),就需热量集中,即加快加热速度。

加热深度是火焰矫正控制矫正效果的重要一环。不同的加热深度会获得不同的矫正效果,对于矫正件如何确定加热深度从而达到最佳的矫正效果,完全取决于操作者的经验和技术熟练程度。加热深度一般较难测量,大都凭经验判断。

对 10mm 厚 1000mm×1000mm 的钢板居中 20mm 宽度作直线加热,加热温度 700~800℃,在施以不同加热温度后,钢板的弯曲量 f 如表 3.1-22 和图 3.1-31 所示。从图中可以明显看出:钢板在不同加热深度情况下与弯曲量成曲线关系,当加热深度为 1~4mm 时呈上升趋势,大于 5mm 后反呈下降趋势。在加热深度大于 1/2 厚度时,钢板局部受热趋于均匀而刚性逐渐减小,使加热部位压缩弯形量也逐渐变小从而使变形量变小,因此加热深度一般控制在钢材厚度的 40% 以下,如用三角形加热方式则为构件宽度的 40% 左右。

(5) 火焰矫正加热方法

1) 点状加热

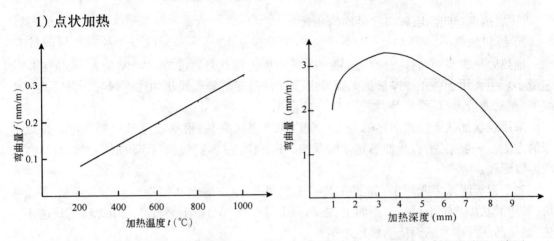

图 3.1-30 加热温度与弯曲量关系图　　图 3.1-31 加热深度与弯曲量关系示意图

加热深度与弯曲量关系表　　　　　　　　表 3.1-22

加热深度(mm)	1	2	3	4	5	6	7	8	9
弯曲量 f(mm/m)	2.0	2.8	3.2	3.3	3.2	2.9	2.6	1.9	1.2

加热区域为一个或多个一定直径的圆点称为点状加热。根据矫正时点的分布情况有：一点形、多点直线、多点展形及一点为中心多点梅花形等。

点状加热一般用于矫正中板、薄板的中间组织疏松(凸变形)或管子、圆钢的弯曲变形。特别对油箱、框架等薄板焊接件矫正更能显示其优点。如图 3.1-32 点状加热示意图。

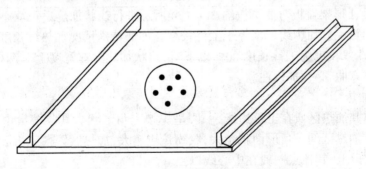

图 3.1-32 点状加热示意图

进行点状加热应注意以下几点：

① 加热温度选择要适当，一般在 300~800℃ 之间。

② 加热圆点的大小(直径)一般是：材料厚圆点大，材料薄圆点小，其直径选择板厚 6 倍加 10mm 为宜，用公式表示即：D6t+10。

③ 进行点状加热后采用锤击或浇水冷却，其目的能使钢板纤维收缩加快，锤击时要避免薄板表面留显锤印，以保证矫正质量。

④ 加热时动作要迅速，火焰热量要集中，既要使每个点尽量保持圆形，又要不产生过热与过烧现象。

⑤ 加热点之间的距离应尽量均匀一致。

2) 线状加热

加热处呈带状形时称为线状加热。线状加热的特点是宽度方向收缩量大,长度方向收缩量小。主要用于矫正中厚板的圆弧变曲及构件角变形等。线状加热时焊嘴走向形式有直线形、摆动曲线形、环线形等,如图3.1-33所示。

采用线状加热要注意加热的温度、宽度、深度之间联系,根据板厚及变形程度来采取适当的方法。一般来说,直线加热宽度较狭窄,环线形加热深高较深,摆动曲线加热宽度较宽,较环线形浅。

对于钢板圆弧弯曲矫平,如图3.1-33,此变形特点是上凸面钢板纤维较下凹面纤维长,采用线状加热矫平可将凸面向上,在凸面上等距离划出若干平行线后用焊嘴按线逐条加热,促使凸面纤维收缩而使钢板趋于平整。

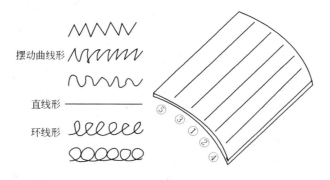

图 3.1-33 钢板圆弧弯曲矫平示意图

对于T形梁、I形架盖板弯曲可按图3.1-34所示进行线状加热矫正。

采用线状加热一般加热线长度等于工件长度。如遇特殊情况加热线长度必须小于工件长度时,特别加热线长度为工件长度80%以下时,线状加热除在宽度上对钢材矫平,还会在长度方向起工作弯曲,必须加以注意。

3) 三角形加热

三角形加热其加热区域在工件边缘,一般呈等腰三角形状。其收缩量由三角形顶点逐渐向底边增大。加热区的三角形面积越大,收缩量也越大,加热区等腰三角形其边长一般可取材料厚度2倍以上,其顶点一般在中心线以上。

三角形加热法常用于刚性较大的型钢、钢结构弯曲变形的矫正。常见型钢弯曲矫正加热位置见图3.1-35。

采用三角形加热法其三角形位置应确定在钢材需收缩的一边,如需矫直三角形底边应在弯曲凸出的一侧,三角形加热数量则根据弯曲量大小确定,弯曲量大则三角形数量多,反之则少。三角形加热时温度为700~800℃。

4) 火焰矫正基本方式是将钢材上"松"的部位收缩趋"紧",在火焰矫正实距中心加热后用水冷却,其目的是为了使加热冷却速度加快,从而缩短矫正时间,以便立即检验矫正效果,但对矫正弯曲量大小不起作用。薄板的散热速度快,在板厚方向上下将产生很大的温差,易产生裂纹,因此厚板火焰矫正尽量不要用水冷却,中碳钢等禁止用水进行冷却。

(6) 火焰矫正工艺规程

进行火焰矫正操作,要遵守一定的工艺规程,一般按如下工艺规程进行操作:

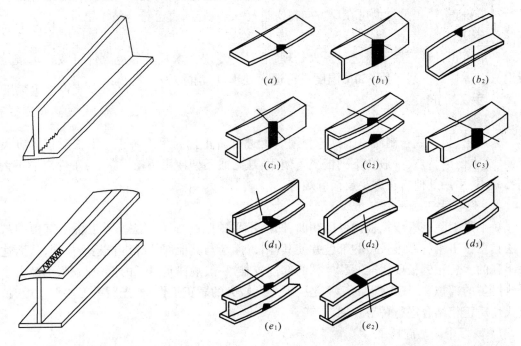

图 3.1-34 T形梁角变形、I形梁　　图 3.1-35 常见型钢弯曲三角形加热矫正位置示意图

1) 矫正前准备
检查氧、乙炔、工具、设备;工作地安全条件;选择合适的焊矩、焊嘴。
2) 了解工艺要求找出变形原因
了解矫正材质、塑性;结构特性;刚性;技术及装配关系等。在此基础上找出变形原因。
3) 变形测量
① 用目测或直尺、粉线确定变形大小。
② 分析变形类别:压缩、拉伸、弯曲、扭曲变形;角变形、波浪形;均匀整体变形、不均匀整体变形等。
4) 确定加热位置、加热顺序
① 确定加热位置并考虑是否需加外力等。
② 确定加热顺序,一般先矫刚性大的方向,然后再矫刚性较小的方向;先矫变形大的部位,然后矫变形小的部位。
5) 确定加热范围、加热深度
如加热有多处,可用石笔画出记号。
6) 确定加热温度
① 工件小变形不大,300~400℃。
② 工件较大变形较大,400~600℃。
③ 工件大变形大,600~800℃。
④ 焊接件,700~800℃。
7) 矫正复查

仔细检查矫正质量,如第一次矫正没达到要求质量范围,可在第一次加热位置附近再次进行火焰矫正,矫正量过大可在反方向再次进行火焰矫正,直至符合技术要求。

8) 退火

一般矫正件矫正后不需进行退火处理,但对有专门技术规定的退火件可按技术规定进行退火。焊接件一般可用650℃温度进行退火处理,以消除矫正应力。

4. 手工矫正

(1) 概述

采用锤、板头或自制简单工具等利用人工进行矫正称为手工矫正。手工矫正具有灵活简便、成本低的特点,一般在下列情况下使用:缺乏或不便使用矫正设备;矫正件变形不大或刚性较小,采用其他矫正方法反而麻烦等。

(2) 钢板手工矫平

矫平是消除钢板或钢板构件的翘曲、凹凸不平缺陷的加工方法。手工矫平钢板的基本方法是用锤击钢材纤维较短的部位并使其伸长,逐渐与其他部位纤维长趋于相同,从而达到矫平目的。矫正钢板要找准"紧""松"的部位较难,一般规律是"松"的部位凸起,用锤击紧贴平台"紧"的部位。对于薄板的矫平是一项难度较大的矫正工作,如光用手工矫平较难时,可与火焰矫正相结合进行矫平。

1) 薄板中间凸起矫平

薄板中凸起,其原因一般是四周紧中间松,即四周钢材纤维较短,中间纤维较长。矫平时把薄板凸处朝上放在平台上,用锤由凸起周围逐渐向边缘进行锤击,如图 3.1-36,图中箭头表示锤击位置及方向,锤击时应越往边上锤击力越重,并增加锤击密度,促使四周纤维逐渐伸长而使薄板逐渐趋于平整。

若薄板中间有同处凸起,应先锤击凸起交界处,使多处凸起并成一处后再用以上方法矫平。

2) 薄板四周呈波浪形矫平

薄板四周呈波浪形,一般原因为四周松而中间紧,即中间钢材纤维比周围纤维短。矫平时把薄板放在平台上,由四周向中间按图 3.1-37 箭头方向进行锤击。越往中间锤击力与密度逐渐增大,使中间纤维伸长而矫平。

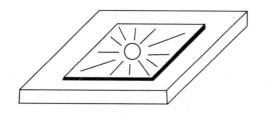

图 3.1-36 薄板中间凸起矫平示意图

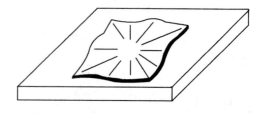

图 3.1-37 薄板四周波浪形矫平示意图

若薄板波浪形严重,可在手工矫正前对四边用三角形法进行火焰矫正后,再用手工矫平。

3) 薄板扭曲矫平

薄板扭曲表现为对角起翘,其原因一般为两对角松紧不一。矫平一般可沿没起翘的对角线进行锤击,使紧处延伸,矫平扭曲需多次翻身锤击才能凑效。

4) 拍打矫平

对于要求平整度不高或初步矫正薄板,可用拍板打法进行矫平。拍板接触薄板凸起部位面积大,受力均匀,拍打时能使薄板凸起部位纤维受压而缩短,同时影响张紧部位使其纤维拉长。拍打法矫平效率较高并无锤印,适宜薄板初矫,对质量要求平整度较高的薄板用拍打法后还需用手锤作最后矫平工作。

5) 薄板矫平检查

薄板是否矫平,可用下列方法之一进行检查。

① 用直尺在薄板平面上找平,如直尺与薄板接触缝隙小说明薄板已平整,否则还需继续矫平。

② 用手按薄板各处,如无弹动说明薄板各处已与平台表面紧贴矫平。

③ 先目测薄板四边,看四边有否弯曲,如无弯曲再以一边为基准目测对边,根据两条平行直线可作一个平面原则,如二边在一平面内表明薄板已平整。

6) 中板矫平

手工矫平中板,可直接用大锤锤击凸处,迫使钢板纤维受压而缩短。锤击中板要避免在中板表面留下明显锤痕。

(3) 扁钢矫正

扁钢变形有大面弯曲、小面弯曲、扭曲等几种,有时还同时具有多种变形,对此一般先矫扭曲、小面弯曲后再矫大面弯曲。

1) 扁钢扭曲矫正

扁钢扭曲矫正时可把扁钢一端固定,用卡子卡紧(图 3.1 – 38)或用其他方法(例如虎钳等),另一端用板手对扁钢扭曲方向反向进行扭转。

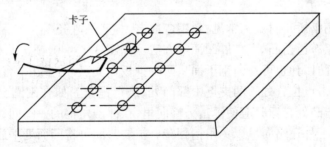

图 3.1 – 38 扁钢扭曲矫正示意图

扁钢如扭曲变形不大,如缺乏扳手等可用锤击法矫正。把扁钢一端搁置在平台上,用锤击翘一边,然后把扁钢翻转 180°同样再次锤击,逐渐使调节钢向扭曲方向中间反扭转。此法有利锤击产生的冲击反扭力矩矫正,因此锤击点与平台边距离不能过大,否则易振伤手掌。一般锤击点与平台边距离为钢厚度 2 倍左右为佳。

2) 扁钢弯曲矫正

扁钢弯曲有小面弯曲、大面弯曲二种。扁钢小面弯曲即厚方向弯曲,一般可锤击放置平台上扁钢的凸处;扁钢大面弯曲即宽度方向弯曲,可将扁钢竖起大面凸处用锤击矫直。

弯曲变形有局部弯曲变形和整体总变形,整体总变形有均匀变形和不均匀变形二种。

对于既有整体总变形又有局部变件的弯曲件,一般应先矫总变形再矫局部变形。

(4) 角钢扭曲矫正

角钢变形有扭曲、弯曲、角变形等;弯曲有内弯、外弯二种;角变形有开尺、拢尺二种。矫正角钢一般先矫扭曲,然后再矫角变形及弯曲变形。

1) 角钢的扭曲矫正,小型角钢可用扳手扭矫正;较大角钢可放在平台边缘用锤在反扭转方向击角钢冀缘边。扭曲变形量大或大型角钢可用热矫正等方法矫正。

2) 角钢角变形矫正

角钢角变形有二种情况;第一种拢尺,即角钢二夹角小于90°时,可将角钢两边缘放置在平台上锤击其拢尺部位线,如图3.1-39(a),也可将角钢拢尺部位线处放在平台上,将平锤劈开角度至直角,如图3.1-39(b)。第二种开尺,即角钢二夹角大于90°时,可将此部位其中一边与平台成45°放置,用锤击上边缘,如图3.1-39(c)。矫正时要注意打锤正确,落锤平稳,否则角钢易发生扭转现象。

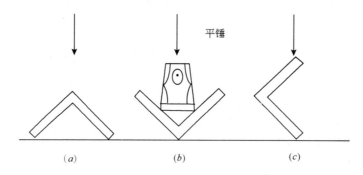

图 3.1-39　角钢角变形矫正示意图

3) 角钢弯曲矫正

角钢弯曲在角钢矫正时最为常见,角钢弯曲有内弯、外弯等。

角钢内弯矫正有锤击凸处、扩展凹面等方法。如图3.1-40,锤击凸处把被矫角钢侧外放置平台上,为预防回弹也可在角钢下面垫两块钢板作支点,用手在平台外握住角钢并使角凸处垂直朝上,锤击点位置处于两支点中部凸处,进行锤击。如在钢圈上矫正,两支点应放在钢圈边上。锤击凸处打锤时应使锤击力略向里,在锤击角钢的一瞬间,锤柄端应略低于锤面,使锤击力除向下外还略向里以免角钢翻转。扩展凹面可将凹面处平放在平台上,在锤击处由里向外扩展锤击点同时增大锤击力,使凹面纤维伸展从而矫直角钢。

角钢外弯矫正,将凹处放在钢圈上(也可放在平台上)锤击缘凸起外,锤击时应根据角钢放置方向,锤柄抬高或放低进行锤击以防角钢翻转发生工伤事故。如图3.1-41,锤①表示往里拉,锤②表示往外推。

(5) 槽钢矫正

槽钢刚性较大,手工矫正一般只矫规格较小槽钢,或规格较大槽钢的小面弯曲。对于规格较大槽钢的大面弯曲(腹板方向弯曲)或大规格槽钢矫正,采用机械矫正等方法。

1) 槽钢小面弯曲矫正

槽钢小面弯曲矫正,可按图3.1-42,锤击方位按箭头所示,锤击凸处二边即可。

2) 槽钢板部分变形矫正

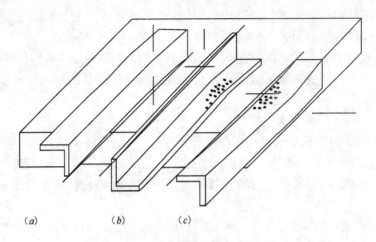

图 3.1-40　角钢内弯矫正示意图
(a)锤击凸处；(b)、(c)扩展凹面

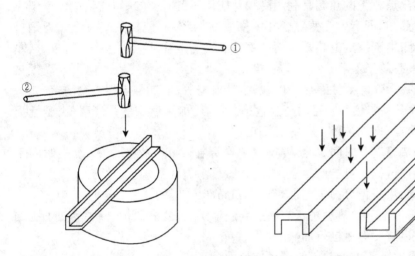

图 3.1-41　角钢外弯矫正示意图　　图 3.1-42　槽钢小面弯矫正示意图

槽钢板部分变形有局部凸起与凹陷等。可按图 3.1-43 所示进行矫正。

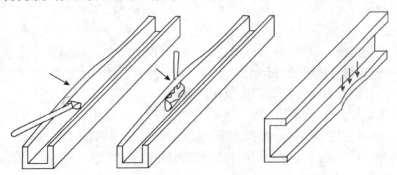

图 3.1-43　槽钢翼板部分变形矫正示意图

板局部凸起,可用一大锤抵住凸出板内部附近,然后用另一大锤锤击凸处;也可用一大锤横向抵住凸板内部,然后用另一大锤锤凸处。见图3.1-43。

板局部有凹陷矫正,一种方法可按板局部凸起相似方法矫正,只不过衬锤与锤击方向相反而已;另一种方法可将槽钢板平放在平台边缘处直接锤击凸处或用平锤作垫衬矫平凹陷。见图3.1-43。

5. 矫正

(1) 在实践操作中矫正变形是一项很复杂的工作,对变形所采取的矫正方法很多,但实质上都是设法造成新的变形来补偿或抵消已发生变形。只要掌握了矫正变形的规律,在实践中仔细分析变形的因素,就能达到矫正目的。现再列举其他几种矫正方法如下。

(2) 点矫正

高频热点矫正是钢结构矫正的一种新工艺,用其矫正任何钢材的许多变形,尤其对一些尺寸大、变形复杂的矫正件更有显著的效果。

高频热点矫正是在火焰矫正基础上发展起来的,因此矫正原理、加热位置等也与火焰矫正相同,其不同点是高频热点矫正的热源是利用高频感应产生的,能源来自交流电。

当交流电通入高频感应圈即产生交变磁场并由交变磁场作用,使高频感应圈靠近钢材使钢材内部产生感应电流,由于钢的电热效应而使钢的温度一般在4~5s上长升到800℃左右。因此高频热点矫正具有效果显著、生产率高、操作简单、无污染等优点。但由于高频热点矫正电线要经常移动,在操作时要注意保护电线、电器设备等,以加强电器安全防范。

(3) 对变形较大的矫正件加热到一定的高温状态下,利用加热后钢的强度降低,塑性提高性质来矫正,这种矫正方法称加热矫正简称热矫正。

在热矫正时,注意加热温度及时间,加热温度一般常握在800~900℃之间,加热时间不宜过长,要防止钢材在加热过程中可能产生氧化、脱碳、过烧、裂纹等现象。

对矫正件热区域不同,热矫正分为全部加热矫正和局部加热矫正。

全部矫正就是对矫正件全部加热后矫正。一般利用地炉、箱式加热炉、壁炉等热加工加热设备,对于小型矫正件也有用焊矩进行加热的。

局部加热就是对变形的矫正件局部区域进行加热后矫正。

热矫正一般适用于变形严重(冷矫正时可能会产生折断或裂纹);变形量大而设备能力不足;材料塑性差,材质脆或采用其他方法克服不了构件的刚性无法超过材料屈服强度等矫正件。

(4) 喷砂矫正

喷砂矫正是利用铁丸、砂粒对钢材的巨大冲击力进行矫正。其适用于平整度要求不高的薄板结构件、薄板铸件或细长件等。

内凹薄板件可用砂料直接打在凹处反面使其逐渐外凸。

直径或厚度小数点于6mm的淬火、回火高硬度件矫正,可用喷砂冲击凸出部位。为避免喷伤矫正件表面,可选用16mm喷嘴,喷砂气压为0.3~0.4MPa,用料度为4~5号石英砂粒,并使砂喷射方向与矫正件凸面垂直,为增大喷嘴与矫正件距离以120~150mm为宜。

(5) 热处理件矫正

热处理件在产生应力(热应力、组织应力以及组织不均匀而引起应力)后,当应力超过钢的屈服强度时会产生任何形状变形,矫正热处理件变形一般可用冷矫正、热点矫正和热矫正等。

热点矫正可用火焰矫正及高频热点矫正。

冷矫正是指在常温下对变形件的一定部位施加某种形式的外力作用,使其变形得到矫正。其常用工艺方法有:冷压法、冷态正击和冷态反击法。一般可矫正硬度 HPC≤(35~40) 的碳钢及合金钢。

正击法实质同冷压法,所不同的是冷压法用压力矫正,正击法所使用的工具是锤,利用锤击力矫正变形。

反击法用锤击变形件凹处,利用锤击凹处从而使钢材产生小面积逆性变形(扩展延伸)达到凹处趋于平直的目的。

热矫正利用钢在一定高温下塑性变形能力较常温时好,对于淬火、回火件其加热温度一般不应高于回火温度。对于淬火件,例高铬钢、高速钢在淬火过程当冷却到 MS 附近,奥乐体尚未或未完全发生以氏体转变时具有较好的塑性,趁热进行矫正。

(6) 焊后矫正

焊接因对钢材进行局部不均匀的加热,而导致焊接应力的产生,发生焊接变形。焊接件种类很多,下面仅举几例钢结构中常见的焊接件变形后矫正方法:

1) T 形梁、H 形梁角变形矫正

角变形矫正利用火焰矫正加热。如用机械矫正法可制作模具进行,查勘具一般根据梁大小规格制作,长度应根据压力机等因素在 1~3m 左右。上模可用方钢或狭长厚钢板代替,下模由上下二块钢板,中间加撑板成对制成。下模面板应选择比被矫钢板厚,并考虑矫正时的回弹力撑板上端面应各向内略成一角度。下模下底板与压力机底座一般用螺栓连接。如图 3.1-44,矫正梁一般较长,可分段进行压力矫正。

2) 箱型梁焊接件刚性大,当发生扭曲时矫正工作量压力机、行车进行局部热矫正并辅以火焰矫正是其中的一种。采用此种方法进行矫正,在压力机外配制一平台,使箱型梁搁置上后与压力机底座成水平,一端用压板压紧下部,另一端有压力机活动,横梁压紧。在扭曲反方向用钢丝绳穿上葫芦拉紧,如行车起重量不够可用滑轮组。矫正时在梁中部进行局部加热,如焊距热量不够,可同时利用木碳、木材加热,待将要加热到樱红色时,在二端腹板处同时进行火焰矫正,其加热线根据扭曲程度倾斜,与此同时利用行车逐渐收紧钢丝绳,使梁向反方向扭转,如图 3.1-45。

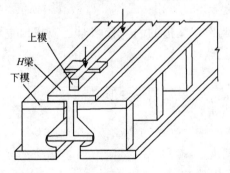

图 3.1-44 H 型钢梁压力矫正示意图

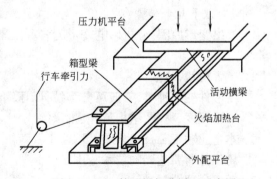

图 3.1-45 箱型梁扭曲矫正示意图

3) 筒体对接后矫正

筒体轧圆后应用样板查,待矫圆后才允许焊接。筒体对接焊后会发生后变形,如圆弧小于样板或圆弧大于样板,可采用火焰矫正分别在外或内加热,有时还可以辅以手工矫正锤击加热处。如图 3.1-46。

封闭筒径较小或搅拌筒等发生局部矫正时,可用局部加热法进行矫正。矫正前先将螺栓焊在凹处,如图 3.1-47 所示,放上垫板、压板,旋紧螺母,然后在凹处四周用火焰加热,加热同时逐渐旋紧螺母,把凹处拉出来。矫平后拆除螺栓批平焊疤。

6. 矫正工艺制订及验收标准

矫正工作要求具有丰富的实践和灵活实用的操作技巧。矫正的一个典型特点是作为钢结构制作工序之一贯穿于钢结构制作的全程。无论是原材料还是制作过程中,直至钢结构使用后修复都离不开矫正,矫正工艺目前虽有大量的实践,但还要不断加以总结。但矫正并不是钢结构制作中的必要工序、工艺。例如原材料加工前平直;在加工过程中工艺合理,减少甚至不需要矫正(选择合理模具,采用刚性固定、采用反变形法等)。因此矫正工艺制定必须与钢结构制作中的其他工艺一起来考虑。矫正,仅在原料或结构件发生变形且超过技术范围才进行。

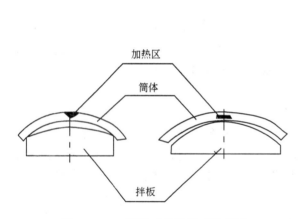

图 3.1-46 筒体对接后矫正示意图

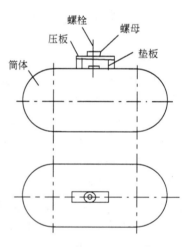

图 3.1-47 筒体凹陷矫正示意图

(1) 矫正工艺的制定

一般有以下几个步骤:

1) 找出变形原因,分析影响变形的各种因素。当影响变形的因素较多时还应找出主要因素。

2) 了解现状,包括:

① 变形件变形种类,一般可分为拉伸、压缩、弯曲、扭曲、波浪形变形等。

② 变形程度、材质、结构特点、批量等。

③ 本企业矫正工技术素质、设备、工具等。

④ 矫正件所要达到的技术范围。

3) 考虑合理性,包括:

① 减轻劳动强度、防止安全及设备事故。

② 有利于提高质量、降低成本、提高工效、文明生产、改善工作环境等。

③ 尽量做到操作方便、合理。

4) 制定合理确实可行的工艺,包括:
① 矫正前准备:场地、工具、设备、模具等。
② 确定矫正方法。
③ 确定检查量具:卷尺、直尺、角尺、样板、样杆等。
④ 明确质量要求、范围。

(五) 验收标准

钢结构制作的构件矫正质量标准及矫正后允许偏差可按 GBJ 205—83 执行。特殊情况可按设计图纸等技术要求和规范执行。

(六) 成品保护

1. 防止矫正好的半成品在堆放运输过程中变形。
2. 防止矫正好的半成品在堆放运输时锈蚀损坏。

(七) 矫正工作的安全和注意事项

1. 安全生产的主要技术途径

矫正工作的安全生产涉及到每个矫正工的切身利益,矫正工作变化繁复,使用设备、工具多样,矫正时经常一人指挥多人配合,因此必须重视安全生产,其主要技术途径如下:

(1) 推行标准化管理,从实际出发合理布置工作场地,体现文明生产的科学性、可靠性。做到道路畅通,操作后场地整洁。

(2) 提高矫正工思想政治、文化技术素质,实行先培训考核后上岗操作的管理制度。

(3) 制订标准化矫正操作规程,建立必要的安全检查机构并与群众性的自我监督相结合。

(4) 努力实行矫正工作的机械化、自动化,采用先进设备,减轻劳动强度,提高生产率,防止人身、设备事故。

(5) 制订推行合理科学的防变形工艺,制作先进工作模具,防止或减少变形。

(6) 采用各种保护装置,设计制作带有安全机构的矫正模具。

2. 矫正工作注意事项

(1) 多辊钢板矫平机操作注意事项

1) 由专人操作、保养,一般由二至三人前后配合操作。
2) 开车前加油部位需润滑,并开空机检查各部分是否正常。
3) 材料规格过厚、过薄、过大、过小不宜进入轧辊。一般 11 辊矫平机材料不得小于 300mm × 500mm,19 辊矫平机材料不得小于 100mm × 150mm。
4) 操作时手不能距离轧太近,不许戴手套进行操作。
5) 钢板矫平只许一张一轧,禁止两张以上叠起来轧。
6) 操作时适当调节轧辊高低控制间隙。
7) 钢板吸能前进后出。不能倒轧以防钢板卷入轧辊。开倒车时应先停车,并关照好后面操作者才能进行。
8) 发现钢板卷入轧辊,应立即停车并设法排除故障。
9) 矫平机只准轧平钢板,不得用于轧圆弧形钢板。

(2) 撑直机矫正注意事项

1) 撑直机应安置在人少和安全的地方,操作前应空车试撑,调整压力。

2）操作时应先将工件顶牢，两侧禁止站人。

3）操作时应根据工件材料性能及冷热情况，适当加压撑直防止工件断裂伤人。

4）揿开关听从指挥互相配合协调一致。

5）矫正时手要放在工件外面防止压伤手指。

6）两人以上搬运工件要密切配合慢慢放下。

7）推工件进入撑直机不要将手放在下面，防止滚筒擦伤手。

8）工作撑直后向前推，要注意周围人员。

9）矫正前应了解工件材料、性能、规格等。

(3) 火焰矫正注意事项

1）新工人应经考试合格，无操作证不准独立作业，有师傅带领才能作业。

2）工作前必须检查焊矩、皮管、接头及气瓶附件等是否良好，禁止用金属物敲阀门。

3）操作前应先检查场地，清除易燃物及影响安全生产的物品，氧气瓶、乙炔瓶安放牢固，严禁接触油脂，不准将气瓶滚动撞击，不准在强烈阳光下及高温处作业。

4）拆装减压器及开气瓶阀门时，身体不准对着出气口。

5）点火时面部及手离开火嘴以防火焰伤人。

6）发生回火或鸣爆应立即将乙炔、氧气开关关住，待焊矩冷却后再开氧吹掉焊矩内黑灰后点火操作。

7）不准在带电设图示、有压力的液体或气体以及易燃易爆有毒的容器上进行火焰自矫正，矫正容器要出气孔，有油类物质要洗净再矫。

8）气瓶中气体最少保留0.5大气压，气瓶解冻只能用蒸汽或热水，严禁火烘。

9）皮管穿越通道要加盖保护物，焊矩和皮客接头经常检查防止松动。

10）离开工作场地应放好焊矩、皮管，关闭气阀，并检查场地周围，熄灭火种。

11）不把焊矩放在热工作物上，操作时要防止火焰喷射到氧气、乙炔瓶或易燃易爆物上。

九、钢网架结构安装

(一) 工程概况(略)

(二) 工程质量目标和要求(略)

(三) 施工准备

1．材料

(1) 钢网架安装的钢材与连接材料，高强度螺栓、焊条、焊丝、焊剂等应符合设计的要求，并应有出厂合格证。

(2) 钢网架安装用的空心焊接球、加肋焊接球、螺栓球、半成品小拼单元、杆件以及橡胶支座等半成品，应符合设计要求及相应的国家标准的规定。

2．主要机具

电焊机、氧-乙炔切割设备、砂轮锯、杆件切割车床、杆件切割动力头、钢卷尺、钢板尺、卡尺、水准仪、经纬仪、超声波探伤仪、磁力探伤仪、提升设备、起重设备、铁锤、钢丝刷、液压千斤顶、捯链等工具。

3．作业条件

(1) 安装前应对网架支座轴线与标高进行验线检查。网架轴线、标高位置必须符合设计要求和有关标准的规定。

(2) 安装前应对柱顶混凝土强度进行检查，柱顶混凝土强度必须符合设计要求和国家现行有关标准的规定以后，才能安装。

(3) 采用高空滑移法时，应对滑移轨道滑轮进行检查，滑移水平坡度应符合施工设计的要求。

(4) 采用条、块安装，工作台滑移法时，应对地面工作台、滑移设备进行检查，并进行试滑行试验。

(5) 采用整体吊装或局部吊装法时，应对提升设备进行检查，对提升速度、提升吊点、高空合拢与调整等工作做好试验，必须符合施工组织设计的要求。

(6) 采用高空散装法时，应搭设满堂红脚手架，并放线布置好各支点位置与标高。采用螺栓球高空散装法时，应设计布置好临时支点，临时支点的位置、数量应经过验算确定。

(7) 高空散装的临时支点应选用千斤顶为宜，这样临时支点可以逐步调整网架高度。当安装结束拆卸临时支架时，可以在各支点间同步下降，分段卸荷。

(四) 操作工艺

1. 螺栓球正方四角锥网架高空散装法

(1) 工艺流程

放线、验线 → 安装下弦平面网格 → 安装上弦倒三角网格 → 安装下弦正三角网络 → 调整、紧固 → 安装屋面帽头 → 支座焊接、验收

(2) 放线、验线与基础检查

1) 检查柱顶混凝土强度。检查试件报告，合格后方能在高空柱顶放线、验线。

2) 由总包提供柱顶轴线位移情况，网架安装单位对提供的网架支承点位置、尺寸进行复验，经复验检查轴线位置、标高尺寸符合设计要求以后，才能开始安装。

3) 临时支点的位置、数量、支点高度应统一安排，支点下部应适当加固，防止网架支点局部受力过大，架子下沉。

(3) 安装下弦平面网架

1) 将第一跨间的支座安装部位，对好柱顶轴线、中心线，用水平仪对好标高，有误差应予修正。

2) 安装第一跨间下弦球、杆，组成纵向平面网格。

3) 排好临时支点，保证下弦球的平行度，如有起拱要求时，应在临时支点上找出坡底。

4) 安装第一跨间的腹杆与上弦球，一般是一球二腹杆的小单元就位后，与下弦球拧入，固定。

5) 安装第一跨间的上弦杆，控制网架尺寸。注意拧入深度影响到整个网架的下挠度，应控制好尺寸。

6) 检查网架、网格尺寸，检查网架纵向尺寸与网架矢高尺寸。如有出入，可以调整临时支点的高低位置来控制网架的尺寸。

(4) 安装上弦倒三角网格

1) 网架第二单元起采用连续安装法组装。

2) 从支座开始先安装一根下弦杆,检查丝扣质量,清理螺孔、螺扣,干净后拧入,同时从下弦第一跨间也装一根下弦杆,组成第一方网格,将第一节点球拧入,下弦第一网格封闭。

3) 安装倒三角锥体,将一球三杆小单元(即上一弦球、一上弦杆、二腹斜杆组成的小拼单元)吊入现场。将二斜杆支撑在下弦球上,在上方拉紧上弦杆,使上弦杆逐步靠近已安装好的上弦球,拧入。

4) 然后将斜杆拧入下弦球孔内,拧紧,另一斜杆可以暂时空着。

5) 继续安装下弦球与杆(第二网格,下弦球是一球一杆)。一杆拧入原来的下弦球螺孔内,一球在安装前沿,与另一斜杆连接拧入,横向下弦杆(第二根)安装入位,两头各与球拧入,组成下弦第二网格封闭。

6) 按上述工艺继续安装一球三杆倒三角锥,在二个倒三角锥体之间安装纵向上弦杆,使之连成一体。逐步推进,每安装一组倒三角锥,则安装一根纵向上弦杆,上弦杆两头用螺栓拧入,使网架上弦也组成封闭形的方网格。

7) 逐步安装到支座后组成一系列纵向倒三角锥网架。检查纵向尺寸,检查网架挠度,检查各支点受力情况。

(5) 安装下弦正三角锥网格

1) 网架安装完倒三角锥网格后,即开始安装正三角锥网格。

2) 安装下弦球与杆,采用一球一杆形式(即下弦球与下弦杆),将一杆拧入支座螺孔内。

3) 安装横向下弦杆,使球与杆组成封闭四方网格,检查尺寸。也可以采用一球二杆形式(下弦球与相互垂直二根下弦杆同时安装组成封闭四方网格)。

4) 安装一侧斜腹杆,单杆就位,拧入,便于控制网格的矢高。

5) 继续安装另一侧斜腹杆,两边拧入下弦球与上弦球,完成一组正三角锥网格。逐步向一侧安装,直到支座为止。

6) 每完成一个正三角锥后,再安装检查上弦四方网格尺寸误差,逐步调整,紧固螺栓。正三角锥网格安装时,应时时注意临时支点受力的情况。

(6) 调整、紧固

1) 高空散装法安装网架,应随时测量检查网架质量。检查下弦网格尺寸及对角线,检查上弦网格尺寸及对角线,检查网架纵向长度、横向长度、网格矢高。在各临时支点未拆除前进行调整。

2) 检查网架整体挠度,可以通过上弦与下弦尺寸的调整来控制挠度值。

3) 网架在安装过程中应随时检查各临时支点的下沉情况,如有下降情况,应及时加固,防止出现下坠现象。

4) 网架检查、调整后,应对网架高强度螺栓进行重新紧固。

5) 网架高强螺栓紧固后,应将套筒上的定位小螺栓拧紧锁定。

(7) 安装屋面帽头

1) 将上弦球上的帽头焊件拧入。

2) 在帽头杆件上找出坡度,以便安装屋面板材。

3) 对螺栓球上的未用孔以及螺栓与套筒、杆件之间的间隙应进行封堵,防止雨水渗漏。

(8) 支座焊接与验收

1) 检查网架整体尺寸合格后,检查支座位置是否在轴线上,以及偏移尺寸。网架安装时尺寸的累积误差应该两边分散,防止一侧支座就位正确,另一侧支座偏差过大。

2) 检查网架标高、矢高,网架标高以四周支点为准,各支点尺寸误差应在标准规范以内。

3) 检查网架的挠度。

4) 各部尺寸合格后,进行支座焊接。

5) 支座焊接应有操作说明。网架支座有弹簧型、滑移型、橡胶垫型。支座焊接应保护支座的使用性能。有的应保护防止焊接飞溅的侵入;橡胶垫型在焊接时,应防止焊接火焰烤伤胶垫。故焊接时应用水随时冷却支座,防止烤伤胶垫。

2. 焊接球地面安装高空合拢法

(1) 工艺流程

放线、验线 → 安装平面网格 → 安装立体网格 → 安装上弦网格 → 网架整体提升 → 网架高空合拢 → 网架验收

(2) 放线、验线

1) 柱顶放线与验线:标出轴线与标高,检查柱顶位移;网架安装单位对提供的网架支承点位置、尺寸、标高经复验无误后,才能正式安装。

2) 网架地面安装环境应找平放样,网架球各支点应放线,标明位置与球号。

3) 网架球各支点砌砖墩。墩坎可以是钢管支承点,也可以是砖墩上加一小截圆管作为网架下弦球支座。

4) 对各支点标出标高,如网架有起拱要求时,应在各支承点上反映出来,用不同高度的支承钢管来完成对网架的起拱要求。

(3) 钢网架平面安装

1) 放球:将已验收的焊接球,按规格、编号放入安装节点内,同时应将球调整好受力方向与位置。一般将球水平中心线的环形焊缝置于赤道方向。有肋的一边在下弦球的上半部分。

2) 放置杆件:将备好的杆件,按规定的规格布置钢管杆件。放置杆件前,应检查杆件的规格、尺寸,以及坡口、焊缝间隙、将杆件放置在二个球之间,调整间隙,点位。

3) 平面网架的拼装应从中心线开始,逐步向四周展开,先组成封闭四方网格,控制好尺寸后,再拼四周网格,不断扩大。注意应控制累积误差,一般网格以负公差为宜。

4) 平面网架焊接,焊接前应编制好焊接工艺和网架焊接顺序,防止平面网架变形。

5) 平面网架焊接应按焊接工艺规定,从钢管下侧中心线左边 20~30mm 处引弧,向右焊接,逐步完成仰焊、主焊、爬坡焊、平焊等焊接位置。

6) 球管焊接应采用斜锯齿形运条手法进行焊接,防止咬肉。

7) 焊接运到圆管上侧中心线后,继续向前焊 20~30mm 处收弧。

8) 焊接完成半圆后,重新从钢管下侧中心线右边 20~30mm 处反向起弧,向左焊接,与上述工艺相同,到顶部中心线后继续向前焊接,填满弧坑,焊缝搭接平稳,以保证焊缝质量。

(4) 网架主体组装

1) 检查验收平面网架尺寸、轴线偏移情况,检查无误后,继续组装主体网架。

2) 将一球四杆的小拼单元(一球为上弦球,四杆为网架斜腹杆)吊入平面网架上方。

3) 小拼单元就位后,应检查网格尺寸、矢高,以及小拼单元的斜杆角度,对位置不正、角

度不正的应先矫正,矫正合格后才准以安装。

4) 安装时发现小拼单元杆件长度、角度不一致时,应将过长杆件用切割机割去,然后重开坡口,重新就位检查。

5) 如果需用衬管的网架,应在球上点焊好焊接衬管。但小拼单元暂勿与平面网架点焊,需与上弦杆配合后才能定位焊接。

(5) 钢网架上弦组装与焊接

1) 放入上弦平面网架的纵向杆件,检查上弦球纵向位置、尺寸是否正确。

2) 放入上弦平面网架的横向杆件,检查上弦球横向位置、尺寸是否正确。

3) 通过对立体小拼单元斜腹杆的适量调整,使上弦的纵向与横向杆件与焊接球正确就位。对斜腹杆的调整方法是,既可以切割过长杆件,也可以用捯链拉开斜杆的角度,使杆件正确就位。保证上弦网格的正确尺寸。

4) 调整各部间隙,各部间隙基本合格后,再点焊上弦杆件。

5) 上弦杆件点固后,再点焊下弦球与斜杆的焊缝,使之连系牢固。

6) 逐步检查网格尺寸,逐步向前推进。网架腹杆与网架上弦杆的安装应相互配合着进行。

7) 网架地面安装结束后,应按安装网架的条或块的整体尺寸进行验收。

8) 待吊装的网架必须待焊接工序完毕,焊缝外观质量,焊缝超声波探伤报告合格后,才能起吊(提升)。

(6) 网架整体吊装(提升)

1) 钢网架整体吊装前的验收,焊缝的验收,高空支座的验收。各项验收符合设计要求后,才能吊装。

2) 钢网架整体吊装前应选择好吊点,吊绳应系在下弦节点上,不准吊在上弦球节点上。如果网架吊装过程中刚度不够,还应采用办法对被吊网架进行加固。一般加固措施是加几道脚手架钢管临时加固,但应考虑这样会增加吊装重量,增加荷载。

3) 制订吊装(提升)方案,调试吊装(提升)设备。对吊装设备如拔杆、缆风卷扬机的检查,对液压油路的检查,保证吊装(提升)能平稳、连续、各吊点同步。

4) 试吊(提升):正式吊装前应对网架进行试提。试提过程是将卷扬机起动,调整各吊点同时逐步离地。试提一般在离地 200~300mm 之间。各支点撤除后暂时不动,观察网架各部分受力情况。如有变形可以及时加固,同时还应仔细检查网架吊装前沿方向是否有碰或挂的杂物或临时脚手架,如有应及时排除。同时还应观察吊装设备的承载能力,应尽量保持各吊点同步,防止倾斜。

5) 连续起吊:当检查妥当后,应该连续起吊,在保持网架平正不倾斜的前提下,应该连续不断地逐步起吊(提升)。争取当天完成到位,防止大风天气。

6) 逐步就位:网架起吊即将到位时,应逐步降低起吊(提升)速度,防止吊装过位。

(7) 高空合拢

1) 网架高空就位后,应调整网架与支座的距离,为此应在网架上方安装几组捯链供横向调整使用。

2) 检查网架整体标高,防止高低不匀,如实在难以排除,可由一边标高先行就位,调整横向捯链,使较高合格一端先行就位。

3) 标高与水平距离先合格一端,插入钢管连接,连接杆件可以随时修正尺寸,重开坡口,但是修正杆件长度不能太大,应尽量保持原有尺寸。调整办法是一边拉紧捯链,另一边放松捯链,使之距离逐步合格。

4) 已调整的一侧杆件应逐步全部点固后,放松另一侧捯链,继续微调另一侧网架的标高。可以少量的起吊或者下降,控制标高。注意此时的调整起吊或下降应该是少量的,逐步地进行,不能连续。边调整,还应观察已就位点固一侧网架的情况,防止开焊。

5) 网架另一侧标高调整后,用捯链拉紧距离,初步检查就位情况,基本正确后,插入塞杆,点固。

6) 网架四周杆件的插入点固。注意此时点焊塞杆,应有一定斜度,使网架中心略高于支座处。因此时网架受中心起吊的影响,一旦卸荷后会略有下降,为防变形,故应提前提高 3~5mm 的余量。

7) 网架四周杆件合拢点固后,检查网架各部尺寸,并按顺序、焊接工艺规定进行焊接。

(8) 网架验收

1) 网架验收分二步进行,第一步是网架仍在吊装状态的验收;第二步是网架独立荷载,吊装卸荷后的验收。

2) 检查网架焊缝外观质量,应达到设计要求与规范标准的规定。

3) 四边塞杆(即合拢时的焊接管),在焊接 24h 后的超声波探伤报告,以及返修记录。

4) 检查网架支座的焊缝质量。

5) 钢网架吊装设备卸荷。观察网架的变形情况。网架吊装部分的卸荷应该缓慢、同步进行,防止网架局部变形。

6) 将合拢用的各种捯链分头拆除,恢复钢网架自然状态。

7) 检查网架各支座受力情况;检查网架的拱度或起拱度。

8) 检查网架的整体尺寸。

(五) 质量标准

1. 保证项目应符合下列规定:

(1) 高空散装法安装网架结构时,节点配件和杆件,应符合设计要求和国家现行有关标准的规定。配件和杆件的变形必须矫正。

检验方法:观察检查和检查质量证明书、出厂合格证或试验报告。

(2) 基准轴线位置、柱顶面标高和混凝土强度,必须符合设计要求和国家现行有关标准的规定。

检验方法:检查复测记录和试验报告。

2. 基本项目应符合下列规定:

(1) 网架结构节点及杆件外观质量:

合格:表面干净,无明显焊疤、泥砂、污垢。

优良:表面干净,无焊疤、泥砂、污垢。

检查数量:按节点数量抽查 5%,但不应少于 5 个节点。

检验方法:观察检查。

(2) 网架结构在自重及屋面工程完成后的挠度值:

合格:测点的挠度平均值为设计值的 1.12~1.15 倍。

优良:测点的挠度平均值为设计值的1.12倍。

检查数量:小跨度网架结构测量下弦中央一点;大中跨度网架结构测量下弦中央一点及下弦跨度四等分点处。

检验方法:用钢尺和水准仪检查。

3.允许偏差项目应符合下列规定:

(1)高空散装法安装网架结构的允许偏差项目和检验方法应符合表3.1-23的规定。

网架结构地面总拼装的允许偏差项目和检验方法　　　表3.1-23

项　　目	允许偏差(mm)	检　验　方　法
纵向、横向长度	$\pm L/2000$ ± 30.0	用钢尺检查
支座中心偏移	$L/3000$ 30.0	用钢尺、经纬仪检查
周边支承网架 相邻支座高差	$L/4000$ 15.0	用钢尺、水准仪检查
支座最大高差	30.0	
多点支承网架 相邻支座高差	$l_1/800$ 30.0	
杆件弯曲矢高	$l_2/1000$ 5.0	用拉线和钢尺检查

注:1. L 为纵横向长度。
　　2. l_1 为相邻支座间距。
　　3. l_2 为杆件长度。

(2)其他方法安装网架结构的允许偏差项目和检验方法应符合表3.1-24的规定。

检查数量:全数检查。

除高空散装法外,其他方法安装网架结构的允许偏差项目和试验方法。

安装网架结构的允许偏差项目和检验方法　　　表3.1-24

项　　目		允许偏差(mm)	检　验　方　法
网架支座中心偏移		$L/3000$ 30.0	用钢尺和经纬仪检查
支座高度	周边支承的网架相邻支座高差	$L_1/400$ 15.0	用钢尺和水准仪检查
	多点支承的网架相邻支座高差	$L_1/800$ 30.0	
	支座最大高差	30.0	

注:1. L 为网架跨度。
　　2. L_1 为相邻支座间距。

(六) 成品保护

1. 钢网架安装后,在拆卸架子时应注意同步,逐步的拆卸,防止应力集中,使网架产生局部变形或使局部网格变形。

2. 钢网架安装结束后,应及时涂刷防锈漆。螺栓球网架安装后,应检查螺栓球上的孔洞是否封闭,应用腻子将孔洞和筒套的间隙填平后刷漆,防止水分渗入,使球、杆的丝扣锈蚀。

3. 钢网架安装完毕后,应对成品网架保护,勿在网架上方集中堆放物件。如有屋面板、檩条需要安装时,也应在不超载情况下分散码放。

4. 钢网架安装后,如需用吊车吊装檩条或屋面板时,应该轻拿轻放,严禁撞击网架使网架变形。

(七) 应注意的质量问题

1. 钢网架在安装时,对临时支点的设置应认真对待。应在安装前,安排好支点和支点标高,临时支点既要使网架受力均匀,杆件受力一致,还应注意临时支点的基础(脚手架)的稳定性,一定要注意防止支点下沉。

2. 临时支点的支承物最好能采用千斤顶,这样可以在安装过程中逐步调整。注意临时支点的调整不应该是某个点的调整,还要考虑到四周网架受力的均匀,有时这种局部调整会使个别杆件变形、弯曲。

3. 临时支点拆卸时应注意几组支点应同步下降,在下降过程中,下降的幅度不要过大,应该要逐步分区分阶段按比例的下降,或者用每步不大于100mm的等步下降法拆除支撑点。

4. 焊接球网架安装焊接时,应考虑到焊接收缩的变形问题,尤其是整体吊装网架和条块网架,在地面安装后,焊接前要掌握好焊接变形量和收缩值。因为钢网架焊接时,焊接点(受热面)均在平面网架的上侧,因此极易使结构由于单向受热而变形。一般变形规律为网架焊接后,四周边支座会逐步自由翘起,如果变形量大时,会将原有计划的起拱度抵消。如原来不考虑起拱时,会使焊接产生很大的下挠值,影响验收的质量要求。因此在施工焊接球网架时应考虑到单向受热的变形因素。

5. 网架安装后应注意支座的受力情况,有的支座允许焊死,有的支座应该是自由端,有的支座需要限位等等,所以网架支座的施工应严格按照设计要求进行。支座垫板、限位板等应按规定顺序、方法安装。

(八) 质量记录

本工艺标准应具备以下质量记录:

1. 螺栓球、焊接球、高强度螺栓的材质证明、出厂合格证、各种规格的承载抗拉试验报告。

2. 钢材的材质证明和复试报告。

3. 焊接材料与涂装材料的材质证明、出厂合格证。

4. 套筒、锥头、封板的材质报告与出厂合格证,如采用钢材时,应有可焊性试验报告。

5. 钢管与封板、锥头组成的杆件应有承载试验报告。

6. 钢网架用活动(或滑动)支座,应有出厂合格证明与试验报告。

7. 焊工合格证,应具有相应的焊接工位、相应的焊接材料等项目。

8．安装后网架的总体尺寸、起拱度等验收资料。

9．焊缝外观检查与验收记录。

10．焊缝超声波探伤报告与记录。

11．涂层(含防腐与防火)的施工验收记录。

十、压型金属板

(一) 工程概况(略)

(二) 工程质量目标和要求(略)

(三) 施工准备

1．施工人员(略)

2．施工机具设备和测量仪器

压型钢板安装所需起吊机械,由钢结构安装确定。压型钢板施工的专用机具有压型钢板电焊机、小型焊机、空气等离子弧切割机、云石机、手提式砂轮机、钣工剪刀、空气压缩机、经纬仪、水平仪、钢尺、盒尺、钢板直尺、钢直角尺、水平标尺、游标卡尺、手锤、记号笔、钢板对口钳、墨斗、铅丝、塞尺、铁圆规、角度尺、吊具、吊笼、对讲机。

3．材料要求

(1) 压型钢板的基板,应保证抗拉强度、屈服强度、延伸率、冷弯试验合格,以及硫(S)、磷(P)的极限含量。焊接时,保证碳(C)的极限含量,其化学成分与物理力学性能需满足要求。

(2) 建筑工程上使用的压型钢板的尺寸、外形、重量及允许偏差应符合《建筑用压型钢板》GB/T 12755—91 的要求。压型钢板宜采用镀锌卷板,两面镀锌层含锌量$275g/m^2$,基板厚度为 0.75～2.0mm。

(3) 由于压型钢板在建筑上用于楼板永久性支撑模板并和钢筋混凝土叠合共同工作,因此不仅要求其力学、防腐性能,而且要求有必要的防火能力满足设计和规范的要求。

(4) 压型钢板施工使用的焊接材料,焊条为 E43××型。

4．施工条件

(1) 压型钢板施工之前应及时办理有关楼层的钢结构安装、焊接、节点处高强度螺栓、油漆等工程的施工隐蔽验收。

(2) 压型钢板的有关材质复验和有关试验鉴定已经完成。

(3) 在设计图的基础上,在进行压型钢板排版图的设计。

(4) 根据施工组织设计要求的安全措施落实到位,高空行走马道绑扎稳妥牢靠之后,才可以开始压型钢板的施工。

(5) 安装压型钢板的相邻梁间距大于压型钢板允许承载的最大跨度的两梁之间应根据施工组织设计的要求搭设支顶架。

(6) 尽量避免在栓钉处理压型钢板搭接。

(四) 施工工艺

1．工艺流程(图3.1-48)

2．操作工艺

(1) 压型钢板在装、卸、安装中严禁用钢丝绳捆绑直接起吊,运输及堆放应有足够支点,以防变形。

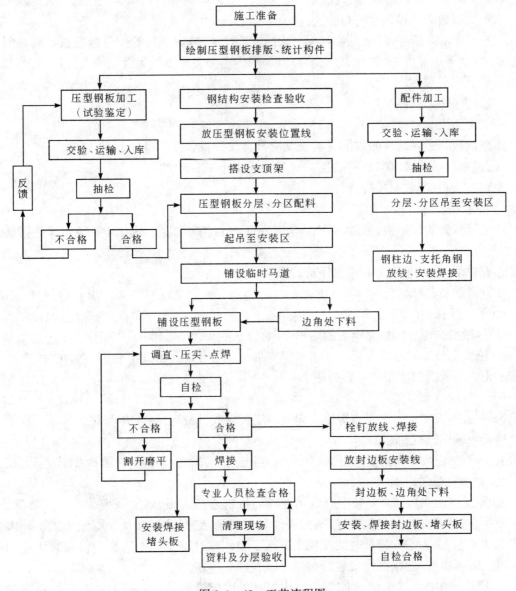

图 3.1-48　工艺流程图

(2) 铺设前对弯曲变形者应校正好。
(3) 钢梁顶面要保持清洁，严防潮湿及涂刷油漆未干。
(4) 下料、切孔采用等离子弧切割机操作，严禁用乙炔氧气切割。大孔洞四周应补强。
(5) 是否需支搭临时的支顶架由施工组织设计确定。如搭设应待混凝土达到一定强度后方可拆除。
(6) 压型钢板按图纸放线安装、调直、压实并点焊牢靠。要求如下：
1) 波纹对直，以便钢筋在波内通过。
2) 与梁搭接在凹槽处，以便施焊。

3) 每凹槽处必须焊接牢靠,每凹槽焊点不得少于一处,焊接点直径不得小于1cm。

(7) 压型钢板铺设完毕、调直固定后,应及时用锁口机进行锁口,防止由于堆放施工材料和人员交通造成压型钢板咬口分离。

(8) 安装完毕,应在钢筋安装前及时清扫施工垃圾,剪切下来的边角料应收集到地面上集中堆放;加强成品保护,铺设人员交通马道,减少不必要的压型钢板上的人员走动,严禁在压型钢板上堆放重物。

(五) 质量标准

1. 主控项目

压型钢板与主体结构的锚固支承长度应符合设计要求且不得少于50m。

检查数量:沿连接纵向长度抽查10%且不应少于10m。

检查方法:目测和钢尺检查。

2. 一般项目

压型钢板安装应平整、顺直,板面不应有施工残留物和污物,不应有未经处理的错钻孔洞。

检查数量:按面积抽查10%且不应少于10m²。

检查方法:观察检查。

(六) 成品保护

1. 尽量减少压型钢板铺设后的附加荷载,以防变形。

2. 压型钢板经验收后方可交下道工序施工。凡需开设孔洞处不允许用力凿冲,造成开焊或变形。开大洞时应采取补强措施。

(七) 其他

1. 压型钢板安装应在钢结构楼层梁全部安装完成、检验合格并办理有关隐蔽工程手续以后进行,最好是整层施工。

2. 压型钢板应按施工要求分区、分片吊装到施工楼层并放置稳妥,及时安装,不宜在高空过夜,必须过夜的应固定好。

3. 压型钢板在装、卸、安装中严禁用钢丝绳捆绑直接起吊,运输及堆放应有足够支点,以防变形;对弯曲变形者应校正好;钢梁顶面要保持清洁,严防潮湿及涂刷油漆未干。大孔洞四周应补强;是否需支撑临时的支顶架由施工组织设计确定。如搭设应待混凝土达到一定强度后方可拆除;图纸放线安装、调直、压实并点焊牢靠。

4. 高空施工的安全走道应按施工组织设计的要求进行搭设。施工用电应符合安全用电的有关要求,严格做到一机、一闸、一漏电。

5. 压型钢板的切割应用冷作、空气等离子弧等方法切割,严禁用氧气乙炔焰切割。

十一、某厂房钢结构安装技术交底

(一) 工程概况

新疆某工业单层厂房,厂房结构形式为连续三跨排架结构,钢结构。基础为独立式杯口基础,AB跨、BC跨跨度为30m,CD跨跨度为27m。该厂房长度:1~46行510.2m,柱距12m。

厂房结构为双肢格构式钢柱,实腹工字形钢吊车梁,实腹工字形钢屋面梁,屋面板、墙板为彩色压型复合钢板。

（二）工程质量目标和要求

按照 GB 50205—2001《钢结构工程施工质量验收规范》检验，交付检验一次验收合格。

（三）安装内容

该工程的钢结构安装主要包括钢柱系统安装、吊车梁系统安装、屋架、天窗及支撑系统安装。

1. 钢柱系统

A 列钢柱截面尺寸为 1400mm×600mm，上柱为 H900mm×400mm×14mm×18mm，柱底标高为 -1.40m，柱顶标高为 13.90m，钢柱单重约 7.0t。

B 列钢柱截面尺寸为 1600mm×600mm，上柱为 H800mm×400mm×14mm×18mm，柱底标高为 -1.40m，柱顶标高为 15.70m，钢柱单重约 8.1t。

C 列钢柱截面尺寸为 2200mm×600mm，上柱为 H800mm×400mm×14mm×18mm，柱底标高为 -1.60m，柱顶标高为 17.50m，钢柱单重约 10.1t。

D 列钢柱截面尺寸为 1400mm×600mm，2050mm×600mm，上柱为 H800mm×400mm×14mm×18mm、H900mm×400mm×14mm×18mm，柱底标高为 -1.600m，柱顶标高为 15.50m，20.50m。钢柱单重约 11.80t。

钢柱材质为 Q345B，柱间支撑材质为 Q235B。

2. 吊车梁系统

AB、BC 跨吊车梁轨顶标高均为 8.80m，CD 跨吊车梁轨顶标高为 10.80m。吊车梁均为实腹工字形，常规吊车梁跨度 12m，吊车梁断面高度 1.45m，厚度为 16，上翼缘 650mm×25mm，下翼缘宽度 550mm×22mm，重量约 5.4t。C 列 15~17 行吊车梁和 D 列 15~17 行为 27m 吊车梁，吊车梁断面高度 2.95m，厚度为 18，上翼缘 750mm×30mm，下翼缘宽度 550mm×22mm，重量约 20.0t。吊车梁材质为 Q235，连接采用高强螺栓连接。

3. 屋面系统

钢屋面梁均为工字形实腹梁，最长 30m。AB、BC 跨屋面梁截面尺寸为 350mm×800mm×16mm×12mm，重量约为 7.5t。CD 跨屋面梁截面尺寸为 350mm×700mm×16mm×12mm，重量约为 6.5t。屋面檩条为高频焊接工字形钢 H350mm×175mm×4.5mm×6mm。AB、BC 跨屋面有天窗系统。

屋面梁材质为 Q345B，屋面梁与柱连接采用高强螺栓与焊接相结合的方式连接，高强螺栓为扭剪型，材质 20MnTin，S10.9 级，对接焊缝等级为二级，需要超声波探伤。

（四）关键过程及工程组织

1. 工程难点

该工程 C 列 15~17 行吊车梁和 D 列 15~17 行为 27m 跨吊车梁，吊车梁断面高度 2.95m，单重量约 20.0t。该部位钢构件安装为工程难点。

2. 关键过程

该工程屋面梁材质为 Q345B，屋面梁与柱头连接采用高强螺栓与焊接相结合的方式。吊车梁与制动板连接采用高强螺栓连接。以上部位的连接为该工程的关键过程。

3. 该项目组织机构图（略）

4. 工期要求

根据建设单位对该工程项目的工期要求,该厂房钢结构安装工期要求在12月2日~2月1日,共60d。

5. 人力资源及工期分析(表3.1-25)

劳动力配备表　　　　　　　　表3.1-25

起重工	电焊工	气焊工	铆工	力工	钳工	测量工	管理人员	合计
16	22	10	20	20	10	3	4	105

本工程劳动力安排主要工种有电气焊、电工、起重工、铆工、吊车司机、测量工等,各工种要按施工的进程逐步投入工作,并按各分部分项工程的工程量大小合理安排人数。

6. 编制依据

(1) 该工程项目合同和施工图及施工单位的深化图。

(2) 施工规范:

《钢结构工程施工质量验收规范》GB 50205—2001;

《建筑钢结构焊接技术规程》JGJ 81—2002;

《钢结构高强度螺栓连接的设计、施工及验收规范》JGJ 82—91。

(3) 该公司的施工能力、技术素质、机械化装备水平,施工现场实际情况以及历年来参加各种工程建设施工的经验。

(4) 该项目《施工组织设计》。

7. 施工用具(表3.1-26~表3.1-28)

施工机具需用量　　　　　　　　表3.1-26

序号	机具名称	规格	单位	数量
1	履带吊	150t	台	1
2	履带吊	50t	台	3
3	履带吊	35t	台	1
4	电焊机		台	30
5	气焊工具		套	10
6	经纬仪	J2	台	2
7	水准仪	S6	台	1
8	焊条烘干箱		台	1

周转材料需用量　　　　　　　　表3.1-27

序号	材料名称	规格	单位	数量	备注
1	跳板	300	块	100	
2	路基箱	6m×12m	块	18	
3	钢管	$\phi 48 \times 3$	t	6	

施工消耗材料需用量　　　　　　　　　表 3.1-28

序号	材料名称	规格	单位	数量	备注
1	钢板	$\delta=6$	t	4	垫板
2	钢板	$\delta=10$	t	9	垫板、楔铁
3	钢板	$\delta=14$	t	3	楔铁
4	钢板	$\delta=20$	t	7	垫板
5	角钢	50×5	t	1	
6	角钢	75×6	t	1	
7	退火线	8号	t	5	
8	钢丝绳	$\phi8.7$	m	9000	安全绳
9	钢丝绳	$\phi17.5$	m	900	缆风绳
10	钢绳扣	$\phi21.5\sim\phi28$	m	380	
11	钢筋	$\phi10$	t	5	爬梯

(五) 技术交底

1. 施工顺序安排

基础和构件验收 → A、B列钢柱子柱间支撑安装 → A、B列吊车梁安装 → AB跨屋面梁安装 → AB跨吊车梁制动系统走台板安装 → C列钢柱子安装 → B、C列吊车梁安装 → BC跨屋面梁安装 → BC跨吊车梁制动系统安装 → D列钢柱子安装 → C、D列吊车梁安装 → CD跨屋面梁安装 → CD跨吊车梁制动系统安装

2. 基础和构件验收

(1) 基础检验包括轴线误差测量、杯口底部表面标高与水平度的检验、埋设件表面标高及平整度等。

柱子基础轴线和标高是否正确是保证钢结构安装质量的基础，要根据基础的验收数据复核各项数据，并标注在基础表面上。

钢构件外形几何尺寸正确，可以保证结构安装顺利进行。为此，在吊装之前要根据《钢结构工程施工质量验收规范》(GB 50205—2001)中有关的规定，仔细检验钢构件的外形和几何尺寸，如有超出规定的偏差，在吊装之前要设法消除。此外，为便于校正钢柱子的平面位置和垂直度、桁架和吊车梁的标高等，需在钢柱的底部和上部标出两个方向的轴线，在钢柱底部适当高度标出标高准线。对于吊点亦要标出，便于吊装时按规定吊点绑扎。

(2) 钢结构安装的质量要求

安装过程中严禁随意切割构件及节点板，如确有必要切割，需经甲方及设计同意签字后进行，安装后要按设计要求恢复。现场焊缝外观要求整洁美观，并及时清理焊渣，重要节点使用角向磨光机打磨，安装螺栓孔要穿带整齐，拧紧后要将丝扣打乱，防止松动，个别穿带不上的螺栓孔用气焊补孔并打磨。

高强螺栓的存放、安装、摩擦面处理必须严格按照《钢结构工程施工质量验收规范》(GB 50205—2001)中有关的规定。

构件涂刷油漆前,必须将构件表面清理干净,认真打磨,严禁不经表面处理涂刷油漆。

3. 构件的运输

所有大型构件要制作成整体后再运输。制动板因刚度小易变形,分段制作,其余构件均制作成整体。构件的运输:钢柱,采用40t拖车运输;屋面梁采用60t带炮拖车运输;其余构件采用10t半挂运输。所有构件在卸车时,要按所在的安装位置卸车,尽量避免产生现场二次倒运就位。选用35t履带吊,负责所有构件的卸车。

因施工场地路面是回填土,土质较软,需要用碎石600mm厚填在各跨中间,填出一条供吊车行走的安装道路,道路宽10m。

4. 钢柱安装

(1) 安装顺序

清理验收柱基础 → 测量安装控制标高 → 吊起钢柱插入杯口 → 初校 → 杯口灌浆 → 起重机脱钩 → 二次校正 → 二次灌浆

(2) 采用 $Q = 50t$ 履带吊,吊车沿列线在跨中行走,吊车杆长34m、回转半径 $R = 13m$,起重量7.2t。吊装柱子绳索选用 $6 \times 37\phi 21.5$ 钢丝绳。

(3) 控制钢柱牛腿标高为基准,依据钢柱实际制作高度调整杯底标高,用钢垫块抵消钢柱加工误差。杯口底标高找平后,方可进行钢柱安装。

(4) 钢管柱吊装前必须绑扎好垂直爬梯、垂直安全绳及缆风绳。垂直安全绳采用 $6 \times 37\phi 8.7$ 钢丝绳,缆风绳采用 $6 \times 37\phi 17.5$ 钢丝绳,四股。

(5) 钢管柱吊装方法采用旋转吊装法,柱安装前,先将杯口清理干净,采用钢垫板调整杯口底面标高(垫板尺寸为 $700 \times 200 \times 50$)。

(6) 钢管柱经过初步校正,待垂直度调整在规范允许范围以内方可将起重机脱钩。钢管柱的垂直度二次校正,采用2台经纬仪在行线和列线两个方向观测,如有偏差,用油压千斤顶进行校正。在校正过程中,随时观察柱底部和标高控制垫块之间是否出现空隙,防止校正过程中造成标高超差,垂直度累计误差最终控制在5mm以内。

(7) 钢管柱校正固定后,要立即进行柱脚的二次灌浆施工,防止其他因素造成垂直度偏差。

(8) 柱脚二次灌浆混凝土的施工分两次进行,第一次灌至钢楔下,待一次灌浆混凝土强度达到设计后,拔出钢楔,进行第二次灌浆。

5. 吊车梁系统安装

(1) 吊车梁系统安装选用50t履带吊,吊车杆长34m。吊装12m跨吊车梁绳索选用 $6 \times 37\phi 24$ 钢丝绳,两股。吊装24m、27m跨吊车梁绳索选用 $6 \times 37\phi 28$ 钢丝绳,四股。

(2) 吊装前,要在柱子牛腿部位设置操作平台,操作平台用钢管及跳板搭设,四周用架工钢管设置临时栏杆。吊车梁顶面设置水平安全绳,水平安全绳采用8.7mm钢丝绳。

(3) 吊车梁吊装前,要时刻关注安装后的钢柱位移和垂直度偏差,要测量吊车梁支撑点位置处梁高的制作误差,要认真做好标高垫块工作,严格按定位轴线安装吊车梁。

(4) 吊车梁的校正主要是标高、垂直度、轴线和跨度。标高的校正可在屋面系统安装前进行。其他项目的校正宜在屋面系统安装完成后进行,因为屋面系统的吊装可能引起钢柱在跨度方向有微小的变化。

(5) 检验吊车梁的轴线,以跨距为准,用经纬仪在柱子侧面设置一条与吊车梁轴线平行的校正基准线,作为校正吊车梁轴线的依据。吊车梁跨度的检验,用钢尺量,弹簧秤拉(拉力为200N)。吊车梁标高校正,可用千斤顶和起重机配合。轴线和跨距的校正,可用撬棍、钢楔、千斤顶等配合。

6. 屋架系统吊装

(1) 屋面系统安装采用150t履带吊,杆长60m。吊装钢屋架绳索选用 $6×37\phi21.5$ 钢丝绳,四股。

(2) 构件进场摆放要确定合理垫点,钢柱采用平放两点垫,垫点选在柱脚及肩梁处。吊车梁采用立放两点垫,垫点选在两端 $1/4L$ 处,每个垫点采用两根道木。屋面梁因构件较长采用平放,采用三个垫点,两端及中间。其他构件进场摆放可根据实际情况酌情处理,所有构件摆放均需垫道木,不得直接堆放在地面上。

(3) 屋面梁采用悬空吊装,为使屋面梁在吊起后不致发生摇摆,和其他构件碰撞,起吊前在离支座附近节点处用麻绳系牢,顺着吊起的方向随时放松,以此保证其正确位置。

(4) 屋架临时固定用螺栓,每个节点处都要安装上相应的螺栓,螺栓的数量不得少于安装孔总数的1/3。

7. 钢结构焊接工艺

(1) 柱与梁之间的焊接为二级焊缝,需要坡口焊,其工艺流程为:

焊接设备、材料、安全设施准备 → 焊接衬垫板、引弧板 → 坡口检查与清理 → 气候条件监视测量 → 预热 → 焊接 → 焊缝外观及超声波检查 → 验收

(2) 焊接顺序采用从中心向四周扩展,采用结构对称、节点对称的焊接顺序,能减少焊接变形,保证焊接质量。

(3) 焊接的准备工作

1) 焊条烘焙:为适应冬期施工,选用低氢焊接材料,即碱性焊条。低合金钢冬期焊接施工,除对母材预热有要求外,对焊接材料也有特殊要求必须使用碱性焊条,焊条在使用前必须进行烘焙。焊条在使用前要在300~350℃烘箱内烘焙1h,然后在100℃温度下恒温保存。焊接时从烘箱内取出焊条,放在具有120℃保温功能的手提式保温桶内,带到焊接部位,随用随取,要在4h内用完,超过4h则焊条必须重新烘焙,当天用不完者亦要重新烘焙,严禁使用湿焊条。

2) 气候条件监视与测量:气候条件对焊接质量有直接影响。下雨天时,要停止作业。雨后要根据焊接区域潮湿情况决定是否进行电焊作业。当焊接部位附近的风速超过10m/s时,原则上不进行焊接,但在有防风措施,确认对焊接作业无妨碍时方可进行焊接。

3) 坡口检查:柱与梁上下翼缘的焊接,焊接前要对坡口组装的质量进行检查,如有超差,则要返修后再进行焊接。同时,在焊接前要对坡口进行清理,去除对焊接有妨碍的水分、杂物、油污和锈迹等。

4) 垫板和引弧板:焊接均用垫扳和引弧板,目的是使底层焊接质量有保证,引弧板可保证焊缝饱满,避免再起弧和收弧时对焊接件增加初应力而导致焊接缺陷。垫板和引弧板均用低碳钢板制作。

(4) 焊接

屋面梁与柱连接节点，要先安装螺栓然后焊接。梁和柱节点为焊缝连接。先焊接H型钢的下翼缘板，再焊上翼缘板。梁的端部节点先焊接一面，待其冷却至常温后再焊接另一面。

1) 预热：在冬期进行钢结构焊接时，施焊前要对母材进行预热，焊后要进行后热。预热区在焊道两侧，每侧宽度均要大于焊件厚度的2倍，且不要小于100，焊接钢板的预热温度见表3.1-29。

负温下焊接钢板预热温度参考表　　　　　　　　　　表3.1-29

材　质	钢材厚度(mm)	工作地点温度(℃)	预热温度(℃)
普通碳素钢	< 30	-30以下	36
	30～50	-30～-10	36
16Mn 16Mnq 16Mnv 16Mnvq	< 10	26	36
	10～16	-26～-10	36
	16～24	-10～-5	36
	24～40	-5～0	36
	> 40	任何温度	100～150

2) 普通碳素钢结构工作地点温度低于-20℃时，不得剪切、冲孔；温底低于-16℃，不得进行冷矫和冷弯曲。

3) 低合金钢结构工作地点温度低于-15℃时，不得剪切、冲孔；温度低于-12℃时，不得进行冷矫和冷弯曲。

8. 高强螺栓安装

(1) 高强度螺栓连接副的验收与保管

高强度螺栓连接副要按批次配套供应，并必须有出厂质量保证书。运至工地的扭剪型高强度螺栓连接副要及时检验其螺栓负载荷、螺母保证载荷、螺母及垫圈硬度、连接副的紧固轴力平均值和变异系数、摩擦面滑移系数。高强螺栓的复检结果要符合有关规定。

高强度螺栓连接副的运输、装卸、保管过程中，防止损坏螺纹。要按包装箱上注明的批号、规格分类保管。在安装使用前严禁开箱。

(2) 高强度螺栓连接构件螺栓孔的加工

高强度螺栓的螺栓孔在构件加工厂制作，要钻孔成型，孔边缘处无飞边和毛刺。

连接处板叠上所有的螺栓孔，均用量规检查，其通过率为：用比孔的公称直径小1.0mm的量规检查，每组至少通过85%；用比螺栓公称直径大0.2～0.3mm的量规检查，要全部通过。凡量规不能通过的孔，须经施工图编制单位同意后进行扩孔或补焊后重新钻孔。

(3) 高强度螺栓连接副的安装和钻孔

若两个被连接构件的板厚不同，为保证构件与连接板间紧密结合，对由于板厚差值而引起的间隙要做如下处理：间隙$d \leq 1.0$mm，可以不处理；间隙$d = 1.0 \sim 3.0$mm，将厚板一侧磨成1:10的缓坡,使间隙小于1.0mm;间隙$d>3.0$mm,要加放垫板,垫板上下摩擦面的处理与构件相同。

安装高强度螺栓时,要用尖头撬棒及冲钉对正上下或前后连接板的螺孔,将螺栓自由投入。临时安装用普通螺栓,穿入数量要由计算确定,并要符合下述规定:不得少于安装孔总数1/3,至少穿两个临时螺栓。

高强度螺栓施工时,先在余下的螺孔中布满高强度螺栓,并用扭矩扳手扳紧,然后将临时安装螺栓逐一换成高强度螺栓,并用扭矩扳手扳紧。在同一连接面上,高强度螺栓要按同一方向投入,要顺畅穿入孔内,不得强行敲打。如不能自由穿入,该孔要用铰刀修整,修整后螺栓孔的最大直径要小于1.2倍螺栓直径。

安装高强螺栓时,构件的摩擦面要保持干净,不得在雨中安装。摩擦面如用生锈处理方法时,安装前要以细钢丝刷除去摩擦面上的浮锈。

扭剪型高强螺栓的拧紧分为初拧、终拧。大型节点分为初拧、复拧、终拧。其初拧扭矩为1/2终拧扭矩。复拧扭矩等于初拧扭矩。用专用扳手进行终拧,直至拧掉螺栓尾部梅花头。个别不能用专用扭矩扳手进行终拧的或梅花头不能拧掉的,采用大六角度高强螺栓施工方法。

高强螺栓的初拧、复拧、终拧在同一天内完成。螺栓拧紧顺序由螺栓群中央向外的顺序进行拧紧。

(4) 高强螺栓连接副的施工质量检查与验收

扭剪型高强螺栓终拧检查,以目测尾部梅花头拧断为合格。对于不能用专用扳手拧紧的,则按上述大六角头高强度螺栓检查方法办理。

在高空进行高强螺栓的紧固,要遵守登高作业的安全注意事项。拧掉的高强螺栓尾部要随时放入口袋中,严禁随便抛落。

(六) 监视和测量要求

1. 做好测量放线工作,测量控制桩必须牢固稳定,并做好对测量控制桩的保护工作,要经常检查测量控制桩的变化情况,发现变化要及时修正。

2. 所有的工程材料及构件入场时,必须经专门检验合格后,持有材质合格证书及构件合格证书,方可入场。

3. 钢结构的焊接,焊工必须持有相应施焊条件的合格证书,并经试件试验合格后,方可进行施焊。

4. 发现未经检查或擅自更改、变更工程材料,要立即下达停工令,并查明原因上报。

5. 未经甲方或监理人员签证的隐蔽工程,不允许进行下道工序的施工。

(七) 安全生产及文明施工要求

1. 职工进入施工现场前,要使参加施工的全体成员对施工现场的环境置安全不利因素有一个全面的了解,以便防范。

2. 开工前依据施工特点、工艺流程、作业环境编制具体的、有针对性的、合理的安全技术措施,并进行安全技术交底,履行交底人和被交底人的签字手续。

3. 安全施工目标是:齐抓共管,预防为主,严格管理,确保全体施工人员安全。

4. 现场电气线路和设备要由专人负责安装、调整、维护和管理,他人不得擅自乱动,并做好防雨、接零等保护措施,严禁非专业人员随意拆改。

5. 现场成立义务消防队,消防工作,以防为主,防消结合,要经常检查消防设施的有效使用情况,确保火灾事故为零。

6. 现场用火、用气(电)焊一律须向消防保卫人员申请或备案。明火作业要设专人管理,严格执行动火制度。焊接场地周围5m以内,严禁堆放易燃品。用火场所要准备好消防器材、器具,并要经常检查保持器具处于完好状态。

7. 电焊机的电源线长度不宜超过5m,并必须架高。电焊机手把线的正常电压,在用交流电工作时为60~80V,要求手把线质量良好,如有破皮情况,必须及时用胶布严密包扎。电焊机的外壳要接地。电焊线如与钢丝绳交叉时要有绝缘隔离措施。

8. 高空操作人员使用的工具、零配件等,要放在随身佩带的工具袋内,不可随意向下丢掷。

9. 地面操作人员,尽量避免在高空作业面的正下方停留或通过,也不得在起重机的起重臂或正在吊装的构件下停留或通过。

10. 现场施工用索具卡口必须有出厂合格证,要经安全部门检验、技术人员确认后方可使用。

11. 加强成品保护,要求现场整洁完好交付甲方。

十二、某轧钢机械设备改造工程安装技术交底

(一) 工程概况

武汉某轧钢厂轧机设备改造工程,为了开发新品种的需要,该轧钢厂决定进行技术改造,将旧轧机拆除,重新安装一台从德国引进的更加先进的轧机。下面介绍的是该公司承担的旧轧机拆除和新轧机安装技术交底。

(二) 工程质量目标和要求

工程合格率100%;返工率不大于1%;内部故障损失率不大于1/1000;确保质量分毫不差;确保工期分秒不拖;确保让用户100%满意。

(三) 安装内容

安装内容主要包括:轧机本体、前后推床、换辊装置、前后棍道、接轴平衡等。机械设备总重约2900t。其中两片轧机牌坊分别重:288t、291t(表3.1-30)。

工程安装实物量　　　　表3.1-30

序号	名　　称	重量(t)	图　号
1	牌坊	810	3.12-2 备2
2	工作辊轴承箱摆动轨道	11	3.12-2 备3
3	工作辊平衡装置	4	3.12-2 备4
4	上支持辊平衡装置	69	3.12-2 备5
5	AGC液压缸	10	3.12-2 备6
6	主传动轴及联轴器	87	3.12-2 备7
7	电动压下	81	3.12-2 备8
8	工作辊、支持辊门闩	2	3.12-2 备9

续表

序号	名　称	重量(t)	图　号
9	轧机底座	104	3.12-2备10
10	工作辊轴承箱及其装配	60	3.12-2备11
11	支持辊轴承箱及其装配	120	3.12-2备12
12	轧机标高调节装置	35	3.12-2备13
13	上支持辊轨道提升	37	3.12-2备14
14	机架辊	53	3.12-2备15
15	轧机平台、走梯	14.5	3.12-2备16
16	接轴密封罩	4.2	3.12-2备17
17	接轴平衡	43	3.12-2备18
18	接轴、机架辊安装工具	0.2	3.12-2备19
19	支持辊换辊装置	270	3.12-2备20
20	工作辊换辊装置	120	3.12-2备21
21	机架辊、接轴、牌坊吊具	43	3.12-2备22
22	推床(轧机前后)	190	3.12-2备23
23	AGC拆除装置	7	3.12-2备24
24	轧机风吹扫(工作辊)	0.20	3.12-2备25
25	推床、换辊、接轴干油润滑	0.60	3.12-2备26

(四)关键过程和工程难点

1. 该工程施工工期只有70d,工期短,施工作业人员紧张,夏季高温多雨,给施工组织管理带来较大困难。

2. 该工程的主要难点为轧机牌坊的运输吊装立起。改造后新牌坊单片重288t、291t,牌坊外形尺寸为高13200mm×宽4600mm×厚1980mm。可以利用厂房内原有的两台200t桥式起重机,其钩头极限高度12.4m,最大起重能力200t(两台),必须制造专用吊具(扁担)抬牌坊,才能将牌坊立起。

3. 该工程另一难点为多工种交叉作业。在工期很短的情况下,土建专业施工和机电设备安装施工交叉进行,增加了不安全因素,另外旧轧机底座的拆除、二次混凝土铲除、地脚螺栓的拆除,有可能对工期产生不利影响。

4. 该工程设备安装精度要求高,是关键过程。为保证牌坊的安装精度,牌坊连同底座需二次找正。为确保牌坊各部位安装尺寸的正确,底座暂时不灌浆,待牌坊找正后再将底板二次灌浆。

(五)该工程项目部组织机构图(略)

(六)施工准备

1. 工期要求

计划开工日期定为 5 月 5 日,计划竣工日期为 7 月 15 日。施工总时间为 70d,其中旧轧机拆除 6d,新轧机安装 60d,调试 4d。

2．人力资源配比与劳动力工期分析

(1) 人力资源配置(表 3.1-31)

人力资源配置表　　　　表 3.1-31

安装钳工	起重工	电工	普通电焊工	氩弧焊工	气焊工	配管工	管理人员	合计
70 人	16 人	6 人	8 人	4 人	14 人	22 人	6 人	146 人

(2) 劳动力工期分析(图 3.1-49)

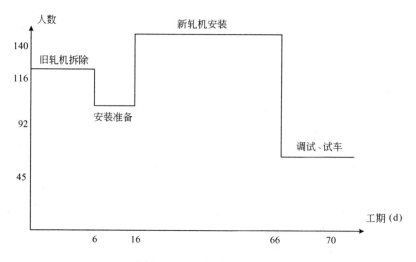

图 3.1-49　劳动力工期分析

3．编制依据

(1) 设计给出的施工图及设备安装说明书。

(2) 建设单位和德方的技术要求及以往同类工程施工的特点及经验,结合现场施工环境条件制定。

(3) 执行 JBJ 23—96《机械设备安装工程施工及验收规范》和设计要求。

(4) 该工程施工组织设计。

4．设备安装措施用材料及半成品(表 3.1-32)

5．设备安装主要用机具(表 3.1-33)

设备安装措施用材料及半成品量　　　　表 3.1-32

序号	材料及半成品名称	规格型号	数量	备注
1	钢　管	DN50	400m	
2	麻　绳		100m	
3	枕　木		100 根	

续表

序号	材料及半成品名称	规格型号	数量	备注
4	钢丝绳	$\phi 52$ 48m	一对	
		$\phi 62$ 48m	一对	
		$\phi 62$ 22m	一对	
		$\phi 36$ 17m	二对	
		$\phi 25$ 20m	二对	
		$\phi 18$ 18m	四对	
		$\phi 10$ 15m	四对	
		$\phi 5$ 10m	四对	
5	钢板	$\delta 30$ 16Mn	10t	
		$\delta 22$ Q235	8t	
6	磨光机片		60片	
7	切割机片		20片	
8	锉刀	圆锉 $L=200$	15把	
		平锉 $L=200$	20把	
		半圆锉 $L=200$	30把	
9	电焊条	E4303	480kg	
		E5015	200kg	
10	洗油		800kg	
11	硅藻土		600kg	

设备安装主要用机具量　　表3.1-33

序号	名称	规格	数量	单位
1	精密水准仪	010	1	台
2	精密经纬仪	NA2	1	台
3	电动液压扳手(螺栓拉伸器)	HY-8XLT	4	台
4	力矩扳手	450N·m	2	套
5	方框水平仪	200×200	4	台
6	水平尺	1m 2m 3m	各2	台
7	内径千分尺	50~2000mm	4	套
8	块规		2	套
9	液压千斤顶	50t	8	台
10	液压千斤顶	30t	4	台

续表

序号	名 称	规 格	数量	单位
11	螺旋千斤顶	20t	5	台
12	螺旋千斤顶	10t	4	台
13	切割机		2	台
14	电动坡口机	JIP1-10	3	台
15	交流电焊机	BX-500	5	台
16	直流电焊机	AX1-500	5	台
17	直流氩弧焊机		2	台
18	液压弯管机	YWG-600	2	台
19	磨光机		5	台
20	保安器		5	个
21	电动往复锯(手握式)		2	台

（七）技术交底

1．旧轧机拆除施工要求

拆除标准：将旧轧机完全拆除，并搬运至车间外，运走。

完全停产后，确认油、水、电、风已停，方可让施工人员拆除设备。拆除时，轧机本体是主线，前后推床、前后辊道、换辊装置为辅线，可同时进行。

（1）轧机本体的拆除

1）首先将轧机机架上的各种管道拆除。

2）轧机主传动连杆拆除。

3）压下系统拆除。

首先，将传动电机拆除，然后将压下罩子拆除后，将两套蜗轮、蜗杆及同步轴拆除，最后将花键轴及丝杠、丝母依次拆除。

4）支承辊平衡装置拆除。

首先将支承辊平衡梁拆除，然后将平衡缸拆除，最后将轧机压下平台及栏杆拆除。

5）机架辊拆除。

轧机入口与出口侧均有三根单传动机架辊，将机架辊传动电机及连杆拆除后，将机架辊依次吊出。

6）出鳞装置拆除。

首先将上部除鳞箱以及平衡器链轮拆除，然后将下部除鳞箱拆除，最后将升降缸及罩子拆除。

7）上横梁拆除。

松开连接螺栓，用车间内原有的桥式起重机将上横梁吊出。

8）轧机内辊道及升降缸拆除。

首先将轧机牌坊内的小车走行辊道及支架拆除，然后将升降缸拆除。

9) 牌坊拆除。

用气割将固定环割除,然后将找正牌坊用的楔铁拆除,用千斤顶将牌坊顶松后,将牌坊吊出底座,在换辊坑内将牌坊放倒后用吊车吊至过跨小车上,运入磨辊间,先拆除西侧牌坊,后拆除东侧牌坊。

10) 轧机底座拆除。

用风镐将轧机底座混凝土铲除,用千斤顶将底座顶松后用车间内原有的 200t 桥式起重机将两片底座依次吊出。

(2) 前后推床拆除

1) 将与前后推床相连接的所有管路拆除。

2) 首先将前后四个推头拆除,然后将四个压辊、八根齿条拆除,最后将齿轮箱上半部拆除。

3) 松开减速机与推床连接轴及连接轴之间连接螺栓后,吊出六根连接轴,最后将齿轮箱地脚螺栓松开,拆除下半部齿轮箱。

4) 断开电机与减速机之间连接,松开所有地脚螺栓,拆除减速机及传动电机。

(3) 换辊装置拆除

1) 将与换辊装置相连接的所有管路拆除。

2) 首先将换辊小车吊出,然后拆除传动齿条,最后将换辊小车轨道及轨道架拆除。

3) 将横移车与横移油缸连接轴拆除后,将横移台车吊出,然后将横移油缸拆除,最后将横移轨道拆除。

(4) 前后辊道拆除

1) 将前后共 22 根辊道间的润滑管冷却水管拆除。

2) 松开辊道螺栓,将 22 根辊道全部吊出。

3) 将辊道座连接梁拆除。

4) 松开地脚螺栓,将辊道座拆除。

(5) 拆除牌坊必须具备的条件

1) 轧机入口侧与出口侧辊道及辊道座必须全部拆除完毕。

2) 换辊装置必须拆除完毕。

3) 吊运路线必须明确。

(6) 设备拆除后设备全部更新,因此将拆除的设备全部运至轧辊间后,由轧辊间装车运往建设单位指定场所。

2. 新轧机安装技术交底

(1) 设备验收

1) 设备开箱清点,开箱时要由建设单位、设备制造厂、施工单位三方人员组成检验小组,进行详细清点并对损坏、缺件等做出处理意见,并对处理意见进行记录。

2) 熟悉技术文件,了解设备构成、技术要求和安装顺序以及安装方法和使用必要的工具,为设备安装做好准备工作。

(2) 轧机牌坊的运输方案(由轧辊间运至换辊坑内)

运输主要路线为: 轧辊间地面 → 地爬车 → 主轧跨内 → 换辊坑内

轧机牌坊运输过程中必须注意以下事项:

1) 牌坊从轧辊间运至主轧跨时,牌坊与轧机底座相连接的支座必须在主轧跨将支座与牌坊装配在一起之后再运往换辊坑内,地爬车两旁厂房柱子距离 5m,牌坊上支座装配之后宽度为 7.0m,必须在主轧跨装配支座。

2) 西侧牌坊先运至上轧跨,将支座与牌坊装配在一起,留有一块场地存放西侧牌坊,东侧牌坊后运至上轧跨,装配好支座后直接运往换辊坑将牌坊立起就位。

3) 运输轧机牌坊时要注意牌坊的上下面,要求西侧牌坊内侧面朝下,东侧牌坊内侧面朝上。

4) 换辊坑基础土建专业有些部位要后施工,便于牌坊的放置和移动。

5) 轧机牌坊吊装运输用车间内原有的两台 200t 桥式起重机和吊具进行,放置到换辊坑。

(3) 轧机牌坊的卸车方案

1) 轧辊间桥式起重机最大起重能力 300t,牌坊重 291t,起重能力没有问题,由于是新安装的起重机,要求进行动、静载荷试验,试验合格后方可使用。

2) 钢绳验算

方法一:利用外方特制的吊点进行吊装卸车。牌坊宽度 4600mm,厚度 920mm,现有 $\phi 52mm$ 钢绳一对,每根钢绳 48m。

$BC = 4300mm$

$CB = (48000/2 - 4600)/2 = 9.700$

$OC = 9700^2 - 4300^2 \approx 8.7m$

$\phi 52mm$ 钢绳单根破断拉力

$P = 5 \times 52^2 = 135t$

$291t/8 = 36.4t$

$P' = 37 \times OB/OC = 36.4 \times 9.7/8.7 = 40.58$

安全系数 $n = 135/40.58 = 3.33$

此安全系数相对偏小,正常吊装安全系数应为 5 倍,考虑卸车时间比较短,起吊高度比较矮,没有问题,此方法可行。

起吊高度验算:运输车辆高和运输支承 2.1m

桥式起重机钩头极限高度 11m

$2.1m + OC = 2.1 + 8.7m = 10.8m$

$11m > 10.8m$ 验算结论:起吊高度够用。

卸车方法二:不利用外方指定的吊点卸车。

该套轧机设备是从大连港抵达中国口岸,通过我们到大连港实地考察,牌坊卸车可以不利用外方指定的吊点卸车。现有 $\phi 65mm$ 钢绳 18m,2 对。

$\phi 65mm$ 钢绳单根破断拉力 P

$P = 5 \times 42.25 = 211.25t$

$291t/8 = 36.4t$

由于绑扎角度很小,钢绳近似垂直安全系数 $n = 211.25/36.4 = 5.80$

吊装安全系数应为 5 倍,所以该吊装方案可行。

起吊高度验算:车高和运输支承 2.1m

天车钩头极限 11m

钢绳垂直长度 $(18-4.4)/2 = 6.65m$

$6.65m + 2.1m = 8.75m$

$11m > 8.75m$　验算结论：起吊高度够用。

因为第二种方法明显优于第一种方法，我们优先选用第二种方法卸车。

卸车注意事项及要求：

1) 新安装的 300t 桥式起重机必须进行静载、动载荷试验。
2) 卸车绑扎钢绳要用圆钢包好。
3) 卸车时要有专人看护桥吊，防止 300t 桥式起重机抱闸。
4) 卸下牌坊之后，要用钢支座和道木垫好，牌坊放置在轧辊间内。

(4) 连轧机组安装施工工艺流程(图 3.1-50)

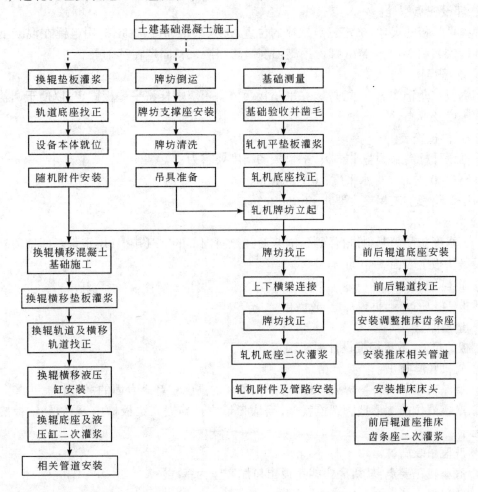

图 3.1-50　施工工艺流程图

(5) 基础放线、基础验收

1) 中心标板、标高基准点的埋设

① 需要保留的基准线和基准点应设置永久中心标板、永久基准点。

② 安装需要保留的临时基准线和临时基准点应根据永久中心标板、永久基准点作业。

③ 新轧机安装所需的轧制中心线、轧机横向中心线、换辊装置中心线、前后推床中心线、接轴平衡中心线应设置永久中心标板。轧机周围、主传动电机周围、前后推床周围、换辊装置周围、前后辊道周围应设置永久基准点。

2) 在土建施工接近结束时,对基础进行验收,主要校核预留套筒的中心、标高尺寸,以及基础与牌坊底部靠近的外形尺寸。

(6) 轧机底座安装

1) 垫板安装(一块平垫板和一对斜垫板)

垫板安装采用大垫板方法,用三个螺栓将平垫板按规定尺寸要求找正找平后,用无收缩大流动灌浆料进行灌浆。

① 挂设中心线,确定平垫板的平面位置。

② 埋设三点螺栓。

根据平垫板的尺寸,确定三点螺栓的位置,螺栓采用 M12 或 M16,用电锤在混凝土基础上钻孔($\phi 25$),将 M12 或 M16 螺栓用高强度微膨胀灌浆料固定在基础上。

③ 支爪焊接

用钢板或角钢作为支爪,焊接在平垫板两侧。用双螺栓将平垫板固定,以便于调整平垫板的水平度及标高。

④ 平垫板安装

根据设计标高来调整平垫板,平垫板的精度要求为:

标高: +0.3mm　　水平度: 0.05mm/m。

对平斜垫板加工粗糙度要求:0.05mm/m。

⑤ 灌浆

用高强度微膨灌浆料进行灌浆,灌浆时注意将内部的空气排出(用钢带来回抽动),灌浆高度距平垫板上表面 5~10mm。

⑥ 拆模

养护 24h 后拆模,拆模后清理干净。

2) 垫板布置

垫板的尺寸、数量根据设计要求确定。

3) 轧机底座找正

① 底座就位前将斜垫板放置好,检查预留套的高度和基础表面的凿毛。

② 底座就位前 T 形地脚螺栓就位,确认 T 形头正确嵌入锚板槽内,要做好锚板槽开口方向记录。

③ 底座吊装就位。

④ 底座找正要点:轧机底座找正以出口侧底座为基准。

a. 轧制中心线

根据挂设的中心线、用线坠与设备底座分中线对齐即可,要求目视误差为 0。

b. 轧机中心线

出口底座与轧机中心线的距离用内径千分尺测量(配合磁座),精度为 ±0.5mm,轧机中心线与出口底座的平行度用磁铁座和内径千分尺测量,测量中不允许将磁铁座与内径千分尺分解,平行度允许误差≤0.08mm。

c. 底座间的平行度

以出口底座为基准,用制作的工具(厚壁钢管和内径千分尺头),根据牌坊宽度尺寸按+5.0mm安装。

d. 底座水平度测量

单个轧机底座水平度允许误差≤0.08mm/m,用0.02mm/m方框水平尺测量。

两底座之间水平度允许误差为≤0.05mm/m,用精密水准仪测量,并计算出水平度误差。底座的最终检查要在地脚螺栓紧固完之后进行,在底座上要设立轧制中心的标记。

e. 地脚螺栓紧固

地脚螺栓紧固用专用工具液压螺栓拉伸器,根据所要求的力矩要求进行。

f. 基础二次灌浆

二次灌浆有两种方法:一是轧机底座找正之后灌浆。二是待牌坊立起之后再灌浆,有待于与外方专家商量。为了保证二次灌浆质量,防止灌浆料流入预留套管内,必须做好防护措施。根据以往施工经验,在套筒上方用薄铁板(δ3)盖住即可。

⑤ 轧机底座安装检测图

技术要求:用精密水准仪测出 A 至 P 共 16 点的标高,其中单个底座标高精度≤±0.20mm,两底座间标高差精度≤±0.08mm。底座水平度≤0.08mm/m。

(7) 轧机牌坊安装

1) 轧机牌坊的立起

由于轧机牌坊比较高,天车钩头极限受限制,又增加了吊具的高度,牌坊立起必须在换辊坑内立起,移向轧机底座上方,就位在轧机底座上。根据换辊坑基础标高、吊具的结构形式、天车的钩头极限尺寸决定牌坊的立起就位方法,其施工顺序为:

东侧牌坊在换辊坑内立起 → 就位在两假底座上 → 拆除吊具 → 西侧牌坊放置换辊坑内 →

西侧牌坊在换辊坑内立起 → 就位在两假底座上 → 拆除吊具 → 其他工作

立牌坊之前注意事项:

① 检查牌坊底部是否与基础相碰;

② 爬梯制作,便于施工人员上下在牌坊顶部拆卸吊具;

③ 牌坊顶部要设有挂安全带装置。

2) 轧机牌坊找正

① 首先找正传动侧牌坊,测量与下横梁结合面尺寸,并且保证与出口底座的间隙为零。

② 将轧机底座与传动侧牌坊连接螺栓临时紧固。

③ 下横梁安装,将传动侧牌坊与下横梁临时紧固。

④ 用千斤顶从外侧顶紧操作侧牌坊,直到与下横梁的间隙没有为止。

⑤ 将操作侧牌坊和横梁用连接螺栓临时紧固。

⑥ 上横梁安装。

⑦ 牌坊精度检测。

a. 窗口垂直度;

b. 对轧机中心的位置精度;

c. 与轧机中心平行度；

d. 与轧制线距离；

e. 牌坊底部水平度。

3）牌坊螺栓紧固

牌坊螺栓紧固用专用工具——液压螺栓拉伸器，根据所要求的力矩要求进行（表3.1-34）。

螺栓紧固的力矩要求　　　　　　　　表3.1-34

高强螺栓规格	8.8级螺栓力矩	10.9级螺栓力矩
M27	830 Nm	1200 Nm
M24	560 Nm	790 Nm
M20	324 Nm	456 Nm
M16	166 Nm	234 Nm

4）轧机本体附件的安装属常规安装，不详细阐述。

(8) 换辊装置安装

换辊横移后的设备可在轧机底座、牌坊安装前施工，可将设备底座找正，但不可进行二次灌浆。待牌坊找正、换辊横移设备安装找正结束后，进行二次灌浆。

1）垫板采用座浆法。

2）换辊装置找正。

(9) 推床安装。

3. 技术质量要求

(1) 严格按图纸施工；如有需要修改的部分，要由设计部门发出与施工图等效力的书面通知单，方可修改。

(2) 原材料、设备必须具有合格证书。测量器具必须按其检定周期及时检定。

(3) 特殊工种施工人员必须持上岗证，方可上岗。

(4) 装配主要部件和工艺控制点的部件时，由建设单位、设备制造厂、施工单位组成联检小组进行验收，形成记录并执行"会签制"。

(5) 机械设备安装和土建基础、结构安装之间的工序交接，必须认真办理中间交接验收手续，由专人填写中间工序交接单，经工程项目部转交下道工序的施工单位。

(6) 未经甲方或监理人员签证的隐蔽工程，不允许进行下道工序的施工。

(7) 做好施工中的技术质量检查记录。工程技术资料要及时、准确、完整。交工后一周内将交工资料交出。

(8) 设备安装过程中，要由专业测量队对设备的中心线及标高进行测设。安装时，要用方框水平仪进行检查测量。

(9) 轧机底座螺栓的紧固，要用专用液压力矩扳手进行施工。轧机机架的找正用内径千分尺进行测量。

(10) 高压水管道的焊接，要严格按照高压水管道的焊接工艺进行，焊接好的管道要按照技术要求进行退火消除应力。

(11) 现场文明施工,实现工完料清。下道工序要注意对上道工序的成品保护,要将整洁、完好的设备交给用户,确保一次交验合格。

4. 安全技术交底

(1) 施工前,必须制定安全技术措施,通过安全员签字确认,做到层层交底,落实到各级施工人员后方可施工。

(2) 坚持安全交底互保签定制度,教育全体施工人员牢固树立安全第一思想。遵守"不伤害他人、不伤害自己、不被他人伤害"的"三不伤害"原则。

(3) 进入施工现场必须穿戴好劳保品,2m 以上的高空作业,必须系好安全带,并做到安全带随处生根,"高挂低用"。对施工所用工具必须系在安全绳上,以免坠落发生意外事故。

(4) 动火时应办好动火证,要设专人监护,备好相应的灭火器材,制定相应的措施。

(5) 电气设备使用应严格按照有关规程进行。

(6) 大件吊装时,要选择合适的钢绳,严禁"以小带大",制定合理的吊装方案,严禁盲目施工。吊装过程中必须设专人指挥。

(7) 设备吊装位置的棱角要用橡胶皮和半圆形钢管垫好,防止棱角损坏钢绳。

(8) 现场有孔洞时,应设明显的安全标志,设好安全防护栏,危险处要有醒目的警告标志。

(9) 试车前,要编制好试车规程,并有组织地向参加试车人员进行试车规程的交底。

(10) 试车时,电气操作人员要听从机械人员的指挥,指挥的口令要统一,距离较远时要用对讲机。

第二节 网架和索膜结构

网架制作、安装

(一) 工程概况(略)

(二) 工程质量目标和要求(略)

(三) 施工准备

1. 材料

(1) 钢网架安装的钢材与连接材料,高强度螺栓、焊条、焊丝、焊剂等,应符合设计的要求,并应有出厂合格证。

(2) 钢网架安装用的空心焊接球、加肋焊接球、螺栓球、半成品小拼单元、杆件以及橡胶支座等半成品,应符合设计要求及相应的国家标准的规定。

2. 主要机具

电焊机、氧-乙炔切割设备、砂轮锯、杆件切割车床、杆件切割动力头、钢卷尺、钢板尺、卡尺、水准仪、经纬仪、超声波探伤仪、磁力探伤仪、提升设备、起重设备、铁锤、钢丝刷、液压千斤顶、捯链等工具。

3. 作业条件

(1) 安装前应对网架支座轴线与标高进行验线检查。网架轴线、标高位置必须符合设计要求和有关标准的规定。

(2) 安装前应对柱顶混凝土强度进行检查,柱顶混凝土强度必须符合设计要求和国家现行有关标准的规定以后,才能安装。

(3) 采用高空滑移法时,应对滑移轨道滑轮进行检查,滑移水平坡度应符合施工设计的要求。

(4) 采用条、块安装工作台滑移法时,应对地面工作台、滑移设备进行检查,并进行试滑行试验。

(5) 采用整体吊装或局部吊装法时,应对提升设备进行检查,对提升速度、提升吊点、高空合拢与调整等工作做好试验,必须符合施工组织设计的要求。

(6) 采用高空散装法时,应搭设满堂红脚手架,并放线布置好各支点位置与标高。采用螺栓球高空散装法时,应设计布置好临时支点,临时支点的位置、数量应经过验算确定。

(7) 高空散装的临时支点应选用千斤顶为宜,这样临时支点可以逐步调整网架高度。当安装结束拆卸临时支架时,可以在各支点间同步下降,分段卸荷。

(四) 操作工艺

1. 螺栓球正方四角锥网架高空散装法

(1) 工艺流程:

放线、验线 → 安装下弦平面网格 → 安装上弦倒三角网格 → 安装下弦正三角网络 → 调整、紧固 → 安装屋面帽头 → 支座焊接、验收

(2) 放线、验线与基础检查:

1) 检查柱顶混凝土强度。检查试件报告,合格后方能在高空柱顶放线、验线。

2) 由总包提供柱顶轴线位移情况,网架安装单位对提供的网架支承点位置、尺寸进行复验,经复验检查轴线位置、标高尺寸符合设计要求以后,才能开始安装。

3) 临时支点的位置、数量、支点高度应统一安排,支点下部应适当加固,防止网架支点局部受力过大,架子下沉。

(3) 安装下弦平面网架:

1) 将第一跨间的支座安装部位,对好柱顶轴线、中心线,用水平仪对好标高,有误差应予修正。

2) 安装第一跨间下弦球、杆,组成纵向平面网格。

3) 排好临时支点,保证下弦球的平行度,如有起拱要求时,应在临时支点上找出坡底。

4) 安装第一跨间的腹杆与上弦球,一般是一球二腹杆的小单元就位后,与下弦球拧入,固定。

5) 安装第一跨间的上弦杆,控制网架尺寸。注意拧入深度影响到整个网架的下挠度,应控制好尺寸。

6) 检查网架、网格尺寸,检查网架纵向尺寸与网架矢高尺寸。如有出入,可以调整临时支点的高低位置来控制网架的尺寸。

(4) 安装上弦倒三角网格:

1) 网架第二单元起采用连续安装法组装。

2) 从支座开始先安装一根下弦杆,检查丝扣质量,清理螺孔、螺扣,干净后拧入,同时从

下弦第一跨间也装一根下弦杆,组成第一方网格,将第一节点球拧入,下弦第一网格封闭。

3) 安装倒三角锥体,将一球三杆小单元(即一上弦球、一上弦杆、二腹斜杆组成的小拼单元)吊入现场。将二斜杆支撑在下弦球上,在上方拉紧上弦杆,使上弦杆逐步靠近已安装好的上弦球,拧入。

4) 然后将斜杆拧入下弦球孔内,拧紧,另一斜杆可以暂时空着。

5) 继续安装下弦球与杆(第二网格,下弦球是一球一杆)。一杆拧入原来的下弦球螺孔内,一球在安装前沿,与另一斜杆连接拧入,横向下弦杆(第二根)安装入位,两头各与球拧入,组成下弦第二网格封闭。

6) 按上述工艺继续安装一球三杆倒三角锥,在二个倒三角锥体之间安装纵向上弦杆,使之连成一体。逐步推进,每安装一组倒三角锥,则安装一根纵向上弦杆,上弦杆两头用螺栓拧入,使网架上弦也组成封闭形的方网格。

7) 逐步安装到支座后组成一系列纵向倒三角锥网架。检查纵向尺寸,检查网架挠度,检查各支点受力情况。

(5) 安装下弦正三角锥网格:

1) 网架安装完倒三角锥网格后,即开始安装正三角锥网格。

2) 安装下弦球与杆,采用一球一杆形式(即下弦球与下弦杆),将一杆拧入支座螺孔内。

3) 安装横向下弦杆,使球与杆组成封闭四方网格,检查尺寸。也可以采用一球二杆形式(下弦球与相互垂直二根下弦杆同时安装组成封闭四方网格)。

4) 安装一侧斜腹杆,单杆就位,拧入,便于控制网格的矢高。

5) 继续安装另一侧斜腹杆,两边拧入下弦球与上弦球,完成一组正三角锥网格。逐步向一侧安装,直到支座为止。

6) 每完成一个正三角锥后,再安装检查上弦四方网格尺寸误差,逐步调整,紧固螺栓。正三角锥网格安装时,应时时注意临时支点受力的情况。

(6) 调整、紧固:

1) 高空散装法安装网架,应随时测量检查网架质量。检查下弦网格尺寸及对角线,检查上弦网格尺寸及对角线,检查网架纵向长度、横向长度、网格矢高。在各临时支点未拆除前还能调整。

2) 检查网架整体挠度,可以通过上弦与下弦尺寸的调整来控制挠度值。

3) 网架在安装过程中应随时检查各临时支点的下沉情况,如有下降情况,应及时加固,防止出现下坠现象。

4) 网架检查、调整后,应对网架高强度螺栓进行重新紧固。

5) 网架高强螺栓紧固后,应将套筒上的定位小螺栓拧紧锁定。

(7) 安装屋面帽头:

1) 将上弦球上的帽头焊件拧入。

2) 在帽头杆件上找出坡度,以便安装屋面板材。

3) 对螺栓球上的未用孔以及螺栓与套筒、杆件之间的间隙应进行封堵,防止雨水渗漏。

(8) 支座焊接与验收:

1) 检查网架整体尺寸合格后,检查支座位置是否在轴线上,以及偏移尺寸。网架安装时尺寸的累积误差应该两边分散,防止一侧支座就位正确,另一侧支座偏差过大。

2) 检查网架标高、矢高,网架标高以四周支点为准,各支点尺寸误差应在标准规范以内。

3) 检查网架的挠度。

4) 各部尺寸合格后,进行支座焊接。

5) 支座焊接应有操作说明。网架支座有弹簧型、滑移型、橡胶垫型。支座焊接应保护支座的使用性能。有的应保护防止焊接飞溅的侵入;橡胶垫型在焊接时,应防止焊接火焰烤伤胶垫。故焊接时应用水随时冷却支座,防止烤伤胶垫。

2. 焊接球地面安装高空合拢法

(1) 工艺流程:

放线、验线 → 安装平面网格 → 安装立体网格 → 安装上弦网格 → 网架整体提升 → 网架高空合拢 → 网架验收

(2) 放线、验线:

1) 柱顶放线与验线:标出轴线与标高,检查柱顶位移;网架安装单位对提供的网架支承点位置、尺寸、标高经复验无误后,才能正式安装。

2) 网架地面安装环境应找平放样,网架球各支点应放线,标明位置与球号。

3) 网架球各支点砌砖墩。墩顶可以是钢管支承点,也可以是砖墩上加一小截圆管作为网架下弦球支座。

4) 对各支点标出标高,如网架有起拱要求时,应在各支承点上反映出来,用不同高度的支承钢管来完成对网架的起拱要求。

(3) 钢网架平面安装:

1) 放球:将已验收的焊接球,按规格、编号放入安装节点内,同时应将球调整好受力方向与位置。一般将球水平中心线的环形焊缝置于赤道方向。有肋的一边在下弦球的上半部分。

2) 放置杆件:将备好的杆件,按规定的规格布置钢管杆件。放置杆件前,应检查杆件的规格、尺寸,以及坡口、焊缝间隙,将杆件放置在二个球之间,调整间隙,点固。

3) 平面网架的拼装应从中心线开始,逐步向四周展开,先组成封闭四方网格,控制好尺寸后,再拼四周网格,不断扩大。注意应控制累积误差,一般网格以负公差为宜。

4) 平面网架焊接,焊接前应编制好焊接工艺和网架焊接顺序,防止平面网架变形。

5) 平面网架焊接应按焊接工艺规定,从钢管下侧中心线左边 20～30mm 处引弧,向右焊接,逐步完成仰焊、主焊、爬坡焊、平焊等焊接位置。

6) 球管焊接应采用斜锯齿形运条手法进行焊接,防止咬肉。

7) 焊接运条到圆管上侧中心线后,继续向前焊 20～30mm 处收弧。

8) 焊接完成半圆后,重新从钢管下侧中心线右边 20～30mm 处反向起弧,向左焊接,与上述工艺相同,到顶部中心线后继续向前焊接,填满弧坑,焊缝搭接平稳,以保证焊缝质量。

(4) 网架主体组装:

1) 检查验收平面网架尺寸、轴线偏移情况,检查无误后,继续组装主体网架。

2) 将一球四杆的小拼单元(一球为上弦球,四杆为网架斜腹杆)吊入平面网架上方。

3) 小拼单元就位后,应检查网格尺寸、矢高以及小拼单元的斜杆角度,对位置不正、角度不正的应先矫正,矫正合格后才准以安装。

4) 安装时发现小拼单元杆件长度、角度不一致时,应将过长杆件用切割机割去,然后重开坡口,重新就位检查。

5) 如果需用衬管的网架,应在球上点焊好焊接衬管。但小拼单元暂勿与平面网架点焊,还需与上弦杆配合后才能定位焊接。

(5) 钢网架上弦组装与焊接:

1) 放入上弦平面网架的纵向杆件,检查上弦球纵向位置、尺寸是否正确。

2) 放入上弦平面网架的横向杆件,检查上弦球横向位置、尺寸是否正确。

3) 通过对立体小拼单元斜腹杆的适量调整,使上弦的纵向与横向杆件与焊接球正确就位。对斜腹杆的调整方法是,既可以切割过长杆件,也可以用捯链拉开斜杆的角度,使杆件正确就位。保证上弦网格的正确尺寸。

4) 调整各部间隙,各部间隙基本合格后,再点焊上弦杆件。

5) 上弦杆件点固后,再点焊下弦球与斜杆的焊缝,使之连系牢固。

6) 逐步检查网格尺寸,逐步向前推进。网架腹杆与网架上弦杆的安装应相互配合着进行。

7) 网架地面安装结束后,应按安装网架的条或块的整体尺寸进行验收。

8) 待吊装的网架必须待焊接工序完毕,焊缝外观质量,焊缝超声波探伤报告合格后,才能起吊(提升)。

(6) 网架整体吊装(提升):

1) 钢网架整体吊装前的验收,焊缝的验收,高空支座的验收。各项验收符合设计要求后,才能吊装。

2) 钢网架整体吊装前应选择好吊点,吊绳应系在下弦节点上,不准吊在上弦球节点上。如果网架吊装过程中刚度不够,还应采用办法对被吊网架进行加固。一般加固措施是加几道脚手架钢管临时加固,但应考虑这样会增加吊装重量,增加荷载。

3) 制订吊装(提升)方案,调试吊装(提升)设备。对吊装设备如拔杆、缆风卷扬机的检查,对液压油路的检查,保证吊装(提升)能平稳、连续、各吊点同步。

4) 试吊(提升):正式吊装前应对网架进行试提。试提过程是将卷扬机起动,调整各吊点同时逐步离地。试提一般在离地200~300mm之间。各支点撤除后暂时不动,观察网架各部分受力情况。如有变形可以及时加固,同时还应仔细检查网架吊装前沿方向是否有碰或挂的杂物或临时脚手架,如有应及时排除。同时还应观察吊装设备的承载能力,应尽量保持各吊点同步,防止倾斜。

5) 连续起吊:当检查妥当后,应该连续起吊,在保持网架平正不倾斜的前提下,应该连续不断地逐步起吊(提升)。争取当天完成到位,防止大风天气。

6) 逐步就位:网架起吊即将到位时,应逐步降低起吊(提升)速度,防止吊装过位。

(7) 高空合拢:

1) 网架高空就位后,应调整网架与支座的距离,为此应在网架上方安装几组捯链供横向调整使用。

2) 检查网架整体标高,防止高低不匀,如实在难以排除,可由一边标高先行就位,调整横向捯链,使较高合格一端先行就位。

3) 标高与水平距离先合格一端,插入钢管连接,连接杆件可以随时修正尺寸,重开坡口,但是修正杆件长度不能太大,应尽量保持原有尺寸。调整办法是一边拉紧捯链,另一边放松捯链,使之距离逐步合格。

4) 已调整的一侧杆件应逐步全部点固后,放松另一侧捯链,继续微调另一侧网架的标高。可以少量的起吊或者下降,控制标高。注意此时的调整起吊或下降应该是少量的,逐步地进行,不能连续。边调整,还应观察已就位点固一侧网架的情况,防止开焊。

5) 网架另一侧标高调整后,用捯链拉紧距离,初步检查就位情况,基本正确后,插入塞杆,点固。

6) 网架四周杆件的插入点固。注意此时点焊塞杆,应有一定斜度,使网架中心略高于支座处。因此时网架受中心起吊的影响,一旦卸荷后会略有下降,为防变形,故应提前提高 3~5mm 的余量。

7) 网架四周杆件合拢点固后,检查网架各部尺寸,并按顺序、按焊接工艺规定进行焊接。

(8) 网架验收:

1) 网架验收分二步进行,第一步是网架仍在吊装状态的验收;第二步是网架独立荷载,吊装卸荷后的验收。

2) 检查网架焊缝外观质量,应达到设计要求与规范标准的规定。

3) 四边塞杆(即合拢时的焊接管),在焊接 24h 后的超声波探伤报告,以及返修记录。

4) 检查网架支座的焊缝质量。

5) 钢网架吊装设备卸荷。观察网架的变形情况。网架吊装部分的卸荷应该缓慢、同步进行,防止网架局部变形。

6) 将合拢用的各种捯链分头拆除,恢复钢网架自然状态。

7) 检查网架各支座受力情况,检查网架的拱度或起拱度。

8) 检查网架的整体尺寸。

(五) 质量标准

1. 保证项目应符合下列规定:

(1) 高空散装法安装网架结构时,节点配件和杆件,应符合设计要求和国家现行有关标准的规定。配件和杆件的变形必须矫正。

检验方法:观察检查和检查质量证明书、出厂合格证或试验报告。

(2) 基准轴线位置、柱顶面标高和混凝土强度,必须符合设计要求和国家现行有关标准的规定。

检验方法:检查复测记录和试验报告。

2. 基本项目应符合下列规定:

(1) 网架结构节点及杆件外观质量:

合格:表面干净,无明显焊疤、泥砂、污垢。

优良:表面干净,无焊疤、泥砂、污垢。

检查数量:按节点数量抽查 5%,但不应少于 5 个节点。

检验方法:观察检查。

(2) 网架结构在自重及屋面工程完成后的挠度值:

合格:测点的挠度平均值为设计值的 1.12~1.15 倍。

优良:测点的挠度平均值为设计值的 1.12 倍。

检查数量:小跨度网架结构测量下弦中央一点;大中跨度网架结构测量下弦中央一点及下弦跨度四等分点处。

检验方法:用钢尺和水准仪检查。

3. 允许偏差项目应符合下列规定:

(1) 高空散装法安装网架结构的允许偏差项目和检验方法应符合表 3.2-1 的规定。

网架结构地面总拼装的允许偏差项目和检验方法　　　　表 3.2-1

项　目	允许偏差(mm)	检 验 方 法
纵向、横向长度	±$L/2000$ ±30.0	用钢尺检查
支座中心偏移	$L/3000$ 30.0	用钢尺、经纬仪检查
周边支承网架 相邻支座高差	$L/4000$ 15.0	用钢尺、水准仪检查
支座最大高差	30.0	
多点支承网架 相邻支座高差	$l_1/800$ 30.0	
杆件弯曲矢高	$l_2/1000$ 5.0	用拉线和钢尺检查

注:1. L 为纵横向长度。
　　2. l_1 为相邻支座间距。
　　3. l_2 为杆件长度。

(2) 其他方法安装网架结构的允许偏差项目和检验方法应符合表 3.2-2 的规定。

检查数量:全数检查。

除高空散装法外,其他方法安装网架结构的允许偏差项目和检验方法。

安装网架结构的允许偏差项目和检验方法　　　　表 3.2-2

项　目		允许偏差(mm)	检 验 方 法
网架支座中心偏移		$L/3000$ 30.0	用钢尺和经纬仪检查
支座高度	周边支承的网架相邻支座高差	$L_1/400$ 15.0	用钢尺和水准仪检查
	多点支承的网架相邻支座高差	$L_1/800$ 30.0	
	支座最大高差	30.0	

注:1. L 为网架跨度。
　　2. L_1 为相邻支座间距。

(六) 成品保护

1. 钢网架安装后,在拆卸架子时应注意同步、逐步的拆卸,防止应力集中,使网架产生局部变形或使局部网格变形。

2. 钢网架安装结束后,应及时涂刷防锈漆。螺栓球网架安装后,应检查螺栓球上的孔洞是否封闭,应用腻子将孔洞和筒套的间隙填平后刷漆,防止水分渗入,使球、杆的丝扣锈蚀。

3. 钢网架安装完毕后,应对成品网架保护,勿在网架上方集中堆放物件。如有屋面板、檩条需要安装时,也应在不超载情况下分散码放。

4. 钢网架安装后,如需用吊车吊装檩条或屋面板时,应该轻拿轻放,严禁撞击网架使网架变形。

(七) 应注意的质量问题

1. 钢网架在安装时,对临时支点的设置应认真对待。应在安装前,安排好支点和支点标高,临时支点既要使网架受力均匀,杆件受力一致,还应注意临时支点的基础(脚手架)的稳定性,一定要注意防止支点下沉。

2. 临时支点的支承物最好能采用千斤顶,这样可以在安装过程中逐步调整。注意临时支点的调整不应该是某个点的调整,还要考虑到四周网架受力的均匀,有时这种局部调整会使个别杆件变形、弯曲。

3. 临时支点拆卸时应注意几组支点应同步下降,在下降过程中,下降的幅度不要过大,应该要逐步分区分阶段按比例的下降,或者用每步不大于 100mm 的等步下降法拆除支撑点。

4. 焊接球网架安装焊接时,应考虑到焊接收缩的变形问题,尤其是整体吊装网架和条块网架,在地面安装后,焊接前要掌握好焊接变形量和收缩值。因为钢网架焊接时,焊接点(受热面)均在平面网架的上侧,因此极易使结构由于单向受热而变形。一般变形规律为网架焊接后,四周边支座会逐步自由翘起,如果变形量大时,会将原有计划的起拱度抵消。如原来不考虑起拱时,会使焊接产生很大的下挠值,影响验收的质量要求。因此遮施工焊接球网架时应考虑到单向受热的变形因素。

5. 网架安装后应注意支座的受力情况,有的支座允许焊死,有的支座应该是自由端,有的支座需要限位等等,所以网架支座的施工应严格按照设计要求进行。支座垫板、限位板等应按规定顺序、方法安装。

(八) 质量记录

本工艺标准应具备以下质量记录:

1. 螺栓球、焊接球,高强度螺栓的材质证明、出厂合格证、各种规格的承载抗拉试验报告。

2. 钢材的材质证明和复试报告。

3. 焊接材料与涂装材料的材质证明、出厂合格证。

4. 套筒、锥头、封板的材质报告与出厂合格证,如采用钢材时,应有可焊性试验报告。

5. 钢管与封板、锥头组成的杆件应有承载试验报告。

6. 钢网架用活动(或滑动)支座,应有出厂合格证明与试验报告。

7. 焊工合格证,应具有相应的焊接工位、相应的焊接材料等项目。

8. 安装后网架的总体尺寸、起拱度等验收资料。
9. 焊缝外观检查与验收记录。
10. 焊缝超声波探伤报告与记录。
11. 涂层(含防腐与防火)的施工验收记录。

第三节　建筑给水、排水及采暖

一、室内给水系统

(一) 给水管道及配件安装

1. 工程概况(略)
2. 工程质量目标和要求(略)
3. 施工准备

(1) 材料要求

1) 铸铁给水管及管件的规格应符合设计压力要求,管壁薄厚均匀,内外光滑整洁,不得有砂眼、裂纹、毛刺和疙瘩;承插口的内外径及管件应造型规矩,管内外表面的防腐涂层应整洁均匀,附着牢固。管材及管件均应有出厂合格证。

2) 镀锌碳素钢管及管件的规格种类应符合设计要求,管壁内外镀锌均匀,无锈蚀、无飞刺。管件无偏扣、乱扣,丝扣不全或角度不准等现象。管材及管件均应有出厂合格证。

3) 水表的规格应符合设计要求及自来水公司确认,热水系统选用符合温度要求的热水表。表壳铸造规矩,无砂眼、裂纹,表玻璃盖无损坏,沿封完整,有出厂合格证。

4) 阀门的规格型号应符合设计要求,热水系统阀门符合温度要求。阀体铸造规矩,表面光洁,无裂纹、开关灵活,关闭严密,填料密封完好无渗漏,手轮完整无损坏,有出厂合格证。

(2) 主要机具

1) 机械:套丝机、砂轮锯、台钻、电锤、手电钻、电焊机、电动试压泵等。

2) 工具:套丝板、管钳、压力钳、手锯、手锤、活扳手、链钳、搬弯器、手压泵、捻凿、大锤、断管器等。

3) 其他:水平尺、线坠、钢卷尺、小线、压力表等。

(3) 作业条件

1) 地下管道铺设必须在房心土回填夯实或挖到管底标高,沿管线铺设位置清理干净,管道穿墙处已留洞或安装套管,其洞口尺寸和套管规格符合要求,坐标、标高正确。

2) 暗装管道应在地沟未盖沟盖或吊顶未封闭前进行安装,其型钢支架均应安装完毕并符合要求。

3) 明装托、吊干管安装必须在安装层的结构顶板完成后进行。沿管线安装位置的模板及杂物清理干净,托吊卡件均已安装牢固,位置正确。

4) 立管安装应在主体结构完成后进行。高层建筑在主体结构达到安装条件后,适当插入进行。每层均应有明确的标高线,暗装竖井管道,应把竖井内的模板及杂物清除干净,并有防坠落措施。

5) 支管安装应在墙体砌筑完毕,墙面未装修前进行(包括暗装支管)。

4. 操作工艺

(1) 工艺流程

安装准备 → 预制加工 → 干管安装 → 立管安装 → 支管安装 → 管道试压 → 管道防腐和保温 → 管道冲洗

(2) 安装准备

认真熟悉图纸,根据施工方案决定的施工方法和技术交底的具体措施做好准备工作。参看有关专业设备图和装修建筑图,核对各种管道的坐标、标高是否有交叉,管道排列所用空间是否合理。有问题及时与设计和有关人员研究解决,办好变更洽商记录。

(3) 预制加工

按设计图纸画出管道分路、管径、变径、预留管口、阀门位置等施工草图,在实际安装的结构位置做上标记,按标记分段量出实际安装的准确尺寸,记录在施工草图上,然后按草图测得的尺寸预制加工[断管、套丝、上零件、调直、校对,按管段分组编号]。

(4) 干管安装

1) 给水铸铁管道安装:

① 在干管安装前清扫管膛,将承口内侧插口外侧端头的沥青除掉,承口朝来水方向顺序排列,连接的对口间隙应不小于3mm。找平找直后,将管道固定。管道拐弯和始端处应支撑顶牢,防止捻口时轴向移动,所有管口随时封堵好。

② 捻麻时先清除承口内的污物,将油麻绳拧成麻花状,用麻钎捻入承口内,一般捻两圈以上,约为承口深度的三分之一,使承口周围间隙保持均匀,将油麻捻实后进行捻灰,水泥用强度等级为32.5以上加水拌匀(水灰比为1:9),用捻凿将灰填入承口,随填随捣,填满后用手锤打实,直至将承口打满,灰口表面有光泽。承口捻完后应进行养护,用湿土覆盖或用麻绳等物缠住接口,定时浇水养护,一般养护2~5d。冬期应采取防冻措施。

③ 采用青铅接口的给水铸铁管在承口油麻打实后,用定型卡箍或包有胶泥的麻绳紧贴承口,缝隙用胶泥抹严,用化铅锅加热铅锭至500℃左右(液面呈紫红颜色),水平管灌铅口位于上方,将熔铅缓慢灌入承口内,使空气排出。对于大管径管道灌铅速度可适当加快,防止熔铅中途凝固。每个铅口应一次灌满,凝固后立即拆除卡箍或泥模,用捻凿将铅口打实(铅接口也可采用捻铅条的方式)。

④ 给水铸铁管与镀锌钢管连接时应按图3.3-1的几种方式安装。

2) 给水镀锌管安装:安装时一般从总进入口开始操作,总进口端头加好临时丝堵以备试压用,设计要求沥青防腐或加强防腐时,应在预制后、安装前做好防腐。把预制完的管道运到安装部位按编号依次排开。安装前清扫管膛,丝扣连接管道抹上铅油缠好麻,用管钳按编号依次上紧,丝扣外露2~3扣,安装完后找直找正,复核甩口的位置、方向及变径无误。清除麻头,所有管口要加好临时丝堵。

3) 热水管道的穿墙处均按设计要求加好套管及固定支架,安装伸缩器按规定做好预拉伸,待管道固定卡件安装完毕后,除去预拉伸的支撑物,调整好坡度,翻身处高点要有放风、低点有泄水装置。

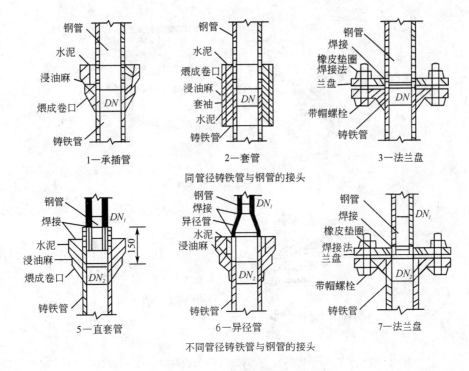

图 3.3-1 铸铁管与钢管的接头

4) 给水大管径管道使用无镀锌碳素钢管时,应采用焊接法兰连接,管材和法兰根据设计压力选用焊接钢管或无缝钢管,管道安装完先做水压试验,无渗漏编号后再拆开法兰进行镀锌加工。加工镀锌的管道不得刷漆及污染,管道镀锌后按编号进行二次安装。

(5) 立管安装

1) 立管明装:每层从上至下统一吊线安装卡件,将预制好的立管按编号分层排开,按顺序安装,对好调直时的印记,丝扣外露2~3扣,清除麻头,校核预留甩口的高度、方向是否正确。外露丝扣和镀锌层破损处刷好防锈漆。支管甩口均加好临时丝堵。立管截门安装朝向应便于操作和修理。安装完后用线坠吊直找正,配合土建堵好楼板洞。

2) 立管暗装:竖井内立管安装的卡件宜在管井口设置型钢,上下统一吊线安装卡件。安装在墙内的立管应在结构施工中预留管槽,立管安装后吊直找正,用卡件固定。支管的甩口应露明并加好临时丝堵。

3) 热水立管:按设计要求加好套管。立管与导管连接要采用2个弯头(图 3.3-2)。立管直线长度大于15m时,要采用3个弯头(图 3.3-3)。立管如有伸缩器安装同干管。

(6) 支管安装

1) 支管明装:将预制好的支管从立管甩口依次逐段进行安装,有截门应将截门盖卸下再安装,根据管道长度适当加好临时固定卡,核定不同卫生器具的冷热水预留口高度、位置是否正确,找平找正后裁支管卡件,去掉临时固定卡,上好临时丝堵。支管如装有水表先装上连接管,试压后在交工前拆下连接管,安装水表。

2) 支管暗装:确定支管高度后画线定位,剔出管槽,将预制好的支管敷在槽内,找平找正定位后用勾钉固定。卫生器具的冷热水预留口要做在明处,加好丝堵。

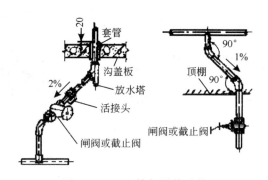

图 3.3-2 立管与导管连接

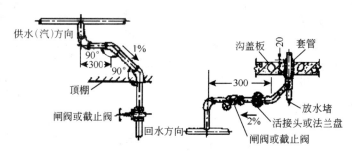

图 3.3-3 立管与导管连接（立管直线长度大于 15m 时）

3) 热水支管：热水支管穿墙处按规范要求做好套管。热水支管应做在冷水支管的上方，支管预留口位置应为左热右冷。其余安装方法同冷水支管。

(7) 管道试压

铺设、暗装、保温的给水管道在隐蔽前做好单项水压试验。管道系统安装完后进行综合水压试验。水压试验时放净空气，充满水后进行加压，当压力升到规定要求时停止加压，进行检查，如各接口和阀门均无渗漏，持续到规定时间，观察其压力下降在允许范围内，通知有关人员验收，办理交接手续。然后把水泄净，被破损的镀锌层和外露丝扣处做好防腐处理，再进行隐蔽工作。

(8) 管道冲洗

管道在试压完成后即可做冲洗，冲洗应用自来水连续进行，应保证有充足的流量。冲洗洁净后办理验收手续。

(9) 管道防腐和保温

1) 管道防腐：给水管道铺设与安装的防腐均按设计要求及国家验收规范施工，所有型钢支架及管道镀锌层破损处和外露丝扣要补刷防锈漆。

2) 管道保温：给水管道明装暗装的保温有三种形式：管道防冻保温、管道防热损失保温、管道防结露保温。其保温材质及厚度均按设计要求，质量达到国家验收规范标准。

5．质量标准

(1) 保证项目

1) 隐蔽管道和给水系统的水压试验结果必须符合设计要求和施工规范规定。

检验方法：检查系统或分区(段)试验记录。

2) 管道及管道支座(墩)严禁铺设在冻土和未经处理的松土上。

检查方法：观察或检查隐蔽工程记录。

3) 给水系统竣工后或交付使用前，必须进行吹洗。

检查方法：检查吹洗记录。

(2) 基本项目

1) 管道坡度的正负偏差符合设计要求。

检验方法：用水准仪(水平尺)、拉线和尺量检查或检查隐蔽工程记录。

2) 碳素钢管的螺纹加工精度符合国家标准《管螺纹》规定，螺纹清洁规整，无断丝或缺丝，连接牢固，管螺纹根部有外露螺纹，镀锌碳素钢管无焊接口，螺纹无断丝。镀锌碳素钢管和管件的镀锌层无破损，螺纹露出部分防腐蚀良好，接口处无外露油麻等缺陷。

检验方法：观察或解体检查。

3) 碳素钢管的法兰连接应对接平行、紧密，与管子中心线垂直。螺杆露出螺母长度一致，且不大于螺杆直径的二分之一，螺母的左侧，衬垫材质符合设计要求和施工规范规定。

检查方法：观察检查。

4) 非镀锌碳素钢管的焊接焊口平直，焊波均匀一致，焊讯表面无结瘤、夹渣和气孔。焊缝加强面符合施工规范规定。

检查方法：观察或用焊接检测尺检查。

5) 金属管道的承插和套箍接口结构及所有填料符合设计要求和施工规范规定，灰口密实饱满，胶圈接口平直无扭曲，对口间隙准确，环缝间隙均匀，灰口平整、光滑，养护良好，胶圈接口回弹间隙符合施工规范规定。

检查方法：观察或尺量检查。

6) 管道支(吊、托)架及管座(墩)的安装应构造正确，埋设平正牢固，排列整齐。支架与管道接触紧密。

检验方法：观察或用手扳检查。

7) 阀门安装：型号、规格、耐压和严密性试验符合设计要求和施工规范规定。位置、进出口方向正确，连接牢固、紧密，启闭灵活，朝向合理，表面洁净。

检查方法：手扳检查和检查出厂合格证、试验单。

8) 埋地管道的防腐层材质和结构符合设计要求和施工规范规定，卷材与管道以及各层卷材间粘贴牢固，表面平整，无褶皱、空鼓、滑移和封口不严等缺陷。

检查方法：观察或切开防腐层检查。

9) 管道、箱类和金属支架的油漆种类和涂刷遍数符合设计要求，附着良好，无脱皮、起泡和漏涂，漆膜厚度均匀，色泽一致，无流淌及污染现象。

检验方法：观察检查。

(3) 给水管道安装的允许偏差和检验方法见表3.3-1

6. 成品保护

(1) 安装好的管道不得用做支撑或放脚手板，不得踏压，其支托卡架不得作为其他用途的受力点。

(2) 管道在喷浆前要加以保护，防止灰浆污染管道。

(3) 截门的手轮在安装时应卸下，交工前统一安装完好。

(4) 水表应有保护措施，为防止损坏，可统一在交工前装好。

允许偏差和检验方法 表 3.3－1

项次	项目			允许偏差(mm)	检验方法
1	水平管道纵、横方向弯曲	给水铸铁管	每 1m	1	用水平尺直尺拉线和尺量检查
			全长(25m 以上)	≥25	
		碳素钢管	每 1m 管径小于或等于 100mm	0.5	
			每 1m 管径大于 100mm	1	
			全长(25m 以上) 管径小于或等于 100mm	≥13	
			全长(25m 以上) 管径大于 100mm	≥25	
2	立管垂直度	给水铸铁管	每 1m	3	吊线和尺量检查
			全长(5m 以上)	≥15	
		碳素钢管	每 1m	2	
			全长(5m 以上)	≥10	
3	隔热层	表面平整面	卷材或板材	4	用 2m 靠尺和楔形塞尺检查
			涂抹或其他	8	
		厚度		+0.1δ 0.05δ	用钢针刺入隔热层和尺量检查

7. 应注意的质量问题
(1) 管道镀锌层损坏
原因：由于压力管钳日久失修，卡不住管道造成。
(2) 立管甩口高度不准确
原因：由于层高超出允许偏差或测量不准。
(3) 立管距墙不一致或半明半暗
原因：由于立管位置安排不当或隔断墙位移偏差太大造成。
(4) 热水立管的套管向下层漏水
原因：由于套管露出地面高度不够或地面抹灰太厚造成。

8. 应具备的质量记录
(1) 材料出厂合格证及进场验收记录。
(2) 给水、热水导管预检记录。
(3) 给水、热水立管预检记录。
(4) 给水、热水支管预检记录。
(5) 给水、热水管道单项试压记录。
(6) 给水、热水管道隐蔽检查记录。
(7) 给水、热水系统试压记录。
(8) 给水、热水系统冲洗记录。
(9) 给水、热水系统通水记录。
(10) 热水系统调试记录。

(二) 室内消火栓系统安装

1. 工程概况（略）
2. 工程质量目标和要求（略）
3. 施工准备

(1) 材料要求

1) 消防喷洒管材应根据设计要求选用，一般采用镀锌碳素钢管及管件，管壁内外镀锌均匀，无锈蚀、无飞刺，零件无偏扣、方扣、丝扣不全、角度不冷等现象。

2) 消火栓系统管材应根据设计要求选用，一般采用碳素钢管或无缝钢管，管材不得有弯曲、锈蚀、重皮及凹凸不平等现象。

3) 消防喷洒系统的报警阀、作用阀、控制阀、延迟器、水流指示器、水泵结合器等主要组件的规格型号应符合设计要求，配件齐全，铸造规矩，表面光洁，无裂纹，启闭灵活，有产品出厂合格证。

4) 喷洒头的规格、类型、动作温度应符合设计要求，外型规矩，丝扣完整，感温包无破碎和松动，易熔片无脱落和松动。有产品出厂合格证。

5) 消火栓箱体的规格类型应符合设计要求，箱体表面平整、光洁。金属箱体无锈蚀、划伤，箱门开启灵活。箱体方正，箱内配件齐全。栓阀外型规矩，无裂纹，启闭灵活，关闭严密，密封填料完好，有产品出厂合格证。

(2) 主要机具

1) 套丝机、砂轮锯、台钻、电锤、手砂轮、手电钻、电焊机、电动试压泵等机械。

2) 套丝板、管钳、台钳、压力钳、链钳、手锤、钢锯、扳手、射钉枪、捯链、电气焊等工具。

(3) 作业条件

1) 主体结构已验收，现场已清理干净。

2) 管道安装所需要的基准线应测定并标明，如吊顶标高、地面标高、内隔墙位置线等。

3) 设备基础经检验符合设计要求，达到安装条件。

4) 安装管道所需要的操作架应由专业人员搭设完毕。

5) 检查管道支架、预留孔洞的位置、尺寸是否正确。

6) 喷洒头安装按建筑装修图确定位置，吊顶龙骨安装完按吊顶材料厚度确定喷洒头的标高。封吊顶时按喷洒头预留口位置在顶板上开孔。

4. 操作工艺

(1) 工艺流程

安装准备 → 干管安装 → 报警阀安装 → 立管安装 → 喷洒分层干支管、消火栓及支管安装 → 水流指示器、消防水泵、高位水箱、水泵结合器安装 → 管道试压 → 管道冲洗 → 喷洒头支管安装（系统综合试压及冲洗）→ 节流装置安装 → 报警阀配件、消火栓配件、喷洒头安装 → 系统通水试调

(2) 安装准备

1) 认真熟悉图纸，根据施工方案、技术、安全交底的具体措施选用材料，测量尺寸，绘制草图，预制加工。

2) 核对有关专业图纸，查看各种管道的坐标、标高是否有交叉或排列位置不当，及时与

设计人员研究解决,办理洽商手续。

3) 检查预埋件和预留洞是否准确。

4) 检查管材、管件、阀门、设备及组件等是否符合设计要求和质量标准。

5) 要安排合理的施工顺序,避免工程交叉作业干扰,影响施工。

(3) 干管安装

1) 喷洒管道一般要求使用镀锌管件(干管直径在100mm以上,无镀锌管件时采用焊接法兰连接,试完压后做标记拆下来加工镀锌)。需要镀锌加工的管道应选用碳素钢管或无缝钢管,在镀锌加工前不允许刷油和污染管道。需要拆装镀锌的管道应先安排施工。

2) 喷洒干管用法兰连接每根配管长度不宜超过6m,直管段可把几根连接一起,使用捯链安装,但不宜过长。也可调直后,编号依次顺序吊装,吊装时,应先吊起管道一端,待稳定后再吊起另一端。

3) 管道连接紧固法兰时,检查法兰端面是否干净,采用3~5mm的橡胶垫片。法兰螺栓的规格应符合规定。紧固螺栓应先紧最不利点,然后依次对称紧固。法兰接口应安装在易拆装的位置。

4) 消火栓系统干管安装应根据设计要求使用管材,按压力要求选用碳素钢管或无缝钢管。

① 管道在焊接前应清除接口处的浮锈、污垢及油脂。

② 当壁厚≤4mm,直径≤50mm时应采用气焊;壁厚≥4.5mm,直径≥70mm时应采用电焊。

③ 不同管径的管道焊接,连接时如两管径相差不超过小管径的15%,可将大管端部缩口与小管对焊。如果两管相差超过小管径15%,应加工异径短管焊接。

④ 管道对口焊缝上不得开口焊接支管,焊口不得安装在支吊架位置上。

⑤ 管道穿墙处不得有接口(丝接或焊接),管道穿过伸缩缝处应有防冻措施。

⑥ 碳素钢管开口焊接时要错开焊缝,并使焊缝朝向易观察和维修的方向。

⑦ 管道焊接时先点焊三点以上,然后检查预留口位置、方向、变径等无误后,找直、找正,再焊接,紧固卡件、拆掉临时固定件。

(4) 报警阀安装

应设在明显、易于操作的位置,距地高度宜为1m左右。报警阀处地面应有排水措施,环境温度不应低于+5℃。报警阀组装时应按产品说明书和设计要求,控制阀应有启闭指示装置,并使阀门工作处于常开状态。

(5) 消防喷洒和消火栓立管安装

1) 立管暗装在竖井内时,在管井内预埋铁件上安装卡件固定,立管底部的支吊架要牢固,防止立管下坠。

2) 立管明装时每层楼板要预留孔洞,立管可随结构穿入,以减少立管接口。

(6) 消防喷洒分层干支管安装

1) 管道的分支预留口在吊装前应先预制好,丝接的用三通定位预留口,焊接可在干管上开口焊上熟铁管箍,调直后吊装。所有预留口均加好临时堵。

2) 需要加工镀锌的管道在其他管道未安装前试压、拆除、镀锌后进行二次安装。

3) 走廊吊顶内的管道安装与通风道的位置要协调好。

4) 喷洒管道不同管径连接不宜采用补心,应采用异径管箍,弯头上不得用补心,应采用异径弯头,三通上最多用一个补心,四通上最多用两个补心。

5) 向上喷的喷洒头有条件的可与分支干管顺序安装好。其他管道安装完后不易操作的位置也应先安装好向上喷的喷洒头。

(7) 消火栓及支管安装

1) 消火栓箱体要符合设计要求(其材质有木、铁和铝合金等),栓阀有单出口和双出口双控等。产品均应有消防部门的制造许可证及合格证方可使用。

2) 消火栓支管要以栓阀的坐标、标高定位甩口,核定后再稳固消火栓箱,箱体找正稳固后再把栓阀安装好,栓阀侧装在箱内时应在箱门开启的一侧,箱门开启应灵活。

(8) 水流指示器安装

一般安装在每层的水平分支干管或某区域的分支干管上。应水平立装,倾斜度不宜过大,保证叶片活动灵敏,水流指示器前后应保持有 5 保安装管径长度的直管段,安装时注意水流方向与指示器的箭头一致。国内产品可直接安装在丝扣三通上,进口产品可在干管开口用定型卡箍紧固。水流指示器适用于直径为 50~150mm 的管道上安装。

(9) 消防水泵安装

1) 水泵的规格型号应符合设计要求,水泵应采用自灌式吸水,水泵基础按设计图纸施工,吸水管应加减振器。加压泵可不设减振装置,但恒压泵应加减振装置,进出水口加防噪声设施,水泵出口宜加缓闭式逆止阀。

2) 水泵配管安装应在水泵定位找平整,稳固后进行。水泵设备不得承受管道的质量。安装顺序为逆止阀,阀门依次与水泵紧牢,与水泵相接配管的一片法兰先与阀门法兰紧牢,用线坠找直找正,量出配管尺寸,配管先点焊在这片法兰上,再把法兰松开取下焊接,冷却后再与阀门连接好,最后再焊与配管相接的另一管段。

3) 配管法兰应与水泵、阀门的法兰相符,阀门安装手轮方向应便于操作,标高一致,配管排列整齐。

(10) 高位水箱安装

应在结构封顶前就位,并应做满水试验,消防用水与其他共用水箱时应确保消防用水不被他用,留有 10min 的消防总用水量。与生活水合用时应使水经常处于流动状态,防止水质变坏。消防出水管应加单向阀(防止消防加压时,水进入水箱)。所有水箱管口均应预制加工,如果现场开口焊接应在水箱上焊加强板。

(11) 水泵结合器安装

规格应根据设计选定,有墙壁型、地上型、地下型。其安装位置应有明显标志,阀门位置应便于操作,结合器附近不得有障碍物。安全阀应按系统工作压力定压,防止消防车加压过高破坏室内管网及部件,结合器应装有泄水阀。

(12) 消防管道试压可分层分段进行,上水时最高点要有排气装置,高低点各装一块压力表,上满水后检查管路有无渗漏,如有法兰、阀门等部位渗漏,应在加压前紧固,升压后再出现渗漏时做好标记,卸压后处理,必要时泄水处理。冬期试压环境温度不得低于 +5℃,夏期试压最好不直接用外线上水防止结露。试压合格后及时办理验收手续。

(13) 管道冲洗

消防管道在试压完毕后可连续做冲洗工作。冲洗前先将系统中的流量减压孔板、过滤装置拆除,冲洗水质合格后重新装好,冲洗出的水要有排放去向,不得损坏其他成品。

(14) 喷洒头支管安装指吊顶型喷洒头的末端一段支管,这段管不能与分支干管同时顺序完成,要与吊顶装修同步进行。吊顶龙骨装完,根据吊顶材料厚度定出喷洒头的预留口标高,按吊顶装修图确定喷洒头的坐标,使支管预留口做到位置准确。支管管径一律为25mm,末端用25mm×15mm的异径管箍口,管箍口与吊顶装修层平,拉线安装。支管末端的弯头处100mm以内应加卡件固定,防止喷头与吊顶接触不牢,上下错动。支管装完,预留口用丝堵拧紧。准备系统试压。

(15) 喷洒系统试压

封吊顶前进行系统试压,为了不影响吊顶装修进度可分层分段试压,试压完后冲洗管道,合格后可封闭吊顶。吊顶材料在管箍口处开一个30mm的孔,把预留口露出,吊顶装修完后把丝堵卸下安装喷洒头。

(16) 节流装置

在高层消防系统中,低层的喷洒头和消火栓流量过大,可采用减压孔板或节流管等装置均衡。减压孔板应设置在直径不小于50mm水平管段上,孔口直径不应小于安装管段直径的50%,孔板应安装在水流转弯处下游一侧的直管段上,与弯管的距离不应小于设置管段直径的两倍。采用节流管时,其长度不宜小于1m。节流管直径按表3.3-2选用。

节流管直径　　　　　　表3.3-2

管段直径(mm)	50	70	80	100	125	150	200
节流管直径(mm)	25	32	40	50	70	80	100

(17) 报警阀配件安装

应在交工前进行,延迟器安装在闭式喷头自动喷水灭火系统上,是防止误报警的设施。可按说明书及组装图安装,应装在报警阀与水力警铃之间的信号管道上。水力警铃安装在报警阀附近。与报警阀连接的管道应采用镀锌钢管。

(18) 消火栓配件安装

应在交工前进行。消防水龙带应折好放在挂架上或卷实、盘紧放在箱内,消防水枪要竖放在箱体内侧,自救式水枪和软管应放在挂卡上或放在箱底部。消防水龙带与水枪,快速接头的连接,一般用14号铅丝绑扎两道,每道不少于两圈,使用卡箍时,在里侧加一道铅丝。设有电控按钮时,应注意与电气专业配合施工。

(19) 喷洒头安装

1) 喷洒头的规格、类型、动作温度要符合设计要求。

2) 喷洒头安装的保护面积、喷头间距及距墙、柱的距离应符合规范要求。

3) 喷洒头的两翼方向应成排统一安装。护口盘要贴紧吊顶,走廊单排的喷头两翼应横向安装。

4) 安装喷洒头应使用特制专用扳手(灯叉型),填料宜采用聚四氟乙烯带,防止损坏和污染吊顶。

5) 水幕喷洒头安装应注意朝向被保护对象,在同一配水支管上应安装相同口径的水幕喷头。

(20) 喷洒管道的固定支架安装应符合设计要求。

1) 支吊架的位置以不妨碍喷头喷效果为原则。一般吊架距喷头应大于300mm,对圆钢吊架可小到70mm。

2) 为防止喷头喷水时管道产生大幅度晃动,干管、立管均应加防晃固定支架。干管或分层干管可设在直管段中间,距立管及末端不宜超过12m,单杆吊架长度小于150mm时,可不加防晃固定支架。

3) 防晃固定支架应能承受管道、零件、阀门及管内水的总重量和50%水平方向推动力而不损坏或产生永久变形。立管要设两个方向的防晃固定支架。

(21) 设置雨淋和水幕喷水灭火系统采用自动装置时,应设手动开启装置。一般在无采暖设施或环境温度高于70℃的区域,应采用干式自动喷水灭火系统,干式自动喷水灭火系统未装喷洒头前,应做好试压冲洗工作。有条件应用空压机吹扫管道。

(22) 消防系统通水调试应达到消防部门测试规定条件。消防水泵应接通电源并已试运转,测试最不利点的喷洒头和消火栓的压力和流量能满足设计要求。

5．质量标准

(1) 保证项目

自动喷洒和水幕消防装置的喷头位置、间距和方向必须符合设计要求和施工规范规定。

检验方法:观察和对照图纸及施工规范检查。

(2) 基本项目

箱式消火栓的安装应栓口朝外,阀门距地面、箱壁的尺寸符合施工规定。水龙带与消火栓和快速接头的绑扎紧密,并卷折,挂在托盘或支架上。

检验方法:观察和尺量检查。

(3) 允许偏差项目

1) 消火栓阀门中心距地面为1.2m,允许偏差20mm。阀门距箱侧面为140mm,距箱后内表面为100mm,允许偏差5mm。

2) 自动喷洒和水幕消防系统的管道应有坡度。充水系统应不小于0.002;充气系统和分支管应不小于0.004。

3) 吊架与喷头的距离,应不小于300mm,距末端喷头的距离不大于750mm。

4) 吊架应设在相邻喷头间的管段上,当相邻喷头间距不大于3.6m,可设一个;小于1.8m,允许隔段设置。

6．成品保护

(1) 消防系统施工完毕后,各部位的设备组件要有保护措施,防止碰动跑水,损坏装修成品。

(2) 报警阀配件、消火栓箱内附件,各部位的仪表等均应加强管理,防止丢失和损坏。

(3) 消防管道安装与土建及其他管道发生矛盾时,不得私自拆改,要经过设计,办理变更洽商妥善解决。

(4) 喷洒头安装时不得污染和损坏吊顶装饰面。

7．应注意的质量问题

(1) 喷洒管道拆改严重。各专业工序安装协调不好,应有总体安排。

(2) 喷洒头处有渗漏现象。由于尚未系统试压就封吊顶,造成通水后渗漏。封吊顶前必须经试压,办理隐蔽工程验收手续。

(3) 喷洒头与吊顶接触不牢,护口盘偏斜。由于支管末端弯头处未加卡件固定,支管尺寸不准,使护口盘不正。

(4) 喷洒头不成排、成行。由于未拉线安装。

(5) 水流指示器工作不灵敏。由于安装方向相反或电接点有氧化物造成接触不良。

(6) 水泵结合器不能加压。由于阀门未开启,单向阀装反或有盲板未拆除造成。

(7) 开式喷洒系统测试时喷头工作中堵塞。应在安装喷头前做冲洗或吹洗工作。

(8) 消火栓箱门关闭不严。由于安装未找正或箱门强度不够变形造成。

(9) 消火栓阀门关闭不严。由于管道未冲洗干净,阀座有杂物造成。

二、室内排水系统

(一) 工程概况(略)

(二) 工程质量目标和要求(略)

(三) 施工准备

1. 材料要求

(1) 管材为硬质聚氯乙烯(UPVC)。所用胶粘剂应是同一厂家配套产品,应与卫生洁具连接相适宜,并有产品合格证及说明书。

(2) 管材内外表层应光滑,无气泡、裂纹,管壁薄厚均匀,色泽一致。直管段挠度不大于1%。管件造型应规矩、光滑,无毛刺。承口应有梢度,并与插口配套。

(3) 其他材料:胶粘剂、型钢、圆钢、卡件、螺栓、螺母、肥皂等。

2. 主要机具

手电钻、冲击钻、手锯、铣口器、钢刮板、活扳手、手锤、水平尺、套丝板、毛刷、棉布、线坠等。

3. 作业条件

(1) 埋设管道,应挖好槽沟,槽沟要平直,必须有坡度,沟底夯实。

(2) 暗装管道(包括设备层、竖井、吊顶内的管道),首先应核对各种管道的标高、坐标的排列有无矛盾。预留孔洞预埋件已配合完成。土建模板已拆除,操作场地清理干净,安装高度超过3.5m应搭好架子。

(3) 室内明装管道要与结构进度相隔二层的条件下进行安装。室内地平线应弹好,初装修抹灰工程已完成。安装场地无障碍物。

(四) 操作工艺

1. 工艺流程

安装准备 → 预制加工 → 干管安装 → 立管安装 → 支管安装 → 卡件固定 → 封口堵洞 → 闭水试验 → 通水试验

2. 预制加工:根据图纸要求并结合实际情况,按预留口位置测量尺寸,绘制加工草图。根据草图量好管道尺寸,进行断管。断口要平齐,用铣刀或刮刀除掉断口内外飞刺,外棱铣出15°角。粘接前应对承插口先插入试验,不得全部插入,一般为承口的3/4深度。试插合格后,用棉布将承插口需粘接部位的水分、灰尘擦拭干净。如有油污需用丙酮除掉。用毛刷涂抹胶粘剂,先涂抹承口后涂抹插口,随即用力垂直插入,插入粘接时将插口中稍作转动,以利胶粘剂分布均匀,约30s至1min即可粘接牢固。粘牢后立即将溢出的胶粘剂擦拭干净。多口粘连时应注意预留口方向。

3. 干管安装:首先根据设计图纸要求的坐标、标高预留槽洞或预埋套管。埋入地下时,按设计坐标、标高、坡向、坡度开挖槽沟并夯实。采用托吊管安装时应按设计坐标、标高、坡向做好托、吊架。施工条件具备时,将预制加工好的管段,按编号运至安装部位进行安装。各管段粘连时也必须按粘接工艺依次进行。全部粘连后,管道要直,坡度均匀,各预留口位置准确。安装立管需装伸缩节,伸缩节上沿距地坪或蹲便台70~100mm。干管安装完后应做闭水试验,出口用充气橡胶堵封闭,达到不渗潜漏,水位不下降为合格。地下埋设管道应先用细砂回填至管上皮100mm,上覆过筛土,夯实时勿碰损管道。托吊管粘牢后再按水流方向找坡度。最后将预留口封严和堵洞。

4. 立管安装:首先按设计坐标要求,将洞口预留或后剔,洞口尺寸不得过大,更不可损伤受力钢筋。安装前清理场地,根据需要支搭操作平台。将已预制好的立管运到安装部位。首先清理已预留的伸缩节,将已预制好的立管运到安装部位。首先清理已预留的伸缩节,将锁母拧下,取出U形橡胶圈,清理杂物。复查上层洞口是否合适。立管插入端应先划好插入长度标记,然后涂上肥皂液,套上锁母及U形橡胶圈。安装时先将立管上端伸入上一层洞口内,垂直用力插入至标记为止(一般预留胀缩量为20~30mm)。合适后即用自制U形钢制抱卡紧固于伸缩节上沿。然后找正找直,并测量顶板距三通口中心是否符合要求。无误后即可堵洞,并将上层预留伸缩节封严。

5. 支管安装:首先剔出吊卡孔洞或复查预埋件是否合适。清理场地,按需要支搭操作平台。将预制好的支管按编号运至现场。清除各粘接部位的污物及水分。将支管水平初步吊起,涂抹胶粘剂,用力推入预留管口。根据管段长度调整好坡度。合适后固定卡架,封闭各预留管口和堵洞。

6. 器具连接管安装:核查建筑物地面、墙面做法、厚度。找出预留口坐标、标高。然后按准确尺寸修整预留洞口。分部位实测尺寸做记录,并预制加工、编号。安装粘接时,必须将预留管口清理干净,再进行粘接。粘牢后找正、找直,封闭管口和堵洞打开下一层立管扫除口,用充气橡胶堵封闭上部,进行闭水试验。合格后,撤去橡胶堵,封好扫除口。

7. 排水管道安装后,按规定要求必须进行闭水试验。凡属隐蔽暗装管道必须按分项工序进行。卫生洁具及设备安装后,必须进行通水通球试验,且应在油漆粉刷最后一道工序前进行。

8. 地下埋设管道及出屋顶透气立管如不采用硬质聚氯乙烯排水管件而采用下水铸铁管件时,可采用水泥捻口。为防止渗漏,塑料管插接处用粗砂纸将塑料管横向打磨粗糙。

9. 胶粘剂易挥发,使用后应随时封盖。冬期施工进行粘接时,凝固时间为2~3min。粘接场所应通风良好,远离明火。

(五) 质量标准

1. 保证项目

(1) 管道的材质、规格、尺寸、胶粘剂的技术性能必须符合设计要求。

(2) 隐蔽的排水管及雨水管道的灌水试验结果必须符合设计要求。

检验方法:检查区(段)灌水试验记录,管材出厂证明及胶粘剂合格证。

(3) 管道的坡度必须符合设计要求或施工规范规定。

检验方法：检查隐蔽工程记录或用水准仪(水平尺)、拉线和尺量检查。

(4) 管道及管道支座(墩)，严禁铺设在冻土和未经处理的松土上。

检查方法：观察检查或检查隐蔽工程记录。

(5) 排水塑料管必须按设计要求装伸缩节。如设计无要求，伸缩节间距不大于4m。

检验方法：观察和尺量检查。

(6) 排水系统竣工后的通水试验结果，必须符合设计要求和施工规范规定。

检验方法：通水检查或检查通水试验记录。

2．基本项目

管道支(吊、托)架及管座(墩)的安装应符合以下规定：

(1) 排列整齐，支架与管子接触紧密。

(2) 托架距离应符合表3.3-3的规定。

塑料排水横管固定件的间距　　表3.3-3

公称通径(mm)	50	75	100
支架间距(mm)	0.6	0.8	1.0

(3) 允许偏差项目见表3.3-4。

室内塑料排水管道安装的允许偏差和检验方法　　表3.3-4

项　目	允许偏差(mm)		检　验　方　法
水平管道纵、横方向弯曲	每1m	1.5	用水准仪(水平尺)、直尺、拉线和尺量检查
	全长(25m以上)	≥38	
立管垂直度	每1m	3	吊线和尺量检查
	全长(5m以上)	≥15	

(六) 成品保护

1．管道安装完成后，应将所有管口封闭严密，防止杂物进入造成管道堵塞。

2．安装完的管道应加强保护，尤其立管距地2m以下时，应用木板捆绑保护。

3．严禁利用塑料管道做为脚手架的支点或安全带的拉点、吊顶的吊点。不允许明火烘烤塑料管，以防管道变形。

(4) 油漆粉刷前应将管道用纸包裹，以免污染管道。

(七) 应注意的质量问题

1．预制好的管段弯曲或断裂。原因是直管堆放未垫实，或暴晒所致。

2．接口处外观不清洁，不美观。粘接后外溢胶粘剂应及时除掉。

3．粘接口漏水。原因是胶粘剂涂刷不均匀，或粘接处未处理干净所致。

4．地漏安装过高过低，影响使用。原因是地平线未找准。

5．立管穿楼板处渗水。原因是立管穿楼板处没有做防水处理。

三、系统压力试验及调试

(一) 中低压管道安装

1. 一般规定

(1) 管道安装一般应具备下列条件：

1) 与管道有关的土建工程检查合格，满足安装要求；
2) 与管道连接的设备找正合格、固定完毕；
3) 必须在管道安装前完成的有关工序如清洗、脱脂、内部防腐与衬里等已进行完毕；
4) 管子、管件及阀门等已经检验合格，并具备有关的技术证件；
5) 管子、管件及阀门等已按设计要求核对无误，内部已清理干净，不存杂物。

(2) 管道的坡向、坡度应符合设计要求。

(3) 管道的坡度，可用支座下的金属垫板调整，吊架用吊杆螺栓调整。垫板应与预埋件或钢结构进行焊接，不得加于管道和支座之间。

(4) 法兰、焊缝及其他连接的设置应便于检修，并不得粘贴墙壁、楼板或管架上。

(5) 合金钢管道不应焊接临时支撑，如有必要时应符合焊接的有关规定。

(6) 脱脂后的管子、管件及阀门，安装前必须严格检查，其内外表面是否有油迹污染料，如发现有油迹污染时，不得安装，应重新脱脂处理。

(7) 埋地管道安装时，如遇地下水或积水，应采取排水措施。

(8) 埋地管道试压防腐后，应办理隐蔽工程验收，并填写《隐蔽工程记录》。

(9) 管道穿越道路，应加套管或左砌筑涵洞保护。

(10) 与传动设备连接的管道，安装前须将管内部清理干净。其固定焊口一般应远离管道。

(11) 当设计或设备制造厂无规定时，对不允许承受附加外力的传动设备，在设备法兰与管道法兰连接前，应在自由状态下，检查法兰的平行度和同轴度，允许偏差见表3.3-5。

法兰平行度、同轴度允许偏差　　　　表3.3-5

设备转速(r/min)	平行度(mm)	同轴度(mm)
3000～6000	≤0.15	≤0.50
>6000	≤0.10	≤0.20

(12) 管道系统与设备最终封闭连接时，应在设备联轴节上架设百分表监视设备位移。转速大于6000r/min时，其位移值应小于0.02mm；转速小于或等于6000r/min时，其位移值应小于0.05mm。需预拉伸(压缩)的管道与设备最终连接时，设备不得产生位移。

(13) 管道安装合格后，不得承受设计外的附加载荷。

(14) 管道经试压、吹扫合格后，应对该管道与设备的接口进行复位检查，其偏差值应符合本节第11条、第12条的规定，如有超差，应重新调整，直至合格。

2. 中、低管道安装

(1) 中、低管道安装除应符合管道预制的有关规定外，还应符合本节要求。

(2) 管道安装时，应对法兰密封面及密封垫片进行外观检查，不得有影响密封性能的缺陷存在。

(3) 法兰连接时应保持平行,其偏差不大于法兰外径的1.5‰,且不大于2mm。不得用强紧螺栓的方法消除歪斜。

(4) 法兰连接应保持同轴,其螺栓孔中心偏差一般不超过孔径的5%,并保证螺栓自由穿入。

(5) 安装垫片时,可根据需要分别涂以石墨粉、二硫化钼油泵脂、石墨机油等涂剂。

(6) 当大口径的垫片需要拼接时,应采用斜口搭接或迷宫形式,不得平口对接。

(7) 采用软垫片时,周边应整齐,垫片尺寸应与法兰密封面相符,其允许偏差见表3.3-6的规定。

软垫片允许偏差(mm)　　　　　　表3.3-6

公称直径	法兰密封面形式					
	平面型		凸凹型		榫槽型	
	内径	外径	内径	外径	内径	外径
<125 ≥125	+2.5 +3.5	-2.0 -3.5	+2.0 +3.0	-1.5 -3.0	+1.0 +1.5	-1.0 -1.5

(8) 软钢、铜、铝等金属垫片,安装前应进行退火处理。

(9) 管道安装时,如遇下列情况,螺栓、螺母应涂以二硫化油脂、石墨机油或石墨粉。

1) 不锈钢、合金钢螺栓和螺母;
2) 管道设计温度高于100℃或低于0℃;
3) 露天装置;
4) 有大气腐蚀或有腐蚀介质。

(10) 法兰连接应使用同一规格螺栓,安装方向一致。紧固螺栓应对称均匀,松紧适度,紧固后外露长度不大于2倍螺距。

(11) 螺栓坚固后,应与尘半紧贴,不得有缝隙。需加垫圈时,每个螺栓不应超过一个。

(12) 高温或低温管道的螺栓,在试运时一般应接下列规定进行热紧或冷紧。

1) 管道热、冷紧温度见表3.3-7。

管道热、冷紧温度　　　　　　表3.3-7

管道工作温度(℃)	一次热、冷紧温度(℃)	二次热、冷紧温度(℃)
250~350	工作温度	—
>350	350	工作温度
-20~-70	工作温度	—
<-70	-70	工作温度

2) 热紧或冷紧,应在保持工作温度2h后进行;

3) 紧固管道螺栓时,管道最大内压应根据设计压力确定。当设计压力小于 6MPa 时,热紧最大内压为 0.3MPa;设计压力大于 6MPa 时,热紧最大内压为 0.5MPa。冷紧一般压卸压。

4) 紧固要适度,并有安全技术措施,保证操作人员安全。

(13) 管子对口时应检查平直度,在距接口中心 200mm 处测量,允许偏差 1mm/m,但全长允偏最大不超过 10mm。

(14) 管子对口后应垫置牢固,避免焊接或热片理过热中产生变形。

(15) 管道连接时,不得用强力对口。加热管子、加扁垫或多层垫等方法来消除接口端面的空隙,偏差、错口、不同心等缺陷。

(16) 管道预拉伸(或压缩)必须符合设计规定,预拉伸前应具备下列条件:

1) 预拉伸区域内固定支架间所有焊缝(预拉口除外)焊接完毕,需热处理的焊缝已做处理,并经检验合格。

2) 预拉伸区域支、吊架已安装完毕,管子与固定支架已固定,预拉口附近的支、吊架已预留足够的调整余量,支、吊架的弹簧已按设计值压缩,并临时固定,不使弹簧承受管道载荷。

3) 预拉区域内的所有连接螺栓已拧紧。

(17) 需热处理的预拉伸管道焊缝,在热处理完毕后,方可拆除预拉伸时所装的临时卡具。

(18) 疏、排水的支管与主管连接时,宜按介质流向稍有倾斜。不同介质、压力的疏、排水支管不应接入同一主管。

(19) 管道焊缝位置应符合下列要求:

1) 直管段两环缝间距不小于 100mm;

2) 焊缝距弯管(不包括压制或热推弯管)起弯点不得小于 100mm,且不小于管外径;

3) 卷管的纵向焊缝应置于易检修的位置,且不宜在底部;

4) 环焊缝距支、吊架净距不小于 50mm,需热处理的焊缝距支、吊架不得小于焊缝宽的 5 倍,且不小于 100mm;

5) 在管道焊缝上不得开孔,如必须开孔时,焊缝应经无损探伤检查合格;

6) 有加固环的卷管,加固环的对接焊缝应与管子纵向焊缝错开,其间距不小于 100mm。加固环距管子的环向焊缝不应小于 50mm。

(20) 工作温度小于 200℃ 的管道,其螺纹接头密封材料宜用聚四氟乙烯带或密封膏。拧紧螺纹时不得将密封材料挤入管内。

(21) 对管内清洁要求较高且焊接后不易清理的管道(如锅炉给水管、密封油管道等),其焊缝底层宜用氩弧焊施焊。

(22) 管道上仪表接点的开孔和焊接应在管道安装前进行。

(23) 穿墙及过楼板管道,一般应加套管,但管道焊缝不得置于套管内。穿墙套管长度不应小于墙厚,穿楼板套管应高出楼面或地面 50mm。穿过屋面的管道一般应有防水肩和防水帽。

(24) 管道与套管的空隙应与石棉和其他不燃材料填塞。

(25) 管道安装工作如有间断,应及时封闭敞开的管口。

(26) 埋地钢管安装前应做好防腐绝缘。焊缝部位未经试压不得防腐。在运输和安装时应防止损坏绝缘层。

(27) 管道安装允许偏差值见表 3.3-8 的规定。

管道安装允许偏差(mm) 表 3.3-8

项　目			允　许　偏　差	
坐标及标高	室外	架空	15	
		地沟	15	
		埋地	25	
	室内	架空	10	
		地沟	15	
水平管弯曲	$Dg \leq 100$		1/1000	最大 20
	$Dg > 100$		1.5/1000	
	立管垂直度		2/1000	最大 15
成排管段	在同一平面上		5	
	间　距		+5	
交叉	管外壁或保温层间距		+10	

3. 室内管道安装

(1) 水暖管道安装

属于这类建筑的室内管道,一般有干管、立管和支管。安装的步骤,是由安装干管开始,然后再安装立管和支管。在土建主体工程完成后,并且墙面已经粉刷完毕,方可开始室内管道安装工作。但是在土建施工的时候,应该密切配合,按照图纸要求预留孔洞、过墙管孔洞以及设备基础地脚螺栓孔洞等。同时可提前根据图纸预制加工出各类管件,如管子的焊弯、阀件的清洗和组装及管子的刷油等。

1) 干管的安装

先了解和确定干管的标高、位置、坡度、管径等,正确地按尺寸埋好支架。待支架牢固后,就可以架设连接。管子管件可先在地面组装,长度以方便吊装为宜。起吊后,轻轻落在支架上,用支架上的卡环固定,防止滚落。采用螺纹连接的管子,则吊上后即可上紧,采用焊接可全部吊装完毕后再焊接,但焊口的位置要在地面上组装时就考虑好,选定在合适的部位,便于焊工的操作。干管安装后,要拨正调直;从管子端看过去,整根管道都在一条直线上。干管的变径,要在分出支管之后,距离主分支管要有一定的距离,大小等于大管的直径,但不能小于 100mm。还要正确按照输送介质的要求,选用正心或偏心的变径管件。干管安装后,用水平尺在每段上进行一次复核,防止局部管段有"塌腰"或"拱起"的现象。

2) 支、立管安装

干管安装后即可安装立管。用线垂吊挂在立管的位置上,用"粉囊"在墙面上弹出垂直线,立管就可以根据该线来安装。同时,根据墙面上的线和立管与墙面确定的尺寸,可预先埋好立管卡。立管长度较长,如采用螺纹连接时,可按图纸上所确定的立管管件,量出实际尺寸记录在图纸上，先进行预组装。安装后经过调直，将立管的管段做好编号，再拆开到现场重新组装。这种安装方法可以加快进度，保证质量。立管安装后，就可以安装支管，方法也是先在墙面弹出位置线，但是必须在所接的设备安装定位后才可以连接。安装方法与立管相同。应注意的是当支立管的管径都较小，并且采用焊接时，要防止三通口的接头处管径缩小，或因焊瘤将管子堵死。

3) 管子下料

干管、立管和支管安装中，都预先对管段长度进行测量，并计算出管子加工时下料的尺寸。管段的长度包括该段的管子长度加上阀件或管件长度，因而要算出该段管子的下料长度，就要除去阀件和管件的长度，同时再加上螺纹拧入配件内或插入法兰内的长度。

在螺纹连接的管道中，如连接暖气片支管的长度测量。常用实际比量法来确定管子下料尺寸。其方法如下：

在立管和暖气片已固定好的情况下，先量出该总长 L（包括拧入两端螺纹的长度），A 段管子的下料应先将管一端套好螺纹，活接头放在 C_1 长度的位置上。用尺量出包括拧入活接头的管子螺纹长度，即是 A 段下料的尺寸，B 段管也以同样式方法量出，但活接头内应装有所用的密封填料，并在上紧的情况下比量。C 段管子，将决定全长 L 的数值。为了更精确的测量，可将 A 段、B 段和管件都连接在气包补心后再量出该段的长度，以弥补前二段的误差。

法兰连接的管道，也可用比量法测出下料尺寸，只是螺纹拧入的长度，改为管子插入法兰的长度及管件加工的长度（如三通等）。

室内管道安装完毕后，各管子都要按规定的尺寸、用卡子等固定在建筑物的结构上。

(2) 室内工艺管道安装

工艺管道的特点是空间小、管道集中、阀件多，大多数与设备连接，有些管段要求在安装前进行强度试验。施工前，要对每管段进行测量计算，绘出加工草图，进行预制。

测绘也就是根据现场实际，在设备已就位的条件下，将各设备间管段的水平长度、垂直距离、阀件位置及安装方向等实测后绘到草图上，便于加工。

测量的方法是先用水平仪测出设备接口的标高，再依照设计图上标明的管段标高，就可以标出水平管子到设备接口的垂直距离。水平长度可用线垂吊在设备出口的中心，用钢尺测出它的水平距离，记在草图上。管道中的阀门及管件的中心位置也标在草图上。依据草图就可以下料、预制，但与设备接口的法兰先不要焊死，在其他部分都预制后，将待焊的法兰与设备的接口法兰上紧，然后将预制管吊起，插入与设备连接的法兰内。如预制的长度有误差，可进行修正，然后插入法兰用电焊点焊定位，做好标记，再拆下进行焊接。如管段不必拆下就可以焊接法兰接口则更好。因为法兰在焊接中会产生变形。同时设备的法兰口，也并不是严格水平或垂直的，这些因素都会影响法兰的密闭性。因此，将法兰先上紧的情况下再焊，使预制管上的法兰与设备可以严密的结合。

如果预制管段上有法兰连接口，也可用先点焊定位，在现场预制时再焊死，这样做便于修正误差。阀门的法兰在组装时，还需考虑法兰上孔眼的位置，要和阀门安装的位置相呼应。预制好的管段，按编号进行预组装。有特殊要求的管路或管段则还需要拆下进行应有的处理（如喷砂、酸洗、衬胶等）和试验，最后再一次安装就位。

工艺管道在安装中相遇时，可按下列原则避让：

1) 小口径管道让大口径管道;
2) 有压力管道让无压力管道,低压管道让高压管道;
3) 常温管道让高温与低温管道;
4) 辅助管道让物料管道,一般物料管道让易结晶、易沉淀管道;
5) 支管让主管。

(二) 管道试压

1. 试压的一般规定

(1) 管道安装完毕,应对管道系统进行压力试验。按试验的目的,可分为检查管道机械性能的强度试验和检查管道连接情况的严密性试验。按试验时使用的介质,可分为用水作介质的水压试验和用气体作介质的气压试验。

(2) 一般热力管道和压缩空气管道用水作介质进行强度及严密性试验;煤气管道和天然气管道用气体作介质进行强度及严密性试验;氧气管道、乙炔管道和输油管道先用水作介质进行强度试验,再用气体作介质并行严密性试验。各种化工工艺管道的试验介质,应按设计的具体规定采用。如设计无规定时,工作压力不低于 0.07MPa 的管道一般采用水压试验,工作压力低于 0.07MPa 的管道一般采用气压试验。

(3) 强度试验的试验压力一般动力管道为工作压力的 1.25 倍,但不得小于工作压力加 0.3MPa;化工工艺管道为工作压力的 1.5 倍,但不得小于 0.2MPa,在真空下操作的管道为 0.2MPa。乙炔管道的试验压力 $P_s = 13(P + 1) - (0.1 \text{MPa})$。热水采暖系统以工作压力加 0.1MPa 进行试验,但在最低点的压力不应小于 0.3MPa。工作压力不超过 0.07MPa 的蒸汽采暖系统,在系统最低点的试验压力应达到 0.25MPa;工作压力不超过 0.07MPa 的蒸汽采暖系统,应以工作压力加 0.1MPa 进行试验,但在系统顶点的试验压力不得小于 0.3MPa。

(4) 严密性试验的试验压力,一般为管道的工作压力。输送气体介质的工艺管道,工作压力在 5kPa 以下的,试验压力为 20kPa,工作压力为 5~7kPa 时,试验压力等于工作压力加 30kPa。

(5) 压力试验所用的压力表和温度计必须是经过检验的合格品,工作压力在 0.07MPa 以下的管道进行气压试验时,可采用充水银或水的 U 形玻璃压力计,但刻度必须准确。

(6) 管道试压前不得油漆和保温,以便对管道进行外观检查。所有法兰连接处的垫片应符合要求,螺栓应全部拧紧。管道与设备之间应加上盲板,试压结束后拆除,按空管计算支架及跨距的管道,进行水压试验应加临时支撑。

2. 水压试验

(1) 水压试验用清洁的水作介质,氧气管道应用无油质的水。

(2) 向管内灌水时,应打开管道各高处的排气阀。待水灌满后,关闭排气阀和进水阀,用手摇式压泵或电动试压泵加压。压力应逐渐升高,加压到一定数值时,应停下来对管道进行检查,无问题时再继续加压,一般分 2~3 次升至试验压力。当压力达到试验压力时停止加压,一般动力管道在试验压力下保持 5min,化工工艺管道在试验压力下保持 20min。在试验压力下保持的时间内,如管道未发生异常现象,压力表指针不下降,即认为强度试验合格。然后把压力降至工作压力进行严密性试验。在工作压力下对管道进行全面的检查,并用重量 1.5kg 以下的圆头小锤在距焊缝 15~20mm 处沿焊缝方向轻轻敲击。到检查完毕时,如压力表指针没有下降,管道的焊缝及法兰连接处未发现渗漏现象,即可认为试验合格。蒸汽及热水采暖系统,在试验压力保持的时间内,压力下降不超过0.02MPa,即认为合格。

(3) 在气温低于0℃时,可在采取特殊防冻措施后,用50℃左右的热水进行试验。试验完毕,应立即将管内存水放净。氧气管道和乙炔管道必须用无油的压缩空气或氮气吹干。

3. 气压试验

(1) 气压试验的介质一般为空气,也可以用氮气或其他气体。用于试验氧气管道的气体,应是无油质的。

(2) 气压试验前,应对管道及管路附件的耐压强度进行验算,验算时采用的安全系数不得小于2.5。

(3) 试验时,压力应逐渐升高,达到试验压力时停止升压。在焊缝和法兰连接处涂上肥皂水,检查是否有气体泄漏。如发现有漏气的地方,应作上记号,卸压后进行修理。消除缺陷后,再长压至试验压力。在试验压力下保持30min,如压力不下降,即认为强度试验合格。

(4) 强度试验合格后,把压力降至工作压力进行严密性试验。先用3~12h的时间,使管内气体的温度与周围大气的温度相等,然后用24h的时间测定漏气量。如每小时平均漏气率不超过表3.3-9所列的数值,即可认为试验合格。

气压严密性试验小时(h)平均漏气率　　　　表3.3-9

管道类别	氧气管道	乙炔管道	天然气管道 ($P \leqslant 6.4$MPa)	化工工艺管道	
				$P \leqslant 0.07$MPa	$P \leqslant 0.07$MPa
允许漏气率(%)	1	0.5	0.05	0.7	0.2

漏气率应按下式计算:

$$A = \left[1 - \frac{P_2(T_1 + 273)}{P_1(T_2 + 273)}\right]100\%$$

式中　A——漏气率;

P_1、P_2——试验开始及终了时管道内的压力,MPa;

T_1、T_2——试验开始及终了时管道内气体的温度,℃。

(5) 在选择取压点和测温点时,应使该点所测得的压力和温度,能够代表整个管道的压力和温度。最好装设两个或两个以上的压力表和温度计,取其平均值,这样计算出来的漏气率更为准确。

(三) 管道清洗

水管的清洗

1. 各种管道在投入使用前,必须进行清洗,以清除管道内的焊渣等杂物。一般管道在压力试验(强度试验)合格后进行清洗;对于管道内杂物较多的管道系统,可在压力试验前进行清洗。

2. 清洗前,应将管道系统内的流量孔板、滤网、温度计、调节阀阀芯、止回阀阀芯等撤离除,待清洗合格后再重新装上。

3. 热水、供水、回水及凝结水管道系统,用清水进行冲洗。如管道分支较多,末端截面积较小时,可将干管中的阀门拆掉1~2个,分段进行冲洗。如管道分支不多,排水管可从管道末端接出。排水管截面积不应小于被冲洗管道截面积的60%。排水管应接至排水井或排水沟,并应保证排泄和安全。冲洗时,以系统内可能达到的最大压力和流量进行,直到出口处的水色和透明度与入口处目测一致为合格。

四、卫生器具安装

(一) 工程概况(略)

(二) 工程质量目标和要求(略)

(三) 施工准备

1. 材料要求

(1) 卫生洁具的规格、型号必须符合设计要求,并有出厂产品合格证。卫生洁具外观应规距、造型周正,表面光滑、美观、无裂纹,边缘平滑,色调一致。

(2) 卫生洁具零件规格应标准,质量应可靠,外表光滑,电镀均匀,螺纹清晰,锁母松紧适度,无砂眼、裂纹等缺陷。

(3) 卫生洁具的水箱应采用节水型。

(4) 其他材料:镀锌管件、截止阀、八字阀门、水嘴、丝扣返水弯、排水口、镀锌燕尾螺栓、螺母、胶皮板、铜丝、油灰、铅皮、螺丝、焊锡、熟盐酸、铅油、麻丝、石棉绳、白水泥、白灰膏等均应符合材料标准要求。

2. 主要机具

(1) 机具:套丝机、砂轮机、砂轮锯、手电钻、冲击钻。

(2) 工具:管钳、手锯、铁、布剪子、活扳手、自制死扳手、叉扳手、手锤、手铲、錾子、克丝钳、方锉、圆锉、螺丝刀、烙铁等。

(3) 其他:水平尺、划规、线坠、小线、盒尺等。

3. 作业条件

(1) 所有与卫生洁具连接的管道压力、闭水试验已完毕,并已办好隐预检手续。

(2) 浴盆的稳装应待土建做完防水层及保护层后配合土建施工进行。

(3) 其他卫生洁具应在室内装修基本完成后再进行稳装。

(四) 操作工艺

1. 工艺流程:

安装准备 → 卫生洁具及配件检验 → 卫生洁具安装 → 压卫生洁具配件预装 → 卫生洁具稳装 → 卫生洁具与墙、地缝隙处理 → 卫生洁具外观检查 → 通水试验

2. 卫生洁具在稳装前应进行检查、清洗。配件与卫生洁具应配套。部分卫生洁具应先进行预制再安装。

3. 卫生洁具安装:

(1) 高水箱、蹲便器安装:

1) 高水箱配件安装:

① 先将虹吸管、锁母、根母、下垫卸下,涂抹油灰后将虹吸管插入高水箱出水孔。将管下垫、眼圈套在管上。拧紧根母至松紧适度。将锁母拧在虹吸管上。虹吸管方向、位置视具体情况自行确定。

② 将漂球拧在漂杆上,并与浮球阀(漂子门)连接好,浮球阀安装与塞风安装略同。

③ 拉把支架安装:将拉把上螺母眼圈卸下,再将拉把上螺栓插入水箱一侧的上沿(侧位方向视给水预留口情况而定)加垫圈紧固。调整挑杆距离(挑杆的提拉距离一般为 40mm 为宜)。挑杆另一端连接拉把(拉把也可交验前统一安装),将水箱备用上水眼用塑料胶盖堵死。

2) 蹲便器、高水箱安装(图3.3-4)。

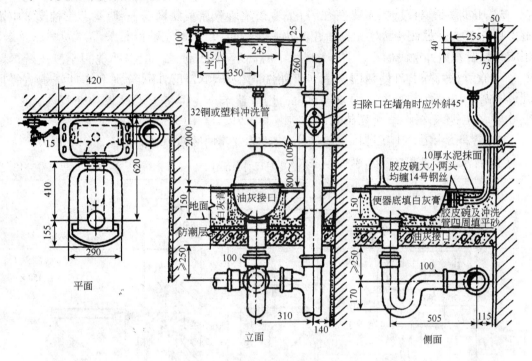

图 3.3-4 蹲便器、高水箱安装图

① 首先,将胶皮碗套在蹲便器进水口上,要套正、套实。用成品喉箍紧固(或用14号铜丝分别绑二道,但不允许压结在一条线上,铜丝拧紧要错位90°左右)。

② 将预留排水管口周围清扫干净,把临时管堵取下,同时检查管内有无杂物。找出排水管口的中心线,并画在墙上。用水平尺(或线坠)找好竖线。

将下水管承口内抹上油灰,蹲便器位置下铺垫白灰膏,然后将蹲便器排水口插入排水管承口内稳好。同时用水平尺放在蹲便器上沿,纵横双向找平、找正。使蹲便器进水口对准墙上中心线。同时蹲便器二侧用砖砌好抹光,将蹲便器排水口与排水管承口接触处的油灰压实、抹光。最后将蹲便器排水口临时堵封好。

③ 稳装多联蹲便器时,应先检查排水管口标高、甩口距墙尺寸是否一致。找出标准地面标高,向上测量好蹲便器需要的高度,用小线找平,找好墙面距离,然后按上述方法逐个进行稳装。

④ 高水箱稳装:应在蹲便器稳装之后进行。首先检查蹲便器的中心与墙面中心线是否一致,如有错位应及时进行调整,以蹲便器不扭斜为宜。确定水箱出水口中心位置,向上测量出规定高度(给水口距台阶面2m)。同时结合高水箱固定孔与给水孔的距离找出固定螺栓高度位置,在墙上画好十字线,剔成 $\phi 30 \times 100mm$ 深的孔眼,用水冲净孔眼内杂物,将燕尾

螺栓插入洞内用水泥捻牢。将装好配件的高水箱挂在固定螺栓上,加胶垫、眼圈,带好螺母拧至松紧适度。

⑤ 多联高水箱应按上述做法先挂两端的水箱,然后挂线拉平、找直,再稳装中间水箱。

⑥ 高水箱冲洗管的连接:先上好八字门,测量出高箱浮球阀距八字水门中口给水管尺寸,配好短节,装在八字水门上及给水管口内。将铜管或塑料管断好,需要灯叉弯者把弯撅好。然后将浮球阀和八字水门锁母卸下,背对背套在铜管或塑料管上,两头缠石棉绳或铅油麻线,分别插入浮球阀和八字水门进出品内拧紧锁母。

⑦ 延时自闭冲洗阀的安装:冲洗阀的中心高度为 1100mm。根据冲洗阀至胶皮碗的距离,断好 90°弯的冲洗管,使两端合适。将冲洗阀锁母和胶圈卸下,分别套在冲洗管直管段上,将弯管的下端插入胶皮碗内 40~50mm,用喉箍卡牢。再将上端插入冲洗阀内,推上胶圈,调直找正,将锁母拧至松紧适度。

扳把式冲洗阀的扳手应朝向右侧。按钮式冲洗阀的按钮应朝向正面。

(2) 背水箱坐便器安装(图 3.3-5)。

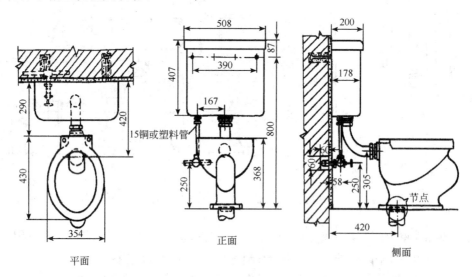

图 3.3-5 背水箱坐便器安装

1) 背水箱配件安装:

① 背水箱中带溢水管的排水口安装与塞风安装相同。溢水管口应低于水箱固定螺孔 10~20mm。

② 背水箱浮球阀安装与高水箱相同,有补水管者把补水管上好后撅弯至溢水管口内。

③ 安装扳手时,先将圆盘塞入背水箱左上角方孔内,把圆盘上入方螺母内用管钳拧至松紧适度,把挑杆撅好勺弯,将扳手轴插入圆盘孔内,套上挑杆拧紧顶丝。

④ 安装背水箱翻板式排水时,将挑杆与翻板车用尼龙线连接好。扳动扳手使挑杆上翻板活动自如。

2) 背水箱、坐便器稳装:

① 将坐便器预留排水管口周围清理干净,取下临时管堵,检查管内有无杂物。

② 将坐便器出水口对准预留排水口放平找正,在坐便器两侧固定螺栓眼处画好印记

后,移开坐便器,将印记做好十字线。

③ 在十字线中心处剔 $\phi 20\times 60$mm 的孔洞,把 $\phi 10$mm 螺栓插入孔洞内用水泥栽牢,将坐便器试稳,使固定螺栓与坐便器吻合,移开坐便器,将坐便器排水口及排水管口周围抹上油灰后将便器对准螺栓放平、找正,螺栓上套好胶皮垫、眼圈上螺母拧至松紧适度。

④ 对准坐便器尾部中心,在墙上画好垂直线,在距地平 800cm 高度画水平线。根据水箱背面固定孔眼的距离,在水平线上画好十字线。在十字线中心处剔 $\phi 30\times 70$mm 深的孔洞,把带有燕尾的镀锌螺栓(规格 $\phi 10\times 100$mm)插入孔洞内,用水泥栽牢。将背水箱挂在螺栓上放平、找正。与坐便器中心对正,螺栓上套好胶皮垫,带上眼圈、螺母拧至松紧适度。

坐便器无进水锁母的可采用胶皮碗的连接方法。

上水八字水门的连接方法与高水箱相同。

(3) 洗脸盆安装(图 3.3-6)。

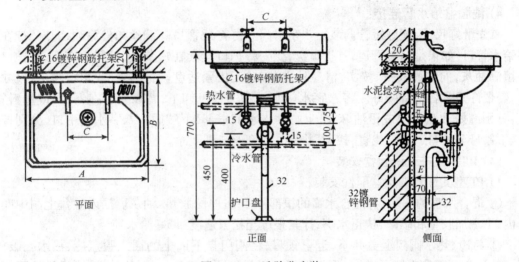

图 3.3-6 洗脸盆安装

1) 洗脸盆零件安装:

① 安装脸盆下水口:先将下水口根母、眼圈、胶垫卸下,将上垫垫好油灰后插入脸盆排水口孔内,下水口中的溢水口要对准脸盆排水口中的溢水口眼。外面加上垫好油灰的胶垫,套上眼圈,带上根母,再用自制扳手卡住排水口十字筋,用平口扳手上根母至松紧适度。

② 安装脸盆水嘴:先将水嘴根母、锁母卸下,在水嘴根部垫好油灰,插入脸盆给水孔眼,下面再套上胶垫眼圈,带上根母后左手按住水嘴,右手用自制八字死扳手将锁母紧至松紧适度。

2) 洗脸盆稳装:

① 洗脸盆支架安装:应按照排水管口中心在墙上画出竖线,由地面向上量出规定的高度,画出水平线,根据盆宽在水平线上画出支架位置的十字线。按印记剔成 $\phi 30\times 120$mm 孔洞。将脸盆支架找平栽牢。再将脸盆置于支架上找平、找正。将架钩钩在盆下固定孔内,拧紧盆架的固定螺栓,找平正。

② 铸铁架洗脸盆安装:按上述方法找好十字线,按印记剔成 $\phi 15\times 70$mm 的孔洞栽好铅皮卷,采用 $2\frac{1}{2}''$ 螺丝将盆架固定于墙上。将活动架的固定螺栓松开,拉出活动架将架勾勾在

盆下固定孔内,拧紧盆架的固定螺栓,找平、找正。

3) 洗脸盆排水管连接:

① S形存水弯的连接:应在脸盆排水口丝扣下端涂铅油,缠少许麻丝。将存水弯上节拧在排水口上,松紧适度。再将存水弯下节的下端缠油盘根绳插在排水管口内,将胶垫放在存水弯的连接处,把锁母用手拧紧后调直找正。再用扳手拧至松紧适度。用油灰将下水管口塞严、抹平。

② P形存水弯的连接:应在脸盆排水口丝扣下端涂铅油,缠少许麻丝。将存水弯立节拧在排水口上,松紧适度。再将存水弯横节按需要长度配好。把锁母和护口盘背靠背套在横节上,在端头缠好油盘根绳,试安高度是否合适,如不合适可用立节调整,然后把胶垫放在锁口内,将锁母拧至松紧适度。把护口盘内填满油灰后向墙面找平、按实。将外溢油灰除掉,擦净墙面。将下水口处外露麻丝清理干净。

4) 洗脸盆给水管连接:

首先量好尺寸,配好短管。装上八字水门。再将短管另一端丝扣处涂油、缠麻,拧在预留给水管口(如果是暗装管道,带护口盘,要先将护口盘套在短节上,管子上完后,将护口盘内填满油灰,向墙面找平、按实,清理外溢油灰)至松紧适度。将铜管(或塑料管)按尺寸断好,需煨弯叉弯者把弯㦿好。将八字水门与水嘴的锁母卸下,背靠背套在铜管(或塑料管)上,分别缠好油盘根绳或铅油麻线,上端插入水嘴根部,下端插入八字水门中口,分别拧好上、下锁母至松紧适度。找直、找正,并将外露麻丝清理干净。

(4) PT型支柱式洗脸盆安装

1) PT型支柱式洗脸盆配件安装:

① 混合水嘴的安装:将混合水嘴的根部加1mm厚的胶垫、油灰。插入脸盆上洞中间孔眼内,下端加胶垫和眼圈,扶正水嘴,拧紧根母至松紧适度,带好给水锁母。

② 将冷、热水阀门上盖卸下,退下锁母,将阀门自下而上的插入脸盆冷、热水孔眼内。阀门锁母和胶圈套入四通横管,再将阀门上根母加油灰及1mm厚的胶垫,将根母拧紧与丝扣平。盖好阀门盖,拧紧门盖螺丝。

③ 脸盆排水口加1mm厚胶垫、油灰,插入脸盆排水孔眼内,外面加胶垫和眼圈,丝扣处涂油、缠麻。用自制扳手卡住下水口十字筋,拧入下水三通口,使中口向后,溢水口要对准脸盆溢水眼。

④ 将手提拉杆和弹簧装入三通中心,将锁母拧至松紧适度。再将立杆穿过混合水嘴空腹管至四通下口,四通和立杆接口处缠油盘根绳,拧紧压紧螺母。

2) PT型支柱式洗脸盆稳装:

① 按照排水管口中心画出竖线,将支柱立好,将脸盆转放在立柱上,使脸盆中心对准竖线,找平后画好脸盆固定孔眼位置。同时将支柱在地面位置做好印记。按墙上印记剔成 $\phi 10 \times 80mm$ 的孔洞,栽好固定螺栓。将地面支柱印记内放好白灰膏,稳好支柱及脸盆,将固定螺栓加胶皮垫、眼圈、带上螺母拧至松紧适度。再次将脸盆面找平,支柱找直。将支柱与脸盆接触处及支柱与地面接触处用白水泥勾缝抹光。

② PT型支柱式洗脸盆给排水管连接方法参照洗脸盆给排水管道安装。

(5) 净身盆安装(图3.3-7)

1) 净身盆配件安装:

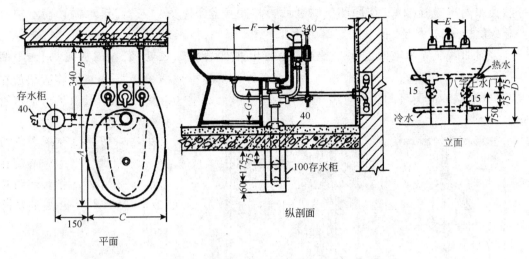

图 3.3-7 净身盆安装

① 将混合阀门及冷、热水阀门的门盖卸下,下根母调整适当,以三个阀门装好后上根母与阀门颈丝扣基本相平为宜。将预装好的喷嘴转心阀门装在混合开关的四通下口。

将冷、热水阀门的出口锁母套在混合阀门四通横管处,加胶圈或缠油盘根装在一起,拧紧锁母。将三个阀门门颈处加胶垫,同时由净身盆自下而上穿过孔眼。三个阀门上加胶垫、眼圈带好根母。混合阀门上加角型胶垫及少许油灰,扣上长方形镀铬护口盘,带好根母。然后将空心螺栓穿过护口盘及净身盆。盆下加胶垫眼圈和根母,拧紧根母至松紧适度。

将混合阀门上根母拧紧,其根母应与转心阀门颈丝扣平为宜。将阀门盖放入阀门挺旋转,能使转心阀门盖转动 30° 即可。再将热水阀门的上根母对称拧紧。分别装好三个阀门门盖,拧紧冷、热水阀门门盖上的固定螺丝。

② 喷嘴安装:将喷嘴靠瓷面处加 1mm 厚的胶垫,抹少许油灰,将定型铜管一端与喷嘴连接,另一端与混合阀门四通下转心阀门连接。拧紧锁母,转心阀门门挺须朝向与四通平行一侧,以免影响手提拉杆的安装。

③ 排水口安装:将排水口加胶垫,穿入净身盆排水孔眼。拧入排水三通上口。同时检查排水口与净身盆排水孔眼的凹面是否紧密,如有松动及不严密现象,可将排水口锯掉一部分,尺寸合适后,将排水口圆盘下加抹油灰,外面加胶垫、眼圈,用自制叉扳手卡入排水口内十字筋,使溢水口对准净身盆溢水孔眼,拧入排水三通上口。

④ 手提拉杆安装:将挑杆弹簧珠装入排水三通中,拧紧锁母至松紧适度。然后将手提拉杆插入空心螺栓,用卡具与横挑杆连接,调整定位,使手提拉杆活动自如。

⑤ 净身盆配件装完以后,应接通临时水试验无渗漏后方可进行稳装。

2) 净身盆稳装:

① 将排水预留管口周围清理干净,将临时管堵取下,检查有无杂物。将净身盆排水三通下口铜管装好。

② 将净身盆排水管插入预留排水管口内,将净身盆稳平找正。净身盆尾部距墙尺寸一致。将净身盆固定螺栓孔及底座画好印记,移开净身盆。

③ 将固定螺栓孔印记画好十字线,剔成 $\phi 20 \times 60$mm 孔眼,将螺栓插入洞内栽好。再将

净身盆孔眼对准螺栓放好,与原印记吻合后再将净身盆下垫好白灰膏,排水铜管套上护口盘。净身盆稳牢、找平、找正。固定螺栓上加胶垫、眼圈,拧紧螺母。清除余灰,擦拭干净。将护口盘内加满油灰与地面按实。净身盆底座与地面有缝隙之处,嵌入白水泥浆补齐、抹光。

(6) 平面小便器安装(图 3.3-8)

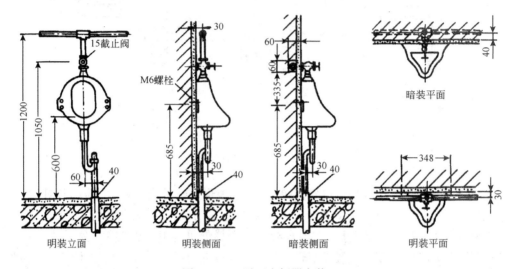

图 3.3-8 平面小便器安装

1) 首先,对准给水管中心画一条垂线,由地平向上量出规定的高度画一水平线。根据产品规格尺寸,由中心向两侧固定孔眼的距离,在横线上画好十字线,再画出上、下孔眼的位置。

2) 将孔眼位置剔成 $\phi 10 \times 60 mm$ 的孔眼,栽入 $\phi 6mm$ 螺栓。托起小便器挂在螺栓上。把胶垫、眼圈套入螺栓,将螺母拧至松紧适度。将小便器与墙面的缝隙嵌入白水泥浆补齐、抹光。

(7) 立式小便器安装:

1) 立式小便器安装前应检查给、排水预留管口是否在一条垂线上,间距是否一致。符合要求后按照管口找出中心线。将下水管周围清理干净,取下临时管堵,抹好油灰,在立式小便器下铺垫水泥、白灰膏的混合比(比例为1:5)。将立式小便器稳装找平、找正。立式小便器与墙面、地面缝隙嵌入白水泥浆抹平、抹光。

2) 将八字水门丝扣抹铅油、缠麻、带入给水口,用扳子上至松紧适度。其护口盘应与墙面靠严。八字水门出口对准鸭嘴锁口,量出尺寸,断好铜管,套上锁母及扣碗,分别插入鸭嘴和八字水门出水口内。缠油盘根绳拧紧锁母拧至松紧适度。然后将扣碗加油灰按平。

(8) 家具盆安装(图 3.3-9)。

1) 栽架前应将盆架与家具盆试一下是否相符。将冷、热水预留管口之间画一条平分垂线(只有冷水时,家具盆中心应对准给水管口)。由地面向上量出规定的高度,画出水平线,按照家具盆架的宽度由中心线左右画好十字线,剔成 $\phi 50 \times 120mm$ 的孔眼,用水冲净孔眼内杂物,将盆架找平,找正。用水泥栽牢。将家具盆放于架上纵横找平,找正。家具盆靠墙一侧缝隙处嵌入白水泥浆勾缝抹光。

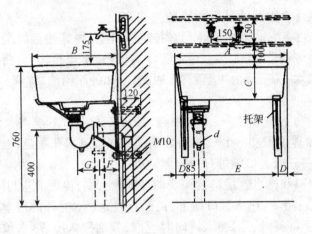

甲型不带拖布池

图3.3-9 家具盆安装

2) 排水管的连接：先将排水口根母松开卸下，放在家具盆排水孔眼内，测量出距排水预留管口的尺寸。将短管一端套好丝扣，涂油、缠麻。将存水弯拧至外露丝2~3扣，按量好的尺寸将短管断好，插入排水管口的一端应做扳边处理。将排水口圆盘下加工1mm厚的胶垫，抹油灰，插入家具盆排水孔眼，外面再套上胶垫、眼圈，带上根母。在排水口的丝扣处抹油、缠麻，用自制扳手卡住排水口内十字筋，使排水口溢水眼对准家具盆溢水孔眼，用自制扳手拧紧根母至松紧适度，吊直找正。接口处捻灰、环缝要均匀。

3) 水嘴安装：将水嘴丝扣处涂油缠麻，装在给水管口内，找平、找正、拧紧。除净外露麻丝。

4) 堵链安装：在瓷盆上方50mm并对准排水口中心处剔成$\phi 10 \times 50$mm孔眼，用水泥浆将螺栓注牢。

(9) 浴盆安装(图3.3-10)。

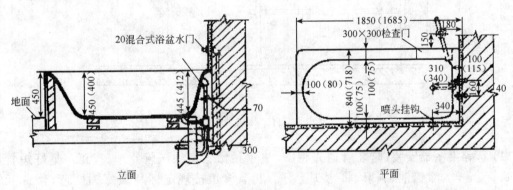

图3.3-10 浴盆安装

1) 浴盆稳装：浴盆稳装前应将浴盆内表面擦拭干净，同时检查瓷面是否完好。带腿的浴盆先将腿部的螺丝卸下，将拨销母插入浴盆底卧槽内，把腿扣在浴盆上带好螺母拧紧找平。浴盆如砌砖腿时，应配合土建施工把砖腿按标高砌好。将浴盆稳于砖台上，找平、找正。

浴盆与砖腿缝隙外用 1:3 水泥砂浆填充抹平。

2) 浴盆排水安装:将浴盆排水三通套在排水横管上,缠好油盘根绳,插入三通中口,拧紧锁母。三通下口装好铜管,插入排水预留管口内(铜管下端板边)。将排水口圆盘下加胶垫、油灰,插入浴盆排水孔眼,外面再套胶垫、眼圈,丝扣处涂铅油、缠麻。用自制叉扳手卡住排水口十字筋,上入弯头内。

将溢水立管下端套上锁母,缠上油盘根绳,插入三通上口对准浴盆溢水孔,带上锁母。溢水管弯头处加 1mm 厚的胶垫、油灰,将浴盆堵螺栓穿过溢水孔花盘,上入弯头"一"字丝扣上,无松动即可。再将三通上口锁母拧至松紧适度。

浴盆排水三通出口和排水管接口处缠绕油盘根绳捻实,再用油灰封闭。

3) 混合水嘴安装:将冷、热水管口找平、找正。把混合水嘴转向对丝抹铅油,缠麻丝,带好护口盘,用自制扳手(俗称钥匙)插入转向对丝内,分别拧入冷、热水预留管口,校好尺寸,找平、找正。使护口盘紧贴墙面。然后将混合水嘴对正转向对丝,加垫后拧紧锁母找平、找正。用扳手拧至松紧适度。

4) 水嘴安装:先将冷、热水预留管口用短管找平、找正。如暗装管道进墙较深者,应先量出短管尺寸,套好短管,使冷、热水嘴安完后距墙一致。将水嘴拧紧找正,除净外露麻丝。

(10) 淋浴器安装(图 3.3 – 11)。

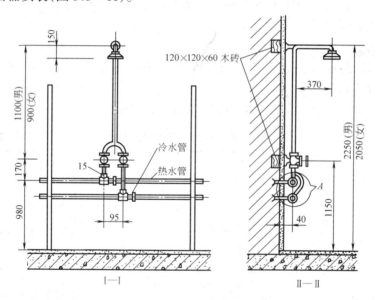

图 3.3 – 11 沐浴器安装

1) 镀铬淋浴器安装:暗装管道先将冷、热水预留管口加试管找平、找正。量好短管尺寸,断管、套丝、涂铅油、缠麻,将弯头上好。明装管道按规定标高撅好"Π"弯(俗称元宝弯),上好管箍。

淋浴器锁母外丝丝头处抹油、缠麻。用自制扳手卡住内筋,上入弯头或管箍内。再将淋浴器对准锁母外丝,将锁母拧紧。将固定圆盘上的孔眼找平、找正。画出标记,卸下淋浴器,将印记剔成 $\phi 10 \times 40$mm 的孔眼,栽好铅皮卷。再将锁母外丝口加垫抹油,将淋浴器对准锁母外丝口,用扳手拧至松紧适度。再将锁母外丝口加垫抹油,将淋浴器对准锁母外丝口,用扳手拧至松紧适度。再将固定圆盘与墙面靠严，孔眼平正，用木螺丝固定在墙上。

将淋浴器上部铜管预装在三通口上，使立管垂直，固定圆盘与墙面贴实，孔眼平正，画出孔眼标记，裁入铅皮卷，锁母外加垫抹油，将锁母拧至松紧适度。上固定圆盘采用木螺丝固定在墙面上。

2) 铁管淋浴器的组装：铁管淋浴器的组装必须采用镀锌管及管件，皮钱阀门、各部尺寸必须符合规范规定。

由地面向上量出 1150mm，画一条水平线，为阀门中心标高。再将冷、热阀门中心位置画出，测量尺寸，配管上零件。阀门上应加活接头。

根据组数预制短管，按顺序组装，立管栽固定立管卡，将喷头卡住。立管应吊直，喷头找正。安装时应注意男、女浴室喷头的高度。

(五) 质量标准

1. 保证项目：

(1) 卫生洁具的型号、规格、质量必须符合设计要求；

卫生洁具排水的出口与排水管承口的连接处必须严密不漏。

检验方法：检查出厂合格证，通水检查。

(2) 卫生洁具的排水管径和最小坡度，必须符合设计要求和施工规范规定。

检验方法：观察或尺量检查。

2. 基本项目：

支托架防腐良好，埋设平整牢固，洁具放置平稳、洁净。支架与洁具接触紧密。

检查方法：观察和手扳检查。

3. 卫生洁具安装的允许偏差和检验方法见表 3.3 – 10。

卫生洁具安装的允许差和检验方法　　　　　表 3.3 – 10

项 目		允许偏差(mm)	检 验 方 法
坐 标	单独器具	10	拉线、吊线和尺量检查
	成排器具	5	
标 高	单独器具	±15	
	成排器具	±20	
器具水平度		2	用水平尺和尺量检查
器具垂直度		3	用吊线和尺量检查

4. 卫生洁具安装高度如设计无要求时，应符合表 3.3 – 11 规定。

(六) 成品保护

1. 洁具在搬运和安装时要防止磕碰。稳装后洁具排水口应用防护用品堵存，镀铬零件用纸包好，以免堵塞或损坏。

2. 在釉面砖、水磨石墙面剔孔洞时，宜用手电钻或先用小錾子轻剔掉釉面，待剔至砖底灰层处方可用力，但不得过猛，以免将面层剔碎或震成空鼓现象。

卫生洁具的安装高度

表 3.3-11

项次	卫生洁具名称		卫生洁具安装高度(mm)		备 注
			居住和公共建筑	幼儿园	
1	污水盆(池)	架空式	800	800	
		落地式	500	500	
2	洗涤盆(池)		800	800	
3	洗脸盆和冲手盆(有塞、无塞)		800	500	自地面至器具上边缘
4	盆洗槽		800	500	
5	浴盆		520		
6	蹲式大便器	高水箱	1800	1800	自台阶面至高水箱底
		低水箱	900	900	自台阶面至低水箱底
7	坐式大便器	高水箱	1800	1800	自台阶面至高水箱底
		低水箱 外露排出管式	510	—	自地面至低水箱底
		虹吸喷射式	470	370	
8	小便器	立式	1000	—	自地面至上边缘
		挂式	600	450	自地面至下边缘
9	小便槽		200	150	自地面至台阶面
10	大便槽冲洗水箱		不低于2000	—	自台阶至水箱底
11	妇女卫盆		360	—	自地面至器具上边缘
12	化验盆		800	—	自地面至器具上边缘

3．洁具稳装后,为防止配件丢失或损坏,如拉链、堵链等材料、配件应在竣工前统一安装。

4．安装完的洁具应加以保护,防止洁具瓷面受损和整个洁具损坏。

5．通水试验前应检查地漏是否畅通,分户阀门是否关好,然后按层段分房间逐一进行通水试验,以免漏水使装修工程受损。

6．在冬期室内不通暖时,各种洁具必须将水放净。存水弯应无积水,以免将洁具和存水弯冻裂。

(七)应注意的质量问题

1．蹲便器不平,左右倾斜。原因:稳装时,正面和两侧垫砖不牢,焦渣填充后,没有检查,抹灰后不好修理,造成高水箱与便器不对中。

2．高、低水箱拉、扳把不灵活。原因:高、低水箱内部配件安装时,三个主要部件在水箱内位置不合理。高水箱进水、拉把应放在水箱同侧。以免使用时互相干扰。

3．零件镀铬表层被破坏。原因:安装时使用管钳。应采用平面扳手或自制扳手。

4．坐便器与背水箱中心没对正,弯管歪扭。原因:划线不对中,便器稳装不正或先稳背箱,后稳便器。

5. 坐便器周围离开地面。原因:下水管口预留过高,稳装前没修理。

6. 立式小便器距墙缝隙太大。原因:甩口尺寸不准确。

7. 洁具溢水失灵。原因:下水口无溢水眼。

8. 通水之前,将器具内污物清理干净,不得借通水之便将污物冲入下水管内,以免管道堵塞。

9. 严禁使用未经过滤的白灰粉代替白灰膏稳装卫生设备,避免造成卫生设备胀裂。

五、室内采暖系统

(一) 管道及配件安装

1. 工程概况(略)

2. 工程质量目标和要求(略)

3. 施工准备

(1) 材料、设备要求

1) 暖卫设备、钢材、管材、管件及附属制品等,在进场后使用前应认真检查,必须符合国家或部颁标准有关质量、技术要求,并有产品出厂合格证明。

2) 各种连接管件不得有砂眼、裂纹、偏扣、乱扣、丝扣不全和角度不准等现象。

3) 各种阀门的外观要规矩无损伤,阀体严密性好,阀杆不得弯曲,安装前应按设计要求或施工规范、规定进行严密性试验。

4) 石棉橡胶垫、油麻、线麻、水泥、电、气焊条等质量都必须符合设计及规范要求。

(2) 主要机具

1) 机具:套丝机、砂轮锯、撼弯机、砂轮机、电焊机、台钻、手电钻、电锤、电动水压泵等。

2) 工具:套丝板、圆丝板、管钳、链钳、活扳子、手锯、手锤、大锤、錾子、捻凿、麻钎、螺丝板、压力案、台虎钳、克丝钳、改锥、气焊工具等。

3) 量具:水平尺、钢卷尺、线坠、焊口检测器、卡尺、小线等。

(3) 作业条件

1) 根据施工方案安排好适当的现场工作场地、工作棚、料具库,在管道层、地下室、地沟内操作时,要接通低压照明灯。

2) 配合土建施工进度做好各项预留孔洞、管槽。稳栽各种型钢托、吊卡架及预埋套管,浇筑楼板孔洞、堵抹墙洞工作应在土建装修工程开始前完成。

3) 在各项预制加工项目进行前要根据安装测绘草图及材料计划,将需用材料、设备的规格型号、质量、数量确认合格并准备齐全,运到现场。

4. 操作工艺

(1) 工艺流程(图 3.3-12)

(2) 管道预制加工

1) 管道丝扣连接:

① 断管:根据现场测绘草图,在选好的管材上画线,按线断管。

a. 用砂轮锯断管,应将管材放在砂轮锯卡钳上,对准画线卡牢,进行断管。断管时压手柄用力要均匀,不要用力过猛,断管后要将管口断面的铁膜、毛刺清除干净。

b. 用手锯断管,应将管材固定在压力案的压力钳内,将锯条对准画线,双手推锯,锯条要保持与管的轴线垂直,推拉锯用力要均匀,锯口要锯到底,不许扭断或折断,以防管口断面变形。

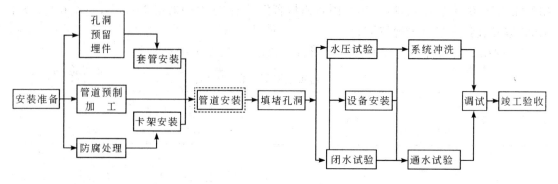

图 3.3-12 室内采暖系统工艺流程图

② 套丝:将断好的管材,按管径尺寸分次套制丝扣,一般以管径 15~32mm 者套二次,40~50mm 者套三次,70mm 以上者套 3~4 次为宜。

a. 用套丝机套丝,将管材夹在套丝机卡盘上,留出适当长度将卡盘夹紧,对准板套号码,上好板牙,按管径对好刻度的适当位置,紧住固定板机,将润滑剂管对准丝头,开机推板,待丝扣套到适当长度,轻轻松开板机。

b. 用手工套丝板套丝,先松开固定板机,把套丝板板盘退到零度,按顺序号上好板牙,把板盘对准所需刻度,拧紧固定板机,将管材放在压力案压力钳内,留出适当长度卡紧,将套丝板轻轻套入管材,使其松紧适度,而后两手推套丝板,带上 2~3 扣,再站到侧面扳转套丝板,用力要均匀,待丝扣即将套成时,轻轻松开板机,开机退板,保持丝扣应有锥度。管子螺纹长度尺寸详见表 3.3-12。

管子螺纹长度尺寸表　　　　　　　　　　　　　　　　　　表 3.3-12

项次	公称直径		普通丝头		长丝(联设备用)		短丝(联接阀类用)	
	(mm)	(英寸)	长度(mm)	螺纹数	长度(mm)	螺纹数	长度(mm)	螺纹数
1	15	1/2	14	8	50	28	12.0	6.5
2	20	3/4	16	9	55	30	13.5	7.5
3	25	1	18	8	60	26	15.0	6.5
4	32	1 1/4	20	9			17.0	7.5
5	40	1 1/2	22	10			19.0	8.0
6	50	2	24	11			21.0	9.0
7	70	2 1/2	27	12				
8	80	3	30	13				
9	100	4	33	14				

注:螺纹长度均包括螺尾在内。

③ 配装管件：根据现场测绘草图，将已套好丝扣的管材，配装管件。

a. 配装管件时应将所需管件带入管丝扣，试试松紧度（一般用手带入3扣为宜）。在丝扣处涂铅油、缠麻后带入管件，然后用管钳将管件拧紧，使丝扣外露2~3扣，去掉麻头，擦净铅油，编号放到适当位置等待调直。

b. 根据配装管件的管径的大小选用适当的管钳（表3.3-13）。

管钳适用范围表   表3.3-13

名称	规格	适用范围	
		公称直径(mm)	英制对照
管钳	12″	15~20	1/2″~3/4″
	14″	20~25	3/4″~1″
	18″	32~50	$1^{1}/4″$~2″
	24″	50~80	2″~3″
	36″	80~100	3″~4″

④ 管段调直：将已装好管件的管段，在安装前进行调直。

a. 在装好管件的管段丝扣处涂铅油，连接两段或数段，连接时不能只顾预留口方向而要照顾到管材的弯曲度，相互找正后再将预留口方向转到合适部位并保持正直。

b. 管段连接后，调直前必须按设计图纸核对其管径、预留口方向、变径部位是否正确。

c. 管段调直要放在调管架上或调管平台上，一般两人操作为宜，一人在管段端头目测，一人在弯曲处用手锤敲打，边敲打、边观测，直至调直管段无弯曲为止，并在两管段连接点处标明印记，卸下一段或数段，再接上另一段或数段直至调完为止。

d. 对于管件连接点处的弯曲过死或直径较大的管道可采用烘炉或气焊加热到600~800℃（火红色）时，放在管架上将管道不停的转动，利用管道自重使其平直，或用木板垫在加热处用锤轻击调直，调直后在冷却前要不停的转动，等温度降到适当时在加热处涂抹机油。

凡是经过加热调直的丝扣，必须标好印记，卸下来重新涂铅油缠麻，再将管段对准印记拧紧。

e. 配装好阀门的管段，调直时应先将阀门盖卸下来，将阀门处垫实再敲打，以防振裂阀体。

f. 镀锌碳素钢管不允许用加热法调直。

g. 管段调直时不允许损坏管材。

2) 管道法兰连接（图3.3-13）

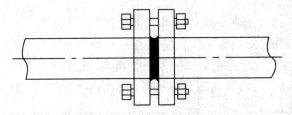

图3.3-13 管道法兰连接

① 凡管段与管段采用法兰盘连接或管道与法兰阀门连接，必须按照设计要求和工作压力选用标准法兰盘。

② 法兰盘的连接螺栓直径、长度应符合规范要求，紧固法兰盘螺栓时要对称拧紧，紧固好的螺栓外露丝扣应为2~3扣，不宜大于螺栓直径的二分之一。

③ 法兰盘连接衬垫，一般给水管（冷水）采用厚度为3mm的橡胶垫，供热、蒸汽、生活热水管道应采用厚度为3mm的石棉橡胶垫。垫片要与管径同心，不得放偏。

3）管道焊接

① 根据设计要求，工作压力在0.1MPa以上的蒸汽管道、一般管径在32mm以上的采暖管道以及高层建筑消防管道可采用电、气焊连接。

② 管道焊接时应有防风、雨、雪措施，焊区环境温度低于-20℃，焊口应预热，预热温度为100~200℃，预热长度为200~250mm。

③ 一般管道的焊接为对口形式及组对，如设计无要求，电焊应符合表3.3-14的规定，气焊应符合表3.3-15的规定。

手工电弧焊对口形式及组对要求　　　　　　　　　　表3.3-14

接头名称	对口形式	接头尺寸(mm)			
		壁厚 δ	间隙 C	钝边 P	坡口角度 α(°)
管子对接 V形坡口		5~8	1.5~2.5	1~1.5	60~70
		8~12	2~3	1~1.5	60~65

注：δ≤4mm管子对接如能保证焊透可不开坡口。

氧-乙炔焊对口形式及相对要求　　　　　　　　　　表3.3-15

接头名称	对口形式	接头尺寸(mm)			
		壁厚 δ	间隙 C	钝边 P	坡口角度 α(°)
对接不开坡口		<3	1~2	—	—
对接V形坡口		3~6	2~3	0.5~1.5	70~90

④ 焊接前要将两管轴线对中，先将两管端部点焊牢，管径在100mm以下可点焊三个点，管径在150mm以上点焊四个点为宜。

⑤ 管材壁厚在5mm以上者应对管端焊口部位铲坡口，如用气焊加工管道坡口，必须除去坡口表面的氧化皮，并将影响焊接质量的凹凸不平处打磨平整（图3.3-14）。

⑥ 管材与法兰盘焊接，应先将管材插入法兰盘内，先点焊2~3点再用角尺找正找平后方可焊接，法兰盘应两面焊接，其内侧焊缝不得凸出法兰盘密封面（图3.3-15）。

4）管道承插口连接

① 水泥捻口：一般用于室内、外铸铁排水管道的承插口连接（图3.3-16）。

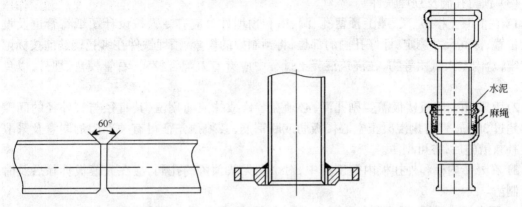

图 3.3-14　V形坡口焊接　　图 3.3-15　管子与法兰焊接　　图 3.3-16　管道承插口连接

a. 为了减少捻固定灰口，对部分管材与管件可预先捻好灰口，捻灰口前应检查管材管件有无裂纹、砂眼等缺陷，并将管材与管件进行预排，校对尺寸有无差错，承插口的灰口环形缝隙是否合格。

b. 管材与管件连接时可在临时固定架上，管与管件按图纸要求将承口朝上，插口向下的方向插好，捻灰口。

c. 捻灰口时，先用麻钎将拧紧的比承插口环形缝隙稍粗一些的青麻或扎绑绳打进承口内，一般打两圈为宜（约为承口深度的三分之一），青麻搭接处应大于30mm的长度，而后将麻打实，边打边找正、找直并将麻须捣平。

d. 将麻打好后，即可把捻口灰（水与水泥重量比1:9）分层填入承口环形缝隙内，先用薄捻凿，一手填灰，一手用捻凿捣实，然后分层用手锤、捻凿打实，直到将灰口填满，用厚薄与承口环形缝隙大小相适应的捻凿将灰口打实打平，直至捻凿打在灰口上有回弹的感觉即为合格。

e. 拌和捻口灰，应随拌和随用，拌好的灰应控制在一个半小时内用完为宜，同时要根据气候情况适当调整用水量。

f. 预制加工两节管或两个以上管件时，应将先捻好灰口的管或管件排列在上部，再捻下部灰口，以减轻其震动。捻完最后一个灰口应检查其余灰口有无松动，如有松动应及时处理。

g. 预制加工好的管段与管件应码放在平坦的场所，放平垫实，用湿麻绳缠好灰口，浇水养护，保持湿润，一般常温48h后方可移动运到现场安装。

h. 冬期严寒季节捻灰口应采取有效的防冻措施，拌灰用水可加适量盐水，捻好的灰口严禁受冻，存放环境温度应保持在5℃以上，有条件亦可采取蒸汽养护。

② 石棉水泥接口：一般室内、外铸铁给水管道敷设均采用石棉水泥捻口，即在水泥内掺适量的石棉绒拌和，其具体做法详见 a～e。

③ 铅接口：一般用于工业厂房室内铸铁给水管敷设，设计有特殊要求或室外铸铁给水管紧急抢修，管道碰头急于通水的情况可采用铅接口，具体做法详见 a～e。

④ 橡胶圈接口：一般用于室外铸铁给水管铺设、安装的管与管接口。管与管件仍需采用石棉水泥捻口，具体做法详见 a～e。

(3) 预留孔洞及预埋铁件

1) 在混凝土楼板、梁、墙上预留孔、洞、槽和预埋件时应有专人按设计图纸将管道及设备的位置、标高尺寸测定,标好孔洞的部位,将预制好的模盒、预埋铁件在绑扎钢筋前按标记固定牢,盒内塞入纸团等物,在浇筑混凝土过程中应有专人配合校对,看管模盒、埋件,以免移位。

2) 凡属预制墙板楼板需要剔孔洞,必须在装修或抹灰前剔凿,其直径与管外径的间隙不得超过 30mm,遇有剔混凝土空心楼板肋或断钢筋,必须预先征得有关部门的同意及采取相应补救措施后,方可剔凿。

3) 在外砖内模和外挂板内模工程中,对个别无法预留的孔洞,应在大模板拆除后及时进行剔凿。

4) 用电锤或手锤、錾子剔凿孔洞时,用力要适度,严禁用大锤操作。

5) 预留孔应配合土建进行,其尺寸如设计无要求时应按表 3.3－16 的规定执行。

预留孔洞尺寸(mm)　　　　　　　　　　表 3.3－16

项次	管 道 名 称	明 管 留孔尺寸 长×宽	暗 管 墙槽尺寸 宽度×深度
1	(管径小于或等于 25) 采暖或给水立管(管径 32~50) (管径 70~100)	100×100 150×150 200×200	130×130 150×130 200×200
2	一根排水立管(管径小于或等于 50) (管径 70~100)	150×150 200×200	200×130 250×200
3	二根采暖或给水立管(管径小于或等于 32)	150×100	200×130
4	一根给水立管和一(管径小于或等于 50) 根排水立管在一起(管径 70~100)	200×150 250×200	200×130 250×200
5	二根给水立管和一(管径小于或等于 50) 根排水立管在一起(管径 70~100)	200×150 350×200	250×130 380×200
6	给水支管或(管径小于或等于 25) 散热器支管(管径 32~40)	100×100 150×130	65×60 150×100
7	排水支管(管径小于或等于 80) (管径 100)	250×200 300×250	——
8	采暖或排水主干管(管径小于或等于 80) (管径 100~125)	300×250 350×300	
9	给水引入管(管径小于或等于 100)	300×200	——
10	排水排出管穿基础(管径小于或等于 80) (管径 100~150)	300×300 (管径+300)×(管径+200)	

注:1. 给水引入管,管顶上部净空一般不小于 100mm;

　　2. 排水排出管,管顶上部净空一般不小于 150mm。

(4) 套管安装

1) 钢套管：根据所穿构筑物的厚度及管径尺寸确定套管规格、长度，下料后套管内刷防锈漆一道，用于穿楼板套管应在适当部位焊好架铁。管道安装时，把预制好的套管穿好，套管上端应高地面 20mm，厨房及厕浴间套管应高出地面 50mm，下端与楼板面平。预埋上下层套管时，中心线需垂直，凡有管道煤气的房间，所有套管的缝隙均应按设计要求做填料严密处理。

2) 防水套管：根据构筑物及不同介质的管道，按照设计或施工安装图册中的要求进行预制加工，将预制加工好的套管在浇筑混凝土前按设计要求部位固定好，校对坐标、标高，平正合格后一次浇筑，待管道安装完毕后把填料塞紧捣实。

(5) 托、吊卡架安装

1) 型钢吊架安装：

① 在直段管沟内，按设计图纸和规范要求，测定好吊卡位置和标高，找好坡度，将吊架孔洞剔好，将预制好的型钢吊架放在洞内，复查好孔距沟边尺寸，用水冲净洞内砖碴灰面，再用 C20 细石混凝土或 M20 水泥砂浆填入洞内，塞紧抹平。

② 用 22 号铅丝或小线在型钢下表面吊孔中心位置拉直绷紧，把中间型钢吊架依次栽好。

③ 按设计要求的管道标高、坡度结合吊卡间距、管径大小、吊卡中心计算每根吊棍长度并进行预制加工，待安装管道时使用。

2) 型钢托架安装：

① 安装托架前，按设计标高计算出两端的管底高度，在墙上或沟壁上放出坡线，或按土建施工的水平线，上下量出需要的高度，按间距画出托架位置标记，剔凿全部墙洞。

② 用水冲净两端孔洞，将 C20 细石混凝土或 M20 水泥砂浆填入洞深的一半，再将预制好的型钢托架插入洞内，用碎石塞住，校正卡孔的距墙尺寸和托架高度，将托架栽平，用水泥砂浆将孔洞填实抹平，然后在卡孔中心位置拉线，依次把中间托架栽好，型钢托架的间距应符合表 3.3-17 的要求。

钢管管道支架的最大间距　　　　表 3.3-17

公称直径(mm)		15	20	25	32	40	50	70	80	100	125	150	200	250	300
支架的最大间距(m)	保温管	1.5	2	2	2.5	3	3	4	4	4.5	5	6	7	8	8.5
	不保温管	2.5	3	3.5	4	4.5	5	6	6	6.5	7	8	9.5	11	12

③ U 形活动卡架一头套丝，在型钢托架上下各安一个螺母；而 U 形固定卡架两头套丝，各安一个螺母，靠紧型钢在管道上焊两块止动钢板。

(6) 双立管卡安装

1) 在双立管位置中心的墙上画好卡位印记，其高度是：层高 3m 及以下者为 1.4m，层高 3m 以上者为 1.8m，层高 4.5m 以上者平分三段载两个管卡。

2) 按印记剔直径 60mm 左右、深度不少于 80mm 的洞用水冲净洞内杂物，将 M50 水泥砂浆填入洞深的一半，将预制好 $\phi 10 \times 170mm$ 带燕尾的单头丝棍插入洞内，用碎石卡牢找正，上好管卡后再用水泥砂浆填塞抹平。

(7) 立支单管卡安装

先将位置找好,在墙上画好印记,剔直径 60mm 左右、深度 100~120mm 的洞,卡子距地高度和安装工艺与双立管卡相同。

(8) 填堵孔洞

1) 管道安装完毕后,必须及时用不低于结构强度等级的混凝土或水泥砂浆把孔洞堵严、抹平,为了不致因堵洞而将管道移位,造成立管不垂直,应派专人配合土建堵孔洞。

2) 堵楼板孔洞宜用定型模具或用木板支搭牢固后,往洞内浇点水再用 C20 以上的细石混凝土或 M50 水泥砂浆填平捣实,不许向洞内填塞砖头、杂物。

(9) 管道试压

1) 管道试压一般分单项试压和系统试压两种。单项试压是在干管敷设完后或隐蔽部位的管道安装完毕按设计和规范要求进行水压试验。

系统试压是在全部干、立、支管安装完毕,按设计或规范要求进行水压试验。

2) 连接试压泵一般设在首层,或室外管道入口处。

3) 试压前应将预留口堵严,关闭入口总阀门和所有泄水阀门及低处放风阀门,打开各分路及主管阀门和系统最高处的放风阀门。

4) 打开水源阀门,往系统内充水,满水后放净冷风并将阀门关闭。

5) 检查全部系统,如有漏水处应做好标记,并进行修理,修好后再充满水进行加压,而后复查,如管道不渗、漏,并持续到规定时间,压力降在允许范围内,应通知有关单位验收并办理验收记录。

6) 拆除试压水泵和水源,把管道系统内水泄净。

7) 冬期施工期间竣工而又不能及时供暖的工程进行系统试压时,必须采取可靠措施把水泄净,以防冻坏管道和设备。

(10) 闭水试验

1) 室内排水管道的埋地铺设及吊顶,管井内隐蔽工程在封顶、回填土前都应进行闭水试验,内排水雨水管道安装完毕亦要进行闭水试验。

2) 闭水试验前应将各预留口采取措施堵严,在系统最高点留出灌水口。

3) 由灌水口将水灌满后,按设计或规范要求的规定时间对管道系统的管材、管件及捻口进行检查,如有渗漏现象应及时修理,修好后再进行一次灌水试验,直到无渗漏现象后,请有关单位验收并办理验收记录。

4) 楼层吊顶内管道的闭水试验应在下一层立管检查口处用橡皮气胆堵严,由本层预留口处灌水试验。

(11) 管道系统冲洗

1) 管道系统的冲洗应在管道试压合格后,调试、运行前进行。

2) 管道冲洗进水口及排水口应选择适当位置,并能保证将管道系统内的杂物冲洗干净为宜。排水管截面积不应小于被冲洗管道截面 60%,排水管应接至排水井或排水沟内。

3) 冲洗时,以系统内可能达到的最大压力和流量进行,直到出口处的水色和透明度与入口处目测一致为合格。

5. 质量标准

(1) 保证项目

1)各种管道安装完毕所进行的水压试验、闭水试验和系统冲洗必须符合设计和施工规范要求。

检验方法:检查系统或分区(段)试验记录。

2)各种管道隐蔽工程必须分部位在隐蔽前进行验收,各项指标必须符合设计要求和施工规范规定。

检验方法:检查系统各隐蔽部位的验收记录。

3)管道固定支架的位置和构造必须符合设计要求和规范规定。

检验方法:观察和对照设计图纸检查。

4)管道的坡度必须符合设计要求和施工规范规定。

检验方法:按系统内直接管段长度每30m抽查二段,不足30m不少于一段。

5)管道的对口焊缝处及弯曲部位严禁焊接支管,接口焊缝距起弯点支、吊架边缘必须大于50mm。

检验方法:观察和尺量检查。

(2)基本项目

1)管螺纹加工精度符合国际《管螺纹》规定,螺纹清洁、规整,无断丝,连接牢固,管螺纹根部有外露丝扣,无外露麻头,防腐良好,镀锌碳素钢管和管件的镀锌层无破损、无焊接口等缺陷。

检验方法:观察或解体检查。

2)碳素钢管道的法兰连接应对接平行、紧密,与管道中心线垂直,螺母在同侧,螺杆露出螺母长度一致,且不大于螺杆直径的二分之一,法兰衬垫材质符合设计要求或施工规范规定,且无双层垫。

3)非镀锌碳素钢管的焊接应做到:焊口平直度、焊缝加强面符合施工规范规定。焊口表面无烧穿、裂纹、结瘤、夹渣和气孔等缺陷,焊波均匀一致。

检验方法:观察或用焊接检测尺检查。

4)金属管道的承插和套箍接口应做到接口结构和所用填料符合设计要求和施工规范规定,灰口密实、饱满,环缝间隙均匀,灰口平整、光滑,养护良好,胶圈接口回弹间隙符合施工规范规定。

检验方法:观察和尺量检查。

5)管道支(吊、托卡)架的剐做构造正确,埋设平整、牢固,排列整齐。采用压制弯头要求与管道同径。

检验方法:观察或手扳检查。

(3)允许偏差

有关允许偏差项目参照各章具体内容。

6.成品保护

(1)预制加工好的管段,应加临时管箍或用水泥袋纸将管口包好,以防丝头生锈腐蚀。

(2)预制加工好的干、立、支管,要分项按编号排放整齐,用木方垫好,不许大管压小管码放,并应防止脚踏、物砸。

(3)经除锈、刷油防腐处理后的管材、管件、型钢、托吊、卡架等金属制品宜放在有防雨、雪措施、运输畅通的专用场地,其周围不应堆放杂物。

7. 应注意的质量问题

(1) 管道断口有飞刺、铁膜。用砂轮锯断管后应铣口。

(2) 锯口不平、不正,出现马蹄型,锯管时站的角度不合适或锯条未上紧。

(3) 丝头缺扣、乱扣,不能只套一板,套丝时应加润滑剂。

(4) 管段表面有飞刺和环形沟。主要是管钳失灵,压力失修,压不住管材,致使管材转动滑出模沟,应及时修理工具或更换。

(5) 管段局部凹陷。是由于调直时手锤用力过猛或锤头击管部位太集中,因此调直时发现管段弯曲过死或管径过大,则应热调直。

(6) 托、吊、卡架不牢固。由于剔洞深度不够,卡子燕尾被切断,埋设卡架洞内杂物未清理净,又不浇水致使固定不牢。

(7) 焊接管道错口,焊缝不匀,主要是在焊接管道时未将管口轴线对准,厚壁管道未认真开出坡口。

(8) 捻口环形缝隙大小不均、灰口不饱满。捻灰口时应将承插口环形缝隙找均匀,灰口内灰应填满。

(9) 排水管段及管件联接处有弯曲现象,打麻时应认真将管与管件找正、找直。

(二) 辅助设备及散热器安装

1. 工程概况(略)

2. 工程质量目标和要求(略)

3. 施工准备

(1) 材料要求

1) 散热器(铸铁、钢制):散热器的型号,规格,使用压力必须符合设计要求,并有出厂合格证;散热器不得有砂眼、对口面凹凸不平,偏口、裂缝及上下口中心距不一致等现象。翼型散热器翼片完好。钢串片的翼片不得松动、卷曲、碰损。钢制散热器应造型美观,丝扣端正,松紧适宜,油漆完好,整组炉片不翘楞。

2) 散热器的组对零件:对丝、炉堵、炉补心、丝扣圆翼法兰盘、弯头、弓形弯管、短丝、三通、弯头、油任、螺栓螺母应符合质量要求,无偏扣、方扣、乱丝、断扣。丝扣端正,松紧适宜。石棉橡胶垫以1mm厚为宜(不超过1.5mm厚),并符合使用压力要求。

3) 其他材料:圆钢、拉条垫、托钩、固定卡、膨胀螺栓、钢管、冷风门、机油、铅油、麻线、防锈漆及水泥的选用应符合质量和规范要求。

(2) 主要机具

1) 机具:台钻、手电钻、冲击钻、电动试压泵、砂轮锯、套丝机。

2) 工具:铸铁散热器组对架子、对丝钥匙、压力案子、管钳、铁刷子、锯条、手锤、活扳子、套丝板、自制扳子、錾子、钢锯、丝锥、喷灯器、手动试压泵、气焊工具、散热器运输车等。

3) 量具:水平尺、钢尺、线坠、压力表。

(3) 作业条件

1) 组对场地有水源、电源。

2) 铸铁散热片、托钩和卡子均已除锈干净,并刷好一道防锈漆。

3) 室内墙面和地面抹完。

4) 室内采暖干管、立管安装完毕,接往各散热器的支管预留管口的位置正确,标高符合要求。

5) 散热器安装地点不得堆放施工材料或其他障碍物品。

4．操作工艺

(1) 工艺流程：

编制组片统计表 → 散热器组对 → 外拉条预制、安装 → 散热器单组水压试验 → 散热器安装 → 散热器冷风门安装 → 支管安装 → 系统试压 → 刷漆

(2) 按施工图分段分层分规格统计出散热器的组数、每组片数，列成表以便组对和安装时使用。

(3) 各种型号的铸铁柱型散热器组对：

1) 组对前要备有散热器组对架子或根据散热器规格用 100mm×100mm 木方平放在地上，楔四个铁桩用铅丝将木方绑牢加固，做成临时组对架。

2) 组对密封垫采用石棉橡胶垫片，其厚度不超过 1.5mm，用机油随用随浸。

3) 将散热器内部污物倒净，用钢刷子除净对口及内丝处的铁锈，正扣朝上，依次码放。

4) 按统计表的数量规格进行组对，组对散热器片前，做好丝扣的选试。

5) 组对时应两人一组摆好第一片，拧上对丝一扣，套上石棉橡胶垫，将第二片反扣对准对丝，找正后两人各用一手扶住炉片，另一手将对丝钥匙插入对丝内径，先向回徐徐倒退，然后再顺转，使两端入扣，同时缓缓均衡拧紧，照此逐片组对至所需的片数为止。

6) 将组成的散热器慢慢立起，用人工或车运至集中地点。

(4) 外拉条预制、安装：

1) 根据散热器的片数和长度，计算出外拉条长度尺寸，切断 $\phi 8 \sim \phi 10$ 的圆钢并进行调直，两端收头套好丝扣，将螺母上好，除锈后刷防锈漆一遍。

2) 20 片及以上的散热器加外拉条，在每根外拉条端头套好一个骑码，从散热器上下两端外柱内穿入四根拉条，每根再套上一个骑码带上螺母；找直后用扳子均匀拧紧，丝扣外露不得超过一个螺母厚度。

(5) 散热器水压试验。

1) 将散热器抬到试压台上，用管钳子上好临时炉堵和临时补心，上好放气嘴，联接试压泵；各种成组散热器可直接联接试压泵。

2) 试压时打开进水截门，往散热器内充水，同时打开放气嘴，排净空气，待水满后关闭放气嘴。

3) 加压到规定的压力值时，关闭进水截门，持续 5min，观察每个接口是否有渗漏，不渗漏为合格。

4) 如有渗漏用铅笔做出记号，将水放尽，卸下炉堵或炉补心，用长杆钥匙从散热器外部比试，量到漏水接口的长度，在钥匙杆上做标记，将钥匙从散热器对丝孔中伸入至标记处，按丝扣旋紧的方向拧动钥匙，使接口继续上紧或卸下换垫，如有坏片需换片。钢制散热器如有砂眼渗漏可补焊，返修好后再进行水压试验，直到合格。不能用的坏片要作明显标记（或用手锤将坏片砸一个明显的孔洞单独存放），防止再次混入好片中误组对。

5) 打开泄水阀门，拆掉临时丝堵和临时补心，泄净水后将散热器运到集中地点，补焊处要补刷二道防锈漆。

(6) 散热器安装：

1) 按设计图要求,利用所作的统计表将不同型号、规格和组对好,并将试压完毕的散热器运到各房间,根据安装位置及高度在墙上画出安装中心线。

2) 托钩和固定卡安装：

① 柱形代腿散热器固定卡安装。从地面到散热器总高的 3/4 画水平线,与散热器中心线交点画印记,此为 15 片以下的双数片散热器的固定卡位置。单数片向一侧错过半片。16 片以上者应栽两个固定卡,高度仍在散热器 3/4 高度的水平线上,从散热器两端各进去 4~6 片的地方栽入。各种柱形散热器外形尺寸(图 3.3-17)。

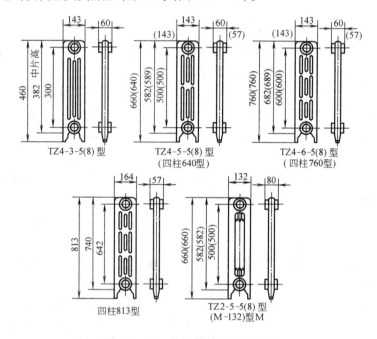

图 3.3-17　柱形散热器外形尺寸

② 挂装柱形散热器：托钩高度应按设计要求并从散热器的距地高度上返 45mm 画水平线。托钩水平位置采用画线尺来确定,画线尺横担上刻有散热片的刻度。画线时应根据片数及托钩数量分布的相应位置,画出托钩安装位置的中心线,挂装散热器的固定卡高度从托钩中心上返散热器总高的 3/4 画水平线,其位置与安装数量同带腿片安装。挂装柱形散热器外形尺寸见图 3.3-18(括号内尺寸)。

③ 用錾子或冲击钻等在墙上按画出的位置打孔洞。固定卡孔洞的深度不少于 80mm,托钩孔洞的深度不少于 120mm,现浇混凝土墙的深度为 100mm(使用膨胀螺栓应按膨胀螺栓的要求深度)。

④ 用水冲净洞内杂物,填入 M20 水泥砂浆到洞深的一半时,将固卡、托钩插入洞内,塞紧,用画线尺或 φ70mm 管放在托钩上,用水平尺找平找正,填满砂浆抹平。

⑤ 柱形散热器的固定卡及托钩按图 3.3-19 加工。托钩及固定卡的数量和位置按图 3.3-20 安装(方格代表炉片)。

⑥ 柱形散热器卡子托钩安装见图 3.3-21。

⑦ 用上述同样的方法将各组散热器全部卡子托钩栽好；成排托钩卡子需将两端钩、卡

栽好,定点拉线,然后再将中间钩、卡按线依次栽好。

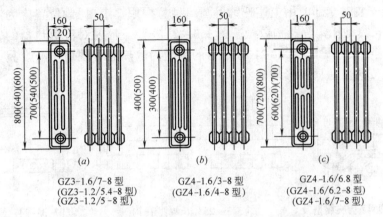

图 3.3-18 挂装柱形散热器
(a)钢制三柱形散热器(带横水道);(b)钢制四柱形散热器(无横水道);
(c)钢制四柱形散热器(带横水道)

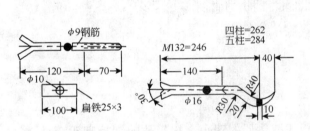

图 3.3-19 柱形散热器的固定卡及托钩

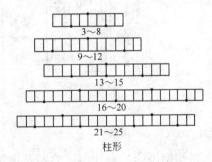

图 3.3-20 托钩及固定卡的数量和位置

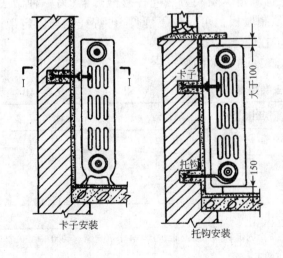

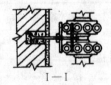

说明:1. M132型及柱形上部为卡子,下部为托钩。
2. 散热器离墙净距25~40mm。

图 3.3-21 柱形散热器卡子托钩安装

⑧ 圆翼型、长翼型及辐射对流散热器(FDS-Ⅰ型~Ⅲ型)托钩都按图3.3-22加工,翼型铸铁散热器安装时全部使用上述托钩。圆翼型每根用2个;托钩位置应为法兰外口往里返50mm处。长翼型托钩位置和数量按图3.3-23安装。辐射对流散热器的安装方法同柱形散热器,固定卡尺寸见图3.3-24,固定卡的高度为散热器上缺口中心。翼型散热器尺寸见图3.3-25,安装方法同柱形散热器。

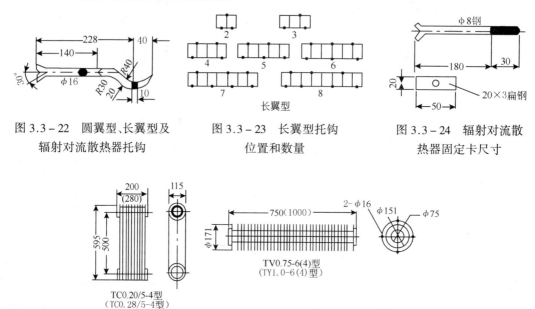

图3.3-22 圆翼型、长翼型及辐射对流散热器托钩

图3.3-23 长翼型托钩位置和数量

图3.3-24 辐射对流散热器固定卡尺寸

图3.3-25 翼型散热器尺寸

每组钢制闭式串片型散热器及钢制板式散热器的四角上焊带孔的钢板支架,而后将散热器固定在墙上的固定支架上。固定支架按图3.3-19加工。固定支架的位置按设计高度和各种钢制串片及板式散热器的具体尺寸分别确定。安装方法同柱形散热器(另一种做法是按厂家带来的托钩进行安装)。在混凝土预制墙板上可以先下埋件,再焊托钩与固定架;在轻质板墙上,钩卡应用穿通螺栓加垫圈固定在墙上。

⑨ 各种散热器的支托架安装数量应符合表3.3-18的要求。

支托架安装数量表 表3.3-18

散热器类型	每组片数	固定卡(个)	下托钩(个)	合计(个)
各种铸铁及钢制柱形炉片铸铁辐射对流散热器,M132型	3~12	1	2	3
	13~15	1	3	4
	16~20	2	3	5
	21片及以上	2	4	6
铸铁圆翼型	每根散热器均按2个托钩计			
各种钢制闭式散热器	高在300及以下规格焊工3个固定架,300能上能下上焊4个固定架,≤300每组3个固定螺栓,>300每组4个固定螺栓			
各种板式散热器	每组装四个固定螺栓(或装四个厂家生产的托钩)			

注:钢制闭式散热器也可以按厂家每组配套的托架安装。

3) 散热器安装:

① 将柱形散热器(包括铸铁和钢制)和辐射对流散热器的炉堵和炉补心抹油,加石棉橡胶垫后拧紧。

② 带腿散热器稳装。炉补心正扣一侧朝着立管方向,将固定卡里边螺母上至距离符合要求的位置,套上两块夹板,固定在里柱上,带上外螺母,把散热器推到固定的位置,再把固定卡的两块夹板横过来放平正,用自制管扳子拧紧螺母到一定程度后,将散热器找直、找正,垫牢后上紧螺母。

③ 将挂装柱形散热器和辐射对流散热器轻轻抬起放在托钩上立直,将固定卡摆正拧紧。

④ 圆翼型散热器安装。将组装好的散热器抬起,轻放在托钩上找直找正。多排串联时,先将法兰临时上好,然后量出尺寸,配管连接。

⑤ 钢制闭式串片式和钢制板式散热器抬起挂在固定支架上,带上垫圈和螺母,紧到一定程度后找平找正,再拧紧到位。

(7) 散热器冷风门安装

1) 按设计要求,将需要打冷风门眼的炉堵放在台钻上打 $\phi 8.4$ 的孔,在台虎钳上用 1/8″丝锥攻丝。

2) 将炉堵抹好铅油,加好石棉橡胶垫,在散热器上用管钳子上紧。在冷风门丝扣上抹铅油,缠少许麻丝,拧在炉堵上,用扳子上到松紧适度,放风孔向外斜45°(宜在综合试压前安装)。

3) 钢制串片式散热器、扁管板式散热器按设计要求统计需打冷风门的散热器数量,在加工定货时提出要求,由厂家负责做好。

4) 钢板板式散热器的放风门采用专用放风门水口堵头,定货时提出要求。

5) 圆翼型散热器放风门安装,按设计要求在法兰上打冷风门眼,做法同炉堵上装冷风门。

5. 质量标准

(1) 保证项目

散热器的型号、规格、质量及安装前的水压试验必须符合设计要求和施工规范的规定(如单组水压试验设计无要求时,一般应按生产厂家的试验压力进行试验,5min 不渗不漏为合格)。

检验方法:检查试验记录。

(2) 基本项目

1) 铸铁翼型散热器安装后的翼片完好程度应符合以下规定:

长翼型,顶部掉翼不超过 1 个,长度不大于 50mm,侧面不超过 2 个,累计长度不大于 200mm;圆翼型,每根掉翼数不超过 2 个,累计长度不大于一个翼片周长的 1/2,掉翼面应向下或朝墙安装,表面洁净,尽量达到外露面无掉翼。

检验方法:观察和尺量检查。

2) 钢串片散热器肋片完好应符合以下规定:

松动肋片不超过肋片总数的 2%,肋片整齐无翘曲。

检验方法:手扳和观察检查。

3) 散热设备支、托架的安装应符合以下规定：

数量和构造符合设计要求和施工规范规定，位置正确、埋设平正牢固，支托架排列整齐，与散热器接触紧密。

检验方法：观察和手扳检查。

4) 散热器支托架涂漆应符合以下规定：

油漆种类和涂刷遍数符合设计要求，附着良好、无脱皮、起泡和漏涂，漆膜厚度均匀，色泽一般、无流淌及污染现象。

检验方法：观察检查。

(3) 允许偏差项目

散热器安装位置按设计要求确定，设计无要求时自定安装位置应一致；挂装散热器距地高度按设计确定，设计无要求时，一般不低于150mm，但明装散热器上表面不得高于窗台标高。散热器安装坐标、标高等允许偏差和检验方法见表3.3－19。

散热器安装的允许偏差和检验方法　　　　表3.3－19

项　目				允许偏差	检验方法
散热器	坐标		内表面与墙面距离(mm)	6	用水准仪(水平尺)、直尺、拉线和尺量检查
			与窗口中心线(mm)	20	
	标高		底部距地面(mm)	±15	
			中心线垂直度(mm)	3	用吊线和尺量检查
			侧面倾斜度(mm)	3	
	全长内的弯曲	灰铸铁	长翼型(60)(38)	2～4片(mm) 4	用水准仪(水平尺)、直尺、拉线和尺量检查
				5～7片(mm) 6	
			圆翼型	2m以内(mm) 3	
				3～4m(mm) 4	
			M132 柱形对流辐射散热器	3～14片(mm) 4	
				15～24片(mm) 6	
		钢制	串片型	2节以内(mm) 3	
				3～4节(mm) 4	
			板型	$L<1m$(mm) 4	
				$L>1m$(mm) 6	
			扁管型	$L<1m$(mm) 3	
				$L>1m$(mm) 5	
			柱型	3～12片(mm) 4	
				13～20片(mm) 6	

6. 成品保护

(1) 散热器组对、试压安装过程中要立向抬运，码放整齐。在土地上操作放置时下面要垫木板，以免歪倒或触地生锈，未刷油前应防雨、防锈。

(2) 散热器往楼里搬运时，应注意不要将木门口、墙角地面磕碰坏。应保护好柱形炉片的炉腿,避免碰断。翼型炉片防止翼片损坏。

(3) 剔散热器托钩墙洞时,应注意不要将外墙砖顶出墙外。在轻质墙上栽托钩及固定卡时应用电钻打洞,防止将板墙剔裂。

(4) 钢制串片散热器在运输和焊接过程中防止将叶片碰倒,安装后不得随意登踩,应将卷曲的叶片整修平整。

(5) 喷浆前应采取措施保护已安装好的散热器,防止污染,保证清洁。叶片间的杂物应清理干净,并防止掉入杂物。

7. 应注意的质量问题

(1) 散热器安装位置不一致,没按图纸施工或测量炉钩炉卡尺寸不准确造成。

(2) 散热器对口的石棉橡胶垫过厚,衬垫外径突出对口表面。使用衬垫厚度超过1.5mm 或使用双垫,衬垫外径过大,应使用合格的衬垫;圆翼法兰衬垫厚度不得超过3mm。

(3) 散热器安装不稳固。这是由于托钩弧度与散热器不符或接触不严密,托钩、炉卡不牢,柱形散热器腿着地不实造成,应采取措施补救。

(4) 炉钩炉卡不牢不正。栽入孔洞太浅,洞内清洗不干净,水泥强度等级太低或砂浆没填实而造成不牢;栽入时没有找正或位置不准确造成炉钩、炉卡不正。

(5) 炉堵、炉补心上扣过少。由于丝扣过紧造成,安装前应做好丝扣的选试。

(6) 落地安装的柱形散热器腿片数量不对,位置不均。要求14片及以下的安装两个腿片,15~24片的应安装3个腿片,25片及以上的安装4个腿片,腿片分布均匀。

(7) 挂式散热器距地高度按设计要求确定,设计无要求时,一般不低于150mm,但明装散热器上表面不得高于窗台标高。

(8) 圆翼型散热器掉翼面安装时应向下或朝墙安装,以免影响美观;组对时中心及偏心法兰不要用错,保证水或凝结水能顺利流出散热器。

(9) 要与土建施工配合,保证立管预留口和地面标高的准确性,以避免造成散热器安装困难,避免出现锯、卧、垫炉腿现象。

六、室外给水管网

(一) 工程概况(略)

(二) 工程质量目标和要求(略)

(三) 施工准备

1. 材料设备要求

(1) 给水铸铁管及管件规格品种应符合设计要求,管壁薄厚均匀,内外光滑整洁,不得有砂眼、裂纹、飞刺和疙瘩。承插口的内外径及管件应造型规矩,并有出厂合格证。

(2) 镀锌碳素钢管及管件管壁内外镀锌均匀,无锈蚀。内壁无飞刺,管件无偏扣、乱扣、方扣、丝扣不全、角度不准等现象。

(3) 阀门无裂纹,开关灵活严密,铸造规矩,手轮无损坏,并有出厂合格证。

(4) 地下消火栓,地下闸阀、水表品种、规格应符合设计要求,并有出厂合格证。

(5) 捻口水泥一般采用不小于强度等级为42.5的硅酸盐水泥和膨胀水泥(采用石膏矾土膨胀水泥或硅酸盐膨胀水泥)。水泥必须有出厂合格证。

(6) 其他材料:石棉绒、油麻绳、青铅、铅油、麻线、机油、螺栓、螺母、防锈漆等。

2．主要机具

(1) 机具：套丝机、砂轮锯、试压泵等。

(2) 工具：手锤、捻凿、钢锯、套丝扳、剁斧、大锤、电气焊工具、捯链、压力案、管钳、大绳、铁锹、铁镐等。

(3) 其他：水平尺、钢卷尺等。

3．作业条件

(1) 管沟平直，管沟深度、宽度符合要求，阀门井、表井垫层，消火栓底座施工完毕。

(2) 管沟沟底夯实，沟内无障碍物，且应有防塌方措施。

(3) 管沟两侧不得堆放施工材料和其他物品。

(四) 操作工艺

1．工艺流程：

安装准备 → 清扫管膛 → 管材、管件、阀门、消火栓等就位 → 管道连接 → 灰口养护 → 水压试验 → 管道冲洗

2．根据施工图检查管沟坐标、深度、平直程度、沟底管基密实度是否符合要求。

3．管道承口内部及插口外部飞刺、铸砂等应预先铲掉，沥青漆用喷灯或气焊烤掉，再用钢丝刷除去污物。

4．把阀门、管件稳放在规定位置，作为基准点。把铸铁管运到管沟沿线沟边，承口朝向来水方向。

5．根据铸铁管长度，确定管段工作坑位置，铺管前把工作坑挖好。工作坑尺寸见表3.3-20。

工作坑尺寸表　　　　表3.3-20

管径 (mm)	工作坑尺寸			
	宽度(m)	长度(m)		深度(m)
		承口前	承口后	
75~250	管径+0.6	0.6	0.2	0.3
250以上	管径+1.2	1.0	0.3	0.4

6．用大绳把清扫后的铸铁管顺到沟底，清理承插口，然后对插安装管路，将承插接口顺直定位。

7．安装管件、阀门等应位置准确，阀杆要垂直向上。

8．室外地下消火栓底座下设有预制好的混凝土垫块或现浇混凝土垫层，下面的土层要求夯实(图3.3-26)。

9．铸铁管稳好后，在靠近管道两端处填土覆盖，两侧夯实，并应随即用稍粗于接口间隙的干净麻绳将接口塞严，以防泥土及杂物进入。

10．石棉水泥接口：

(1) 接口前应先在承插口内打上油麻，打油麻的工序如下：

1) 打麻时将油麻拧成麻花状，其粗度比管口间隙大1.5倍，麻股由接口下方逐渐向上

方,边塞边用捻凿依次打入间隙,捻凿被弹回表明麻已被打结实,打实的麻深度应是承口深度的 1/3。

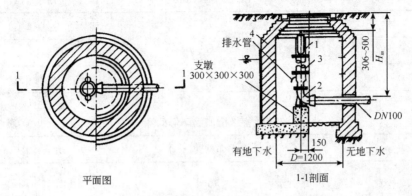

图 3.3-26 室外地下消火栓底座
1—消火栓;2—弯头底座;3—法兰接管;4—圆形阀门井

2) 承插铸铁管填料深度见表 3.3-21。

承插铸铁管填料深度　　　　　　表 3.3-21

管径 (mm)	接口间隙 (mm)	承口总深 (mm)	接口填料深度(mm)	
			石棉水泥接口	铅口
			麻灰	麻铅
75	10	90	3357	4050
100~125	10	95	3362	4550
150~200	10	100	3367	5050
250~300	11	105	3570	5550

(2) 石棉水泥捻口可用不小于强度等级为 42.5 的硅酸盐水泥,3~4 级石棉,重量比为水:石棉:水泥 = 1:3:7。加水重量和气温有关,夏季炎热时要适当增加。

(3) 捻口操作:将拌好的灰由下方至上方塞入已打好油麻的承口内,塞满后用捻凿和手锤将填料捣实,按此方法逐层进行,打实为止。当灰口凹入承口 2~3mm,深浅一致,同时感到有弹性,灰表面呈光亮时可认为已打好。

(4) 接口捻完后,对接口要进行不少于 48h 的养护。

11. 胶圈接口:

(1) 外观检查胶圈粗细均匀,无气泡,无重皮。

(2) 根据承口深度,在插口管端划出符合承插口的对口间隙不小于 3mm,最大间隙不大于表 3.3-22 规定的印记。将胶圈塞入承口胶圈槽内,胶圈内侧及插口抹上肥皂水,将管子找平找正,用捯链等工具将铸铁管徐徐插入承口内至印记处即可。承插接口的环形间隙详见表 3.3-23。

铸铁管承插口的对口最大间隙　　　　表3.3-22

管径(mm)	沿直线铺设(mm)	沿曲线铺设(mm)
75	4	5
100~200	5	7~13
300~500	6	14~22

铸铁管承插口的环形间隙　　　　表3.3-23

管径(mm)	标准环形间隙(mm)	允许偏差(mm)
75~200	10	+3 -2
250~450	11	+4 -2
500	12	

(3) 管材与管件连接处采用石棉水泥接口。

12. 镀锌碳素钢管铺设：

镀锌碳素钢管埋地铺设要根据设计要求与土质情况做好防腐处理。

13. 单元水表安装：

单元水表安装于表井底中心(图3.3-27)。

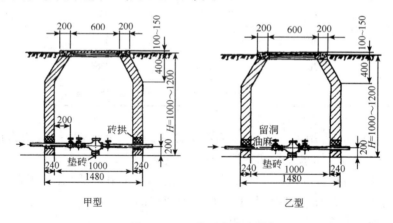

图3.3-27　单元水表安装

14. 洒水栓安装见图3.3-28。

15. 水压试验：

对已安装好的管道应进行水压试验，试验压力值按设计要求及施工规范规定确定。

16. 管道冲洗：

管道安装完毕，验收前应进行冲洗，使水质达到规定洁净要求，并请有关单位验收，作好管道冲洗验收记录。

(五) 质量标准

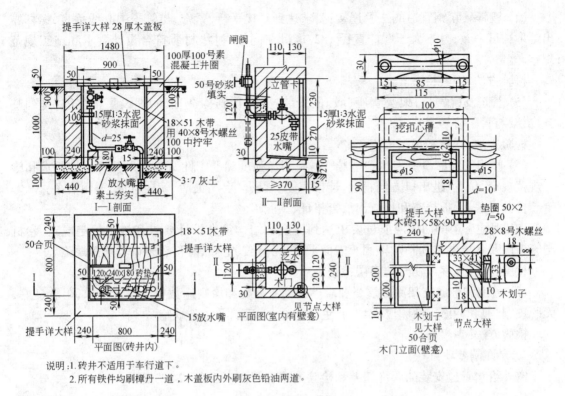

图 3.3-28 洒水栓安装

1. 保证项目

(1) 埋地管沟敷设管道和架空管网的水压试验结果,必须符合设计要求和施工规范规定。

检验方法:检查管网或分段试验记录。

(2) 管道及管道支座(墩),严禁铺设在冻土和未经处理的松土上。

检验方法:观察检查或检查隐蔽工程记录。

(3) 给水管网竣工验收前,必须对系统进行冲洗。

检验方法:检查冲洗记录。

2. 基本项目

(1) 管道的坡度应符合设计要求。

检验方法:用水准仪(水平尺)、拉线和尺量检查或检查测量记录。

(2) 金属管道的承插和套箍接口的结构及所有填料应符合设计要求和施工规范规定。灰口密实、饱满、平整、光滑、环缝间隙均匀,灰口养护良好,填料凹入承口边缘不大于2mm,胶圈接口平直、无扭曲,对口间隙准确,胶圈接口回弹间隙符合设计要求。

检验方法:观察和尺量检查。

(3) 镀锌碳素钢管道的螺纹连接质量要求:螺纹达到管螺纹加工精度,符合国际《管螺纹》规定,螺纹清洁、规整,无断丝,连接牢固,镀锌碳素钢管及管件的镀锌层无破损,螺纹露出部分防腐蚀良好,接口处无外露油麻等缺陷。镀锌碳素钢管无焊接口。

检验方法:观察或解体检查。

(4) 镀锌碳素钢管道的法兰连接:要求达到对接平行、紧密,与管子中心线垂直,螺杆露出螺母长度一致,且不大于螺杆直径 1/2,螺母在同侧,衬垫材质符合设计要求和施工规范规定。

检验方法:观察检查。

(5) 管道支(吊、托)架及管座(墩)的安装:要求达到构造正确,埋设平正牢固,排列整齐,支架与管子接触紧密。

检验方法:观察和尺量检查。

(6) 阀门安装质量要求达到型号、规格、耐压强度和严密性试验结果符合设计要求和施工规范规定,位置、进出口方向正确,连接牢固、紧密。启闭灵活、朝向合理、表面洁净。

检验方法:手扳检查和检查出厂合格证、试验单。

(7) 埋地管道的防腐层质量要求达到材质和结构符合设计要求和施工规定规定,卷材与管道以及各层卷材间粘贴牢固。表面平整,无褶皱、空鼓、滑移和封口不严等缺陷。

检验方法:观察或切开防腐层检查。

(8) 管道和金属支架涂漆质量要求达到油漆种类和涂刷遍数符合设计要求,附着良好,无脱皮、起泡和漏涂。漆膜厚度均匀,色泽一致,无流淌及污染缺陷。

检验方法:观察检查。

3. 允许偏差项目

室外给水管道安装的允许偏差和检验方法应符合表 3.3-24 的要求。

室外给水管道安装的允许偏差和检验方法　　　　表 3.3-24

项次	项　　目			允许偏差(mm)	检验方法
1	坐　标	铸铁管	埋地	50	用水平尺、直尺、拉线和尺量检查
			敷设在沟槽内	20	
		碳素钢管	埋地	40	
			敷设在沟槽内及架空	15	
2	标　高	铸铁管	埋地	±30	
			敷设在沟槽内	±20	
		碳素钢管	埋地	±15	
			敷设在沟槽内	±10	
3	水平管理纵、横方向弯曲	铸铁管	每 1m	1.5	
			全长(25m 以上)	不大于 40	
		碳素钢管	每 1m 全长(25m 以上) 管径小于或等于 100mm	0.5	
			管径大于 100mm	1	
			管径小于或等于 100mm	不大于 13	
			管径大于 100mm	不大于 25	

(六)成品保护

1. 给水铸铁管道、管件、阀门及消火栓运、放要避免碰撞损伤。
2. 消火栓井及表井要及时砌好,以保证管件安装后不受损坏。

3. 埋地管要避免受外荷载破坏而产生变形，试水完毕后要及时泄水，防止受冻。

4. 管道穿铁路、公路基础要加套管。

5. 地下管道回填土时，为防止管道中心线位移或损坏管道，应用人工先在管子周围填土夯实，并应在管道两边同时进行，直至管顶0.5m以上时，在不损坏管道的情况下，方可采用蛙式打夯机夯实。

6. 在管道安装过程中，管道未捻口前应对接口处做临时封堵，以免污物进入管道。

（七）应注意的质量问题

1. 埋地管道断裂。原因是管基处理不好，或填土夯实方法不当。

2. 阀门井深度不够，地下消火栓的顶部出水口距井盖底部距离小于400mm。原因是埋地管道坐标及标高不准。

3. 管道冲洗数遍，水质仍达不到设计要求和施工规范规定。原因是管膛清扫不净。

4. 水泥接口渗漏。原因是水泥强度等级不够或过期，接口未养护好，捻口操作不认真，未捻实。

七、室外排水管网

1. 无地沟管道敷设

施工程序是测量、打桩、放线、挖土、地沟垫层处理、下管前管道装配、防腐、下管、连接、试压、复土等。

（1）管沟测量放线

根据设计图纸的规定，用经纬仪引出在管道改变方向的几个坐标桩，再用水平仪在管道变坡点栽上水平桩。在坐标桩和水平桩处设龙门板如图3.3-29所示，龙门板要求水平。根据管沟的中心与宽度，在龙门板上钉三个钉子，标出管沟中心与沟边的位置，便于拉线。在板上标出挖沟的深度，便于挖沟时复查，根据这些点，用线绳分别系于龙门板的钉子上，用白灰沿着线绳放出开挖线。管沟开挖时，由于土质的关系，防止管沟塌方，要求沟边具有坡度，白灰应撒在坡度的边沿上。

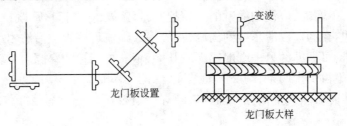

图3.3-29 龙门板设置

（2）管沟的边坡

边坡的大小和土质有关，其尺寸可参考表3.3-25。根据土壤性质，必要时应设支撑以防塌方。

为便于下管，挖出来的土应堆放在沟的一侧，而且土堆的底边应与沟边保持0.6~1Hm的距离，且不得小于0.5m，如图3.3-30所示。

边坡尺寸与土质关系表　　　　　表 3.3-25

土　　壤	静压角 α	H2A
砾石、黏土	50°	1:0.67
砂质黏土	60°	1:0.50
黏土（页岩）	72°	1:0.33

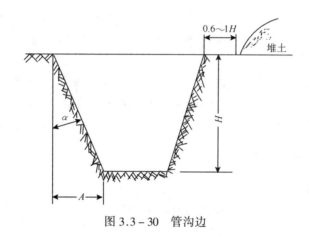

图 3.3-30　管沟边

(3) 沟底处理

沟底要求是自然土层(即坚实的土壤)，如果是松土填的或沟底是砾石，都要进行处理，防止管子产生不均匀下沉，使管子受力不均匀。对于松土要夯实，要求严格夯实的土，还应取样做密实度试验，对砾石义则应挖出 20cm 厚砾石，用好土回填夯实或用黄砂铺齐。管底的处理对于敷设铁管尤为重要。

(4) 下管

钢管可先在沟边进行分段焊接，每段长度一般在 25～35m 范围内，这样可以减小沟内固定口的焊接数量。下管时，应使用绳索的一端栓在地墙锚上，并套卷管段拉住另一端，用撬杠将管段移至沟边，在沟边放滑木杠到沟内，再慢慢放绳就可使管段沿滑木滚下。如管段太重人力拉绳时困难，可把绳的另一端地锚上绕几圈，依靠绳与桩的磨擦力可较省力。为了避免管子弯曲，拉绳不得少于两条，沟底不能站人，保证操作安全。

在地沟内连接时必须找正找直。固定口的焊接点要挖出一个焊接操作坑，其大小要方便焊接操作。

铸铁管下管的方法与钢管相同，但铸铁管在下管前，应先将管子放在沟边上承口和插口的放置方向应和施工时一致。下管要慢慢松绳，使管子下到沟底不受冲击，以免管子断裂。下到沟底的铸铁管在连接时，将管子的插口一端略为抬起轻轻插入承口内，用撬框拨正管子，承插间隙均匀，管的两侧用土固定。大口径铸铁管下沟后，可用捯链吊起插入承口内，但绳子应栓在管子略偏于排管方向排好的铸铁管在其连接处要挖操作坑(谷称长洞)，坑的大小要适应捻口操作的方便。

敷设管段包括阀门、配件、补偿器的支回等，都应在施工前按施工要求预先放在沟边沿线，并在试压前安装完毕。管子需要防腐处理的，应事先集中处理好。钢管两端留出焊口的距离,焊口处的防腐在试压完后再予处理。

2. 通行及不通行地沟中钢管敷设

(1) 不通行地沟

地沟一般由土建砌筑。在不通行地沟敷设管道时,最好在土建层完毕后就立即施工,这样做的好处是因为不通行地沟的截面较小,如果砌好砖墙后,管道的施工面就狭小,尤其焊接、保温工序更为困难,由于操作的不便,可能影响工程质量。

土建打好垫层后,先按图纸标高进行复查并在垫层上弹出地沟的中心线。混凝土的支座以中心线为依据,按规定距离安放支座及滑动支架。

管子可先在沟边分段连接。管子放在支座上时,用水平尺找平找正(可在混凝土扩建块处加垫),然后在垫块下浇筑水泥砂浆,待稳定后再进行一次找正,如还不平可在钢板滑块处再加钢板垫找平,并和垫块的滑块焊牢,如图3.3-31所示,滑动支架要在补偿器拉伸并找正位置后才能与管子焊接。

(2) 通行地沟

通行地沟的管子可铺设在地沟的一侧或两侧,如图3.3-32所示。支架一般采用型钢,在土建浇筑垫层或砌墙时,就要密切配合留洞。如时支架上安放一路以上的管子,则应根据最上交流电距来留洞和安设支架。所留墙洞的高度,应根据管子的坡度,分别将每个支架的高度算出,其公式为:

$$H = iL$$

式中　H——支架间高差,mm;
　　　i——管子坡度;
　　　L——支架间距,mm。

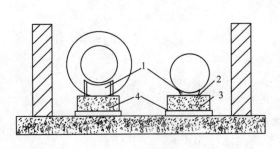

图3.3-31　不通行地沟
1—活动支架;2—滑动垫板;3—混凝土垫板;4—找平砂浆

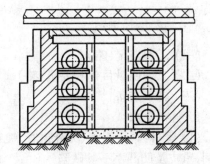

图3.3-32　通行地沟

如该管段坡度 $i = 0.002$,起点支架高度按设计规定,第二个支架间距为6m,则该支架与第一个支架高差为12mm,依此类推。

支架安装时要求平直牢固,某一个支架不正就会影响整个管道的安装。如同一地沟内有几层管道,敷设的顺序应从最下面一根开始,最好能将下面的管子安装试压保温完成后,再安装上面的管子,这样做法对安装和保温操作较为有利,为了便于焊接,焊接死口处在检查井的位置挪为合适。

3. 地上管道敷设

架空管道安装顺序分为:
(1) 按设计规定的安装坐标,测出支架上的支座安装位置;
(2) 安装支座;
(3) 根据吊装条件,在地面上先将管件及附件组成组合管段,再进行吊装;
(4) 管子及管件的连接;
(5) 试压与保温。

管子焊接时,还要注意焊缝不要落在托架和支柱上,一般规定管子间的连接焊缝与支架间的距离就大于 150~200mm。

架空管道的吊装,可采用机械或把杆等。如图 3.3-33 所示。钢丝绳绑扎管子的位置,要尽可能使管子不受弯曲或少弯曲。架空敷设要按照安全操作规程施工。吊上去还没有焊接管段,要用绳索把它牢实地绑在支架上,避免管子从支架上滚落下来发生安全事故。

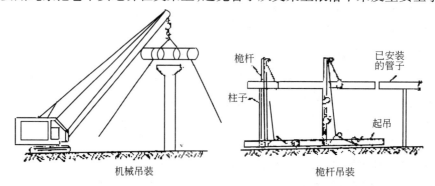

图 3.3-33 架空管道吊装

八、室外供热管网

(一) 工程概况(略)

(二) 工程质量目标和要求(略)

(三) 施工准备

1. 材料要求

(1) 管材:碳素钢管、无缝钢管、镀锌碳素钢管应有产口合格证,管材不得弯曲、锈蚀、无飞刺、重皮及凹凸不平等缺陷。

(2) 管件符合现行标准,有出厂合格证、无偏扣、乱扣、方扣、断丝和角度不准等缺陷。

(3) 各类阀门有出厂合格证,规格、型号、强度和严密性试验符合设计要求。丝扣无损伤,铸造无毛刺、无裂纹,开关灵活严密,手轮无损伤。

(4) 附属装置:减压器、疏水器、过滤器、补偿器、法兰等应符合设计要求应有产品合格证及说明书。

(5) 型钢、圆钢、管卡、螺栓、螺母、油麻、垫、电气焊条等符合设计要求。

2. 主要机具

(1) 机具:砂轮锯、套丝机、台钻、电焊机、撅弯器等。

(2) 工具:套丝板、压力案、管钳、活扳子、手锯、手锤、台虎钳、电气焊工具、钢卷尺、水平、小线等。

3. 作业条件

(1) 安装无地沟管道,必须在沟底找平夯实,沿管线铺设位置无杂物,沟宽及沟底标高尺寸复核无误。

(2) 安装地沟内的干管,应在管沟砌完后,盖沟盖板前,安装好托吊卡架。

(3) 安装架空的干管,应先搭好脚手架,稳装好管道支架后进行。

(四) 操作工艺

1. 工艺流程

(1) 直埋:

放线定位 → 砌井、铺底砂 → 挖管沟 → 防腐保温 → 管道敷设 → 补偿器安装 → 水试试验 → 防腐保温修补 → 填盖细砂 → 回填土夯实

(2) 管沟:

放线定位 → 挖土方 → 砌管沟 → 卡架制安装 → 管道安装 → 补偿器安装 → 水压试验 → 防腐保温 → 盖沟盖板 → 回填土

(3) 架设:

放线定位 → 卡架安装 → 管道安装 → 补偿器安装 → 水压试验 → 防腐保温

2. 直埋管道安装

(1) 根据设计图纸的位置,进行测量、打桩、放线、挖土、地沟垫层处理等。

(2) 为便于管道安装,挖沟时应将挖出来的土堆放在沟边一侧,土堆底边应与沟边保持0.6~1m的距离,沟底要求找平夯实,以防止管道弯曲受力不均。

(3) 管道下沟前,应检查沟底标高沟宽尺寸是否符合设计要求,保温管应检查保温层是否有损伤,如局部有损伤时,应将损伤部位放在上面,并做好标记,便于统一修理。

(4) 管道应先在沟边进行分段焊接,每段长度在25~35m范围内。放管时,应用绳索将一端固定在地锚上,并套卷管段拉住另一端,用撬杠将管段移至沟边,放好木滑杠,统一指挥慢速放绳使管段沿滑木杠下滚。为避免管道弯曲,拉绳不得少于两条,沟内不得站人。

(5) 沟内管道焊接,连接前必须清理管腔,找平找直,焊接处要挖出操作坑,其大小要便于焊接操作。

(6) 阀门、配件、补偿器支架等,应在施工前按施工要求预先放在沟边沿线,并在试压前安装完毕。

(7) 管道水压试验,应按设计要求和规范规定,办理隐检试压手续,把水泄净。

(8) 管道防腐,应预先集中处理,管道两端留出焊口的距离,焊口处的防腐在试压完后再处理。

(9) 回填土时要在保温管四周填100mm细砂,再填300mm素土,用人工分层夯实。管道穿越马路处埋深少于800mm时,应做简易管沟,加盖混凝土盖板,沟内填砂处理。

3. 地沟管道安装

(1) 在不通行地沟安装管道时,应在土建垫层完毕后立即进行安装。

(2) 土建打好垫层后,按图纸标高进行复查并在垫层上弹出地沟的中心线,按规定间距安放支座及滑动支架。

(3) 管道应先在沟边分段连接,管道放在支座上时,用水平尺找平找正。安装在滑动支

架上时,要在补偿器拉伸并找正位置后才能焊接。

(4) 通行地沟的管道应安装在地沟的一侧或两侧,支架应采用型钢,支架的间距要求见表3.3-26。管道的坡度应按设计规定确定。

支架最大间距　　　　　　　　表3.3-26

	管径(mm)	15	20	25	32	40	50	70	80	100	125	150	200
间距	不保温(m)	2.5	2.5	3.0	3.0	3.5	3.5	4.5	4.5	5.0	5.5	5.5	6.0
	保温(m)	2.0	2.0	2.5	2.5	3.0	3.5	4.0	4.0	4.5	5.0	5.5	5.5

(5) 支架安装要平直牢固,同一地沟内有几层管道时,安装顺序应从最下面一层开始,再安装上面的管道,为了便于焊接,焊接连接口要选在便于操作的位置。

(6) 遇有伸缩器时,应在预制时按规范要求做好预拉伸并作做支撑,按位置固定,与管道连接。

(7) 管道安装时坐标、标高、坡度、甩口位置、变径等复核无误后,再把吊卡架螺栓紧好,最后焊牢固定卡处的止动板。

(8) 冲水试压,冲洗管道办理隐检手续,把水泄净。

(9) 管道防腐保温,应符合设计要求和施工规范规定,最后将管沟清理干净。

4. 架空管道安装

(1) 按设计规定的安装位置、坐标,量出支架上的支座位置,安装支座。

(2) 支架安装牢固后,进行架设管道安装,管道和管件应在地面组装,长度以便于吊装为宜。

(3) 管道吊装,可采用机械或人工起吊,绑扎管道的钢丝绳吊点位置,应使管道不产生弯曲为宜。已吊装尚未连接的管段,要用支架上的卡子固定好。

(4) 采用丝扣连接的管道,吊装后随即连接;采用焊接时,管道全部吊装完毕后再焊接。焊缝不许设在托架和支座上,管道间的连接焊缝与支架间的距离应大于150~200mm。

(5) 按设计和施工各规定位置,分别安装阀门、集气罐、补偿器等附属设备并与管道连接好。

(6) 管道安装完毕,要用水平尺在每段管上进行一次复核,找正调直,使管道在一条直线上。

(7) 摆正或安装好管道穿结构处的套管,填堵管洞,预留口处应加好临时管堵。

(8) 按设计或规定的要求压力进行冲水试压,合格后办理验收手续,把水泄净。

(9) 管道防腐保温,应符合设计要求和施工规范规定,注意做好保温层外的防雨,防潮等保护措施。

5. 室外热水及蒸汽干管入口做法见图3.3-34。

(五) 质量标准

1. 保证项目

(1) 埋设、铺设在沟槽内和架空管道的水压试验结果,必须符合设计要求和施工规范规定。

检验方法:检查管网或分段试验记录。

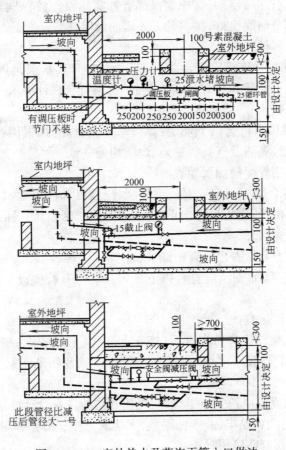

图 3.3-34 室外热水及蒸汽干管入口做法

(2) 管道固定支架的位置和构造必须符合设计要求和规范规定。

检验方法：观察和对照设计图纸检查。

(3) 伸缩器的位置必须符合设计要求，并应按规定进行预拉伸。

检验方法：对照设计图纸检查和检查预拉伸记录。

(4) 减压器调压后的压力必须符合设计要求。

检验方法：检查调压记录。

(5) 除污器过滤网的材质、规格和包扎方法必须符合设计要求和施工规范规定。

检验方法：解体检查。

(6) 供热管网竣工后或交付使用前必须进行吹洗。

检验方法：检查吹洗记录。

(7) 调压板的材质，孔径和孔位必须符合设计要求。

检验方法：检查安装记录或解体检查。

2．基本项目

(1) 管道的坡度应符合设计要求。

检验方法：用水准仪（水平尺）、拉线和尺量检查或检查测量记录。

(2) 碳素钢管道的螺纹连接应符合以下规定：螺纹加工精度符合国家标准规定，螺纹清洁、规整,无断丝或缺丝,连接牢固,管螺纹根部有外露螺纹。镀锌碳素钢管无焊接口,镀锌层无破损,螺纹露出部分防腐良好,接口处无外露油麻等缺陷。

检验方法:观察或解体检查。

(3) 碳素钢管道的法兰连接应符合以下规定:对接平行、紧密,与管子中心线垂直,螺杆露出螺母长度一致,且不大于螺杆直径1/2。衬垫材料符合设计要求,且无双层。

检验方法:观察检查。

(4) 碳素钢管的焊接应符合以下规定:焊口平直度,焊缝加强面符合施工规范规定,焊口面无烧穿、裂纹、结瘤、夹渣及气孔等缺陷、焊波均匀一致。

检验方法:观察或用焊接检测尺检查。

(5) 阀门安装应符合以下规定:型号、规格、耐压强度和严密性试验结果符合设计要求和施工规范规定,安装位置、进出口方向正确,连接牢固紧密,启闭灵活,朝向便于使用,表面洁净。

检验方法:手扳检查和检查出厂合格证、试验单。

(6) 管道支(吊、托)架的安装应符合以下规定:构造正确,埋设平正牢固,排列整齐,支架与管子接触紧密。

检验方法:观察和尺量检查。

(7) 管道和金属支架涂漆应符合以下规定:油漆种类和涂刷遍数符合设计要求,附着良好,无脱皮、起泡和漏漆,漆膜厚度均匀,色泽一致,无流淌及污染现象。

检查方法:观察检查。

(8) 埋地管道的防腐层应符合以下规定:材质和结构符合设计要求和施工规范规定,卷材与管道以及各层卷材间粘贴牢固,表面平整,无褶皱、空鼓、滑移和封口不严等缺陷。

检查方法:观察或切开防腐层检查。

3. 允许偏差项目

室外供热管道安装的允许偏差和检验方法见表3.3-27。

室外供热管道安装的允许偏差和检验方法　　　　表3.3-27

项　目			允许偏差	检验方法
坐　标	敷设在沟槽内及架空		20	用水准仪(水平尺)、直尺、拉线和尺量检查
	埋　地		50	
标　高	敷设在沟槽内及架空		±10	
	埋　地		±15	
水平管道纵、横方向弯曲(mm)	每1m	管径小于或等于100mm	0.5	
		管径大于100mm	1	
	全长(25m以上)	管径小于或等于100mm	不大于13	
		管径大于100mm	不大于25	

续表

项	目	允许偏差	检验方法
弯管	椭圆率 $D_{max} - D_{min}$ 管径小于或等于100mm	10/100	用外卡钳和尺量检查
	D_{max} 管径125~400mm	8/100	
	褶皱不平度 (mm) 管径小于或等于100mm	4	
	管径125~200mm	5	
	管径250~400mm	7	
减压器、疏水器、除污器、蒸汽喷射器	几何尺寸	5	尺量检查

（六）成品保护

1．安装好的管道不得用做吊拉负荷及支撑、蹬踩，或在施工中当固定点。

2．盖沟盖板时，应注意保护，不得碰撞损坏。

3．各类阀门、附属装置应装保护盖板，不得污染，砸碰损坏。

（七）应注意的质量问题

1．管道坡度不均匀或倒坡。原因是托吊架间距过大，造成局部管道下垂，坡度不匀。安装于管后又开口，接口以后不调直造成。

2．热水供热系统通暖后，局部不热。原因是干管敷设的坡度不够或倒坡，系统的排气装置安装位置不正确，使系统中的空气不能顺利排出，或有异物泥砂堵塞所造成。

3．蒸汽系统不热，原因是蒸汽干管倒坡，无法排除干管中的沿途凝结水，疏水器失灵，或干管及凝结水管在返弯处未安装排气阀门及低点排水阀门。

4．管道焊接弯头处的外径不一致。原因是压制弯头与管道的外径不一致，采用压制弯头，必须使其二外径与管道相同。

5．地沟内间隙太小，维修不便。原因是安装管道时排列不合理或施工前没认真审查图纸。

6．试压或调试时，管道被堵塞。主要是安装时预留口没装临时堵，掉进杂物造成。

（八）应具备的质量记录

1．应有材料及设备的出厂合格证。

2．材料及时性设备进场检验记录。

3．管路系统的预检记录。

4．伸缩器的预拉伸记录。

5．管路系统的隐蔽检查记录。

6．管路系统的试压记录。

7．系统的冲洗记录。

8．系统通汽、通热水调试记录。

九、管道防腐、保温

（一）管道防腐

1. 工程概况（略）
2. 工程质量目标和要求（略）
3. 施工准备

(1) 材料要求

1) 防锈漆、面漆、沥青等应有出厂合格证。
2) 稀释剂：汽油、煤油、醇酸稀料、松香水、酒精等。
3) 其他材料：高岭土、七级石棉、石灰石粉或滑石粉、玻璃丝布、矿棉纸、油毡、牛皮纸、塑料布等。

(2) 主要机具

1) 机具：喷枪、空压机、金钢砂轮、砂布、砂纸、刷子、棉丝、沥青锅等。
2) 工具：刮刀、锉刀、钢丝刷、砂布、砂纸、刷子、棉丝、沥青锅等。
3) 有码放管材、设备、容器及进行防腐操作的场地。
4) 施工环境温度在5℃以上，且通风良好，无煤烟、灰尘及水汽等。气温在5℃以下施工要采取冬施措施。

涂漆施工前，应将管道表面的油垢及氧化物等消除。焊缝处不得有焊渣，毛刺。表面个别部分凹凸不平的长度不得超过5mm。

管材表面的锈层可用下列方法消除：

1) 手工处理

用刮刀、锉刀、钢丝刷或砂纸等将金属表面的锈层、氧化皮、铸砂等除掉。

2) 机械处理

采用金钢砂轮打磨或同压缩空气喷石英砂（喷砂法）吹打金属表面，将金属表面的锈层、氧化皮、铸砂等污物除净。喷砂（湿法、干法均可）除锈、速度快，效果好，被处理的表面经叶打后呈粗糙状，能增强漆膜附着力。在管道加工场内，可用高压水除锈。

3) 化学处理

用酸洗的方法清除金属表面的锈层、氧化皮。采用浓度10%～20%、温度18%～60%的稀硫酸溶液，浸泡被涂物件15～60min；也可用10%～15%的盐酸在室温下进行酸洗。为使酸洗时不损伤金属，在酸溶液中加入缓蚀剂。酸洗后要用清水洗涤，并用50%浓度的碳酸钢溶液中和，最后用热水冲洗2～3次，用热空气干燥。

4) 旧涂料的处理

在旧涂料上重新涂漆时，可根据旧漆膜的附着情况，确定是否全部清除或部分清除。如旧漆膜附着良好，铲刮不掉可不必清除；如旧漆膜附着不好，则必须清除重新涂刷。

4. 操作工艺

(1) 工艺流程：

管道、设备及容器清理→管道、设备及容器防腐刷油。

(2) 管道、设备及容器清理、除锈：

1) 人工除锈：

用刮刀、锉刀将管道、设备及容器表面的氧化皮、铸砂除掉,再用钢丝刷将管道、设备及容器表面的浮锈除去,然后用砂纸磨光,最后用棉丝将其擦净。

2) 机械除锈:

先用刮刀、锉刀将管道表面的氧化皮、铸砂去掉。然后一人在除锈机前,一人在除锈机后,将管道放在除锈机反复除锈,直至露出金属本色为止。在刷油前,用棉丝再擦一遍,将其表面的浮灰等去掉。

(3) 管道、设备及容器防腐刷油:

1) 管道、设备及容器防腐刷油,一般按设计要求进行防腐刷油,当设计无要求时,应按下列规定进行:

① 明装管道、设备及容器必须先刷一道防锈漆,待交工前再刷两道面漆。如有保温和防结露要求应刷两道防锈漆。

② 暗装管道、设备及容器刷两道防锈漆,第二道防锈漆必须待第一道漆干透后再刷,且防锈漆稠度要适宜。

③ 埋地管道做防腐层时,其外壁防腐层的做法可按表3.3-28的规定进行。

管道防腐层种类　　　　　　　　表 3.3-28

防腐层层次 (从金属表面起)	正常防腐层	加强防腐层	特加强防腐层
1	冷底子油	冷底子油	冷底子油
2	沥青涂层	沥青涂层	沥青涂层
3	外包保护层	加强包扎层(封闭层)	加强保护层(封闭层)
4			沥青涂层
5		沥青涂层	加强包扎层(封闭层)
6		外包保护层	沥青涂层
7			外包保护层
防腐层厚度不小于(mm)	3	6	9
厚度允许偏差(mm)	-0.3	-0.5	-0.5

注:1. 用玻璃丝布做加强包扎层,须涂一道冷底子油封闭层;
　　2. 做防腐内包扎层,接头搭接长度为30~50mm,外包保护层,搭接长度为10~20mm;
　　3. 未连接的接口或施工中断处,应作成每层收缩为80~100mm的阶梯式接茬;
　　4. 涂刷防腐冷底子油应均匀一致,厚度一般为0.1~0.15mm;
　　5. 冷底子油的重量配合比:沥青:汽油=1:2.25。

当冬期施工时,宜用橡胶溶剂油或航空汽油溶化30甲或30乙石油沥青。其重量比:沥青:汽油=1:2。

2) 防腐涂漆的方法：

涂漆施工的环境温度宜在 15～35℃ 之间，相对温度在 70% 以下。

涂漆的环境空气必须清洁，无煤烟、灰尘及水汽。

室外涂漆遇雨、降雾时应停止施工。

涂漆的方法应根据施工要求、涂料的性能、施工条件、设备情况进行选择。

涂漆的方式有下述几种。

① 手工涂刷：手工涂刷应分层涂刷，每层应往复进行，纵横交错，并保持涂层均匀，不得漏涂或流坠。

② 机械喷涂：喷涂时喷射的漆流应和喷漆面垂直，喷漆面为平面时，喷嘴与喷漆面应相距 250～350mm，喷漆面如为圆弧面，喷嘴与喷漆面的距离应为 400mm 左右。喷涂时，喷嘴的移动应均匀，速度宜保持在 10～18m/min，喷漆使用的压缩空气压力为 0.2～0.4MPa。

涂漆施工的程序是否合理，对涂层的质量影响很大。

第一层底漆或防锈漆，直接涂在工件表面上，与工件表面紧密结合，起防锈、防腐、防水、层间结合的作用；第二层面漆（调合漆和磁漆等），涂刷应精细，使工件获得要求的彩色；第三层是罩光清漆。

一般底漆或防锈漆应涂刷一道到两道；第二层的颜色最好与第一层颜色略有区别，以便检查第二层是否有漏涂现象。每层涂刷不宜过厚，以免起皱和影响干燥。如发现不干、皱能上能下、流挂、露底时，须是行修补或重新涂刷。

表面涂调合漆或磁漆时，要尽量涂得薄而均匀。如果涂料的覆盖力较差，也不允许任意增加厚度，而应分几次涂覆。每层漆膜厚度一般不宜超过 30～40μm。每涂一层漆后，应有一个充分干燥时间，待前一层真正干燥后才能涂下一层。

面漆上的罩光漆，可以用一定比例的清漆和磁漆混合罩光。

无保温层的管道一般应先涂二遍防锈漆，再涂一遍调合漆。

有保温层的管道，一般涂两遍调合漆。

管道的支吊架一般涂黑色防锈漆。

凝结水箱内部涂两遍锅炉漆，外部保温体涂两遍调合漆。

有色金属、不锈钢、镀锌钢管和铝皮、镀锌铁皮保护层一般不宜涂漆，但应进行钝化处理。

3) 埋地管道的防腐：

埋地管道的防腐层主要由冷底子油、石油沥青玛琋脂、防水卷材及牛皮纸等组成。

为了减少管道系统与地下土壤接触部分的金属腐蚀，管材的外表面必须按下列要求进行防腐：

敷设在腐蚀性土壤中的室外直接埋地的气体管道应根据腐蚀程度选择不同等级的防腐层。如设在地下水位以下时，须考虑特殊防水措施。

管道的防腐等级规定

a. 管道的防腐等级，应根据土壤腐蚀性决定

土壤腐蚀等级及管道防腐等级规定见表 3.3-29。

对于有可能被杂散电流侵蚀的地区（如有轨电车路附件），还须进行地下杂散电流的测定及防护。

土壤腐蚀等级及管道防腐等级　　　　　　表3.3-29

电阻测法(Ω/m)	>100	100~20	20~10	<10
失重测量法(g/d)	<1	1~2	2~3	>3
腐蚀性	低	普通	较高	高
防腐措施	普通	普通	加温	特加强

b. 各类土壤的电阻见表3.3-30。

各类土壤的电阻　　　　　　表3.3-30

土壤名称	含水量(容积)(%)	土壤电阻率($\Omega \cdot cm$) 变化范围	土壤电阻率($\Omega \cdot cm$) 推荐数据
黑土	20	600~7000	3×10^3
黏土	20~40	3000~10000	6×10^3
砂质黏土	20	3000~26000	1×10^4
黄土		25000	2.5×10^4
砂土	10	20000~40000	3×10^4
湿土	10	10000~100000	5×10^4
碎石、卵石			2×10^5
干砂			2.5×10^5
夹石土壤			4×10^5
湖水或地下水		4000~5000	5×10^5
在潮湿土壤中的混凝土			$0.75~1 \times 10^4$
在中等潮湿土壤中的混凝土			$1~2 \times 10^4$
在干燥土壤中的混凝土			$2~4 \times 10^4$
上层红色风化黏土下层红色页岩	30		5×10^4
表面土夹石下层石子	15	39000~82000	6×10^4
表面10~20cm黏土下层竖石或砂岩	25	10000~15000	1.25×10^4
表面80~100cm黏土下层竖石或砂岩	25	2000~6000	0.4×10^4

① 冷底子油的成分见表3.3-31。

冷底子油的成分　　　　　　表3.3-31

使用条件	沥青:汽油(重量比)	沥青:汽油(体积比)
气温在+5℃以上	1:2.25~2.5	1:3
气温在+5℃以下	1:2	1:2.5

调制冷底子油的沥青,是牌号为30号甲建筑石油沥青。熬制前,将沥青打成1.5kg以

上的小块,放入干净的沥青锅中,逐步升温和搅拌,并使温度保持在180~200℃范围内(最高不超过200℃),一般应在这种温度下熬制1.5~2.5h,直到不产生汽泡,即表示脱水完结。按配合比将冷却至100~120℃的脱水沥青缓缓倒入计量好的无铅汽油中,并不断搅拌至完全均匀混合为止。

在清理管道表面后24h内刷冷底子油,涂层应均匀,厚度为0.1~0.15mm。

② 沥青玛琋脂的配合比:沥青:高岭土 = 3:1。

沥青应采用30号甲建筑石油沥青或30号甲与10号建筑石油沥青的混合物。将温度在180~200℃的脱水沥青逐渐加入干燥并预热到120~140℃的高岭土中,不断搅拌,使其混合均匀。然后测定沥青玛琋脂的软化点、延伸度、针入度等三项技术指标,达到表3.3-32中的规定时为合格。

沥青玛琋脂技术指标 表3.3-32

施工气温 (℃)	输送介质温度 (℃)	软化点 (环球法)(℃)	延伸度 (+25℃)(cm)	针入度 (0.1mm)
-25~+5	-25~+25	+56~+75	3~4	—
	+25~+56	+80~+90	2~3	25~35
	+56~+70	+85~+90	2~3	20~25
+5~+30	-25~+25	+70~+80	2.5~3.5	15~25
	+25~+56	+80~+90	2~3	10~20
	+56~+70	+90~+95	1.5~2.5	10~20
+30以上	-25~+25	+80~+90	2~3	—
	+25~+56	+90~+95	1.5~2.5	10~20
	+56~+70	+90~+95	1.5~2.5	10~20

涂抹沥青玛琋脂时,其温度应保持在160~180℃,施工气温高于30℃时,温度可降低到150℃。热沥青玛琋脂应涂在干燥清洁的冷底子油层上,涂层要均匀。最内层沥青玛琋脂如用人工或半机械化涂抹时,应分成二层,每层各厚1.5~2mm。

③ 防水卷材一般采用矿棉纸油毡或浸有冷底子油的玻璃网布,呈螺旋形缠包在热沥青玛琋脂层上,每圈之间允许有不大于5mm的缝隙或搭边,前后两卷材的搭接长度为80~100mm,并用热沥青玛琋脂将接头粘合。

④ 缠包牛皮纸时,每圈之间应有15~20mm搭边,前后两卷的搭接长度不得小于100mm,接头用热沥青玛琋脂或冷底子油粘合。牛皮纸也可用聚氯乙烯塑料布或没有冷底子油的玻璃网布带代替。

⑤ 制作特强防腐层时,两道防水卷材的缠绕方向宜相同。

⑥ 已做了防腐层的管子在吊运时,应采用软吊带或不损坏防腐层的绳索,以免损坏防腐层。管子下沟前,要清理管沟,使沟底平整,无石块、砖瓦或其他杂物。上层如很硬时,应先在沟底铺垫100mm松软细土,管子下沟后,不许用撬杠移管,更不得直接推管下沟。

⑦ 防腐层上的一切缺陷,不合格处以及检查和下沟时弄坏的部位,都应在管沟回填前

修补好,回填时,宜先用人工回填一层细土,埋过管顶,然后再用人工或机械回填。

5. 质量标准

(1) 基本项目

1) 埋地管道的防腐层应符合以下规定:

材质和结构符合设计要求和施工规范规定。卷材与管道以及各层卷材间粘贴牢固,表面平整,无褶皱、空鼓、滑移和封口不严等缺陷。

检验方法:观察或切开防腐层检查。

2) 管道、箱类和金属支架涂漆应符合以下规定:

油漆种类和涂刷遍数符合设计要求,附着良好,无脱皮、起泡和漏涂,漆膜厚度均匀,色泽一致,无流坠及污染现象。

检验方法:观察检查。

(2) 一般项目

1) 外观检查

外观检查按施工工序进行,其中包括除锈,涂冷底子油,每层防腐层的质量,以及各层间有无气孔、裂缝、凸瘤和混入杂物等缺陷。

2) 厚度检查

防腐层的厚度至少每100m检查一处,每处沿圆周上下左右测4点。

3) 粘结力的试验

防腐层的粘结力每隔500m或在有怀疑处检查一处,检查方法是用小刀切出一夹角为45°~60°的切口,然后从角尖撕开,如防腐层不成层剥落时为合格。

4) 绝缘性能检测

防腐层的绝缘性能在管子下沟回填土前,应用电火花检验器检测。检测时用的电压,正常防腐层为12kV,加强防腐层为24kV,特加强防腐层为36kV。

6. 成品保护

(1) 已做好防腐层的管道及设备之间要隔开,不得粘连,以免破坏防腐层。

(2) 刷油前先清理好周围环境,防止尘土飞扬,保持清洁,如遇大风、雨、雾、雪不得露天作业。

(3) 涂漆的管道、设备及容器,漆层在干燥过程中应防止冻结、撞击、振动和温度剧烈变化。

7. 应注意的质量问题

(1) 管材表面脱皮、返锈。主要原因是管材除锈不净。

(2) 管材、设备及容器表面油漆不均匀,有流坠或有漏涂现象,主要是刷子沾油漆太多和刷油不认真。

(3) 防腐层上的一切缺陷、不合格处以及检查和下沟时弄坏的部位,都要在管沟回填前修补好。回填时,宜先用人工回填一层细土,埋过管顶,然后再以机械回填。

(4) 管子下沟前,要清理管沟,使沟底平整,无石块,砖瓦或其他硬物。上层如很硬时,应先在沟底铺垫100mm松软细土;管子下沟后,不许用撬杠移管,更不得直接推管下沟。

(5) 冬期施工时,要测定沥青的脆化温度。当气温接近或低于沥青脆化温度时,不得进行吊装、运输和下沟敷设。

(6) 沥青绝缘防腐层施工工序间的检查及最后全面检查,都应做详细记录,做为隐蔽工程资料。其中内容应包括:管径、管长、坐标,防腐层结构类型,净管方法与质量,所用材料的配比、性能及种类,每层厚度及质量,工程质量的总鉴定等。冬期施工时,还应做气温、晴、雨、雪、风的气象记录。

(7) 在使用前,必须先熟悉涂料的性能、用途、技术条件等,再根据规定正确使用。所用涂料必须有合格证书。

(8) 涂料不可乱混合,否则会产生不良现象。

(9) 色漆开桶后必须搅拌才能使用。如不搅拌均匀,对色漆的遮盖力和漆膜性能有影响。

(10) 漆中如有漆皮和粒状物,要用120目钢丝网过滤后现使用。

(11) 涂料有单包装,也有多包装,多包装在使用时应按技术规定的比例进行调配。

(12) 根据选用的涂漆方式的要求,采用与涂料配套的稀释剂,调配到合适的施工黏度才能使用。

(二) 管道保温

1. 工程概况(略)

2. 工程质量目标和要求(略)

3. 施工准备

(1) 主要材料:

1) 保温材料的性能、规格应符合设计要求,并具有合格证。

一般常用的材料有:

① 预制瓦块:有泡沫混凝土、珍珠岩、蛭石、石棉瓦块等。

② 管壳制器:有岩棉、矿渣棉、玻璃棉、硬聚氨酯泡沫塑料、聚苯乙烯泡沫塑料管壳等。

③ 卷材:有聚苯乙烯泡沫塑料、岩棉等。

④ 其他材料:有铅丝网、石棉灰,或用以上预制板块砌筑或粘接等。

2) 保护壳材料有麻刀、白灰或石棉、水泥、麻刀、玻璃丝布、塑料布、浸沥青油的麻袋布、油毡、工业棉布、铝箔纸、铁皮等。

(2) 主要机具:

1) 机具:砂轮锯、电焊机。

2) 工具:钢剪、布剪、手锤、剁子、弯钩、铁锹、灰桶、平抹子、圆弧抹子。

3) 其他:钢卷尺、钢针、靠尺、楔形塞尺等。

(3) 作业条件:

1) 管道及设备的保温应在防腐及水压试验合格后方可进行,如需先做保温层,应将管道的接口及焊缝处留出,待水压试验合格后再将接口处保温。

2) 建筑物的吊顶及管井内需要做保温的管道,必须在防腐试压合格,保温完成稳检合格后,土建才能最后封闭,严禁颠倒工序施工。

3) 保温前必须将地沟管井内的杂物清理干净,施工过程遗留的杂物,应随时清理,确保地沟畅通。

4) 温作业的灰泥保护壳,冬施时要有防冻措施。

4. 操作工艺

(1) 工艺流程：

1) 预制瓦块：

散瓦 → 断镀锌钢丝 → 和灰 → 抹填充料 → 合瓦 → 钢丝绑扎 → 填缝 → 抹保护壳

2) 管壳制品：

散管壳 → 合管壳 → 缠裹保护壳

3) 缠裹保温

裁料 → 缠裹保温材料 → 包扎保护层

4) 设备及箱罐钢丝网石棉灰保温

焊钩钉 → 刷油 → 绑扎钢丝网 → 抹石棉灰 → 抹保护层

(2) 各种预制瓦块运至施工地点，在沿管线散瓦时必须确保瓦块的规格尺寸与管道的管径相配套。

(3) 安装保温瓦块时，应将瓦块内侧抹 5~10mm 的石棉灰泥，作为填充料。瓦块的纵缝搭接应错开，横缝应朝上下。

(4) 预制瓦块根据直径大小选用 18~20 号镀锌钢丝进行绑扎、固定，绑扎接头不宜过长，并将接头插入瓦块内。

(5) 预制瓦块绑扎完后，应用石棉灰泥将缝隙处填充，勾缝抹平。

(6) 外抹石棉水泥保护壳（其配比石棉灰：水泥 = 3:7）按设计规定厚度抹平压光，设计无规定时，其厚度为 10~15mm。

(7) 立管保温时，其层高小于或等于 5m，每层应设一个支撑托盘，层高大于 5m，每层应少于 2 个，支撑托盘应焊在管壁上，其位置应在立管卡子上部 200mm 处，托盘走私不大于保温层的厚度。

(8) 管道附件的保温除寒冷地区室外架空管道及室内防结露保温的法兰、阀门等附件按设计要求保温外，一般法兰、阀门、套管伸缩器等不应保温，并在其两侧应留 70~80mm 的间隙，在保温端部抹 60°~70° 的斜坡。设备容器上的人孔、手孔及可拆卸部件的保温层端部应做成 40° 斜坡。

(9) 保温管理工作道的支架处应留膨胀伸缩缝，并用石棉绳或玻璃棉填塞。

(10) 用预制瓦块做管道保温层，在直线管段上每隔 5~7m 应留一条间隙为 5mm 的膨胀缝，在弯管处管径小于或等于 300mm 膨胀缝，膨胀缝用石棉绳或玻璃棉填塞，其作法如图 3.3-35 所示。

(11) 用管壳制品作保温层，其操作方法一般由两人配合，一人将管壳缝剖开对包在管上，整体优势和用力挤住，另外一人缠裹保护壳，缠裹时用力要均匀，压茬要平整，粗细要一致。

若采用不封边的玻璃丝布作保护壳时，要将毛边摺叠，不得外露。

(12) 块状保温材料采用缠裹式保温（如聚乙烯泡沫塑料），按照管径留出搭茬余量，将料裁好，为确保其平整美观，一般应将搭茬留在管子内侧。

(13) 管道保温用铁皮做保护层，其纵缝搭口应朝下，铁皮的搭接长度，环形为 30mm。弯管处铁皮保护层的结构如图 3.3-36 所示。

(14) 设备及箱罐保温一般表面比较大，目前采用较多的有砌筑泡沫混凝土块，或珍珠岩块,外抹麻刀、白灰、水泥保护壳。

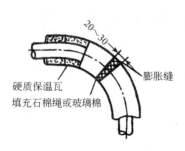

图 3.3-35 膨胀缝填塞作法

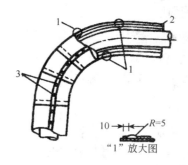

图 3.3-36 弯管处铁皮保护层的结构
1—0.5mm 铁皮保护层;2—保温层;3—半圆头自攻螺钉 4×16

采用铅丝网石棉灰保温作法,是在设备的表面外部焊一些钩钉固定保温层,钩钉的间距一般为 200~250mm,钩钉直径一般为 6~10mm,钩钉高度与保温层厚度相同,将裁好的钢丝网用钢丝与钩钉固定,再往上抹石棉灰泥,第一次抹得不宜太厚,防止粘接不住下垂脱落,待第一遍有一定强度后,再继续分层抹,直至达到设计要求的厚度。

待保温层完成,并有一定的强度,再抹保护壳,要求抹光压平。

5．质量标准

(1) 保证项目:

保温材料的强度、容重、导热系数、规格、及保温作法子应符合设计要求及施工规范的规定。

检验方法:检查保温材料出厂合格证及说明书。

(2) 基本项目:

保温层表面平整,做法正确,搭茬合理,封口严密,无空鼓及松动。

检验方法:观察检查。

(3) 允许偏差项目:

允许偏差项目见表 3.3-33。

保温层允许偏差　　　　　　　　表 3.3-33

项 目 名 称		允许偏差(mm)	检 验 方 法
保温层厚度		$+0.1\delta$ -0.05δ	用钢针刺入保温层和尺量检查
表面平整度	卷材或板材	5	用 2m 靠尺和楔形塞尺检查
	涂抹或其他	10	

注:δ 为保温层厚度。

6．成品保护

(1) 管道及设备的保温,必须在地沟及管井内已进行清理,不再有下落不明工序损坏保温层的前提下,方可进行保温。

(2) 一般管道保温应在水压试验合格,防腐已完方可施工,不能颠倒工序。
(3) 保温材料进入现场不得雨淋或存放在潮湿场所。
(4) 保温后留下的碎料,应由负责施工的班组自行清理。
(5) 明装管道的保温,土建若喷浆在后,应有防止污染保温层的措施。
(6) 如有特殊情况需拆下保温层进行管道处理或其他工种在施工中损坏保温层时,应及时按原要求进行修复。

7. 应注意的质量问题
(1) 保温材料使用不当交底不清作法不明。应熟悉图纸,了解设计要求,不允许擅自变更保温做法,严格按设计要求施工。
(2) 保温层厚度不按设计要求规定施工。主要是凭经验施工,对保温的要求理解不深。
(3) 表面粗糙不美观。主要是操作不认真,要求不严格。
(4) 空鼓、松动不严密。主要原因是保温材料大小不合适,缠裹时用力不均匀,搭茬位置不合理。

十、供热锅炉及辅助设备安装

(一) 锅炉安装
1. 分项(子分项)工程概况(略)
2. 分项(子分项)工程质量目标和要求(略)
3. 锅炉钢架及平台扶梯安装
(1) 安装前的准备
锅炉钢架需承受锅筒、集箱、对流受热面管束和部分炉墙、隔热温材料的自重量以及锅炉系统内充装水的重量。钢架的安装质量直接影响锅炉本体质量。因此,在施工中,钢架安装是一个很重要的环节。为保证钢架的安装质量,在安装前应认真做好准备工作。此工作应按下述步骤和内容进行。
1) 土建基础质量进行全面检验。主要包括:
① 基础外观检查
拆除建设的模板,观察基础的混凝土有无蜂窝、狗洞、麻面、裂纹、表面剥落和露出钢筋等缺陷,如发生上述缺陷,通常由土建施工单位负责处理至合格。
② 基础混凝土的抗压强度检验
在施工过程中,土建施工单位按规定做出试样,并出具检验报告。审查时核对检验报告中混凝土的强度数值是否符合要求。若有疑义,可用回弹仪现场检测混凝土基础的强度,强度数值符合设计要求,为合格。
③ 基础的相对位置标高检查
锅炉混凝土基础放线之后进行相对位置及标高的检查。
所谓放线,是指在锅炉混凝土基础上用墨线弹划出锅炉的纵、横基准中心线和在建筑物墙上划出锅炉安装标高的基准线。纵向基准中心线是锅炉的纵向中心线,横向基准线是重直于锅炉纵向基准中心线的一条直张。横向基准线,选在锅炉前墙外沿上,或在前钢柱中心线上,也可在中间钢柱中心的横向连线上。
锅炉纵向基准中心线、混凝土基础的纵向中心线以及锅炉房平面布置所要求的锅炉纵向中心线,在理想的状况下这三条中心线应当重合。但因施工条件所限,这三条线,往往一时不能重合。因此有必要进行调整。调整的原则是,肉眼感观不出锅炉的平面布置有偏移。通常以混凝土基础中心线为准,对另两条线进行调整。

锅炉基础的基准标高线,是依据土建施工所采用的基准水准点做复核,然后引至锅炉房四周墙面上。在距运转层+1.00m处打出标高为基准标高,其偏差不得超过±1.00m。

④ 基础各部几何尺寸、预埋件、预埋孔洞的检查

a. 根据已确定的锅炉纵、横向基准中心线和基准标高线,按图纸要求在锅炉混凝土基础上划出锅炉钢架各立柱的中心位置和地脚位置的轮廓线、辅助设备(减速机、炉排前后轴、风机、风管通道等)安装位置及中心线。

b. 测量地脚螺栓孔的平面位置及留孔深度、孔的断面尺寸。检查各孔能否放入地脚螺栓,对孔深不符合要求的应深凿;对平面位置超高的,应铲平;这些工作应在安装前由土建施工单位负责处理。

2) 划线后对锅炉基础质量进行检查

① 炉墙外缘轮廓线不得超出基础的边界或跨越伸缩缝;基础经强度试验合格。

② 链条炉排队锅炉,减速机的基础与锅炉其础为一体,应防止下沉不均而造成事故。

③ 基础位置和尺寸应符合《钢筋混凝土工程施工验收规范》见表3.3-34。

设备基础尺寸和位置的质量要求 表3.3-34

序号	项 目		允计偏差(mm)
1	基础座标位置(纵、横轴线)		±20
2	基础不同面的标高		+0 -20
3	基础上平面外形尺寸 基础凸台上平面外形尺 基础凹穴尺寸		±20 -20 +20
4	基础上平面的不平度	每 米	5
		全 长	10
5	竖向偏差	每 米	5
		全 高	20
6	预埋地脚螺栓	标高(顶端)	+20 -0
		中心距(在顶部及根部两处测量)	±20
7	预留地脚螺栓孔	中心位置	±10
		孔 深	+20 -0
		孔壁铅垂度	10

续表

序号	项目		允计偏差(mm)
8	预埋活动地脚螺栓锚板	标高	+20 -0
		中心位置	±5
		不平度(带槽锚板)	5
		不平度(带螺纹锚板)	2

④ 基础检查中的注意事项

基础的几何尺寸达不到规范的要求会给安装带来困难。对于标高超高或过低、预留地脚螺栓或预留地脚螺栓孔的平面位置、深度等不合格时。应通知建设单位的施工代表,会同土建施工单位、设计单位共同协商处理,必要时办理核定手续。

几种常见的问题及其处理方法介绍如下,供参考。

a. 基础上平面标高过高的处理:用扁铲去过高的混凝土。对露出钢筋的,需深铲并切去部分的钢筋,对残留部分进行补焊,再二次灌混凝土。

b. 基础上平面标高过低的处理:当标高过低且用垫铁不解决问题时,应凿去基础表面,形成麻面。凿去的高度以使新浇混凝土的高度在 12cm 以上为宜。凿出麻面,用钢丝刷清理表面,用细骨料拌制比原强度等级高一个级别的混凝土浇制达到设计的标高。

c. 地脚螺栓的平面位置及高度超差的处理。地脚螺栓的平面位置及标高、外露长度等不准确只要能满足安装要求,一般不再处理。

⑤ 钢架及钢平台安装前在地面地行检查与校正

a. 检查验收

钢架及平台梯子构件,是由锅炉制造厂组装出厂的。经运输、装卸的周转后,常因管理不善使构件发生变形、损坏或丢失。因此,对钢架、梯子、平台应进行检验收。检查验收的程序为:

a) 检查验收由施工单位及建设单位的施工代表共同进行,作出记录,经双方代表签字。对有损坏、缺件或其他问题时,应作详细记录。由建设单位负责解决。

b) 按制造厂的装箱清单、图纸及技术文件的有关要求,逐件对钢架、平台、梯子等构件进行检查验收。

c) 注意清点各构件规格与数量。若有缺或错件,以施工图纸为准,在装箱清单上加以注明。

d) 构件的外形尺寸及焊缝质量应符合图纸要求。

e) 检查各构件有无锈蚀、裂纹、变形等损坏。

f) 检查随箱零件附件的规格、数量、外观质量是否符合图纸及有关规范的要求。

g) 检查各构件的开孔位置、直径、数量是否与图纸和配套件一致。

对检验所发现的问题,双方代表均应签证,由建设单位负责,或委托安装单位处理。

b. 检查校正

钢架及平台的几何尺寸,经检查不应超出表 3.3-35 规定数值。

钢架及平台的几何尺寸　　　　　　　　　表3.3-35

项次	项　　目		允许偏差(mm)
1	立柱、横梁的长度		±5
2	立柱、横梁的弯曲度	每米	2
		全长	10
3	平台框架的平直度每米/全长		2/10
4	护板、护板框的平直度	两相邻孔间	5
		螺栓孔距离	±2
		两任意孔间	±3

超出以上规定时,应进行矫正,矫正的方法分冷态矫正、加热矫正、假焊法矫正三种。可视具体情况选取用。

3) 混凝土基础的处理

在钢架安装之需对基础进行处理。先将基础表面清理干净,按划好的基础线找出钢架立柱的位置并进行扁铲凿平工作,将预留的螺栓也清理干净。根据图纸标出的标高和划线时所测得的各立柱实际标高记录值,再进行凿平或垫高。垫铁每座不得超过三块,高度不足时,可用白钢板搭配。垫铁的承压面积须按钢架立柱的设计荷重计算确定。其单位面积承压荷重不得超过基础混凝土面压强度的60%。若基础为预埋铁板,在清扫干净后测好标高确定垫铁高度。

4) 钢立柱的对接

对于小型锅炉,运到工地的是出厂成品,不再需要对接。蒸发量较大的锅炉,其立柱较长,因采用分段出厂,需在施工现场进行对接。

为了保证钢柱对接质量,在施工现场需搭设组合架。将钢柱放在组合架上找正与焊接,此法比较容易操作。

在施工现场搭设组合架,应视现场条件因地制宜地实施。只要满足下列条件即可,不必强求一律。

① 组合架应具有足够的强度和稳定性;

② 各支撑面的标高要一致;

③ 各支撑面的距离要适当,以立柱不产生较大挠度和立柱上的附件(如牛腿等)不在支撑面上为限。一般以1~5m为宜。对断面较大的可放大距离,对断面较小的立柱也可缩短距离。

④ 各支撑面的高度需适当,以焊工施焊方便为准。

立柱的对接,按设计图纸和JB 1620《锅炉钢结构制造技术条件》的有关规定执行。立柱对接完成后,应检查其各部尺寸、长度、平直度、焊脚高度及焊缝长度产打出中心标记。

(2) 钢架安装

钢架可单件进行安装,亦可预组装后再安装就位。具体选择保种方法,视钢架的结构形式及施工现场的运输条件、吊装有力来确定。

1) 预组合安装

① 预组合安装法适用于钢架较大、刚度较好,单侧成排钢立柱在一条线上或基本在一条线上,立柱高度相差不大的钢架,且施工场地宽敞、平整,安装单位的吊装、运输能力(工装设备和技术水平)都能适应。

② 安装顺序

将合格的立柱、横梁等构件吊运到预组合平台上,按图纸进行组合→定位焊→检查组定位几何尺寸,合格后→焊接各构件→检查焊缝,合格后→吊装就位→焊接边接梁→检查合格后→托架安装→平台安装→扶梯安装→油漆。

需特别注意防止因焊接变形产生的几何尺寸偏差。

③ 钢架组合平台的搭设

预组合安装法安装钢架,是将锅炉两侧的钢架分别组成整体再进行安装。为保证组装的精度,需在组合平台上进行。组合平台是由型钢、道木组成。

钢架组合平台的位置,最好在锅炉基础的附近。若因场地限制离锅炉基础较远,应设在便于运输的道路旁,且在起重吊装设施工的工作范围之内。组合平台场地须平整坚实。平台的型钢(工字钢或槽钢)位置应与横梁、托架等需要焊接部位错开。组合平台的高度尺寸应便于焊接,一般≥0.5。平台的预面呈水平。若不在同一个平面内,则用铁板将型钢垫平。平台搭设后应作检查。检查的方法是用水准仪或胶管水平仪。采用胶管水平仪时应固定一端的某一部位,另一端移动测点。所测各点数据应认真记录,再进行分析调整。

④ 钢架的组合步骤

a. 在组合平台的型钢上划出各立柱的叫心位置及边缘轮廓线。采用拉对角线的方法检查所划线的准确性。并标明立标中心距尺寸 A、B、C、。

b. 在各立柱边缘轮廓线处设置角钢定位(焊在平台的型钢上)以保证其平行度。见图3.3-37。

c. 将各立柱吊运组合平台上按划好的各线分别就位,并使立柱的柱脚底部保持在同一直线,以便下一步安装横梁时能从底部测量尺寸 c、$(b+c)$ 及 $(a+b+c)$。

d. 横梁的组装

在组装立柱底和顶两端的横梁后,组装中间梁。然后安装托、托架、组对时用定位焊定位(也可用螺栓)。整片钢架定位焊接后进行全面检查,测量各部几何尺寸,查明有无变形。

e. 钢架组合焊接

为防止焊接变形,施焊时应分段对称进行。

全部施焊后,应再次检查各部尺寸及有无变形发生。若超差,必须作出调整或返工,直至合格。最后,在两根边柱和一根中间柱顶端侧面的中心线位置上点焊 $\phi 6mm$ 圆钢,长度为 50~100mm,作为安装过程中悬挂线锤校正位置使用。

f. 焊装平台扶梯支架,并去除全部临时焊件。

g. 油漆

2) 钢架的吊装就位

① 吊装方法

钢架组合完毕后,运到锅炉基础旁。按吊装方案绑扎吊点,必要时进行加固,以提高钢架刚度,防止起吊时发生变形。对于重量小、刚度大、面积不大的组合钢架可将钢架完全吊离地面从空中就位。此法称为离地起吊法。对于组合钢架重最较大,吊装能力不足,不能使钢架离地,或组合面积较大、刚度稍差时,可采用使柱脚支撑在地上作拖移的方法,称为不离地起吊法。采用不离地法时,为防止柱脚损坏混凝土基础面,应在立柱垫铁放置处垫上钢板或木板。

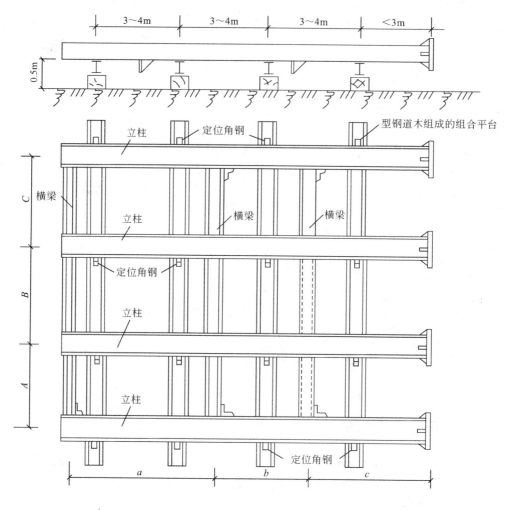

图 3.3-37　在组合平台上组合锅炉钢架图

② 吊装前的检查

在起吊前必须对组合钢架及吊装设置系统进行一次全面检查。应施焊的部位,必须焊完,焊缝要符合要求,起吊的吊点绑牢靠。对于钢丝绳直接绑扎在立柱、横梁的型钢,在棱角处应用护角垫板或木板垫好,既防止滑动又防止钢绳被型钢的棱角摩擦损坏。所有吊装设施、索具、滑轮等应符合吊装方案及有关规范的要求。例如起重机与厂房内的输电线路之间的安全距离应符合规定。当作业中起重臂一旦碰到架空输电线路,由于起重机系统已全部带电,所有人员不得进入危险区(半径 8～10m),更不得触及起重机系统的任何部位。此时身在绝缘台的操作人员要保持冷静,迅速启动起重臂,使之脱离电源。在吊杆未脱离电源时,起重机操作人员不得走出绝缘台,否侧有生命危险。若需要离开,应双脚合拢一步步蹦出危险区,以防跨步引起电击造成伤亡事故。然后设法断电。

对于面种较大刚性较差的组合钢架,须防止吊装引起变形。为了增加钢架的刚性,在钢架两个侧面绑扎脚手杆,或点焊临时钢梁。待吊装就位后再拆除。

③ 试吊

经上述多项检查之后,可进行试吊。即将钢架吊离地面 100～200mm 时停住,检查各部位是否正常。如钢丝绳受力均匀,卷扬机、绑扎点及锚固正常,钢架结构的刚性能满足要求等。在无异常情况下方可开始吊装。此时应在柱头处捆住拉绳。

④ 起吊就位

起吊工作应均匀缓慢地进行。起吊中要注意使拉绳控制钢架,不得让其自由摆动而碰坏构件或伤人。当钢架吊至竖直状态后,使钢架立柱的底板逐渐向基础的限位角钢上靠拢,注意方位正确。使立柱中心线与基础上中心线相吻合。利用已绑在立顶部的拉绳及 φ6 圆钢上的线锤调整立柱的垂直度,并作临时固定。临时固定的方法有两种。一种为拉绳固定法。即将捆在柱头的拉绳的一端栓在就近的厂房柱子上,再换成带有花篮螺丝(松紧螺栓)的圆钢拉筋,另一端抱箍在立柱上端。如图 3.3 – 38。

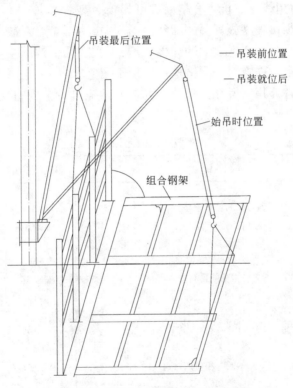

图 3.3 – 38　组合钢架吊装就位示意图

若用脚手杆绑捆在立柱顶部代替型钢,也是一种可取的简易方法。施工中需注意不要碰坏地脚螺栓。

⑤ 立柱的找正

采用千斤顶或撬杠使立柱底平面中心位置线与地面的中心线相吻合。然后用线锤在立柱的两侧通过立柱上部的花篮螺丝来调整,使立柱铅垂度符合要求。另外,也可用经纬仪来测量。

⑥ 柱高的调整

在安装前,对立柱基础标高已经过测量,并已记录在案,大立柱就位之前,按测量记录给出的高差来确定所需垫铁的厚度。将垫铁放在相应的立柱基础处,且要放置平稳。其接触面面积要超过垫铁大小的60%。否则需凿平处理。当个别立柱基础标高发生超差需采用不同厚度的垫铁找平。吊装后对打在各立柱上的+1.0m标高线用水准仪或玻璃管水平仪复测,使之与墙上基准标高线一致。然后紧固地脚螺栓、焊牢各层垫铁和二次灌浆。

立柱的地脚若不用螺栓固定,而且预埋钢筋固定时,需用乙炔氧火焰将钢筋烤红锤弯,紧贴在立柱底脚板上,经检查合格后焊在立柱上。

钢架立柱地脚板下的垫铁,每摞不得超过3块,高度不超过25~60mm。必要时,选用厚板做垫铁。垫铁应放在立柱底板的中心线位置或有加强筋的部位。采用平垫铁焊时,大小应超出柱基底板的外缘,以便将各层垫铁焊成一体。采用斜垫铁时,在找正后将垫铁焊牢。垫铁伸入底板的长度,以超过柱基底板的地脚螺栓孔为宜。

在两侧钢架成片吊装就位后,再安装边接横梁定位焊后,检查钢架各部几何尺寸及各立柱的铅垂度、间距、对角线等。检查合格后方可焊接钢架。

钢架的焊接,必须按程序施焊,并需经常检查焊接变形量。对较大变形,应及时采取措施,防止变形扩大。当防止产生过大的焊接变形,不宜在同一焊缝上多层连续施焊,应在各条焊缝上错开施焊,且对称施焊。严格执行焊接工艺要求。

钢架焊完后,对各部几何尺寸及各处焊缝的质量应进行全面检查并做出记录。其质量标准见表3.3-36。

组装钢架的允许偏差　　　　　　　　　　　　表3.3-36

项次	项　目	偏差应不超过	备　注
1	各立柱的位置偏差	±5mm	
2	各立柱间距离偏差 最大	±1/1000 ±10mm	
3	立柱、横梁的标高偏差	±5mm	
4	各立柱相互间标高差	3mm	
5	立柱的不铅垂度 全高	1/1000 10mm	在每柱的两端测量
6	两柱间的铅垂面内两对角线的不等长度 最大	1/1000 10mm	
7	各柱上水平面内或下水平面内相应两对角线的不等长度 最大	1.5/1000 15mm	
8	横梁的不水平度 全长	1/1000 5mm	
9	支持锅筒的横梁的不水平度 全长	1/1000 3mm	

3) 单件安装法

① 适用范围

钢架单件安装是将经校正的钢架构件逐件在基础上直接就位。此方法适用于施工现场狭小、起重吊装能力不足的场合。但高空作业较多,工效不高。

② 安装顺序

单根钢立柱就位、找正→横梁安装找正并与立柱定位焊接(点焊)托架安装→平台安装→梯子安装→油漆→检测钢架主柱及横梁的安装位置及垂直度、水平度、合格后→焊接钢架连接处→复测钢架的几尺寸及(立柱)垂直度、(横梁)水平度和中心位置。

钢架安装后,应符合 TJ 231(六)《机械设备安装工程施工及验收规范》。

③ 吊装方法及吊装就位

对于重量、尺寸不大的构件,吊装工作可利用锅炉房内的混凝土柱、梁及屋架等设置吊装机具,如小型起伏抱杆、人字抱杆等。但施工前应征得建设单位和土建施工单位的同意,并进行受力核算,经技术负责人批准后方可实施,以防发生事故。

对于采用柱脚不离开地面撤离法起吊时,要防止柱脚在起吊就位过程中使地脚处垫铁的承力面发生损坏。采用柱脚离地的方法吊装,不会发生上述问题。

④ 找正

立柱就位后,应及时找正定位,方法和组合吊装法同。

a. 找正的程序及内容:

将立柱底板上所划中心线,对准标在基础上的柱子中心线,使两个十字中心线重合。调整立柱的底脚位置,可使用撬杠、千斤顶等。

b. 按照锅炉房四周墙和柱子上划出的基准标高(1.000m)线和划在立柱上的 1.000m 标高线检查两个标高位置是否一致。如不在同一水平线上,则应根据柱垫铁的厚度来作调整,并用水准仪或玻璃水平仪进行检查。

c. 立柱铅垂度的调整方法与组合吊装相同。即在立柱互成 90°角的两个相邻侧面沿中心线吊线锤进行检查,合格后拧紧地脚螺栓。

d. 每根立柱安装后,测量相邻两柱的间距、相邻两立柱顶部与根部竖直平面对角线和各柱间的顶部和根部的水平面对角线。检查立柱的平面位置、标高、铅垂度的准确性,并作出记录。

e. 横梁、拉撑及平台支架的安装

按已划出的标高位置线和中心线先焊接横梁支撑角钢,再吊装横梁平台支架,就位准确后进行定位焊,然后检查其位置(标高及平位置)是否正确。确认无误后对横梁与立柱进行焊接。

f. 对钢架进行全面测量检查,合格后再安装平台及扶梯、栏杆、踢脚板等构件。这些构件在安装同样的安装一件,检查一件。未经检查合格不得安装下一个构件。对平台、扶梯等的安装应符合表 3.3 - 37 的规定。各项检查应有记录。

(3) 钢架安装注意的问题

1) 钢架构件必须校正后再安装。
2) 要注意按程序施工,上道工序未合格不得进入下道工序。
3) 按顺序焊接钢架以防变形。
4) 按要求检查焊缝质量。
5) 主柱基础板下的垫铁需有足够面积,且每摞不超过 3 块。每摞垫铁之间需焊牢。立柱基础有预埋钢板时,垫铁要同预埋钢板焊牢;如柱基是预留钢筋的,则钢筋与立柱底脚板一定要紧贴,其间不得有空隙,然后焊牢。

组装平台、扶梯及拉杆的允差　　　　　表3.3-37

项次	项　目	允差(mm)	备　注
1	平台的标高	±10	以托架顶面对标高基准线为准可以托架顶面为基准
2	平台的不水平度每米	1.5	
3	相邻两平台接缝处的高低不平度	5	
4	扶手立杆对平台或扶梯的不垂直度全高	5	
5	栏杆的弯曲度,每米	3	

6) 钢架安装找正焊接后,经检查合格后,即可对立柱地脚进行二次混凝土灌浆其强度达到设计要求的75%时,可进行下步锅筒和集箱的安装。

4．锅筒、集箱的安装

安装前的准备

锅筒、集箱的检查

(1) 拆除锅筒内部装置为便于在锅筒内进行检查和测量,应将锅筒内的装置,如汽水分离装置、给水分布管、排污管拆除后,搬出人孔存放、折除排污管和集箱的手孔等并清扫干净。

(2) 检查依据。

对锅筒及集箱的制造质量检查按设计图纸和 JB 1609《锅炉筒制技术条件》及 JB 1610《锅炉集箱制造技术条件》的规定进行。

(3) 观质量检查

1) 检查锅筒、集箱外观状况。筒体、焊缝、短管焊接处有无制造缺陷或运输中造成的损坏。将检查结果作出记录。

2) 检查锅筒、集箱的几何尺寸是否符合图纸和制造条件的规定。

用钢盘尺测量锅筒、集箱的长度直径。用钢盘尺沿锅筒外面与筒体纵向中心线垂直的面上量出锅筒外圆周长,计算筒体的直径。在锅筒的两端及中部分别测量计算其直径。

在锅筒内部两端及中部,任意取互相垂直的两个内缘测出锅向椭圆度。椭圆度应符合表3.3-38要求。

锅筒椭圆度允许偏差　　　　　表3.3-38

锅筒外径	≤1000mm	≤1500mm	>1500mm
椭圆度不应大于	4mm	6mm	8mm

用千分卡尺或超声波测厚仪可测得筒体及封头的厚度。

在筒体外沿筒体纵向中心线拉线测出筒体的平直度。

对于上锅筒的下部和下锅筒的上部。产品出厂时必须保证平直。因关系到对流受热面的管束长短是否适当。如果这两个不平行,必须按实际距离切取各对流管的长度。若长度不够,须缩短两锅筒的间距,以保证管端在锅筒管孔中有足够伸出。

对上述的尺寸状况应做详细记录。

有关尺寸达不到要求时,应由建设单位同锅炉制造厂联系,不得随意安装。

3) 锅筒、集箱水平中心线和铅垂中心线的检查与校正

锅炉制造厂在锅筒近封头侧的纵向中心线位置上作有标记(三个冲眼)。只要将此处的油漆除去,标记可清楚显出。将筒体两端相应的标记画出连线,即是表示水平和铅垂位置的四条直线。

锅炉制造厂提供的锅炉管系设计图上已标出锅筒水平中心线与筒体纵向管孔中心的角度,便可实测锅筒平均外径和按角度值计算出管孔中心的弧长。实测的弧长与图纸给出的弧长若相等,则表明制造厂给出的中心线标记是正确的。若不相等,则应通知制造厂,并重新确定锅筒的纵向中心线。

4) 锅筒管孔直径的检查

锅筒管孔制造质量对胀接质量影响很大的。因此应认真按照图纸和规范、标准的要求进行检查,并做详细记录。检查的内容及方法如下:

a. 管孔外观检查

用清洗剂将管也壁面上的防护油脂清除干净,并用干净的抹布擦净。表洗操作中切莫纵向擦抹,应顺孔板横向转动擦洗,避免在清洗过程中产生纵向沟纹,影响胀接质量。

然后观察每个管孔表面,不得有砂眼、严重锈蚀、飞边毛刺及纵向沟纹。个别管也允许有一条环向或螺旋形沟纹,但深度 $\not> 0.5mm$,宽度 $\not> 1mm$,且沟纹至管孔边缘的距离 $\not< 4mm$。

b. 管孔直径、圆度、圆锥度的检查

用内径千分卡或游标卡尺(游标卡尺的精度不得低于0.02mm)呈90°角的两上位置测量管孔的直径,并计算其平均直径。所测管孔中的任一个直径数值,都是不得超过管孔直径的公并差上限展开图中。

用同样的工具可测得每个管孔的圆锥度。

管孔壁的光洁度应 $\geqslant \triangledown 3$。

测得的胀接管孔的尺寸及公差应符合表3.3-39规定。

胀接管孔的尺寸及允许公差 表3.3-39

管子公称处径(mm)	32	38	42	51	57	60	63.6	70	76	83	89	102
管孔直径(mm)	32.3	38.3	42.3	51.3	57.5	60.5	64.0	70.5	76.5	83.6	89.6	102.7
管孔直径允许的公差	+0.34 0				+0.40 0				+0.46 0			
管孔允计圆度差	0.14				0.15				0.19			
管孔允许圆锥度	0.14				0.15				0.19			

注:1. 锅壳锅炉,管孔直径允许加大0.2mm。
  2. 本表摘引自国家机械委员会的 ZBJ 98001—87。

管孔尺寸超差若数值不超过表3.3-38中规定公差值的一半,当管孔总数不大于500

个时,超差的管孔数量不得超出管孔总数的2%,且不得超过5个孔数;当管孔总数大于500个时,超差的管也数量不得超过总数的1%,且不得超过10个孔数。

c. 管孔间距的检查

用钢盘尺测量,应符合表3.3-40所示之要求。

管孔间距的检查　　　　　　　表3.3-40

公称尺寸 $t、t_1、t_2、t_3$、	允许偏差
≥260	±1.5
261~500	2.0
501~1000	2.5
1001~3150	3.0
3150~6300	4.0
>6300	5.0

对锅筒、集箱检查所发现的问题,应整理后通知建设单位施工代表、必要时向当地劳动部门报告。由建设单位负责会同有关单位和部门处理。

5. 锅筒安装

(1) 锅筒支座安装

锅筒的支座形式分支座式及吊环式两种。

1) 安装前对支座的检查

对支座式,用清洗剂将活动支座的滚柱清洗干净,并用游标卡尺测量滚柱的直径及圆锥度,其直径误差不得>2mm;圆锥度,滚柱两端直径之差不得>0.05mm。合格后将滚柱放入清洗干净的底座中。检查底座上、下两钢板与滚柱的接触是否良好。若发现有与上面的钢板不接触的滚柱不到70%,应研磨或换上直径大的滚柱,使全部滚柱与铁板接触。组装活动支座,应按设计文件给出的数值和方向调整膨胀间隙。调整膨胀间隙后,对活动支座进行临时固定,但不准与锅筒点焊。待锅炉水压试验合格后,在砌筑之前再切开临时固定,使其自由膨胀,然后在支座上找出其纵横中心,作为调整其水平与标高位置时使用。

2) 锅筒支座安装

在放置锅筒支座的横梁上找出支座安装位置的纵、横中心线,并用拉对角线的方法检查固定支座与活动支座的平行度,其对角线长度差≯2mm。支座的横向中心线应处在锅筒纵向中心线的投影位置上,分别将固定支座和活动支座在各自的位置上对准纵、横中心线并初步固定。然后用玻璃管水平仪测量支座的标高。在支座下与横梁之间采用加减垫铁的办法来调整支座的标高。紧固好螺栓后将垫铁之间、垫铁与横梁之间焊牢。

(2) 锅筒、集箱的吊装就位

锅筒吊装就位顺序

先吊装就位上锅筒,后吊装就位下锅筒。此程序不可颠倒。否则将造成吊装困难。上锅筒就位后可利用它吊住下锅筒。吊装方法很多,可用吊车、葫芦、人字桅杆、起伏桅杆等实施,视现场条件选用。

吊装前要查清所吊锅筒的重量、吊装设备与机具是否可行。吊装设施是否与吊装方案相符。受力件实作强度计算核定,并按安全操作规程进行吊装。

吊装时,锅筒应绑扎可靠,绑扎部位的钢绳与锅筒。不准利用锅筒管孔和短管穿钢丝绳绑扎。所绑牵引绳的位置应适当,以使吊装过程中控制锅筒的方法。因钢架的两侧横梁跨距比锅筒长度长,锅筒需从钢架之间倾斜吊起,锅筒与地面的斜角为30°~40°。为此,可在任一侧吊绳上接一千斤不落(按锅筒重量计算不落的起重能力)。通常上锅筒较重,重量<3t。需锅筒斜位时,拉紧斤不落的链子,缩短其长度即可。

(3) 锅筒集箱的找正定位及临时固定

上、下锅筒吊装就位后,需进行找正和临时固定,以便进行胀管。锅筒和集箱是锅炉最重要的受压部件之一,其位置正确与否,直接影响对流管束、下降管的安装质量。对流管束的胀接,受锅筒位置影响更大。因此对锅筒和集箱的找正及临时固定尤为重要。

1) 找正的顺序

先找正上锅筒。以上锅筒为准,再找正下锅筒。上锅筒要与前、后及侧水冷壁集箱边接,并接有上升、下降管。需要联接的部件较多,它的位置正确,使以后的安装更容易顺利。上、下两个锅筒之间的垂直和水平距离尺寸务必准确、使对流管束的胀接尺寸才有保证。

2) 找正的内容及方法

找正包括单个锅筒、集箱的找正,也包括相对位置(垂直距离和水平距离)的找正。其方法如下:

① 以基础的纵、横中心线为准。在锅筒两上端部吊线锤,测量纵、横中心线的投影是否与基础上已划的纵横中心线相重合。如图3.3-39。

将线锤吊至基础地面上,用钢尺测量出 A' 及 B_1、B_2、B' 检查是否符合图线要求。B_1 应与 B_2 相等,$B_1 \neq B_2$,表明下锅存在椭圆度。应检$(B_1 + B_2)/2$ 的数字值再找其横向中心位置的投影点。也可直接从下部中心线吊下线锤。用磁铁将线锤吸在锅筒部中心线、测量线筒中心线在基础上的投影位置划出后,从锅筒中心线用吊线锤,找正锅筒的水平位置,见图3.3-40。上锅筒的中心线按 A 值对准线锤,下锅筒的中心线按 B 值对准线锤。

确定锅筒横向中心(筒体的中点)位置,应按筒管孔的位置为基准找出其中点。采用吊线锤的方法,由该中点吊下线锤,并与锅炉的纵向基准线对准。若不对中点,可左右移动锅筒至符合要求为止。

② 锅筒标高及水平度的找正

先用玻璃管水平仪调整锅筒的水平度。将玻璃管水平仪的一端靠在锅筒两端共四个水平中心线上的一点,另一端分别测出其三点与该点高度差。当高度差为零,表明这四点均在同一个水平面上,锅筒是水平的。若高度差超差,则需用转动锅筒来调整。此高度差的允许偏差值,纵向全长为2mm,横向为1mm。

然后,调整锅筒的标高。对于基准标高的测量,用钢尺从钢柱上的+1.00m标高线起量出锅筒的设计中心标高在钢柱上的对应位置。用玻璃管水平仪测量该点与锅筒中心线是否在同一标高上。如果不一致,则在锅筒支座下部与横梁之间加减垫铁,来调整其标高。标高允许偏差为±5mm。

应当注意,在顶起锅筒加、减垫铁时,千斤顶在锅筒下侧中心线位置,不可顶偏。否为了何证在加减垫铁后的锅筒的水平度不超差,在调整标高后,应重测锅筒的纵、横向水平度。

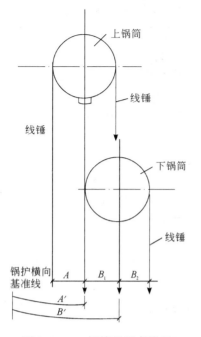
图 3.3-39 锅筒的垂直找正

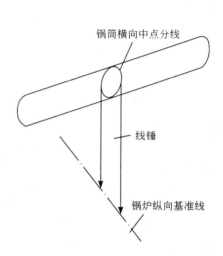
图 3.3-40 锅筒水平找正

若锅筒为悬吊式没有支座。调锅筒标高时,只要调整吊环螺母即可改变吊杆长度,从而调整锅筒。

上锅筒找正后,以上锅筒为基准找正下锅筒、集箱的中心位置,然后测量各部尺寸,见图3.3-41。

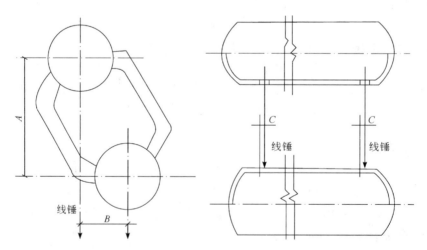

图 3.3-41 上下锅筒的相对位置及尺寸图
A-上、下锅筒间的距离;B-上下锅筒的相对位置(锅筒最外边管孔中心距)

上、下锅筒的位置确定后,应立即做临时固定。不论采用何种方法固定,但不得在锅筒上焊接或引弧。

集箱的找正按图纸要求进行。方法与锅筒类同。

3) 需注意的问题

① 认真做好管子放样检查避免管子试后发现长度不足情况。

② 吊装工作必须充分注重安全作业,吊装中途或重物未放平稳前不得停顿。

③ 有的锅炉,对前集箱的联管有预拉伸(约 20~30mm)的要求。为满足这一要求,在安装时按顶拉伸的高度值选取用同厚度的垫铁将前集箱的标高加高(对设计标高加上预拉伸数值)。待前水冷辟管一端与前集箱焊完,而另一端与上锅筒胀完,此时再将前集箱下部的垫铁取出。采用 U 形螺栓卡强制压下紧固达到顶拉伸目的。前水冷壁管的安装顺序,不定期要先焊完一端后,再胀另一端。不得先胀后焊,影响胀接质量。

6. 受热面安装

(1) 检查校正的方法

受热面的检查和校正,主要是清点数量,并按不同规格分类堆放,然后在钢板校正平台上按照样板校对,对不合格管子要在现场矫正。

1) 放样平台的搭设

根据设计图纸的受热面管子立面图(侧向),按其所占面积的长、宽尺寸(以 1:1 的比例)搭设钢板平台。地面平整后,铺设道木或型钢垫底,上铺≥8mm 厚的钢板。要求钢板表面平整。其不平度应小于 3mm,不平整时在下面用垫铁找平。将钢板点焊,使之无架空发颤现象。

2) 放样

受热面水管系图(侧图)核对无误后按 1:1 的实样划在钢板平台上。其步骤大致如下:

① 在平台上划出上、下锅筒的纵、横中心线,确定上、下锅筒的横截面圆心。

② 按上、下锅筒的内、外径划圆线。

③ 划出上、下锅筒之间及各集箱与锅筒连接的管子中心线。对于管子中心线与锅筒水平中心线之间的夹角,采用下列公式计算出圆心角的对应外圆上的弧长。然后在外圆上用钢卷尺量出各管子的中心线,按此交点画出管子轮廓线。

$$弧长 = 弧度 \times 圆心角 \approx 0.1745aR$$

式中　a——图纸给出的圆心角(°);

R——锅筒的外圆半径(mm)。

④ 按图纸给出的弯曲半径,找出各弯管曲率的圆心,并画出此段弯曲的中心线有轮廓线。

⑤ 将各管子直段轮廓线划出,并与已画弯曲段轮廓线相切,划出伸入锅筒内的长度轮廓线最长与最短线,就得到管束的放样。

⑥ 在管子上下弯曲段与直段的转角处,点焊各一对定位角铁(角铁规格 $< 25^2$ 或 $< 30^2$)。角铁棱角针对管子轮廓线处。此定位角铁作为检查弯管的样板。

⑦ 对已放样的划线作认真检查。确认无误后,在管子的重要部位(如管子与锅筒连接处、弯管处)打上冲眼作标记。

放样工作须十分仔细,要保证放样准确,采用拉对角线的方法检查下下锅筒纵向与横向中心线是否垂直。若 $O_1O_2 = AB$,说明两中心线是垂直的,同时 $O_1 = O_2$,$O_1B = O_2A$ 分别等于上下锅筒中心的水平和垂直距离。放样样正平台图及大样见图 3.3 – 42。

3) 受热面管子的检查与校验

① 受热面管子的编号

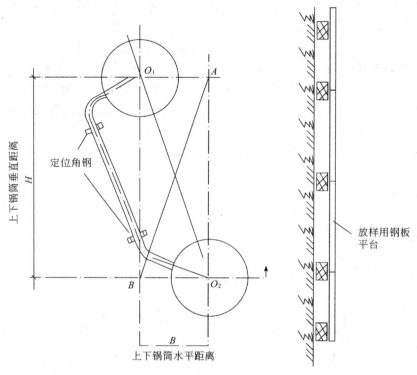

图 3.3-42 放样样正平台图及大样

事先画出受热面管子的位置编号排列图。图上应表明受热面管子排数及行数,并显示上下端位置。为防止左右搞错,不应从中心开始中向两端排列,而应从一端开始另一端依次排列编号。

② 受热面管的检查与校验的依据

按有关标准执行:

a. 管子必须具有出厂材质证明书。其钢号应与设计要求相符。对出厂材质证明书或其材质有疑问时,应做化学成分分析和机械性能试验。材质不合格,不得使用。

b. 管子外观不得有裂纹、重皮、压扁、严重锈蚀。其表面有沟纹、麻点时,此缺陷深度不得使壁厚小于管子公称壁厚的90%。

c. 管壁要均匀。管子公称外径为32~42mm,其外径偏差±0.45mm;公称外径为51~108mm,其外径偏差为±1%。

d. 直管的弯曲度≯1mm/m,全长≯3mm。其长度偏差≯±3mm。

e. 管子的椭圆度应满足胀接或焊接的要求。

f. 对受热面管子应逐根进行通球试验,通球球径按表3.3-41规定选取。

通球球径 表3.3-41

管子的弯曲半径	$<2.5D_g$	$\geqslant 2.5 \sim 3.5D_g$	$\geqslant 3.5D_g$
通球球径不应小于	$0.70D_{go}$	$0.80D_{go}$	$0.85D_{go}$

注:表中 D_g—管子的公称外径;D_{go}—管子的公称内径。

通常在管子校正后进行通球试验。所有通常用钢或木材制成。不得用易变形材料制球。通球试验结果应详细记录。

g. 管子弯曲状的外形及偏差应符合图3.3-43及表3.3-42规定。

弯曲管外形及偏差要求　　　　　　　　表3.3-42

项次	项目内容	偏差(mm)
1	管口偏移	≤2
2	管段偏移	≤5
3	管口间水平方向距离偏差	±2
4	管口间竖直方向距离偏差	+5 -2

h. 弯曲管的不平度应符合图3.3-44及表3.3-43规定。

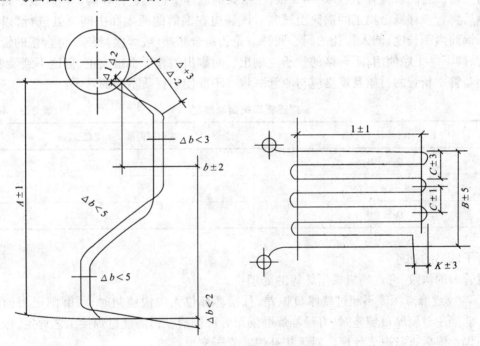

图3.3-43　弯曲管的外形允差

弯曲管的不平度要求　　　　　　　　表3.3-43

长度(mm)	≤500	>500~1000	>1000~1500	>1500
不平度不应超过(mm)	3	4	5	6

i. 胀接管口的端面倾斜度 f 不应大于管子公称外径的2%，见图3.3-45，且边缘不准有毛刺、飞边。对焊接的管端的要求见表3.3-44。

③ 受热面管子的校验与校正

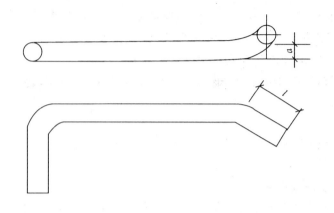
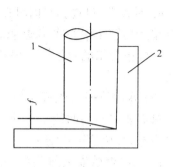

图 3.3-44　弯曲管的不平度　　　　　图 3.3-45　管口倾斜度
　　　　　　　　　　　　　　　　　　　　　　1—钢管；2—钢板

将受热面管的每排管子各取 1~2 根，在搭设的放样平台上进行校验。与样板一致为合格。然后将管子移到已找正的锅筒上试装。试装应在锅筒的两端和中间三处进行，以检查其伸入锅筒内的长度、伸入管孔的同心同轴应是否符合胀接（或焊接）要求，将合格的管子放在一边，待下一工序使用；不合格的管子应剔出。对剔出的管子重报校正，仍达不到要求的，应更换新管。新管的材质及规格应与原管一致。不准使用材质不明的管子。

焊接管口端面倾斜度　　　　　　　　表 3.3-44

管子公称外径 Dg(mm)	端面倾斜度 f 不应超过(mm)
$Dg \leq 108$	0.8
$108 < Dg \leq 159$	1.5
$Dg > 159$	2.0

管子缺陷的处理：
对管表的沟纹、麻点的机械损坏等的处理：
a. 沟纹或麻点深度不超过壁厚负偏差，且损坏部位无尖锐棱角时，可磨削至表面圆滑即可。缺陷超过壁厚负偏差时，可经堆焊磨削至管面圆滑。但需经过焊接工艺评定，按焊接工艺施焊。焊后进行退火处理。对无法补焊的管子应更换。
b. 管端不合格且无法修补时，可切去管端 150~200mm 长，另做拼接，采用此法应经建设单位同意，并向当地锅炉监察部门备案后实施。所有焊接工艺，应经工艺评定。由取得此项合格证的焊工施焊。应按照 JB 1613《锅炉受压元件焊接技术条件》进行质量控制。焊后按《蒸汽锅炉安全技术临察规程》的规定，以两倍工作压力值进行单根水压试验，合格后方可使用。
c. 对管口椭圆度超差的处理，采用胀管器进行校圆，但扩大管子直径。经校圆后做退火处理。必要时应更换管子或更换管端。
d. 对管子弯曲部分的尺寸不符合要求时，可视情况采用冷态或中性火陷局部加热烘烤后，加外力校正方法。加势的温度 800℃ 防止脱炭氧化。不论冷态校正或加热校正，处理后的不得在管上出现锤痕、压伤或凸凹。

e. 对管端偏口的处理,可在锅筒或集箱上试装后,切去长出的部分或磨平偏口部分,以管口端面与管子中心线相垂为准。但管端伸出量应符合规定。

经校正合格的管子应按编号堆放,暂不用的管子,在管端涂刷石灰水并妥善保管,防止生锈。

(2) 水冷壁及对流管安装

对需要组装的两侧水冷壁可在平台上预制组装经焊接成型后,以整体吊装到位。对前、后水冷壁,应单管进行安装

1) 水冷壁管安装前的有关技术要求

① 复核锅筒、集箱安装记录,重点是中心位置、标高、水平度及相对位置。先在锅筒、集箱两端和中间部位进行试装。

② 检查管孔。

胀接管孔的合格标准见胀接工艺。

对于焊接管孔,应清除锈蚀、油污。孔径应符合表 3.3-45 规定。

焊接管孔直径允许偏差 表 3.3-45

管子公称外径(mm)	允许最大孔径(mm)	允许最小孔径(mm)
$\phi 51$	52.24	51.5
$\phi 83$	84.87	84
$\phi 159$	161.5	160.5

③ 将集箱内杂物清除干净。

④ 为防止集箱焊接变形,已做临时固定。

2) 水冷壁的组对

对长水冷壁管,出厂时截成 2~3 段发运。需在现场对接后进行安装。

① 预组对:

将管子置于平台上进行 1:1 的放样。管子经样板检查合格后做对接、点焊定位。采用经评定合格的工艺焊接同时焊接拉勾连接板。焊后应逐根通球试验检查。合格后进入下道工序。

在管子单根组对中,应注意对接焊缝不得布置在管子的弯曲部分。管子直段上的对接焊缝中心线至管子弯曲起点和锅筒集箱的外壁以及管子支、吊架边缘的距离至少为 50mm;对于额定蒸汽压力 >3.82MPa(39kgf/cm²)的锅炉,上述距离至少为 70mm。

② 侧水冷壁的单根安装就位

逐根对号入座,为使管子排列整齐,各项尺寸准确,采用型钢制的恶夹具定位。见图 3.3-46 定位角钢的规格为 $\llcorner 50^2 \times 5$ 或 $\llcorner 60^2 \times 5$,紧固螺栓的规格为 M10~M12。

采用专用卡具控制集箱的管端伸出量,见图 3.3-47 中限位铁 3 与管卡 1 固定为一体,限位铁下端的长度 l 为集箱壁厚与管端伸出量之和,测量时沿限位铁在管上划出印线。该管端的实际长度 L',符合下列要求尺寸为合格,即(集箱厚度 + 最小伸入量)≤ L' ≤(集箱厚

度一最大伸出量)。检查后重新穿入集箱孔内,并逐个拧紧定位角铁上U形管卡螺母,注意各水冷壁管按位角钢上所开半圆孔的中心间距来控制管距。

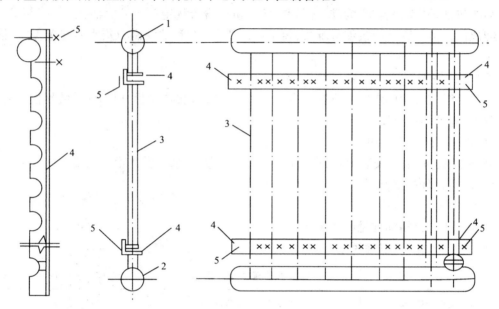

图 3.3-46 侧水冷壁的单根安装就位
1—上集箱;2—下集箱;3—水冷壁管;4—定位角钢;5—紧固螺栓

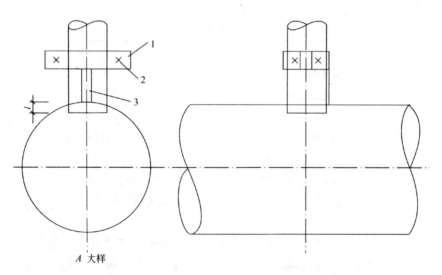

图 3.3-47 专用卡具控制集箱的管端伸出量
1—管端半圆卡;2—紧固螺栓;3—限位铁

在制作定位角钢时,所开半圆孔的中心间距及孔径必须准确。其中心偏差不得大于规范规定的水冷壁管中心之偏差。角钢的长度要大于水冷壁的总宽度。

各管子定位后,需做检查。

③ 对前、后水冷壁管的安装方法与侧水冷壁管相同。不同的是先焊接一端,再胀接另

一端。不得先胀一端,再焊另一端。对于前水冷壁在设计中心要求预拉伸时,在前集箱安装中,应按预拉伸值垫高。待前水冷壁管与锅焊接后,再对前集箱进行胀接。此后,除去垫高前集箱的垫铁,并拧紧前集与其支座定位的U形卡螺母,使前集箱与支座之间原已垫高的预位伸值消除为零。即完成了预拉伸的要求。

④ 水冷壁预组合后的整体吊装就位。

此法适用于水冷壁管两端均集箱连接,并且现场吊装的工装能力和技术能力较强的情况。

其方法是:在样板平台上组对、点焊定位后,将组合件吊放到台架上进行焊接。见图3.3-48。

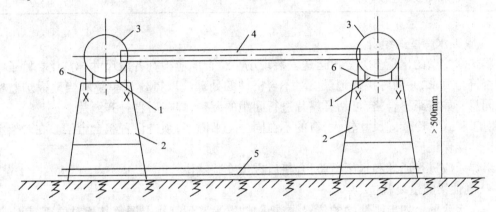

图 3.3-48 水冷壁组焊台架
1—托座;2—型钢或管子做成的支架;3—集箱;4—水冷壁管;5—加固定位型钢;6—集箱定位U形卡

架设台架的地面应平整坚实,两支架的中心(托座中心)间距与上下两集的中心距相等。尺寸检查无误后,用型钢5点焊定位使其相对位置不能移动。支架标高以蹲下焊施方便即可,通常高度为500mm。

焊接中应防止焊件变形造成超差,因此应在全部管子定位焊后再焊接管孔。定位焊的焊脚高度及长度应足以克服焊接应力所造成的损害。焊后的水冷壁应符合表3.3-46的规定。

水冷壁管组焊后的允许误差 表3.3-46

序号	检查项目		允许误差(mm)	
			光 管	鳍 片 管
1	集箱的水平度		2	2
2	集箱的对角线差		10	10
3	组件宽度	全宽≤3000时	±3	±5
		全宽>3000时	±5	每米2,总宽≤10
4	火口纵横中心线		±10	±10
5	组件长度		±10	±10

续表

序号	检查项目	允许误差(mm)	
		光 管	鳍 片 管
6	管子间距	±3	±3
7	管排不平度	±5	±5
8	水冷壁固定挂钩	±2 ±3	— —
9	集箱间中心线垂直距离	±3	±3

⑤ 膜式水冷壁的组合

膜式水冷壁的出厂多为分段运送安装现场。组合前应检查各段尺寸,对有线、管子中心距是否符合要求,并做好检查记录。对不合格件的处理应取得建设单位和当地锅炉监检部门的同意。如管距不合格,可切开鳍片进行间距的调整,焊接后再补齐鳍片。

对于膜式水冷壁因尺寸较大,有的不在同一个平面上,须先设置组合台架。在台架上组合焊接才能保证质量。

组焊后应进行通球和水压试验,合格后方顶安装就位。

⑥ 刚性梁的组装就位

先在水冷壁上划出刚性梁的位置线,把刚性梁吊装到管排上调整其相对位置,其组装误差应符合表3.3-47规定要求。然后,按设计图所示焊接小拉钩注意留出焊接收缩量。

刚性梁组合安装允许误差　　　　　　　　　　　　　　表3.3-47

序 号	检 查 项 目	允许误差(mm)
1	标高(以上集箱为准)	±5
2	与受热面管中心距	±5
3	弯曲或扭曲	≤10
4	连拉装置	膨胀自由

3) 水冷壁的吊装与找正

① 水冷壁吊装前的加固

组后的水冷壁形状长而扁平,结构单薄。在翻转、吊运就位过程中容易发生变形。因此,必须采取加固措施,以增加刚度。对长度大,弯曲度小,管径粗的水冷壁组合件可用小规格型钢、拉筋加固;对于长度大、弯曲度大、管径细的水冷壁组合件,可用较大规格的型钢做成支架加固。不减少吊装负荷,加固件的结构要简单,其重量不宜过重,以组合件不变形为度。可参照图3.3-49选用。此型钢规格、节点处理、焊脚尺寸应通过计算得出。

② 水冷壁组合件的吊装

无论采用手动链条葫芦,还是用滑轮组卷扬机,或利用锅炉房内设置的起伏抱杆等方法进行吊装,均应由起重吊装专业人员对装件受力进行校核计算,确认吊装安全无误后方可实施。

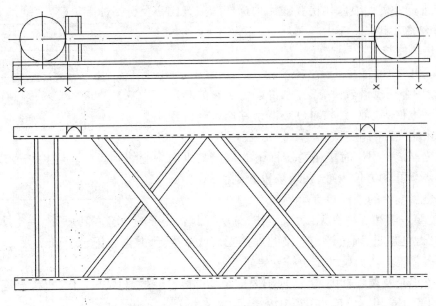

图 3.3-49 水冷壁吊装加固

③ 水冷壁的就位找正

吊装就位后,应进行临时绑扎固定,然后对集箱的中心位置、水平位置及标高进行找正。

a. 用线锤从集箱的纵横中心线处吊下,以事先划在基础上的集箱纵横中心线位置为准,对水冷壁中心线位置作调整与找正。

b. 标高、水平度的调整与找正,以事先划在锅炉钢架上的标高线为准。使杉玻璃管水平仪找出标高、水平度差值,用调整集箱下部的垫片厚度的方法调整挂钩的标高的方法来找正。对于膜式水冷壁标高的调整,利用上集箱的吊杆螺栓上的螺母之松紧来实出。对于受热面管排与钢架间距的调整,利用移动刚性梁的连接装置来实出。然后对各部位同何尺寸进行测量,并再次调整使之符合表 3.3-48 的规定。

水冷壁组合件安装允许误差　　　　　表 3.3-48

序 号	项　　目	允 许 误 差(mm)
1	集箱中心位置	±5
2	集箱标高	±5
3	集箱水平度	全长 2
4	间距	±3

调整合格后,进行固定,并撤除临时固定,同时按图纸要求对集箱的固定端和自由伸胀端作处理,必须保证集箱及水冷壁的自由伸胀。

此后对边接上水冷壁集箱与锅筒的上升管、下降管进行安装组对,并施焊。

水冷壁是锅炉的主要受热面,必须按照设计图纸的要求,遵循经评定合格的焊接工艺由取得合格证的焊工施焊。根据《蒸汽锅炉安全技术监察规程》或《热水锅炉安全技术监察规程》的规定进行处理无损探伤检查。无损探伤的抽查比率及合格标准见《蒸汽锅炉安全技术监察规程》有关条款。

7. 过热器安装

(1) 安装前的检查

过热器的金属壁温较高,工作条件恶劣。它的制造及安装质量的好坏,关系到锅炉机组的正常运行。在安装前,必须对过热器组件作认真检查。

1) 过热器集箱的检查

① 过热器集箱出厂时集箱两端标记的横向与纵向中心线须正确。经检查发现不正确时,以过热器管孔的方位为准,在现场重新划出标记。

② 过热器集箱的外观检查。

检查集箱表面和焊缝有无裂纹、撞伤、分层、凹陷、变形等缺陷。其短管、手孔是否完好。若需进行补焊处理时,须按评定合格的焊接工艺认真执行,并做好记录。

③ 检查集箱的几何尺寸是否符合要求

④ 检查集箱及调温器内部,清理出内部杂物,并用薄铁板(厚 3mm)或塑料盖等,将集箱所有管座的管孔封闭。以后对管孔用一个拆封一个,严防再进杂物。

2) 过热器蛇形管排的检查

① 核对过热器蛇形管的制造合格证书和材质明资料。根据需要作光谱分析检查,提交光谱分析报告,对管材定性验证。

② 检查蛇形管的几何尺寸是否符合图纸要求。其方法是在平台上按 1:1 的样板校验,对不合格的应校正合格。

③ 对蛇形管进行通球检查

方法是:用木球以压力为 0.3~0.5MPa 的压缩空气吹进管内,从另一端用漏口接球。对全部管子逐根进行通球,并做好通球记录。同时用铁盖或塑料盖填封住已检查管子两端管口。经过通球检查,可使管内杂物吹净。对于木球未通过的蛇形管,可用 8~10 号钢丝助球通过。对于通不过的球,反向顶出,另计量穿入钢丝的长度,找出卡球部位。此部位常在管子对接焊缝处或弯曲部分。由于对接焊缝内面出现焊瘤或管子椭圆度过大所致。

④ 对蛇形管逐根进行水压试验。此试验压力,按设计图纸要求确定,试压后,吹出管内积水,再将管口封住备用。

为提高逐根水压试验工效,对各管口封闭可以采用胀塞堵头、快速接头等。此办法比用钢板焊堵的工效高、质量好。

(2) 过热器安装

过热器出厂分为组合出厂和散装出厂两种。组合出厂的热器,安装时在现场整体吊装就位即可。本节介绍散装出厂的过热器安装。其安装方法按现场条件,施工单位的起重吊装工装能力不同分为单件直立安装和组合成整体吊装两种方法。

单件直立安装

适用于起重吊装能力较小、施工场地不大的情况,此方法是先将过热器的集箱安装就位,再从里向外逐蛇形管并焊接。

1) 集箱的安装找正及固定

检查过热器集箱支承梁位置的标高、水平度是否符合图纸要求。检查合格后,将集箱吊装到支承梁上就位,并进行集箱的初步找平、找正及固定。不得在集箱上用焊方法固定。

① 集箱的纵向中心位置与横向中心位置的找正。

在锅炉顶部钢架上放线,标出热器集箱的纵向和横向中心线及标高线。以钢架上的集箱纵、横中心线为准,吊出线锤,通过移动集箱,使集箱上已划出的纵、横中心线与线锤重合,即找正完毕。

用玻璃管水平仪的一端靠在钢架上已划出集箱中心标高线处,测得集箱的标高和水平度。对上、下集箱找正后,予以临时固定并做好记录。

② 集箱与锅筒相对位置的找正

集箱、锅筒的各自位置找正后,由于制造和安装中的误差还应按图纸要求再检和校正集箱与锅筒、集箱与临时固定。各相对位置的校核,使用钢尺测量,集箱与锅筒、集箱与集箱的中心线的距离用拉对角线的方法进行。此方法可保证过热器与锅筒之间的连管尺寸的准确性,见表3.3-49。

过热器安装允许偏差 表3.3-49

项次	项目	偏差不应超过(mm)	附注
1	过热器集标高偏差	±5	
2	过热器集箱不水平度	全长2	
3	过热器集箱与锅筒间轴心线距离偏差	±3	
4	过热器集箱两对角线($k_1 k_2$)不等长	3	在最外边管孔中心测量
5	过热器集箱与蛇形管底部的距离 e	±5	
6	过热器蛇形管间距	总宽度≮5~10	
7	管的最外缘与其他管的距离	±3	
8	蛇形管的垂直度	1/1000	
9	蛇形管边缘管与炉墙间隙	符合图纸要求	
10	蛇形管自由端的偏差	±10	
11	蛇形管个别不平整度	20	

2) 蛇形管的安装与焊接

为便于安装操作和施焊在过热器的支承梁上设置临时支架。

① 安装基准蛇形管

以过热器集箱中部的一排为基准管,使之就位,测量几何尺寸,位置确定后,进行定位焊接。用线锤吊检其垂直度及中心位置接和限位,保证蛇形管的间距,见图3.3-50所示。

梳形定位卡板应采用∟$50^2 \times 5$ 或∟$60^2 \times 5$ 角钢,按蛇形管的管径加1mm开梳孔,各梳孔的间距便是蛇形管之间距。每排蛇形管安装就位后,应用U形螺栓将蛇形固定在梳形卡板的梳孔内,再进行定位焊。全部蛇形管安装、焊接完成后将梳形定位卡板取出。此部位的焊接必须由有资格证的焊工按评定合格的焊接工艺施焊,并符合JB 1613《锅炉受压无件焊接技术条件》的规定。

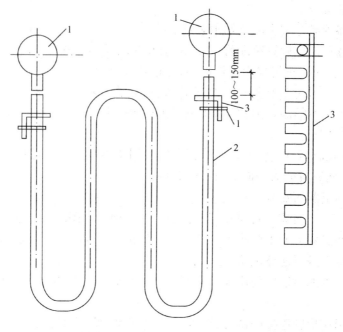

图 3.3-50　蛇形管安装方法
1—过热器集箱；2—蛇形管；3—梳形卡板；4—紧固 U 形螺栓

② 有关检查

蛇形管的焊接全部完成后,对各项几何尺寸进行检查,并符合表 3.3-48 的规定。同时应做好检查记录。对于间距超差的蛇形管,可采用中性的氧－乙炔火焰加热校正。然后按图纸要求将集箱固定端的螺栓加以固定,将集箱活动端的螺栓松开,使其能自由膨胀。此后进行水压试验。试验压力按图纸和规程的规定选取。合格后管子进行吹扫并再次通球检查。管内的积水需吹干,有关各项检查应做记录留存备查。

(3) 组合后整体吊装

将过热器集箱与蛇形管置于组合架上,按图纸要求进行组合焊接,并经水压、通球试验,然后整体吊装。组装方法如下：

1) 组合架的制作

根据过热器的整体外形尺寸大小,使用型钢或管子作构件,自制组合架。

2) 组合安装

① 先找正过热器进、出口两上集箱的相对位置,即两集箱之间的水平、垂直距离和平行度及横向中心线应找准使其符合表 3.3-49 的要求,并用临时卡具固定。

② 按照焊接工艺分别安装蛇形管。采用梳形定位卡板控制管子间距,方法与单根安装相同。

③ 附件安装：

将过热器上的管卡、夹板及吊钩等附件按图纸要求逐一安装好。

④ 进行水压试验并作记录。

⑤ 使用压缩空气吹分及进行通球试验并作记录。

⑥ 使用盲板将进出口管法兰封闭加盖手孔盖,防止进入杂物。

3) 整体吊装就位

① 在过热器顶棚主梁中部选好吊装点。

② 对吊装负荷进行验算核准后,在锅炉钢架的顶部设置吊装装置或采用起伏抱杆将过热器整体吊装位。在找正过程中不松吊钩,将过热器顶棚主梁与钢架进行组对焊接完毕后松开吊钩,对各部位尺寸进行检查。合格后,做好记录。

③ 对过热器集箱的固定端和自由伸缩端做处理,使之符合设计要求。

(4) 调温器的安装

调温器又称减温器。其安装应与热器的安装同步进行。调温器的找正按图纸及集箱的找正要求进行。调温器分为表面式和混合式两种。

1) 表面式调温器的安装

① 注意留出膨胀间隙。其间隙值和膨胀方向必须符合图纸的要求。

② 形管与调温器上的主管座不可强力组对焊接,以免应力使调温器顶起。

③ 管子连接后进行通球试验。

④ 对于冷却管的拆装应使用加长套筒拧紧法兰螺栓。拆卸时不得用锤敲击,以免管接头出现裂纹。

⑤ 对于不用蛇形管连接的调温器,安装时其与钢架的相对位置、标高和垂直度按图纸要求就位并找正。

2) 混合式调温器的安装

① 在安装前查阅制造厂出具有组装检查合格证,并核对检查项目无误。

② 检查调温器上各接管管座的角焊缝符合制造技术条件。法兰面的倾向、偏移不超差。

③ 确认各项质量要求合格后方可安装。安装时注意其冷却水喷头的方向,应使喷水孔所朝的方向与气流方向一致。

8. 省煤器安装

省煤器是利用锅炉尾部烟气加热给水的一种换热设备。

省煤器按制造材质分为铸铁式和钢管式。按换热状态分为非沸腾式和沸腾式。铸铁助片管省煤器多的中小型锅炉上使用,蛇形钢管省煤器多在大型锅炉上使用。

(1) 铸铁助片式省煤器安装

铸铁肋片式省煤器,有的在制造厂将单管组装后出厂,有的将单管发至现场,由安装单位组装。现场安装时按施工条件和吊运能力可分为单件安装和组合安装两种。

1) 单件安装

现场场地较小且吊装能力较差时,采用单件安装。此法是在省煤器周围的钢架平台安装完毕后进行,以便利用平台放置零部件和操作。对于锅炉尾部不设平台的,则在省煤器安装位置两侧搭设临时操作台。

① 安装前的检查处理

a. 检查每根用力片管及180°弯头的密封面是否符合安装要求,不得有砂眼、气孔、裂纹的歪斜情况,并清除残砂。

b. 每个180°弯头的两个法兰面是否在同一平面。用直尺立放在法兰面上,而法兰面与直尺接触最好无缝隙。对于缝隙＞1mm时,应做机加工处理。

同时,检查两法兰的中心距离 A,偏差≯1mm 弯头与肋片的法兰螺栓孔中心距偏差＜0.6mm。

c. 检查每根肋片管。破损的肋片数,不应超过总肋片数的10%;有破损肋片的管数不应超过省煤器中各管总根数的10%。

d. 肋片管安装前须逐根进行水压试验,不得渗漏。由有经验的技术工人用 0.5kg 小锤轻击肋片管,听其敲击声判断有无裂纹。

e. 逐根检查肋片管的长度,测量其两端法兰密封面的距离并编号,对于在同一个180°弯头上连接的两根肋片管的长度差≯1mm。

② 安装顺序与要求

a. 根据锅炉钢架安装记录,重新按图纸要求复核省煤器钢架支承和省煤器底座框的标高水平度。必要时需作调整。

b. 将选配好的肋片管,依编号次序逐根吊运到省煤器底框上。按图纸要求排列肋片管,对准相邻的位置。肋片的位置,应有利于吹灰。

c. 对底层肋片管进行 180°弯头组对时,应用不同厚度的垫片充垫法兰结合面,以消除间隙。螺栓应均匀拧紧,不可强行组对。

组装时,螺栓由里向外穿出,为防止螺栓打滑和便于拆卸事先在螺栓头上焊一段圆钢,在螺栓螺纹段涂上黑铅粉。

法兰间的垫片,应为石棉橡胶制品经热水泡透并涂以黑铅粉。

d. 省煤器肋片管为方形法兰的,在四周槽内应嵌入石棉绳或高硅氧棉等其他耐热材料制品,防止法兰之间漏烟。

e. 底层肋片管组装后,按相同的方法逐层向上装配至全部组装完毕,然后安装附件,如进出口处的压力表、安全阀、温度计、旁通给水管及阀件、吹灰器等。

f. 水压试验

水压试验应按 TJ 231(六)《机械设备安装工程施工及验收规范》(工业锅炉安装)及《锅汽锅炉安全技术监察规程》的有关规定进行,并对用水性质、水温、环境温度、试验压力、升压和保压时间,有无变形和渗漏情况作出记录。水压试验合格后,可利用水压调整省煤器的安全阀,符合要求后予以铅封。对于安全阀的起跳压力、回座压力做好记录存档。

铸铁肋片管式煤器组装允许偏差见表 3.3 – 50。

铸铁肋片管式省煤器组装允差　　　　表 3.3 – 50

项次	项　　　目	偏差不应超过(mm)
1	支承架水平方向位置偏差	±3(mm)
2	支承架标高偏差(以主锅筒为准)	±5
3	支承架纵、横向不水平度	1/1000
4	支承架两对角线不等长度	3
5	各肋片管中心线的不水平度	全长1

续表

项次	项 目	偏差不应超过(mm)
6	相邻两肋片管中心距离	±1
7	相邻两肋片管的不等长度	1
8	肋片管两端法兰密封面所在同一铅垂面偏移	5
9	每根助管片上有破损的肋片数	总肋片数的10%
10	整个省煤器中有破损的肋片管数	总管数的10%

最后安装和焊接省煤器墙板应严密不漏。

2) 组合后整体吊装

① 安装前的检查及处理与单件安装相同。

② 在地面钢板平台或结构架上组对。首先在钢板上划出省煤器底层轮廓线,并按此轮廓线组对底层肋片管及弯头。方法及要求与单件安装相同。

③ 然后逐层向上组对安装。但需注意不使滑动倒塌,采有8号钢线横向捆扎牢靠。全部组对完毕后,检查各部几何尺寸需符合表3.3-50要求。

④ 按图纸要求校核省煤器在锅炉钢架上支承的标高、水平度、平面位置,并在省煤器支承框架上划出省煤器安装位置的纵、横中心线、标高线和轮廓线。

⑤ 整体吊装就位

按已编制的吊装方案,设置吊装机具,选好吊装捆扎方法及吊点(所有吊装捆扎不得使肋片管、180°弯头受力,以免损坏肋片管和弯头),进行整体吊装到位。

⑥ 找正固定

a. 调整纵横中心线

省煤器的纵、横中心线应与划在省煤器支承框架上的省煤器纵、横中心线相吻合。

b. 用不同厚度及片数的垫铁来调整省煤器标高及水平度,使之符合图纸要求后,予以固定。

c. 对所有不得漏烟的缝隙用 ϕ10 石棉绳或高硅氧棉氧等耐热材料,填实堵严。

⑦ 安装焊接省煤器的附件、墙板等。

其他安装质量应符合表3.3-50的要求。

(2) 蛇形钢管式省煤器安装

钢管式省煤器大多以整体形式出厂,故重点介绍整安装。对于需现场组对安装省煤器,可参照过热器的安装方法进行。

1) 安装前的准备

先作外观检查。检查焊缝表面质量及有无变形、凹陷、裂纹等缺陷,按图纸测量外形尺寸无误后,打开集箱手孔盖,用0.3~0.5MPa压力的压缩空气吃吹扫管内,保证管内清洁畅通。

2) 吊装

按编制方案进行吊装。吊装前应对吊装机具、索具受力进行验算。选好吊捆扎稳固。

吊运过程中不得使蛇形管受力变形。放落时对准位置,缓缓就位。

3)找正固定

① 将省煤器纵、横向中心线与已划在省煤器支承框架上的省煤器纵、横中心线对准。

② 用不同厚度或数量的钢垫片,调整省煤器的标高和水平度,符合要求后予以固定。

4)复测

复测各部几何尺寸并做好记录,给安装偏差符合表3.3-51规定。

蛇形钢管式省煤器组装允许偏差　　　　　表3.3-51

项次	项　目	偏差不应超过(mm)
1	支承梁标高偏差	±5
2	支承梁水平偏差	±2
3	宽度偏差	±5
4	对角线不等长	10
5	边排管垂直度	±5
6	集箱中心距蛇形管弯头端部长度	±10
7	边缘管距炉墙间隙	按图纸要求

5)注意事项

① 蛇形管管卡应由耐热合金钢材料制作,不应使用碳钢。注意管卡不得将蛇形管卡死,要使管子能自由伸缩。

② 对蛇形管的焊接质量有怀疑时,安装前应对焊缝进行无损探伤复查。必要时对蛇形管进行通球试验。

9.空气预热器安装

空气预热器是利用即从锅炉排放的烟气余热加热关入炉内助燃空气的一种换热设备。

按空气预热器的结构分为管箱式和回转式。后者被用在电站锅炉上,前者多用于工业锅炉或发电用锅炉上。这里介绍管箱式空气预热器的安装。

(1)安装前的准备

1)将空气预热器的安装基础清理干净。根据锅炉纵、横基准中心线引空气预热器的纵、横中心线及轮廓线,根据锅炉基准标高线引出空气预热器的标高线。

2)检查空气预热器的外观质量。将表面清理干净,在空气预热器的四个侧面划出其纵、横中心线。

3)检查吊装设施符合吊装方案的要求,选好吊点予以捆扎。

(2)吊装

1)在空气预热器的安装位置的四角先放好垫铁,再将空气预热器起吊就位。

由于锅炉钢架已基本组焊完毕,因此从锅炉钢架内垂直吊装到位较为方便。故在组焊锅炉钢架时,应当先考虑空气预热器水平吊运时碰不到横梁。为此,有时对此横梁要在空气预热器就位后焊接。其预留位置顶在背面或一侧。对于多层组合的空气预热器,可先进行上部空气预热器吊装,就位后焊接横梁支承,再吊装下部空气预热器,最后焊接横梁。

2) 找正

先将空气预热器的支承梁组装焊接好并放在托架上。支承梁就位后,应符合标高的要求。然后将空气预热器置于支承梁上,其四个面上的纵、横中心线通过吊线锤方法与基础上已划好的纵、横中心线相合,用不同厚度或数量垫铁找水平度,最后空气预热器固定。

(3) 空气预热器的附件安装

空气预热器找正合格后,即可按设计要求焊接胀缩节,焊缝对口不应有错边。为防止焊接变形过大引起漏风现象,可采用对称间隙跳焊方法施焊。

(4) 进出风口的安装

胀缩节安装后,进行进出风口、风管安装。对法兰边接处应用石棉绳填实防止漏风。

(5) 空气试漏

空气预热器安装后有无漏风,需用压缩空气试验。将压缩空气调到设计压力下用肥皂水检查胀缩节接口和进出风口等连接处。无泄漏现象为合格。

空气预热器安装应满足表 3.3 – 52 要求。

管箱式空气预热器安装允许偏差　　　　表 3.3 – 52

项次	项　目	偏差不应超过(mm)
1	支承框的水平方向位置	±3
2	支承框的标高	±5
3	预热器的不竖直度	1/1000

(6) 注意事项

1) 预热器外壳与炉墙的间隙应保持便于热伸胀。

2) 预热器上方无胀缩节时,应在其上部留出适当间隙;有胀缩节时,应保证能自由伸缩。

3) 空气预热器为非受压部件。允许在非定点的锅炉制造厂生产,但安装前应检查各主要尺寸符合设计要求,质量达到有关技术标准,按钢管空气预热器制造技术条件执行。

10. 锅内装置安装

(1) 安装前的准备

1) 锅炉的受热面全部安装完毕,已经通球试验及水压试验合格,将锅内水放净后才能进行锅内装置的安装。

2) 对锅内装置经检查清点无误。

3) 上锅筒下部需要橡胶板铺垫将各管孔遮住。

(2) 安装要求

1) 由于锅筒内空间较小,需安装的部件多,应按先上后下、先里后外的原则安装内部装置。

2) 进行锅内装置安装时,为减少检查和修整的困难,对装置作分件检查,合格一件后安装下一件。

3) 安装汽水分离装置、水下孔板、进水管、排污管等带孔眼的零部件时,应注意孔眼不得堵塞,边缘不得有飞边毛刺,水下孔板的水平度符合图纸要求。

4) 所有螺栓紧固件,必须拧紧不得有松动。对于销子等零件装配不可遗忘。

5) 各零部件需施焊时,不准在锅筒上引弧。锅筒上的焊件在筒壁上的焊缝不得有咬边。

6) 锅内装置安装后,应将锅内清扫干净。锅筒封闭前不得有工具、螺栓、焊条等遗留在锅内。

(3) 注意事项

1) 在锅内装配时,所有的照明为超过12V的安全电压。

2) 锅内焊接所用焊把线不得有破损或裸漏线芯。锅筒施焊时,锅外应设专人监护,确保锅内作业人员的安全。

3) 锅内装置安装结束后,施工单位应与建设单位共同检查,按陷蔽工程要求经双方签证。加盖人也盖时,有双方代表在场。在锅炉试运行验收前,任一方不应自行开启人孔。

11. 炉排安装

(1) 手烧炉排安装

手烧炉排是层燃炉的一种最简单的炉排。其加煤、除渣、拔火等操作全部由人工来完成。此炉排通常有板状和条状两种。

手烧炉排多为铸铁浇制。它的安装比较简单:

1) 安装前应表点炉条,检查铸件有无气孔、缩孔、缺肉断裂等缺陷。

2) 测量炉条各部尺寸,清理铸件毛刺与残砂。将合格的炉条堆在一边,剔出不合格件。

3) 按图纸要求逐件安装。炉排面应达到平整、各炉条间隙均匀,对于翻转或摇动炉排必须转动灵活。

(2) 链条炉排的分类及构造

链条炉排主要分为链带式炉排、横梁式链条炉排、鳞片式链条炉排。

1) 链带式炉排

链带式炉排在快装锅炉中采用较多,锅炉容量大于10t/h时不再适用。

链带式炉排是由圆钢将炉排片组成的各链节串成链条,构成宽幅的链带,围绕在轴的滚筒和前轴的链轮上,由链轮带动炉排转动。

炉排前部有煤斗和煤闸板,作为给煤和控制层厚度用。炉排后部配有老鹰铁作挡渣用。

此链带式炉排。结构简单,安装和运行简便。由于炉排片被穿在一起,当个别炉片损坏,需要换时很不便。另外,所穿炉排片的圆钢不能过长,否则容易弯曲拉断。因此限制了炉排,结构简单,安装和运行简便。由于炉排片被穿在一起,当个别炉片损坏,需要更换时很不便。另外,所穿炉排片的圆钢不能过长,否则容易弯曲拉断。因此限制了炉排宽度,不能在较大锅炉上应用。

2) 横梁式链条炉排

此炉排由链条、横梁和炉排片等组成。炉排片依靠下脚嵌入横梁槽内,横梁搁在链条载重片上,用螺栓和链条接在一起。链条是由钢板型钢做成链节装配而成的。主动轴上的链轮啮合链条,带动炉排运动。因装在横梁上的炉排片不受拉力更换方便,而且通风截面大、风量分布均匀,常用于20~35t/h的锅炉上。这种炉排金属耗量大,链条和横梁的工作条件差,有时发生弯曲变形,发生时链条不能转动。

3) 鳞片式炉排

此炉排的炉排片呈鱼鳞状,由夹板装在链条上的。每根链条由若干链节串成。链节是由大球、小环、垫圈、衬管等元件组合的。

炉排面由 4~12 根链条平行组成。各相邻链条之间,用拉杆与套管相连,使链条之间的距离保持不变。

鳞片式炉排的链条不直接接触煤层受热。运行中当护排片行至尾部转入空程后,由于自重翻转倒后天在夹板上,能得到冷却。一旦炉排片损坏还可在不停炉的情况下更换,因此炉运转可靠;炉排片的间隙较小,漏煤亦少;链条为柔性结构,在主动轴上的各链轮之间的齿采略有不齐时,能自动调整其松紧度,保持啮合良好,此炉排适用于 10t/h 以上的锅炉。

炉排缺点是,钢材耗量较大,当炉排较宽时,炉排片容易脱落或卡住。

(3) 链条炉排的安装

1) 安装前的清点及质量检查

① 按照图纸和锅炉制造厂家提供的货清单,对链条炉排的各部件、零件,按规格、型号、数量清点。并做好记录,所缺件数应写明名称、规格和数量会同建设单位代表认可,提供锅炉制造厂补齐。

② 按图纸及表 3.3-53 的要求,对所有零部件进行质量检查。

a. 零部件表面无断裂、损坏,毛刺是否已打平,装配平面是否平整。

b. 零部件的几何尺寸地否符合图纸要求。其偏差是否符合表 3.3-53 的规定。

链条炉排组装前允许偏差 表3.3-53

项次	项 目	允许偏差(mm)	备 注
1	型钢构件的长度	±5	
2	每米型钢构件的弯曲度 全长	1 10	中间的链轮为 a,端部为 b, a 的偏差 $\leqslant 1$,b 的偏差 $\leqslant 3$
3	各链轮与轴中点(轴的长度方面方向)间的距离	1~3	
4	各链轮对应的齿应在与轴平行的同一条直线上	3	
5	链轮与轴的配合程度	紧密	

(a) 对链条和链板的节距及厚度检查,可先制作样板按公差要求确定最大尺寸和最小尺寸,凡符合样板间尺寸的即为合格件。否则单独堆放,另行处理。

(b) 对炉排构架前后轴及链轮的装配偏差采用拉尺和拉钢丝线的方法进行检查。轴上的链条轮间的距离之差应 $\leqslant \pm 2mm$。

同一轴上链轮的齿尖应在同一轴线上,其前后偏差应 $\leqslant 3mm$。

后轴所受热负荷较大,有冷却水装置时应装置用 0.3MPa 压力进行水压试验不得渗漏。

(c) 组合后的链条,在冷态拉紧状态下,长度与设计尺寸的偏差应 $\leqslant \pm 20mm$。

(d) 各链条的总长度,在冷态拉紧下,偏差应 $\leqslant 8mm$。

通过以上各项的清点及检查,应会同建设单位代表共同进行,合格后,办理验收手续。

2) 链条炉排的安装

① 基础划线及处理

a. 检查土建基础的强度和几何尺寸应符合图纸要求。预埋件应齐全正确,若预埋地脚螺栓位置偏差过大,可参照前面处理办法解决。

b. 由锅炉纵、横基准中心线引出炉排前、后轴中心线及两侧墙板中心线。由锅炉基准标高线,找出炉排前、后轴及侧墙板基座安装标高,及下导轨平面位置和标高线。

c. 处理好侧墙板及不导轨基础及垫铁位置的砖接合面,使垫铁板与砖基础的接触平稳。

② 清理灰渣斗并按图纸要求砌筑耐火砖。

③ 安装下导轨,其纵向不水平度≤1/1000。检查合格后,进行砖其础螺栓的二次灌浆。同时安装挡渣器的座。

④ 在侧墙板座地脚螺栓两侧附近放置垫铁。此垫铁间距可≤300mm。若相邻的两地脚螺栓之间距>600mm时,应在中点位置加放垫铁。墙板座的标高偏差应≤±1。然后二次灌浆,当混凝土强度达70%后交侧墙板就位。此时检查各项尺寸,此顶部标高偏差应≤±5。同时安装横梁。安装时要认真进行调整,使尺寸偏差达到表3.3-54的要求。

组装链条炉排的允许偏差　　　　表3.3-54

项次	项　目	允许偏差(mm)	备　注
1	两侧墙板的距离	±3	在前、后轴中心线处测量并按设计留出膨胀间隙量①
2	两侧墙板两条对角线不等长度	10	②
3	侧墙板的不垂直度	全长3	
4	炉排中心线与锅炉基准中心线距	2	
5	炉排支架的不水平度	1	
6	主动轴的标高	±1.5	
7	前、后轴标高差	2	
8	每米 前、后轴水平度全长	1 3	
9	前、后轴两端对角线不等长度	5	在两端链轮中心测量
10	炉排上部导轨的水平度	1 3	
11	炉排下部导轨的高度	3	

注:① 应保证支架在长度和宽度方向的膨胀均背向炉排减速机齿轮箱一侧。

② 两侧墙板应平直,其弯曲度应≤1.5/1000,且注意留出定位块在方孔内的膨胀间隙。

⑤ 安装上导轨,按图纸给出的尺寸找好间距及其工作面的平面度,使上导轨的工作面(上面)在同一个平面内,其平面度的偏差不应超过1/1000。

对在防焦箱的情况时,应在防焦箱底面支承块上垫以 $\phi 30mm$ 的石棉绳并装上侧密封块。应检查使防焦箱的重量不能落在侧密封块上。

⑥ 安装风室挡板及灰门。挡板与灰门框及横梁连接应严密不可漏风,焊接要牢靠。

⑦ 前、后轴安装

a. 清除轴上的油污和铁锈,清洗轴承。

b. 将前、后轴就位后,调整其平行度、水平度,留出轴的膨胀间隙和找好轴颈与轴承间的间隙,并重新上好润滑脂,调整好轴承密封装置的间隙。用手盘动前、后轴均可自由转动。然后再作检查并做好记录。其各项要求应符合表 3.3-53 的规定。最后对有冷地水装置的可配置管路。对此冷却水管以保证后轴能调整移动。必要时可增加弯头。

⑧ 减速机安装

在炉排主动轴(多为前轴)的一侧,设置炉排转动用的减速机。

a. 检查减速机的基础是否合格。减速机基础是与锅炉基础为一体的。基不连为一体,而设平台,锅炉的自重下沉量则会超过此平抬的下沉量,使关速机与前轴间的不同心度增大,而发生联轴节损坏,停炉的事故。

b. 减速机就位后进行找正,经二次灌浆待基础强度达到要求后,作单机试运行,并调整转动方向。减速机的安装按 TJ 231(六)(一)有关要求进行。

⑨ 链条及炉排片的安装

a. 将较长的链条放炉排中间,较短的置于炉排两侧。但其长度差均应≤8mm。

b. 安装链条时应及时锁住销钉,滚轴应转动灵活,不得强力装配。在小轴与管间涂上黑铅粉以利转动。注意将链条上 V 形缺口的一边朝向炉条。每根炉链的接口螺栓连接。

c. 装滚轴及炉条夹板

在炉排主动轴与前挡风门之间装滚轴。先装上部拉杆及炉样夹板,定出链条间距。然后开动减速机空转链条,将已装好滚轴带到炉排面上,与链轮啮合后,再继续安装滚轴与夹板并转动之,直至全部装完。

应注意炉条夹板长的一端与炉排工作运动方向相反,夹板固定的链条上的销钉,钉头端应放在靠近链轮齿的一面。

d. 炉排片的安装

(a) 炉排片的安装,由从动轴(后轴)向主动轴(前轴)逐排进行。炉排片的一侧插入夹板孔内,另一侧插进另一边的夹板板孔。

(b) 若每排炉排片的间隙较大,而炉条的数量或其厚度不均,可拔开相邻的炉排片,让出空挡再插入。炉排片的间隙应按图纸要求调整。

图 3.3-51 为炉排的接触式侧密封状况。

e. 前、后轴距离的调整:

上述工作完成后,空转炉排,然后检查链条的扣紧程度。链条调至最紧时,其滚轴与下导轨之间的间隙≯5mm;链条调至最松时,滚轴与下导轨要刚好接触。调整链条的松紧,是以调整前、后轴间的距离来实现的。

f. 炉排冷态试动转

按减速箱具有各挡速,分别运转 12h,先从低速度开始。并将此试运转做好记录。

(a) 再次检查链条松紧程度。

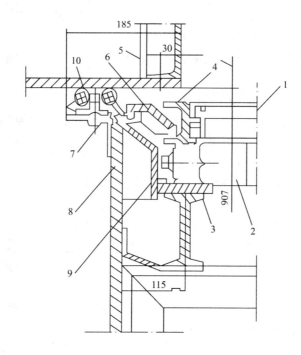

图 3.3-51 炉排的接触式侧密封
1—炉排片;2—生铁滚筒;3—链节;4—边炉排夹板;5—防焦箱;6—密封搭板;
7—固定板;8—炉排;9—密封薄板;10—石棉绳

(b) 检查链条与墙板之间隙。若技术文件未明确规定,其每侧间隙应在 10～12mm 之间,炉排与防集箱的间隙允许偏差为 +5mm,不得偏小。

(c) 检查齿轮箱润滑油温,其温升不大于 60℃;电动机电流应小于设计额定值;电动机表面温度升高值,不大于 60℃。

(d) 炉排片能自由翻转,无卡住及脱落、无起跳、无跑偏和不跳动现象。

(e) 炉排的线速度符合设计要求。

(f) 后轴冷却水温不超过 50℃。

以上各项有不合格时,应找出原因,予以解决。冷态试运转合格后,施工单位与建设单位应签证认定。

(4) 加煤斗安装

1) 安装前按制造厂提供的技术文件和图纸检查各项质量是否相符合。

2) 清洗转动部分并测量和调整螺杆、轴颈和轴承的间隙约 0.5mm;煤闸板与煤斗的侧板间隙约 12mm;煤闸板的上下运动和煤门的转动都应轻便灵活。

3) 溜煤槽的制作与安装

此部件是由高位的储煤仓到锅炉加煤斗之间运输锅炉用煤的设施。锅炉制造厂家不予供货,常由施工单位按设计要求和实际情况在现场制造安装的。

(5) 老鹰铁安装

老鹰铁由需热铸铁制成。安装后每块老鹰铁之间的间隙应≥3mm,老鹰铁与侧墙的间隙≥5mm。经炉排冷态试运转后,在砌筑炉墙前检查此尺寸是否符合要求。对于老鹰铁伸入耐火砖时,则伸入处与耐火砖留有20mm间隙,端部与墙的间隙为≥5mm。

(6) 往复炉排安装

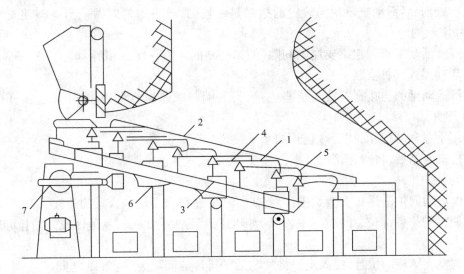

图 3.3-52 往复推动炉排
1—活动炉排片;2—固定炉排片;3—活动框架;4—固定梁;
5—支承棒;6—滚筒;7—偏心轮和推拉杆

1) 安装前的准备

① 检查往复炉排及加煤斗各零部件数量、规格是否与装箱清单和图纸相等。

② 将零部件的残砂清理后,测量各项尺寸,炉排片的长度偏差≤±5mm。梁、轴的弯曲度≤1/100,且无严重锈蚀与损伤。对变形较大的结构件,系用冷作业或热作业方法进行校正。

③ 检查安装基础并测定纵、横基准中心线和基准标高。

④ 清理并测出炉排基础位置,用垫铁找平,凿好麻面。

2) 炉排的安装

将炉排支架就位、找正并检查合格予以固定。

① 找正

a. 以锅炉横向中心线或前墙线为准,按图纸要求测出炉排支架的横向水平位置,此偏差应≤±3mm。

b. 以锅炉纵向中心线为准,按图纸要求,测出炉排支架的纵向水平位置,此偏差≤±2mm。

c. 以基准标高为准(参照集箱标高),按图纸要求测出炉排支架的标高。采用玻璃管水平仪或水准仪进行测量。

纵横向水平位置及标高测准后,将支架底脚与预埋地脚板焊牢予以固定。

② 在炉排支架二边角钢与防集箱之间安装上侧密封板,并用石棉绳填实其间隙,不得漏风。

③ 安装固定梁与活动梁

a. 将固定梁的一端与支座连接并拧紧螺母固定;另一端穿上螺栓不拧紧螺母,安装活动梁。

b. 检查前、后活动支承块与滚轮的接触是否均匀,若不均匀应做适当调整使支承块紧靠滚轮并接触均匀。

c. 调整活动梁与固定梁支座的间隙,使第一根的间隙≤1mm,其余间隙为3~5mm。

④ 活动梁连接杆安装

a. 将活动梁的连接杆一端与梁座边接,另一端与减速箱圆盘边接,并使边接杆孔的中心线平行螺孔中心线。

b. 用手盘动减速箱,找正减速箱的水平位置和标高位置。

c. 检查合格后,将减速箱固定不得移位,初步拧紧其他地脚螺栓。

⑤ 安装炉排片

a. 由炉后向炉前逐排安装炉排片,将炉排片的凹口自由地卡入梁的圆柱头上。

b. 调整炉排各部位总间隙。主燃区炉排的间隙为15~20mm,其他区域的炉排间隙为8~10mm。

c. 调整支承棒的位置,使固定炉排片与活炉排片的间隙为1~2mm之间。

d. 检查前炉排片横向水平度,使其不水平度的偏差小于1.5/1000。

⑥ 炉排冷态试运转

a. 将减速箱二次灌浆固定。待混凝土强度达70%时再次找正并拧紧螺母。

b. 对炉排以最大行程及最快速度作冷态试运转,试运转时间为4h。

c. 冷试时对炉排作总体检查:

(a) 电动机温升≤60℃。

(b) 减速箱轴承的温升≤60℃。

(c) 炉排推动、往复平稳,无卡住、跑偏及杂声。

(d) 填写冷态试运转记录。

3) 加煤斗的安装

① 安装前的检查

检查加煤斗外形尺寸及闸门的灵活性。

a. 尺寸符合设计图纸要求;

b. 闸门上下升降无卡住、手轮转动灵活、闸板开度符合要求;

c. 闸门与端板的间隙≤12mm,闸门与侧板的间隙≤5mm。

② 加煤斗的吊装就位

a. 按已制定好的吊装方案将加煤斗吊装到位,并拧紧螺栓予以固定。

b. 加煤斗与炉膛相接处用石棉绳填实堵严,使密封口漏风,不冒火。

c. 用软管将水引入煤闸门上冷却水管内,并以0.3MPa压力进行水压试验,不漏水为合格。

4) 老鹰铁安装

① 按图纸要求安装老鹰铁的支承梁,其两端用螺体固定使其与后轴距离、相对标高符合图纸要求。

② 将老鹰铁逐块装在支承梁上,使各间隙符合以下要求:

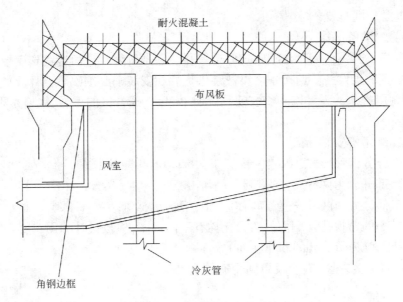

图 3.3-53 沸腾炉布风系统

a. 每块的间隙为≤3mm。
b. 老鹰铁与防焦箱间隙为 10~15mm。
c. 老鹰铁伸入耐火砖,则伸入处与墙的间隙为 20mm;其端部与墙的间隙为≥5mm。

5) 沸腾炉布风系统的安装
① 安装前的检查
a. 检查框架外形尺寸,其长度偏差为±5mm,超差时应进行校正。
b. 检查基础后复测各项尺寸。
② 安装
a. 按图组装装风室上部的角钢边框,此框架的不平度为≤2/1000,且全长不平度偏差≤10/1000。
b. 将角钢边框与风室组对点焊,再次检查边框结构的不平度偏差≤2/1000且全长不平度偏差≤10/1000。
c. 对风室与边框角钢结构进行焊接,使其不漏风。
d. 将组装后的风室外吊装就位。按图纸要求找正水平位置并作临时固定。
e. 按图组装支承框架。其不平度允许偏差同前要求,然后调整风室位置和标高,使支承框与角钢边框接触后,点焊定位。
f. 检查尺寸合格后施焊。
g. 将布风板吊装就位,使布风板与支承框架接触紧密。找正布风板水平度,此偏差≤1/1000。
h. 安装冷灰管并将冷灰管与布风板、固室之间的连接固定。
i. 按图安装插入式风帽。
j. 在布风板上的风帽四周浇筑耐火砖,耐火砖的厚度按图纸要求,一般为 60~80mm。
k. 对砌砖进行养护,达到强度转入烘炉等工序。

(7) 斗式提升机安装

1) 安装前的准备工作

斗式提升机,通常有 D 型、HJ 型和 PL 型三种。它是将煤从地面运送到皮带输煤机或锅炉加煤斗的垂直输煤设备。此设备多以散装供货。在安装前必须熟悉设计及使用要求。

① 根据制厂提供的设计图和安装使用说明书,检查提升机的型号、规格是否符合需求。并做好检查记录。

② 熟悉图纸了解安装形式

a. 料斗部分分四种形式:S 形、Q 形、三角斗和梯形斗四种形式。

b. 进料口部分分为两种:一种进料口呈 45°角;另一种为 60°角。

c. 卸料口部分分为两种:一种卸料口与水平面呈 45°角;另一种卸料口是水平法兰盘。

d. 机壳端面的监视孔及侧面的监视孔均有不同形式,应按设计和用户要求确定。

e. 提升链条分为带油杯的和非注油的两种。

f. 驱动装置分为左装、右装及不同转速的电机。

2) 安装

斗式提升机的高度为 4.5～30mm 之间,制造厂按用户的要求分别供货,斗式提升机为整体安装与分段安装两种。

① 整体吊时,先编制吊装方案,应考虑机壳的强度和稳定性,必要时临时加固机壳。内部的链条要临时固定。以防吊装过程中链条的散落及错位。有关的安全技术措施经检查确认无误后,方可正式起吊就位。

② 分段吊装

分段吊装从下部向上逐段进行。每一段吊装,均须逐段找正与夹紧,然后安装该段内部的链条。直至整机安装完毕。提升机安装应满足表 3.3 - 55。

提升机直线度及锅垂度的允许偏差及找正方法　　表 3.3 - 55

项次	项　　目	允许偏差(mm)	找正方法
1	机壳的直线度	3/1000	吊线锤找正
2	提升机中心线铅垂度	1/1000	吊线锤找正
3	提升机中心线铅垂全高最大	2/1000	吊线锤找正
4	上皮带轮轴压上链轮轴水平度	0.5/1000	用方框、铁水平仪找正
5	上下皮带轮横向中心线重合度上下链轮	5	在机壳顶部吊线锤找正

③ 联轴器的安装及驱动装置的总装,按设备使用说明及 TJ 231(六)、(一)的有关条款执行。

④ 挂链及挂平皮带的安装

a. 链条连接前先检查各链节的长度是否均匀一致,应选长度一致的左右对称节进行组配,料斗应相互平行。料斗的挂钩螺栓应紧固并加弹簧垫圈和开口销,每个料斗都应灵活。

b. 平皮带的搭接

平皮带的搭接长度至少应超过 3 个料斗的长度,其接头的倾斜方向与运动方向一致。

料斗与皮带之间用螺栓紧固牢靠。

⑤ 试运转

a. 手动盘车二圈,经检查无误后,脱开联轴器,使电动机空转,认定其旋转方向,安上联轴器,带动提升机进行 1h 无负荷试运转。停车检查无误后继续开机。

b. 2h 后,检查滑动轴温升≤60℃,滚动轴承温升≤70℃,为合格。

c. 运转中,皮带与辊筒不打滑,链条不跑偏,料斗不撞碰机壳,运转平稳无噪声,为合格。

d. 机壳法兰边处及监视孔闭合处均严密,为合格。

e. 各项均合格,为整机试运转合格。各项应有明确记录。

12. 锅炉本体汽水管道安装

工业锅炉房的汽水系统由锅炉给水、蒸汽、排污、凝结水回收、水处理等系统的设备与管道、管件、阀门等组成。本节仅指锅炉本体范围(主汽阀、排污阀、给水阀)以内的管道,它包括锅炉本体汽水连接管(各受热面之间汽水连接管)及其他汽水管道如给水、排污、疏水、取样等。

(1) 准备工作及主要管道安装

根据锅炉制造厂提供的汽水管路图按评定合格的焊接工艺进行定位及焊接。管子热膨胀由其自身的弯段补偿。

1) 管子角度不合适的部位应用乙炔、氧中性火陷热校正,不能强力组合。

2) 下降管位于锅炉墙外,其布置应考虑炉墙砌长的位置。

3) 安装前应清除管内杂物、锈污,必要时应用灯光或通球检查。

4) 管子对口装配应符合规范要求。

① 管子外径 $Dg ≤ 100$ 时,错口量 $≤ 0.1S + 0.5$ 且 $≤ 1mm$,S 为管子壁厚。

② 管子外径 $> Dg ≤ 100$ 时,其错口量 $≤ 0.1S + 1$ 且 $≤ 2$。

③ 焊缝高度 0~3mm。

④ 焊缝高度 ≤4mm。

⑤ 焊缝咬边 $≤ 0.5 × 0.2πd$ 且 $≤ 40mm$。

⑥ 无损探伤按 GB 3323 Ⅱ级为合格。

(2) 其他汽水管道安装

1) 管路布局合理,走线短捷,不影响锅炉房通道。

2) 支吊架设置合理,结构牢固,两支架间距一般 2.5~3m。

3) 水平管道的坡度应坡向放水、疏水和便于放空,放水后管内不得存水。

4) 不同压力排污、放水管不可接在同一根母管上。

(3) 安全阀排汽管泄水管安装

1) 安全阀排汽管应接到室外安全排放在地方,且管路力求短直。

2) 在安全阀排汽管根部应装设一根内径 20mm 的管子,以便排出积水。

(4) 水位表安装

1) 检查水位计的布置图是否符合规程、规范的要求:

① 每台锅炉应装两个彼此独立的水位表,容量小于 0.2t/h 的锅炉,可装 1 个水位表,应设在便于观察的位置。水位表距离操作地面高于 6m 时,应装设低水位计。工作压力 $P <$

1.3MPa 的锅炉,可用玻璃管式水位表,$P \geqslant 1.3$MPa 的锅炉应选用玻璃板式水位表。

② 检查水位表汽水连通管内有无杂物并清理干净。

③ 检查汽水阀门是否灵活、严密不漏以及阀体上的方向标记是否正确。

④ 检查水位表的汽水连管与锅筒连接的法兰地接是否适当,必要时用加热边管的方法来校正法兰对接位置。

2)水位表连管的法兰对接用厚度为 3~4mm 的石棉橡胶垫做封闭件。水位表的放水旋塞应接有放水管并引至安全地点。

3)对于水位表安装质量,应在锅炉本体进行水压试验时一并检查,并注意验证水位表玻璃平板(管)的最低可见边缘应比最低安全水位不低 25mm;水位表玻璃平板(管)的最高可见边缘应比最高安全水位至少高 25mm。检查时应打开人孔,以实测锅筒内的水位与水位表指示水位做比较。此项检查可在水压试验前或水压试验后进行。

(5)低地位水位计安装

安装低地位水位计,须注意:

1)低地位水位计连管的布置,必须使管内空气能被水或重液自然排净。

2)整个管路密封良好,汽连管不应保温,其检查可在试运行时进行。

(6)电极式高低水位警报器的安装要点

1)连接电极的导线不得靠近高温构件,以防导线绝缘损坏。

2)锅炉煮炉后,应清除附着电极上的有碍导电的杂物。

(二)辅助设备及管道安装

1.工程概况(略)

2.工程质量目标和要求(略)

3.施工准备

(1)材料、设备要求:

1)锅炉必须具备图纸、产品合格证书、安装使用说明书、劳动部门的质量监检证书。技术资料应与实物相符。

2)锅炉设备外观应完好无损,炉墙绝热层无空鼓,无脱落,炉拱无裂纹,无松动,受压元件可见部位无变形,无损坏。

3)锅炉配套附件和附属设备应齐全完好,并符合要求。根据设备清单对所有设备及零部件进行清点验收。对缺损件应做记录并及时解决。清点后应妥善保管。

4)各种金属管材、型钢、仪表阀门及管件的规格、型号必须符合设计要求,并符合产品出厂质量标准,外观质量良好,不得有损伤、锈蚀或其表面缺陷。

(2)主要机具:

1)机具:卷扬机或绞磨、千斤顶、链式起重机、砂轮机、套丝机、手电钻、冲击钻、砂轮锯、电焊机等。

2)工具:各种扳手、夹钳、试压泵、手锯、榔头、布剪子、滑轮、道木、滚杠、钢丝绳、大绳、索具、气焊工具等。

3)量具:钢板尺、钢卷尺、卡钳、塞尺、水平仪、水平尺、游标卡尺、焊缝检测器、温度计、压力表、线坠等。

(3)作业条件:

1)施工员应熟悉掌握锅炉及附属设备图纸、安装使用说明书、锅炉房设计图纸,并核查技术文件中有无当地劳动、环保、节煤等部门关于设计、制造、安装、施工等方面的审查批准签章。

2)施工现场应具备满足施工的水源、电源、大型机具运输车辆进出的道路,材料及机具存放场地和仓库等;冬雨期施工时应有防寒防雨措施及消防安全措施;锅炉房主体结构、设备基础完工并达到安装强度。

3)检验土建施工时预留的孔洞、沟槽及各类预埋铁件的位置、尺寸、数量是否符合设计图纸要求。

4)锅炉及附属设备的基础尺寸、位置应符合设计图纸,允许偏差应符合表3.3-56的规定。

设备基础尺寸和位置的允许偏差   表3.3-56

项次	项目	允许偏差(mm)
1	基础坐标位置(纵横轴线)	±0
2	基础各不同面的标高	+0 -20
3	基础上平面外形尺寸 凸台上平面外形尺寸 凹穴尺寸	±20 -20 +20
4	基础上平面不水平度	每米5,全长10
5	竖向偏差	每米5,全长10
6	预埋地脚螺栓标高(顶端) 中心距(根和顶两处测量)	+20 -0 ±20
7	预留地脚螺栓孔中心位置 深度 孔壁的铅垂度	±10 +20 -0 10

5)混凝土基础外观质量不得有蜂窝、麻面、裂纹、孔洞、露筋等缺陷。

4.安装工艺

工艺流程

(1)基础放线验收:

1)锅炉房内清扫干净,将全部地脚螺栓孔内的杂物清出,并用皮风箱(皮老虎)吹扫。

2)根据锅炉房平面图和基础图放安装基准线。

①锅炉纵向中心基准线或锅炉支架纵向基准线。

②锅炉炉排前轴基准线或锅炉前面板基准线,如有多台锅炉时应一次放出基准线。在安装不同型号的锅炉而上煤为一个系统时应保证煤斗中心在一条基准线上。

③ 炉排传动装置的纵横向中心基准线。

④ 省煤器纵、横向中心基准线。

⑤ 除尘器纵、横向中心基准线。

⑥ 鼓风机、引风机的纵、横向中心基准线。

⑦ 水泵、钠离子交换器纵、横向中心基准线。

⑧ 锅炉基础标高基准点,在锅炉基础上或基础四周选有关的若干地点分别作标记,各标记间的相对位移不应超过 3mm。

3) 当基础尺寸、位置不符合要求时,必须经过修正达到安装要求后再进行安装。

4) 基础放线验收应有记录,并作为竣工资料归档。

(2) 锅炉本体安装:

1) 锅炉水平运输:

① 运输前应先选好路线,确定锚点位置,稳好卷扬机,铺好道木。

② 用千斤顶将锅炉前端(先进锅炉房的一端)顶起放进滚杠,用卷扬机牵引前进,在前进过程中,随时倒滚杠和道木。道木必须高于锅炉基础,保障基础不受损坏。

2) 撤出滚杠使锅炉就位:

① 撤滚杠时用道木或木方将锅炉一端垫好。用两个千斤顶将锅炉的另一端顶起,撤出滚杠,落下千斤顶,使锅炉一端落在基础上。再用千斤顶将锅炉另一端顶起,撤出剩余的滚杠和木方,落下千斤顶使锅炉全部落到基础上。如不能直接落到基础上,应再垫木方逐步使锅炉平稳地落到基础上。

② 锅炉就位后应进行校正,因锅炉就位过程中可能产生位移,用千斤顶校正,达到找正的允许偏差以内。

3) 锅炉找平:

① 锅炉纵向找平:

a. 用水平尺(水平尺长度不小于 600mm)放在炉排的纵排面上,检查炉排面的纵向水平度。检查点最少为炉排前后两处。要求炉排面纵向应水平或炉排面略坡向炉膛后部,最大倾斜度不大于 10mm。

b. 当锅炉纵向不平时,可用千斤顶将过低的一端顶起,在锅炉的支架下垫以适当厚度的钢板,使锅炉的水平度达到要求。垫铁的间距一般为 500~1000mm。

② 锅炉横向找平:

a. 用水平尺(长度不小于 600mm)放在炉排的横排面上,检查炉排面的横向水平度,检查点最少为炉排前后两处,炉排的横向倾斜度不得大于 5mm(炉排的横向倾斜过大会导致炉排跑偏)。

b. 当炉排横向不平时,用千斤顶将锅炉一侧支架同时顶起,在支架下垫以适当厚度的钢板,垫铁的间距一般为 500~1000mm。

4) 炉底风室的密封要求

① 锅炉支架的底板与基础之间必须用水泥砂浆堵严,并在支架的内侧与基础之间用水泥砂浆抹成斜坡。

② 锅炉支架的底板与基础之间的密封砖应砌筑严密,墙的两侧抹水泥砂浆。

③ 当锅炉安装完毕后,基础的预留孔洞,应砌好用水泥砂浆抹严。

5) 炉排减速机安装：

一般快装锅炉的炉排减速机由制造厂装配成整机运到现场进行安装。

① 开箱点件。检查设备、零部件是否齐全，根据图纸核对其规格、型号是否符合设计要求。

② 检查机体外观和零部件不得有损坏，输出轴及联轴器应光滑，无裂纹、无锈蚀。油杯、扳把等无丢失和损坏。

③ 根据需要配制符合实际尺寸的地脚螺栓、斜垫铁等零件。准备起重和安装所需的工具、量具及其他用品。

④ 减速机就位及找正找平：

a. 将垫铁放在划好基准线和清理好预留孔的基础上，靠近地脚螺栓预留孔。

b. 将减速机上好地脚螺栓(螺栓露出螺母1~2扣)，吊装在垫铁上，减速机纵、横中心线与基础纵、横中心基准线相吻合。

c. 根据炉排输入轴的位置和标高进行找正找平，用水平仪和更换垫铁厚度或打入楔形铁的方法加以调整。同时还应对联轴器进行找正，以保证减速机输出轴与炉排输入轴对正同心。用卡箍及塞尺的方法对联轴器找同心。减速机的水平度和联轴器的同心度，两联轴节端面之间的间隙以设备随机技术文件为准。无规定时应符合 TJ 231—70《机械设备安装工程施工及验收规范》的相应规定。

⑤ 设备找平找正后，即可进行地脚螺栓孔灌注混凝土。灌注时应捣实，防止地脚螺栓倾斜。待混凝土强度达到75%以上时，方可拧紧地脚螺栓，在紧螺栓时应进行水平的复核。无误后将机内加足机械油准备试车。

⑥ 减速机试运行：安装完成后，联轴器的连接螺栓暂不安装，先进行减速机单独试车，试车前先拧松离合器的弹簧压紧螺母，把扳把放到空档上接通电源试电机。检查电机运转方向是否正确和有无杂声，正常后将离合器由低速到高速进行试运转，无问题后安装好联轴器的螺栓，配合炉排冷态试运行。在运行过程中调整好离合器的压紧弹簧能自动弹起。弹簧不能压得过紧，防止炉排断片或卡住，离合器不能离开，以免把炉排拉坏。

6) 平台扶梯安装：

① 长、短支撑的安装：先将支撑坐孔中的杂物清理干净，然后安装长短支撑，支撑安装要正，螺栓应涂机油石墨后拧紧。

② 平台安装：平台应基本水平，平台与支撑连接螺栓要拧紧。

③ 安装平台扶手柱和栏杆：平台扶手柱要垂直于平台，螺栓连接要拧紧，栏杆撅弯处应一致美观。

④ 安装爬梯、扶手柱及栏杆：爬梯上端与平台用螺栓连接，找正后将下端焊在锅炉支架板上或焊接耳板，与耳板用螺栓连接。扶手栏杆有焊接接头时，焊后应光滑。

(3) 螺旋出渣机安装：

先将出渣机从安装孔斜放在基础坑内。

1) 将漏灰接口板安装在锅炉底板的下部。

2) 安装锥形渣斗，上好漏灰接板与渣斗之间的连接螺栓。

3) 吊起出渣器的筒体，与锥形渣斗连接好，锥形渣斗下口长方形的法兰与筒体长方形法兰之间要加橡胶垫或油浸扭制的石棉盘根(应加在螺栓内侧)，拧紧后不得漏水。

4) 安装出渣机的吊耳和轴承底座,在安装轴承底座时要使螺旋轴保持同心。

5) 调好安全离合器的弹簧,用扳手扳转蜗杆,合螺旋轴转动灵活。油箱内应加入符合要求的机械油。

6) 安好后接通电源和水源,检查转动方向是否正确,离合器的弹簧是否跳动,冷态试车 2h,无异常声音和不漏水为合格,并作好试力记录。

(4) 电气控制箱(柜)安装:

1) 控制箱安装位置应在锅炉的前方,便于监视锅炉的运行、操作及维修。

2) 控制箱的地脚螺栓位置要正确,控制箱安装时要找正找平,灌注牢固。

3) 控制箱装好后,可敷设控制箱到各个电机和仪器仪表的配管,穿导线。控制箱及电气设备外壳应有良好的接地。待各个辅机安装完毕后接通电源。

(5) 省煤器安装:

1) 省煤器为整体组件出厂,安装前要认真检查省煤器管周围嵌填的石棉绳是否严密牢固,外壳箱板是否平整,肋片有无损坏,无问题后方可进行安装。

2) 支架安装:

① 清理螺栓孔:将螺栓孔内的杂物清理干净,并用水冲洗。

② 将支架上好地脚螺栓,放在清理好预留孔的基础上,然后调整支架的位置、标高和水平度。

3) 省煤器安装:

① 安装前应进行水压试验,试验压力为 $1.25P + 5$(P 为锅炉工作压力),无渗漏为合格。同时进行省煤器安全阀的调整。安全阀的开启压力应为装置点工作压力的 1.1 倍,或为锅炉工作压力的 1.1 倍。

② 用三木搭或其他吊装设备将省煤器安装在支架上,并检查省煤器的进口装置、标高是否与锅炉烟气出口相符,以及两口的距离和螺栓孔是否相符,通过调整支架的位置和标高,达到烟管安装的要求。

③ 最后将下部槽钢与支架焊在一起。

4) 灌注混凝土。支架的位置和标高找好后灌注混凝土,混凝土的强度等级应比基础强度等级高一级,并应捣实和养护(拌混凝土时最好用豆石)。当混凝土强度达到 75% 以上时,将地脚螺栓拧紧。

5) 安装允许偏差应符合表 3.3 – 57 的要求。

组装铸铁省煤器的允许偏差　　　　表 3.3 – 57

序　号	项　　　目	允　许　偏　差
1	支承架的水平方向位置偏差	± 3m
2	支承架的标高偏差	± 5m
3	支承架的纵、横不平度	1/100

(6) 液压传动装置安装:

1) 对预埋板进行清理和除锈。

2)检查和调整使铰链架纵、横中心线与滑轨纵、横中心相符,以确保铰链架的前后位置有较大的调节量,调整后将铰链架的固定螺栓稍加紧固。

3)把液压缸的活塞杆全部拉出(最大行程),并将活塞杆的长拉脚与摆轮连接好,再把活塞缸与铰链架连接好。然后根据摆轮的位置和图纸的要求把滑轨的位置找好焊牢。最后认真检查调整铰链的位置并将螺栓拧紧。

4)液压箱安装:按设计位置放好,液压箱内要清洗干净。箱内应加入滤清机械油,冬天采用10号机械油,夏天采用20号机械油。

5)安装地下油管:地下油管采用无缝钢管,在现场揻弯和焊接管接头,钢管内应除锈清理干净。

6)安装高压软管:应安装在油缸与地下油管之间,安装时应将丝头和管接头内铁屑毛刺清除干净,丝头连接处用聚四氟乙烯薄膜或麻丝白铅油作填料,最后把子高压软管上好。

7)安装高压铜管:先将管接头分别装在油箱和地下油管的管口上,按实际距离将铜管截断,然后退火揻弯,两端穿好锁母,用扩口工具扩口,最后把铜管安装好,拧紧锁母。

8)电气部分安装:先将行程撞块和行程开关架装好,再装行程开关。行程开关架安装要牢固。上行程开关的位置,应在摆轮拨爪略超过棘轮槽为适宜,下行程开关的位置应定在能使炉排前进80mm或活塞不到缸底为宜。定位时可打开摆轮的前盖直观定位。最后进行电气配管、穿线、压线及油泵电机接线。

9)油管路的清洗和试压

① 把高压软管与油缸相接的一端卸开,放在空油桶内,然后起动油泵,调节溢流阀调压手轮,逆时针施转使油压维持在0.2MPa(2kgf/cm^2),再通过人工方法控制行程开关,使两条油管都得到冲洗。冲洗的时间为15~20min。每条油管最少冲洗2~3次。冲洗完毕把高压软管装好。

② 油管试压:利用液压箱的油泵即可,起动油泵,通过调节溢流阀的手轮,使油压逐步升到3.0MPa(30kgf/cm^2),在此压力下活塞动作一个行程,油管、接头和液压缸均无泄漏为合格,并立即把油压调到炉排的正常工作压力。因油压长时间超载会使电机烧毁。

炉排正常工作时油泵工作压力如下:

1~2t/h链条炉,油压为0.6~1.2MPa(6~12kgf/cm^2);

4t/h链条炉,油压为0.8~1.5MPa(8~15kgf/cm^2)。

10)摆轮内部应擦洗后加入适量的20号机油,下铰链油杯中应注满黄油。

11)液压传动装置冲洗、试压应做记录。

(7)安装鼓风机:

1)安装鼓风机:

先检查基础位置、质量是否符合图纸要求,无误后将上好地脚螺栓的鼓风机抬到基础上就位。由于风机壳一侧比电机一侧重,需将风机壳一侧垫好,再用垫铁将电机找平找正,最后用混凝土将地脚螺栓孔灌注好。待混凝土强度达到75%时再复查风机是否水平,螺栓加好弹簧垫圈后将地脚螺栓紧固。

2)安装风管:

① 当采用砖地下风道时,地下风道内壁要用水泥砂浆抹光滑,风道要严密,风机出口与风管之间、风管与地下风道之间链接要严密,防止漏风。

② 当采用钢板风道时,风道法兰连接要严密。
③ 最后检查一下锅炉风室调节阀是否灵活,定位是否可靠。
3) 风机试运行

接通电源,先进行点试,检查风机转向是否正确,有无摩擦和振动现象,无问题后进行试车,运转时检查电机和轴承升温是否正常,一般不高于室温 40℃ 为正常。风机冷运行不少于 2h,并做好运行记录。

(8) 除尘器安装

1) 安装前首先核对除尘器的旋转方向与引风机的旋转方向是否一致,安装位置是否便于清灰、运灰,除尘器落灰口距地面高度一般为 0.6~1.0m。检查除尘器内壁耐磨涂料有无脱落。

2) 安装除尘器支架:将地脚螺栓安装在支架上,然后把支架放在划好基准线的基础上。

3) 安装除尘器:支架安装好后,吊装除尘器,紧好除尘器与支架连接的螺栓。吊装时根据情况(立式或卧式)可分段安装,也可整体安装。除尘器的蜗壳与锥形体连接的法兰要连接严密,用 φ10 的石棉扭绳作垫料,垫料应加在连接螺栓的内侧。

4) 烟管安装:先从省煤器的出口或锅炉后烟箱的出口安装烟管和除尘器的扩散管。烟管之间的法兰连接用 φ10 石棉绳作垫料,连接要严密。烟管安好后,检查扩散管的法兰与除法器的进口法兰位置是否合适。如略有不合适可适当调整除尘器支架的位置和标高,使除尘器与烟管连接妥当。

5) 检查除尘器的垂直度和水平程度:除尘器和烟管安装好后,检查除尘器及支架的垂直度和水平程度。除尘器的垂直度和水平误差为 1/1000,然后将地脚螺栓孔内灌注混凝土,待混凝土的强度达到 75% 时,将地脚螺栓拧紧。

6) 安装锁气器:锁气器是除尘器的重要部件,是保证除尘器效果的关键部位之一,因此锁气器的连接处和舌形板接触的严密,配重或挂环要合适。

7) 现场制作烟管时,除尘器应按图纸位置安装,最后安装烟管。为减少阻力,应尽量减少拐弯和缩短烟管。制作弯头(虾米腰)时其弯曲半径不应小于管径的 1.5 倍。制作除尘器的扩散管时,扩散管的渐扩角度不得大于 20°。

(9) 起风机安装

1) 安装引风机和电机:

① 用人抬或机械吊装设备,把风机和电机(用皮带连接的先安电机滑轨)分别安装在放好基准线和清好预留孔的基础上,上好地脚螺栓,螺母应外露 1~2 扣,用成对的垫铁放在机座下进行找平找正。

a. 锅炉出厂不配带烟管,引风机可以按图纸的位置标出,进行找平找正,引风机的位置决定烟管的尺寸。

b. 锅炉出厂配带烟管,引风机的位置和标高应根据除尘器的位置和标高以及烟管的实际尺寸来确定,以避免安装中改动烟管。

② 引风机安装要求:

a. 纵向水平度 0.2/1000;

b. 横向水平度 0.3/1000;

c. 风机轴与电机轴不同心,径向位移不大于 0.05mm;

d. 靠背轮的间隙应符合通用规定(一般 2~10mm);

e. 如用皮带轮连接时,风机和电机的两皮带轮的平行度允许偏差应小于 1.5mm;两皮带轮槽应对正,允许偏差应小于 1mm;

f. 风机壳安装应垂直。

③ 联轴器(靠背轮)找同心工具见图 3.3-54。

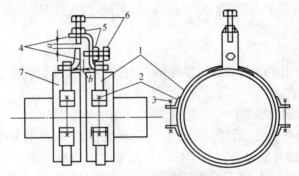

图 3.3-54 联轴器找同心
1—卡箍;2—角钢;3—夹紧螺栓;4—卡子;
5—螺母;6—测点螺栓;7—联轴器

找正时在两轮外圆上划出四等分记号,装好测量用的卡具,同时转动两轮轴,每转 90°测量一次 a、b 点的读数值(用塞尺测量),并将四个位置上的读数记录下来,测点在两轮上相对位置不变,在每个位置上,只测记一个径向读数 a 就可以了。但在端面上应测两个(同一直径方向上的)轴向读数 b_1 和 b_1',并取其和的一半作为记录值。为保证测量准确可靠,可重复 1~2 次,看测出的数值是否相同,如不同应查明原因重调重测(图 3.3-55)。

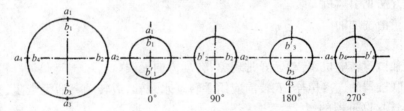

图 3.3-55 重测同心

④ 安装烟管时应使之自然吻合,不得强行连接,更不允许将烟道重量压在风机上。

⑤ 安装调节风门时应注意不要装反,应标明开、关方向。

⑥ 安装完后试拨转动,检查是否有过紧或与固定部分碰撞现象,发现有不妥之处必须调整好松紧度。

2) 灌注混凝土。混凝土的强度等级应比基础强度等级高一级,灌注捣固时不得使地脚螺栓歪斜,灌注后要养护。

3) 安装冷却水管:冷却水管应干净畅通,排水管应安漏斗便于直观出水的大小,可用阀门调整。安装后应按要求进行水压试验,如无规定时,试验压力不低于 0.4MPa(4kgf/cm^2),可参考给水管安装要求。

4) 轴承箱清洗加油。

5) 安装安全罩,安全罩的螺栓应拧紧。

6) 引风机试运行:试运行前先用手转动风机,检查是否灵活。试运转时先关闭调节阀门,然后接通电源起动,起动后再稍开调节门,调节门的开度应使电机的电流不超过额定电流。检查引风机的转向是否正确,有无振动和摩擦现象,电机的温度是否正常,一般情况下冷运转时间不得过长,应按说明书规定时间运转,无规定时冷运转时间不得超过5min,并做好试运行记录。

(10) 烟囱安装:

1) 每节烟囱之间用 $\phi 10$ 的石棉扭绳作垫料,安装螺栓时螺帽在上,连接更严密牢固,组装好的烟囱应基本成直线。

2) 当烟囱超过周围建筑物时要安装避雷针。

3) 在烟囱的适当高度处(无规定时为2/3处)安装拉紧绳,最少3根,互为120°。拉紧绳的固定装置采用焊接或其他方法安装牢固。在拉紧绳距地面不少于3m处安装绝缘子,拉紧绳与地锚之间用螺栓拉紧,锚点的位置要合理,应使拉紧绳与地面的斜角少于45°。

4) 用吊装设备把烟囱吊装就位,用拉紧绳调整烟囱的垂直度,垂直度的要求为1/1000,全高不超过20mm。最后检查拉紧绳的松紧度,拧紧绳卡和基础螺栓。

(11) 水泵安装:

1) 用人工或其他方法将上好地脚螺栓的水泵就位在基础上,与基准线相吻合,并用水平尺在底座水平加工面上利用垫铁调整找平,泵底座不应有偏斜。

2) 找平找正后进行混凝土灌注。

3) 联轴器(靠背轮)找正,是否与电机轴的同心度、两轴水平度、两联轴节端面之间的间隙以设备技术文件的规定为准。

4) 找正方法见引风机安装。

5) 轴承箱清洗加油。

6) 水泵试运转。

① 先单独试运转电机,转动无异常现象,转动方向无误。

② 安装联轴器的连接螺栓,安装前应用手转动水泵轴,应转动灵活无卡阻、杂声及异常现象,然后再连接联轴器的螺栓。

③ 泵启动前应先关闭出口阀门(以防起动负荷过大),然后起动电机,当泵达到正常运转速度时,逐步打开出口阀门,使其保持工作压力。检查水泵的轴承温度(不超过外界温度35℃,其最高温度不应大于75℃),轴封是否漏水、漏油。

(12) 管道阀门和仪表安装:

1) 管道阀门和仪表的安装要严格按图纸进行。

2) 阀门种类、规格、型号必须符合规范及设计要求。

3) 阀门应经强度和严密性试验合格,才可安装。

① 阀体的强度试验:试验压力应为公称压力的1.5倍,阀体和填料处无渗漏为合格。

② 严密性试验:试验压力为公称压力,阀芯密封面不漏为合格。

4) 法兰所用的垫料及螺栓应涂以机油石墨。

5) 安全阀安装

① 额定蒸发量大于0.5t/h的锅炉最少设两个安全阀(不包括省煤器);额定蒸发量小于或等于0.5t/h的锅炉,至少设一个安全阀。

② 额定热功率大于1.4MW(即$120×10^4$kcal/h)的锅炉,至少应装设两个安全阀。额定热功率小于或等于1.4MW的锅炉至少应装设一个安全阀。

③ 安全阀应在锅炉水压试验合格后再安装,因水压试验压力大于安全阀的工作压力。水压试验时,安全阀管座可用盲板法兰封闭。如用钢板加死垫时,试完压后应立即将其拆除。

④ 安全阀的排气管应直通室外安全处,排气管的截面积不应小于安全阀出口的截面积。排气管应坡向室外并在最低点的底部装泄水管,并接到安全处。排气管和排水管上不得装阀门。

⑤ 安全阀应垂直安装,并装在锅炉锅筒、集箱的最高位置。在安全阀和锅筒之间或安全阀的集箱之间,不得装有取用蒸汽的汽管和取用热水的出水管,并不许装阀门。

6) 水位表安装:

① 每台锅炉至少应装两个彼此独立的水位表。但额定蒸发量小于或等于0.2t/h的锅炉可以装一个水位表。

② 水位表安装前应检查旋塞转动是否灵活,填料是否符合使用要求,不符合要求时应更换填料。水位表的玻璃管或玻璃板应干净透明。

③ 水位表在安装时,应使水位表的两个表口保持垂直和同心,玻璃管不得损坏,填料要均匀,接头应严格。

④ 水位表的泄水管应接到安全处。当泄水管接至排污管的漏斗时,漏斗与排污管之间应加阀门,防止锅炉排污时从漏斗冒气伤人。

⑤ 当锅炉装有水位报警器时,报警器的泄水管可与水位表的泄水管接在一起,但报警器泄水管上应单独安装一个截止阀,不允许在合用管段上仅装一个阀门。

⑥ 水位表安装好后应划出最高、最低水位的明显标志。最低安全水位比可见边缘水位至少应高25mm。最高安全水位比可见边缘水位至少应低25mm。

⑦ 采用玻璃管水位表时应装有防护罩,防止损坏伤人。

⑧ 采用双色水位表时,每台锅炉只能装一个,另一个装普通(无色的)水位表。

7) 压力表安装:

① 弹簧管压力表安装:

a. 工作压力小于2.45MPa(25kgf/cm^2)的锅炉,压力表精度不应低于2.5级;

b. 出厂时间超过半年的压力表,应经计量部门重新校验,合格后进行安装;

c. 表盘刻度为工作压力的1.5~3倍(宜选用2倍工作压力),锅炉本体的压力表公称直径应不小于150mm,表体位置端正,便于观察;

d. 压力表应有存水弯,压力表与存水弯之间应装有三通旋塞;

e. 压力表应垂直安装,垫片制作要规矩,垫片表面应涂机油石墨,丝扣部分涂白铅油,连接要严密。安装完后在表盘上或表壳上划出明显的标志,标出最高工作压力。

② 电接点压力表安装同弹簧管式压力表,其作用为:

a. 报警:把上限指针定位在最高工作压力刻度位置,当活动指针随着压力增高与上限指针相接触时,与电铃接通进行报警。

b. 自控停机:把上限指针定在最高工作压力刻度,把下限指针定在最低工作压力刻度上,当压力增高使活动指针与上限指针相接触时可自动停机。停机后压力逐渐下降,降到活动指针与下限指针接触时能自动起动使锅炉继续运行。

c. 以上两种接法应定期进行试验,检查其灵敏度,有问题应及时处理。

8) 温度表安装:

① 内标式温度表安装:温度表的丝扣部分应涂白铅油,密封垫应涂机油石墨,温度表的标尺应朝向便于观察的方向。底部应加入适量导热性能好、不易挥发的液体或机油。

② 压力式温度表安装:温度表的丝接部分应涂白铅油,密封垫应涂机油石墨,温度表的感温器端部应装在管道中心,温度表的毛细管应固定好,防止碰断。多余部分应盘好固定在安全处。温度表的表盘应安装在便于观察的位置。安装完后应在表盘上或表壳上划出最高运行温度的标志。

③ 压力式电接点温度表的安装:与压力式温度表安装相同。报警和自控同电接点压力表的安装。

9) 排污阀安装:

① 锅炉的排污管安装,排污阀不允许用螺纹连接。排污管应尽量减少弯头,所用弯头应喷制,其半径(R)应不小于管直径的1.5倍。

② 排污阀安装时应注意排污阀的开关手柄应在外侧,以确保操作方便。排污管应接到室外,明管部分应加固定支架,排污管应坡向室外。

(13) 软化水设备安装:

1) 锅炉设备做到安全、经济运行,与锅炉水处理有直接关系。新安装的锅炉没有水处理措施不准投入运行。

2) 低压锅炉的炉外水处理一般采用钠离子交换水处理方法。多采用固定床顺流再生或逆流再生和浮动床三种工艺,具体安装系统见图3.3-56。

3) 离子交换器安装前,先检查设备表面有无撞痕,罐内防腐有无脱落,如脱落应做好记录,采取措施后再安装。为防止树脂流失应检查布水喷嘴和孔板垫布有无损坏,如损坏应更换。

4) 安装钠离子交换器:用人工或吊装设备将上好地脚螺栓的离子交换器就位在划好基准线的基础上,用垫铁找直找正,视镜应安装在便于观看的方向,罐体垂直要求为1/1000,找正找直后灌注混凝土,当混凝土强度达到75%时,可将地脚螺栓拧紧。在吊装时要防止损坏设备。

5) 设备配管:应用镀锌钢管或塑料管,采用螺纹连接,丝扣处涂白铅油、麻丝或用聚四氟乙烯薄膜(生料带)做填料,接口要严密。所有阀门安装的标高和位置应便于操作,配管的支架严禁焊在罐体上。

6) 配管完毕后,根据说明书进行水压试验,检查法兰接口、视镜、丝头,不渗漏为合格。

7) 装填新树脂时,应根据说明书先进行冲洗后再装入罐内。树脂层装填高度按设备说明书要求进行。

8) 盐水箱(池)安装:如用塑料制品,可按图纸位置放好即可,如用钢筋混凝土浇筑或砖砌盐池,应分为溶盐池和配比池两部分,为防止盐内的泥砂和杂物进到配比池内,在溶盐池内加过滤层,无规定时,一般底层用30~50mm厚的木板,并在其上打出$\phi 10 \sim \phi 20$mm,石英石上铺上1~2层麻袋布。

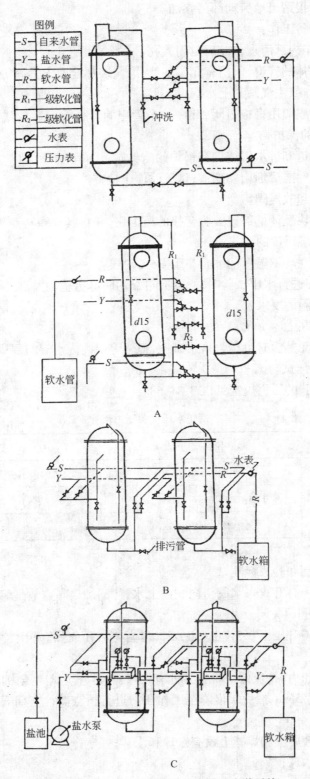

图3.3-56 低压锅炉的炉外水处理安装系统

(14) 水压试验:
1) 水压试验应报请当地劳动部门参加。
2) 试验前的准备工作:
① 将锅筒、集箱内部清理干净后封闭人孔。
② 检查锅炉本体的管道、阀门有无漏加垫片,漏装螺栓和未紧固等现象。
③ 应关闭排污阀、主气阀和上水阀。
④ 安全阀的管座应用盲板封闭,并在一个管座的盲板上安装放气管和放气阀,放气管的长度应超出锅炉的保护壳。
⑤ 锅炉试压管道和进水管道接在锅炉的副气阀上为宜。
⑥ 应打开锅炉的前后烟箱和烟道,试压时便于检查。
⑦ 打开副气阀和放气阀。
⑧ 至少应装两块经计量部门校验合格的压力表,并将其旋塞转到相通位置。
3) 试验时对环境温度的要求:
① 水压试验应在环境温度(室内)高于 +5℃时进行。
② 在低于 +5℃进行水压试验时,必须有可靠的防冻措施。
4) 试验时对水温的要求:
① 水温一般应在 20~70℃。
② 当施工现场无热源时可用自来水试压,但要等锅筒内水温与周围气温较为接近或无结露时,方可进行水压试验。
5) 锅炉水压试验的压力规定见表3.3-58。

锅炉水压试验压力值   表3.3-58

名 称	锅炉本体工作压力 P	试 验 压 力
锅炉本体	$<0.59\text{MPa}(6\text{kgf/cm}^2)$	$1.5P$,但不小于 $0.2\text{MPa}(2\text{kgf/cm}^2)$
	$0.59\sim1.18\text{MPa}(6\sim12\text{kgf/cm}^2)$	$P+0.29\text{MPa}(3\text{kgf/cm}^2)$
	$>1.18\text{MPa}(12\text{kgf/cm}^2)$	$1.25P$

6) 水压试验步骤和验收标准
① 向炉内上水。打开自来水阀门向炉内上水,待锅炉最高点放气管见水无气后关闭放气阀,最后把自来水阀门关闭。
② 用试压泵缓慢升压至 0.3~0.4MPa 时,应暂停升压,进行一次检查和必要的紧固螺栓工作。
③ 待升至工作压力时,应停泵检查各处有无渗漏,再升至试验压力后停泵,焊接的锅炉应在试验压力下保持 5min,然后缓慢降至工作压力进行检查。检查期间压力不变。达到下列要求为试验合格:
a. 在受压元件金属壁和焊缝上没有水珠和水雾;
b. 胀口处不滴水珠;
c. 水压试验后没有发现残余变形。

④ 水压试验结束后,应将炉内水全部放净,以防冻,并拆除所加的全部盲板。

⑤ 水压试验结果,应记录在《工业锅炉安装工程质量证明书》中,并有参加验收人员签字,最后存档。

(15) 炉排冷态试转:

1) 清理炉膛、炉排,尤其是容易卡住炉排的铁块、焊渣、焊条头和铁钉等必须清理干净。然后将炉排各部位的油杯加满润滑油。

2) 炉排冷运转连续不少于8h,试运转速度最少应在两级以上,经检查和调整应达到以下要求:

① 检查炉排有无卡住和拱起现象,如炉排有拱起现象可整炉排前轴的拉紧螺栓。

② 检查炉排有无跑偏现象,要钻进炉膛内检查两侧主炉排片与两侧板的距离是否基本相等。不等时说明跑偏,应调整前轴相反一侧的拉紧螺栓(拧紧),使炉排走正,如拧到一定程度后还不能纠偏时,还可以稍松另一侧的拉紧螺栓,使炉排走正。

③ 检查炉排长销轴与两侧板的距离是否一致相等,通过一字形检查孔,用榔头间接打击过长的,使长销轴与两侧板的距离相等。同时还要检查有无漏装垫圈和开口销,如有应停转炉排,装好后再运转。

④ 检查主炉排片与链轮啮合是否良好,各链轮齿是否同位,如有严重不同位时,应与制造厂联系解决。

⑤ 检查炉排片有无断裂,有断裂时等到炉排转到一字形检查孔的位置时,停炉排把备片换上再动转。

⑥ 检查煤闸板吊链的长短是否相等。检查各风室的调节门是否灵活。

⑦ 冷态试运行结束后应填好记录,甲乙双方签字。

(16) 烘炉:

1) 准备工作:

① 锅炉本体及工艺管道全部安装完毕,水压试验合格。

② 锅炉的附属设备、软水设备、化验设备、水泵等已达到使用要求。

③ 锅炉辅机包括鼓风机、引风机、出渣机、除尘器及电气控制仪表安装完毕并调试合格,并同时加满润滑油。

④ 编制烘炉方案及烘炉升温曲线,选好炉墙测温点,准备好测温仪表和记录表格。

⑤ 关闭排污阀、主气阀、副气阀,打开上水阀,开启一只安全阀,如有省煤器时,开启省煤器循环管阀门。然后将合格软化水上至比锅炉正常水位稍低点。

⑥ 准备好适量的木柴和燃煤,木柴上不能带有铁钉或其他金属材料。

2) 烘炉方法及要求:

① 整体块装锅炉均采用轻型炉墙,根据炉墙潮湿程度,一般烘烤时间为3~6d。

② 木柴烘炉:打开炉门、烟道闸板、开启引风机,强制通风5min,以排除炉膛和烟道内的潮气和灰尘,然后关闭引风机。打开炉门和点火门,在炉排前部1.5m范围内铺上厚度为30~50mm的炉渣,在炉渣上放置木柴和引燃物。点燃木柴,小火烘烤。自然通风,缓慢升温,第一天不得超过80℃,后期不超过160℃。烘烤约2~3d。

③ 煤炭烘炉:木柴烘烤后期,逐渐添加煤炭燃料,并间断引风和适当鼓风,使炉膛温度逐步升高,同时间断开动炉排,防止炉排过烧损坏,烘烤约为1~3d。

④ 整个烘炉期间要注意观察炉墙、炉拱情况,按时做好温度记录,最后画出实际升温曲线图。

3) 注意事项:

① 火焰应保持在炉膛中央,燃烧均匀,升温缓慢,不能时旺时弱。烘炉时锅炉不升压。

② 烘炉期间应注意及时补进软水,保持锅炉正常水位。

③ 烘炉中后期应适量排污,每 6~8h 可排污一次,排污后及时补水。

④ 煤炭烘炉时应尽量减少炉门、看火门开启次数,防止冷空气进入炉膛内,使炉膛产生裂损。

(17) 煮炉:

1) 为了节约时间和燃料,在烘炉末期进行煮炉。一般采用碱性溶液煮炉,加药量根据锅炉锈蚀、油污情况及锅炉水容量而定。如锅炉出厂说明书未作规定时,可按表 3.3-59 规定计量加药量。

表 3.3-59 中药品用量按 100% 纯度计算,无磷酸三钠可用碳酸钠(Na_2CO_3)代替,用量为磷酸三钠的 1.5 倍。

锅炉加药量(kg/t 炉水)　　　　　　　　　　　　　　　表 3.3-59

药品名称	铁锈较薄	铁锈较厚
氢氧化钠(NaOH)	2~3	3~4
磷酸三钠($Na_3PO_4 \cdot 12H_2O$)	2~3	2~3

2) 将两种药品按用量配好后,用水溶解成液体从上人孔处或安全阀座处,缓慢加入炉体内。然后封闭人孔或安全阀。操作时要注意对化学药品腐蚀性采取防护措施。

3) 升压煮炉:加药后间断开动引风机,适量鼓风使炉膛温度和锅炉压力逐渐升高,进入升压煮炉,当压力升至 0.4MPa(kgf/cm^2)时,连续煮炉 12h,煮炉结束停火。

4) 煮炉结束后,待锅炉蒸汽压力降至零,水温低于 70℃ 时,方可将炉水放掉,待锅炉冷却后,打开人孔和手孔,彻底清除锅筒和集箱内部的沉积物,并用清水冲洗干净,检查锅炉和集箱内壁,无油垢、无锈斑为煮炉合格。

5) 最后经甲乙双方共同检验,确认合格,并在检验记录上签字盖章后,方可封闭人孔和手孔。

(18) 试运行及安全阀定压

1) 准备工作:

① 准备充足的燃煤,供水、供电、运煤、除渣系统均能满足锅炉满负荷连续运行的需要。

② 对于单机试车、烘炉煮炉中发现的问题或故障,应全部进行排除、修复或更换。

③ 由具有合格证的司炉工、化验员负责操作,并在运行前熟悉各系统流程。操作中严格执行操作规程。试运行工作由甲乙双方配合进行。

2) 点火运行:

① 将合格的软水上至锅炉最低安全水位,打开炉膛门、烟道门自然通风 10~15min。添加燃料及引火木柴,然后点火,开大引风机的调节阀,使木柴引燃然后关小引风机的调节阀,间断开启引风机,使火燃烧旺盛,而后手工加煤并开启鼓风机,当燃煤燃烧旺盛时可关闭点

火门向煤斗加煤,间断开动炉排。此时应观察燃烧情况进行适当拨火,使煤能连续燃烧。同时调整鼓风量和引风量,使炉膛内维持 2~3mm 水柱的负压。使煤逐步正常燃烧。

② 升火时炉膛温升不宜太快,避免锅炉受热不均产生较大的热应力影响锅炉寿命。一般情况从点火到燃烧正常,时间不得少于 3~4h。

③ 运行正常后应注意水位变化,炉水受热后水位会上升,超过最高水位时,通过排污保持水位正常。

④ 当锅炉压力升至 0.05~0.1MPa 时,应进行压力表变管和水位表的冲洗工作。以后每班冲洗一次。

⑤ 当锅炉压力升至 0.3~0.4MPa 时,对锅炉范围内的法兰、人孔、手孔和其他连接螺栓进行一次热状态下的紧固。随看压力升高及时消除人孔、手孔、阀门、法兰等处的渗漏,并注意观察锅筒、联箱—管道及支架的热膨胀是否正常。

3) 安全阀定压:

① 试运行正常后,可进行安全阀的调整定压工作,安全阀开启压力规定见表 3.3-60。

② 定压顺序和方法:

a. 锅炉装有两个安全阀的一个按表 3.3-60 中较高值调整,另一个按较低值调整。安全阀调整顺序为先调整确定锅筒上开启压力较高的安全阀,然后再调整确定开启压力较低的安全阀。

安全阀开启压力规定 表 3.3-60

锅炉工作压力(MPa)	安全阀开启压(MPa)	锅炉工作压力(MPa)	安全阀开启压(MPa)
$P<1.27$	工作压力 + 0.2 工作压力 + 0.5	热水锅炉	1.12 倍工作压力 1.14 倍工作压力
1.27~3.82	1.04 倍工作压力 1.06 倍工作压力	省煤器	1.1 倍工作压力

b. 对弹簧式安全阀,先拆下安全阀的阀帽的开口销,取下安全阀提升手柄和安全阀的阀帽,用扳手松开紧固螺母,调松调整螺杆,放松弹簧,降低安全阀的排汽压力,然后逐渐由较低压力调整到规定压力,当听到安全阀有排气声而不足规定开启压力值时,应将调整螺杆顺时针转动压紧弹簧,这样反复几次逐步将安全阀调整到规定的开启压力。在调整时,观察压力表的人与调整安全阀的人要配合好,当弹簧调整到安全阀能在规定的开启压力下自动排气时,就可以拧紧紧固螺母。

c. 对杠杆式安全阀,要先松动重锤的固定螺栓,再慢慢移动重锤,移远为加压,移近为降压,当重锤移到安全阀能在规定的开启压力下自动排气时,就可以拧紧重锤的固定螺栓。

d. 省煤器安全阀的调整定压与弹簧式安全阀和杠杆式安全阀相同。其升压和控制压力的方法是将锅炉给水阀临时关闭,靠给水泵升压,用调节省煤器循环管阀门的大或小来控安全阀开启压力。当锅炉需上水时,应先保证锅炉上水后再进行调整。安全阀调整完毕,应及时把锅炉给水阀门打开。

③ 定压工作完成后,应做一次安全阀自动排气试验,启动合格后应加锁或铅封。同时将正确的始启压力、起座压力、回座压力记入《工业锅炉安装工程质量证明书》中。

a. 安全阀定压调试应有两个配合操作,严防蒸汽冲出伤人及高空坠落事故的发生。

b. 安全阀定压调试记录应有甲乙双方共同签字盖章。

c. 要保持正常水位,防止缺水和满水事故。

d. 当使用单位提出按实际运行压力调整安全阀的开启压力,而锅炉配套安全阀无法调出较低的启动压力时,应更换相应工作压力的弹簧。更换弹簧可参照表3.3-61。

安全阀弹簧工作压力等级表   表3.3-61

安全阀公称压力	弹簧工作压力等				
	P_{I}	P_{II}	P_{III}	P_{IV}	P_{V}
1.0MPa	0.05~0.1	0.1~0.25	0.25~0.4	0.4~0.6	0.6~1.0
1.6MPa	0.25~0.4	0.4~0.6	0.6~1.0	1.0~1.3	1.3~1.6

4)安全阀调整完毕后,锅炉应全负荷连续试运行72h,以锅炉及全部附属设备运行正常为合格。

(19)总体验收:

在锅炉试运行末期,建设单位、安装单位和当地劳动部门、环保部门共同对锅炉及附属设备进行总体验收。总体验收应进行下列几个方面的检查:

1)检查由安装单位填写的锅炉、锅炉房设备及管道的施工安装记录、质量检验记录。

2)检查锅炉、附属设备及管道安装是否符合设计要求。热力设备和管道的保温、刷油是否合格。

3)检查各安全附件安装是否合理正确,性能是否可靠,压力容器有无合格证明。

4)锅炉房电气设备安装是否正确、安全可靠;自动控制、讯号系统及仪表是否调试合格,灵敏可靠。

5)检查上煤、燃烧、除渣系统的运行情况有无跑风漏烟现象;检查消烟除尘设备的效果和锅炉附属设备噪声是否合格。

6)检查水处理设备及给水设备的安装质量,查看水质是否符合低压锅炉水质标准。

7)检查烘炉、煮炉、安全阀调试记录,了解试运行时各项参数能否达到设计要求。

8)检查与锅炉安全运行有关的各项规定(如安全疏散、通道、消防、安全防护)落实和执行情况。

9)总体验收合格后,由安装单位按照有关要求整理竣工技术文件,并交由建设单位保管。作为建设单位向当地劳动部门申请办理《锅炉使用登记证》的证明文件之一,并存入锅炉技术档案中。

5. 质量标准

(1)锅炉安装保证项目:

1)锅炉和省煤器的水压试验结果,必须符合设计要求和施工规范规定。

检验方法:检查试验记录。

2)锅炉和省煤器安装前,基础混凝土强度、坐标、标高、尺寸和螺栓孔位置必须符合设计要求。

检验方法:检查交接记录或根据设计图纸对照检查。

3)锅炉的烘炉必须或根据设计图纸对照检查。

4)锅炉试运行前的煮炉必须按技术文件和施工规范规定进行。

检验方法:检查煮炉记录。

5)机械传动炉排烘炉前必须按施工规范规定进行冷态运转试验。

检验方法:检查冷态运转记录。

(2)锅炉安装基本项目:

1)铸铁省煤器肋片的完好情况应符合以下规定:每根管的破损肋片和有破损肋片的管均少于5%。

检验方法:检查安装检验记录。

2)锅炉及泵类配管应分别按有关规定和质量检验评定标准进行检验和评定。

(3)锅炉安装允许偏差项目:

锅炉安装的允许偏差和验收方法应符合表3.3-62的规定。

锅炉安装的允许偏差和检验方法　　　　表3.3-62

项次	项　　目		允许偏差(mm)	检验方法
1	锅　炉	坐　标	10	用水准仪(水平尺)、直尺、拉线和尺量检查
		标　高	±5	
		中心线垂直度　立式锅炉炉体全高	4	
		中心线垂直度　卧式锅炉炉体	3	
2	链条炉排	炉排中心线位置	2	用水准仪(水平尺)、直尺、拉线和尺量检查
		前轴和后轴的轴心线的相对标高差	5	
	往复推动炉排	炉排片间隙　纵　向	±0.5	用塞尺检查
		炉排片间隙　两　侧	+1	
3	铸铁省煤器	支承架的水平方向位置	±3	用水准仪(水平尺)、直尺、拉线和尺量检查
		支承架的标出高	±5	
4	设备保温	厚　度	$+0.1\delta$ -0.05δ	用钢针刺入保温层检查
		表面平整度　卷材或板材	5	2m靠尺和楔形塞尺检查
		表面平整度　涂抹或其他	10	

注:δ为保温层厚度。

(4)锅炉附属设备安装保证项目:

1)鼓引风机和水泵等设备,就位前的基础混凝土强度、坐标、标高、尺寸和螺栓孔位置必须符合设计要求和施工规范规定。

检验方法:检查交接记录或根据图纸对照检查。

2) 风机、水泵试运转时的轴承温升必须符合施工规范规定。

检验方法:检查温升测试记录。

3) 敞口水箱、罐的满水试验和密闭箱、罐(如离子交换器、卧式热交换器等)的水压试验结果,必须符合设计要求和施工规范规定。

检验方法:检查满水和试压记录。

(5) 锅炉附属设备安装基本项目:

1) 箱、罐等设备支架和座(墩)的安装应符合以下规定:

① 位置和结构构造符合设计要求,埋设平正牢固。

② 支架和座与设备接触紧密。

检验方法:观察和对照设计图纸检查。

2) 箱、罐等设备涂漆应符合以下规定:

油漆种类和涂刷遍数符合设计要求,附着良好,无脱皮、起泡和漏涂。漆膜厚度均匀,色泽一致,无流淌及污染现象。

检验方法:观察检查。

(6) 锅炉附属设备安装允许偏差项目:

锅炉附属设备安装的允许偏差和检验方法应符合表 3.3-63 的规定。

锅炉附属设备安装的允许偏差和检验方法　　　表 3.3-63

项次	项目		允许偏差(mm)	检验方法
1	锅炉	坐标	10	用水准仪(水平尺)、直尺、拉线和尺量检查
		标高	±5	
2	机械除尘器、离子交换器、盐水溶解池、卧式热交换器、其他箱、罐	坐标	15	
		标高	±5	
		垂直度(每米)	1	吊线和尺量检查
3	离心式水泵、蒸汽往复泵	泵体水平度(每米)	0.1	用水准仪(水平尺)、直尺、拉线和尺量检查
		联轴器同心度 轴向倾斜(每米)	0.8	
		联轴器同心度 径向位移	0.1	
4	卧式热交换器等设备保温	厚度	$+0.1\delta$ -0.05δ	用钢针刺入保温层检查
		表面平整度 卷材或板材	5	用 2m 靠尺和楔形塞尺检查
		表面平整度 涂抹或其他	10	

注:δ 为保温层厚度。

(7) 锅炉附件安装(包括分汽缸、分水器、注水器、疏水器、减压器、除污器的安装)保证项目:

1) 分汽缸、分水器安装前的水压试验结果必须符合设计要求和施工规范规定。

检验方法:检查试验记录。

2) 各种附件的规格、型号必须符合设计要求或施工规范规定。

检验方法:对照设计图纸检查。

3) 安全阀、压力表的安装必须符合施工规范和《蒸汽锅炉安全技术监察规程》、《热水锅炉安全技术监察规程》的有关规定。

检验方法:对照规范、规程检查。

4) 减压器过滤网的材质、规格和包扎方法必须符合设计要求或施工规范规定。

检验方法:解体检查。

(8) 锅炉附件安装允许偏差项目:

锅炉附件安装的允许偏差和检验方法应符合表3.3–64的规定。

锅炉附件安装的允许偏差和检验方法　　　表3.3–64

项次	项 目	允许偏差(mm)	检 验 方 法
1	注水器 减压器几何尺寸 疏水器	5	尺量检查
2	分汽缸 分水器标高 注水器	±5	

6. 成品保护

(1) 当锅炉设备安装完工后进行地面施工时,土建施工人员不得损坏地下管道及安装好的设备。

(2) 当土建需搭架子进行工程修补或抹灰喷浆时,不得把架子搭在设备或管道上。

(3) 土建人员进行修补、喷浆时应有妥善的保护措施,防止损坏已安装好的设备、管道、阀门、仪表。

(4) 锅炉设备安装时,锅炉房应门窗齐全并能上锁,防止设备、阀门、仪表及材料的损坏和丢失。

7. 应注意的质量问题

(1) 风、烟道跑风

1) 原因:主要是法兰填料加的不正确,石棉绳加在法兰连接螺栓的外边,造成螺栓孔漏风,或靠墙和距地面近的螺栓拧的不紧,造成接口漏风。

2) 解决办法:将法兰填料加在法兰连接螺栓的内侧;螺栓应拧紧,漏加螺栓处应补齐。

(2) 地下砖风道漏风

1) 原因:砖风道盖板缝未抹严造成漏风。

2) 解决办法:在安装水泥盖板时应安装一块抹严一层,最后把上边盖板缝抹严。

(3) 炉排跑偏

1) 原因:炉排前后轴不平行。

2) 解决办法:调整主动轴的调节螺母。

(4) 水泵噪声大

1)原因:靠背轮不同心。
2)解决办法:用工具重新找同心。
(5)两只水位表水位差过大
1)原因:锅炉安装不垂直造成;锅炉制造时孔距不水平和管座不水平。
2)解决办法:锅炉安装时应用垫铁找直;管座不水平应用乙炔加热调平;制造孔距不水平应与制造厂联系解决。

(三)胀接工艺

1. 分项(子分项)工程概况(略)
2. 分项(子分项)工程质量目标和要求(略)
3. 施工准备

(1)施工人员

凡参加胀管工作的人员,必须事先了解图纸要求,学习和掌握有关胀管的规范、规程和标准。初次参加此项工作的人员,还须经过操作练习,要熟悉胀管器的性能,掌握操作程序和要点,经过考试合格后才能上岗。

技术人员画出锅筒展开图,并对操作人员进行编号,人员的编号需按所作业的管孔在展开图上标出。以此增强操作者的责任感,保证胀接质量。

(2)施工机具设备和测量仪器

胀管器一般由锅炉制造厂随机供应。在试胀前,对胀管器作检查。主要是:

1)胀管器的适用范围应符合管子内径及管板的厚度。
2)胀杆不得弯曲。
3)胀杆和直胀珠应相匹配,即直胀珠的圆锥度为胀杆的一半。
4)各直胀珠巢孔中的间距不得过大,其轴向间隙应<2mm;翻边胀珠与直胀珠串联时,其轴总间隙应<1mm。
5)各直胀珠巢孔斜度应相等,底面在同一截面上。
6)胀珠不得自巢孔中间外掉出,并且当胀杆放到最大限度时,胀珠能自由转动。

施工单位自行制造胀管器时,除满足上述的要求外,还必须符合列规定:

① 胀管器外壳的材料应符合技术要求。
② 胀珠和胀杆工作表面的硬度等级不得低于 HRC52(HB510);胀杆的工作表面的硬度应比胀珠高 HRC6~10(HB75~130)
③ 胀管器形式,应为四胀珠自进式。因胀口的圆度对于胀口的紧固力及应力分布一定的影响。在《工业锅炉胀拉技术条件》中介绍:用三胀珠胀管器和四胀珠胀管器,胀后对胀口强度作比较试验:用四胀珠胀管器的胀口圆度较好,在 0~0.2mm 范围内;用三胀珠胀管器的圆度差,在 0~0.7mm 范围内。同时对紧固力做试验,用三胀珠胀管器和四胀珠胀管器对同一种规格的管子和管孔,采用一胀管率的情况下,四胀珠的胀管器胀后的紧固力比三胀珠管器胀后的紧固力要提高 20kg 左右。应从分布情况看三胀珠胀管器为好。

(3)材料要求

锅炉管必须具有材料质量保证书及材料入厂复验报告,材质钢号必须与设计要求相符。如无材质证明和化验报告时,必须得做化学成分分析和机械性能试验,否则不得进行安装。

管子胀接端的外径偏差;公称外径为 $\phi32~\phi42$mm。偏差≯±0.45mm;公称直径 $\phi51~$

ϕ83mm,不得超过公称外径的1%。

管子胀接端的壁厚偏差不得超过表3.3-65管壁允许偏差。

管子胀接端的壁厚偏差　　　　　表3.3-65

公称壁厚(mm)	允许壁厚(mm)		同一截面上壁厚的允许最大差值
	最小	最大	
2.5	2.25	2.9	0.26
3.0	2.7	3.45	0.3
3.5	3.1	4.0	0.35
4.0	3.6	4.6	0.4
4.5	4.0	5.2	0.45
5.0	4.5	5.7	0.5

管子外表不得有重皮、裂纹、压扁和严重锈蚀等缺陷,管子表面上的沟纹、麻点等缺陷的深度都不得超过管壁的10%。

(4) 施工条件

锅筒就位后,在胀接前检查出锅筒内部装置。按其准标高及坐标位置进行复测与调正。检查锅筒临时支架及临时托架是否牢固。锅筒临时支架,按锅炉的不同型号分为两种:一种是上锅筒由管束支撑,安装时上锅筒需作临时支架;另一种是下锅筒靠管束吊挂,安装时下锅筒需作临时支架。临时支架的刚性、稳定性要好。

胀管前,必须复查各项几何尺寸,符合技术要求,做好尺寸记录,才能着手胀接工作。在工作完成后,进行水压试验前,才能拆除支架。

试胀是为了选择最佳效率及检查胀管器是否符合要求。试胀用的管子,管板的材质规格应与实际安装的锅炉完全一致,并按胀接工艺进行退火,打磨及胀管。试胀箱的大小,可根据试板的大小自行决定。通常试板尺寸为600mm×500mm,试胀后对试胀箱进行封闭。

试胀箱焊接封闭后,按锅炉的试验压力进行水压试验。通过验证后方可确定实际胀管时的胀管率及选用的胀管器。

拆去锅筒的内部装置,以便清洗和检查管孔。检查时先将管孔上的防锈涂料擦净,直到露出金属光泽为止。对遇有铁或有锈蚀的管孔,可用1号细砂纸沿管子圆周打磨。管孔壁上不得有砂眼、坑痕、边缘毛刺和纵向刻痕。

4. 施工工艺

(1) 无论采用一次胀管法,还是采用二复胀法,都必须先固定基准管。固定的程序按图3.3-59所示进行。

(2) 按图3.3-57所示,先固定1、2、3位号管。初胀后将此四根固定,就确定了上下锅筒的位置。此后中复测锅筒、集箱等相对位置的准确性。按管号在第一排管子上试穿。如每个管都能上下自如,且与管孔的间隙均匀,此时即可开始胀管。将第一排1、3和最后一排完成后,再胀第一排,按图所示进行间隔跳胀。胀完第一排和最后一排后,胀接中间基准外径控制,第一排管和最后一排管得后都容易测量。用外径控制胀管率时,对于中心基准管,要一次翻边到位,否则无法再量尺寸。

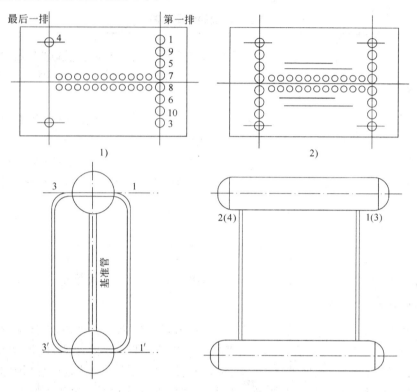

图 3.3-57　胀接工艺固定基准管

(3) 胀管工作的环境温度,应保持在 0℃ 以上。

(4) 胀接完的管口翻边,斜度为 15°,并要求在伸入管孔 1~2mm 处开始倾斜。

5. 胀接中的主要缺陷

(1) 过胀

在一定的范围内,胀管的边接强度和严密性随胀管率提高而增加,但达到极限后,接触强度反而减低。这种现象称为过胀。

1) 过胀后会使管孔扩大并变形,使胀接处的管壁减薄。

2) 过胀后会使胀接处的管子内壁产生冷加工硬化。硬化后造成早期损坏。

3) 过胀会使管子在管孔侧产生台阶刻痕,管孔边有局部加厚现象。

凡是发现有过胀现象,必须另换管子。换管的方法是将管子切除,使用专用扁铲把管口卷起,然后抽出管头。

(2) 胀接不足(欠胀)

胀接不足是未将管端胀开达到应扩胀的程度。在管外侧看不到管子胀后扩大。产生欠胀的原因是选用的胀管器不符合要求,实测数据不准,算得的胀管率与实际不符等。检查管子是否欠胀,可用手摸管子胀接处理是进行未胀部分的过渡区。也可检查喇叭的扩胀情况。最后通过水压试验来认定。对于欠胀的处理是进行补胀。

(3) 胀接偏斜

产生胀接偏斜的原因是胀管时管子安放位置不正,或胀管器插入管内的位置不正或手工操作时用力不均匀等。外观检查可见到管子在管孔外端一侧凸出,而加一侧平直。出现这种现象,只有换管,别无他法。

(4) 喇叭口裂纹

翻边时产生喇叭口裂纹是胀管中常见的缺陷。其主要原因是,管端退火不均匀,或管端硬,管子材质不合格,管端伸出过长等。在胀管过程中,应边胀边检查出原因,换新管胀接。

(5) 翻边不到位

管子翻边的起点远离管孔边缘。此距离应小于1mm为宜。或翻边起点在管孔壁以内。前者起不到翻边的作用;后者会降低胀口的严密性。

产生此现象的主要原因是胀管的胀珠与胀杆不配套引起的。胀接过程中要随时检查,发现不正常时,须找出原因后才能接着胀。应注意将胀管插入管内,保持准确位置。

(四) 烘炉、煮炉

1. 分项(子分项)工程概况(略)

2. 分项(子分项)工程质量目标和要求(略)

3. 施工准备

(1) 施工人员

烘炉人员应了解烘炉、煮炉的目的和方法。

烘炉是对新砌筑或长期停用的炉在投入运行前进行烘烧与加热,防止含水分、潮湿的炉墙与高温烟气接触、水分急剧蒸发、造成炉的体积膨胀产生一定的压力,使炉墙裂缝或变形损坏,严重时会使炉墙坍塌。慢慢的烘干,使炉砌体中的潮湿水分蒸发,提高炉体强度。

煮炉是对新装和改装的锅炉,在投放运行前清除在制造和安装过程中所产生的铁锈、油脂和污垢,防止因水质恶化、使受热面过热烧坏或其他运行事故。

(2) 施工机具设备和测量仪器

热工仪表、风机、水泵、膨胀指示器等。

(3) 材料要求

热工仪表、电气校验合格,烘炉所需用的风机和水泵等附属设备已经试运完毕、能随时投入运行。

(4) 施工条件

1) 锅炉及其附属装置已全部组装完毕,做过水压试验并经建设单位和当地劳动部门检验合格。

2) 锅筒和集箱上的膨胀指示器已经装好。如设备不装膨胀指示器,应在锅筒和集箱上便于检查的地方装设临时性膨胀指示器。

3) 炉墙砌筑完后,应打开各处门、孔自然干燥一段时间、通风干燥。

4) 检查每根受热面管束已全部畅通,炉膛、烟道和风道内部已清理干净,膨胀缝中杂物已除净。

5) 有省煤器的锅炉,应关闭主烟道进口挡板,使用旁烟道,无旁烟道时,应打开省煤器出口,保证省煤器内有水冷却。

6) 向锅炉注水前,打开锅炉上所有排气阀和过热阀和过热器疏水器,注入经过处理的软化水至正常水位,再将水位表冲洗干净。

7) 选定炉墙的监视(测温)点,如设备技术文件无特殊规定时,应设在如下位置:

① 燃烧室侧墙中部,炉排上方 1.5~2m 处;

② 过热器或相应炉膛口两侧墙的中部;

③ 省煤器或相应烟道后墙中部。

8) 已具备好足够的木柴等燃料,关闭炉墙上所有的门和孔。

4. 施工工艺

烘炉方法一般有三种:一、火焰烘炉;二、蒸汽烘炉;三、热风烘炉。这三种方法是根据现场的实际情况来定。小型锅炉大多都采用火焰烘炉方法,容量大的锅炉有的选用蒸汽或热风烘炉方法。另外有条件的还有用电能加热法。

炉墙为耐火混凝土的,烘炉应在养护期满后进行一般的养护期;矾土水泥约为 3d,硅酸盐、矿渣硅酸盐水泥约为 7d。

(1) 火焰烘炉

1) 烘炉前先用开启鼓、引风机将炉膛中的气体排除,开始升火用木柴自然通风,最初 3d 用木柴在炉排中间、炉排上面垫上 50~100mm 厚的炉渣防止烧坏炉排。根据烘炉的时间和温度满足不了要求时,就要进行加煤提高温度,为防止烧坏炉排,应定时转动炉排。

2) 烘炉的最初 3d,将木柴集中放在炉排的中间位置、约占炉排面积的 1/2,用小火烘烤,火不要离墙太近。烟道挡板开启 1/6~1/5。使烟气缓慢流运,炉膛负压保持 0.5~1mm 水柱,炉水温度保持 70~80℃。3d 以后可加煤少量的烧,逐渐取代木柴烘烤,烟道挡板启到 1/4~1/3,适当增加通风,炉水温度可达到轻微沸腾。烘炉温升应按锅炉尾部为测点,按不同的炉型和炉墙的结构其温升应有下列的规定:

① 重型炉墙:第一天温升不宜超过 50℃,以后每天温升不宜超过 20℃,后期烟温不应高于 220℃;

② 轻型炉墙,温升每小时不应超过 80℃,后期烟温不应高于 160℃;

③ 耐火混凝土炉墙,烘炉温升每小时不超过 10℃,后期烟温不应超过 160℃,在最高温度范围内要保持时间不少于一昼夜,如炉墙有严重潮湿时,要适当减慢升速度防止炉墙裂纹和变形。

烘炉时间的先定应根据锅炉的蒸发量、锅炉形式,炉墙结构、炉墙的潮湿和地区气候条件等情况来决定。轻型炉墙可为 4~7d,重型炉墙可为 7~14d。

(2) 蒸汽烘炉

烘炉前将锅上水至正常水位。用 0.3~0.4MPa 的蒸汽从水冷壁下集箱的排污管处连接汽源送入锅炉及其省煤气部分。逐渐加热使锅水温度达 90℃。依靠锅水温度烘干炉处连接气源送入锅炉及其煤器部分。逐渐加热使锅水温度达 90℃。依靠锅水温度烘干炉墙。烘炉中应保持水位。炉膛内产生潮气时,应把挡板和锅炉上部的炉门打开排队潮气,并使炉墙,各部均匀烘干。烘炉的时间,轻微炉墙一般为 4~7d;重型炉墙一般为 14~16d。如果锅炉潮湿过大,烘炉后期还可补用火焰烘炉。

(3) 煮炉

1) 煮炉可在烘炉后期同时进行。这时炉墙耐火砖浆水分降至 7% 以下,红砖灰浆水分降至 10% 以下,过热器前耐火砖温度已达 100℃,此时与烘炉同时进行,以节约燃料。

2) 煮炉用药及数量,按表 3.3-66 规定计算煮炉所需药量,用水调节成浓度为 20% 的碱性溶液加入锅内,搅拌均匀使药物充分溶解,使锅内油脂与碱起皂化作用而沉淀,通过的排污将杂质排出。

煮炉加药量表　　　　　　　　　　　　　　　　　　　表3.3-66

药品名称 (纯度100%)	加药量 kg/tH$_2$O		
	铁锈少的新炉	铁锈多的新炉	改装炉
氢氧化钠(NaOH)	2~3	3~4	5~6
磷酸三钠(Na$_3$PO$_4$)12H$_2$O	2~3	2~3	5~6

3) 煮炉加药时,锅炉水应保持在最低水位,用临时加药桶将调好的药液加入锅炉内,所需药品一次加完。再提高至最高水位,防止药液和水进行过热器造成汽化。

4) 加热升温使炉内开始产生蒸汽,并由空气阀或安全阀出口排出,使锅炉不受压,维持10~12h。

5) 减弱燃烧。进行排污,并适当进水维持水位后再加热燃烧。在煮炉末期,将蒸汽压力保持在锅炉工作压力的75%~95%范围内,连续运行12~24h。

6) 整个煮炉过程时间,包括加药3h左右,一般为2~3d,如在较低的蒸汽压力下煮炉应适当延长时间。

7) 停炉冷却后排出锅水,要及时用清水(温水)将锅内部冲洗干净,达到以下要求为合格:

① 锅筒和集箱内部无锈蚀痕迹和油垢及附着焊渣等污物。

② 锅筒和集箱呈黑褐色,用石棉布轻擦内壁能露出金属本色。

5. 质量标准

炉墙经过烘干后,未出现变形和开裂,以及其他异常情况,即达到了烘炉目的。烘炉的合格标准,可用两种办法来测定。

(1) 炉墙灰浆的测试法:

在燃烧室两侧炉墙壁部炉墙上方1.5~2m处(燃烧器上方1~5m处),和过热器(或相当位置)两侧墙中部取耐火砖和红砖的丁字交叉缝处的灰浆样(各取50g),化验其含水率应小于2.5%。当含水率小于2.5%时,检查炉墙外层砖缝的灰浆,在用手指碾成粉末后应不能重新焊在一起为准。

(2) 测温法:

在燃烧室两侧墙中部炉排上方1.5~2m(或燃烧器上方1~5m)的红砖外表面向内100mm处,测量炉墙温度在50℃下连续保持48h,或测量过热器(相当位置)两侧墙耐火砖与隔热层接合处的温度达到100℃时,维持48h。

6. 烘炉中的注意事项

烘炉应根据锅炉的结构,使用耐火材料的性能和筑炉的季节,制定烘炉曲线的操作方法。

(1) 烘炉期限,温升速度,恒温时间,最高温度等。在烘炉中则必须按制定的烘炉曲线进行,并测定实际烘炉曲线。严格控制温度,保证烘炉质量。

(2) 烘炉达到一定温度时,如产生蒸汽,将锅筒、过热器集箱上的阀门打开及时排除蒸汽,要保证水位正常,定期进行排污。

(3) 烘炉时要经常检查炉墙,应控制炉墙温度,要少开看火和其他门孔,以防冷空气进入炉膛,防止炉墙开裂。

(4) 烘炉中加热和冷却均应缓慢进行,进水温度不宜过高,也不宜过低(应不低于环境温度)。

(五) 锅炉试运行

1. 分项(子分项)工程概况(略)

2. 分项(子分项)工程质量目标和要求(略)

锅炉在额定负荷下,进行72h连续试运行,是锅炉安装的最后一个阶段。

3. 施工准备

(1) 施工人员

施工人员要持证上岗,认真熟悉、了解试运行的目的和方法。

在热态额定负荷下,对锅炉的本体、辅助设备和转动机械的制造,安装质量进行一次全面的考核,并对锅炉整体的运行性能进行调整,以求达到锅炉的设计要求。

(2) 施工机具设备和测量仪器

锅炉设备、水、电、测量温度的仪表等。

(3) 材料要求

锅炉设备及管路的保温和油漆已完毕。

(4) 施工条件

1) 各项分段检查、试验、验收清洗工作均已完成。

2) 锅炉及其辅机,测量温度的仪表及保护装置、输煤机械、烟风系统、汽水系统、水处理设备均处于准工作状态。

3) 水源、电源可靠,照明设施良好。

4) 司炉工和水处理工具有操作证。

5) 有关的技术准备已经就绪。

6) 向当地劳动部门提出申报。

4. 施工工艺

(1) 试运行的组织和技术准备

1) 编制试运行的组织机构,配齐各岗位的人员,准备上岗。

2) 编制锅炉及附属设备运行规程,并经施工单位技术负责人批准。组织有关人员进行学习。

3) 编制锅炉启动措施方案,内容包括组织体系、任务分工、岗位责任、安全措施、奖罚办法等。由施工单位负责人批准。

4) 制订锅炉运行记录、检查记录、签证表格格式。

(2) 锅炉启动前的检查

1) 检查各种机械传动装置启动自如,各项手动操作的手轮、手柄扳动灵活,无磁卡滞涩现象。

2) 对锅炉管道上的阀门和烟风系统挡板、风机,以及水泵、冷凝器、除氧器进行挂牌,标明名称、编号、介质流动方向、工作状态。

3）所有检查、试验、清理工作用的临时设施予以拆除。

4）检查轴承润滑油油位正常,油面清晰可见。

5）检查锅炉水位处于稍低于正常水位的位置,确认排污阀紧闭。

6）清扫锅炉房现场,保持过道畅通,配备好消防器材。

(3) 试运行的方法

1）升火（见烘炉）

2）升压（见烘炉）

3）暖管

锅炉在供气前对蒸汽管道的预热,称为暖管。暖管的目的是使蒸汽管道及其阀门、法兰等缓慢地加热升温,使管道温度逐渐接受蒸汽温度。

当汽压上升到2/3工作压力时,开始进行暖管。暖管时应将疏水阀全部打开,排出蒸汽管道内积存的冷凝水,然后缓慢开启主气阀约半圈（或缓缓开启旁通阀）,让少量蒸汽进入管道,使其温度逐渐升高,待管道充分预热后,再将主气阀全开。

暖管的时间应根据蒸汽管道的长短、直径大小、冷热程度和蒸汽温度的高低而定。一般以管道每分钟升高2~3℃为宜,暑期速度可快些,冬期速度应慢些。

暖管时,如发现管道膨胀和支架或吊架有不正常现象或有较大的震击声时,应立即关闭气阀停止暖管。待查明原因消除故障后再进行暖管。暖管结束后,关闭管道上的疏水阀。

4）供气

当气压升到使用工作压力时,即可进行供气,供气前,要查明蒸汽管道上确实无人检修,以及管道和附件完好后,才可进行供气,另外,应先开启通往用气单位的蒸汽管道上的所有疏水阀。

供气时,缓慢地微开通用气单位的主气阀进行暖管,然后再缓慢开大主气阀。如管道里有水击声,可关小主气阀的开度,并继续疏水,待水击声消失后,再重新开大主气阀。气阀全开后,应回关半圈,并关闭旁通阀,最后关闭管道上的疏水阀。

试运行时,要力求做到在额定参数和负荷下试运行。

5）调试

试运行时,若运行不正常,达不到额定参数,应进行调试。

① 水位的监视和调整

在试运行中,应随时监视和调整锅炉的水位。水位的变化会引起气压、气温的波动。水位太高时会使蒸汽大量带水,降低蒸汽品质,有蒸汽过热器时,则会使蒸汽中的盐碱物质附着在过热器中,甚至烧坏过热器。水位过低会发生缺水事故,被近停炉。因此,必须加强对水位的监视和控制。

锅炉水位允许在离中水位20mm以内波动,《蒸汽负炉安全技术监察规程》中规定:额定蒸发量大于或等于2t/h的锅炉,应装设高低水位报警器（高、低水位警报信号须能区分）、低水位联锁保护装置。水位的变化实际上反映的是给水量与蒸发量之间的变化。

负荷变化（指:用气量的变化）、燃烧工况变化,必然导致蒸发量变化、水位变化。要维持锅炉的正常水位,就必须及时调节给水量,及时调整燃烧工况,维持额定发量不变水位就不变。锅炉装有给水自动调节器,对稳定水位、安全运行、改善运行人员工作条件都有显著作用。当发现给水自动调节器动作失灵时,应立即改为手动给水,给水方式和时间要适当,应尽可能做到均匀连续的给水。

② 气压的调整

试运行中气压的变化,实际上反映的是蒸发量(产气量)与蒸汽负荷(用气量)之间的矛盾。所以,控制锅炉的气压实质上就是调节其蒸发量,而蒸发量的变化,决定于运行人员对燃烧的操作调整。

试运行中维持额定负荷不变,但燃烧工况和锅内工作情况的变化,会导致气压的变化。燃烧调节的根本问题是合理控制燃料量和送风量。当气压降低时,应适当增加燃料量和送风量,加强燃烧来提高蒸发量。当气压升高时,应适当减少燃料和送风量,减弱燃烧来降低蒸发量。

③ 气温的调整

试运行中要维持额定蒸汽温度不变。对于无过热器的锅炉,其蒸汽温度的变化,主要反映在蒸汽压力值的变化及饱和蒸汽的温度上。对于有过热器的锅炉,过热蒸汽温度的变化,主要决定于过热器烟气侧的放热情况和蒸汽侧的吸热情况。当燃烧强烈,烟温升高,流速增大,流量增多,会导致过热蒸汽温度升高;反之,当燃烧减弱,烟温下降,流速降低,流量减少,会导致过热蒸汽温度降低。同样,蒸汽侧吸热量状况发生变化,也会导致过热蒸汽温度变化。例如:水位过高时,蒸汽带水,吸收的热量有一部分用于蒸发水分,过热蒸汽温度就会降低;反之,在同样燃烧条件下,水位低时,蒸汽干度提高了,过热蒸汽温度就会升高。另外,过热器内部结垢、外部结灰、炉墙漏风等原因,都会导致过热蒸汽温度变化。

过热蒸汽温度的调节一般有两种方法:大中型唤炉大都采用减温器来调节;一般工业锅炉靠调整传热和吸热量来实现。

当过热蒸汽温度过高时:

a. 对过热器前的受热面,如水冷壁等,进行吹灰,增加其吸收烟气热量的能力,命名烟气达到过热器前温度已降低,从而使过热蒸汽温度也随同下降;

b. 减弱燃烧,使产生烟气的温度和烟量降低,从而使过热蒸汽温度降低;

c. 若有可能,在过热节气出口加入适量的蒸汽来降温。

当过热蒸汽温度过低时:

a. 可适当提高火焰中心位置,即小量增加引风和送风,使负压袋子面向上移,则进入过热器前的烟温提高,过热蒸汽温度也就提高了。

b. 增加燃料量和送、引风量,使烟温和烟量增加,从而使过热蒸汽温度升高。

c. 若有可能,可吹扫过热器上的烟尘,提高其吸热能力,使过热蒸汽温度升高。

④ 燃烧工况的调整

锅炉在额定参数下,稳定、经济、安全地试运行,关键在于燃烧工况正常。锅炉的正常燃烧体现在均匀供给燃料、合理送风和调整燃烧三个环节上,这三个环节互相联系、相辅相成。在试运行中,如果能处理好三者之间的关系,燃烧就能正常。

a. 手烧炉的正常燃烧与调整

(a) 采用"看、勤、快、少、匀"操作法:要经常看燃烧情况,当燃烧火焰呈亮白色时,表明燃烧炽烈,要准备投煤;勤投煤、勤清炉和勤拨火;开关炉门快、投煤快、清炉除渣快;每次投煤量要少;投煤要均匀。

(b) 调整合理的煤层厚度。各种煤的煤层厚度可参考表3.3-67。

各种煤的煤层厚度(mm)　　　　　　　　表3.3-67

煤的种类	新加煤层厚度	火床厚度
烟煤	10~25	200~250
无烟煤	10~20	200~250
褐煤	30~45	300~400

判断煤层厚度是否合理,可应用烟气分析仪分析出 CO 和 CO_2 含量,并求出过量空气系数 a。在没有仪表的情况下,也可观察火焰的特征进行估计。完全燃烧而过量空气又较少时,火焰较长并呈现透明的麦黄色,此时煤层厚度较合适;过量空气较多时,火焰较短,带白色,有些耀眼,此时煤层较薄;当不完全燃烧时,火焰较长,但发红色,并呈现出黑色的火舌,此时煤层太厚,空气不足。

(c) 合理控制煤中水分。当燃用表面水分不大的煤末和混煤时,要进行掺水调整。煤中水分蒸发离开煤层时,留下了许多空隙,有利于通风,有利于氧气扩散到煤粒深处,从而有利于强化燃烧。燃用屑煤多的煤时,水分把细碎的煤屑与煤块粘在一起,减少了固体不完全燃烧损失。掺水工作应在燃用前 4~6h 内进行。煤掺水以使其表面水分达8%左右为宜。常用的试验方法是将煤用手捏成团放开后能散开为适度。

(d) 采用间断二次风。在加煤周期的前1/3时间内,由于煤层热力增大,空气不足,此时可向炉膛直接送入二次风,使之与烟气搅拌混合,同时也补充一部分空气。二次风不能边连续供给,只能在燃烧周期1/3时间内才允许使用。若在燃烧周期后段时间使用二次风,由于煤层减薄、热力降低会大大增加过量空气,降低炉膛温度和增加排烟热损失。

(e) 合理配煤。按照煤的特性(主要是发热量、挥发性和粘结性),把不同的煤,按一定比例搭配。例如把发热量高、低的煤搭配,或把强粘结和弱粘结或不粘结的煤恰当搭配起来。搭配可相对改善煤的燃烧性能,但搭配一定要掺合均匀。

b. 链条炉的燃烧调整

链条炉燃烧的关键问题是火稳定、燃烧完全、火苗平整、长度适宜。故燃烧好坏与运行操作技术有很大关系,必须根据煤质和火床燃烧情况随时进行调整。

(a) 煤层厚度的调整

煤层的适当厚度应通过运行中的调整和试验确定。一般情况下,燃烧烟煤多采用罗薄的煤层、稍低的风压;燃用粉煤时,煤层厚高不宜超过100mm;燃用一般粒度的混煤,厚度在75~100mm之间;燃烧粒度不大于50mm中小颗粒混煤时,厚度可达150~200mm;粒度大时,为保持均匀平整火床,应采用罗厚煤层;多灰分的煤种也应加厚煤层;着火较难的无烟煤,也应适当加厚煤层。

煤层厚度一般不要随负荷增减经常变动,而只用改变炉排速度来调节负荷。

在其他操作正常稳定的条件下,根据观察火床燃烧情况,检查是否有吹洞起堆、结大块渣、跑红火等不正常现象;根据炉渣含碳量的大小,经过综合比较,确定最佳煤层厚度。

(b) 燃煤水分的调整

当燃用表面水分不大的煤末时,需要进行燃煤水分的调整。当水分过少时,煤层易吹洞,造成飞灰损失和排烟损失加大;水分过多,着火延迟,形成跑红火;水分大而粘结性又强时,易发生结大块渣,通风不良,也会造成跑红火。而当水分适当时(约8%),可以获得稳定而经济的燃烧。其具体含水量数据,可通过试验确定。

(c) 分段送风量的调整

链条炉的配风方式大致是:炉前、炉后风量小,而中间风量则逐渐增大。

挥发分多的煤易于着火。且一旦着火即需供给充足空气。故送风量大的部位在炉排中间偏前,该区段的分段风门应全开。挥发分少的煤着火较迟,而且主要是焦炭燃烧,由于要大量空气,故分段风门的开度,由炉排中间部位以后逐渐加大,甚至到后拱部位才能全开。

分段风门的实际开度,常顾及炉排速度、燃煤粒度、水分等的变动和火床燃烧情况而随时加以调整。但调整幅度一般不易过大,且主要是调整炉排后半部的分段风门,以维持适当的火床长度(一般为炉排长度的3/4以上)。

(d) 二次风的调整

正确使用二次风可以提高锅炉热效率4%~10%,但过分增加二次风量是无益的,反而增加排烟损失。一般锅炉负荷在60%以上时,应投入二次风。二次风主要是起冲击搅拌作用,其次是补充一些氧气,所以风速宜高,但风量不宜多。一般喷嘴出口片的初速度为40~70m/s,风量占全部空气需要量的5%~10%,具体来说:对无烟煤和贫煤风量占5%左右;对烟煤占8%左右;对褐煤和油页岩占10%左右。

二次风机压头一般约为3000~4000Pa。二次风量可以用挡板进行调节,但这时风压应降低,缩短射程,二次风的射程不应达到燃料层上。

(e) 过量空气系数的调整

过量空气系数的大小直接影响锅炉运行的经济性。过量空气系数过大,会增加排烟损失,过小会增加固体未完全燃烧损失和气体不完全燃烧损失。因此它有一个最佳数值,使上述损失之和为最小。一般燃烧室出口的过量空气生活系数可在1.2左右,视锅炉结构和煤种而异。

在试运行中,必须及时提高供风量,保持合适的过量空气系数。监测过量空气系数需用烟气分析仪器。当无烟气分析仪器时,也可根据从烟囱排出烟气的颜色来大致鉴别过量空气生活系数是否恰当:

烟气呈灰黑色、黑色、表示 a 值过低;

烟气呈白色,表示 a 值过高;

烟气呈灰白色、淡灰色表示 a 值适当。

但是烟道漏风时,会有空气漏入而冲淡烟气颜色,因此用观察炉内火焰颜色的方法比观察烟气判断要合适些:

炉火呈红色、黑红色,表示 a 值偏低;

炉火呈刺眼白色,表示 a 值偏高;

炉火呈淡桔黄色,表示 a 值适当。

c. 往复炉排的燃烧调整

试运行中,往复炉排的正常燃烧与调整如下:

(a) 合理供煤

a) 挥发分多、发热量高的煤(如优质烟煤),易着火,燃烧时可采用薄煤层(100～130mm)、快速成推煤的方法。风室内的风压适当减小,每次推煤时间需加大行程。否则红火过分靠前,以致会使前拱结焦,烧坏煤闸板。

b) 燃烧挥发分少、难于着火的贫煤时,要保持较厚的煤层(约160mm左右),为了保证新煤着火,每次推煤时间不宜太长,或用短行程以防出现断火现象。对于含灰分大的劣质煤,还应适当加厚煤层(约180mm左右)。

c) 根据往复炉排燃烧特点,煤种以Ⅱ类烟煤为宜。往复炉不宜烧大块煤,煤的颗粒最大不应超过50mm。煤的颗粒变化时,应适当调整煤闸板。颗粒大,应加厚煤层,还应适当缩短推煤时间,或用短行程。

当燃用碎屑多和煤时,应减薄煤层,并保持煤中适当的水分(8%左右)。

燃烧强粘结性的煤时,应注意结渣问题,操作时可减薄煤层(120mm左右)。

(b) 合理供风

准备区和燃尽区需要空气量少,主燃区需要空气量多,因此也需分段送风。一般正常情况下,在前部第一风室,供风量要少,甚至风门全关。主燃区从风量要大,风门全开。燃尽区视炉排上燃料燃烧情况送风,如有红火,可稍打开后部风门,供少量风,使红火燃尽。在保证良好燃烧的前提下,尽量降低过量空气系数。

(c) 减少漏风、漏煤

往复炉排运动方向与防焦箱不在同一平面上,侧密封最容易漏风、漏煤,在运行中要注意监视,检查侧密封情况。漏煤应回收再燃,以减少固体未完全燃烧损失。

(d) 不正常运行工况的调整

往复炉排运行中出现的不正常工况,会影响经济、安全运行。在运行中应采取措施予以消除,如表3.3-68。

往复炉排燃烧工况的调整措施表 表3.3-68

现　象	原　　因	措　　施
跑红火	① 水分太多 ② 推煤太快 ③ 煤层太厚 ④ 风量不足 ⑤ 漏风严重、炉温太低	① 调整燃煤水分(控制在8%左右) ② 减慢推煤速度 ③ 减薄煤层 ④ 主燃区加大风量 ⑤ 堵漏风
断　火	① 煤层太薄 ② 断煤 ③ 推煤太慢	① 加厚煤层 ② 检查煤斗下煤情况 ③ 加快推煤、勤推少停
火床不均匀	① 两侧漏风 ② 布风不均 ③ 煤层厚薄不均	① 检修侧密封 ② 改进布风 ③ 检修、调整煤闸板
漏煤严重	① 炉排片烧坏 ② 炉排片间隙过大 ③ 煤屑多、水分少	① 更换烧坏的炉排片 ② 调整炉排间隙 ③ 调整燃煤水分(8%左右)

续表

现　象	原　因	措　施
炉排烧坏	① 煤质发热量高、挥发分高、粘结性强 ② 主燃区通风不良 ③ 炉排下不积灰多太，影响正常送风 ④ 推煤时间短、间隔长 ⑤ 炉排片材质不良	① 掺烧劣质煤或弱粘结性煤，注意拨火 ② 主燃区装置有缝炉排片 ③ 每班清除炉排下漏煤、漏灰 ④ 勤推煤，少停 ⑤ 改用耐热铸铁炉排片
煤斗着火	① 炉膛正压过大 ② 煤斗漏风 ③ 煤头斗不下煤 ④ 煤闸板不平	① 消除烟道积灰，减少烟道阻力，调小给风量；堵漏风，加大引风量 ② 堵漏风 ③ 检查、调整煤斗下煤情况 ④ 检修煤闸板
烟囱冒黑烟	① 煤层过薄，风压过高，把煤屑吹起 ② 推煤太快 ③ 在炉排中后部人工投煤	① 调整，加厚煤层 ② 降低推煤速度 ③ 避免人工投煤

d. 抛煤机炉的燃烧调整

(a) 适当配比煤粒

燃煤颗粒度要求在 6mm 以下、6～13mm、13～19mm 的各占 1/3，以保证整个炉排面上的火床均匀。颗粒度一般不能超过 35mm，否则既影响抛煤机的正常运转，又增加固体煤粒未完全燃烧损失。

(b) 严格控制煤的水分

煤中水分过高容易在煤斗中造成堵塞；水分过高又容易流失，无法正常运行。煤中水分控制在 8% 左右比较适宜。

(c) 合理分配风量

炉排下的一次风量应占总风量的 80%～90%，风压约 490Pa；播煤风嘴的风量约占总风量的 10% 左右，风压约 686～784Pa，以控制炉内的过量空气。使用二次风可以改善燃烧情况，二次风占总风量的 10%～15% 为宜。

(d) 增设飞灰回收装置

利用高速喷出的空气流将烟道下部集灰斗收集的飞灰送到炉膛中再次燃烧，能减少飞灰损失，同时起到使层流烟气发生紊乱，有利于烟气与空气的混合。装设飞灰回收装置可降低煤耗 2%～3%，但必须配置专用风机，风量约占总风量的 5%～10%，风压约 3430Pa。

e. 煤粉炉的燃烧调整

(a) 控制煤粉的细度和送风量

煤粉细度应适当：一般对于难着火的煤（如无烟煤或贫煤），煤粉应细些；对于容易着火的煤（如挥发分高的烟煤），煤粉可粗些。

煤粉炉的送风，分为一次风和二次风。一次风最好是经过预热的热风，对淌有中间煤粉仓的直接制粉燃烧，热风是必不可少的，对于不同的煤种，一次风量占总风量的百分比应掌握在；无烟煤、贫煤约占20%~25%；烟煤约占25%~45%；褐煤约占40%~45%。煤粉炉中二次风所占的比例较大，它是为了使煤粉在炉膛中燃烧完全而直接送入炉膛的，通常都采用热风，以提高炉膛温度，保证燃烧稳定。

(b) 保持较高的炉膛温度

一般应保持在1200℃左右。根据理论计算，如果在空气充足的情况下，颗粒直径在0.1mm的无烟煤煤粉，在浊度为1000℃时，燃尽时间约需7s；在1250℃时，约需1.8s；在1500℃时，只需0.6s。所以温度越高，煤粉燃烧速度越快。

(c) 堵漏风、防结焦

炉膛漏风严重会导致火焰中心偏移，使炉膛的热负荷不均匀，导致燃烧不完全。烟道漏风也会降低受热面的吸热量。总之，漏风对热效率影响很大，漏风增加10%，热效比大约降低2%~3%，多耗煤量3%~4%，同时，还增加引风机的耗电量。

炉膛结焦会造成受热面热负荷不均匀和燃烧不稳定，也是煤粉燃烧的要害问题，它轻者造成停炉，结焦严重时会出现事故。使用二次风是消除炉膛结焦的一项有效措施。炉膛温度不能超过灰分的熔点温度。同时要根据炉膛的实际情况，合理布置喷燃器，防止煤粉直接部击炉墙或炉底，以减少结焦的可能性。

f. 沸腾的燃烧调整

(a) 合理供煤

送入沸腾炉的煤必须过筛，避免较大颗粒的煤进入炉内，而导致固体未完全燃烧损失增加。一般沸腾炉多采用0~8mm以内的煤粒。

(b) 合理供风

风量过小，不能使料层全部沸腾，时间一长就会造成结渣。风量过大，会增加排烟损失和固体未完全燃烧损失。调节风量要注意判断下述风量变化的异常现象。

a) 未动风门而送风量自动减少，此时若风室风压同时下降，则可能是风机转速不够，这时要检查风机皮带是否松弛打滑。若风室风压上升，说明料层厚度增加，阻力增大，原因可能是：冷灰增多，使料层加厚；溢流口堵塞，使料层增厚。

b) 未动风门，而送风量自动增大，说明料层减薄，阻力减小，原因可能是：冷灰管不严，有严重漏灰现象；局部结渣，引起沟流，造成气流大量从沟流中间通过，使料层阻力下降。

运行中应注意调整溢流口负压，通常保持在零左右。

(c) 控制沸腾层温度

沸腾层内的最高温度不能高于燃煤灰分的软化温度，否则就会结渣。料层平均温度，应根据燃用煤种确定：对于褐煤和烟煤约为800~900℃；对于无烟煤或贫煤不应高于950~1050℃。最低温度不应低于700℃。调节沸腾层温度，通常用调节风量和煤量来实现。具体的调节方法，应根据煤种、床内温度和温度变化趋势而定。若沸腾温度变化幅度小时，可用改变风量的办法维持正常运行。当炉温下降时，应当减小风量；反之，当炉温升高时，应适当增加风量。也可以不动风量，用改变煤量来控制温度。炉温高时少加煤，炉温低时多加煤。若炉温升至1000℃左右，而且还有继续上升趋势，此时可较大幅度减少给煤量，同时加大风量，等温度下降到950℃左右时，再把风量和煤量调到原来水平。

在烧无烟煤时，因其着火温度高，着火后燃烧所需时间又长，"后劲大"，所以调节时，炉温变化迟缓，然而温度一旦开始变化又不易控制，因此在运行时应特别注意。

(d) 排放冷渣,维持风室静压

沸腾床静止料层的厚度,可用风室静压来表征。在正常情况下,风帽式布风板的阻力约为1500Pa左右,密孔板的阻力约在500Pa左右,其余就是料层的阻力。料层阻力与料层厚度有直接关系,根据经验,不同煤种的料层阻力见表3.3-69。

不同煤种的料层阻力　　　表3.3-69

煤　　种	每100mm料层的阻力(Pa)
褐　煤	500～600
烟　煤	700～750
无烟煤	850～900
煤矸石	1000～1100

料层厚度可以用放冷渣来调节,放冷渣量要依风室静压为依据。放得过多,使料层减薄,空气容易"短路",使沸腾质量下降,容易结渣,传热也受影响。放得过少,料层较厚,也影响沸腾质量。

应注意,有时料层阻力过大,也可能是溢流口堵塞或大块渣(包括矸石)沉积过多,必须及时处理。

(e) 减轻磨损

为减轻磨损,应降低烟气速度和飞灰浓度。运行时应防止大风量运行,特别是不装筛子时,往往由于煤粒直径较大而被迫采用大风量运行,这样将加快埋管的磨损。减少漏风对减轻流受热面引风机磨损也有好处。

(f) 减少电耗

a) 降低送风机电耗:减少布风系统阻力,减少料层阻力,运行时料层不应太厚,以300～500mm为宜。

b) 降低引风机电耗:运行时应及时放灰,并经常检查锁气器是否封闭完好,严防漏风。

c) 减少碎煤机电耗:应将煤先过筛,只把不合格的大块煤送入碎煤机破碎,减少碎煤量降低电耗。

通过上述调试,找出影响锅炉正常运行,达不到各项性能指标的原因,以及调试方法和结果,认真做好记录,为制定锅炉运行工况卡片提供依据。

5. 质量标准

锅炉本体、辅助设备、附属设备、热工仪表及自动控制等均应工作正常,其膨胀位移、严密性、轴承温度及振动等均应符合技术要求。锅炉蒸汽参数、汤水品质、燃烧工况等均应达到设计要求。

6. 试运行中的巡回检查和维护

试运行中,操作人员应经常对锅炉各部位进行巡回检查,检查内容如下:

(1) 水位表、压力表、安全阀等安全附件及测量仪表等应灵敏可靠、指示正确,无跑气、漏水现象。

(2) 定时或在加煤、看火工作的同时,观察炉内受压部件可见部位有无异常现象,倾听炉内有无异常声音。

(3) 锅炉的炉门、炉墙和钢架应无裂缝、变形、烧红等不正常现象。

(4) 蒸汽、给水、排污管路和阀门应无漏气、漏水等现象。

(5) 转动机械应灵活,并无异声和摩擦现象。

(6) 润滑部位的油位正常,油质洁净合格,油环带油正常。使用润滑脂的部位,应定期注入适量的润滑脂。

(7) 轴承和其他部位的冷却水充足,排水管畅通。

检查时,如发现不正常现象,须查明原因及时处理。若暂不能处理,应及时向领导汇报,并须做好记录加强监视,采取相应措施防止发生事故。

试运行人员应保持锅炉设备各部位和工作现场周围的整洁,做到无杂物、积灰、积水、油垢,使操作场地道路畅通、光线明亮,遇有紧急情况,便于迅速进行处理。

7. 停炉

(1) 正常停炉

锅炉达到 72h 运行要求后要停炉,正常停炉的步骤如下:

1) 先降低锅炉蒸发量,然后停止给煤。

抛煤机炉抛完煤后,即可停止抛煤机运转。

链条炉应关闭煤斗下部的弧形挡板,待煤全部进入煤闸板后,放低煤闸板,并使其与炉排之间留有 50mm 左右缝隙,保证空气流通来冷却煤闸板,以避免烧坏。当煤全部离开煤加板后 300~500mm 时,停止炉排转动,减少送风和引风,保持炉膛内适当温度,以冷却炉排。如能用灰渣铺在前部炉排至煤闸板之间隔热,则效果更好。

对煤粉炉和沸腾炉,应停止给煤机和磨煤机,关闭磨煤机风门,关闭磨煤机及喷燃器。

2) 当火势减小到微弱状态时,停止送气(即关闭主气阀)。当炉上没有火焰时,先停送风机,打开各级风门,再关闭引风机,稍开炉前的炉门,以自然通风的方式使炉排上的余煤燃尽。同时将自动给水改为手动给水,保持锅炉水位稍高于正常水位。

3) 关闭锅炉出口烟道挡板、炉排下的通风调节门和炉门。将炉排上的炉渣清除(链条炉则重新启动炉排,将灰渣送入灰渣斗内,并继续运转约 1h,以冷却炉排),清理灰斗和各风室内的炉灰。

4) 锅炉停止供气时,还要关闭隔绝阀,与蒸汽线管隔绝,有过热器的锅炉,应开启过热器出口集箱疏水阀 30~50min,以冷却过热器,同时关闭连续排污阀。但不可使锅炉快速冷却。

5) 气压下降不可太快,气压未降到大气压力时,运行人员仍应对锅炉加以监视。

6) 停炉后锅炉缓缓冷却。经 4~6h 后,逐渐开启烟道挡板通风,有旁通烟道的锅炉,应打开旁通烟道,关闭铸铁省煤器烟道挡板,但锅炉上水仍应经过省煤器,如无旁通烟道,应开启省煤器再循环管路阀门。并监视省煤器出口水温应比锅炉气压下相应的饱和温度低 20℃。若水温高于这一温度,可适当地采用放水、上水来降温。

经 8~10h 后,再一次放水、上水。如需加速冷却锅炉时,可启动引风机,并适当增加放水和上水次数。

停炉 18~24h 后,当炉水温度低于 70℃时,方可把炉水全部放出。为使放水工作顺利进行,应打开锅炉的空气阀或抬起一个安全阀。

锅炉放水之后,应将蒸汽、给水、排污等管路与其他并列运行的锅炉,用盲板全部隔绝。盲板应有一定的强度,使其不被其他运行锅炉的压力顶开。

(2) 紧急停炉

当锅炉试运行中发生事故或有事故险兆时,如不立即停炉,就有扩大事故、危及人身与设备安全的可能,因此必须立即停止锅炉运行,这就是紧急停炉(也称事故停炉)。

试运行中,遇到下列情况之一时,须紧急停炉:

1) 锅炉水位降低到锅炉运行规程所规定的水位下极限以下时;
2) 不断加大向锅炉给水及采取其他措施,但水位仍然下降;
3) 锅炉水位已升到运行规程所规定的水位上极限以上时;
4) 给水机械全部失效,使锅炉无法上水;
5) 水位表或安全阀全部失效;
6) 锅炉元件损坏,危及运行人员安全;
7) 燃烧设备损坏,炉墙倒塌或钢架被烧红等,严重威胁锅炉安全运行;
8) 可分式省煤器没有旁通烟道,当给水不能通过省煤器时;
9) 其他异常运行情况,且超过安全运行允许范围。

由于锅炉所发生事故的性质不同,紧急停炉的方式也有差异,有的需要很快地熄火,如缺水、漏水事故;有的需要很快的冷却,如超压、过热器管爆破等事故。一般紧急停炉的步骤如下:

1) 停止给煤(链条炉应关上弧形挡板;抛煤机炉停止抛煤机;煤粉炉和沸腾炉停止给煤装置,煤粉炉还应关闭磨煤机风门、停止磨煤机及喷燃器),停止送风(停止送风机,关闭全部送风门),减少引风,关小烟道挡板。

2) 根据事故性质,有的要放出炉膛内燃煤,有的并不要放掉燃煤。放出燃煤的方法是:对于手摇活动炉排,应将燃煤直接摇入灰斗;对于链条炉,炉排应走最高速度将燃煤送入灰斗。燃煤入灰斗后,可用水浇灭或用砂土、湿炉灰压在燃煤上使火熄灭,但在任何情况下不得往炉膛里浇水来冷却锅炉。

3) 锅炉熄灭后,应关闭主气使主气阀使主蒸气管隔离,同时关闭引风机。视事故的性质,必要时可开启所阀、安全阀和过热器疏水阀,迅速排放蒸汽,降低压力。

4) 开启省煤器旁通烟道,关闭正路烟道,并开大烟道挡板、灰门和炉门,促进空气流通,提高冷却速度。

5) 在紧急停炉时,如无缺水、满水现象,可以采用给水、排污的方式来加速冷却和降低锅炉压力。当水温降到 70℃ 以下时,方可把锅水放净。

6) 如因锅炉缺水事故而紧急停炉时,严禁向锅炉给水,也不能开启空气阀或提升安全阀等有关加强排气的调整工作,以防止锅炉受到突然的温度或压力变化而将事故扩大。

7) 判明锅炉确系满水事故时,应立即停止给水、关小通风及烟道挡板,减弱燃烧,并开启排污阀放水,使水位适当降低,同时开启主蒸汽管道、过热器、蒸汽母管和分汽缸上的疏水门,防止蒸汽大量带水和管道内发生水冲击。

十一、某工业建筑液压系统安装工程技术交底

(一) 工程概况

包头某钢铁厂新建一座热轧钢板加热炉,该公司负责加热炉区域的液压设备管道系统安装和调试,包括平移液压系统和升降液压系统。施工平面布置图见图3.3-58。

| 出钢区 | 加热炉 | 装钢区 |

图3.3-58 加热炉区域现场平面图

(二)工程质量目标和要求

按《冶金机械设备安装工程施工及验收规范》YBJ 207—85检验,设备单体试车一次成功。

(三)安装内容(表3.3-70)

主要实物工程量　　　　　表3.3-70

名称	加热炉液压系统	油箱	工作泵	冷却器	过滤器	阀台
数量	1套	8m³	3	1	1	2

(四)关键过程及工程难点

1．工期短、工作量大,特别是焊接工作量大。

2．与机械安装立体交叉作业,尤其与机械设备上接口的管道安装将受到机械安装单位的制约。

3．液压系统油质精度要求高,使油冲洗成为该安装工程关键过程。

(五)人力资源及其工期

1．该项目组织机构图(略)

2．工期要求

6月1日到6月25日,液压设备、管道安装完成。工期25天。

11月16日到第二年1月15日,液压管线冲洗完成。工期60天。

1月16日到3月5日,设备单体试车。工期50天。

3．人力资源配备与劳动力分析

(1)人力资源配备(表3.3-71)

人力资源需用量　　　　　表3.3-71

配管工	钳工	起重工	普通电焊工	氩弧焊工	气焊工	电工	管理人员	合计
18人	5人	2人	2人	2人	2人	2人	4人	37人

(2)劳动力工期分析(图3.3-59)

4．材料及半成品需用量(表3.3-72)

5．施工用主要机具(表3.3-73)

(六)编制依据

1．加热炉液压系统施工图。

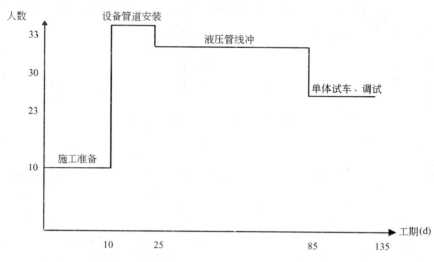

图 3.3-59 劳动力工期分析

材料及半成品需用量 表 3.3-72

序号	材料及半成品名称	型号规格	数量	备注
1	法 兰	$DN40$ $DN32$ $DN25$	26 个 10 个 50 个	
2	法兰盲板	$DN80$ $DN65$ $DN32$ $DN25$	5 块 3 块 8 块 8 块	
3	弯 头	$DN50$ $DN40$ $DN32$ $DN25$	40 40 15 15	
4	钢 管	$\phi76\times4$ $\phi60\times4$ $\phi48\times4$ $\phi42\times4$ $\phi38\times4$ $\phi30\times4$	40m 40m 30m 50m 40m 40m	
5	密封胶		5 箱	
6	油 漆	10kg	30 桶	
7	松香水	10kg	4 桶	
8	毛 刷	各种	50 把	

施工用主要机具
表3.3-73

序号	1	2	3	4	5	6	7	8	9	10	11
机具名称	液压弯管机	坡口机	型材切割机	手动葫芦	焊条烘干机	氩弧焊机	精细滤油机	电锤	油冲洗装置	打压泵	酸液流动器
数量	4台	5台	4台	5台	1台	5台	1台	2台	3套	1台	1台

2. YBJ 207—85《冶金机械设备安装工程施工及验收规范》。
3. 设备安装按 YBJ 46—92 标准执行。
4. GB 3323—87《钢熔化焊接对接接头射线照相和质量分级》。
5. 该工程施工组织设计。

(七) 技术交底

1. 施工工艺流程

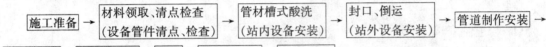

2. 施工准备

(1) 施工用工具、机具、量具和吊具施工前要配套齐全,管道制安要准备好锯床、坡口机、弯管机、氩弧焊机、磨光机、切割机等。

(2) 本体泵冲洗用滤芯,要查好型号,及时准备好。

(3) 设备、材料的清点检查。

1) 设备到货时,在按图纸及设备清单核对规格型号是否正确,并对其进行实体检查,做好开箱记录,并由设备员保管好随箱带来的说明书、合格证等技术档案资料。

2) 管件到货时,核对规格,型号无误后,做好质量检查。首先外观质量要保证,若密封面有划伤,O形槽有毛刺或有棱角,若接头螺纹有断丝配合螺母有松动,均属不合格品,应予以退货或更换。

3) 所有管件的钢号、通径、壁厚都要符合设计要求,所有不合格管子,不准使用。

3. 液压设备安装

(1) 基础验收

由专业人员进行测量,按要求精度放出中心线和标高,对标高基准点测量后给出书面数据,并在各个基准点做好标志。施工人员根据工程测量成果进行基础验收,检查各地脚螺栓位置、规格是否正确,不得有弯曲或断扣。

(2) 设备安装按 YBJ 246—92 标准执行(表3.3-74、表3.3-75)。

液压泵安装检验标准
表3.3-74

序号	项 目	允许偏差	检验方法
1	纵、横中心线	±10mm	拉线尺量
2	标 高	±10mm	水准仪或尺量
3	水平度	0.5/1000	水平仪测量

其他设备安装检验标准 表3.3-75

序号	项目			允许偏差(mm)	检验方法
1	油箱	纵、横中心线		±10	拉线尺量
2	冷却器	标高		±10	用水平仪或钢板尺量
3	滤油器	水平度或铅垂度		1/1000	用水平仪或吊线尺量
4	阀台	水平度或铅垂度		1.5/1000	用水平仪或吊线尺量
5	蓄能器	纵、横中心线		±10	拉线尺量
		标高		±10	用水平仪或用尺量
		铅垂度	重力式	0.1/1000	用水平仪量
			其他式	1/1000	吊线量

4．管道制安

(1) 管道敷设位置要便于装拆、检修，且不妨碍生产人员的行走，以及机电设备的运转、维护和检修。

(2) 管道连接时不得用强力或加热管子对正。

(3) 管子与设备连接时不得使设备承受附加外力。

(4) 软管安装避免急弯，最小弯曲半径在10倍管径以上；与管接头连接处留有一段直管过渡部分，其长度不小于管径的6倍；水平安装的软管当自重会引起靠近接头部分有过分变形时，必须有适当的支托或使软管接头部成下垂安装成"U"形；在静止和随机移动时胶管没有扭转变形现象；胶管安装后，相互之间不得有摩擦；离热源近的要有隔热措施；软管长度除满足弯曲半径和移动行程外，尚应有4%左右的余量。

(5) 管道安装间断期间各管口严密封闭。

(6) 双缸同步回路两液压缸管道尽量对称敷设；液压泵和液压马达的泄露油管应稍高于液压泵和液压马达本体的高度。

(7) 管材的切割、坡口必须采用机械方法加工，以避免产生熔焊性飞溅，管端的切口要平整、无裂纹、重皮；铁屑、溶渣、氧化皮、毛刺等清除干净。所有管道支架制作也必须采用机械方法加工。

(8) 管材的弯制采用液压弯管机冷弯。弯管的最小弯曲半径不小于管外径的3倍，同排管的弯管曲率半径应一样。管子弯制后的椭圆率即最大外径与最小外径之差与最大外径之比不超过8%。

(9) 管子外壁与相邻管道的管件轮廓边缘的距离不小于10mm；同排管道的法兰或接头体错开150mm以上；穿墙管道的接头位置距墙面800mm以上。

(10) 管道不得直接焊接在支架上。管道与设备连接不应使设备承受附加外力，并在连接时不得使脏物进入设备及元件内。

(11) 管道密封件必须按设计规定的材质和规格使用。

(12) 管道直管部分的支架间距一般符合表3.3-76的规定，弯曲部分在起弯点的附近增设支架。

管道直管部分的支架间距   表 3.3-76

管道外径	<10	10~25	25~50	50~80	>80
支架间距	500~1000	1000~1500	1500~2000	2000~3000	3000~5000

(13) 管道安装的极限偏差和公差符合表 3.3-77 中的规定。

管道安装的极限偏差   表 3.3-77

序号	项　目		极限偏差(mm)	检验方法
1	坐　标		±10	拉线尺量
2	标　高		±10	用尺量
3	平管水平度		2/1000	用尺量标高
4	立管铅垂度		2/1000	吊线用尺量
5	焊缝咬边	深　度	<0.5	用焊缝检查尺
		长　度	≤10%L 且 ≤100	用尺量
6	焊缝余高	Ⅰ、Ⅱ级焊缝	≤0.1bL 且 ≤3	用焊缝检查尺
		Ⅲ级焊缝	≤0.2BL 且 ≤5	用焊缝检查尺
7	外壁错边	Ⅰ、Ⅱ级焊缝	≤0.15s 且 ≤3	用焊缝检查尺
		Ⅲ级焊缝	≤0.25s 且 ≤5	用焊缝检查尺

注：设计中无坐标和标高的管道对 1、2 项不检查；
其中：L——焊缝全长；
b——焊缝宽度；
s——母线厚度。

(14) 管道坡口形式(表 3.3-78)。

管道坡口形式   表 3.3-78

厚度	坡口名称	坡口形式	坡口尺寸		
			间隙(mm)	钝边(mm)	坡口角度(°)
3~9	V 形坡口		0~2	0~2	65~75
9~26			0~3	0~3	55~65

(15) 液压系统管路其内部质量不低于 GB 3323—87《钢熔化焊接对接接头射线照相和质量分级》中规定的Ⅱ级标准：

检验方法：X 射线探伤。

探伤比例：同类焊缝的 15%。

(16) 焊工应按有关规定进行考试,取得所施焊范围的合格焊工证书后方能参加本焊范围的焊接工作。

(17) 焊接材料应具有合格证书。焊条、焊剂在使用前应按产品说明书的规定烘干,并在使用过程中保持干燥,焊条药皮应无脱落和显著裂纹。焊丝在使用前应清除表面的油污、锈蚀等。

(18) 在管道焊接方面广泛采用氩弧焊,对于管径大的管道采用氩弧打底,手弧封面;管道焊接时,管道内宜通保护气体。

(19) 管道焊接后必须进行外观检查,且应在无损探伤和压力试验前进行,检查前将防碍检查的渣皮和飞溅清理干净。

5．酸洗

(1) 管材安装前采用槽式酸洗方法除锈(不锈钢管道不用酸洗)。

(2) 酸洗工艺如下:

脱脂→水冲洗→酸洗→废酸处理→水冲洗→废液处理→钝化→水冲洗→干燥→封口

(3) 各种废液只有经过处理达到环保排放标准后方可排放,处理方式采用化学中和的方法来达到中性;酸性较强时,利用 NaOH 稀释液进行中和;碱性较强时利用2%盐酸稀释液来中和。

(4) 管子放入酸槽时,注意小管在上,大管在下。

(5) 利用一台 40m^3/h 的酸液流动,以达到使酸液深度均匀和加快酸洗速度的目的。

(6) 酸洗后管道内壁无附着物,呈灰白色。

6．油冲洗

(1) 油冲洗是利用临时管路将待冲洗的管路联成一个闭合回路,该回路中利用冲洗站,使油液在闭合回路中循环,通过更换冲洗站上的滤芯,以达到清洗管道的目的。

(2) 油冲洗工艺:

联成临时回路→一次油冲洗→放出冲洗油→本体泵站冲洗→化验油样

(3) 冲洗油的选择及冲洗流速的确定

1) 冲洗油选用

① 冲洗油要与系统设备、元件及管道密封件相容。

② 冲洗油要与系统工作接着介质相容。

③ 冲洗油的黏度宜低。

2) 冲洗流速的确定

根据流体力学原理,要想使油液带出管道中的杂物必须在管道中形成紊流,在该工程中,为使油液达紊流状态,必须使雷诺数达到 2300 以上。

由公式雷诺数

$$Re = VD/Y$$

式中　V——流体流速;

　　　D——油管当量直径;

　　　Y——流体黏度。

(4) 用本体站冲洗时,伺服阀和比例阀用冲洗板代替,执行元件如液压缸、液压马达等以及蓄能器与系统断开。用临时管道将整个系统构成闭环,进行油冲洗。

(5) 本体泵站冲洗时,各连锁保护应能动作,冷却水应具备通水条件。

(6) 开始冲洗时,应先在工作泵头注满油(对于柱塞泵而言),并将压力调至 50Pa,让系统运行,检查管路有无漏油现象。无漏油时,再增加泵的运行台数。

(7) 经常注意过滤器堵塞情况,及时更换滤芯。

(8) 经常检查液位高低,防止大量漏油。

(9) 系统中节流阀应开至最大。

(10) 用人工或电动方式使换向阀换向,改变油液流动方向。

7. 冲洗滤芯的选择

根据合同要求,冲洗滤芯将选用精度为 5 和 3$l\mu m$。

8. 冲洗油样化验

(1) 油样化验采用颗粒计数法,采用美国宇航局 NAS 标准。

(2) 运用冲洗站进行冲洗的系统,取样点选择在回油管的末端,过滤器前,用本体泵冲洗时,取样点回油过滤器前,另在油箱内设一取样点,对于伺服系统的二次冲洗,除上述取样点外,另在伺服阀前增加一处取样点。

(3) 取样时间:根据经验,应在油冲洗系统运转 36h 后开始取样化验,在初期以间隔 10h 为宜,在后期宜间隔 6h,取样以最后化验结果达到精度要求为标准。

(4) 对新油也进行取样,精度低于美国宇航局 NAS7 级的不得使用。

9. 本体试压

油冲洗系统开始运行时,先启动泵,使系统管道内充满油液,然后停泵,仔细检查整个管线是否有泄漏,然后低压运行,逐渐升至泵的额定压力,使泵全流量运行检查泄漏情况,然后开始进行本体试压。

试验压力:20MPa 液压系统:$P = P$ 工作 $\times 1.25 = 20 \times 1.25 = 25MPa$

压力试验时的油温应在正常工作油温范围之内,系统中的液压缸、液压马达、伺服阀、比例阀、压力继电器、压力传感器以及蓄能器等不得参加压力试验。压力试验时如有故障需要处理,必须先卸压,如有焊缝需要重焊,必须将该管卸下并在除净油液后方可焊接。

10. 调试

(1) 总则:各种调试均由部分到系统整体逐次进行,即按部件、单机、区域联动,机组联动的顺序进行。首先,对系统管路进行全面检查,确认管线,设备安装是否正确,连接处及管夹子紧固后方可进行。总的原则是先手动、后电动,先点动、后连续。

(2) 调试步骤及注意事项:

1) 将工作油用滤油机过滤后加入油箱规定的液位。

2) 蓄能器按规定压力进行预充气,充气应缓慢进行,充气后检查是否有漏气现象。

3) 油箱的液位开关按设计要求定位,调试相关连锁机构,当液位弯动超过规定的高度时,应能立即发出报警信号并实现规定的连锁动作;油温监控装置自动化调试。保证油温正常及加热器,冷凝器正常运转。

4) 循环过滤装置能够实现堵塞报警,以保证试车过程中系统对油液精度的要求。

5) 将泵的泄油口打开,从此处将过滤后达到精度的工作油注入泵体内,同时将泵进出口油及溢流阀打开,用手动盘车,直至泵的出油口的油液不带气泡为止。

6) 待所有工作泵运转正常后,开始逐步升压,使油液进入系统,此时要调整切断阀和伺服先导阀的溢流阀压力、减压阀压力。

7) 泵站和系统压力调整完毕,交由自动化所进行模拟信号操作及伺服系统等一系列自动化调整工序。

(3) 执行元件的调试

1) 在空载状态下先点动排气再慢慢调节节流阀,使其从低速到高速运动,用秒表计算时间将其调到设计值;

2) 对带缓冲装置的液压缸,在调试过程中应同时调整缓冲装置,直至满足油缸所带机构的平稳性要求;

3) 双缸及多缸同步回路进行,在调试一个回路时其余回路应处于关闭状态。

(4) 在调试过程中出现故障时,先停机卸压后再处理。

11. 技术质量要求

(1) 对参加施工人员进行技术培训,并让他们对所承担的施工任务心中有数。结合图纸与实际进行专题讨论,使施工人员熟悉图纸和现场实际,并掌握施工标准要求,施工时填好自检记录。由质量专检员控制,不合格不得转入下道工序。

(2) 机械设备的安装和土建基础以及结构安装的工序交接,必须认真办理中间验收手续,由专人填写工序交接单,经工程项目部转交下道工序的施工单位。

(3) 重点设备的封闭、隐蔽项目,须经检查人员确认后,方可施工,并及时填写相应的《隐蔽工程检查记录》。

(4) 原材料、设备必须具有合格证书,测量器具必须按其检定周期及时受检。

(5) 采用机械方法切割管材及制作坡口,支架的下料及钻孔同样采用机械方法,严禁用电气焊。

(6) 所有管道必须采用液压弯管机冷弯。

(7) 管道焊接采用氩弧焊打底,以保证内部质量。

(8) 采用在线油冲洗工艺,以防止管内二次污染。

12. 安全技术要求

(1) 夜间施工照明的亮度要足够,手持灯具必须用安全手灯。

(2) 无齿锯、磨光机等用电工具必须设有漏电保安器。

(3) 各种工机具,尤其是电动工具在使用前必须确诊无异常,无危险后方可使用。

(4) 所有材料,设备吊装前,必须检查钢丝绳捆绑是否结实,核算强度是否在 5 倍安全系数以上,不得斜拉硬拽,地面指挥人员要站位开阔,易于躲闪,指挥信号要明确。

(5) 严格注意防火,在有油等易燃物存在时,动用电气焊作业,一定要备有灭火器,并设监护人员。

(6) 施工用电线路必须架空吊挂敷设,手指电动工具必须要有可靠接地,电焊机二次线接头必须进行绝缘包扎,不得裸露,焊接回路不得通过转机等设备,各种电开关箱加锁管理。

(7) 地下油库内必须保证空气畅通,不畅处应设置通风系统。

(8) 压力试验时,设置隔离区,设专人监护。

(9) 酸洗场内要有清水管,以防有人沾上酸液可立即用水冲掉,另备有 NaOH 粉来中和酸液,以免污染环境,酸洗人员要配备防酸服、防酸手套、口罩等保护用品。

(10) 泄露到地面上和地沟内的油液要立即清走,防止污染或引起火灾。

(11) 试车时,设置隔离区,现场禁止电气焊等明火作业,也要防止高压泄露的油雾着火。

(12) X射线探伤应在无人施工时(最好在夜间)进行,并设置禁区,非探伤人员不得入内。

十二、工业管道安装技术交底实例

(一) 工程概况

武汉某公司新建热轧钢板厂,工程主要由几个重要区域组成,轧钢厂主厂房车间、加热炉区、新建净环水泵站、钠离子交换软水站、汽化冷却系统。其中该公司承担净环水泵站、软水站、主厂房车间工艺管道、加热炉汽化冷却系统设备管道安装。下面介绍的净环水泵站水处理系统和主厂房车间工艺管道安装,是为轧机和加热炉提供冷却水和生产动力介质。施工现场有利因素:安装较大管件时,可利用主厂房车间内的2台50t/5t桥式起重机和净环水泵站内的1台5t单轨吊。施工现场不利因素:多单位共同施工,施工场地狭窄,管道与天车滑线距离小、设备运输通道狭小,要注意已安装完的设备的成品保护。

(二) 工程质量目标和要求

按标准施工,验收一次合格。

(三) 安装内容

净环水泵站管道6t,阀门26台;车间工艺管道有蒸汽管道、氧气管道、煤气管道、水管道,管道总长约为5800m。

(四) 关键过程及施工难点

1. 由于施工工期很短(50d),该工程中的净环水泵站管道安装和主厂房车间工艺管道安装可以同时进行,各施工区域的施工场地、空间狭小,不利于大规模作业,造成施工难度大,危险性高。

2. 关键过程是工艺管道质量要求高,工艺管道安装质量是关键。

3. 该项目部组织机构图(略)

(五) 人力资源及工期

1. 该安装部分工期要求:4月5日~5月25日,工期共50d。

2. 人力资源配备与劳动力工期分析:

由于该工程中的净环水泵站管道安装和主厂房车间工艺管道安装可以同时进行,组织分两阶段平行流水作业。

施工准备:主要工作为验收与拟安装管道相连接的设备安装是否符合设计要求。检查验收阀门、管件等是否符合设计要求。该阶段需要安装钳工10人、管道钳工8人。陆续5d时间完。

管道初步安装阶段:主要工作为管道坡口、支架安装、局部管道安装。该阶段需要安装钳工8人,配管工8人,电焊工6人(其中需要具有焊接压力容器资格的氩弧焊电焊工2人),气焊工4人,起重工2人,电工2人。陆续20d完工。可分段施工,在第16天进入下阶段施工。

管道安装高峰阶段:主要工作为安装大量管道5800m、安装各种阀门6t。该阶段需要安装钳工10人,配管工12人,电焊工8人(其中需要具有焊接压力容器资格的氩弧焊电焊工2

人),气焊工4人,起重工3人,电工2人,共39人。陆续20d完工。可分段施工,提前5天进入下阶段施工。

管道试压、完善安装、配合试车阶段:工程进入调试阶段,主要工作为管道试压、完善安装、配合试车。此阶段需要安装调试人员6人、电焊工6人、氩弧焊工2人。陆续10d完工。

(六) 编制依据

1. 施工图纸:4.7水20——净环水泵站;4.7工1—6——车间工艺管道施工图;
2. 《工业金属管道工程施工及验收规范》GB 50235—97;
3. 该项目施工组织设计;
4. 现场实际情况和以往施工经验;
5. 施工措施主要用材料(表3.3-80);
6. 施工用主要机具(表3.3-81)。

施工用主要材料　　　　　　　　　表3.3-79

序号	材料名称	规格	数量	备注
1	钢管	DN32	2t	
2	冷轧板	$\delta=1$	2t	
3	道木		30块	
4	钢丝绳	直径8~20	400m	
5	麻绳		380m	

施工用主要机具　　　　　　　　　表3.3-80

序号	机具名称	规格型号	数量	备注
1	交流电焊机	30kVA	6台	
2	直流电焊机	AXI-150	2台	
3	框式水平仪	200×200	2台	
4	水平尺	1m	2个	
5	卡尺	300mm	2把	
6	焊缝检验尺		2把	
7	压力表		10块	
8	打压泵		2台	
9	磨光机		2台	
10	切割机		2台	
11	链式起重机	5t	3台	
12	链式起重机	2t	6台	

(七) 技术交底

1．施工工艺流程

1) 泵站内管道安装

材料领取、清点、检查 → 管道加工坡口 → 支架安装 → 管道制安 → 吹扫、试压 → 与外部管道接点 → 泵站水系统调试 → 单体试车

2) 车间工艺管道安装

材料领取、清点、检查 → 管道压力实验 → 管道保温 → 煤气、氧气等管道与外网接点 → 系统调试 → 配合设备试运转

3) 焊条及焊接参数按表 3.3-81 和表 3.3-82 确定。

焊条选择　　　　　　　　　　　　　表 3.3-81

钢材材质	焊接方法	手工电弧焊（焊条）
Q235-B	执行标准	E4303　GB/T 5117—1995
Q345-B	执行标准	E5015、E5017　GB/T 5118—1995
Q345-B 与 Q235-B	执行标准	E4303　GB/T 5117—1995

焊接参数　　　　　　　　　　　　　表 3.3-82

层数	焊接电流(A)	焊接电压(V)	焊接速度(m/h)
第一层	240~260	22~25	24~26
中间层	260~280	23~27	14~20
面层	240~260	24~26	20~24

2．泵站内管道安装

(1) 材料、设备的清点和检查

1) 管材的检查

检查管材的材质、通径、壁厚是否符合设计规定，管材有下列情况的不准使用：

① 内外壁表面已腐蚀或明显变色；

② 有伤口、裂痕；

③ 表面有凹入；

④ 表面有离层或结疤。

2) 阀门的清查

按图纸检查所进阀门规格、型号是否正确，有无损坏，做好检验记录由设备员统一保管

随机带来的说明书、合格证及其他技术资料。

(2) 管道制安

1) 管道敷设位置要便于装拆、检修;

2) 管道连接时不得用强力或加热管子对正;

3) 管子与阀门连接时不要使阀门承受附加外力;

4) 管材的切割应尽量采用机械方法,以避免产生熔焊性飞溅,管端的切口平整、无裂纹、重皮,铁屑、熔渣、氧化皮、毛刺等清除干净;

5) 穿墙管道的接头位置距离墙面 800mm 以上;

6) 管道直管部分的支架间距一般符合表 3.3-83 的规定,弯曲部分在起弯点的附近增设支架;

支架间距　　　　　　　　表 3.3-83

管道外径	≤10	10~25	25~50	50~80	≥80
支架间距	500~1000	1000~1500	1500~2000	2000~3000	3000~5000

7) 管道安装的偏差符合表 3.3-84 中的规定;

管道安装的偏差　　　　　　　　表 3.3-84

序号	项 目		极限偏差(mm)	检验方法
1	坐 标		±10	挂线、平板尺
2	标 高		±10	平板尺
3	平管水平度		2/1000	吊线、平板尺
4	立管铅垂度		2/1000	用焊缝检查尺
5	焊缝咬边	深 度	<0.5	平板尺
		长 度	≤10%L 且 ≤100	用焊缝检查尺
6	焊缝余高	Ⅰ、Ⅱ级焊缝	≤0.1bL 且 ≤3	用焊缝检查尺
		Ⅲ级焊缝	≤0.2BL 且 ≤5	用焊缝检查尺
7	接头外壁错边量	Ⅰ、Ⅱ级焊缝	≤0.15s 且 ≤3	用焊缝检查尺
		Ⅲ级焊缝	≤0.25s 且 ≤5	用焊缝检查尺

注:设计中无坐标和标高的管道对 1、2 项不检查;

其中:L——焊缝全长;

b——焊缝宽度;

s——母线厚度。

3. 主厂房车间工艺管道的安装

(1) 管道、管件的检验

1) 管道、管件必须具有制造厂的合格证,其规格、材质及技术参数必须符合设计要求,外观检查应无裂纹、缩孔、夹渣、粘砂、褶皱、漏焊、重皮等缺陷。

2) 各类弯头平面偏差 P 和端面角度 Q 应符合表 3.3-85 的规定，推制与压制弯头的不圆度，应符合下列要求：

表 3.3-85

管道外径 D_0	Q	P
	±1	±2
$133 < D_0 \leq 219$	±2	±4
$219 < D_0 \leq 426$	±3	±5

① 端部：小于管道外径的 10%，且不大于 3mm；
② 其他部位：小于管道外径的 80%。

3) 异径管几何尺寸要符合下列要求：
① 将外径换算成周长来检查，周长偏差不应超过 ±4mm；
② 不圆度偏差，用内径弧长为 1/6~1/4 周长的找圆样板检查，不允许出现大于 1mm 的间隙；
③ 管端面垂直度偏差不得大于表 3.3-86 中的规定。

4) 三通的几何尺寸应符合下列要求：
① 支管垂直度偏差不允许大于支管高度的 10%，且不得大于 3mm；
② 各端面垂直度偏差要符合表 3.3-86 中的规定。

(2) 阀门检验

1) 各类阀门安装前应进行下列检验：
① 填料用料是否符合设计要求，填料方法是否正确；
② 填料密封的阀杆有无腐蚀；
③ 铸造阀门外观无明显制造缺陷；
④ 开关是否灵活，指示是否正确。

2) 对于大于 1.0MPa 的阀门，安装前必须进行强度和严密性检验，以检验阀座与阀芯、阀盖与填料室各接合面的严密性。阀门的严密性试验应按 1 倍铭牌压力水压进行，强度试验应按 1.5 倍铭牌压力水压进行。

3) 阀门进行严密性试验前，严禁接合面上存在油脂等涂料。

4) 进行严密性水压试验的方式要符合制造厂的规定，对截止阀的试验，水应自阀瓣的上方引入；对闸阀的试验，应将阀关闭，对各密封面进行检查。

5) 经严密性试验合格后，要将体腔内的水排除干净，分类妥善存放。

(3) 工艺管道的安装

1) 工艺管道安装应具备下列条件：
① 与管道有关的土建工程经检验合格，满足安装要求；
② 与管道连接的设备找正合格，固定完毕；
③ 管道、管件、阀门等已经检验合格，并具备有关的证件；

④ 管道、管件、阀门等已按设计要求核对无误,内部已清理干净无杂物。

2) 工艺管道下料及开孔:

① 对于直径小于或等于 159 的碳钢管道采用管道切断机下料;

② 对于直径大于 159 的碳钢管道采用气割方法下料;

③ 制作三通开孔时,碳钢管道采用气割方法开孔。

3) 管子组合前或组合件安装前,将管道内部清理干净,管内不得遗留任何杂物,并装设临时封堵。

4) 管道水平段的坡度方向与坡度要符合设计要求,若设计无具体要求时,对管道坡度方向的确认要以便于疏、放水和排放空气为原则。

5) 管子对接焊缝位置要符合下列要求:

① 焊缝位置距离弯管的弯曲起点不得小于管子外径或小于 150mm;

② 管子两个对接焊缝间的距离不宜小于管子外径,且不小于 200mm;

③ 支、吊架管部位置不得与管道对接焊缝重合,焊缝距离支、吊架边缘不得小于 100mm;

④ 管道接口应避开疏、放水及仪表管等的开孔位置,距开孔边缘不应小于 100mm,且不应小于孔径;

⑤ 管道在穿过隔墙、楼板时,位于隔墙、楼板内的管段不得有接口。

6) 埋地管道施工时,必须按照设计要求进行防腐处理,并填写好隐蔽记录,经甲方检查员确认后方可回填。

7) 工艺管道安装的允许偏差值应符合表 3.3-86 的规定。

管道安装允许偏差值　　　表 3.3-86

项　目			允　许　偏　差
标　高	架　空	室　内	< ±10
		室　外	< ±15
	地　沟	室　内	< ±15
		室　外	< ±15
	埋　地		< ±20
水平管道弯曲度	$DN \leqslant 100$		1/1000 且 ≤15
	$DN > 100$		1.5/1000 且 ≤20
立管铅垂度			≤2/1000 且 ≤15
交叉管间距偏差			< ±10

8) 钢管的焊接

① 焊接方法:碳钢钢管采用手工电弧焊焊接;

② 焊接材料选用:碳钢钢管手工电弧焊选用 E4303 焊条;

③ 管道坡口制备:碳钢钢管可采用火焰切割方法,并将割口表面的氧化物、熔渣及飞溅

物清理干净,并将不平处用机械磨削的方法清理干净;

④ 焊口应避免用张力对口,以防引起附加应力;

⑤ 壁厚相同的管子、管件组对时,其错口不应超过壁厚的10%,且不大于1mm;

⑥ 焊接结束后应进行外观检查,焊缝外形尺寸见表3.3-87。

焊缝外形尺寸质量　　　　　　　　　　　　　表3.3-87

接头形式位置		焊缝接头类别	允许偏差(mm)
对接接头	焊缝余高	平 焊	0~3
		其他位置	≥4
	焊缝余高差	平 焊	≤2
		其他位置	<3
	焊缝宽度	比坡口增宽	≤4
		每侧增宽	≤2
角接接头	贴角焊	焊 脚	$\delta+(2~4)$
		焊脚尺寸差	≤2
	坡口脚焊	焊 脚	$\delta\pm2$
			$\delta\pm2.5$
		焊脚尺寸差	≤2

9) 阀门、法兰安装

① 阀门安装前,除复核产品合格证和试验记录外,还应按设计要求核对型号,并按介质流向确定其安装方向。

② 阀门安装前应清理干净,保持关闭状态。安装和搬运阀门时,不得以手轮作为起吊点,且不得随意转动手轮。

③ 截止阀、止回阀及节流阀应按设计规定正确安装。当阀壳上无流向标志时,应按以下原则确定:截止阀和止回阀:介质由阀瓣下方向上流动。

④ 所有阀门应连接自然,不得强力对接或承受外加重力负荷;法兰周围紧力应均匀,以防止由于附加应力而损坏阀门。

⑤ 法兰连接时应保持法兰间的平行,其偏差不应大于法兰外径1.5/1000,且不大于2mm,不得用强紧螺栓的方法消除歪斜。

(4) 管道的压力试验

1) 压力试验的准备:

压力试验前必须准备好打压设备(压力泵、压力表、计时器、阀门、临时管线等),并按实际情况在管道上设置一定数量的压力表,拆除管路上的安全阀和排气阀;

压力试验前必须做好管道的封堵工作,将管道与设备脱开并用盲板封好。对相临和压力相同的管道可将其并联在一起同时进行压力试验；

压力试验前必须对试验人员进行必要的安全、技术交底，另外每个人都熟悉试验要领。

2) 压力试验的方法：

首先将水注入试验管道内，待注满后启动加压泵对管道进行升压，当压力升至 1.25 倍工作压力(或按设计、规范要求)时停止升压，进行强度试验。观察各处压力表的数值。如果 15min 内管道压力无明显下降，且外观检查也未发现问题，则认为合格。当压降不符合规定要求时，须检查管线的泄露情况，对泄露处进行返工处理，直至合格。

当强度试验合格后，通过卸压装置对管道进行降压。当压力达到工作压力后，停止降压，对管道进行严密性试验。同时派工作人员对管道进行轻轻敲打，以便于清除焊缝处的焊渣。

(5) 特殊介质管道的安装与压力实验

1) 煤气管道的安装与压力试验

煤气管道的安装与一般工艺管道没有什么区别，但煤气管道有静电接地，管道上的法兰或螺纹接头必须有导线跨接。

煤气管道的压力试验分为：强度和严密性试验，介质采用压缩空气。强度试验主要是为了发现明显的泄露点，在打到规定压力后，在管道的焊缝和连接部位涂抹肥皂水的方法检查是否泄露，如果 15min 内管道压力无明显下降，且外观检查也未发现问题，则认为合格。

煤气管道投入运行时，必须利用管道的放散管将管道内的空气及煤气与空气的混合物。

2) 氧气管道的安装与压力试验

氧气管道在安装前应进行酸洗(新管道不用)进行除锈及表面的杂质，然后进行脱脂，管道的脱脂应在露天或通风的区域进行，脱脂剂选用四氯化碳。把脱脂剂倒入特制的槽内，将管子放入溶液内 15~20min，在这时间内把管子转动数次，并用刷子清洗。阀门在脱脂前应试压合格，放入脱脂剂内浸泡 1~1.5h，用纱布洗净无油为合格。脱脂后的管道和阀门，应用干净无油的塑料薄膜或金属封住两端，放在干净的地方，防止污染。

氧气管道安装后必须同煤气管道一样要有良好的静电接地，且不应与油管及电路混在一起。

氧气管道的试压与吹扫一般选用无油压缩空气进行。

氧气管道在安装试压完毕后送气时，必须将管道内用氮气充填，管道内部压力应与气源压力相等，才可以打开气源送气，送气时应缓慢开启阀门。阀门开启完毕后，打开用户点将管道内的氮气放出。

4. 技术质量要求

(1) 组织劳动力，根据不同安装精度的设备，不同的部位，配备不同技术级别，不同熟练程度的安装操作工人，从而全面保证安装质量。

(2) 部分强工程用料的使用管理。

(3) 施工用各种材料要有合格证，没有合格证的材料拒绝使用。

(4) 加强对工程材料的保管工作，防止工程用料的锈蚀、损坏和丢失报废。

(5) 材料代用必须在保证技术要求、质量要求的情况下经有关部门批准后才允许代用。

(6) 合理采用先进的施工机具和精密量具，机具及量具在使用前必须经过检测，未经检测的不得使用。

(7) 搞好施工现场的文明安全施工,消除影响设备安装质量的各种因素。

(8) 要严格检验被安装设备、材料及半成品加工件的技术性能和质量,各类被安装设备、材料必须附有出厂合格证等技术文件。

(9) 及时做好安装记录、调试记录、质量检验评定表等工程软件资料的填写及整理工作,确保数据的原始与真实性,并与工程实体同步进行交工。

5．安全技术要求

(1) 参加施工的各工种、各部门的施工人员,必须严格遵照各自的安全操作规程办事,任何人不得违反。

(2) 在设备开始施工前,安全科、项目部安全员、工程项目技术负责人要进行安全技术交流,在安装过程中,二级专职安全员必须深入现场检查、监督安全工作的执行情况。

(3) 阀门及管道吊装必须严格按照吊装说明办事,吊具必须设在重心处,并安放稳妥,做到慢起、轻放。

(4) 施工用电源及电缆一定要安全可靠,并且安放位置要合理。电缆线如有破损一定要及时修补更换,手执照明线路采用36V的低压电源。

(5) 搞好现场防火工作,施工现场要准备好消防器具,放在使用方便的地方,并保持整洁,易燃物不可乱扔,施工现场不准随意动火,施工区域禁止动火的地方,如需动火必须开动火票,同时必须有切实可行的安全防范措施。

(6) 管道安装前要检查机具使用是否合理,是否处于良好状态,严防吊具破损,砸伤人或设备。

(7) 每天开工前由班组长召开班前交底会,务必使班组全体人员清楚当天的任务和安全注意事项。

(8) 自觉遵守现场的安全条例和各工程的安全操作规程,对于违反安全操作规程的人员要加强教育工作。

(9) 进入现场必须穿戴好劳动保护品,2m以上的高空作业必须系好安全带,并做到安全带随处生根"高挂低用"对施工所用工具必须系在安全绳上,以免坠落发生意外事故。

(10) 施工临时用电,必须采用统一的、符合规范要求的安全电源箱,选用绝缘牢固可靠的电缆或护套线,采用必要的端子进行正规的接线。

(11) 重要的切割或焊接作业,必须由专职气焊、电焊工种或持有相应的特殊作业合格证的人员进行。

(12) 对现场各种容易造成失足的沟道、洞穴等施工前应加固遮挡、围栏防护或警示,施工人员行走时必须注意,不要跌入孔洞或沟道造成意外伤害。

(13) 进场道路、临时设施等用地应听从上级统一安排,不得随意占用,以保证施工现场的整齐划一。

(14) 将施工区域划分成若干片,分由各作业班组负责清扫、维护,使其保持清洁状态。

(15) 施工用材料及施工用机具要按一定的顺序和规律放置,电焊机等机具存放处要注意防潮、防火、防爆、防漏电。

(16) 试车时应设隔离区,并有统一的指挥,严格的试车规程。各单位、各专业要密切配合,统一指挥,加强监视,不得随便停送电和擅自起停机械设备。

十三、某钢厂加热炉机械设备安装技术交底

(一)工程概况

包头某钢铁厂新建一座热轧钢板加热炉,加热炉炉底机械包括:斜轨座、液压缸、升降框架、平移框架、水封槽及刮渣装置、炉底排渣装置、气化冷却系统、风、水系统安装、装出料端设备、加热炉附属设备等。下面介绍的是由该公司负责安装的加热炉区域的机械设备安装和加热炉的气化冷却系统技术交底。

(二)工程质量目标和要求

按标准安装合格,一次试车成功。

(三)安装内容

该公司负责加热炉区的机械设备安装和加热炉的气化冷却系统安装,见施工平面布置图(图 3.3-60)。

图 3.3-60 加热炉区域现场平面图

加热炉区设备安装量:

(1)加热炉炉底机械:斜轨座(8个)、液压缸(2个)、升降框架、平移框架、水封槽及刮渣装置、炉底排渣装置等。

(2)装出料端设备:装出料端炉门升降装置及炉门、板坯装料机、板坯出料机、装出料端管道等。

(3)加热炉附属设备:助燃风机、稀释空气风机、烟道闸板等,见表 3.3-88。

加热炉区域设备安装工程量 表 3.3-88

序号	设备名称	数 量	重 量 (t)	备 注
1	斜轨座	8个	11	
2	升降液压缸	1个	4.7	
3	平移液压缸	1个	3.3	
4	上下轮组	16个	28	
5	下定心	4个	8	
6	升降框架	1组	52	
7	平移框架	1组	75	
8	水封槽			
9	炉内水梁			
10	出料炉门及升降机构	1套		
11	装料炉门及升降机构			

续表

序号	设备名称	数 量	重 量（t）	备 注
12	板坯装料机	1台		
13	板坯出料机	1台		
14	加热炉附属设备			

1. 关键过程及工程难点

(1) 设备超大,吊装困难:加热炉升降框架与平移框架的尺寸为 12.5m×28.6m,升降框架重约 52t,平移框架重约 75t,安装时要将每个框架分为 2 片组装,组装后用连接板将框架连接在一起。装料端和出料端的框架需要利用车间内的两台 50t/5t 桥式起重机同时吊装。该设备安装、调试是该工程的关键过程。

(2) 场地狭小、运输不便:加热炉区域的平台要在炉底机械施工完后才能施工,并且是钢结构平台,能摆放设备的地方很少。因此设备进货需要工程主管部门科学组织,合理安排。加热炉进车场地受原有设备和施工场地的限制,只能在厂房南侧铺一条临时便道,为设备进货用,另外在出料端只有一台吊车,因此卸车时需要工程指挥部门合理安排。

(3) 立体施工,交叉作业:加热炉区域施工属于多单位立体交叉施工,这样给施工和管理带来了很大的困难,尤其给安全管理和文明施工带来很多困难。

2. 该工程项目部组织机构图(略)

(四) 人力资源及工期

1. 工期要求

加热炉区设备安装自当年 11 月 1 日起至翌年 4 月 1 日,历时 150d。

2. 人力资源配备及劳动力工期分析

(1) 施工准备阶段:主要工作为基础验收、设备开箱检查验收,需要施工人员 18 人,10d 完工。

(2) 设备开始安装阶段:主要工作为垫板铺设,炉底斜轨座安装,升降框架、平移框架安装,水封槽等设备安装需要施工人员 30 人,40d 完工。

(3) 设备安装高峰阶段:工程进入安装高峰期,大量设备具备安装条件,炉内水梁安装焊接,润滑系统,装出钢机等,此阶段需要安装钳工 40 人,电焊工 40 人(其中需要具有焊接压力容器资格的氩弧焊电焊工 20 人),气焊工 6 人,起重工 4 人,配管工 3 人,电工 2 人,共 99 人,70d 完工。

(4) 设备试车配合阶段:工程进入调试阶段,主要工作为设备安装完善,配合试车,此阶段需要安装调试人员 18 人,30d 完工。

(5) 人力资源配备(表 3.3-89)。

人力资源配备表　　　　　　表 3.3-89

安装钳工	电焊工	气焊工	起重工	配管工	电工	管理人员	合 计
40人	40人	6人	4人	3人	2人	6人	101人

3. 劳动力工期分析(图 3.3-61)

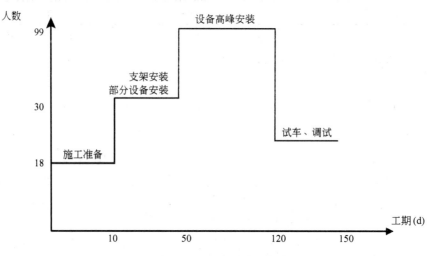

图 3.3-61 劳动力工期分析

(五) 编制依据

1. 合同及设计院下发的相关施工图纸。
2. 《生产线步进梁式板坯加热炉施工安装说明书》。
3. 《生产线步进梁式板坯加热炉汽化冷却系统支撑梁制造技术要求》。
4. 《生产线步进梁式板坯加热炉循环水焊接技术要求》。
5. GBJ 1235—97《工业管道工程施工及验收规范》。
6. YB 9249—93《冶金机械设备安装工程施工及验收规范》。
7. GB 50205—95《钢结构工程及验收规范》。
8. JGJ 46—2005《施工现场临时用电安全技术规范》。
9. YBJ 201—83《冶金机械设备安装工程施工及验收规范通用规定》。
10. YBJ 207—85《冶金机械设备安装工程施工及验收规范液压、气动和润滑系统》。
11. 该工程施工组织设计。

(六) 设备安装用材料及机具(表 3.3-90、表 3.3-91)

加热炉区安装材料需用量　　　　表 3.3-90

序号	材料名称	规 格	材 质	单 位	数 量	备 注
1	钢丝绳	φ55		m	150	
2	钢丝绳	φ32		m	350	
3	钢丝绳	φ25		m	500	
4	钢线	φ0.5		m	1500	
5	鱼线	φ0.5		m	300	
6	洗油			kg	400	
7	钢板	δ=30	Q235	kg	6500	用于垫道

续表

序号	材料名称	规格	材质	单位	数量	备注
8	钢板	$\delta=20$	Q235	kg	6500	制作平台
9	胶皮	$\delta=20$		m^2	480	
10	电缆	$3\times16+1\times10$		m	1000	
11	工字钢	20a	Q235	kg	18840	制作平台
12	碘钨灯支架			个	100	
13	碘钨灯管			个	300	
14	铆钉			个	100	
15	线坠		磁力	个	20	
16	无齿锯片			片	30	
17	不锈钢棒	$\phi70$	1Cr18Ni9Ti	m	12	永久中心点
18	各种管道及管件					见材料计划

设备安装主要机具需用量　　　　　　　　　　表3.3-91

序号	材料名称	规格	单位	数量	备注
1	千斤顶	100t	台	4	
2	千斤顶	32t	台	4	
3	框式水平仪	400×400	个	6	
4	百分表		块	5	
5	标准量块		组	2	
6	水平尺	5m	把	1	
7	水平尺	2m	把	3	
8	水平尺	3m	把	2	
9	内六角扳手	各种	套	4	
10	电锤		台	2	
11	手电钻		台	2	
12	无齿锯		台	2	
13	弯管机		台	2	
14	风锤		把	2	
15	角磨机		台	5	
16	割枪	G01-100	把	10	
17	交流电焊机	BX1-500	台	6	
18	直流电焊机	AX5-500	台	15	

续表

序号	材料名称	规 格	单 位	数 量	备 注
19	手动葫芦	5t	台	5	
20	手动葫芦	3t	台	4	
21	手动葫芦	2t	台	4	
22	液压吊	50/40/25	台班	30	
23	精密经纬仪	NA2	台	1	
24	精密水准仪	010	台	1	

(七) 技术交底

1. 安装流程

(1) 炉底步进机械安装工艺流程图(图 3.3-62)

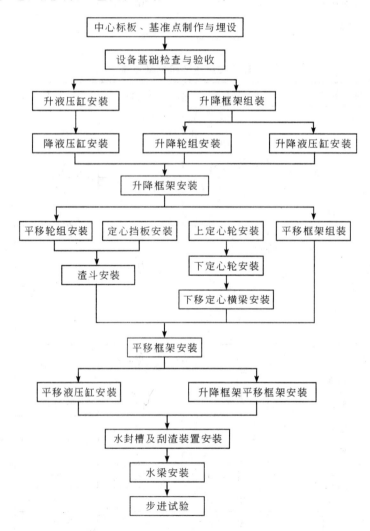

图 3.3-62 炉底步进机械安装工艺流程

(2) 装钢机、出钢机安装工艺流程

底座、托座安装→减速机安装→传动轴安装→曲柄机构安装→托杆安装→单体试车

2．安装工艺

(1) 施工准备

1) 炉子基础施工完毕，并经检查验收合格。检查验收的主要内容包括：

① 炉子中心线、装出料辊道中心线和炉底斜轨座基础等设备中心的坐标位置尺寸是否符合设计要求；

② 加热炉基础和各层混凝土平台是否符合设计要求；

③ 地脚螺栓位置，伸出基础面高度等尺寸的准确性，其他预埋件及预留孔洞是否齐全，位置是否正确；

④ 加热炉基础表面清理干净。

2) 全部地脚螺栓清理干净并涂以防锈油脂。

3) 炉子周围场地平整，具备设备存放、运输、吊装等条件。

(2) 加热炉升降框架及平移框架的组装需要一个组装平台，尺寸为 8m×15m。

(3) 在加热炉中心线、装出料辊道中心线上要预埋永久中心标板和永久基准点。

1) 永久中心标板和永久中心基准点：

加热炉中心线(装料机和出料机)两端设置两个永久中心标板(±0平面)。

装料侧砌砖永久中心标板体端线两端设置(−8.50m)。

出料侧砌砖永久中心标板体端线两端设置(−8.50m)。

−8.50平面沿对角线方向设置两个标高基准点。

装料辊道中心线两端设置永久中心标板(±0.00m平面全厂统一设置)。

出料辊道中心线两端设置永久中心标板(全厂统一设置)。

±0平面设置永久标高基准点(全厂统一设置)。

2) 埋入水平面的永久中心标板和永久中心基准点采用不锈钢按标准制造。

(4) 设备基础的尺寸极限偏差和水平度、铅垂度要符合表3.3−92的规定。

设备基础允许的偏差　　　　　　　　　表3.3−92

序号	项目	极限偏差(mm)	允差(mm)
1	基础坐标位置(纵、横向轴线)	±15	
2	基础各不同平面的标高		
3	基础上平面外行尺寸 凸台上平面外行尺寸 凹穴尺寸	±20 −20~0	
4	基础上平面的水平度：每米 全长		5 10
5	铅垂度：每米 全长		5 10

续表

序号	项目		极限偏差(mm)	允差(mm)
6	预埋地脚螺栓:	顶端标高	0~20	
		中心距(在根部和顶部两处测量)	±2	
7	预埋地脚螺栓孔:	中心距	±5	10
		深度	0~20	
		孔壁的铅垂度		
8	各种预埋件:	坐标	±5	
		标高	±5	
9	沟槽、开孔:	坐标	±5	
		尺寸	0~20	

(5) 炉底步进机械主要设备安装方法

1) 斜轨座安装：

① 该炉子有 8 个斜轨座及 1 个液压缸底座,采用无垫板安装,并且斜轨座 4 个角均有顶丝,斜轨座找正后用微膨胀水泥灌浆料进行二次灌浆,这样就使斜轨座与混凝土接触紧密、均匀、强度高、减轻工作量,提高施工速度。斜轨与斜轨座要事先组装为一体,并调整好相对位置。将斜轨座在安装基础上就位并装上专用检具(斜度规),利用斜轨座上配备的调整螺钉调整轨面倾斜度和标高。

② 斜轨座安装的允许偏差

斜轨轨面倾斜角度误差：纵长方向相对理论值允许偏差 $\Delta t1 \leqslant \pm 0.06$mm/m(约为 $\pm 0.287°$),用模具测量时横向水平度误差 $\Delta t1 \leqslant \pm 0.04$mm/m(或用一级平尺调平)。

斜轨座安装位置偏差：以装料辊道中心线为测量基准线,对距其最近的一组斜轨测量其安装基准点到测量基准线的距离,允许偏差 $\Delta Sn \leqslant \pm 1$mm,依次测量两相邻斜轨安装基准点间的距离允许偏差 $\Delta Sn \leqslant \pm 0.5$mm,横向位置允许偏差 $\Delta Sm \leqslant \pm 1$mm,纵向中心线与炉子中心线平行度的偏差 $AP \leqslant \pm 0.5$mm/m,轨面安装基准点标高(模具测量是以模具上表面为准)差 $GB \leqslant -0.5$mm。

2) 升降框架、升降轮组安装

升降框架尺寸为 12.5m×28.6m,超长超宽,重约 52t。然而现场没有足够大的场地进行框架的组装,因此必须将升降框架在安装场地进行分段组装,根据图纸可以将升降框架分成 2 片进行组装。下面以一段升降框架为例说明。安装顺序为：组装、安装、找正。

① 升降框架组装

升降框架单片尺寸为 6.25m×14.3m,重约 26t。由于加热炉区域场地较小只能在加热炉设备基础附近的 -8.50m 地面上组装。在地面上组装时,要搭设临时平台,平台搭设好后要测量水平,保证组装后的框架在同一水平面内。

组装顺序：一侧纵梁→中间横梁→中间斜拉梁→另一侧纵梁 4 个升降轮组安装→1 个升降缸上支座→翻身。

组装时,在框架纵梁基准点两侧挂一条中心线,调整升降轮组与升降缸上支座位置,使其满足安装要求。组装好后将螺栓拧紧,防止翻身时,吊装变形。

② 升降框架安装

将组装好的2片框架依次放在斜轨上就位,用连接板及横梁将2片框架连接为整体,调整框架位置使其满足安装要求和图纸设计要求的位置。装料端和出料端升降框架需要车间内两台50t桥式起重机同时吊装,吊装时两台起重机要同步,选择吊点和钢绳位置要合理,防止吊装变形。

③ 升降轮组、升降框架安装的允许偏差:

升降轮组中心线与炉子中心线距离允许偏差0.5mm;

轮组轴线与装料端砌砖线距离≤0.5mm;

框架纵向中心线与炉子中心线偏差不超过±0.5mm;

横梁与炉子中心线垂直度±1mm;

框架对角线≤4mm。

3) 平移框架、平移轮组安装

平移框架的比升降框架尺寸大,重量约75t。平移框架与升降框架不同的是,2片框架预先已经焊接好,但框架的斜拉梁不是螺栓连接,而是在组装好后焊接。平移轮组必须在升降框架检查验收合格后方可安装。

① 平移框架安装顺序:平移框架就位→连接成整体→调整框架位置→斜拉梁安装焊接→平移缸支座安装

② 平移框架安装允许偏差

框架纵向中心线与炉子中心线偏差不超过±0.5mm;横梁与炉子中心线垂直度±1mm;框架对角线≤4mm。

4) 液压缸安装

① 先将液压缸前、后支座分别安装于框架上和基础上,再用销轴将液压缸耳轴与支座连接。安装过程中要严格保护好各个油口的密封。位移传感器待电调前再安装。

② 液压缸安装的允许偏差横向中心线允许偏差:±0.5mm;纵向中心线允许偏差:±0.5mm;标高允许偏差:±0.5mm。

5) 下定心轮、上定心轮的安装

下定心轮的安装也是采用无垫板安装,上定心轮安装用螺栓把在平移框架上,各定心轮柱面与滑板之间的间隙0.5±0.1mm,轮子轴线与设计方位允许偏差0.1mm,转动灵活。

6) 水封槽及刮渣装置安装

水封槽在步进框架横梁上组装,用垫片组调整各段水封槽,标高符合图纸设计要求后,采用连接槽将各段水封槽组装焊接,水封槽纵向中心线平行度公差最大允许2mm。组装调整符合要求后将水封槽焊在横梁上。槽内不得留有杂物,所有焊缝处不得漏水。裙罩保持严密,不得使炉气外泄。

炉子下部钢结构施工安装结束后,安装连接各个水封裙及刮渣板等零件。安装调整保证水封裙的严密性,确保刮渣板下沿与水封槽底板间距与理论值偏差小于3mm,并使水封槽在运行区域内不出现刮碰现象。

7) 支承梁安装

① 支承梁构件验收

a. 支承梁、耐热垫块、焊条及焊丝的材质证明。

b. 支承梁焊口 X 射线无损探伤合格证明。焊缝达到Ⅲ级。当有一项不合格,需进行 20% 的 X 射线无损探伤检查,再有一项不合格,需翻倍检查。必要时可用超声波设备进行代替,但探伤比例要为 100%。

c. 纵梁及立柱长度尺寸,达到设计的公差要求。

d. 纵梁上的立柱接口间距尺寸,达到设计的公差要求。

e. 纵梁全长水平度 ≤2mm。

f. 采用汽化冷却技术支承梁纵梁内的旋流片的安装。

g. 采用汽化冷却技术支承梁立柱中心管的方向与外管壁上的标记是否一致。

h. 直接与纵梁焊接的耐热垫块的焊口是否按焊接说明焊接的。

i. 支承梁构件制造公差(表 3.3-93)。

支撑梁制造公差　　　　　表 3.3-93

序号	构 件 部 位		公差
1	水平管 T 形件垂直方向公差		±1°
2	水平双管中心距公差		±2mm
3	水平双管中心线公差		±2°
4	双管弯头处	标高公差	±1mm
5		弯头中心距公差	±2mm
6		中心线平行度公差	±3mm
7		垂直方向公差	±1°

② 下部钢结构及步进机械的水平框架验收

a. 固定梁及步进梁立柱安装位置纵向及横向的基本尺寸。

b. 下部钢结构及水平框架的标高,误差 ≤1mm。

c. 水平框架与下部钢结构的相对关系尺寸。

d. 放置固定梁立柱处的炉底钢板孔的尺寸,保证固定梁立柱底板与下部钢结构焊接的焊脚高度。

③ 立柱安装

a. 用立柱上的三个螺栓调整立柱的标高及垂直度。

注意:在调整标高时要考虑到立柱与纵梁焊接时的收缩尺寸。

b. 立柱标高公差 ±1mm。

c. 采用汽化冷却技术的立柱安装,保证芯管的斜口方向必须朝向水流动方向。

d. 立柱与底板焊接时要及时清理焊渣及随时调整立柱的垂直度。

④ 长纵向梁的安装、焊接

a. 安装以一段固定梁为例说明:

立柱就位→将水梁与 1 号柱焊接→将立柱拉弯与 2 号柱对接→将水梁与 3 号柱对接→

焊双管立柱。

b. 焊接时考虑焊接收缩,保证纵梁长度。

c. 保证垫块的水平度。

⑤ 纵梁焊接

a. 按设计顺序将纵梁与立柱焊接。保证纵梁与每根立柱接口对正,才能保证接口的焊接质量。

b. 焊接纵梁与立柱的接口时,必须保证二者之间的间隙。在焊接第一个接口时,其他的接口部位必须垫与间隙尺寸相同厚的钢板,以保证焊接后纵梁的标高。

⑥ 整体立柱垂直度

a. 立柱垂直度每米不大于 1mm。

b. 保证相邻两根立柱不得向一个方向倾斜。

⑦ 支撑梁焊接要求

a. 材料

钢管:受压部件钢管采用 20 号钢(GB 3087)无缝钢管或 20G(GB 5310)无缝钢管。

锻件:锻件采用 20 号钢(GB 699)。

钢板:钢板材质要符合设计图纸的要求。

b. 焊接材料

焊丝:水平梁的对接焊接、立柱的对接焊接、水平梁与立柱的对接焊接,根部焊接必须采用 TIG(乌极惰性气体保护电弧焊)焊接,焊丝采用 HO8MN2SIA(GB/T 14958—1994)。

焊剂:焊剂要符合 GB 5293《碳素钢埋弧焊用焊剂》。

焊条:水平梁的对接焊接、立柱的对接焊接、水平梁与立柱的对接焊接,除根部采用 TIG 焊接外,其他焊道及内插件的焊接、双管与连接板和其他结构件的焊接采用手工电弧焊,焊条采用 E5016(GB/T 5117—1995)。

c. 焊工要求

焊接支撑梁的焊工,必须按国家质量监督检验检疫总局颁发的《锅炉压力容器压力管道焊工考试与管理规则》进行考试,取得《锅炉压力容器压力管道特种设备操作人员资格证》后,从事焊接工作 4 年以上,方可从事该工程考试合格项目范围内的焊接工作。

d. 焊接工艺

(a) 焊接工艺评定内容参照《蒸汽锅炉安全技术监察规程》中附录 I。

(b) 水管焊接焊缝的焊接(20 号钢或 20G)

坡口形式　V 形　2×30°

焊接顺序见图 3.3-63。

从第一道焊缝到最后一道焊缝,焊缝最大宽度为 1.5 倍焊条直径。根部焊接采用乌极惰性气体保护焊。

根部焊接　　　　　　　TIG　　　　　焊丝直径 2.4mm (70~90A)
第一道　　　　　　　　TIG　　　　　焊丝直径 2.4mm (80~100A)
中间焊道和最后一道　　手工焊　　　 焊条直径 3.2mm (120~140A)
　　　　　　　　　　　　　　　　　　焊条直径 4.0mm (140~170A)

预热温度　　　　　　　200℃

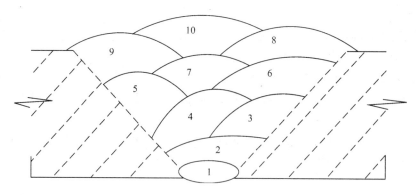

图 3.3-63 水管焊接顺序

层间温度　　　　　　　200~250℃
惰性气体　　　　　　　氩(99.99%)
钨电极　　　　　　　　钨钍(W—Th)
内脱气　　　　　　　　无

已焊好的焊缝要在保温罩内缓慢冷却,未完成的焊口允许在焊接两个中间焊道后用保温罩盖住,进行缓慢冷却。每一道焊缝附近需打上低应力集中的焊工代号钢印。

焊条烘烤要按照焊条烘干作业指导书的要求进行,但至少要在300℃保持2h,工作温度:100~150℃,焊件在预热到150~200℃条件下焊接。

(c) 垂直套管的焊接技术要求(20号钢),坡口形式45°夹角,焊道数量,根据板厚。

根部焊道　　　　　　　手工焊　　　　　　焊条直径 3.2mm (120~140A)
中间焊道和最后一道　　手工焊　　　　　　焊条直径 4.0mm (140~170A)
预热温度　　　　　　　150~200℃
层间温度　　　　　　　200℃

已经焊好的焊缝要在保温罩内缓慢冷却,只有在焊完3道焊缝后才允许停下来,而且必须在保温罩内缓慢冷却。每一道焊缝附近需打上低应力集中的焊工代号钢印。

焊条烘烤要按照焊条烘干作业指导书的要求进行,但至少要在300℃保持2h,工作温度焊件在预热到150~200℃条件下焊接。

(d) 双管之间的连接板焊接,坡口V形,焊接坡口约60°。

(e) 焊后检查

无损探伤检查在消除应力后进行,双管间的连接板可不采用X射线方法检查;承压部件对接焊缝的无损探伤检查,无损探伤人员要按劳动部颁发的《锅炉压力容器压力管道无损检测人员资格考核规则》考核,取得资格证书,可承担与考试合格的种类和技术等级相应的无损探伤工作。支撑梁的上部水管、下部水管及立柱的对接环焊缝,进行射线或超声波探伤的数量规定如下:

外径大于159mm,或者壁厚大于或等于20mm时,每条焊缝要进行100%探伤。对于水梁及立柱的对接焊缝要进行100%射线探伤。直径小于或等于159mm且壁厚小于20mm时,制造厂内及安装工地要至少抽查接头数的10%,焊缝质量标准不低于Ⅱ级焊缝为合格。

(f) 水压试验

一般水冷支承梁的水压为 0.5~0.6MPa。1h 不得出现压降。采用汽化冷却技术的支承梁打压试验要参照《锅炉技术监察规程》执行。试验的压力包括汽包高差压力、循环泵的出口压力及工作压力和,乘以打压试验系数。

(6) 装出料炉门及其升降装置安装

在现场将炉门与传动装置中悬吊部件连在一起,并检查两扇门的上下极限一致,允许偏差见表 3.3-94。

装出料炉门及升降机构安装允许偏差　　　　表 3.3-94

序号	项　　　目	允许偏差(mm)
1	驱动装置轴承坐标	±1
2	驱动轴轴承座中心坐标	±0.5
3	链轮中心距	±1
4	减速器中心线坐标	±1
5	减速器中心线标高	±0.5
6	炉门垂直度	3
7	炉门配重	±15kg
8	炉门开关灵活,行程偏差	±10
9	炉门贴紧炉门框密封良好	

(7) 装料辊道、出料辊道安装

装料辊道及出料辊道在冬期施工,垫板铺设采用研磨法。根据以往施工经验,平垫板规格采用 115mm×220mm×20mm。

1) 辊道垫板布置按设计要求。

2) 辊道垫板铺设标准:

垫板设置要求,水平度:0.30/1000,每组平垫板垫板不超过 5 块,平垫板外露 30mm。

3) 辊道本体安装(表 3.3-95)。

辊道本体安装验收标准　　　　表 3.3-95

序号	检查项目	检查位置		要求精度(mm)	测量工具	备注
1	水平度	辊道位置	横向	0.10/1000	框式水平仪	
			纵向			
		辊子上表面				
2	平行度	相邻辊子平行度		0.2/1000	内径千分尺	
3	辊子间高差度	辊子上表面		±0.2	平尺、水平	
4	垂直度	辊子与中心线		0.10/1000	0.3mm 钢线、线坠、内径千分尺	

续表

序号	检查项目	检查位置	要求精度(mm)	测 量 工 具	备注
5	标高	辊子上表面	±0.3	精密水准仪	
		机架上表面			
6	中心线	横向中心	±0.5	0.3mm钢线、线坠、卷尺	
		纵向中心			

4) 辊道底座安装

底座水平找正如图 3.3-64 所示,标高用精密水准仪配合调整。

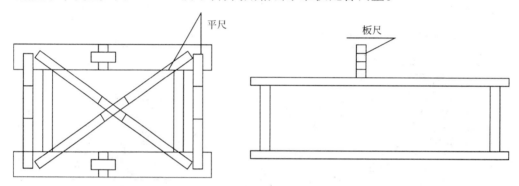

图 3.3-64 辊道底座找正示意图

5) 辊道本体安装方法

粗轧区辊道全部为单独传动辊道,辊道成组出现,安装时以每组辊道的头辊为基准辊,中心、垂直度以基准辊找正,其他指标以基准辊为标准找正见图 3.3-65,标高用精密水准仪配合调整。

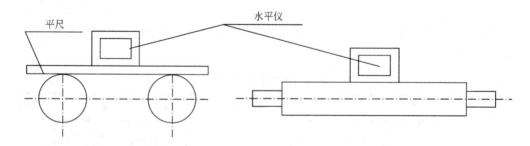

图 3.3-65 辊子找正示意图

6) 辊道安装施工要求

① 辊道安装前,基础凿毛;
② 辊道底座安装前清洗,除去污物;
③ 检查垫板与辊道座间间隙,0.05mm 塞尺;
④ 灌浆前,垫板焊接点焊牢固。

7) 辊道传动部分安装

① 联轴器定心精度

两轴的平行度(外周的偏差)

齿轮式联轴器　　　　　　≤0.10mm

凸缘式挠性联轴器　　　　≤0.08mm

凸缘式固定联轴器　　　　≤0.05mm

检测方法:用百分表检测两半联轴节凸缘外径的差值的一半(两轴同时旋转进行检查,见图3.3-66)。

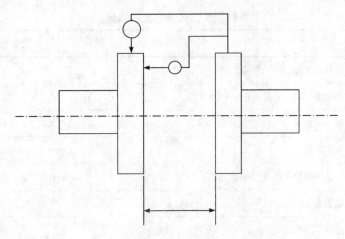

图3.3-66　传动部分检测示意图

② 两轴的角度(两联轴节面间的间隙差)

齿轮式联轴器　　　(外齿轴套外径 ϕ500 以下)≤0.10mm;

　　　　　　　　　　(外齿轴套外径 ϕ500 以上)直径每增加 100mm 加 0.020mm。

凸缘式固定联轴器　(半联轴节外径 ϕ500 以下)≤0.05mm;

　　　　　　　　　　(半联轴节外径 ϕ500 以上)直径每增加 100mm 加 0.010mm。

检测方法:用塞尺沿两半联轴节端面周向塞入检查。

(8) 装钢机、出钢机安装

装钢机、出钢机均采用座浆垫板安装,其平垫板和斜垫板的规格为 110mm×220mm×20mm、100mm×200mm×30mm,斜垫板的斜度为 1/50。

1) 坐浆垫板安装的施工程序及注意事项如下:

① 在设置垫板的混凝土灌浆料基础部位凿出坐浆坑,坐浆坑的长度和宽度要比垫板的长度和宽度大 80mm,凿入基础表面的深度要不小于 30mm,且坐浆层混凝土灌浆料的厚度要不小于 50mm。

② 用水冲或用压缩空气吹除坑内的杂物,并充分浸润混凝土约 30min,然后除尽坑内积水,坑内不得沾有油污。

③ 在坑内涂一层薄的水泥浆,以利新老混凝土的粘结。

④ 随即将拌好的混凝土灌浆料灌入坑内。混凝土灌浆料表面形状呈中间高四周低的弧形,以便放置垫板时排除空气。

⑤ 当混凝土灌浆料表面不再泌水或水迹消失后,即可放置垫板并测定标高。垫板上表面标高极限偏差为±0.5mm。垫板放置于混凝土灌浆料上要用手压、用木锤敲击或用手锤垫木板敲击垫板面,使其平稳下降,敲击时不得斜击,以免空气窜入垫板与混凝土接触面之间。

⑥ 垫板标高测定后,拍实垫板四周混凝土灌浆料,使之牢固。混凝土灌浆料表面要低于垫板面2~5mm,混凝土灌浆料初凝前再次复查垫板标高。

⑦ 盖上草袋或纸袋并浇水湿润养护,养护期间不得碰撞和振动。

2) 上料辊道、装钢机、出料辊道、出钢机安装允许偏差(表3.3-96、表3.3-97)。

长行程装钢机安装允许偏差　　　　表3.3-96

序号	项　　　目	允许偏差(mm)
1	主传动轴轴承座坐标(X,Y方向)	±0.5
2	同步轴轴承座坐标(X,Y方向)	±0.5
3	主传动轴轴承座标高	±0.5
4	同步轴轴承座标高	±0.5
5	液压缸与炉底机械液压缸安装要求相同	±0.5
6	齿条副侧隙不大于	0.6
7	接触斑点按高不小于	40%
8	接触斑点按长不小于	50%
9	主传动轴同轴度	0.5
10	同步轴同轴度	0.5
11	托杆中心线与炉子中心线平行度	3
12	6根托杆托坯平面度	3
13	6根托杆推头垂直面平面度	5
14	主传动轴与炉子中心线垂直度	2
15	同步轴与炉子中心线垂直度	2

出料辊道安装允许偏差　　　　表3.3-97

序号	项　　　目	允许偏差(mm)
1	主传动轴轴承座坐标(X,Y方向)	±0.5
2	同步轴轴承座坐标(X,Y方向)	±0.5
3	主传动轴轴承座标高	±0.5
4	偏心轮轴承座标高	±0.5

续表

序号	项目	允许偏差(mm)
5	齿条副侧隙不大于	0.6
6	接触斑点按高不小于	40%
7	接触斑点按长不小于	50%
8	主传动轴同轴度	0.5
9	同步轴同轴度	0.5
10	托杆中心线与炉子中心线平行度	3
11	8根托杆托坯平面度	3
12	8根托杆端头垂直面平面度	5
13	主传动轴与炉子中心线垂直度	2
14	同步轴与炉子中心线垂直度	2

3. 技术质量要求

(1) 施工用各种材料要有合格证，没有合格证的材料拒绝使用。

(2) 加强对工程材料的保管工作，要有专用记录本，防止工程用料的锈蚀、损坏和丢失报废。

(3) 材料代用必须在保证技术质量要求的情况下，经有关部门批准后才允许代用。

(4) 合理采用先进的施工机具和精密量具，量具在使用前必须经过检测，未经检测的不得使用。

(5) 重视隐蔽工程的质量签证工作。所有隐蔽工程必须经甲方验收签字(盖章)方可隐蔽。

(6) 要严格检验被安装设备、材料及半成品加工件的技术性能和质量，各类安装设备、材料必须附有出厂合格证等书面技术文件。

(7) 及时做好安装记录、调试记录、质量检验评定表等工程软件材料的填写及整理工作，确保数据的原始与真实性，并与工程实体同步进行。交工一个月内要交施工竣工资料。

4. 安全技术要求

(1) 施工用电源及电缆一定要安全可靠，并且安放位置要合理。电缆线如有破损一定要及时修补更换，手执照明线路采用36V的低压电源。

(2) 搞好现场防火工作，施工现场要准备好消防器具，放在使用方便的地方，并保持整洁。易燃物不可乱扔，施工现场不准随意动火，施工区域禁止动火的地方，如需动火必须开动火票，同时必须有切实可行的安全防范措施。

(3) 设备吊装前要检查机具使用是否合理，是否处于良好状态，严防吊具破损，砸伤人或设备。

(4) 施工临时用电，必须采用统一的、符合规范要求的安全电源箱，选取用绝缘牢固可靠的电缆或护套线，采用必要的端子进行接线。

(5) 预组装场地内的设备要按一定的规律摆放整齐,并按照设备的施工顺序组织设备进场,避免出现设备进场及堆放混乱现场的发生。

(6) 施工用材料及施工用机具要按一定的顺序和规律放置,电焊机等机具存放处要注意防潮、防火、防爆、防漏电。

(7) 射线探伤要在晚上无人施工时进行,并确保在探伤过程中非探伤人员不得进入探伤范围内。

(8) 试车时要设隔离区,并有统一的指挥,严格执行试车规程。各专业要密切配合,服从指挥,不得随便停送和擅自起停机械设备。

第四节 建筑电气安装

一、室外电气

(一) 架空线路及杆上电气设备安装

1. 分项(子分项)工程概况(略)
2. 分项(子分项)工程质量目标和要求(略)
3. 施工准备

(1) 施工人员

施工人员应培训合格,认真熟悉图纸,必须持证上岗。

(2) 施工机具设备和测量仪器

1) 电动机具、电缆滚轮、转向导轮、吊链、滑轮、钢丝绳、大麻绳、千斤顶。

2) 绝缘摇表、皮尺、钢锯、手锤、扳手、电气焊工具、电工工具。

3) 无线电对讲机(或简易电话)、手持扩音喇叭(有条件可采用多功能扩大机作通信联络)。

(3) 材料要求

1) 电杆是埋在地上支持和架设导线、绝缘子、横担和各种金具的重量,常年日晒雨淋,承受风力,有的电杆还要承担导线的拉力。电杆按材质分为木电杆、钢筋混凝土电杆和铁塔三种。

钢筋混凝土电杆是用水泥、砂、石子和钢筋浇制而成。钢筋混凝土电杆的使用年限长,维护费用小,节约木材,是目前我国城乡 35kV 及以下架空线路应用最广泛的一种。安装前应进行外观检查,且符合下列规定:

① 电杆表面光洁平整,壁厚均匀,无露筋、跑浆等现象;

② 放置在地面上检查电杆杆身的裂缝,应无纵向裂缝,预应力混凝土电杆应无横向裂缝,环形混凝土电杆纵向裂缝的宽度不应超过 0.1mm。电杆横向裂缝会降低电杆整体刚度,增大电杆挠度,电杆纵向裂缝使电杆钢筋易腐蚀,影响运行寿命;

③ 杆身弯曲不应超过电杆杆长的 1/1000。

2) 底盘、卡盘和拉线盘

架空线路工程中使用的底盘、卡盘、拉线盘以及其他各类混凝土预制件,要符合设计要求,按图样加工以保证质量。其表面不应有蜂窝、露筋、纵向裂缝等缺陷。

在有条件的地方,宜采用岩石的底盘、卡盘和拉线盘。采用岩石制造的底盘、卡盘、拉线盘,必须做到保证岩石质量,应结构完整、质密,并在采石场选择有代表性的岩石进行强度试验,其强度应符合设计要求。

3) 金具

以黑色金属制造的附件和紧固件,主要是指横担、螺栓、拉线棒、各种抱箍及铁附件等,除地脚螺栓外,应采用热浸镀锌制品,以延长使用寿命。

为保证工程质量,安装前应进行外观检查,且应符合下列规定:

① 表面光洁,无裂纹、毛刺、飞边、砂眼、气泡等缺陷;

② 线夹转动灵活,与导线接触面符合要求;

③ 镀锌良好,无锌皮脱落、锈蚀现象。

4) 绝缘子及瓷横担绝缘子

绝缘子是用来支持导体并使其绝缘的器件。架空线路绝缘子按其使用电压可分为高压绝缘子和低压绝缘子。按结构用途可分为高压线路刚性绝缘子、高压线路悬式绝缘子和低压线路绝缘子。

5) 线材

架空线路的导线一般采用铝绞线。当高压线路档距或交叉档距较长,杆位高差较大时,宜采用钢芯铝绞线。在沿海地区,由于盐雾或有化学腐蚀的气体存在,对架空线路的导线有腐蚀作用,会降低导线的使用年限,威胁线路的安全运行,宜采用防腐铝绞线、钢绞线或采取其他措施。

为了安全,在街道狭窄和建筑物稠密地区应采用绝缘导线。

架空电力线路使用的线材,在架设前应进行检查:

① 低压电力线路使用的绝缘导线应平整、光滑、色泽均匀,绝缘层厚度应符合规定。绝缘层应挤包紧密,且易剥离,绝缘导线端部应有密封措施。

② 裸导线不应有松股、交叉、折叠、断裂及破损等缺陷和有严重腐蚀等现象。

③ 钢绞线、镀锌铁线表面镀锌层应良好,无锈蚀。

为特殊目的使用的线材,除应符合上述规定外,尚应符合设计的特殊要求。

(4) 施工条件

首先要熟悉国家和当地的有关安全技术规定、标准和图例等。在设计图样上选择的路径,只能作为参考,在现场要进一步核对工程设计施工图中的电杆和拉线的方位,与地下设施现状图中的地下管道和电缆等方位是否冲突,特别是交叉路口及弯道处,更要特别注意。只有到现场实际勘测(察看丈量)以后,路径才能最后确定。

4. 施工工艺

(1) 在现场勘察将要施工的架空线路的区域内,是否有需要跨越交叉的高、低压线路、路灯线路和电话线路、铁路、道路等设施。若有障碍,应首先考虑适当调整杆位、线路,避开和减少其矛盾,如仍不能解决,应确定该线路的高度及防护措施,并在立杆或放线前与有关单位联系并办理好停电等手续,这样可不改变线路按原设计定位。

在线路基本确定的基础上,要进一步勘察电杆杆位及拉线底盘挖坑的附近,是否存在与工程有冲突的地下设施。如个别杆位有冲突,可通过调整杆间距离解决,若与杆位冲突较多,影响较大,则必须改变线路方位和走向。

10kV 及以下架空线路杆塔的埋地部分,与地下各种工程设施(不包括电缆线路)间的水平净距离不宜小于 1m。

在线路基本确定以后,根据现场实际需要进行电杆的定位。供电点和用电点之间,要尽量走近路。路径越接近两点间的直线越好,线路要尽量减少转角,更不能曲折迂回。电杆定位的同时,要确定好起立电杆的方向,以便在挖电杆坑时确定杆坑马道的方向,方便起立电杆。

(2) 电杆定位

电杆定位时应首先根据设计图样检查线路经过的地形、道路、河流、树木、管道和各种建筑物等,对线路有何影响,确定线路如何跨越以及大致的方位。然后确定架空线路的起点、转角和终点的电杆杆位,线路的首端、终端、转角杆相当于把一条线路分成了几个直线段,要先找好位置,确定下来。无论一个直线段内有几根电杆,都要从一端向另一端逐杆进行定杆位工作。电杆的定位一般有交点定位法、目测法定位和测量定位法。

(3) 挖电杆坑

立杆需挖的坑有杆坑和拉线坑。电杆的基坑有圆形坑和梯形坑,可根据所使用的立杆工具和电杆是否加装底盘,确定挖坑的形状。

无底盘的用汽车吊立杆的水泥杆坑,通常开挖成圆形坑,圆形抗的土方量小,对电杆的稳定性也好,施工方便。用人力和抱杆等工具立杆的,应开挖成带有马道的梯形坑,主杆中心线在设计杆位的中心,马道应开挖在立杆的一侧。拉线坑应开挖在标定拉线桩位处,其中心线及深度应符合设计要求。在拉线坑一侧应开挖斜槽,以免拉线不能伸直,影响拉力。

挖坑有三种方法:

1) 汽车驱动螺旋挖坑法。汽车驱动螺旋挖坑法是采用一种螺旋挖土机,动力由汽车供给。其优点是省力、快,但施工现场地面要平整,土质坚硬,适合机械化施工,在土质松软地方不能使用。

2) 半机械化挖坑。半机械化挖坑即人工用绞棍或螺栓打眼机,把挖地机口对准杆位,3~4 人即可推转,挖出土。

用汽车或半机械化挖坑,适合于挖圆坑。要挖梯形坑,需要按梯台的深度和宽度尺寸移动车位或挖土机位,这就影响挖坑的效率。

3) 人工挖坑。人工挖坑即由人用锹、镐等工具挖,挖圆坑时最好用圆板锹挖成圆洞,以求不破坏或少破坏土质的原有紧密性。

(4) 基础埋设

电杆基础坑深度符合要求,即可以安装底盘。底盘就位时,用大绳拴好底盘,立好滑板,将底盘滑入坑内。如圆形坑应用汽车吊等起重工具吊起底盘就位,电杆底盘就位后,用线坠找好杆位中心,将底盘放平、找平。底盘的圆槽面应与电杆中心线垂直,然后应填土夯实至底盘表面。采用钢模现浇底盘时,近几年在线路工程中也普遍的采用,不但可以节约木材,也更容易保证质量;支模板时应符合基础设计尺寸的规定,模板支好后,将搅拌好的混凝土倒入坑内,再找平、拍实。当不用模板进行浇筑时,应采取防止泥土等杂物混入混凝土中的措施。

电杆底盘浇筑好以后,用墨汁在底盘画出杆位线。底盘安装允许偏差,应使电杆组立后满足电杆允许偏差规定。

(5) 电杆的焊接和封堵

用直角尺检查分段杆的钢圈平面与杆身平面应垂直。并用钢丝刷将焊口处的油脂、铁锈、泥污等物清除干净。

钢圈连接的钢筋混凝土电杆,进行焊接连接时,电杆杆身下面两端应最少各垫道木一块。杆下地形有高有低时,应加垫道木或铲去部分高地,使电杆尽量水平。道木要用手锤敲打结实,使电杆不发生下沉情况,在道木上杆身两边用木楔塞紧,不使电杆有轻微晃动。

电杆钢圈的焊口对接处:应仔细调整对口距离,达到钢圈上下平直一致,同时又保持整个杆身平直。钢圈对齐找正时,中间应留有 2~5mm 的焊口缝隙。当钢圈有偏心时,其错口不应大于 2mm。

杆身调直后,从两端的上、下、左、右向前方目测均应成一直线,才能进行施焊。

钢圈连接的钢筋混凝土电杆,钢圈焊接宜采用电弧焊接,目前还不能全面推广电焊。采用气焊时,由于钢筋受热膨胀对钢圈下面混凝土产生细微的纵向裂纹。如果条件受限制,使用气焊焊接时,电杆钢圈宽度不应小于 140mm,电石产生的乙炔气体,应过滤。气焊时尽量减少加热时间,并采取降温措施。焊接后,当钢圈与水泥粘接处附近水泥产生宽度大于 0.05mm 的纵向裂缝时,应予修补,修补时,可用补修膏或其他方法涂刷,以防止进水气锈蚀钢筋。

钢圈焊接在焊口处,宜在全周长先点焊 3~4 处,然后对称交叉施焊。点焊时所用焊条牌号应与正式焊接用的焊条牌号相符。

当电杆钢圈的厚度大于 6mm,应采用 V 形坡口多层焊接。多层焊缝的接头应错开,收口时应将熔池填满,焊缝中严禁堵塞焊条或其他金属。

焊缝应有一定的加强面。

(6) 横担的安装

为了施工方便,将电杆运到施工现场后,放在基坑处,使杆根对正马道(汽车吊立杆不需要挖马道)用支架垫起电杆的上部,量好各部尺寸,在地面上将横担、金具、绝缘子全部组装完毕,然后再进行整体立杆。如果电杆竖起以后再安装,则应从电杆的最上端开始安装,做起来较麻烦。

架空电力配电线路 15°以下的转角杆和直线杆,宜采用单横担;15°~45°的转角杆,宜采用双横担;45°以上的转角杆,宜采用十字横担。

线路横担安装,直线杆应装在负荷侧;终端杆、转角杆、分支杆以及导线张力不平衡处的横担,应装在张力的反向侧;直角杆多层横担,应装设在同一侧。

架空线路导线采用三角排列优点较多:结构简单、便于施工和运行维护,电杆受力均匀,增大了线间距离,提高了线路安全运行的可靠性,并利于带电作业,还可利用顶相配合其他措施利于线路的防雷保护。高压线路的导线,应采用三角排列或水平排列,双回路线路同杆架设时,宜采用三角排列或垂直三角排列;低压线路的导线,宜采用水平排列。

横担的安装应根据架空线路导线的排列方式而定。

钢筋混凝土电杆使用 U 形抱箍安装水平排列导线横担,在杆顶向下量 200mm,安装 U 形抱箍,用 U 形抱箍从电杆背部抱过杆身,抱箍螺扣部分应置于受电侧,在抱箍上安装好 M 形抱铁,在 M 形抱铁上再安装横担,在抱箍两端各加一个垫圈用螺母固定,先不要拧紧螺母,留有调节的余地,待全部横担装上后再逐个拧紧螺母。

电杆导线进行三角排列时,杆顶支持绝缘子应使用杆顶支座抱箍。由杆顶向下量取150mm,使用A形支座抱箍时,应将角钢置于受电侧,将抱箍用M16×70方头螺栓,穿过抱箍安装孔,用螺母拧紧固定。安装好杆顶抱箍后,再安装横担。横担的位置由导线的排列方式来决定,导线采用正三角排列时,横担距离杆顶抱箍为0.8m;导线采用扁三角排列时,横担距离杆顶抱箍为0.5m。

上层横担安装好以后,可以此为准逐一安装下层横担。

(7) 绝缘子安装

绝缘子的组装方式应防止瓷裙积水。耐张串上的弹簧销子、螺栓及穿钉应由上向下穿。当有特殊困难时,可由内向外或由左向右穿入;悬垂串上的弹簧销子、螺栓及穿钉应向受电侧穿入。

安装绝缘子采用的闭口销或开口销不应有断、裂缝等现象。工程中使用闭口销比开口销具有更多的优点,当装入销口后;能自动弹开,不需将销尾弯成45°,当拔出销孔时,也比较容易。它具有销住可靠、带电装卸灵活的特点。当采用开口销时应对称开口,开口角度应为30°~60°。

瓷横担绝缘子在直立安装时,顶端顺线路歪斜不应大于10mm;在水平安装时,顶端宜向上翘起5°~15°,顶端顺线路歪斜不应大于20mm。

转角杆安装瓷横担绝缘子,顶端竖直安装的瓷横担支架应安装在转角的内角侧(瓷横担绝缘子应装在支架的外角侧)。

全瓷式瓷横担绝缘子的固定处应加软垫。工程中严禁用线材或其他材料代替闭口销、开口销。

(8) 立杆

竖立电杆的方法很多,一般可用汽车吊、人字抱杆、倒落式人字抱杆及叉杆等立杆法。

立杆前应检查所用工具,立杆过程中要有专人指挥,随时注意检查立杆工具受力情况,遵守有关安全规定。

1) 汽车吊立杆先将汽车吊开到距杆坑适当位置处加以稳固。然后,从电杆的根部量起在电杆的2/3处,拴一根起吊钢丝绳,绳的两端先插好绳套,制作后的钢丝绳长为1.2m。将起吊钢丝绳绕电杆一周,再用一条直径为13mm长度适当的麻绳,结成拴中扣作带绳。

准备工作做好后,可由负责人指挥将电杆吊起,当电杆顶部离开地面0.5m高度时,应停止起吊,对各处绑扎的绳扣等进行一次安全检查,确认无问题以后,拴好调整绳再继续起吊。

调整绳是拴在电杆顶部500mm处,做调整电杆垂直度用,另外再系一根脱落绳,以方便解除调整绳。

继续起吊时,坑边站两人负责电杆根部进坑,另外由三人各拉一根调整绳,站成以杆基坑为中心的三角形。当吊车将电杆吊离地面约200mm时,坑边人员慢慢地把电杆移至基础坑,并使杆根部放在底盘中心处。然后,利用吊车的扒杆和调整绳对电杆进行调整,电杆调整好后,可填土夯实。

2) 固定式人字抱杆立杆 固定式人字抱杆立杆,是一种简易的立杆方法,主要是依靠绞磨和在抱杆上的滑轮和钢丝绳等工具进行起吊作业。

如果起吊工具没有绞磨,在有电力供应的地方,也可采用电动卷扬机。立杆前先把电杆放在电杆基础上,使电杆的中部对正电杆基坑中心,并且将电杆根部位于基坑马道一侧。把抱杆两脚张开抱杆长度的2/3宽度,顺着电杆放置于地面上,沿放置电杆方向距杆坑前后15~20m处的地方,分别打入钎子,做绑扎晃绳用。

固定好绞磨,用起吊钢丝绳在绞磨盘上缠绕4~5圈,将起吊钢丝绳一端拉起,穿好三个滑轮,并把下端滑轮吊钩挂在由电杆根部量起1/2~1/3杆长处的起吊钢丝绳绳套上。

先用人工立起抱杆,拉紧两条抱杆的晃绳(钢丝绳),使抱杆立直,特别应将抱杆左右方向要立直,不应倾斜。在抱杆根部地面上可挖两个浅坑,并可各放一块3~5mm厚的钢板,用以防止杆根陷落和抱杆根部发生滑动位移。

准备工作做好后,即可推动绞磨,起吊电杆,要由一人拉紧钢丝绳的一端,随着绞磨的旋转要用力拉绳,不可放松,以免滑松发生事故。当电杆距地面0.5m时,检查绳扣及各部位是否牢固,确认无问题后,在杆顶部500mm处拴好调整绳和脱落绳,再继续起吊。当起吊到一定高度时,把电杆根部对准电杆基坑,反向转动绞磨,直至电杆根部落入底盘的中心处,再填土夯实。

3) 倒落式人字抱杆立杆 用倒落式人字抱杆立杆的工具是人字抱杆、滑轮、绞磨或卷扬机等。固定式人字抱杆立杆是将抱杆先立起而后吊起电杆,倒落式人字抱杆立杆是抱杆与电杆同时立起。

先把滑板垂直放入马路对面的电杆基坑内,将电杆顺着马道放置在地面上,把电杆根部顶在滑板上。

将倒落式人字抱杆在坑口前张开顺电杆放置好,把起吊钢丝绳端部绑在距根部为杆长的2/3处,钢绳中部绑在抱杆顶部的铁帽上,另一头挂上滑轮的吊钩上,把伸好牵引绳的下滑轮固定在铁钎子上。

在电杆顶部500mm处,拴好前述的调整绳和脱落绳,调整绳的另一端分别在电杆顺线路及左、右侧的铁钎子上缠绕两圈后,由一人或两人用手把持。铁钎子的打入地点距电杆基坑中心的距离为杆长的1.5倍。

准备工作做好以后,可推转绞磨拖动牵引绳,使抱杆和电杆同时立起,当抱杆被拉起60°时,手持调整绳的人要配合好,防止偏斜,使杆安全竖起。当电杆竖起至适当位置,用撬棍使杆根落入基坑内,控制电杆在正确位置上。

在整个立杆过程中,电杆左、右侧调整绳拉力要均匀,以保证电杆杆身稳定。立杆立至70°时,两侧调整绳要适当拉紧,以防电杆倾倒。当电杆立起至80°时,应保持电杆上升缓慢,此时两调整绳缓放和缓拉起吊钢丝绳相配合,把电杆杆身调整到正确位置上。最后抽出滑板,填土夯实;拆卸工具。

4) 架杆立杆 是利用架杆来竖立电杆,这种立杆方法,使用的工具比较简单,劳动强度较大。对长度小于8m的混凝土电杆和高度为9~12m的木质电杆,在缺乏机械设备,电杆数量较少,地方狭窄,土质松软的地带吊车等机具不能进入现场等情况下采用。用架杆立杆所使用的架杆需要由施工人员自行制作。

架杆一般由两根长度和粗细相同的圆杉木组成,其梢径不小于80mm,根部直径不小于120mm,长度为4~6m。在距梢木顶端300~350mm处,用直径为4mm的镀锌铁线(8线)做成长度为300~350mm的链环。然后用同样的铁线将链环的两端分别与两根木杆绑扎牢固。在距木杆根部600mm处,分别穿入直径为16mm长为300~350mm的镀锌螺栓,并且在螺栓两端用镀锌铁线紧密缠绕作为把手。

立杆前,先将杆根移到电杆基坑处对正马道,在杆根坑壁上竖一块滑板,并把杆根顶在滑板上。为了更有把握也可在电杆顶部挂上两根拉绳,协助控制电杆杆身,防止在立杆的过程中电杆倾倒。

开始立杆时,先用人力把杆顶抬起,在杆下插入圆杠,然后继续抬高,当把电杆抬高到一定高度时,用一副较短的架杆将电杆架起,架杆两腿应张开2~3m为宜。继续立起电杆时架杆两腿要同时、等速地沿地面向前方推进。电杆立起一定高度后,应再用一副架杆用同样的方法架起电杆,撤出圆杆。在立杆的过程中,应始终保持电杆的重量压在架杆两腿的角平分线上,以保证电杆平稳起立。在电杆起立过程中,指挥人员应随时加强监视指挥。

随着电杆的起立,两副架杆腿应交替地向坑中心方向移动,此时可用橇棍随时橇动,使杆根沿滑板下滑落入基坑内。随着电杆的升高,需要移动架杆时,应将架杆顶部沿电杆杆身下滑,架杆根部不能抬起,应沿地面向前方移动。电杆逐渐立起后到快要接近垂直时,需把长杆移动到短架杆的对面,继续顶起短杆,使电杆垂直于地面。两架杆形成十字支撑,电杆经调直扭正后,抽出滑板,填土夯实。用架杆起立电杆。

电杆基坑填土时,可用铁锹将挖出的土沿电杆四周回填坑内。35kV架空电力线路的基础每填300mm时夯实一次,10kV及以下架空线路基坑每回填500mm应夯实一次。夯实应在电杆两侧交替进行,以防挤动杆位。填土时如松软土质的基坑,回填土时应增加夯实次数或采取加固措施。当电杆需要安装卡盘时,应回填到一定高度后即停止回填,夯实后再安装卡盘。

电杆卡盘的埋设,水泥电杆的卡盘采用U形抱箍与电杆进行连接,木电杆的卡盘(地中横木)用4mm镀锌铁线与电杆进行绑扎连接,卡盘与电杆的连接应紧密牢固。

卡盘固定好以后可继续回填土,回填土后的电杆基坑地面以上部位宜设置防沉土层,防沉土层系指电杆起立以后,坑基周围的堆积土。培土的目的,是防止回填土土壤下沉后,电杆周围土壤产生凹陷,有利于电杆基坑稳定。防沉土层上部面积不宜小于坑口面积,培土高度应超出地面300mm。如设计对防沉土层有规定时,应按设计图进行。

(9) 拉线安装

立好电杆后,紧接着做好拉线安装工作。拉线的作用是平衡电杆各方向的拉力,防止电杆弯曲或倾斜,因此,在承受不平衡拉力的电杆上,均须装设拉线,以达到平衡的目的。另外,为了防止强大风力和覆冰荷载的破坏影响或在土质松软地区,为了增强线路电杆的稳定性,在直线杆线路上每隔一定距离(一般每隔10根电杆),装设防风拉线或增强线路稳定性的拉线。装设拉线如果受地形的限制也可用顶(撑)杆代替。

拉线应根据电杆的受力情况装设。电杆拉线有普通拉线、两侧拉线、过道拉线、共同拉线、Y形拉线、弓形拉线等。

1) 普通拉线。普通拉线也叫承力拉线,用在架空电力线路的终端杆、转角杆、耐张杆等处,主要起拉力平衡作用。拉线与电杆夹角宜取45°,如受地形限制,可适当减小,但不应小于30°。

架空线路转角在45°及以下时,在转角杆处仅允许装设分角拉线;线路转角在45°以上时,应装设顺线型拉线;耐张杆装设拉线时,当电杆两侧导线截面相差较大时,应装对称拉线。

2) 两侧拉线。两侧拉线也可称为人字拉线或防风拉线,装设在直线杆的横线路的两侧,用以增强电杆抗风能力。防风拉线应与线路方向垂直,拉线与电杆的夹角宜取45°。

3) 过道拉线。过道拉线也可称水平拉线,由于电杆距离道路太近,不能就地安装拉线或需要跨越其他障碍时采用过道拉线,即在道路的另一侧立一根拉线杆,在此杆上做一条过道拉线和一条普通拉线。

过道拉线应保持一定的高度,以免妨碍人和车辆的通行。过道拉线在跨越道路时,拉线对路边的垂直距离不小于4.5m,对行车路面中心的垂直距离不小于6m;距越电车行车线时,对路面中心的垂直距离,不应小于9m。拉线杆倾角宜取10°~20°,杆的埋设深度可为杆长的1/6。

4) 共同拉线。在直线线路电杆上产生不平衡拉力,或因地形限制不能装设拉线时,可采用共同拉线,即将拉线固定在相邻的电杆上,用以平衡拉力。

5) V形拉线。V形拉线也可称为Y形拉线,分为垂直V形和水平V形拉线两种。垂直V形拉线就是在垂直面上拉力合力点上下两处各安装贝条拉线,两条拉线可以各自和拉线下把相连,也可以合并为1根拉线和拉线下把相连,如同"V"字形。

水平V形拉线用于H杆,拉线上端各自连到两单杆的合力点或者合并成一根拉线,也可把各自两根拉线连接到拉线的下把。主要用在电杆较高、横担较多,架设较多导线的电杆上。

架空电力线路为双横担,高压与高压或高压与低压同杆架设时,应装V形拉线;如果是低压与低压同杆架设时,而且导线截面在50mm及以下时,可不必做V形拉线,而只做一组普通拉线。V形拉线盘的埋设深度不宜小于1.2m。

6) 弓形拉线。弓形拉线也可称为自身拉线,常用于木电杆上。为了防止电杆弯曲,因受地形限制不能安装拉线时,可采用弓形拉线,此时电杆的卡盘(地中横木)要适当加强。弓形拉线两端栓在电杆的上下两处,中间用拉线支撑顶在电杆上,如同弓形。

7) 撑(顶)杆拉线。因受地形环境限制,不能装设拉线时,允许采用撑(顶)杆拉线。撑(顶)杆埋设深度为1m。杆的底部应垫底盘或石块,撑(顶)杆与主杆之间的夹角以30°为宜。

(10) 导线的架设

架空电力配电线路电杆起立及拉线安装并调整好以后,就可以架设导线了。

1) 导线的展放

在导线架设放线前,应查勘沿线情况,清除放线道路上可能损伤导线的障碍物,或采取可靠的防护措施。对于跨越公路、铁路及一般通信线路和不能停电的电力线路,应在放线前搭好牢固的跨越架。跨越架的搭设,应能保证放线时导线与被跨越物之间的最小安全距离,跨越架与被跨越物的最小水平及垂直距离,见表3.4-1。

跨越架与被跨越物的最小距离　　　　　表3.4-1

被跨越物	铁路	公路	110kV送电线	66kV送电线	35kV送电线	110kV送电线	低压线	通信线
最小垂直距离(m)	7	6	3	2	1.5	1	1	1
最小水平距离(m)	3~3.5	0.5	4	3~3.5	3~3.5	1.5~2	0.5	0.5

跨越架的宽度应稍大于电杆横担的长度,防止掉线。

配电线路导线的线盘,送到施工现场以后,一般可集中放在各放线段的耐张杆处,并尽量将长度相同的线轴放在一起,便于集中利用机械牵引及导线接续。如在山区架线,线轴应尽量选择便于放线之处。

安装线轴时,在线轴孔内穿入轴杠,然后将轴杠两端平稳地放在放线架上。放线架可用木制或铁制,需要架设钢绞线时,因无线轴,可将钢绞线套入放线盘上进行展放。若无放线架时,可在地上挖一个坑,坑的深度应比线轴半径稍大,宽度应能使线轴自由转动,将线轴的轴杠架在坑边的垫木上。展放导线时,一般的放线施工可以采用人力或汽车和拖拉机作为放线的牵引动力在地面上拖,可不用牵引设备及大量牵引钢绳,方法简便,缺点是需耗用大量劳动力,如果在地面上拖线,还容易磨损导线。也可以将线盘架设在汽车上,在行进中展放导线。

2) 导线的连接

在架空线路导线展放的过程中,对于损伤范围超过规定和出现断头需要对接时,应在地面上先连接好,再架线上杆。

导线的连接质量的好坏,直接影响导线的机械强度和电气接触。导线的连接方法,由于导线材料和截面的不同而有所区别,但是不同金属、不同规格、不同绞制方向的导线严禁在档距内连接。导线连接常用的有压接法、缠绕接法和爆炸压接。

压接连接方法适用于铝绞线和钢芯铝绞线。压接是用连接管将两根导线连接起来,即将导线穿入连接管内加压,借着连接管与线股间的握裹力,使两根导线牢固地连接起来。在运行中管与导线共同承受拉力,连接管应具有抗拉力大和接触电阻小的性能。

导线的压接有液压连接、爆破压接和钳压连接,较长用的是钳压连接。钳压连接使用压接钳是利用双勾紧线器原理制造的,结构新颖,使用比较方便。

端头应用钢锯锯齐,在与连接管连接前,端头应绑扎并用细钢丝刷清除导线表面氧化膜,用细铁钎裹上纱头,蘸汽油洗净连接管内壁的污垢,清除长度为连接部分的 2 倍。为了降低连接部分的电阻,防止潮气渗入和提高连接处质量,在连接部位的铝质接触面上,应涂一层电力复合脂,再用细钢丝刷清除表面氧化膜,保留涂料,进行压接。

电力复合脂是近年来采用的一种涂料,该涂料能够耐受较高的温度,不易干枯,且具有良好的导电性能和抗氧化、抗霉菌、耐潮湿、无污染、无毒性、不流失、不开裂、不燃烧等特点,并能防止电化腐蚀作用。在涂抹电力复合脂时应注意,只需薄薄地涂上一层即可,不可涂得过多,过多会很快降低接头的握裹强度。

将净化后的导线从两端插入已经净化的连接管中,导线的插入方向应从连接管上缺印记的一侧插入,从另一端有印记的一侧露出,导线端头露出长度,不应小于 20mm。

3) 紧线

紧线的工作,一般应与弧垂测量和导线固定同时进行。在展放导线时,导线的展放长度应比档距长度略有增加,平地时一般可增加 2%;山地可增加 3%。还应尽量在一个耐张段内,导线紧好后再剪断导线,避免造成浪费。

在紧线前,在一端的耐张杆上,先把导线的一端在绝缘子上做终端固定,然后在另一端用紧线器紧线。

紧线前在紧线段耐张杆受力侧除有正式拉线外,应装设临时拉线。一般可用钢丝绳或具有足够强度的铜线,拴在横担的两端,以防紧线时横担发生偏扭,待紧完导线并固定好以后,才可拆除临时拉线。

紧线时在耐张段操作端,直接或通过滑轮组来牵引导线,使导线收紧后,再用紧线器夹住导线。

根据每次同时紧线的架空导线根数,紧线方式有单线法、双线法、三线法等,施工时可根据具体条件采用。

单线法是最普通的紧线方法,在技工较少的情况下也可以施工,其缺点是整个紧线时间比较长。单线法紧线适用于导线截面较小,耐张段距离不大的场所,可使用前面介绍过的钳式紧线器。钳式紧线器紧线时,是先把 $\phi 4.0 mm$ 镀锌铁线一、二根插入到转轮孔内,把另一端用背扣绑在横担上。紧线器夹头夹在预先缠了铝带(或垫以麻布等物)的导线上,保护导线不被夹伤,紧线器的夹头应尽可能远离横担,以增加导线的收放幅度。扳动紧线器扳手,导线就逐渐收紧了,紧好后可取下扳手,把导线绑扎在绝缘子上。工作完毕后,再将紧线器取下。

如果导线型号大、档距大、电杆又多的,就需要滑轮组使用绞磨或汽车绞盘等采用双线法和三线法来紧线。

双线法是把两根架空导线同时一次操作紧线;三线法是一次同时收紧三根导线。双线法和三线法紧线。

利用双线或三线法紧线时通常使用三角紧线器。采用三角紧线器紧线时,仅需推动后面拉环向前方,当中央线部分即可张开,夹入导线后,拉紧拉环和钢绳。它是利用杠杆作用使夹线部分越拉越紧,在使用过程中,装卸均比较灵活方便。

对于钢绞线,其使用方法,与三角紧线器基本相同,拉紧以后夹线部分可咬紧钢绞线,依靠咬紧部分线槽中齿形纹路增加握裹力而夹紧。但此种线夹的齿形纹路容易磨损,若影响握裹力时,可同时使用两只,前后同时拉线,比较安全,齿纹已光滑者不能使用。

紧线的顺序应从上层横担开始,依次至下层横担,先紧中间导线,后紧两边导线。35kV有架空地线时,应先紧地线后紧导线。

架空线路的紧线和测量导线的弧垂应配合进行。导线弧垂就是指一个档距内导线下垂所形成的自然弛度,也称为导线的弛度。因一个耐张段内的电杆档距基本相等,而每档距内的导线自重也基本相等,故在一个耐张段内,不需要对每个档距进行弧垂测量,只要在中间1~2个档距内进行测量即可。

35kV架空电力线路弧垂观测档距的选择,当紧线段在5档及以下时,靠近中间选择1档;当紧线段在6~12档时,应靠近两端各选择1档;当紧线段在12档以上时,在靠近两端及中间各选择1档。

测量弧垂时,通常用两个规格相同的弧垂尺(弛度尺),测量时,把横尺定位在规定的弧垂数值上,把弧垂尺靠近绝缘子处勾在同一根导线上,相对观察各自所在杆上横尺定位上沿至导线下垂最低点,再至对方杆上横尺定位上沿应在一条直线上。若有偏差,调整导线弧垂直到满足要求为止。

弧垂测量应从邻近电夹的一根导线开始,接着测电杆另一边对应的一根,然后再交叉测量第三和第四根。这样能使电杆横担受力均匀,不致因紧线而出现扭斜。

弧垂测定好以后,即可在线路绝缘子上进行导线的固定。

10kV 及以下架空电力线路的导线紧好后,弧垂的误差不应超过设计弧垂的 ±5%。同档内各相导线弧垂宜一致,水平排列的导线弧垂相差不应大于 50mm。

35kV 架空电力线路观测弧垂时应实测导线或避雷线周围的温度。紧线时观测气温的温度表,现场应悬挂在避开阳光直接照射处,一般可挂在杆塔背阴处。各相导线紧线时的气温,若变化在 ±25℃ 以内时,弛度可以不做调整,超过时应随温度的变化而相应调整。

4) 绝缘子上导线的固定和连接

架空线路导线通常在绝缘子上进行固定,由于绝缘子的种类和导线的材料不同,固定方法及固定位置也不相同。

直线转角杆针式绝缘子,导线应固定在转角外的槽内;对瓷横担绝缘子应固定在第一裙内。直线跨越杆导线应双固定,导线本体不应在固定处出现角度。裸铝导线在绝缘子上或线夹上固定应缠绕铝包带,缠绕长度应超出接触部分 30mm。铝包带的缠绕长度应超出接触部分 30mm,其缠绕方向应与导线外层线股的绞制方向一致。

① 导线在蝴蝶形绝缘子上绑扎固定 10kV 及以下架空电力线路的裸铝导线在蝴蝶式绝缘子上做耐张且采用绑扎方式固定。

铝导线在蝴蝶形绝缘子上应做终端绑扎。此法也适用于铜导线,但铜导线不需要包缠铝包带。

用紧线器把导线收紧以后,使弛度(弧垂)比所要求的弛度要稍小一些,然后把导线的一端沿绝缘子颈部绕一圈,与导线合在一起。先在与绝缘子接触和要绑扎的部位,用宽 10mm、厚 1mm 软铝包带缠绕上(铜导线不缠)。把与导线同材质的绑线盘成圆盘,在绑线一端留出一个短头,把短头由导线折回部位由下伸到上面挂在绝缘子的固定螺栓上,再用绑线长端在导线上密绕绑扎 5 圈,第一圈距离绝缘子中心的长度为绝缘子颈部直径的 3 倍。然后把短绑线一端折回压在缠好的 5 圈上面,再用长绑线压住短绑线缠 5 圈。再把短绑线抬起缠 5 圈,依次缠绕直至规定长度为止,最后缠绕 5 圈时应把短绑线扎压在下面缠绕,最后抬起短导线端,在导线上压住绑线短头进行单卷 5 圈后,余头绞合 2 回拧成小辫,剪断余头。放开紧线器即为要求的弛度。

② 导线在针式绝缘子上绑扎固定 导线在针式绝缘子上的绑扎法,在直线电杆上为顶绑法,在 45° 以内转角杆上为颈绑法(估称绑脖)。铝导线外应包铝包带。

③ 导线用耐张线夹的固定 35kV 架空线路导线在耐张杆和终端杆悬式绝缘子上常采用耐张线夹固定。

导线使用耐张线夹固定时,为了保护导线不被线夹磨损,耐张线夹内导线应包缠铝包带,包缠时应从一端开始绕向另一端,其方向须与导线外层线股缠绕方向一致,包缠长度须露出线夹两端各 10~20mm,最后将铝包带端头压在线夹内,以免松脱。

导线包扎好后,卸下耐张线夹的全部 U 形螺栓,将导线放入线夹的线槽内,应使导线包缠部分紧贴线槽。然后装上全部压板及 U 形螺栓,并稍拧紧螺母,再按顺序拧紧螺母。在拧紧过程中应注意线夹的压板不得偏歪和卡碰,并使其管力均衡。导线与耐张线夹固定好以后,悬式绝缘子应垂直地平面。特殊情况下,其在顺线路方向与垂直位置的倾斜角,不应超过 5°。

④ 杆上导线的连接 10~35kV 架空电力线路,采用并沟线夹,连接引流线,一般使用在跳线(弓子线)上,是重要的导流部件,对线路正常运行至关重要。为了避免并沟线夹发热影

响运行,线夹的数量不应少于两个。线夹的连接面应平整、光洁。导线与并沟线夹槽内应清除氧化膜,涂电力复合脂,并沟线夹安装。

10kV 及以下架空电力线路的引流线(跨接线或弓子线)之间、引流线与主干线之间连接时,不同金属导线的连接应有可靠的过渡金具。同金属之间采用绑扎连接时,绑扎用的绑线,应选用与导线同金属的单股线,直径不应小于 2.0mm。当不同截面导线连接时,其绑扎长度应以小截面导线为准,绑扎连接应接触紧密、均匀、无硬弯,引流线应均匀过渡。

5. 质量标准

(1) 电杆的基础坑深应符合设计规定,单回路的配电线路,电杆埋深不应小于表3.4-2所列数值。一般电杆的埋深基本上可为电杆杆高的 1/10 加 0.7m。

电杆埋设深度　　　　　　　表3.4-2

杆 高	8	9	10	11	12	13	15
埋 深	1.50	1.60	1.70	1.80	1.90	2.00	2.30

埋电杆地点土壤如遇有土质松软、流砂、地下水位较高等情况时,应做特殊处理。

(2) 电杆基础坑深度允许存在一定的偏差值,其值为 +100mm、-50mm。

电杆杆坑挖好后,同基基础坑在允许偏差范围内应按最深一坑挖平。

岩石基础坑的深度不应小于设计规定的数值。

双杆基础坑须保证电杆根的中心偏差不应超过 ±30mm,两杆坑深度应一致。

(3) 电杆卡盘的安装位置、深度、方向应符合设计要求,深度允许偏差为 ±50mm。当设计无要求时,卡盘的上平面距地面不应小于 500mm。一般原则直线路电杆的卡盘应与线路平行,顺序在线路左右侧交替的埋设,承力杆的卡盘应埋设在承力侧。

(4) 单电杆立好应正直,横向位移不应大于 50mm。

直线杆的倾斜,35kV 架空电力线路不应大于杆长的 0.3%;10kV 及以下架空电力线路杆梢的位移不应大于杆梢直径的 1/2。转角杆的横向位移不应大于 50mm。

转角杆应向外角预偏,紧线后不应向内角倾斜。向外角的倾斜,其杆梢位移不应大于杆梢直径。

线路终端杆立好后,应向拉线侧预偏,预偏值不应大于杆梢直径。紧线后不应向受力侧倾斜。

双杆立好后应正直。直线杆结构中心与中心桩之间的横向位移,不应大于 50mm;转角杆结构中心与中心桩之间的横、顺向位移,不应大于 50mm。

双杆立好后迈步不应大于 30mm,根开不应超过 30mm。

(5) 35kV 架空电力线路的紧线弧垂应在挂线后检查,弧垂误差不应超过设计弧垂的 +5%、-2.5%,且正误差最大值不应超过 500mm。

35kV 架空电力线路导线或避雷线各相间的弧垂应一致,在满足弧垂允许误差规定时,各相间弧垂的相对误差,不应超过 200mm。

6. 成品保护

(1) 绝缘子在安装时,应清除表面灰土、附着物及不应有的涂料。

(2) 架空线路电杆埋设在易为流水冲洗的地方,尚须在电杆周围埋设立桩并砌以石块做成水围子。

7．其他

(1) 电杆在焊接前应核对桩号、杆号、杆型与水泥杆杆段编号、数量、尺寸是否相符。并检查电杆的弯曲和有无裂缝情况。

(2) 绝缘子应根据要求进行外观检查和测量绝缘电阻。

(3) 架空电力线路的导线或避雷线紧好后,线上不应有树枝等杂物。

(二) 变压器、箱式变电所安装

1．分项(子分项)工程概况(略)

2．分项(子分项)工程质量目标和要求(略)

3．施工准备

(1) 施工人员

施工人员应培训合格,认真熟悉图纸,必须持证上岗。

(2) 施工机具设备和测量仪器

1) 电动机具、电缆滚轮、转向导轮、吊链、滑轮、钢丝绳、大麻绳、千斤顶。

2) 绝缘摇表、皮尺、钢锯、手锤、扳手、电气焊工具、电工工具。

(3) 材料要求

1) 设备到达现场后及时进行外观检查

① 油箱及所有附件应齐全,无锈蚀及机械损伤,密封应良好。

② 油箱箱盖或钟罩法兰及封板的连接螺栓应齐全,紧固良好,无渗漏,浸入油中运输的附件,其油箱应无渗漏。

③ 充油套管的油位应正常,无渗油,瓷件无损伤。

④ 充气运输的变压器、电抗器,油箱内应为正压,其压力为 $0.01 \sim 0.03$ MPa。

⑤ 装有冲击记录仪的设备,应检查并记录设备在运输和装卸中的受冲击情况。

2) 设备到达现场后的保管要求

① 散热器(冷却器)、连通管、安全气道、净油器等应密封。

② 风扇、潜油泵、气体继电器、气道隔板、测温装置以及绝缘材料等,应放置于干燥的室内。

③ 短尾式套管应置于干燥的室内,充油式套管卧放时应符合制造厂的规定。

④ 本体、冷却装置等,其底部应垫高、垫平,不得水淹,干式变压器应置于干燥的室内。

⑤ 浸油运输的附件应保持浸油保管,其油箱应密封。

⑥ 与本体连在一起的附件不可拆下。

(4) 施工条件

土建工程已施工完毕;各种预留孔洞、预埋件符合设计要求,预埋件安装牢固,强度合格。电缆沟、隧道、竖井及人孔等处的地坪及抹面工作结束,电缆沟排水畅通,无积水。

4．施工工艺

(1) 变压器的运输是进行顺利安装的重要条件,尤其是对于大型的 8000kV·A 及以上变压器和 8000kV·A 及以上的电抗器的装卸及运输,必须对运输路径及两端装卸条件做充分调查,制订施工安全技术措施,并应符合下列要求:

1) 水路运输时,应做好下列工作:了解吃水深度、水上及水下障碍物分布、潮汛情况以及沿途桥梁尺寸；选择船舶，了解船舶运载能力与结构，验算载重时船舶的稳定性；调查码头承重能力及起重能力，必要时应进行验算或荷重试验。

陆路运输用机械直接拖运时，应做好下列工作：了解道路及其沿途桥梁、涵洞、沟道等的结构、宽度、坡度、倾斜度、转角及承重情况，必要时采取措施；调查沿途架空线、通信线等高空障碍物的情况；变压器、电抗器利用滚轮在现场铁路专用线做短途运输时，应对铁路专用线进行调查与验算。目前大型变压器利用滚轮在铁路专用线做短途运输时，其速度的规定，根据变压器滚轮与轴之间是滑动配合，且润滑情况不好，故规定不应超过0.2km/h。

公路运输速度，以往对一些500kV变压器在公路运输时，都规定拖车速度不宜超过5km/h，附件的运输速度不宜超过25km/h。而变压器厂在供给某变电站的500kV变压器的安装使用说明书中规定：装在拖车上，由公路运输的速度，在一级路面不超过15km/h，其他路面不超过10km/h。滚动装卸车船时，拖运速度不宜超过0.3km/h，滚动拖运时速度不应超过0.9km/h。

变压器或电抗器装卸时，应防止因车辆弹簧伸缩或船只沉浮而引起倾倒，应设专人观测车辆平台的升降或船只的沉浮情况。卸车地点的土质、站台、码头必须坚实。变压器、电抗器在装卸和运输过程中，不应有严重冲击和振动。电压在220kV及以上，且容量在150000kV·A及以上的变压器和电压为330kV及以上的电抗器均应装设冲击记录仪，冲击允许值应符合制造厂及合同的规定。

2) 当利用机械牵引变压器、电抗器时，牵引的着力点应在设备重心以下。运输倾斜角不得超过15°。钟罩式变压器整体起吊时，应将钢丝绳系在下节油箱专供起吊整体的吊耳上，并必须经钟罩上节相对应的吊耳导向。

3) 防止变压器在运行过程中由于倾斜过大而引起结构变形，制造厂规定一般变压器的倾斜角仅允许为15°，船用变压器则可达45°，若一般变压器在运输过程中，其倾斜角需要超过15°时，应在订货时特别提出，以便做好加固措施。

4) 用千斤顶顶升大型变压器时，应将千斤顶放置在油箱千斤顶支架部位，升降操作应协调，各点受力均匀，并及时垫好垫块。充氮气或充干燥空气运输的变压器、电抗器，应有压力监视和气体、补充装置。变压器、电抗器在运输途中应保持正压，气体压力应为0.01~0.03MPa。

大型变压器重达几十吨，甚至超过200t，为此，制造厂在变压器油箱底部设有数个特定的顶升部位，作为千斤顶的着力位置。如将千斤顶放置在其他位置顶升，将使变压器遭到结构上的损坏。在顶升过程中，升降操作应协调，各点受力均匀，并应及时垫好垫块，某工程安装1台500kV，360MV，A变压器，在降落时，由于受力不均，使变压器受墩，最后返厂修复，故在安装过程中必须引起注意。

随着变压器、电抗器的电压等级升高，容量不断增加，本体重量相应增加，为了适应运输机具对重量的限制，大型变压器、电抗器常采用充氮气或充干燥空气运输的方式。为了使设备在运输过程中不致因氮气或干燥空气渗漏而进入潮气，使器身受潮，油箱内必须保持一定的正压，所以要求装设压力表用以监视油箱内气体的压力，并应备有气体补充装置，以便当油箱内气压下降时及时补充气体。气体的压力受气温的影响而有所变化，根据日本提供某厂氮气的压力与温度的关系：在0℃时压力为0.01MPa，25℃时为0.02MPa，50℃时为0.03MPa，故在运输中，在任何温度下油箱内的气压都必须保持正压。

5) 干式变压器的包装应保证在整个运输和储存期防止受潮和雨淋,应有防雨及防潮措施。

(2) 变压器的过电流保护宜采用三相保护。当高压侧采用熔断器作为变压器保护时,其熔体电流应按变压器额定电流的 1.4~2 倍选择。应选用节能型变压器,对事故时出现的过负荷应考虑变压器的过载能力,必要时可采取强迫风冷措施。

(3) 采用干式变压器时,应配装绕组热保护装置,其主要功能应包括:温度传感器断线报警、起停风机、超温报警/跳闸、三相绕组温度巡回检测最大值显示等。采用非燃油变压器,可在独立房间内或靠近低压侧设置配电装置,但应有防止人身接触的措施。非燃油变压器应具有不低于 IP2X 防护外壳等级。变压器的低压侧(电压 0.4kV)的总开关和母线分断开关应采用选择型断路器,变配电室的变压低压侧母线应装设低压避雷器,单台变压器的容量不宜大于 1600kV·A。当用电设备容量较大,负荷集中且运行合理时,可选用 2000kV·A 及以上容量的变压器。

(4) 室内设置的可燃油浸电力变压器应装设在单独的小间内。变压器高压侧(含引上电缆)间隔两侧宜安装可拆卸式护栏。变压器与低压配电室以及变压器室之间应设有通道实体门,如果采用木制门应在变压器一侧包铁皮。

(5) 变压器基座应设固定卡具等防振措施。变压器噪声级应严格控制,必要时可采用加装减噪垫等措施,以满足国家规定的环境噪声卫生标准的规定,即白天 $\leqslant 45dB(A)$,夜间 $\leqslant 35dB(A)$。

(6) 当需要提高单相短路电流值或需要限制三次谐波含量或三相不平衡负荷超过变压器每相额定容量 15% 以上时,宜选用接线为 Dynll 型变压器。当季节性负荷(如空调设备等)约占工程总用电负荷的 1/3 及以上时,宜配置专用变压器。

(7) 装设多台变压器时,宜根据负荷特点和变化,适当分组以便灵活投切相应的变压器组。变压器应按分列方式运行。变压器的低压出线端的中性线和中性点接地线应分别敷设。为测试方便,在接地回路中,靠近变压器处做一可拆卸的连接装置。

5. 质量标准

(1) 在 10kV 供电系中,变压器容量在 560kV·A 及以上时,电能计量装置应装在高压侧。

(2) 变压器在柱上安装或在地上安装时,变压器的进、出线都应该使用绝缘线。室外变台的高度通常为 50cm,如果地下水位较高则适当增大变台的高度。要用 1:2 的水泥砂浆抹面,在台上用扁钢或槽钢做变压器的轨道。用扁钢时可以用两根钢筋平行焊接于扁钢上做轨道,间距略宽于变压器轮宽。

(3) 为了防振(主要是地震),变压器必须采用加固措施。可以用扁钢将变压器固定在变压器所在的混凝土梁上。

(4) 在电杆上安装变台距地高度不得低于 2.5m。接地线和工作零线与变压器的金属外壳都要焊接在一起。

(5) 电力变压器的测试项目包括:测量绕组连同套管的直流电阻;检查所有分接头的电压比;检查变压器的三相接线组别和单相变压器引出线的极性;测量绕组连同套管的绝缘电阻、吸收比或极化指数;测量绕组连同套管的介质损耗角正切值 tan,测量绕组连同套管的直流泄漏电流;绕组连同套管的交流耐压试验;绕组连同套管的局部放电试验;测量与铁心绝缘的各紧固件及铁心接地线引出套管对外壳的绝缘电阻;非纯瓷套管的试验;绝缘油试验;

有载调压切换装置的检查和试验;额定电压下的冲击合闸试验;检查相位;测量噪声。

6. 成品保护

变压器、电抗器到达现场后,为防止受潮,应尽快安装储油柜及吸湿器并注油。当不能及时注油时可充氮保管,但必须有压力监视装置。

7. 其他

(1) 绝缘油应储藏在密封清洁的专用油罐或容器内。

(2) 每批到达现场的绝缘油均应有试验记录,并应取样进行简化分析,必要时进行全面分析。

(3) 不同牌号的绝缘油,应分别储存,并有明显牌号标志。

(4) 放油时应目测,用铁路油罐车运输的绝缘油,油的上部和底部不应有异样;用小桶运输的绝缘油,对每桶进行目测,辨别其气味,各桶的商标应一致。

(三) 室外电缆线路安装

1. 分项(子分项)工程概况(略)

2. 分项(子分项)工程质量目标和要求

如优良、结构图五和 03G101 等。

3. 施工准备

(1) 施工人员

施工人员应培训合格,认真熟悉图纸,必须持证上岗。

(2) 施工机具设备和测量仪器

1) 电缆牵引机械、电缆敷设用支架、各种滚轮等;

2) 喷灯、钢锯弓、钢锯条、电工刀等;

3) 兆欧表、直流高压试验器等。

(3) 材料要求

1) 各种规格型号的电力电缆、控制电缆;

2) 各种电缆头外壳、中间接头盒及控制电缆终端头及热缩性电缆头等;

3) 各种绝缘材料及绝缘包扎带等;

4) 各种型钢支架、电缆盖板、电缆标示桩、标志牌、油漆、汽油等。

(4) 施工条件

1) 与电缆线路安装有关的建筑工程质量应符合国家现行的建筑工程施工质量验收规范中的有关规定;

2) 预留洞、预埋件应符合设计要求,预埋件安装牢固;

3) 电缆沟、隧道、人孔等处的地坪及抹面工作结束;

4) 电缆沟、电缆隧道等处的施工临时设施、模板及建筑废料等要清理干净,施工用道路畅通,盖板齐全;

5) 电缆沟排水畅通。

4. 施工工艺

(1) 施工流程(3.4-1)

(2) 电缆的外观检查

电缆及其附件到达现场场所或电缆敷设前应进行检查:

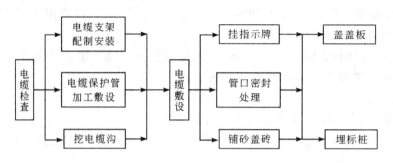

图 3.4-1 电缆线路施工工艺流程图

1) 产品的技术文件应齐全。
2) 电缆型号、规格、长度应符合设计及订货要求,附件应齐全。
3) 电缆外观应无损伤,绝缘良好、电缆封端应严密,当对电缆的外观有怀疑时,应进行潮湿判断或试验,直埋电缆与水底电缆应经试验合格。

检查电缆是否受潮,用清洁干燥的工具将包绝缘和芯线绝缘纸带撕下几条,用火柴点燃纸带,纸的表面有泡沫,即为有气泡存在。或者把纸带浸入150℃的电缆油(或变压器油)中。若无嘶嘶声或白色泡沫出现,就证明绝缘干燥。如受潮,可锯掉一段电缆再试,直到合格为止。在试验时,不应直接用手拿被试验的绝缘纸,防止纸层从手指上吸收潮气,使试验结果不正确。

4) 充油电缆的压力油箱、油管、阀门和压力表应符合要求且完好无损。充油电缆的油压不宜低于0.15MPa;供油阀门应在开启位置,动作应灵活;压力表指示应无异常;所有管接头应无渗漏油;油样应试验合格。

(3) 直埋电缆挖沟

电缆直接埋地敷设,是电缆敷设方法中应用最广泛的一种。

当沿同一路径敷设的室外电缆根数为8根及以下,并且在场地有条件时,电缆宜采用直接埋地敷设。

电缆直埋敷设以及电缆排管安装,需要按已经选定的敷设路线挖电缆沟。在挖沟前,应该对设计线路进行复测,按照施工图纸找出电缆线路路径位置,并在其重要地点(如比较长的直线路段的中点、上下坡处、经过障碍处和电缆线路转角处、中间接头处及需特殊预留电缆的地点等)补加标桩。应将施工地段内的地下管线、土质和地形等情况了解清楚。当复测时发现原设计如有不合理处,应与设计协商,出具变更设计手续。

挖电缆沟时,按已拟定好的敷设电缆线路走向,可用白灰在地面上划出电缆行进的线路和沟的宽度线。在划线时应注意到使电缆沟尽量保持直线,如设计图纸指明需要转弯时,还应考虑沟的弯曲半径应满足电缆弯曲半径的要求。

电缆沟的宽度应根据土质情况、人体宽度、沟深和电缆条数、电缆间的距离确定。一般在电缆沟内只敷设一条电缆时,沟宽为0.4~0.5m,同沟敷设两条电缆时,沟的宽度为0.6m左右。

多条电缆的电缆沟挖掘深度和宽度,可以根据电缆敷设的有关规定计算确定。为了电缆不受损伤,电缆的埋设深度即电缆距地面的距离不应小于0.7m。电缆在穿越农田时,由于深翻土地、挖排水沟和拖拉机耕地等原因,有可能损伤电缆。因此,在农田中电缆敷设深度不应小于1m。电缆应埋设于冻土层以下,东北地区的冻土层厚达2~3m,要求埋在冻土层以下有困难。当受条件限制时,应采取防止电缆受到损坏的措施。直埋电缆在引入建筑物与地下建筑物交叉及绕过地下建筑物处,可浅埋,但应采取保护措施。

电缆沟的挖掘深度,不应小于电缆敷设的允许埋设深度加上电缆的外径再加电缆下部垫层的厚度,即100mm。正常情况下,挖掘电缆沟的深度不宜浅于850mm。但同时还应考虑与其他地下管线交叉保持的距离。当路面不成型时还要考虑规划路面的高低,应保证在路面修好后,电缆仍有不小于规定的深度。

电缆沟沟底的挖掘宽度,可根据电缆在沟内平行敷设时,电缆外径加上电缆之间最小净距计算。需要说明的是,控制电缆之间的间距不作规定;单芯电力电缆直埋敷设时,可按品字形排列,电缆经使用电缆卡带捆扎后,外径按单芯电缆外径的2倍计算。35kV及以下电缆直埋敷设时,如图3.4-2所示。电缆沟的深度和宽度可参考表3.4-3、表3.4-4。

35kV电缆沟宽度表　　　　　　　　　　表3.4-3

电缆壕沟宽度 B(mm)		10kV及以下电力电缆或控制电缆根数						
		0	1	2	3	4	5	6
35kV电力电缆根数	1	350	650	800	950	1100	1250	1400
			675	755	885	1015	1145	1275
	2	700	1000	1150	1300	1450	1600	1750
			975	1105	1235	1365	1495	1625
	3	1050	1350	1500	1650	1800	1950	2100
			1325	1455	1585	1715	1845	1975
	4	1400	1700	1850	2000	2150	2300	2450
			1675	1805	1935	2065	219	2325

注:表中上行数值为10kV及以下电缆间距尺寸,下行数值为控制电缆用尺寸。

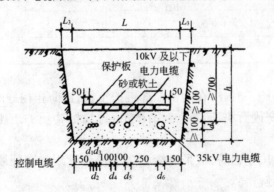

图3.4-2　直埋电缆电缆沟图

在电缆沟开挖前应先挖样洞,以帮助了解地下管线的布置情况和土质对电缆护层是否会有损害,以进一步采取相应的措施。样洞的宽度和深度一定要大于施放电缆本身所需的宽度和深度,挖样洞时应特别仔细,以免损坏地下管线和其他地下设施或漏掉了本来可以发现的其他管线。

10kV 及以下电缆沟宽度表　　　　表 3.4-4

电缆壕沟宽度 B(mm)		控 制 电 缆 根 数						
		0	1	2	3	4	5	6
10kV 及以下电力电缆根数	0		350	380	510	640	770	900
	1	350	450	580	710	840	970	1100
	2	500	600	730	860	990	1120	1250
	3	650	750	880	1010	1140	1270	1400
	4	800	900	1030	1160	1290	1420	1550
	5	950	1050	1180	1310	1440	1570	1800
	6	1100	1200	1330	1460	1590	1720	1850

电缆沟应垂直开挖,不可上狭下宽或掏空挖掘,开挖出来的泥土与其他杂物等应分别堆置于距沟边 0.3m 以外的两侧,这样既可避免石块等硬物滑进沟内使电缆受到机械损伤,又留出了人工拉引电缆时的通道,还方便电缆施放后从沟旁取细土覆盖电缆。

人工开挖电缆沟时,电缆沟两侧应根据土壤情况留置边坡,防止塌方。电缆沟最大边坡坡度,见表 3.4-5。

电缆沟槽最大边坡坡度比($h:L_3$)　　　　表 3.4-5

土 壤 名 称	边坡坡度	土 壤 名 称	边坡坡度
砂 土	1:1	含砾石卵石土	1:0.67
亚砂土	1:0.67	泥炭岩白垩	1:0.33
粉质黏土	1:0.50	干 黄 土	1:0.25
黏 土	1:0.33		

在土质松软的地段施工时,应在沟壁上加装护土板,以防止挖好的电缆沟坍塌。

在挖沟时,如遇有坚硬石块、砖块和含有酸、碱等腐蚀物质的土壤,应该清除掉,调换成无腐蚀性的松软土质。

在有地下管线的地段挖掘时,应采取措施防止损伤管线。在杆塔或建筑物的附近挖沟时,应采取防止倒塌措施。

直埋电缆沟在电缆的转弯处,要挖成圆弧形,以保证电缆的弯曲半径。在电缆接头的两端以及电缆引入建筑物和引上电杆处,要挖出备用电缆的余留坑。

在经常有人行走处挖电缆沟,应在通过电缆沟处设置跳板,以免阻碍交通,还应根据交通安全的要求设置围栏和警告标志(白天挂红旗、夜间点红灯)。

当电缆沟全部挖完后,应将沟底铲平夯实。

直埋电缆在道路很宽或地下管线复杂,用顶管法施工确有困难,只得采取开挖路面直埋电缆施工时,为了不中断交通,应按路宽分半施工,必要时应在夜间车少或无车行驶时再挖电缆沟。

(4) 电缆保护管加工与敷设

目前,使用的电缆保护管种类有:钢管、铸铁管、硬质聚氯乙烯管、陶土管、混凝土管、石棉水泥管等。其中铸铁管、混凝土管、陶土管、石棉水泥管用作排管,有些供电部门也有采用硬质聚氯乙烯管作为短距离的排管。

1) 电缆保护管的选择

电缆保护管的内径与电缆外径之比不得小于 1.5;混凝土管、陶土管、石棉水泥管除应满足上述要求外,其内径尚不宜小于 100mm。

电缆保护管不应有穿孔、裂缝和显著的凸凹不平,内壁应光滑。金属电缆保护管不应有严重锈蚀。硬质聚氯乙烯管因质地较脆,不应用在温度过低或过高的场所,敷设时的温度不宜低于 0℃,但在使用过程中不受碰撞的情况下,可不受此限制。最高使用温度不应超过 50~60℃,在易受机械碰撞的地方也不宜使用。硬质聚氯乙烯管在易受机械损伤的地方和在受力较大处直埋时,应采用有足够强度的管材。

无塑料护套电缆尽可能少用钢保护管,当电缆金属护套和钢管之间有电位差时,容易因腐蚀导致电缆发生故障。

电缆保护管管口处应无毛刺和尖锐棱角,防止在穿电缆时划伤电缆。

2) 钢、塑保护管的加工

① 保护管的加工

钢、塑保护管管口处宜做成喇叭形,可以减少直埋管在沉降时,管口处对电缆的剪切力。

电缆保护管应尽量减少弯曲,弯曲增多将造成穿电缆困难,对于较大截面的电缆不允许有弯头。电缆保护管在垂直敷设时,管子的弯曲角度应大于 90°,避免因积水而冻坏管内电缆。

每根电缆保护管的弯曲处不应超过 3 个,直角弯不应超过 2 个。当实际施工中不能满足弯曲要求时,可采用内径较大的管子或在适当部位设置拉线盒,以利电缆的穿设。

电缆保护管在弯制后,管的弯曲处不应有裂缝和显著的凹瘪现象,管弯曲处的弯扁程度不宜大于管外径的 10%。如弯扁程度过大,将减少电缆管的有效管径,造成穿设电缆困难。

保护管的弯曲处,弯曲半径不应小于所穿电缆的最小允许弯曲半径,电缆的最小弯曲半径应符合表 3.4 – 6 的规定。

电缆最小弯曲半径（D 为电缆外径） 表 3.4 – 6

电缆形式		多芯	单芯
控制电缆		$10D$	
橡皮绝缘电力电缆	无铅包、钢铠护套		$10D$
	裸铅争护套		$15D$
	钢铠护套		$20D$

续表

电缆形式			多芯	单芯
聚氯乙烯绝缘电力电缆			10D	
交联聚乙烯绝缘电力电缆			15D	20D
油浸纸绝缘电力电缆	铅包		30D	
	铠包	有铠装	15D	20D
		无铠装	20D	
自容式充油(铅包)电缆				20D

② 钢、塑保护管的连接

电缆保护钢导管连接时,应采用大一级短管套接或采用管接头螺纹连接,用短套管连接施工方便,采用管接头螺纹连接比较美观。为了保证连接后的强度,管连接处短套管或带螺纹的管接头的长度,不应小于电缆管外径的2.2倍。无论采用哪一种方式,均应保证连接牢固,密封良好,两连接管管口应对齐。

电缆保护钢导管连接时,不宜直接对焊。当直接对焊时,可能在接缝内部出现焊瘤,穿电缆时会损伤电缆。在暗配电缆保护钢管时,在两连接管的管口处打好喇叭口再进行对焊,且两连接管对口处应在同一管轴线上。

刚性绝缘导管做电缆保护管,为了保证连接牢固可靠、密封良好,在采用插接连接时,其插入深度宜为管子内径的1.1~1.8倍,在插接面上应涂以胶粘剂粘牢密封。在采用套管套接时,套管长度也不应小于连接管内径的1.5~3倍,套管两端应以胶粘剂粘接或进行封焊连接。

刚性绝缘导管在插接连接时,先将两连接端部管口进行倒角,如图3.4-3所示,然后清洁两个端口接触部分的内、外面,如有油污则用汽油等溶剂擦净。

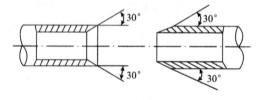

图3.4-3 连接管管口加工

将连接管承口端部均匀加热,加热部分的长度为插接部分长度的1.2~1.5倍,待加热至柔软状态后即将金属模具(或木模具)插入管中,待浇水冷却后将模具抽出,将两个端口管子接触部分清洁后涂好胶粘剂插入,再次略加热承口端管子,然后急骤冷却,使其牢固连接,如图3.4-4所示。

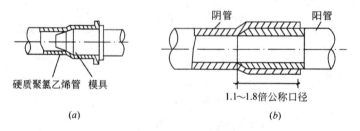

图3.4-4 管口承插做法
(a)管端承插加工;(b)承插连接

采用套管连接时,做法如图3.4-5所示。

③ 钢保护管的接地和防腐处理

用钢导管作电缆保护管时,如利用电缆的保护钢导管做接地线时,要先焊好跨接接地线,再敷设电缆。应避免在电缆敷设后再焊接地线时烧坏电缆。

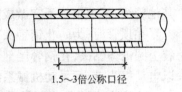

图3.4-5 刚性绝缘导管连接

钢管有丝扣的管接头处,在接头两侧应用跨接线焊接,用圆钢做跨接线时,其直径不宜小于12mm。用扁钢做跨接线时,扁钢厚度不应小于4mm,截面积不应小于100mm²。

当电缆保护钢导管接头采用套管焊接时,不需再焊接地跨接线。

采用非镀锌金属管作电缆保护管时,为了增加保护管的使用寿命,应在管外表涂防腐漆或涂沥青,采用镀锌钢管镀层剥落处也应涂防腐漆。

④ 电缆保护管的敷设

直埋电缆敷设时,应按要求事先埋设好电缆保护管,待电缆敷设时穿在管内,以保护电缆避免损伤及方便更换和便于检查。

a. 电缆保护管的敷设地点

在下列地点,需敷设具有一定机械强度的保护管保护电缆。

(a) 电缆进入建筑物、隧道、穿过楼板及墙壁处;

(b) 从电缆沟道引至电杆、设备、墙外表面或层内行人容易接近处,距地面高度2m以下的一段;

(c) 其他可能受到机械损伤的地方。

保护管埋入非混凝土地面的深度不应小于100mm;伸出建筑物散水坡的长度不应小于250mm,保护罩根部不应高出地面。

电缆保护钢、塑管的埋设深度不应小于0.7m,直埋电缆当埋设深度超过1.1m时,可以不再考虑上部压力的机械损伤,即不需要再埋设电缆保护管。

电缆与铁路、公路、城市街道、厂区道路下交叉时应敷设于坚固的保护管内,一般多使用钢保护管,埋设深度不应小于1m,管的长度除应满足路面的宽度外,保护管的两端还应两边各伸出道路路基2m;伸出排水沟0.5m;在城市街道应伸出车道路面。

直埋电缆与热力管道、管沟平行或交叉敷设时,电缆应穿石棉水泥管保护,并应采取隔热措施。电缆与热力管道交叉时,敷设的保护管两端各伸出长度不应小于2m。

电缆保护管与其他管道(水、石油、煤气管)以及直埋电缆交叉时,两端各伸出长度不应小于1m。

b. 顶过路钢管

电缆直埋敷设线路通过的地段,在与道路交叉时,通过铁路或交通频繁的道路敷设保护管时,不可能长时间的断绝交通,因此要提前将管道敷设好,在放电缆时就不会影响交通,应尽可能采用不开挖路面的顶管方法。以减少对车辆交通的影响和节省因恢复路面所需的材料和工时费用。

不开挖路面的顶管方法,即在铁路或道路的两侧各挖掘一个作业坑,一般可用顶管机或油压千斤顶将钢管从道路的一侧顶到另一侧。顶管时,应将千斤顶、垫块及钢管放在轨道上用水准仪和水平仪将钢管找平调正,并应对道路的断面有充分的了解,以免将管顶坏或顶坏其他管线；被顶钢管不宜做成尖头，以平头为好，尖头容易在碰到硬物时产生偏移。

在顶管时，为防止钢管头部变形并阻止泥土进入钢管和提高顶管速度，也可在钢管头部装上圆锥体钻头，在钢管尾部装上钻尾，钻头和钻尾的规格均应与钢管直径相配套。也可以以电动机为动力，带动机械系统撞打钢管的一端，使钢管平行向前移动。

c．石棉水泥管直埋敷设

石棉水泥管长度有 3m 和 4m 的几种，管内直径有 100、125、150、200mm 四种不同的规格。石棉水泥管即可以作为电缆保护管直埋敷设，也可以排管的形式，用混凝土或钢筋混凝土包封敷设（即用混凝土或钢筋混凝土保护）。

石棉水泥管在一般地区，可采用管顶部距地面不小于 0.7m 直埋敷设。敷设石棉水泥管的沟槽挖好后，沟底须夯实找平。遇有多层管时，管的排放应注意使套管及定向垫块，相互错开，管与管之间的间距不应小于 40mm，管周围须用细土或砂夯实，如图 3.4－6 所示。排管向工作井侧应有不小于 0.5％的排水坡度。

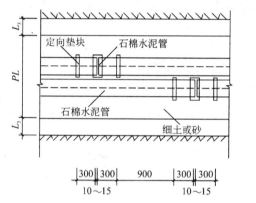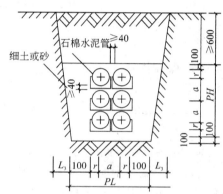

图 3.4－6 石棉水泥管直埋敷设

石棉水泥管进行管与管的连接，使用配套的石棉水泥套管，套管内侧两端距端头部位应安装橡胶圈，橡胶圈起密封作用。石棉水泥管连接时，管的端部在插入套管前应抹肥皂水助滑。

石棉水泥管连接时使用接头压入钳操作，当压入钳安装后，扳动手柄，即可将保护管压入到石棉水泥套管内。

在石棉水泥保护管施工过程有中断时，管口处必须加装临时管堵，以防小动物钻进管内。

（5）电缆沟和隧道及其支架的配置与安装

1）电缆沟和电缆隧道

当电缆与地下管网交叉不多，地下水位较低且无高温介质和熔化金属液体流入可能的地区，同一路径的电缆根数为 18 根及以下时，宜采用电缆沟敷设。多于 18 根时，宜采用电缆隧道敷设。

电缆沟和电缆隧道，常由土建专业施工。室外电缆沟断面如图 3.4－7 所示，各部尺寸见表 3.4－7～表 3.4－9。

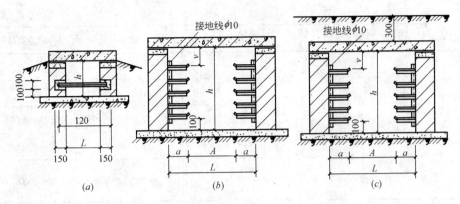

图 3.4-7 室外电缆沟
(a)无覆盖电缆沟(一);(b)无覆盖电缆沟(二);(c)有覆盖电缆沟

无覆盖层电缆沟尺寸(一)(单位:mm)　　表 3.4-7

沟宽 L	沟深 h	沟宽 L	沟深 h
400	400	600	400

无覆盖层电缆沟尺寸(二)(单位:mm)　　表 3.4-8

沟宽 L	层架 a	通道 A	沟深 h	沟宽 L	层架 a	通道 A	沟深 h
1000	200	500	700	1200	300	600	1100
1000	200	600	900	1200	300	700	1300

有覆盖层电缆沟尺寸(单位:mm)　　表 3.4-9

沟宽 L	层架 a	通道 A	沟深 h	沟宽 L	层架 a	通道 A	沟深 h
1000	200	500	700	1200	300	600	1100
1000	200	600	900	1200	300	700	1300

电缆隧道内应使人能方便地巡视和维修电缆线路,其净高不应低于 1.9m,有困难时局部地段可适当降低。电缆隧道直线段,如图 3.4-8 所示,图中尺寸 C 与电缆的种类有关:当电力电缆为 35kV 时,$C \geqslant 400mm$;电力电缆为 10kV 及以下时,$C \geqslant 300mm$,控制电缆 $C \geqslant 250mm$。电缆隧道各部尺寸见表 3.4-10。

电缆隧道选择表(单位:mm)　　表 3.4-10

支架形式	隧道宽 L	层架宽 a	通道宽 A	隧道高 h
单侧支架	1200	300	900	1900
	1400	400	1000	1900
	1400	500	900	1900

续表

支架形式	隧道宽 L	层架宽 a	通道宽 A	隧道高 h
双侧支架	1600	300	1000	1900
	1800	400	1000	2100
	2000	400	1200	2100
	2000	500	1000	2300
	2000	400 500	1100	2300

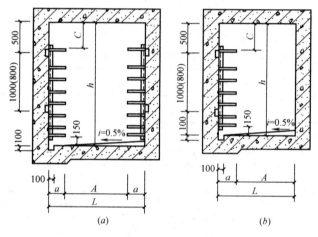

图 3.4-8 电缆隧道直线段
(a)双侧支架；(b)单侧支架

电缆沟和电缆隧道应采取防水措施，其底部应做成坡度不小于 0.5% 的排水沟。积水可及时直接排入排水管道或经集水坑、集水井用水泵排出，以保证电缆线路在良好环境条件下运行。

电缆沟和电缆隧道应考虑分段排水，每隔 50m 左右设置一个集水坑或集水井。电缆沟及电缆隧道集水坑，如图 3.4-9 所示。

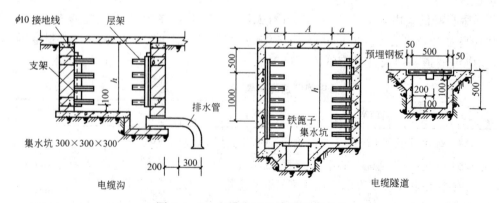

图 3.4-9 电缆沟及电缆隧道集水坑

重要回路的电缆沟,在进入建筑物处及电缆沟分支处和电缆进入控制室、配电装置室、建筑物和厂区围墙处以及电缆隧道的分支处应设置防(阻)火墙。电缆隧道进入建筑物处以及在变电所围墙处,应设带防火门的防火墙。长距离电缆沟、隧道在每相距100m处应设置带防火门的阻火墙。防火门应采用非燃烧材料或难燃烧材料制成,并应加锁。

电缆隧道长度大于7m时,两端应设出口(包括人孔)。当长度小于7m时。可设一个出口。两个出口间的距离超过75m时,尚应增加出口。人孔井的直径不应小于0.7m。

电缆隧道内应有照明,其使用电压不应超过36V,否则应采取安全措施。

为了降低环境温度和驱除潮气,电缆隧道内应考虑采取通风措施,一般宜采用自然通风,只有在进出风温差超过10℃,且每米电缆隧道内的电力损失超过150W时,需考虑机械通风,在采用机械通风时也宜采用自然进风利用机械排风的方式。

2) 电缆支架的加工制作

电缆敷设在电缆沟和隧道内,一般多使用支架固定。支架的选择由工程设计决定,常用的支架有角钢支架和装配式支架。支架层间垂直距离为300mm的是安装35kV电缆用;120mm是安装控制电缆用。

装配式支架,如图3.4-10所示,由工厂加工制作。电缆沟和隧道内的角钢支架,一般需要自行加工制作。

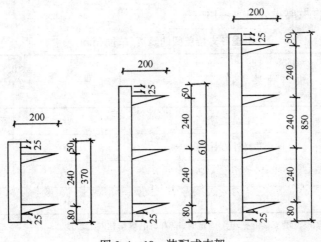

图3.4-10 装配式支架

在电缆沟内支架的层架(横撑)的长度不宜大于0.35m;在电缆隧道内电缆支架的层架(横撑)的长度不宜大于0.5m。电缆沟的转角段层架的长度应比直线段支架的层架适当加长。应能保证支架安装后,在电缆沟和隧道内保证留有一定的通路宽度。

电缆角钢支架既可以根据工程设计图样制作,也可以按标准图集的做法加工制作。

3) 电缆支架的安装

电缆沟和电缆隧道内的电缆支架安装方式,应符合设计要求,并应同土建专业密切配合安装,尤其是预埋件的埋设位置极为重要,它将直接影响到支架安装的质量。在安装支架时,宜先找好直线段两端支架的准确位置,先安装固定好,然后拉通线再安装中间部位的支架,最后安装转角和分岔处的支架。电缆沟或电缆隧道内,电缆支架最上层至沟顶及最下层至沟底的距离,当工程设计没有明确规定时,不宜小于表3.4-11中所列数值。

电缆支架本体应保证安装牢固、横平竖直和安全可靠,电缆支架间的距离应符合设计规定,见表3.4-11。

电缆支架最上层及最下层至沟顶、楼板或沟底、地面的距离(单位:mm) 表3.4-11

敷设方式	电缆隧道及夹层	电缆沟	吊架	桥架
最上层至沟顶或楼板	300~350	150~200	150~200	350~450
最下层至沟底或地面	100~50	50~100		100~150

当电缆支架间设计没有给出确切的距离时,施工中也不应大于表3.4-12中所列数值。

电缆支架间或固定点间的最大间距(单位:mm) 表3.4-12

敷设方式	塑料护套、铝包、铅包钢带铠装		钢丝铠装
	电力电缆	控制电缆	
水平敷设	1.00	0.80	3.00
垂直敷设	1.50	1.00	6.00

电缆各支点间的距离见表3.4-13。

电缆各支持点间的距离(单位:mm) 表3.4-13

电缆种类		敷设方式	
		水平	垂直
电力电缆	全塑型	400	1000
	除全塑型外的中低压电缆	800	1500
	35kV及以上高压电缆	1500	2000
控制电缆		800	1000

注:全塑型电力电缆水平敷设沿支架能把电缆固定时,应有与电缆沟相同的坡度。

在电缆沟和隧道内,各电缆支架的同层层架(横撑)应在同一水平面上,高低差不应大于5mm。

在有坡度的电缆沟内安装的电缆支架,应有与电缆沟相同的坡度。

电缆支架在电缆沟和电缆隧道内常用的安装固定方式有多种,施工中可按工程设计中不同的安装地点和环境,选择适当的安装方式,配合土建工程施工。

① 支架与预埋件焊接固定。电缆沟和电缆隧道内,电缆支架同预埋件采用焊接固定时,预埋件是用120mm×120mm×6mm的钢板与两根 ϕ12 长为500mm的圆钢固定条组合焊成一体。

预埋件应配合土建在电缆沟(隧道)施工中预埋,预埋件的水平间距应由设计决定,也可参照标准图绘出的尺寸,预埋件的垂直间距应根据设计或施工规范规定尺寸施工。支架角钢与预埋件连接钢板焊接。

② 支架用预制混凝土砌块固定。使用预制混凝土砌块固定支架时,砌块内的铁件应提前制成,再将做好的预埋件,埋设在强度不小于C15混凝土砌块内。

在电缆沟或隧道墙体砌筑施工时,应紧密配合土建将预制混凝土砌块砌筑在适当的位置上。待安装支架时将支架与预埋件焊接固定,如图3.4-11所示。

③ 电缆沟的上部有护边角钢时,支架的主架上部与护边角钢焊接在一起。下部与沟壁上的预埋扁钢相焊接,如图3.4-12所示。预埋扁钢方案,在土建施工时应由土建专业选择决定。

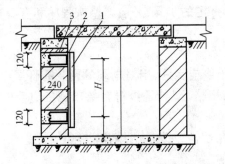

图 3.4-11 支架用预制砌块安装
1—支架;2—接地线;3—砌块

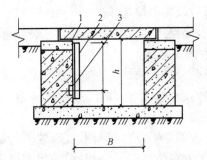

图 3.4-12 预埋扁钢固定支架
1—护边角钢;2—主架;3—预埋扁钢

④ 支架用预埋螺栓安装。电缆支架为槽钢时,支架可以用预埋底脚螺栓或事先将底脚螺栓埋设在预制混凝土砌块内的方法固定。

电缆沟墙体施工时,可预先将 M12×15 的底脚螺栓或砌块直接埋设在墙体内,待安装支架时,用底脚螺栓紧固电缆支架的主架。

⑤ 电缆沟在分支段及交叉段常设有槽钢过梁,有时需要过梁处安装过梁电缆支架。此时,支架的主架上端可与过梁焊接固定,主架的下端与预埋在沟底内的预埋∟50×5长为180mm的角钢焊接,如图3.4-13所示。

⑥ 隧道内落地支架安装。在电缆隧道加宽段内的支架,应使用落地支架进行落地安装,需要在隧道底部设置预埋件,落地支架的主架与预埋件采用焊接固定,如图3.4-14所示。

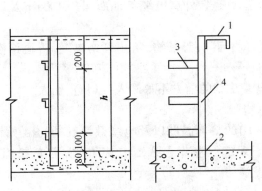

图 3.4-13 过梁支架安装
1—过梁;2—∟50×5长180mm预埋角钢;3—层架;4—主架

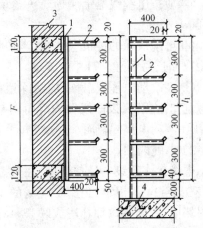

图 3.4-14 支架落地安装
1—主架;2—层架;3—预埋块;4—预埋件

4) 电缆支架的接地

为避免电缆产生故障时危及人身安全,电缆支架全长均应有良好的接地,电缆线路较长时,还应根据设计多点接地。

接地线宜使用直径不小于 12mm 镀锌圆钢,并应该在电缆敷设前与支架焊接(图 3.4-14)。当电缆支架利用电缆沟或电缆隧道的护边角钢或预埋的扁钢接地线作为接地线时,不需再敷设专用的接地线。

(6) 电缆敷设

电缆敷设是电缆施工的一个重要环节,必须有一定的步骤,并应严格按程序和有节奏地进行施工,确保达到电缆安全运行的最终目的。

1) 电缆的搬运

电缆敷设搬运前,应检查电缆外观应无损伤、绝缘应良好,当对电缆的密封有怀疑时,应进行潮湿判断,直埋电缆应经过试验合格。电缆的规格、型号是否符合要求,尤其应注意电压等级和线芯截面。

电缆盘不应平放贮存和平放运输。盘装电缆在运输或滚动电缆盘前,必须检查电缆盘的牢固性,电缆两端应固定,电缆线圈应绕紧不松弛。

在装卸电缆过程中,不应使电缆及电缆盘受到损伤,装卸车时应尽可能使用汽车吊。用吊车装卸时,吊臂下方不得站人。用人力装卸时,可用跳板斜搭在汽车上,在电缆盘轴心穿一根钢管,两端用绳子牵着,使电缆盘在跳板上缓慢地滚下,滚动时必须顺着电缆盘上的箭头指示或电缆的缠紧方向。严禁将电缆盘直接由车上推下。

用汽车搬运时,电缆线轴不得平放,应用垫木垫牢并绑扎牢固,防止线盘滚动。行车时线盘的前方不得站人。

电缆运到现场后,应尽量放在预定的敷设位置,尽量避免再次搬运。

对充油电缆若运输和滚动方式不当,会引起电缆损坏或油管破裂。对充油电缆油管的保护,应在运输滚运过程中检查是否漏油,压力油箱是否固定牢固,压力指示是否符合要求等。否则电缆因漏油、压力降低会造成电缆受潮以致不能使用。

当电缆需要短距离搬运时,允许将电缆盘滚到敷设地点,但应注意以下事项:

① 应按电缆线盘上所标箭头指示或电缆的缠紧方向滚动,防止因电缆松脱而互相绞在一起。

② 电缆线盘的护板应齐全,当护板不全时,只是在外层电缆与地面保持 100mm 及以上的距离而且路面平整时才能滚动。

③ 在滚动电缆线盘前,应清除道路上的石块、砖头等硬物,防止刺伤电缆,若道路松软则应铺垫木板等,以防线轴陷落压伤电缆。

④ 滚动电缆线盘时,应戴帆布手套,在电缆滚动的前方不得站人,以防止伤人。

2) 电缆的加热

电缆允许敷设的最低温度,在敷设前 24h 内的平均温度以及电缆敷设现场的温度不低于表 3.4-14 的规定,当施工现场的温度低于规定不能满足要求时,应采取适当的措施,避免损坏电缆,如采取加热法或躲开寒冷期敷设等。

电缆加热方法通常有两种:

① 提高室内温度:将加热电缆放在暖室里,用热风机或电炉及其他方法提高室内周围

温度,对电缆进行加热。但这种方法需要时间较长,当室内温度为 5~10℃时,需 42h;如温度为 25℃时,则需 24~36h;温度在 40℃时需 18h 左右。有条件时可将电缆放在烘房内加热 4h 之后即可敷设。

电缆允许敷设最低温度 表 3.4-14

电缆类型	电缆结构	允许敷设最低温度(℃)
油浸纸绝缘电力电缆	充油电缆	-10
	其他油纸电缆	0
橡皮绝缘电力电缆	橡皮或聚氯乙烯护套	-15
	裸铅套	-20
	铅护套钢带铠装	-7
塑料绝缘电力电缆		0
控制电缆	耐寒护套	-20
	橡皮绝缘聚氯乙烯护套	-15
	聚氯乙烯绝缘聚氯乙烯护套	-10

② 电流加热法:电流加热法是将电缆线芯通入电流,使电缆本身发热。电流加热的设备,可采用小容量三相低压变压器,一次电压为 220V 或 380V,二次能供给较大的电流即可,但加热电流不得大于电缆的额定电流。也可采用交流电焊机进行加热。

用电流法加热时,将电缆一端的线芯短路,并加以铅封,以防潮气侵入。铅封端时,应使短路的线芯与铅封之间保持 50mm 的距离,接入电源的一端可先制成终端头,在加热时注意不要使其受损伤,敷设完后就不要重新封端了。当电缆线路较长,所加热的电缆放在线路中间,可临时做一支封端头,通电电源部分应有调节电压的装置和适当的保护设备,防止电缆过载而损伤。

电缆在加热过程中,要经常测量电流和电缆的表面温度。测量电流可用钳型电流表,10kV 以下的三芯统包型电缆所需的加热电流和时间见表 3.4-15。

电缆加热所需的电流及加热时间表 表 3.4-15

电缆规格	加热最大允许电流(A)	温度在下列数值时的加热时间(min)			加热时所用电压(V) 电缆长度(m)				
		0℃	-10℃	-20℃	100	200	300	400	500
3×10	72	59	76	97	23	46	69	92	115
3×16	102	56	73	74	19	39	58	77	96
3×25	130	71	88	106	16	32	49	64	80
3×35	160	74	93	112	14	28	42	56	70

续表

电缆规格	加热最大允许电流(A)	温度在下列数值时的加热时间(min)			加热时所用电压(V)				
					电缆长度(m)				
		0℃	-10℃	-20℃	100	200	300	400	500
3×50	190	90	112	134	12	23	35	46	58
3×70	230		122	149	10	20	30	40	50
3×95	285	99	124	151	9	19	27	36	45
3×120	330	111	138	170	8.5	17	25	34	42
3×150	375	124	150	185	8	15	23	31	38
3×185	425	134	163	208	6	12	17	23	29
3×240	490	152	190	234	5.1	11	16	21	27

测量温度可用水银温度计,测温时,将温度计的水银头用油泥粘在电缆外皮上。加热后电缆的表面温度应根据各地的气候条件决定,但不得低于5℃。在任何情况下,电缆的表面温度不应超过下列数值:

3kV及以下的电缆40℃;

6~10kV的电缆35℃;

20~35kV的电缆25℃。

经过加热后的电缆应尽快的敷设,敷设前放置的时间一般不超过1h,当电缆已冷却到低于允许敷设最低温度时,就不宜在敷设中进行弯曲了。

3)电缆的敷设

电缆敷设常用的有两种方法,即人工敷设和机械牵引敷设。无论采用哪种敷设方法,为了保证施工人员的安全和电缆施工质量,都得先将电缆盘稳妥地架设在放线架上。架设电缆线盘,要将电缆线盘按线盘上的箭头方向滚至预定地点,再将钢轴穿于线盘轴孔中,钢轴的强度和长度应与电缆线盘重量和宽度相结合,使线盘能活动自如。钢轴穿好后用千斤顶将线盘顶起架设在放线架上。

电缆线盘的高度离开地面应为50~100mm,能自由转动,并使钢轴保持平衡,防止线盘在转动时向一端移动,放电缆时,电缆端头应从线盘的上端放出(线盘的转动方向应与线盘的滚动方向相反),减少电缆碰地的机会,逐渐松开放在滚轮上,用人工或机械向前牵引。

电缆敷设时,不应使电缆在支架上及地面上摩擦拖放。电缆不应有压扁、电缆绞拧、护层折裂等未消除的机械损伤。

电缆敷设前应按设计和实际路径计算出每根电缆的长度,合理安排每盘电缆,尽量减少电缆中间接头以降低电缆接头事故率。在安排电缆时,不要把电缆接头放在道路交叉处,建筑物的大门口以及与其他管道交叉的地方。同在一条沟内有数条电缆并列敷设时,电缆接头的位置且相互错开,使电缆接头间尽量保持在2m以上的距离,以便日后检修。

① 人工敷设:采用人力敷设电缆,首先要根据路径的长短,组织劳力由人扛着电缆沿电

缆沟走动敷设,也可以站在沟中不走动用手抬着电缆传递敷设。敷设路径较长时,应将电缆放在滚轮上,用人力拉电缆,引导电缆向前移动。

② 机械牵引敷设:机械化敷设电缆,牵引动力由牵引机械提供,牵引机械主要由卷扬机组成。为保护电缆应装有测量拉力的装置,有的牵引机械当拉力达到预定极限时,可自行脱扣,有的还装有测量敷设长度的测量装置。

使用机械牵引时,应首先在沟旁或沟底每隔 2~2.5m 处放好滚轮,将电缆放在滚轮上,使电缆牵引时不与支架或地面摩擦。

如采用机械牵引方法敷设电缆时,应防止电缆因承受拉力过大而损伤,因此对电缆敷设时的最大允许牵引强度作了如表 3.4-16 所示的规定,充油电缆为防止牵引力过大造成电缆油道变形损坏电缆,除应按受力部分允许牵引强度确定最大牵引力之外,充油电缆总拉力不应超过 27kN。

电缆最大牵引强度(单位:N/mm²)　　　　　表 3.4-16

牵引方式	牵引头		钢丝网套		
受力部位	铜芯	铝芯	铅套	铝套	塑料护套
允许牵引强度	70	40	10	40	7

当敷设条件较好,电缆承受拉力较小时,可在电缆端部套一特制的钢丝网套并用绑线捆绑牢拖放电缆。

当电缆敷设承受拉力较大时,则应在末端封焊牵引头(俗称和尚头),使线芯和铅包同时承受拉力。做牵引头时,先将钢铝锯掉,将铅包剥成条状翻向钢梢末端,然后把线芯绝缘纸剥除,将拉杆插到线芯间用铜线绑牢,再把铅包翻回拍平,最后用封铅将拉杆、线芯、铅包封焊在一起,形成牵引头。

用机械牵引施放电缆,应对电缆将承受的拉力有一个适当的估计,必要时应进行计算。

用机械牵引电缆避免拉力过大超过允许牵引强度,要慢慢牵引,防止电缆脱出滑轮,或造成侧压力过大损伤电缆,速度不宜超过 15m/min。

110kV 及以上电缆或在较复杂路径上敷设时,其牵引速度应适当放慢。

在复杂的条件下,敷设路径落差较大或弯曲较多的场所,用机械敷设大截面特别是 35kV 及以上电缆时,应进行施工组织设计,确定敷设方法、线盘架设位置,电缆牵引方向、校核牵引力和侧压力,配备敷设人员和机具,防止在施工中超过允许值而损伤电缆。110kV 及以上电缆敷设时,在转弯处的侧压力不应大于 3kN/m。

③ 电缆敷设要求:电缆敷设时,不应损伤电缆沟、隧道、电缆井和人井的防水层。

电缆敷设时不可能笔直,实际敷设的电缆长度一般比沟长 1%~1.5%,各处均会有大小不同的蛇形或波浪形,在直线路段,完全能够补偿在各种运行环境温度下热胀冷缩引起的长度变化。电力电缆在终端头与接头附近宜留有适当的备用长度,为故障时的检修提供方便。对于电缆外径较大、通道狭窄无法预留备用段时,规范中对此并无硬性规定。

黏性油浸纸绝缘电缆敷设的最高点与最低点之间的最大位差,不应超过表 3.4-17 的规定。当不能满足要求时,应采用适应于高位差电缆,如橡皮和塑料绝缘电缆、不滴流纸绝缘电缆和纵向铠装的高落差充油电缆。油浸纸绝缘电力电缆在切断后,应将端头立即铅封。

黏性油浸纸绝缘铅包电力电缆的最大允许敷设位差　　　表 3.4-17

电压(kV)	电缆护层结构	最大允许敷设位差(m)	电压(kV)	电缆护层结构	最大允许敷设位差(m)
1	无铠装	20	6~10	铠装或无铠装	15
1	铠装	25	35	铠装或无铠装	5

为了保证质量，塑料电缆两端也应有可靠的防潮封端。在塑料电缆的使用中，应消除塑料电缆不怕水，电缆两端即使不密封电缆内进一些水也不要紧的错误观念。

塑料电缆进水后，在试验时一般不会发现问题，但长期运行后会出现电缆使用的问题，尤其是高压交联聚乙烯电缆线芯进水后，在长期运行中会出现水树枝现象，即线芯内的水呈树枝状进入塑料绝缘内，从而使这些地方成为薄弱环节，一般运行 6~10 年即显现出由此而造成的危害。此外高压交联聚乙烯电缆接头在模塑成型加热时，线芯中的水汽会进入交联聚乙烯带的层间，形成气泡，影响接头质量。

塑料护套电缆，当护套内进水后，会引起内梢装锈蚀。

塑料电缆的封端，可以采用粘合法：一种是用聚氯乙烯胶粘带作为密封包绕层；另一种是用自粘性橡胶带，自粘性橡胶带本身在包缠后能紧密粘合成一体，均起到电缆切口封端的作用。

充油电缆在切断时，可按下述方法进行并应符合有关要求：

a. 在任何情况下，充油电缆的任一段都应有压力油箱保持油压。充油电缆在切断前，先在被分割的一端接上压力油箱，切断后两端均可用压力油箱的油分别冲洗切断口，并排出封端内的空气和杂物。

b. 在连接油管路时，可用压力油排除管内的空气，并在有压力的情况下进行管路连接，以免接头内积气。

c. 充油电缆的切断口必须高于邻近两侧电缆的外径，使电缆内不易进气。

d. 切断电缆时不应有金属屑及污物进入电缆。

电缆进入电缆沟、隧道、竖井、建筑物、盘(柜)以及穿入管子时，出入口应封闭，管口应密封。

4) 直埋电缆的敷设

直埋电缆敷设前，应在铺平夯实的电缆沟先铺一层 100mm 厚的细砂或软土，作为电缆的垫层。直埋电缆周围铺砂还是铺软土好，应根据各地区的情况而定。在南方水位较高的地区，铺软土比铺砂好，铺砂的电缆易受腐蚀；在水位较低的北方地区，因砂松软、渗透性好，电缆经常处于干燥的环境中；电缆周围的砂总是干的，不怕冻、腐蚀性小。软土或砂子中不应有石块或其他硬质杂物。

若土壤中含有酸或碱等腐蚀物质，不用做电缆垫层。电缆在垫层中敷设后，电缆表面距自然地面的距离不应小于 0.7m，穿越农田时不应小于 1m。电缆应埋设于冻土层以下，当受条件限制时，可浅埋，但应采取保护措施，防止电缆在运行中受到损坏。可以用混凝土或砖块在电缆沟底砌一浅槽，电缆放置于槽内，槽内填充河砂，上面再盖上混凝土保护板或砖块。

直埋电缆敷设施工时，严禁将电缆平行敷设在其他管道的上方或下方。向沟敷设两条及以上电缆时，电缆之间，电缆与管道、道路、建筑物之间平行交叉时的最小净距，应符合表 3.4-18 的规定，电缆之间不得重叠、交叉、扭绞。

电缆之间，电缆与管道、道路、建筑物之间平行交叉时的最小净距表　　表3.4-18

项　　目		最小净距(m)	
		平　行	交　叉
电力电缆间及其控制电缆间	10kV及以下	0.10	0.50
	10kV以上	0.25	0.50
控制电缆间		—	0.50
不同使用部门的电缆间		0.50	0.50
热管道(管沟)及热力设备		2.00	0.50
油管道(管沟)		1.00	0.50
可燃气体及易燃液体管道(沟)		1.00	0.50
其他管道(管沟)		0.50	0.50
铁路路轨		3.00	1.00
电气化铁路路轨	交　流	3.00	1.00
	直　流	10.0	1.00
公　　路		1.50	1.00
城市街道路面		1.00	0.70
杆基础(边线)		1.00	—
建筑物基础(边线)		0.60	—
排水沟		1.00	0.50

10kV及以下电力电缆之间，及10kV以下电力电缆与控制电缆之间时，最小净距为100mm，如图3.4-15所示。

10kV以上电力电缆之间及10kV以上电力电缆和10kV及以下电力电缆或与控制电缆之间平行敷设时，最小净距为250mm，如图3.4-16所示。在特殊情况下10kV以上电缆之间及与及相邻电缆间的距离可以降低为100mm，但应选用加间隔板电缆并列方案，如果电线均穿在保护管内。并列间距也可以降至为100mm。

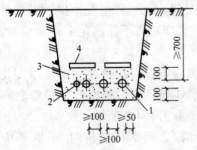

图3.4-15　10kV及以下电缆平行敷设最小净距
1—电力电缆；2—控制电缆；3—砂或软土；4—保护板

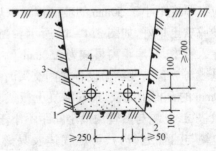

图3.4-16　10kV及以上电缆平行敷设最小净距
1—电力电缆；2—控制电缆；3—砂或软土；4—保护板

电力电缆与通信电缆的电缆间平行敷设时,最小净距为 500mm。电力电缆与通信电缆的电缆间,当电缆穿管保护时,最小平行净距可降低为 100mm。

电缆与电缆交叉敷设时,间距应不小于 500mm,如图 3.4-17(a)所示。当电力电缆间、控制电缆间以及它们相互之间,不同使用部门的电缆间在交叉点前后 1m 范围内,当电缆穿入管中或用隔板隔开时,其交叉净距可降为 250mm。电缆与通信电缆交叉敷设时,通信电缆应埋设在上方,电缆保护管内径不应小于电缆外径的 1.5 倍,如图 3.4-17(b)所示。

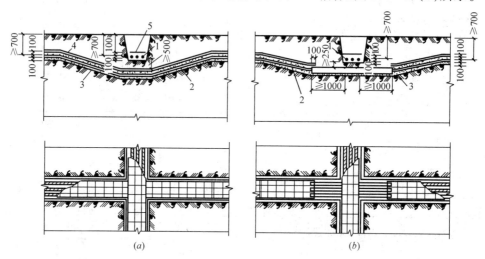

图 3.4-17 电缆与电缆交叉敷设
(a)电缆不穿保护管;(b)电缆穿保护管
1—电缆;2—电压较低电缆;3—保护管;4—砂或软土;5—保护板

电缆与热力管道(管沟)及热力设备平行、交叉时,应采取隔热措施,使电缆周围土壤的温升不超过 10℃。

当电缆与热力管道(管沟)平行敷设时距离不应小于 2000mm。若有一段不能满足要求时,可以减小但不得小于 500mm,此时应在与电缆接近的一段热力管道上加装隔热装置,使电缆周围处土壤的温升不超过 10℃。

电缆与热管道交叉敷设时,虽然净距能满足≥500mm 的要求,但在检修管路可能伤及电缆时,在交叉点前后 1000mm 的范围内还应采取保护措施,电缆应穿石棉水泥管保护,热管道外应有厚度不小于 50mm 的玻璃棉瓦隔热层,并外包二毡三油,且电缆保护管与热管道之间用砂或软土垫好,如图 3.4-18 所示。当电缆敷设交叉净距离不能满足上述要求时,应将电缆穿入管中,其净距离可减为 250mm。

电缆与热管沟及热力设备之间交叉时,应在热管沟与电缆保护管之间采用厚度均不小于 150mm 的石棉水泥板、加气混凝土板或玻璃纤维板做隔热垫板,与电缆保护管之间也用砂土做垫层,电缆与热管沟最小间距不小于 500mm。如图 3.4-19 所示。

电缆与油管道(沟)、可燃气体及易燃液体管道(沟)之间平行敷设时,距离不应小于 1000mm;电缆与其他管道(沟)平行敷设时,距离不应小于 500mm,当电缆穿在保护管内时,电缆与水管的距离不应小于 250mm。

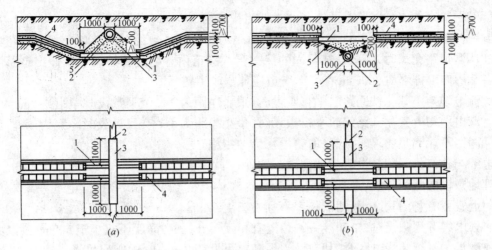

图 3.4-18 电缆与热力管道交叉
(a)热力管道在电缆上方敷设;(b)热力管道在电缆下方敷设
1—石棉水泥管;2—热力管道;3—玻璃棉瓦隔热层;4—保护板;5—砂土垫层

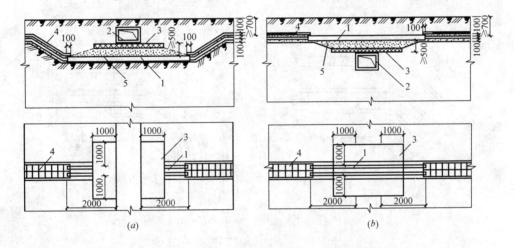

图 3.4-19 电缆与热力管沟交叉
(a)电缆在热力管沟下方敷设;(b)电缆在热力管沟上方敷设
1—石棉水泥管;2—热力管沟;3—瓦隔热层;4—保护板;5—砂土垫层

电缆与油管道(沟)、可燃气体及易燃液体管道(沟)间交叉敷设时,净距不应小于500mm。当电缆穿在保护管内时,最小净距可减至 250mm。

电缆与铁路平行敷设时,距铁路路轨最小距离为 3m,距排水沟为 1m。

电缆与铁路交叉敷设时,最小净距为 1m。电缆应敷设于坚固的保护管或隧道内,电缆保护管的两端直伸出铁路路基两边各 2m;伸出排水沟 500mm。

电缆与公路平行敷设时,距公路边缘最小距离为 1.5m,图中电缆与公路平行的净距,当情况特殊时可酌情减少。

电缆与公路交叉敷设时,最小净距为 2m,电缆也应敷设在坚固的保护管或隧道内,电缆保护管的两端宜伸出公路路基两边各 2m;伸出排水沟 500mm。

电缆与城市街道路面平行敷设时,最小净距为 1m;交叉敷设时为 700mm。电缆与城市街道和厂区道路交叉时,应敷设在坚固的保护管或隧道内。电缆管的两端宜伸出道路路基两边各 2m;伸出排水沟 500mm;在城市街道应伸出车道路面。

交流电缆与电气化铁路路轨平行敷设时,最小净距为 3m;交叉敷设时净距为 1m。

直流电缆与电气化铁路路轨平行敷设时,最小净距为 1m;交叉敷设时净距为 1m。当平行交叉净距不能满足要求时,应采取防电化腐蚀措施。

电缆与建筑物平行敷设时应埋在散水坡外。

埋地敷设的电缆长度,应比电缆沟长约 1.5%～2%,并做波状敷设。电缆在终端头与接头附近宜留有备用长度,其两端长度不宜小于 1～1.5m。

多根电缆并列敷设时,中间接头的位置宜相互错开,一般净距不宜小于 500mm。沿坡度或垂直敷设油浸纸绝缘电缆时,其敷设水平高差可见表 3.4-17 中所列数值。

直埋电缆接头盒外面应有防止机械损伤的保护盒(环氧树脂接头盒除外)。位于冻土层内的保护盒,盒内直注以沥青。

电缆直埋转角段和分支段做法。如图 3.4-20 和图 3.4-21 所示。

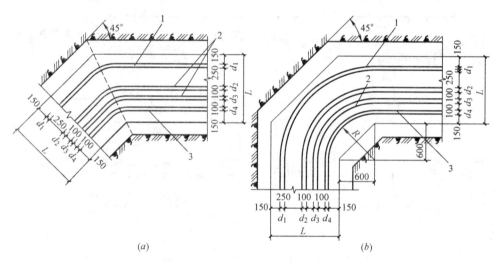

图 3.4-20 电缆直埋转角段
(a)电缆直埋转 45°;(b)电缆直埋转 90°
1—35kV 电力电缆;2—10kV 及以下电力电缆;3—控制电缆

电缆放好后,上面应盖一层 100mm 的细砂或软土,并应当及时加盖保护板,防止外力损伤电缆,覆盖保护板的宽度应超过电缆两侧各 50mm,如图 3.4-22 所示。

直埋电缆在直线段每隔 50～100m 处、电缆接头外、转弯处、进入建筑物等处,应设置明显的方位标志或标示桩,以便于电缆检修时查找和防止外来机械损伤。电缆方位标志分有标志牌和标示牌,标志牌应能防腐。

直埋电缆沟标示牌用 150mm×150mm×0.6mm 镀锌铁皮制作,符号文字最好用钢印压制。当电缆壕沟附件有建筑物时,应将电缆壕沟标志牌安装在建筑物外墙上,安装高度底边距地面 450mm。

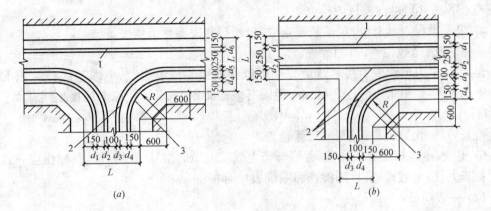

图3.4-21 电缆直埋分支段
(a)两侧分支;(b)单侧分支
1—35kV电力电缆;2—10kV及以下电力电缆;3—控制电缆

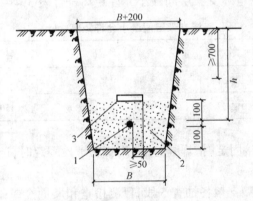

图3.4-22 电缆保护板做法
1—电缆;2—砂或软土;3—保护板

标志牌用2mm厚的铅板或切割下的电缆铅皮制成,文字用钢印压制,并用镀锌钢丝系在电缆上。

直埋电缆每放完一根电缆,应随即把电缆的标志牌挂好。这样的敷设程序,有利于电缆合理布置与排列整齐,避免接错和混乱。

标志牌规格宜统一,字迹应清晰不易脱落,标志牌挂装应牢固。

5. 质量标准

(1) 主控项目

1) 高压电力电缆直流耐压试验必须符合现行国家标准《电气装置安装工程电气设备交接试验标准》GB 50150的规定交接试验合格。

检查方法:全数检查,查阅试验记录或试验时旁站。

2) 低压电线和电缆,线间和线对地间的绝缘电阻值必须大于0.5MΩ。

检查方法:全数检查,查阅测试记录或测试时旁站或用兆欧表进行摇测。

3) 金属电缆支架、电缆导管必须与PE或PEN线连接可靠。

检查方法:全数检查,目测检查。

4)电缆敷设严禁有绞拧、铠装压扁、护层断裂和表面严重划伤等缺陷。

检查方法:全数检查,目测检查。

5)铠装电力电缆头的接地线应采用铜绞线或镀锡铜编织线,电缆芯线截面积 $120mm^2$ 及以下的接地线截面积不小于 $16mm^2$;电缆芯线截面积 $150mm^2$ 及以上的接地线截面积不小于 $25mm^2$。

检查方法:全数检查,目测或尺量检查。

6)电线、电缆接线必须准确,并联运行电线或电缆的型号、规格、长度、相位应一致。

检查方法:全数检查,目测检查和用仪表核对相位。

(2)一般项目

1)电缆支架安装应符合下列规定:

① 当设计无要求时,电缆支架最上层至竖井顶部或楼板的距离不小于 150～200mm;电缆支架最下层至沟底或地面的距离不小于 50～100mm;

② 当设计无要求时,电缆支架层间最小允许距离符合表 3.4-19 的规定;

电缆支架层间最小允许距离(mm)　　表 3.4-19

电 缆 种 类	支架层间最小距离
控制电缆	120
10kV 及以下电力电缆	150～200

③ 支架与预埋件焊接固定时,焊缝饱满;用膨胀螺栓固定时,选用螺栓适配,连接紧固,防松零件齐全。

检查方法:按不同类型支架各抽查 5 段,目测检查和尺量检查;螺栓的紧固程度,用力矩扳手做拧动试验。

2)电缆在支架上敷设,转弯处的最小允许弯曲半径应符合表 3.4-20 的规定。

电缆最小允许弯曲半径(mm)　　表 3.4-20

序号	电 缆 种 类	最小允许弯曲半径(D 为电缆外径)
1	无铅包钢铠护套的橡皮绝缘电力电缆	10D
2	有钢铠护套的橡皮绝缘电力电缆	20D
3	聚氯乙烯绝缘电力电缆	10D
4	交联聚氯乙烯绝缘电力电缆	10D
5	多芯控制电缆	10D

检查方法:全数检查,目测检查和尺量检查。

3)电缆敷设固定应符合下列规定:

① 垂直敷设或大于 45°倾斜敷设的电缆在每个支架上固定;

② 交流单芯电缆或分相后的每相电缆固定用的夹具和支架,不形成闭合铁磁回路;

③ 电缆排列整齐，少交叉；当设计无要求时，电缆支持点间距，不大于表 3.4-21 的规定；

电缆支持点间距表(mm)　　　　　　　　　　　　　　表 3.4-21

电缆种类		敷设方式	
		水平	垂直
电力电缆	全塑型	400	1000
电力电缆	除全塑型外的电缆	800	1500
控制电缆		800	1000

④ 当设计无要求时，电缆与管道的最小净距符合表 3.4-22 的规定，且敷设在易燃易爆气体管道和热力管道的下方；

电缆与管道的最小净距(mm)　　　　　　　　　　　表 3.4-22

管道类别		平行净距	交叉净距
一般工艺管道		0.4	0.3
易燃易爆气体管道		0.5	0.5
热力管道	有保温层	0.5	0.3
热力管道	无保温层	1.0	0.5

⑤ 敷设电缆的电缆沟和竖井，按设计要求位置，有防火隔堵措施。

检查方法：全数检查，目测检查，尺量检查。

4) 电缆的首端、末端和分支处应设标志牌。

检查方法：目测检查和尺量检查。

5) 电缆的芯线连接金具(连接管和端子)，规格应与芯线的规格适配，且不得采用开口端子。

检查方法：各抽查 5%，但不少于 10 个，目测检查。

6) 电线、电缆的回路标记应清晰，编号准确。

检查方法：各抽查 5%，但不少于 10 个，目测检查。

6. 成品保护

(1) 电缆在运输过程中，不应使电缆及电缆盘受到损伤，禁止将电缆盘直接由车上扒下。电缆盘不应平放运输；平行储存。

(2) 运输或滚动电缆盘前，必须检查电缆盘的牢固性。充油电缆至压力箱间的油管应妥善固定及保护。

(3) 装卸电缆时，不允许将吊绳直接穿电缆轴孔吊装，以防止孔处损坏。

(4) 滚动电缆时，应以使电缆卷紧的方法进行。

(5) 敷设电缆时，如需从中间倒电缆，必须按"8"字形或"S"字形进行，不得倒成"O"形，以免电缆受损。

(6) 直埋电缆敷设完毕应及时会同建设单位进行全面检查,并及时做好隐蔽工程记录。如无误,应立即进行铺砂盖砖,以防电缆损坏。

7. 其他

(1) 电缆敷设应根据设计图纸绘制的"电缆敷设图",合理的安排好电缆的放置顺序,避免交叉和混乱现象。

(2) 电缆敷设时,要弄清每盘的电缆长度,确定好中间接头的位置。不要把电缆接头放在道路交叉处、建筑物的大门口以及与其他管道交叉的地方。在同一电缆沟内电缆并列敷设时,电缆接头应相互错开。

(3) 电缆标志牌挂装不整齐或遗漏。在电缆架上敷设电缆,在放电缆时,当每放一根电缆,即应把标志牌挂好,并应有专人负责。

(4) 电缆头制作时从开始剥切到制作完毕,必须连续进行,中间不应停顿,以免受潮。

(5) 热缩型电缆头,为避免热缩管加热收缩时出现气泡,在加热时要按一定方向转圈,不停进行加热收缩。

(6) 为避免绝缘管加热收缩时局部烧伤或无光泽,在加热时应调整加热火焰呈黄色。加热火焰不能停留在一个位置上。

(7) 在切割绝缘管时,端面要平整,防止加热收缩时,端部开裂。

二、变配电室的成套配电柜、控制柜(屏、台)和动力安装

(一) 分项(子分项)工程概况(略)

(二) 分项(子分项)工程质量目标和要求(略)

(三) 施工准备

1. 施工人员

施工人员应培训合格,认真熟悉图纸,必须持证上岗。

2. 施工机具设备和测量仪器

(1) 汽车、汽车吊、手推车、卷扬机、捯链、钢丝绳、麻绳索具等。

(2) 台钻、手电钻、电焊机、砂轮、气割工具、台虎钳、扳手、锉刀、钢锯、手锤、克丝钳、电工刀、螺丝刀、卷尺等。

(3) 水准仪、兆欧表、万用表、水平尺、靠尺板、高压检测仪器、试电笔、塞尺、线坠等。

3. 材料要求

(1) 高压开关柜、低压配电屏、电容器柜等。

(2) 型钢、镀锌螺栓、螺母、垫圈、弹簧垫、地脚螺栓等。

(3) 塑料软管、异型塑料管、尼龙卡带、小白线、绝缘胶垫、标志牌、电焊机、氧气、乙炔气、锯条等。

4. 施工条件

(1) 与柜(盘)安装有关的建筑物的土建工程施工标高、尺寸、结构及工程质量均应符合设计要求。

(2) 墙面、顶棚喷浆完毕、无漏水、门窗玻璃安装完、门已上锁。

(3) 室内地面工程结束,预埋件及预留孔符合设计要求,预埋件应牢固,安装场地干净,

道路畅通。

(4) 设备、材料齐全,并运至现场。

(四) 施工工艺

1. 工艺流程:

设备开箱检查 → 二次搬运 → 基础型钢制作安装 → 柜(盘)母线配制 → 柜(盘)二次回路接线 → 试验调整 → 送电运行验收

2. 配电柜(盘)选择

配电柜(盘)可分为高压开关柜、低压配电屏和电容器柜等。

(1) 高压开关柜

高压开关柜是成套配电装置,柜内可装高压电器、测量仪器、保护装置和辅助装置等。适用于发电厂、变电所、工矿企业变配电站,可接受和分配电力,用于大型交流电机的起动、保护。一般一个柜构成一个单元,使用时可按设计的主电路方案选用开关柜。

(2) 低压配电屏

低压配电屏适用于三相交流系统中,额定电压 500V 及其以下,额定电流 1500A 及其以下低压配电室,电力及照明配电之用。低压配电屏装有刀开关、熔断器、自动开关、交流接触器、电流互感器、电压互感器等,按需要可组成各种系统。低压配电屏有固定式和抽屉式两种类型。固定式低压配电屏又分为靠墙和离墙安装两种。离墙式低压配电屏可以双面进行维护。所以检修方便,广受欢迎。但是不宜安装在有导电尘埃、腐蚀金属和破坏绝缘的气体场所,也不宜安装在有爆炸危险的场所。

靠墙式低压配电屏,由于维修不方便,只适用于场地较小的地方。

抽屉式低压配电屏的主要设备均装在抽屉或手车上,通过备用抽屉或手车可立即更换故障的回路单元,保证迅速供电。抽屉低压配电屏有 BFC-1、BFC-2 及 BFC-15 型等。

随着我国经济建设迅猛发展,所有 BSL 型和 BDL 型系列固定式低压配电屏全部淘汰,而被 PGL_2^1 型、GGL 型和 GHL 型等低压配电屏所代替。

PGL_2^1 型低压配电屏用于发电厂、变电站和工矿企业,交流频率 50Hz、额定电压 380V 及以下低压配电系统,作为电力、照明配电之用。

PGL_2^1 型低压配电屏的外形结构及安装尺寸,屏宽 A 为 400mm、600mm、800mm 和 1000mm 时,安装孔距 B 为 200mm、400mm、600mm 和 800mm。每一个屏都可作为一个独立单元,并且能以屏为单位组成各种不同的方案。

BFC-15 型抽屉式低压配电屏适用于发电厂、变电站及工矿企业,交流频率 50Hz、电压 380V 及以下三相电力系统作电力、照明配电之用。

BFC-15 型低压配电屏分 A 型和 B 型两种结构,由薄钢板和角钢焊接而成。

A 型配电屏为手车式。主要电器设备为 DW 系列断路器,安装在手车上。屏顶部为主母线室,中上部为继电器室,下部为手车室,下部右侧有一端子室,下部敷设零母线。后部装设下引母线和装 LMZ 型电流互感器 3 只,背面为可开启的门。

B 型配电屏为抽屉式。主要电器设备为 DZ10 系列断路器、RTO 型熔断器和 CJ10 系列交流接触器等,均安装在抽屉室内。屏顶部为主母线室,下部为电缆头和 N 母线室,中部 1500mm 段为抽屉室,中部右侧为 1500mm 宽的二次走线和端子排室。屏后左侧装设下引主母线,屏后右侧为一次引出触头,屏前后均设有摇门。屏前摇门可装设二次仪表、控制按钮和 DZ10 系列断路器操动手柄,柜与柜之间、抽屉之间设有隔板隔离。抽屉有工作和试验两种位置,在试验位置一次触头与电源隔离,抽屉的插入靠丝杆拧入,抽屉到工作位置后,右侧锁板自动弹入,这时应停止摇动丝杆。抽屉退出时,必须先将右侧的扳把反时针方向旋转将锁板拉出,然后用摇把反时针方向摇动丝杆即可将抽屉退出。为防止抽屉抽出时落地,在左右侧设有锁板自动挡住抽屉。抽屉如在试验位置,将左右板把转动即可将抽屉拉出柜外。抽屉具有电气连锁,以保证当抽屉未接触严密时不可能送电,防止抽屉带负载从工作位置拉出的误动作。

(3) 电容器柜

电容器柜用在厂矿企业中,由于使用交流异步电动机、变压器和电焊机等电气设备,需要有提高功率因数的措施。采用并联电容器提高功率因数是进行无功功率补偿的方法之一。并联电容器原称移相电容器,"移相"一词用于电力电容器不够确切,因此,将移相电容器改称为并联电容器,它有高、低压之分。而高、低压电容器柜就是高低压并联电容器的成套装置。

1) 高压电容器柜

高压电容器柜除 GR-1 型、GDR-1 型仍继续生产外,还发展了系列产品,如 GR-1C 型和 GR-1Y 型。

GR-1 型高压电容器柜适用于工矿企业 3~10kV 变配电所,用以改善功率因数。它由电容器柜及放电装置(电压互感器柜)组成。

电容器柜额定电压有 3kV、6kV 和 10kV 三种。柜内装有 YY10.5-10-1(或 YY6.3-10-1、YY3.15-10-1)并联电容器 15 台,每五台为一组,组成三角形接入三相母线;还装有 RN1 型熔断器,01 方案有 15 只熔断器,而 02 方案只有 3 只。

互感器柜兼做进线用,分左进线和右进线,进线可用电缆也可用母线。柜内装有 JSJB 型或 JDZJ 型电压互感器,其一次兼作放电之用。还装有 1TI-V 型电压表及 SZD-38 型信号灯。

2) 低压电容器柜

在工矿企业,民用建筑等用电单位,多采用集中补偿方式,将并联电容器组安装在配电变压器的低压母线上,一般均采用成套装置与低压配电柜一起装于室内。因此,并联电容器组成套装置均与所选用的配电柜型式相配套,以便于统一安装及接线,常用型式如:与 DGL$\frac{1}{2}$ 型低压配电柜配套的 PGJ 型低压电容器柜;与 GCL 型动力中心配套的 GCJ 型低压电容器柜;与 BFC 单列抽出式低压开关柜配套的 BFJ 型低压电容器柜等。

低压电容器成套装置均装有无功功率补偿自动控制器,通过控制器指令,交流接触器操作实现分步(6 步、8 步、10 步)循环投切的方式进行工作;并根据电网负荷消耗的电感性无功量的大小以 10~120s 可调的时间间隔,自动地控制电容器的投切,使电网的无功消耗保持到最低状态,从而可提高电网电压质量和减少电网损耗。

PGJ1 及 PGJ1A 型自动补偿并联电容器屏用于工矿企业变电所和车间、交流 50Hz、电压 380V 及以下、主变压器容量 1000kVA 及以下三相电力系统中,作自动改善电网功率因数用。

PGJ 型自动补偿并联电容器成套装置可与 PGL 型低压配电屏配套使用,也可单独使用,双面维护。屏内设有 ZKW-Ⅱ型无功功率补偿自动控制器一台,控制器采用 8 步或 6 步循环投切的方式进行工作,能根据电网负荷消耗的感性无功功率的多少,以 10～120s 可调的时间间隔,自动地控制并联电容器组的投切,使电网的无功消耗保持在最低状态,从而可提高电网电压质量,减少输配电系统和变压器的损耗。

3. 设备保管和开箱检查

设备和器材到达现场后,应存放在室内或能避雨、雪、风、沙的干燥场所。对温度、湿度有较严格要求的装置型设备,应按规定妥善保管在合适的环境中,待现场具备了设计要求的条件时,再将设备运进安装现场进行安装调试。

(1) 设备和器材到达现场后,安装与建设单位应在规定期限内,共同进行开箱验收检查,可按各厂家规定及合同协议要求,检查设备和器材的包装及密封。开箱时要小心谨慎,不要损坏设备。设备和器材的型号、规格应符合设计要求,附件、备件的供应范围和数量按合同要求。制造厂的技术文件应齐全。

(2) 柜(盘)本体外观应无损伤及变形,油漆完整无损。柜(盘)内部电器装置及元件、绝缘瓷件齐全、无损伤及裂纹等缺陷。

4. 柜(盘)二次搬运

柜(盘)在二次搬运时,应根据柜(盘)的重量及形体大小,结合现场施工条件,决定采用所需要的运输设备。

在搬运过程中要应采取防振、防潮、防止框架变形和漆面受损等安全措施。尤其是在二次搬运及安装时,要固定牢靠,防止倾倒和磕碰,避免设备及元件、仪表及油漆的损坏。

柜(盘)吊装,柜体上有吊环时,吊索应穿过吊环;无吊环时,吊索应挂在四角主要承力结构处,不得将吊索挂在设备部件上吊装。吊索的绳长应一致,角度应小于 45°,以防受力不均,柜(盘)体变形或损坏部件。

5. 柜(盘)的布置

柜(盘)在室内的布置应考虑设备的操作、搬运、检修和试验的方便,并应考虑电缆或架空线进出线方便。

高压配电装置室内各种通道的宽度(净距)不应小于表 3.4－23 中所列数值。

配电装置室内各种通道的最小净宽(m)　　　　表 3.4－23

通道分类 布置方式	维护通道	操作通道		通往防爆间隔的通道
		固定式	手车式	
一面有开关设备时	0.80	1.50	单车长＋0.90	＞1.20
两面有开关设备时	1.00	2.00	双车长＋0.60	1.20

当电源从柜(盘)后进线,且需要柜(盘)背后墙上另装设隔离开关及手动操作机构时,则柜(盘)后通道净宽不应小于 1.5m;当柜(盘)背后的防护等级为 IR2X 时,可减为 1.3m。

低压配电装置成排布置的配电屏,其屏前和屏后的通道宽度,不应小于表 3.4－24 中所列数值。

6. 基础型钢制作安装

(1) 柜(盘)基础型钢制作

配电屏前后的通道宽度(m)　　　　表3.4-24

布置方式 装置种类	单排布置		双排对面布置		双排背对背布置		多排同向布置	
	屏前	屏后	屏前	屏后	屏前	屏后	屏前	屏后
固定式	1.50 (1.30)	1.00 (0.80)	2.00	1.00 (0.80)	1.50 (1.30)	1.50	2.00	—
抽屉式、手车式	1.80 (1.60)	0.90 (0.80)	2.30 (2.00)	0.90 (0.80)	1.80	1.50	2.30 (2.00)	—
控制屏(柜)	1.50	0.80	2.00	0.80	—		2.00	屏前检修时 靠墙安装

配电柜(盘)一般需要安装在基础型钢上,型钢可根据配电盘的尺寸及钢材规格大小而定,一般型钢可选用5~10号槽钢或∠50×5角钢制作。制作时先将有弯的型钢矫平矫直,再按图纸要求预制加工好基础型钢,按柜(盘)底脚固定孔的位置尺寸,在型钢的窄面上打好安装孔,也可在组立柜(盘)时再打孔。在下面打好预埋地脚螺栓固定孔。在定孔位时,应认准两槽钢是相对开口,且应使柜(盘)底面与型钢立面对齐,并进行除锈。

(2) 基础型钢安装

基础型钢制作好后,应按图纸所标位置或有关规定,配合土建工程进行预埋,埋设方法有下列两种:

1) 随土建施工时在基础上根据型钢固定尺寸,先预埋好地脚螺栓,待基础强度符合要求后再安放型钢。也可在基础施工时留置方洞,基础型钢与地脚螺栓同时配合土建施工进行安装,再在方洞内浇筑混凝土。

2) 随土建施工时预先埋设固定基础型钢的底板,待安装基础型钢时与底板进行焊接。

配电柜(盘)基础型钢安装如图3.4-23所示。

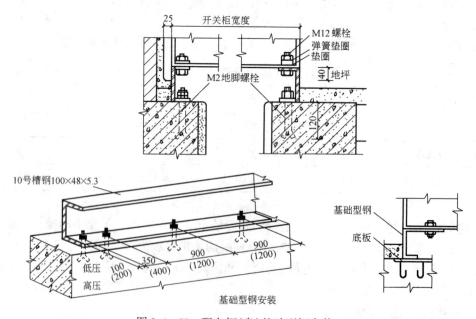

图3.4-23 配电柜(盘)基础型钢安装

安装基础型钢时,应用水平尺找正、找平。将水平尺放在基础型钢顶面上,观察气泡的位置,适当的调整型钢的水平度,待水平尺气泡在中间位置上即可。基础型钢安装的不平直度及水平度,每米长应小于1mm,全长应小于5mm;基础型钢的位置偏差及不平行度在全长时,均应小于5mm。

基础型钢顶部宜高出室内抹平地面10mm,手车式成套柜型钢高度应按制造厂产品技术要求执行。

型钢埋设及接地线焊接好后,外露部分应刷好樟丹油,并刷两遍油漆。

7. 基础型钢接地

埋设的配电柜(盘)的基础型钢必须与PE或PEN线连接可靠。一般用40×4镀锌扁钢在基础型钢的两端分别与接地网进行焊接,焊接面为扁钢宽度的2倍,至少应在三个棱边焊接。

8. 柜(盘)组立

配电柜(盘)的安装组立,应在土建室内装饰工程结束后进行。

组立柜(盘)应在稳固基础型钢的混凝土达到规定强度后进行。立柜(盘)前,先按图纸规定的顺序将柜(盘)作好标记,然后放置到安装位置上。

在基础型钢上安装柜体,应采用螺栓连接,紧固件应是镀锌制品,并采用标准件。应根据柜底固定螺孔尺寸,在基础型钢上用手电钻钻孔。在无要求时,低压柜钻$\phi12.5$mm孔,高压柜钻$\phi16.5$mm孔,分别用M12、M16镀锌螺栓固定,防松零件应齐全。

柜(盘)单独安装时,应找好柜(盘)正面和侧面的垂直度。

成列柜(盘)安装时,可先把每个柜(盘)调整到大致的位置上,就位后再精确地调整第一面柜(盘),再以第一个柜(盘)的柜(盘)面为标准逐台进行调整。调整次序既可以从左至右,也可以由右至左,还可以先调整好中间的一面柜(盘),然后左右分开调整。

调整柜(盘)垂直度,可以靠尺板和线垂为准,有条件的可以使用磁性线垂。

柜(盘)找正时,柜(盘)与型钢之间采用0.5mm铁片进行调整,但每处垫片最多不能超过3片。找平找正后,应盘面一致,排列整齐,柜与柜之间及柜体与侧档板均应用螺栓拧紧,防松零件也应齐全。

如果图纸说明是采用电焊固定柜(盘)时,可按图纸制作,但主控制盘、继电保护盘和自动装置盘等不宜与基础型钢焊死。如用电焊,每个柜的焊缝不应少于四处,每处焊缝长约100mm左右,为了美观,焊缝应在柜体内侧,焊接时应把垫在柜下的垫片也焊在基础型钢上。

柜(盘)组立安装后,盘面垂直度允许偏差为1.5‰,柜(盘)之间接缝处的缝隙应小于2mm;成列盘面偏差不应大于5mm。

柜(盘)安装在振动场所,应按设计要求采取防振措施。

柜(盘)固定好后,应进行内部清扫,用抹布将各种设备擦干净。柜内不应有杂物,同时应检查机械活动部分是否灵活。

9. 柜(盘)接地

柜(盘)的金属框架必须与PE或PEN线连接可靠。每台柜(盘)宜单独与基础型钢做接地连接,每台柜(盘)从后面左下部的基础型钢侧面焊上鼻子,用不小于6mm^{2}铜导线与柜上的接地端子连接牢固。

柜(盘)上装有电器的可开启的柜(盘)门,门和框架的接地端子间应用裸编织铜线连接,且有标识。

成套柜(盘)应装有供检修用的接地装置。

低压成套配电柜、控制柜(屏、台)和电力配电箱应有可靠的电击保护。柜(屏、台、箱)内保护导体应有裸露的连接外部保护导体的端子,当设计无要求时,柜(屏、台、箱)内保护导体最小截面积 S_P 不应小于表 3.4-25 的规定。

柜(屏、台、箱)内保护导体最小截面积　　　　表 3.4-25

相线的截面积 $S(mm^2)$	相应保护导体的最小截面积 $S_p(mm^2)$
$S \leqslant 16$	S
$16 < S \leqslant 35$	16
$35 < S \leqslant 400$	$S/2$
$400 < S \leqslant 800$	200
$S \geqslant 800$	$S/4$

10. 柜(盘)安装

成套柜、抽屉式配电柜及手车式柜的安装应符合规范的规定。

(1) 成套柜安装:

1) 机械闭锁、电气闭锁应动作准确、可靠;

2) 动触头与静触头的中心线应一致,触头接触紧密;

3) 二次回路辅助开关的切换接点应动作准确,接触可靠;

4) 柜内照明齐全。

(2) 抽屉式配电柜安装:

1) 抽屉推拉应灵活轻便,无卡阻、碰撞现象,抽屉应能互换;

2) 抽屉的机械连锁或电气连锁装置应动作正确可靠,断路器分闸后,隔离触头才能分开;

3) 抽屉与柜体间的二次回路连接插件应接触良好;

4) 抽屉与柜体间的接触及柜体、框架的接地应良好。

(3) 手车式柜安装:

1) 检查防止电气误操作的"五防"装置齐全,并动作灵活可靠;

2) 手车推拉应灵活轻便,无卡阻、碰撞现象,相同型号的手车应能互换;

3) 手车推入工作位置后,动触头顶部与静触头底部的间隙应符合产品要求;

4) 手车和柜体间的二次回路连接插件应接触良好;

5) 安全隔离板应开启灵活,随手车的进出而相应动作;

6) 柜内控制电缆的位置不应妨碍手车的进出,并应牢固;

7) 手车与柜体间的接地触头应接触紧密,当手车推入柜内时,其接地触头应比主触头先接触,拉出时接地触头比主触头后断开。

11. 柜(盘)上的电器安装

(1) 电器安装

电器的安装应符合下列要求：

1）电器元件质量良好、型号规格应符合设计要求，外观应完好且附件齐全，排列整齐。固定牢固，密封良好；

2）各电器应能单独拆装更换而不影响其他电器及导线束的固定；

3）发热元件应安装在散热良好的位置，不宜安装在柜顶，既不安全，也不便于操作；两个发热元件之间的连接线应采用耐热导线或裸铜线套瓷管；

4）熔断器的熔体规格、自动开关的整定值应符合设计要求；

5）切换压板应接触良好，相邻压板间应有足够安全距离，切换时不应碰及相邻的压板；对于一端带电的切换压板，应使在压板断开情况下，活动端不带电；

6）信号回路的信号灯、光字牌、电铃、电笛、事故电钟等应显示准确，工作可靠；

7）盘上装有装置性设备或其他有接地要求的电器，为防干扰，保证弱电元件正常工作，其外壳应可靠接地；

8）带有照明的封闭式盘、柜应保证照明良好。

（2）端子排安装

端子排的安装应符合下列要求：

1）端子排应无损坏、固定牢固、绝缘良好；

2）端子应有序号，端子排应便于更换且接线方便；离地高度宜大于350mm；

3）回路电压超过400V者，端子板应有足够的绝缘并涂以红色标志；

4）为防止强电对弱电的干扰，强、弱电端子宜分开布置，当有困难时，应有明显标志并设空端子隔开或设加强绝缘的隔板；

5）正、负电源之间以及经常带电的正电源与合闸或跳闸回路之间，宜以一个空端子隔开；

6）电流回路应经过试验端子，其他需要断开的回路宜经特殊端子或试验端子。试验端子应接触良好；

7）潮湿环境为防止受潮造成端子绝缘降低，宜采用防潮端子；

8）接线端子应与导线截面匹配，不应使用小端子配大截面导线，可采用两根小截面导线代替一根大截面导线。

（3）二次回路及小母线

1）盘、柜的正面及背面各电器、端子牌等应标明编号、名称、用途及操作位置，其标明的字迹应清晰、工整，且不易脱色，可采用喷涂塑料胶等方法。

2）二次回路的连接件为防锈蚀，在利用螺丝连接时，应使用垫片和弹簧垫圈，并对其进行检查；防止在使用过程中出现丝扣滑扣现象，导致严重后果，应采用铜质制品；绝缘体应采用自熄性难燃材料。

3）柜（盘）上的小母线应采用直径不小于6mm的铜棒或铜管，小母线两侧应有标明其代号或名称的绝缘标字牌，字迹应清晰、工整且不易褪色。

4）二次回路的电气间隙和爬电距离应符合下列要求：

① 屏顶上小母线不同相或不同极的裸露载流部分之间，裸露载流部分与未经绝缘的金属体之间，电气间隙不得小于12mm；爬电距离不得小于20mm；

② 盘柜内两导体间，导电体与裸露的不带电的导体间的电气间隙及爬电距离应符合表

3.4-26 的要求。

允许最小电气间隙及爬电距离(mm)　　　　表 3.4-26

额定电压 V	电气间隙额定工作电流		爬电距离额定工作电流	
	≤63A	>63A	≤63A	>63A
$V \leqslant 60$	3.0	5.0	3.0	5.0
$60 < V \leqslant 300$	5.0	6.0	6.0	8.0
$300 < V \leqslant 500$	8.0	10.0	10.0	12.0

12. 柜(盘)二次回路结线

用于监视测量表计、控制、操作信号、继电保护和自动装置的全部低压回路的结线,均称为二次回路结线。

(1) 柜(盘)内的配线电流回路应采用电压不低于 750V 截面不小于 $2.5mm^2$ 的铜芯绝缘导线,其他回路导线截面不应小于 $1.5mm^2$,对电子元件回路、弱电回路采用锡焊连接时,在满足载流量和电压降及有足够机械强度的情况下,可采用截面不小于 $0.5mm^2$ 的绝缘铜导线。在油污环境,应采用耐油的绝缘导线,在日光直射环境,橡胶或塑料绝缘导线应采取防护措施。柜(盘)之间的连接导线必须经过端子板,按照接线图将足够数量的线理顺,绑扎整齐,套好线号后接到端子板上。布线方法应尽量与柜(盘)本身的布线方法一致。

(2) 二次回路结线应符合下列要求:

1) 按图施工,接线正确;

2) 导线与电气元件间采用螺栓连接,插接、焊接或压接等,均应牢固可靠;

3) 柜(盘)内的导线芯线应无损伤,导线中间不应有接头;

4) 控制电缆芯线和所配导线的端部均应标明其回路编号,编号应正确,字迹清楚且不易脱色;

5) 配线应整齐、清晰、美观;

6) 将每个芯线端部煨成圆圈后与端子连接,且每个端子上接线宜为 1 根,最多不能超过 2 根。如连接 2 根线时,中间应加平垫片。插接式端子,不同截面的两根导线不得接在同一端子上。

7) 二次回路接地应设专用螺栓。

(3) 连接柜(盘)门上的电器、控制台板等的可动部位的导线,应符合下列要求:

1) 应使用多股软导线,长度应有适当余度;

2) 线束应有外套塑料管等加强绝缘层;

3) 与电器连接时,端部应绞紧,并应加终端附件或搪锡,不得松散、断股;

4) 在可动部位两端应用卡子固定。

(4) 引入柜(盘)内的电缆及其芯线应符合下列要求:

1) 引入柜(盘)内的电缆应排列整齐,编号清晰,避免交叉,并应固定牢固,不得使所接的端子排受到机械应力;

2) 铠装电缆在进入柜(盘)后,应将钢带切断,钢带端部应扎紧,并将钢带接地;

3) 用于静态保护、控制等逻辑回路的控制电缆,应采用屏蔽电缆,屏蔽层应按设计要求的方式接地;

4) 强弱电回路不应使用同一根电缆,并应分别成束分开排列;

5) 橡胶绝缘的控制电缆芯线,应外套绝缘管保护;

6) 盘(柜)内的电缆芯线,应按垂直或水平有规律的配置,不得任意歪斜交叉连接。备用芯线长度应留有适当余量。

13. 柜(盘)面装饰

柜(盘)的漆层应完整,无损伤。固定电器的支架等应刷漆。安装在同一室内且经常监视的柜(盘),盘面颜色宜和谐一致。

如漆层破坏或成列的柜(盘)面颜色不一致时,应重新喷漆,使成列配电柜(盘)整齐,漆面不能出现反光眩目现象。

主控制柜面应有模拟母线。模拟母线的标志颜色,应符合表 3.4-27 中的规定。

模拟母线的标志颜色　　　　　　表 3.4-27

电 压(kV)	颜 色	电 压(kV)	颜 色
交流 0.23	深灰	交流 110	朱红
交流 0.40	黄褐	交流 154	天蓝
交流 3	深绿	交流 220	紫
交流 6	深蓝	交流 330	白
交流 10	绛红	交流 500	淡黄
交流 13.8~20	浅绿	直流	褐
交流 65	浅黄	直流 500	深紫
交流 60	橙黄		

14. 柜(盘)试验调整

试验和调整是安装工程中最主要的环节。柜(盘)试验调整包括高压试验和二次控制回路试验调整。

(1) 高压试验

高压试验应由当地供电部门许可的试验单位进行。试验应符合《电气装置安装工程电气设备交接试验标准》GB 50150—1991 的有关规定。

1) 试验内容:高压柜框架、母线、避雷器、高压瓷瓶、电压互感器、电流互感器、高压开关等;

2) 调整内容:过电流继电器调整,时间继电器、信号继电器调整以及机械连锁调整。

(2) 二次控制回路试验调整

二次回路是指电气设备的操作、保护、测量、信号等回路中的操动机构的线圈、接触器、继电器、仪表、互感器二次绕组等。

1) 绝缘电阻测试:

① 小母线在断开所有其他并联支路时,不应小于 10MΩ;

② 二次回路的每一支路和断路器、隔离开关的操动机构的电源回路等,均不应小于 1MΩ。在比较潮湿的地方,可不小于 0.5MΩ。

2) 交流耐压试验:

① 试验电压为 1000V。当回路绝缘电阻值在 10MΩ 以上时,可采用 2500V 兆欧表代替,试验持续时间为 1min;

② 48V 及以下回路可不做交流耐压试验;

③ 回路中有电子元器件设备的,试验时应将插件拨出或将两端短接。

3) 模拟试验

按图纸要求,接通临时控制和操作电源,分别模拟试验控制、连锁、操作继电保护和信号动作,应正确无误、灵敏可靠。

15. 送电、验收

柜(盘)经试验调整后,并经有关部门检查后,即可送电试运行。当送电空载运行 24h,无异常现象,办理验收手续,交建设单位使用。在验收时,应提交下列资料和文件:

(1) 工程竣工图;

(2) 设计变更的证明文件;

(3) 制造厂提供的产品说明书,调试大纲、试验方法、试验记录、合格证件及安装图纸等技术文件;

(4) 根据合同提供的备品备件清单;

(5) 安装技术记录;

(6) 调整试验记录。

(五) 质量标准

1. 主控项目

(1) 柜、屏、台、箱的金属框架及基础型钢必须与 PE 线或 PEN 线连接可靠装有电器的可开启门,门和框架的接地端子间应用裸编织铜线连接,且有标识。

检查方法:全数检查,目测检查。

(2) 低压成套配电柜、控制柜(屏、台)和电力配电箱应有可靠的电击保护。柜(屏、台、箱)内保护导体应有裸露的连接外部保护导体的端子,当设计无要求时,柜(屏、台、箱)内保护导体最小截面积 S_P 不应小于表 3.4-25 的规定。

检查方法:全数检查,目测检查。

(3) 手车、抽出式成套配电柜推拉应灵活,无卡阻碰撞现象。动触头与静触头的中心线应一致,且触头接触紧密,投入时,接地触头先于主触头接触;退出时,接地触头后于主触头脱开。

检查方法:全数检查,目测检查。

(4) 高压成套配电柜必须按现行国家标准《电气装置安装工程电气设备交接试验标准》GB 50150—1991 的规定交接试验合格,且应符合下列规定:

1) 继电保护元器件、逻辑元件、变送器和控制用计算机等单体校验合格,整组试验动作正确,整定参数符合设计要求;

2) 凡经法定程序批准,进入市场投入使用的新高压电气设备和继电保护装置,按产品技术文件要求交换试验。

检查方法:全数检查,检查交接试验记录或试验时旁站。

(5) 低压成套配电柜交接试验,必须符合下列规定:

1) 每路配电开关及保护装置的规格、型号,应符合设计要求;

2) 相间和相对地间的绝缘电阻值应大于 0.5MΩ;

3) 电气装置的交流工频耐压试验电压为 1kV,当绝缘电阻值大于 10MΩ 时,可采用 2500V 兆欧表摇测替代,试验持续时间 1min,无击穿闪络现象。

检查方法:全数检查,查阅试验记录或试验时旁站。

(6) 柜、屏、台、箱间线路的线间和线对地间绝缘电阻值,馈电线路必须大于 0.5MΩ;二次回路必须大于 1MΩ。

检查方法:全数检查,查阅试验记录或试验时旁站。

(7) 柜、屏、台、箱间二次回路交流工频耐压试验,当绝缘电阻值大于 10MΩ 时,用 2500V 兆欧表摇测 1min,应无闪络击穿现象;当绝缘电阻值在 1～10MΩ 时,做 1000V 交流工频耐压试验,时间 1min,应无闪络击穿现象。

检查方法:全数检查,检查试验调整记录或试验时旁站。

2. 一般项目

(1) 基础型钢安装应符合表 3.4-28 的规定。

基础型钢安装允许偏差表　　　　　　　　表 3.4-28

项　目	允　许　偏　差	
	(mm/m)	(mm/全长)
不直度	1	5
水平度	1	5
不平行度	1	5

检查方法:全数检查,不直度拉线尺量检查,水平度用铁水平尺测量或拉线尺量检查,不平行度尺量检查。

(2) 柜、屏、台、箱相互间或与基础型钢应用镀锌螺栓连接,且防松零件齐全。

检查方法:全数检查,观察检查。

(3) 柜、屏、台、箱安装垂直度允许偏差为 1.5‰,相互间接缝不应大于 2mm,成列盘面偏差不应大于 5mm。

检查方法:全数检查,垂直度用吊线尺量检查,盘间接缝用塞尺检查,成列盘面偏差拉线尺量检查。

(4) 柜、屏、台、箱内检查试验应符合下列规定:

1) 控制开关及保护装置的规格、型号符合设计要求;

2) 闭锁装置动作准确、可靠;

3) 主开关的辅助开关切换动作与主开关动作一致;

4) 柜、屏、台、箱上的标识器件标明被控设备编号及名称,或操作位置,接线端子有编

号,且清晰、工整、不易脱色;

5) 回路中的电子元件不应参加交流工频耐压试验;48V 及以下回路可不做交流工频压试验。

检查方法:全数检查,观察检查及检查试验记录。

(5) 低压电器组合应符合下列规定:

1) 发热元件安装在散热良好的位置;

2) 熔断器的熔体规格、自动开关的整定值符合设计要求;

3) 切换压板接触良好,相邻压板间有安全距离,切换时,不触及相邻的压板;

4) 信号回路的信号灯、按钮、光字牌、电铃、电笛、事故电钟等动作和信号显示准确;

5) 外壳需要与 PE 或 PEN 线连接的,连接可靠;

6) 端子排安装牢固,端子有序号,强电、弱电端子隔离布置,端子规格与芯线截面积大小适配。

检查方法:抽查 5 台,观察检查和试操作检查。

(6) 柜、屏、台、箱间配线:电流回路应采用额定电压不低于 750V、芯线截面积不小于 2.5mm^2 的铜芯绝缘电线或电缆;除电子元件回路或类似回路外,其他回路的电线应采用额定电压不低于 750V、芯线截面不小于 1.5mm^2 的铜芯绝缘电线或电缆。

二次回路连线应成束绑扎,不同电压等级、交流、直流线路及计算机控制线路应分别绑扎,且有标识;固定后不应妨碍手车开关或抽出式部件的拉出或推入。

检查方法:抽查 5 台,观察检查。

(7) 连接柜、屏、台、箱面板上的电器及控制台、板等可动部位的电线应符合下列规定:

1) 采用多股铜芯软电线,敷设长度留有适当裕量;

2) 线束有外套塑料管等加强绝缘保护层;

3) 与电器连接时,端部紧密,且有不开口的终端端子或搪锡,不松散、断股;

4) 可转动部位的两端用卡子固定。

检查方法:抽查 5 台,观察检查。

(六) 成品保护

1. 柜(盘)等在搬运和安装时,应采取防振、防潮、防止框架变形和漆面受损等措施,必要时可将易损元件卸下。

2. 柜(盘)应存放在室内,或放在干燥的能避雨、雪、风沙的场所,对有特殊保管要求的电气元件,应按规定妥善保管。

3. 安装过程中,要注意对已完工程项目及配件的成品保护,防止损坏。未经批准不得随意拆卸不应拆卸的设备零件及仪表等,以防止损坏。不得利用开关柜支承脚手架或跳板、梯子等。

4. 安装过程中,要注意保护建筑物地面、顶板、门窗及油漆、装饰等,以防碰坏。

5. 设备安装完毕后,暂时不能送电运行时,安装场所门、窗要封闭,并设专人看守。

(七) 其他

1. 避免基础型钢焊接处焊渣清理不净,除锈不净,油漆不均匀,有漏刷现象。应提高质量意识,加强作业者责任心,做好工序搭接和自互检查。

2. 保证基础型钢的平直度及水平度。埋设前应将型钢调直,在埋设的位置先找出钢型中心线,再用水平尺放在两型钢顶面上测量。待水平调整好后,再配合土建埋设好型钢,混凝土浇筑后再及时检查型钢的安装尺寸和水平度。

3. 应加强责任心,防止安装过程中损坏柜(盘)内电器元件、瓷件油漆等。

4. 必须通过技术学习,提高技术水平,才能保证不造成柜(盘)内控制线压接不牢,接线错误等。

5. 手车式柜二次小线回路辅助开关反复进行试验调整,达不到要求的部件要求厂方更换。

三、供电干线

(一) 螺母线安装

1. 分项(子分项)工程概况(略)
2. 分项(子分项)工程质量目标和要求(略)
3. 施工准备

(1) 施工人员

施工人员应培训合格,认真熟悉图纸,必须持证上岗。

(2) 施工机具设备和测量仪器

1) 型钢切割机、电、气焊工具、钢锯、电锤、手电钻、母线煨弯机(器)、力矩扳手、木锤、板锉等;

2) 皮尺、钢卷尺、钢板尺、水平尺、线坠、铁线、小线等。

(3) 材料要求

1) 铜、铝母线、拉线绝缘子、电车绝缘子、高压穿墙套管等;

2) 母线卡具、花篮螺丝、型钢及螺栓、铜、铝焊条、焊粉、各种颜色调合漆、樟丹油等。

(4) 施工条件

母线装置安装前,基础、构架符合电气设备设计的要求,达到允许安装的强度。

1) 屋顶、楼板施工完毕,不得渗漏,门窗安装完毕,施工用道路畅通;

2) 室内地面基层施工完毕,并在墙上标出抹平标高;

3) 有可能损坏已安装母线装置或安装后不能再进行的装饰工程全部结束;

4) 母线装置的预留孔、预埋铁件应符合设计的要求;

5) 变电所和高、低压配电室内裸母线安装,应在设备安装就位调整后进行。

4. 施工工艺

(1) 工艺流程

测量 → 支架制作安装 → 绝缘子安装 → 母线矫正 → 下料 → 母线加工 → 母线安装 → 母线涂色刷油 → 检查送电

(2) 母线检验

1) 母线开箱清点检查,其规格应符合设计要求,附件、备件应齐全,产品的技术文件应齐全。

母线加工前应对母线材料进行检查,以防不合格材料用到工程中。首先检查母线材料有无出厂合格证,当无出厂合格证件或资料不全时,以及对材料有怀疑时,应对母线进行抗拉强度、伸长率及电阻率的检验,检验结果应符合表 3.4-29 的规定。

母线的机械性能和电阻率　　　　表 3.4-29

母线名称	母线型号	最小抗拉强度 (N/mm^2)	最小伸长率 (%)	20℃时最大电阻串 ($\Omega \cdot mm^2/m$)
铜母线	TMY	255	6	0.01777
铝母线	LMY	115	3	0.0290
铝合金管母线	$LF_{21}Y$	137		0.0373

2) 母线的外观检查

线表面应光洁平整,不应有裂纹、褶皱、夹杂物及变形和扭曲现象。用千分尺或卡尺测量母线的厚度和宽度是否符合标准截面的要求。

按制造长度供应的铝合金管母线,其弯曲度不应超过表 3.4-30 的规定。

(3) 母线的测量

进入安装现场后应核对沿母线敷设全长方向有无障碍物,有无与建筑结构或设备管道、通风等安装部件交叉现象。

根据母线及支架敷设的不同情况,检查预留孔洞、预埋铁件的尺寸、标高位置,核对是否与图纸相符。

铝合金管允许弯曲度值　　　　表 3.4-30

管子规格(mm)	单位长度(m)内的弯度(mm)	全长(L)内的弯度(mm)
直径为 150 以下冷拔管	<2.0	$<2.0 \times L$
直径为 150 以下热挤压管	<3.0	$<3.0 \times L$
直径为 150~250 热挤压管	<4.0	$<4.0 \times L$

注:L——管子的制作长度(m)。

配电柜安装母线,其安全距离是否符合规定。

在设计图纸上,一般不标出母线加工尺寸,在母线下料前,应到现场实测,测量出各段母线加工尺寸、支架尺寸,并测划出支架和支持件安装位置和距离。

测量时可用线坠、角尺、卷尺等工具。例如在两个不同垂直面上安装母线,可按下述方法进行测量,如图 3.4-24 所示。

先在与母线接触的瓷面中心上,各悬挂一线坠,用尺量出两垂直面的距离 A_1 以及两瓷瓶中心距 A_2,B_1 与 B_2 的尺寸可根据实际需要而定。有了相关的尺寸,便可在平台上放出大样图,也可用铁丝弯成样板,作为母线制作弯曲时的依据。

母线加工时,应考虑检修、拆卸方便,在适当地点分段以待用螺栓连接或者焊接。母线的弯曲除确属必要外,应尽量避免。

(4) 支架制作

按图纸尺寸加工各式支架,支架要采用∟50×5 的角钢制作,角钢断口必须锯断(或冲压断),不得采用电、气焊切割。

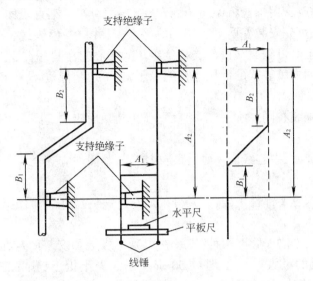

图 3.4-24 测量母线装设尺寸

支架上的螺孔宜加工成长孔,以便于调整。螺孔中心距离偏差不小于 2mm。螺孔应用电钻钻孔,不应用气焊割孔或电焊吹孔。

支架埋入墙内部分必须开叉成燕尾状。

在有盐雾、空气相对湿度接近 10% 及含腐蚀性气体的场所,室外金属支架应采用热镀锌。

黑色支架除锈应彻底,防腐漆应涂刷均匀,粘合牢固,不得有起层、皱皮等缺陷。

(5) 支架安装

支架安装应符合设计规定。

裸母线安装前,应将母线的支架埋设在墙上或固定在建筑物的构件上。装设支架时,应横平竖直,先用水平尺找正找平。支架埋入深度要大于 150mm,采用螺栓固定时,要使用 M12×150 开叉燕尾螺栓,并应使用镀锌制品,安装在户外时应使用热镀锌制品。孔洞要用混凝土填实、灌注牢固。

遇有混凝土墙、梁、柱、屋架等无预留孔洞时,采用膨胀螺栓架设固定支架。

支架跨柱、沿梁或屋架安装时所用抱箍、螺栓、撑架等要紧固。应避免将支架直接焊接在建筑物结构上。

支架安装时支架之间距离,当母线水平敷设时,不超过 3m,垂直敷设时,不超过 2m。成排支架的安装应排列整齐,间距应均匀一致,两支架之间的距离偏差不大于 5cm。

(6) 绝缘子和穿墙套管及穿墙板安装

固定母线的绝缘子和穿墙套管有高压和低压两种。绝缘子和套管安装前应测量绝缘电阻值,绝缘子和套管可在母线安装后一起进行交流耐压实验。

对绝缘子和套管在安装前应进行外观检查,瓷件、法兰应完整无裂纹、缺损现象,胶合处填料完整,灌注螺栓、螺母等结合牢固。

1) 母线支持绝缘子安装

室内用绝缘子种类很多,且有高、低压之分,较常用的有支柱绝缘子和电车绝缘子。

母线支架安装好后,用螺栓将绝缘子固定在支架上,如果在直线段上有许多支架时,为使绝缘子安装整齐,可先安装好两端支架上的绝缘子,并拉一根铁线,再将绝缘子按铁线为准固定在每个支架上。母线直线段的支持绝缘子的中心应在同一直线上。

无底座和顶帽的内胶装式的低压支柱绝缘子,上下应垫厚度不小于1.5mm的橡胶垫或石棉纸起缓冲作用。

支柱绝缘子如安装在同一水平或垂直面上时,其顶面应位于同一平面上,中心线位置应符合设计要求。

支柱绝缘子叠装时,中心线应一致,固定应牢固,紧固件应齐全。

2) 穿墙套管安装

穿墙套管的结构主要部件是瓷件,瓷件外面有一法兰盘,用来固定套管。瓷件里面有铝排或铜导体的导电体。

穿墙套管的安装方法一般有两种,安装在混凝土板上和安装固定在钢板上。安装在混凝土板上时,安装板的最大厚度不超过50mm。在混凝土板上,预留三个套管圆孔,如图3.4-25;套管安装在钢板上,是在土建施工时,在墙体上留一方孔,在方孔上装一角铁框,以固定钢板,套管固定在钢板上,如图3.4-26所示。

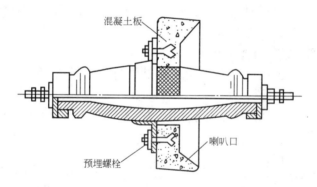

图 3.4-25 穿墙套管在混凝土板上固定

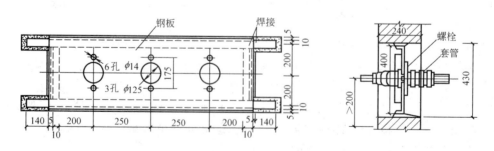

图 3.4-26 穿墙套管固定在钢板上

穿墙套管的孔径应比套管嵌入部分大5mm以上。

穿墙套管垂直安装时,法兰应向上,水平安装时,法兰应在外。

套管安装拧紧法兰盘固定螺栓时,应将各个螺栓轮流均匀地拧紧,以防底座因受力不均而损坏。

安装在同一平面或垂直面上的穿墙套管的顶面应位于同一平面上,其中心线位置应符合设计要求。

穿墙套管在混凝土板上安装时,法兰盘不得埋入混凝土抹灰层内。

额定电流在1500A及以上的穿墙套管,直接固定在钢板上时,为防止涡流造成严重发热,对固定钢板应采用开槽或铜焊,使套管周围不能构成闭合磁路。

600A及以上母线穿墙套管端部的金属夹板(紧固件除外)应采用非磁性材料,其与母线之间应有金属连接,接触应稳固,金属夹板厚度不应小于3mm,当母线为两片及以上时,母线本身间应予固定。

3) 低压母线穿墙板安装

低压母线穿墙时,要经过穿墙绝缘夹板通过,穿墙板可采用硬质聚氯乙烯板(厚度不应小于7mm)或耐火石棉板做成,分上下夹板两部分,下部夹板上开洞,母线由此通过。穿墙板的角钢支架在墙体上的安装方法同穿墙套管在钢板上的方法。安装角钢支架必须横平竖直,中心与支持绝缘子中心在同一条直线上。

低压母线穿墙夹板应装在固定支架角钢的内侧,夹板的安装在母线布线完成以后,进行上下夹板的合成,合成后中间空隙不得大于1mm,夹板孔洞缺口处与母线应保持2mm空隙。夹板的固定螺栓上须装垫橡胶垫圈,应将每个螺栓轮流拧紧,避免受力不均匀而损坏夹板。图3.4-27、图3.4-28为低压母线穿墙聚氯乙烯夹板和耐火石棉板夹板做法。使用耐火石棉板做夹板时,在母线穿过夹板孔洞处应加缠3层绝缘带。

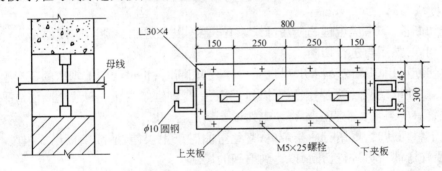

图3.4-27 低压母线穿墙板做法一

(7) 母线矫正

母线在安装前应进行矫正平直,矫正的方法有机械矫正和手工矫正两种。

1) 大截面母线用机械矫正平直,将母线的不平整部分放在矫正机的平台上,然后转动操作圆盘。利用丝杠压力将母线矫正。

2) 手工矫正时,将母线放在平台或平直的型钢上,用硬质木锤直接敲打平直。不能用铁锤直接敲打。如母线弯曲过大,可用木锤或垫块(铜、铝木板)垫在母线上,用铁锤间接敲打平直。敲打时用力要适当,不能过猛,否则会引起母线再次变形。

开始矫正母线时,先矫正宽边,将翘起部位朝上放置,随着母线的敲打变直而减轻锤击力,在接近矫正完毕时,要时常翻转母线轻轻锤击。在矫正窄边时,锤击力量也同样先重后轻,同时每锤击一次要把条料翻转一次,检查矫正结果。

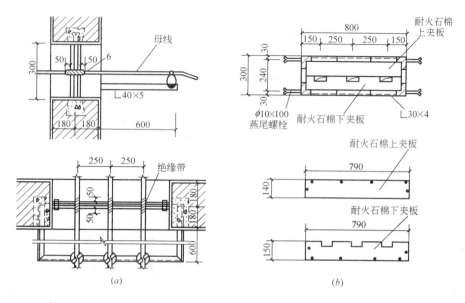

图 3.4-28 低压母线穿墙板做法二
(a) 母线穿墙做法；(b) 穿墙板

3) 棒型母线矫正时，先锤击弯曲部位，再沿其长度轻轻地一面转动一面锤击，依靠视力来检查，直到成直线为止。

(8) 母线切断

母线切断前，应考虑合理的使用母线原有长度，以免造成浪费。应按预先测量的尺寸，在母线上划线，然后再进行切断。

母线切断可用钢锯或型钢切割机(无齿锯)。切断时，将母线置于锯床的托架上，然后合闸接通电源，使电动机转动，慢慢压下操作手柄，一直到锯断为止。母线切断面应平整，铝合金管母线管口应与轴线垂直。不得用电弧或乙炔进行切断。

母线下料切断时，要留有适当余量，避免弯曲时产生误差，造成整根母线报废。需弯曲的母线，最好弯曲后再进行切断，以达到准确的尺寸。

(9) 母线弯曲

母线的弯曲宜采用专用工具，进行冷煨，弯出圆角。不得进行热煨。矩形母线应减少直角弯曲，母线的弯曲处不得有裂纹及显著的褶皱。母线的最小弯曲半径应符合表3.4-31的规定。多片母线的弯曲度应一致。

矩线母线的弯曲，通常有平弯、立弯和扭弯(麻花弯)。为使母线弯曲角度准确，弯曲前可先用8号线或薄铁皮按实际情况弯制一个模板，并在母线弯曲的地方划上记号，然后再按样板弯曲母线。

母线弯制时，开始的弯曲处距最近绝缘子的母线支持夹板边缘不应大于母线两支持点间的25%，但不得小于50mm。母线开始弯曲处距母线连接位置，不应小于50mm。

当母线水平设置时，在母线搭接处应将下片母线进行弯曲，上片母线端头与下片母线;平弯开始处的距离，不应小于50mm。

母线扭弯扭转90°时，其扭转部分的长度应为母线宽度的2.5~5倍。

母线最小弯曲半径(R)值   表3.4-31

母线种类	弯曲方式	母线断面尺寸(mm)	最小弯曲半径(mm)		
			铜	铝	钢
矩形母线	平弯	50×5 及其以下	2a	2a	2a
		125×10 及其以下	2a	2.5a	2a
	立弯	50×5 及其以下	1b	1.5b	0.5b
		125×10 及其以下	1.5b	2b	1b
棒形母线		直径为16 及其以下	50	70	50
		直径为30 及其以下	150	150	150

注：a—母线的宽度；b—母线的厚度。

1) 矩形母线的平弯

母线平弯可用平弯机。先在母线要弯曲的部位划上记号，弯曲时，提起平弯机手柄，将母线插入两个滚轮之间，弯曲部分放在滚轮上校正无误后，拧紧压力丝杠，然后压下平弯机的手柄，使母线逐渐弯曲。可用样板复合，直至达到所需要的弯曲度。操作时，用力不可过猛，以免母线产生裂缝。

小型母线的平弯可用台虎钳弯曲。弯曲时，将母线置于钳口中，钳口上应垫上铝板或硬木，以免伤母线，然后用手扳动母线，使其弯曲至合适的角度。

如果母线将要与电器接线端子的螺栓搭接面相连需要平弯时，弯曲尺寸一定要把握准确。

2) 矩形母线的立弯

母线立弯可用立弯机。弯曲时，先将母线需要弯曲部位套在立弯机的夹板上，再装上弯头，拧紧夹板螺栓，校正无误后，操作千斤顶，使母线弯曲。

立弯的弯曲半径不能过小，防止母线产生裂痕和折皱。

3) 矩形母线的扭弯

母线扭弯可用扭弯器。将母线需要扭弯部位的一端夹在台虎钳上，钳口部分应垫上薄铝皮或硬木片，防止虎钳口损伤母线。在距虎钳口为母线宽度 2.5～5 倍处，用母线扭弯器夹紧母线，然后双手用力扭动扭弯器的手柄，使母线扭转到所需要的扭弯角度为止。若每相由多片母线组成，扭转长度应一致。

(10) 裸母线的连接加工

母线与电气设备连接或母线本身连接即为母线连接。裸母线的连接应采用焊接、贯穿螺栓搭接连接。矩形母线采用螺栓固定搭接时，连接处距支柱绝缘子的边缘不应小于50mm。

1) 母线的钻孔

凡是用贯穿螺栓连接的母线接头，应首先在母线上钻好孔，然后再用螺栓将两根母线连接起来。各种规格的母线用螺栓连接时，母线的连接尺寸及钻孔要求和螺栓规格如表3.4-32所示。

矩形母线搭接要求　　　表3.4－32

搭接形式	类别	序号	连接尺寸(mm)			钻孔要求		螺栓规格
			b_1	b_2	a	ϕ(mm)	个数	
	直线连接	1	125	125	b_1或b_2	21	4	M20
		2	100	100	b_1或b_2	17	4	M16
		3	80	80	b_1或b_2	13	4	M12
		4	63	63	b_1或b_2	11	4	M10
		5	50	50	b_1或b_2	9	4	M8
		6	45	45	b_1或b_2	9	4	M8
	直线连接	7	40	40	80	13	2	M12
		8	31.5	31.5	63	11	2	M10
		9	25	25	50	9	2	M8
	垂直连接	10	125	125		21	4	M20
		11	125	100~80		17	4	M16
		12	125	63		13	4	M12
		13	100	100~80		17	4	M16
		14	80	80~63		13	4	M12
		15	63	63~50		11	4	M10
		16	50	50		9	4	M8
		17	45	45		9	4	M8
	垂直连接	18	125	50~40		17	2	M16
		19	100	63~40		17	2	M16
		20	80	63~40		15	2	M14
		21	63	50~40		13	2	M12
		22	50	45~40		11	2	M10
		23	63	31.5~25		11	2	M10
		24	50	31.5~25		9	2	M8

续表

搭接形式	类别	序号	连接尺寸(mm)			钻孔要求		螺栓规格
			b_1	b_2	a	ϕ(mm)	个数	
	垂直连接	25	125	31.5~25	60	11	2	M10
		26	100	31.5~25	50	9	2	M8
		27	80	31.5~25	50	9	2	M8
	垂直连接	28	40	40~31.5		13	1	M12
		29	40	25		11	1	M10
		30	31.5	31.5~25		11	1	M10
		31	25	22		9	1	M8

母线钻孔前,可根据表3.4-32中所规定的钻孔要求,在母线上划出钻孔位置,并在孔中心用冲子冲眼,用电钻或台钻钻孔。螺孔的直径宜大于螺栓直径1mm,钻孔应垂直,不歪斜,螺孔间中心距离的误差为±0.5mm。

如果母线要与设备螺杆形接线端子连接时,在母线上钻孔的孔径不应大于螺杆形接线端子直径1mm。

母线钻好孔后,应将孔口的毛刺除去,使其保持光洁。

2) 母线接触面的加工

对母线与母线及母线与设备端子连接时接触部分的接触面应进行加工。母线接触面加工是母线安装保证质量的关键。接触面加工的主要作用,是消除母线表面的氧化膜、褶皱和隆起部分,使接触面平整而略呈粗糙。接触面加工方法有手工锉削和使用机械铣、刨和冲压等多种方法。母线的接触面加工必须平整,无氧化膜。经加工后的截面减少值,铜母线不应超过原截面的3%,铝母线不应超过原截面的5%。

具有镀银层的母线搭接面,不得任意锉磨。

铝母线不可用砂布来清除接触面,以免砂布上的玻璃屑及砂子嵌入金属内,增加接触电阻。

母线接触面经过上述加工后,还应对其进行处理,以降低接头的接触电阻,减少接头发热的机会。

对母线接触面的处理,可根据不同材质连接处理规定进行:

① 铜与铜:室外、高温且潮湿或对母线有腐蚀性气体的室内,必须搪锡,在干燥的室内可直接连接。

② 铝与铝:直接连接。

③ 钢与钢:必须搪锡或镀锌,不得直接连接。

④ 铜与铝：在干燥的室内，铜导体应搪锡，室外或空气相对湿度接近100%的室内，应采用铜铝过渡板，铜端应搪锡。

⑤ 钢与铜或铝：钢搭接面必须搪锡。

铜或钢母线，要把表面污物清刷干净再进行搪锡。搪锡时，先把焊锡放在锡锅中用喷灯或木炭加热熔化，把母线搪锡部位涂上焊锡膏，浸入锡锅中，使锡附在母线的表面。取出母线时，用抹布擦去表面的浮渣，露出银白色的光洁表面。

对于少量的铜母线搪锡可用喷灯火焰直接在母线搪锡部分加热到紫铜发蓝色时，用细钢丝刷掉表面氧化层、涂上锡焊膏，将锡溶化到母线上，再用抹布擦去表面浮渣。也可用锡锅进行搪锡处理。

母线接触面加工后必须保持清洁，并涂以电力复合脂。

(11) 母线安装

当母线支架安装好后，用螺栓将支持绝缘子固定在支架上线，调整好后即可以安装母线。

母线安装应平整美观，水平安装时二支持点间高度误差不宜大于3mm，全长不宜大于10mm。垂直安装时，二支持点间垂直误差不宜大于2mm，全长不宜大于5mm，母线排列间距应均匀一致，误差不大于5mm。

室内母线安装时，配电装置的安全净距应符合图3.4-29、图3.4-30和表3.4-33中的规定。当电压值超过本级电压，其安全净距应采用高一级电压的安全净距规定值。

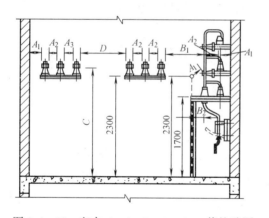

图 3.4-29 室内 A_1、A_2、B_1、B_2、C、D 值校验图

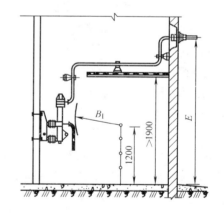

图 3.4-30 室内 B_1、E 值校验图

室内配电装置的安全净距(mm)　　　　表 3.4-33

符号	适用范围	图号	额定电压 (kV)									
			0.4	1~3	6	10	15	20	35	60	110J	110	220J
A_1	1. 带电部分至接地部分之间 2. 网状和板状遮拦向上延伸线距地2.3m处与遮拦上方带电部分之间	图1	20	75	100	125	150	180	300	550	850	950	1800

续表

符号	适用范围	图号	额定电压 (kV)										
			0.4	1~3	6	10	15	20	35	60	110J	110	220J
A_2	1. 不同相的带电部分之间 2. 断路器和隔离开关的断口两侧带电部分之间	图1	20	75	100	125	150	180	300	550	900	1000	2000
B_1	1. 栅状遮拦至带电部分之间 2. 交叉的不同时停电检修的无遮拦带电部分之间	图1 图2	800	825	850	875	900	930	1050	1300	1600	1700	2550
B_2	网状遮拦至带电部分之间	图1	100	175	200	225	250	280	400	650	950	1050	1900
C	无遮拦裸导体至地(楼)面之间	图1	2300	2375	2400	2425	2450	2480	2600	2850	3150	3250	4100
D	平行的不同时停电检修的无遮拦裸导体之间	图1	1875	1875	1900	1925	1950	1980	2100	2350	2650	2750	3600
E	通向室外的出线套管至室外通道的路面	图2	3650	4000	4000	4000	4000	4000	4000	4500	5000	5000	5500

注：1. 110J、220J 系指中性点直接接地电网；
2. 网状遮拦至带电部分之间当为板状遮拦时，其 B 值可取 A_1 + 30mm；
3. 通向室外的出线套管至室外通道的路面，当出线套管外侧为室外配电装置时，其至室外地面的距离不应小于室外配电装置的安全净距的有关规定；
4. 海拔超过 1000m 时，A 值应按有关图示修正；
5. 本表所列各值不适用于制造厂生产的成套配电装置。

1) 母线的排列

母线在排列时应按一定的相序进行，当无设计规定时，应符合下列规定：

① 交流母线上、下布置时，由上至下排列为 L_1、L_2、L_3 相；直流母线正极在上，负极在下；

② 交流母线水平布置时，由后至前排列为 L_1、L_2、L_3 相；直流母线正极在后，负极在前；

③ 面对引下线的交流母线由左至右排列为 L_1、L_2、L_3 相；直流母线正极在左，负极在右。

相同布置的主母线、分支母线、引下线及设备连接线应对称一致，横平竖直，整齐美观。

2) 母线与绝缘子固定

母线在支持绝缘子上的固定方法通常有三种：

① 是用螺栓直接将母线拧在绝缘子上，这种固定方法顺着母线，事先钻椭圆形孔，以便当母线温度变化时，使母线有伸缩余地，不致拉坏绝缘子，目前这种固定母线的方法已不多见。

② 使用夹板固定母线,此时不需母线钻孔,只要把母线穿过夹板两边用螺栓固定即可,如图 3.4－31 所示。母线在夹板内水平放置时,上夹板与母线之间要保持有 1～1.5mm 的间隙;母线在夹板内立置时,上部夹板应与母线保持 1.5～2mm 的间隙。

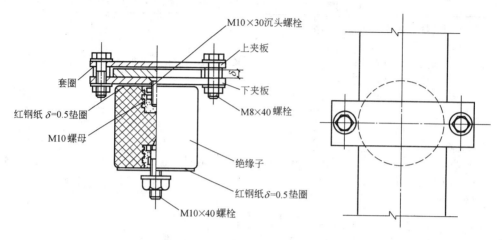

图 3.4－31 母线用夹板固定

母线用卡板固定;这种方法只要把母线放入卡板内待连接调整后将卡板沿顺时针方向水平扭转一定角度卡住母线即可,母线的固定,如图 3.4－32 所示。

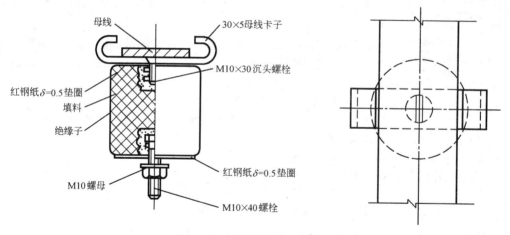

图 3.4－32 母线用卡板固定

母线固定装置应无棱角和毛刺。母线固定的支持铁件及支持夹板对交流母线不应形成闭合磁路。

在支持绝缘子上固定母线用的金具与支持绝缘子间的固定应平整牢固,不应使所支持的母线受到额外压力。

母线固定在支持绝缘子上,可以平放,也可以立放,应根据需要决定。当母线平行放置,使用夹板固定时,母线支持夹板上部压板应与母线保持有 1.5～2mm 的间隙。应保证母线能够自由伸缩,不致损坏绝缘子。母线在支持绝缘子上,每一段应设置一个固定死点,并宜位于全长或两母线伸缩节中点的位置上。

多片矩形母线应采用特殊的夹板固定,使母线间保持不小于母线厚度的间隙;相邻的间隙隔板边缘间距离应大于5mm,如图3.4-33所示。

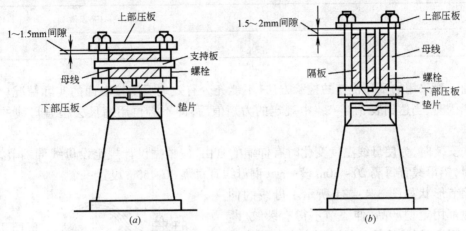

图3.4-33 多片矩形母线安装方式
(a) 母线水平安装;(b) 母线垂直安装

由于母线在运行中通过电流是变化的,发热状态也是变化的。在支持绝缘子上固定母线的金具与支持绝缘子间的固定应该平整牢固,又能使其母线有自由伸缩的能力,而不应使所支持的母线受到额外压力。

3) 母线的连接

母线与母线之间或与电气设备连接为母线连接。母线与母线连接时,应注意调正母线,使它们之间的间距均匀一致,排列得整齐美观。

① 母线的螺栓连接

当连接母线水平放置时,连接螺栓应由下往上穿,其余情况下,螺母应置于维护侧,螺栓长度宜露出螺母2~3扣。母线两外侧均应有平垫圈,相邻螺栓垫圈间应有3mm以上的净距,螺母一侧应装有弹簧垫圈或锁紧螺母。

母线连接螺栓的受力应均匀,不应使电器的连接端子受到额外压力。母线的接触面应连接紧密。

母线的连接螺栓应用力矩扳手紧固,其紧固力矩值应符合表3.4-34的规定。

钢制螺栓的紧固力矩值　　　　　　表3.4-34

螺栓规格(mm)	力矩值(N·m)
M8	8.8~10.8
M10	17.7~22.6
M12	31.4~39.2
M14	51.0~60.8
M16	78.5~98.1
M18	98.0~127.4

续表

螺栓规格(mm)	力矩值(N·m)
M20	156.9~196.2
M24	274.6~343.2

以前一直采用的塞尺检查的检验方法,不能充分有效地反映接触面的实际情况。用力矩扳手紧固时,当达到表3.4-34中规定的力矩值后,即不必再用塞尺去检查母线的接触面。

母线安装时,为使母线温度变化时有伸缩的自由,应根据设计规定设母线伸缩节,设计没规定时,铝母线宜每隔20~30m设一个,铜母线宜每隔30~50m设置一个。

伸缩节形状如图3.4-34所示。母线的伸缩节一般都用定型产品,伸缩节不得有裂纹、断股和褶皱现象,组装后的总截面不应小于母线截面的1.2倍。

② 母线的焊接连接

母线用螺栓连接,接触电阻比较大,接头容易发热,采用焊接连接可以消除这些缺陷。常用的母线焊接有气焊和碳弧焊、氩弧焊等几种方法。

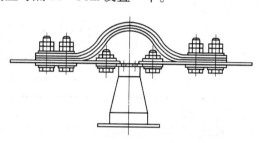

图3.4-34 母线伸缩节

母线施焊前,为了确保母线的焊接质量,焊工必须经过考试合格。考试用试样的焊接材质、接头形式、焊接位置、工艺等应与实际施工时相同;在其所焊试样中,管形母线取二件,其他母线取一件,按下列项目进行检验,当其中有一项不合格时,应加倍取样重复试验,如仍不合格,测试为考试不合格:

a. 表面及断口检验:焊缝表面不应有凹陷、裂纹、未熔合、未焊透等缺陷;

b. 焊缝应采用X光无损探伤,其质量检验应按有关标准的规定;

c. 焊缝抗拉强度试验:铝及铝合金母线,其焊接接头的平均最小抗拉强度不得低于原材料的75%;

d. 直流电阻测定:焊缝处直流电阻应不大于同截面、同长度的原金属的电阻值。

母线焊接所用的焊条、焊丝应符合现行国家标准,其表面应无氧化膜、水分和油污等杂物。

母线宜减少对接焊缝。对接焊缝的部位离支持绝缘子母线夹板边缘不应小于50mm。同一相如有多片母线对接焊缝,其相互错开距离不应小于50mm。

母线焊接前应将母线加工成坡口,坡口加工面应无毛刺和飞边。并应将坡口两侧表面各50mm范围内清刷干净,不得有氧化膜、水分和油污。铜母线可用钢丝刷清除母线坡口两侧的氧化膜,铝母线可用5%苛性钠(火碱)溶液作表面清洗,直到露出银白色的干净表面再用清水冲洗、擦干。

将清理后的母线摆平对齐,防止错位,母线焊口处应根据表3.4-35的规定,留出一定的间隙。焊接前对口应平直,其弯折偏移不应大于0.2%,中心线偏移不应大于0.5mm。

对口焊接焊口尺寸(mm)　　　　　表3.4-35

母线类别	焊口形式	母线厚度 a	间隙 c	钝边厚度 b	坡口角度 a(°)
矩形母线		<5	<2		
		5	1~2	1.5	65~75
		6.3~12.5	2~4	1.5~2	65~75
管形母线		3~6.3	1.5~2	1	60~65
		6.3~10	2~3	1.5	60~75

连接母线的对口处对好后,焊口才可以施焊,必须双面焊接。焊接焊缝处应凸起呈弧形,有2~4mm的加强高度。每个焊缝应一次焊完,除瞬间断弧外不得停焊,母线焊完未冷却前,不得移动或受力。母线焊完应趁余热用足够的水清洗掉焊药。焊缝处除允许个别剔掉多余的焊瘤外;焊缝不得锤平。

引下线母线采用搭接焊时,焊缝的长度不应小于母线宽度的2倍;角焊缝的加强高度应为4mm。

铝及铝合金的管形母线,应采用氩弧焊。管形母线的补强衬管的纵向轴线应位于焊口中央,衬管与母线的间隙应小于0.5mm。

母线焊接后,接头表面应无肉眼可见的裂纹、凹陷、缺肉、未焊透、气孔、夹渣等缺陷。咬边深度不得超过母线厚度(管形母线为壁厚)的10%,且总长度不得超过焊缝总长度的20%。

4) 铝合金管形母线的安装

铝合金管形母线的安装,根据结构特点,尚应符合下列规定:

① 为了防止管形母线弯曲变形,应采用多点吊装,不得伤及母线;

② 为减少电晕损耗和对弱电信号的干扰,母线终端应有防晕装置,其表面应光滑,无毛刺或凹凸不平;

③ 同相管段轴线应处于一个垂直面上,三相母线管段轴线应互相平行。

④ 管形母线安装在滑动式支持器上时,支持器的轴座与管形母线之间应该有1~2mm的间距。

(12) 母线拉紧装置安装

车间内跨柱、梁或跨屋架敷设的低压母线,线路一般较长,支架之间的距离也较大,需要在母线终端或中间分别采用终端及中间拉紧装置,终端或中间拉紧固定支架宜装有调节螺栓的拉线,拉线的固定点应能承受拉线张力1.2倍。

拉紧装置可先在地面上组装,然后再进行支架上的安装。安装后的母线在同一档距内,各相弛度最大偏差应小于10%。

母线长度超过300~400m而需换位时,换位不应小于一个循环。

(13) 母线装置的接地

母线金属支架、支持绝缘子的底座、套管的法兰、金属穿墙板、保护网(罩)等可接近裸露导体应按设计和《建筑电气工程施工质量验收规范》(GB 50303—2002)的规定与PE或PEN线连接可靠。不应作为PE或PEN线的接续导体。

(14) 母线涂漆

母线安装完后,为了表示带电体及便于识别相序,提高母线散热系数和改善母线冷却条件以及防止腐蚀延长使用寿命,母线要涂漆。漆要事先调好,不可过稀或过稠,刷漆应均匀,无起层、皱皮等缺陷,并应整齐一致。

交流母线涂漆的颜色应为 L_1 相为黄色、L_2 相为绿色、L_3 相为红色。单相交流母线应与引出相的相色相同。

直流母线涂漆的颜色正极为赭色,负极为蓝色。

直流均衡汇流母线及交流中性汇流母线,不接地者为紫色,接地者为紫色带黑色条纹。

单片母线的所有面及多片管形母线的所有可见面均应刷相色漆。钢母线的所有表面应涂防腐相色漆。母线的螺栓连接处及支持连接处,母线与电器的连接处以及距所有连接处10mm以内的地方不应刷相色漆,供携带式接地线连接用的接触面上,不刷漆部分的长度应为母线的宽度或直径,且不应小于50mm,并在其两侧涂以宽度为10mm的黑色标志带。

(15) 检查送电

裸母线安装工作完成后,要全面的进行检查,清理好工作现场的工具、杂物。并将场地的门窗关好并上锁,防止设备损坏。当母线安装场所土建工程需要二次喷涂时,应将母线用塑料布遮盖好,防止被污染。

母线送电前应进行交流耐压试验,对高压套管和35kV及以下的绝缘子的耐压试验可与母线耐压试验一起进行,试验电压应符合表3.4-36的规定。对500V以下母线试验电压为1000V,可采用2500V兆欧表代替,试验持续时间为1min。绝缘电阻值测试,可用500V兆欧表摇测,绝缘电阻值不应小于0.5MΩ。

穿墙套管、支柱绝缘子工频耐压试验电压标准 表3.4-36

额定电压(kV)	最高工作电压(kV)	1min 工频耐受电压(kV)有效值					
		穿 墙 套 管				支持绝缘子	
		纯瓷和纯瓷充油绝缘		固体有机绝缘			
		出厂	交接	出厂	交接	出厂	交接
3	3.5	18	18	18	16	25	25
6	6.9	23	23	23	21	32	32
10	11.5	30	30	30	27	42	42
15	17.5	40	40	40	36	57	57

续表

额定电压(kV)	最高工作电压(kV)	1min 工频耐受电压(kV)有效值					
		穿 墙 套 管				支持绝缘子	
		纯瓷和纯瓷充油绝缘		固体有机绝缘			
		出厂	交接	出厂	交接	出厂	交接
20	23.0	50	50	50	45	68	68
35	40.5	80	80	80	72	100	100
63	69.0	140	140	140	126	165	165
110	126.0	185	185	185	180	265	265
220	252.0	360	360	360	356	450	450
330	363.0	460	460	460	459		
500	550.0	630	630	630	612		

经测试符合规定后进行试运行，母线送电后，不得在母线附近工作或走动，以免造成触电事故。正式送电前应先挂好有电标志牌，并通知有关单位。使用单位在未经正式交工验收前，不得使母线投入运行。

5．质量标准

（1）主控项目

1）绝缘子的底座、套管的法兰、保护网（罩）及母线支架等可接近裸露导体应与 PE 线或 PEN 线连接可靠。不应作为 PE 线或 PEN 线的接续导体。

检查方法：全数检查，目测检查。

2）母线与母线或母线与电器接线端子，当采用螺栓搭接连接时，应符合下列规定：

① 母线的各类搭接连接的钻孔直径和搭接长度符合表 3.4-32 的规定；用力矩扳手拧紧钢制连接螺栓的力矩值符合表 3.4-34 的规定；

② 母线接触面保持清洁，涂电力复合脂，螺栓孔周边无毛刺；

③ 连接螺栓两侧有平垫圈，相邻垫圈间有大于 3mm 的间隙，螺母侧装有弹簧垫圈或锁紧螺母；

④ 螺栓受力均匀，不使电器的接线端子受额外应力。

检查方法：按不同种类的接头各抽查 5%，但不少于 5 个。观察检查和实测或检查安装记录，螺栓紧固程度用力矩扳手抽测。

3）室内裸母线的最小安全净距应符合表 3.4-33 的规定。

检查方法：全数检查，尺量检查。

4）高压母线交流工频耐压试验必须符合国家标准《电气装置安装工程电气设备交接试验标准》GB 50150 的规定交接试验合格。

检查方法：全数检查，查阅设备交接试验记录。

5）低压母线交接试验应符合下列规定：

① 母线的规格、型号,应符合设计要求;

② 相间和相对地间的绝缘电阻值应大于 0.5MΩ;

③ 交流工频的耐压试验电压为 1kV,当绝缘电阻值大于 10MΩ 时,可用 2500V 兆欧表摇测替代,试验持续时间 1min,无击穿闪络现象。

检查方法:全数检查,现场摇测试验或查阅试验记录或试验时旁站。

(2) 一般项目

1) 母线的支架与预埋铁件采用焊接固定时,焊缝应饱满;采用膨胀螺栓固定时,选用的螺栓应适配,连接应牢固。

检查方法:按不同种类的支架抽查 5%,但不少于 5 个。目测检查和用适配工具做拧动试验,检查螺栓的紧固程度。

2) 母线与母线、母线与电器接线端子搭接,搭接面的处理应符合下列规定:

① 铜与铜:室外、高温且潮湿的室内,搭接面搪锡;干燥的室内,不搪锡;

② 铝与铝:搭接面不做涂层处理;

③ 钢与钢:搭接面搪锡或镀锌;

④ 铜与铝:在干燥的室内,铜导体搭接面搪锡;在潮湿场所,铜导体搭接面搪锡,且采用铜铝过渡板与铝导体连接;

⑤ 钢与铜或铝:钢搭接面搪锡。

检查方法:按不同种类的接头各抽查 5%,但不少于 5 个。观察检查。

3) 母线的相序排列及涂色,当设计无要求时应符合下列规定:

① 上、下布置的交流母线,由上至下排列为上 L_1、L_2、L_3 相;直流母线正极在上,负极在下;

② 水平布置的交流母线,由盘后向盘前排列为 L_1、L_2、L_3 相;直流母线正极在后,负极在前;

③ 面对引下线的交流母线,由左至右排列为 L_1、L_2、L_3 相;直流母线正极在左,负极在右;

④ 母线的涂色:交流,L_1 相为黄色、L_2 相为绿色、L_3 相为红色;直流,正极为赭色、负极为蓝色;在连接处或支持件边缘两侧 10mm 以内不涂色。

检查方法:按母线不同安装方式各抽查 10 处,目测检查。

4) 母线在绝缘子上安装应符合下列规定:

① 金具与绝缘子间的固定平整牢固,不使母线受额外应力;

② 交流母线的固定金具或其他支持金具不形成闭合铁磁回路;

③ 除固定点外,当母线平置时,母线支持夹板的上部压板与母线间有 1~1.5mm 的间隙;当母线立置时,上部压板与母线间有 1.5~2mm 的间隙;

④ 母线的固定点,每段设置 1 个,设置于全长或两母线伸缩节的中点;

⑤ 母线采用螺栓搭接时,连接处距绝缘子的支持夹板边缘不小于 50mm。

检查方法:抽查总数的 5%,但不少于 10 处,目测检查和用尺及塞尺测量检查。

6. 成品保护

(1) 母线装置所采用的设备和器材,在运输与保管中应采用防腐蚀性气体侵蚀及机械损伤的包装。

(2) 绝缘瓷件在安装中应妥善处理,防止碰伤,已安装后的瓷件不应承受其他压力以防损坏。

(3) 已加工调整平直的母线半成品应妥善保管,不得乱堆乱放。安装好的母线应注意保护,不得碰撞,更不得利用母线吊、挂和放置其他物件。

(4) 母线在刷相色漆时,要采取措施,避免污染其他母线、支架及建筑物。

(5) 母线安装场所土建需二次喷涂时,应将母线用塑料布遮盖好,防止被污染。

(6) 母线安装处下班或中断工作时,应将场地的门窗关好并上锁,防止设备损坏。

7. 其他

(1) 各种型钢等金属材料,除锈不净,刷漆不均匀,且有漏刷现象。金属构件除锈应彻底,防腐漆应涂刷均匀,粘合牢固,不得有起层、皱皮等缺陷。

(2) 各种型钢、母线及开孔处有毛刺或不规则。对型钢、母线钻孔前,先在连接部位,按规定划好孔位中心线并冲眼。钻孔应垂直,不歪斜,螺孔间中心距离应防止误差过大,不得用电、气焊开孔。钻孔后应将孔边的毛刺打磨干净。

(3) 母线搭接处间隙过大,不能满足规定。母线搭接处接触面处理正确,母线连接处垫圈应符合规定要求。

(二) 封闭母线、插接式母线安装

1. 分项(子分项)工程概况(略)

2. 分项(子分项)工程质量目标和要求(略)

3. 施工准备

(1) 施工人员

施工人员应培训合格,认真熟悉图纸,必须持证上岗。

(2) 施工机具设备和测量仪器

1) 台虎钳、钢锯、手锤、油压煨弯器、电钻、电锤、电焊机、扳手等;

2) 钢角尺、钢卷尺、水平尺、绝缘摇表等。

(3) 材料要求

1) 封闭、插接母线;

2) 各种规格的型钢、卡件,各种螺栓、垫圈等均应是镀锌制品;

3) 樟丹、油漆、电焊条等。

(4) 施工条件

1) 封闭母线适用于干燥和无腐蚀性气体的室内和电气竖井内等场所安装;

2) 设备及附件应存放在干燥有锁的房间保管,在封闭、插接母线安装前,母线不得任意堆放和在地面上拖拉,外壳上不得进行其他作业。应采取措施防止随意堆放、踩踏,造成外壳损伤变形;

3) 封闭、插接母线安装部位的建筑装饰工程应全部结束,门窗齐全。室内封闭母线的安装宜在管道及空调工程基本施工完毕后进行,防止其他专业施工时损伤母线;

4) 高空作业脚手架搭设完毕,安全技术部门验收合格。

4. 施工工艺

(1) 施工工序

设备开箱检查调整 → 支架制作安装 → 封闭、插接母线安装 → 通电测试检验

(2) 母线开箱检查

1) 封闭、插接母线应有出厂合格证、安装技术文件。技术文件应包括额定电压、额定容量、试验报告等技术数据；

2) 包装及封闭应良好。母线规格应符合要求，各种型钢、卡具、各种螺栓、垫圈等附件、配件应齐全；

3) 成套供应的封闭母线的各段应标志清晰，附件齐全，外壳无变形，内部无损伤；

4) 封闭母线螺栓固定搭接面应镀锡。搭接面应平整，其镀锡层不应有麻面、起皮及未覆盖部分；

5) 封闭、插接母线的母线外表面及外壳内表面涂无光泽黑漆，外壳外表面涂浅色漆。

(3) 母线支架制作

母线支架的形式是由母线的安装方式决定的。母线的安装方式分为垂直式、水平侧装式和水平悬吊式三种。

支架可以根据用户要求由厂家配套供应也可以自制。支架的制作安装，应按设计和产品技术文件的规定进行，如设计和技术文件无规定时，可按下列要求制作和安装：

制作支架应根据施工现场结构类型，采用角钢和槽钢或扁钢制作，宜采用"一"字形、"U"形、"L"形和"T"字形等几种形式。

支架加工应按选好的型号、测量好的尺寸下料制作，角钢、槽钢的断口必须锯断或冲压，严禁使用电、气焊切割，加工尺寸最大误差不应大于5mm。

支架的煨弯可使用台虎钳用手锤打制，也可使用油压煨弯器用模具压制。

支架钻孔应使用台钻或手电钻钻孔，孔径不应大于固定螺栓直径2mm。严禁用电、电焊割孔。

吊杆套扣应使用套丝机或套丝板加工，不许乱丝和断丝。

现场加工制作的金属支架、配件等应按要求镀锌或涂漆，若无条件或要求不高的场所可刷樟丹、灰漆各一道。

(4) 母线支、吊架的安装

封闭、插接母线支架安装位置应根据母线敷设需要确定。

封闭、插接母线直线段水平敷设时，应使用支架或吊架固定，固定点间距应符合设计要求和产品技术文件规定，一般为2~3m，电流容量在1000A以上者以2m为宜；悬吊式母线槽的吊架固定点间距不得大于3m。

封闭、插接母线沿墙垂直敷设时，应使用支架固定。

在建筑物楼板上封闭母线垂直安装应使用弹簧支架支承。对于容量较小(400A及以下)的封闭、插接母线可以隔层在楼板上面支承，400A以上时则需每层支承。

封闭、插接母线的拐弯处以及与箱(盘)连接处必须加支架。垂直敷设的封闭插接母线，当进箱及末端悬空时，应采用支架固定。

任何封闭、插接母线支、吊架安装均应位置正确、横平竖直、固定牢固，成排安装时应排列整齐、间距均匀。固定支架螺栓应加装平垫和弹簧垫固定，丝扣外露2~4扣。

1) 支架膨胀螺栓固定

安装在建筑物上的支架应根据母线路径的走向测量出较准确的支架位置，在已确定的位置上钻孔，先固定好安装支架的膨胀螺栓。

设置膨胀螺栓套管钻孔时,采用钻头外径与套管外径相同,钻成的孔径与套管外径相同,钻成的孔径与套管外径的差值不大于1mm。螺栓及钻孔规格见表3.4-37。

膨胀螺栓及其钻孔规格表(mm) 表3.4-37

螺栓规格	螺栓				套管				钻孔	
	D1	D	L1	L2	D2	T	L3	L4	深度	直径
M16	6	10	15	10	10	1.2	35	20	40	10.5
M8	8	12	20	15	12	1.4	45	30	50	12.5
M10	10	14	25	20	14	1.6	55	35	60	14.5
M12	12	18	30	25	18	2.0	65	40	70	19
M16	16	22	40	40	22	2.0	90	55	100	23

2) 一字形角钢支架安装

一字形角钢支架适用于母线在墙上水平安装,支架采用预埋的方法埋设在墙体内,角钢支架埋设深度为150mm,角钢外露长度在母线直立式安装时为母线宽度加135mm,当母线在支架上侧卧式安装时为母线高度尺寸加150mm。

3) L形角钢支架安装

L形角钢支架适用于母线在墙或柱上水平安装,L形角钢支架与墙或柱的固定,使用M12×110金属膨胀螺栓固定,如图3.4-35所示。图中尺寸W+135为母线在支架上直立式安装时的支架尺寸,括号内的数值为母线在支架上侧卧式安装的支架尺寸。封闭插接母线如果在有凸出柱的墙上安装时,角钢支架应适当加长。

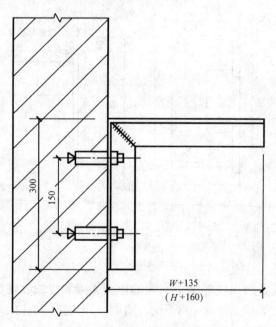

图3.4-35 L形角钢支架安装

W—母线宽度;H—母线高度

4) U形支架安装

U形支架适用于封闭、插接母线垂直安装始端、终端及中间固定用,U形有用预埋燕尾螺栓固定的,也有直接预埋固定的,还有用金属膨胀螺栓固定的,如图3.4-36所示,图3.4-36中尺寸K由设计决定。

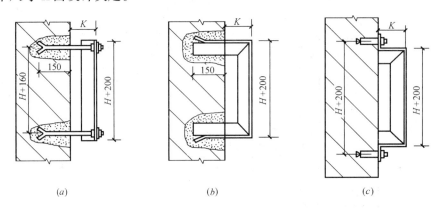

图 3.4-36 U形支架安装
(a) 用燕尾螺栓固定;(b) 预埋固定;(c) 用膨胀螺栓固定
H—母线高度

还有一种适用于BMC及BMZ型封闭式母线100~500A垂直安装支架,如图3.4-37(a)所示,是将U形支架先与8mm×70mm×190mm固定板焊接,再用M10×110金属膨胀螺栓固定在墙体上,如图3.4-37(b)所示。

5) 三角形支架安装

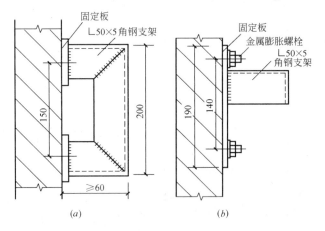

图 3.4-37 BMC、BMZ型母线固定支架
(a) U形支架;(b) 支架固定

三角形支架有母线在凸出柱的墙上安装的角钢支架和母线在墙(柱)上安装的单向三角形金具。角钢三角形支架如图3.4-38所示,图中 L 为混凝土柱的宽度,W 为封闭母线的宽度,H 为封闭母线的高度。

单向三角形金具构造,如图3.4-39(a)所示。金具与3X-D502金属电线槽组合在墙

（柱）上安装,如图3.4-39(b)所示,图中固定金属膨胀螺栓间距中括号内尺寸为用3X-D104B的固定距离。W为母线宽度,H为母线的高度。母线容量在1000A及以下采用3X-D104A单向三角形金具,母线容量在1600A及以下采用3X-D104B单向三角形金具安装。

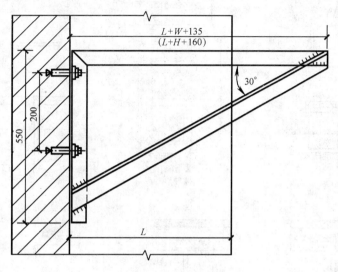

图 3.4-38 三角形角钢支架

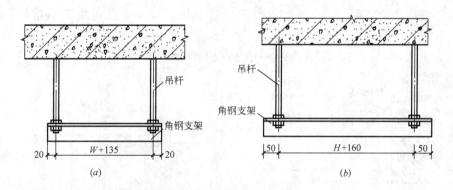

图 3.4-39 水平双吊杆吊架
(a) 母线平卧安装吊架；(b) 母线侧卧安装吊架
W—母线宽度；H—母线高度

6) 吊架在楼板上安装

封闭、插接母线的吊装有单吊杆和双吊杆几种形式,根据母线的吊装位置不同其吊架的安装方式也不相同。母线在楼板上水平安装双杆吊架如图3.4-40所示。吊杆头部在楼板内安装,如图3.4-40所示。

7) 母线支架在梁上安装

封闭、插接母线支架在混凝土梁上安装,系根据梁的结构形式不同,采用不同的安装方法,母线支架在混凝土梁上及工字形梁、矩形梁以及在屋架下弦安装,如图3.4-41所示,图中A为梁的高度；B为梁的宽度；W为母线的宽度；H为母线的高度。尺寸K值由工程设计决定,但不应小于100mm。

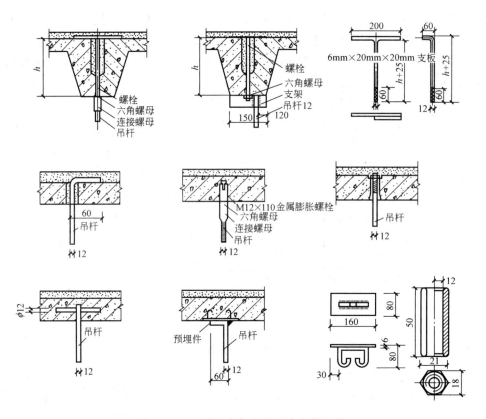

图 3.4-40 吊杆头部在楼板内安装方式

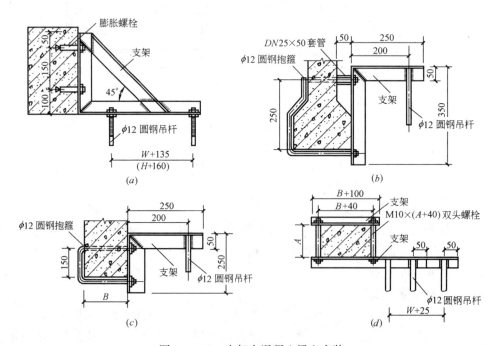

图 3.4-41 支架在混凝土梁上安装
(a) 在混凝土梁上;(b) 在工字形梁上;(c) 在矩形梁上;(d) 在屋架下弦上

8) 母线安装预留洞设置

封闭、插接母线在垂直敷设通过建筑物楼板和水平敷设通过墙壁处应与土建专业配合施工设置预留洞,预留洞的尺寸可以按厂家提供的产品样本注值。

预留洞没有特殊要求时,预留洞的尺寸应根据所选用的电流等级的母线外型尺寸加 70mm,并放置预埋件。为防止楼板上的水进入母线处,预留洞四周围应高于楼(地)面或平台板表面 50~100mm,在楼板上留置的预留洞,如图 3.4-42 所示,图中预留洞至墙的距离为最小安装距离。

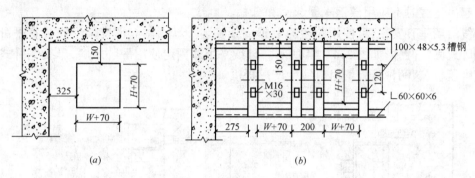

图 3.4-42 母线安装预留孔
(a) 单母线槽安装预留孔;(b) 双母线槽安装预留孔

母线在穿过建筑物墙壁时,留置预留洞位置,如图 3.4-43 所示,洞口距楼(地)面的距离不应小于 2.2m。

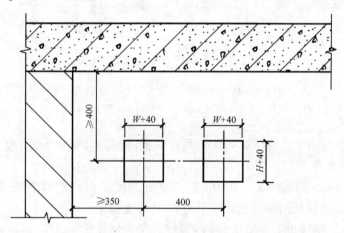

图 3.4-43 母线穿墙预留洞
W—母线宽度;H—母线高度

(5) 封闭、插接母线安装

封闭、插接母线水平敷设时,至地面的距离不应小于 2.2m;垂直敷设时,距地面 1.8m 以下部分应采取防止机械损伤措施,但敷设在电气专用房间内(如配电室、电气竖井、技术层等)时除外。

封闭、插接母线应按分段图、相序、编号、方向和标志正确放置。

母线应按设计和产品技术文件规定组装。

1) 母线组装前检查

母线组装前应逐段进行检查,外壳是否完整,有无损伤变形。

母线在组装前应逐段进行绝缘测试。测试绝缘电阻值是否满足出厂要求,可以用500V兆欧表进行测试,每节母线的绝缘电阻值不宜小于10MΩ,必要时也可做耐压试验,试验电压为1000V。

2) 母线垂直安装

在起吊母线时不应用裸钢丝绳起吊和绑扎。

母线沿墙垂直安装,可使用前述的U形支架安装。母线在U形支架上安装有平卧式固定和侧卧式固定两种,如图3.4-44所示。母线平卧式固定使用平卧压底,母线侧卧式固定使用侧卧压板,这两种压板均由电线生产厂提供。

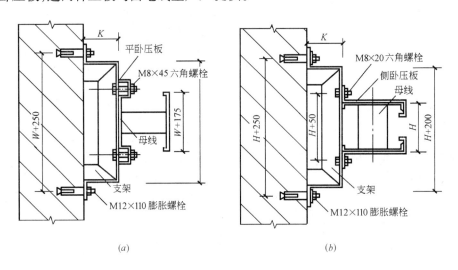

图3.4-44 母线在U形支架上垂直安装
(a) 母线在支架上平卧式安装;(b) 母线在支架上侧卧式安装

BMC及BMZ型封闭式母线100~500A垂直安装,如图3.4-45所示,母线用抱箍和M10×25六角螺栓固定支架上。

BMC-Ⅰ型及BMZ-Ⅱ型600~1600A空气绝缘封闭式母线的垂直安装,如图3.4-46所示,母线用抱箍和抱箍托架固定在已安装好的U形支架上。

封闭母线在建筑物楼板上垂直安装时,安装前先将弹簧支承器安装在母线槽上,然后将该母线槽安装在预先设置的槽钢上,不同型号规格的母线使用的支承器也不相同,如图3.4-47所示。

弹簧支承器的作用是固定母线槽并承受每楼层母线槽的重量。只有长度在1.3m以上的母线槽才能安装弹簧支承器。安装弹簧支承器时应事先考虑好母线的连接处的位置,一般要求在母线穿过楼板垂直安装时,须保证母线的接头中心高于楼板面700mm,如图3.4-48所示。

3) 母线水平安装

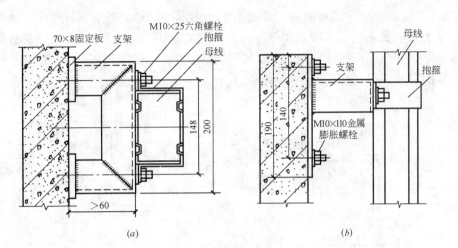

图 3.4－45　BMC、BMZ 型母线垂直安装

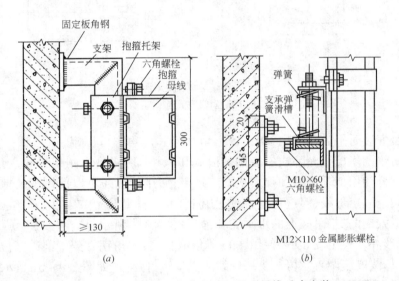

图 3.4－46　BMC-Ⅰ型、BMZ-Ⅱ型母线垂直安装

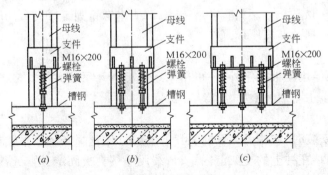

图 3.4－47　母线安装用弹簧支承器
(a) 250～1250A 母线；(b) 1600～2000A 母线；
(c) 2500～3150A 母线

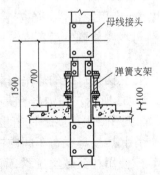

图 3.4－48　母线接头与楼(地)面关系示意图

母线水平安装的顺序应先由始端开始至中间固定再至终端固定。母线在各种不同类型的支、吊架上水平安装也有平卧式和侧卧式两种安装方式。母线与支、吊架的安装用压板固定,母线平卧式安装用平压板固定,母线侧卧式安装用侧卧式压板固定,压板均由厂家配套供应,压板的尺寸规格,如图3.4-49所示。

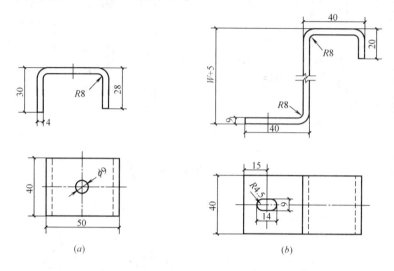

图3.4-49 母线固定用压板
(a) 平压板;(b) 侧压板

母线平卧安装时平卧压板用 M8×45 六角螺栓和六角螺母固定,在螺母一侧应使用 φ8 平垫圈和弹簧垫圈。母线侧卧式安装的侧卧式压板用 M8×20 六角螺栓和六角螺母固定,在螺母一侧同样使用似乎垫圈和弹簧垫圈。封闭、插接母线还可以使用平装抱箍或立装抱箍在角钢支架上固定母线,但这种形式只适用于 BMC-Ⅰ型及 BMZ-Ⅱ型母线。封闭、插接母线在不同形式上的支、吊架上的水平安装,如图3.4-50所示。

MC 型母线在支架上安装,可使用 ∟30×4 角钢支架,此角钢支架中部适当位置上有卡固母线的豁口,母线安装调直后再与支持母线的支架进行焊接,如图3.4-51所示。

4) 母线靠墙侧装

母线靠墙侧装的方式,适用于100A及以下的母线安装,母线使用侧装夹具固定,侧装夹具也由生产厂家提供。在安装母线前先用 φ6 塑料管和 φ6×40 沉头木螺钉固定好夹具的底部,待母线安装调整后再安装侧装夹具的前部压板,如图3.4-52所示。

5) 母线的吊装

封闭、插接母线的悬吊安装,除使用压板固定外,还可用吊装夹板以及吊装夹具安装,如图3.4-53所示。图中吊装夹具只适用于100A及以下母线安装。

6) 封闭、插接母线在柱间吊装

封闭、插接母线在车间内柱间安装时,如柱旁无墙时,可使用 φ7.2 钢丝绳作钢索吊装母线,钢索使用花篮螺丝拉紧,钢索两端在柱上的支架上固定,母线用吊装夹板固定,用花篮螺丝吊挂在钢索上,吊挂间距不应大于2m,如图3.4-54所示。

7) 母线的连接

封闭母线连接时母线与外壳间应同心,误差不得超过5mm。段与段连接时,两相邻段母线及外壳应对准,连接后不应使母线及外壳受到机械应力。橡胶伸缩套的连接头、穿墙处的连接法兰、外壳与底座之间、外壳各连接部位的螺栓应采用力矩扳手紧固,各接合面应密封良好。

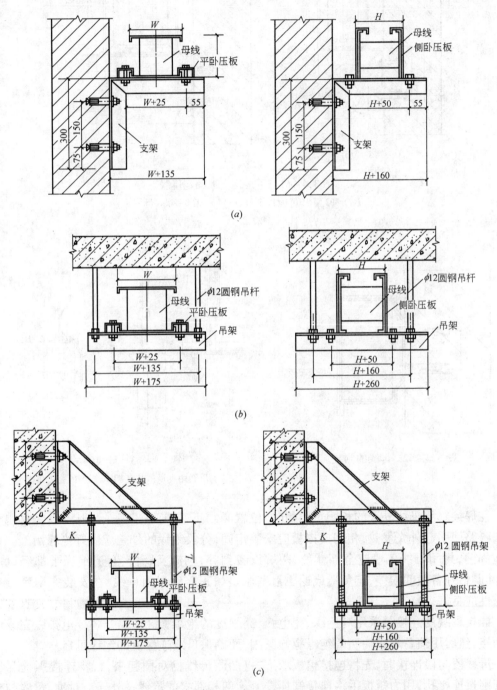

图 3.4-50 母线在支、吊架上水平安装
(a) 在墙体角钢支架上平、侧卧安装;(b) 在楼板吊架上侧、卧安装;
(c) 在柱吊架上平、侧卧安装

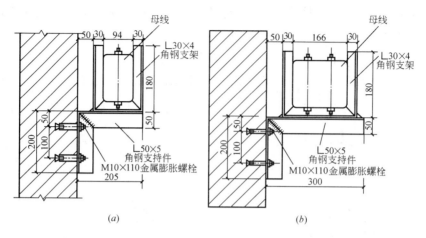

图 3.4-51 用角钢支架固定母线
(a) MC 型 350A 及以下母线；(b) MC 型 800A 母线

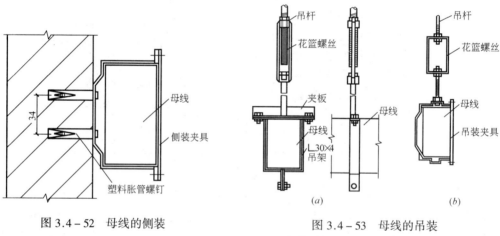

图 3.4-52 母线的侧装

图 3.4-53 母线的吊装
(a) 母线用夹板吊装；(b) 母线用吊装夹具安装

在焊接封闭母线外壳的相间短路板时，位置必须正确，连接良好，否则将改变封闭母线原来磁路而引起外壳发热，相间支撑板应安装牢固，分段绝缘的外壳应做好绝缘措施。母线在施焊前，封闭母线各段应全部就位，两端设备到齐，电流互感器、盘形绝缘子都经试验合格，并调整好各段间误差，避免造成返工浪费。呈微正压的封闭母线，在安装完毕后检查其密封性应良好。

插接母线的连接是采用高绝缘、耐电弧、高强度的绝缘板 8 块隔开各导电排以完成母线的插接，然后用覆盖环氧树脂的绝缘螺栓紧固，而确保母线连接处的绝缘可靠。

母线段与段连接时，先将连接盖板取下，将两段母线槽对插起来，再将连接螺栓和绝缘套管穿过连接孔，用力矩扳手将连接螺栓拧紧。两相邻接的母线及外壳应对准，母线与外壳间应同心，并且误差不应超过 5mm，连接后不应使母线及外壳受到机械应力。

拧紧接头螺栓是母线槽稳定运行的可靠保证，母线接头和母线外壳均应用力矩扳手紧固，各结合面应连接紧密，紧固力矩值应符合产品要求。

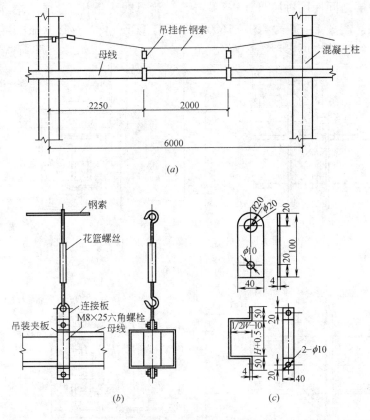

图 3.4-54 母线在钢索上吊装
（a）母线钢索吊装示意图；（b）母线吊装做法；（c）吊装零件

母线插接紧固后，将连接盖板盖上，此时两段母线槽即已连接好。

封闭、插接母线的连接处应躲开母线支架，母线的连接，不应在穿过楼板或墙壁处进行。

母线在穿过墙及防火楼板时，应采取防火隔离措施，防火隔板还可以采用矿棉半硬板、泡沫石棉板、Ef-85型耐火隔板。一般在母线周围填充防火堵料，且要堵满缝隙，如图 3.4-55所示。防火堵料可选用如下几种：

① DFD—Ⅱ型电线电缆阻火堵料；

② DMT—J型电缆密封填料；

③ DMT—G型电缆密封填料；

④ DMT—P型电缆密封填料；

⑤ DMT—W型无机电缆密封填料；

⑥ SFD型速固封堵料。

封闭母线的插接分支点，应设在安全及安装方便的地方。封闭母线的终端无引出、引入线时，端头应使用终端盖（封闭罩）进行封闭或加装终端盒。插接母线引线孔的盖子应完整。

插接分线箱应与带插孔母线槽匹配使用，在封闭插接母线安装中，应将分线箱设在安全、便于操作和维护的地方，分线箱底边距地面 1.4~1.6m 为宜。

封闭、插接母线与低压配电屏连接，在母线终端应使用始端进线箱（进线保护箱）连接，进线箱与配电屏之间使用过渡母线进行连接,过渡母线为铜排,母线两端连接处应镀锡,其余部分刷黑漆。图 3.4-56 为 400~1600A 母线与 PGL—1/2 型低压配电屏连接参考图,大于 1600A 的母线连接也可参考图 3.4-56。

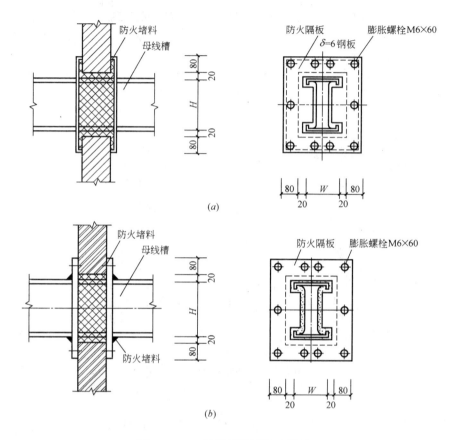

图 3.4-55 母线槽穿墙防火做法
(a)防火隔离方案一;(b)防火隔离方案二

当母线槽始端安装进线箱不着地时,它将悬吊在楼板上,其始端及进线箱、母线槽终端竖在楼(地)面,均可用水平支架安装固定。

封闭、插接母线与设备间连接,应在母线插接分线箱处明敷设钢导管至设备接线箱(盒)内,钢导管两端应套扣,在箱(盒)壁内外各用根母、护口将管与箱(盒)紧固。由设备接线盒(箱)至设备电控箱一段可使用普利卡金属管或金属蛇皮管敷设。敷设的钢导管与母线之间的垂直或水平距离,如果超过 2.5m 时,可采用 $\phi 6$ 圆钢悬吊或用其他方法以增加稳固性。工艺设备之间的支路,可视具体情况而定。

(6)封闭、插接母线的接地

封闭、插接母线的接地形式各有不同,安装中应认真的辨别。

一般的封闭式母线的金属外壳仅作为防护外壳,不得作保护接地干线(PE 线)用,但外壳必须接地。每段母线间应用不小于 $16mm^2$ 的编织软铜带跨接,使母线外壳互相连成一体。

有的利用壳体本身做接地线,即当母线连接安装后,外壳已连通成一个接地干线,外壳处焊有接地铜垫圈供接地用。

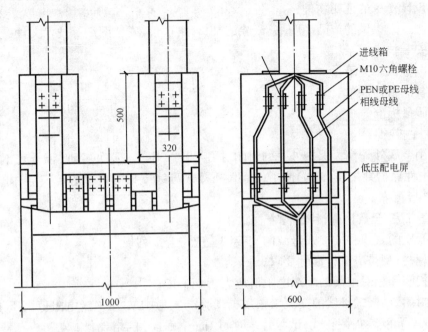

图 3.4-56 母线与低压配电屏连接

也有的带有附加接地装置,即在外壳上附加 3×25 裸铜带。每个母线槽间的接地带通过连接组成整体接地带。插接箱通过其底部的接地接触器,自动与接地带接触。

还有一种半总体接地装置,接地金属带与各相母线并列,在连接各母线槽时,相邻槽的接地铜带自动紧密结合。当插接箱各插座与铜排触及时,通过自身的接地插座先与接地带牢靠接触,确保插接箱及以后的线路和设备可靠接地。

在 TN-S 系统中,如采用四线型母线,则应另外敷设一根接地干线(PE 线)。每段封闭、插接母线外壳应该与接地干线有良好的电气连接。

无论采用什么形式接地,均应接地牢固,防止松动,且严禁焊接。封闭母线外壳应与专用保护线(PE 线)连接。

(7) 试运行及工程交接验收

封闭、插接母线安装完毕后,应整理、清扫干净,用兆欧表测试相间,相对地的绝缘电阻值并做好记录。母线的绝缘电阻值必须大于 0.5MΩ。

经检查和测试符合规定后,送电空载运行 24h 无异常现象,办理验收手续,交建设单位使用,同时提交验收资料。

封闭插接母线安装完毕,暂时不能送电运行时,现场应设置明显的标志,以防损坏。

在验收时,应进行下列检查:

1) 封闭插接母线安装架设应符合设计规定,组装和卡固位置是否正确,支架应躲开连接接头处,母线应固定牢固、横平竖直;成排安装的应排列整齐,间距均匀,便于维修。

2) 金属构件加工、配制、螺栓连接、焊接等应符合国家现行标准的有关规定。

3) 所有螺栓、垫圈、弹簧垫圈、锁紧螺母等应齐全、可靠。

验收时,应提交下列资料和文件:

1) 设计变更部分的实际施工图;
2) 设计变更的证明文件;
3) 制造厂提供的产品说明书、试验记录、合格证件、安装图纸等技术文件;
4) 安装技术记录;
5) 电气试验记录;
6) 备品备件清单。

5. 质量标准

(1) 主控项目

1) 用金属外壳作为保护外壳的封闭、插接母线,其外壳必须接地,但外壳不得作保护线(PE)和中性保护共用线(PEN)使用;封闭、插接式母线支架等可接近裸露导体应与 PE 线或 PEN 线连接可靠。

检查方法:全数检查,目测检查。

2) 低压的封闭和插接式母线的交接试验应符合下列规定:

① 规格、型号应符合设计要求;

② 相间和相对地间的绝缘电阻值应大于 0.5MΩ;

③ 封闭、插接式母线的交流工频耐压试验电压为 1kV,当绝缘电阻值大于 10MΩ 时,可采用 2500V 兆欧表摇测替代,试验持续时间 1min,无击穿闪络现象。

检查方法:全数检查,现场摇测试验或查阅试验记录或试验时旁站。

3) 高压封闭母线交流工频耐压试验必须按现行国家标准《电气装置安装工程电气设备交接试验标准》GB 50150 的规定交接试验合格。

检查方法:全数检查,查阅试验记录或实验时旁站。

4) 封闭、插接式母线安装应符合下列规定:

① 母线与外壳同心,允许偏差为 ±5mm;

② 当段与段连接时,两相邻段母线及外壳对准,连接后不使母线及外壳受额外应力;

③ 母线的连接方法符合产品技术文件要求。

检查方法:全数检查,目测和尺量检查。

(2) 一般项目

1) 封闭、插接母线的支架与预埋铁件采用焊接固定时,焊缝应饱满;采用膨胀螺栓固定时,选用的螺栓应适配,连接应牢固。

检查方法:按不同种类的支架抽查 5%,但不少于 5 个,目测检查和用适配工具做拧动试验,检查螺栓的紧固程度。

2) 封闭、插接式母线组装和固定位置应正确,外壳与底座间、外壳各连接部位和母线的连接螺栓应按产品技术文件要求选择正确,连接紧固。

检查方法:全数检查,目测检查。

6. 成品保护

(1) 封闭、插接母线安装完毕,暂时不能送电运行时,现场应设置明显标志牌,以防损坏。

(2) 封闭、插接母线安装后,如有其他工种作业应对封闭、插接母线加以保护,以防损伤。

7. 其他

(1) 零部件缺少、损坏。开箱检查清点要仔细,将缺件、破损件列好清单,同供货单位协商解决,加强保管。

(2) 成套供应的封闭、插接母线的各段缺少标志,外壳变形。应加强开箱清点工作要过细,在搬运及保管过程中应避免母线段损伤、碰撞。

(3) 封闭母线安装完成后,被土建工程施工污染。封闭母线安装,应在室内装饰工程完工后进行,防止安装后被室内装饰粉刷工程污染。

(三) 电缆桥架安装桥架内电缆敷设

1. 分项(子分项)工程概况(略)

2. 分项(子分项)工程质量目标和要求

如优良、结构图五和03G101等。

3. 施工准备

(1) 施工人员

施工人员应培训合格,认真熟悉图纸,必须持证上岗。

(2) 施工机具设备和测量仪器

经纬仪、水平仪、电锤、电钻、活扳手、卷尺、绝缘电阻测试仪。

(3) 材料要求

1) 各种规格电缆桥架的直线段、弯通、桥架附件及支、吊架等;

2) 各种规格、型号的电力电缆、控制电缆等;

3) 桥架附件的连接、紧固螺栓,各种电缆卡子、电缆标志牌等。

(4) 施工条件

1) 土建工程应全部结束且预留孔洞、预埋件符合设计要求,预埋件安装牢固,强度合格;

2) 桥架安装沿线模板等设施的拆除完毕,场地清理干净,道路畅通;

3) 室内电缆桥架的安装宜在管道及空调工程基本施工完毕后进行;

4) 电缆敷设时,电缆桥架应全部安装结束,并经检查合格。

4. 施工工艺

(1) 工艺流程

桥架选择 → 外观检查 → 支、吊架安装 → 桥架组装 → 电缆敷设

(2) 电缆桥架及选择

电缆桥架是架空电缆的一种构架,通过电缆桥架把电缆从配电室或控制室送到用电设备。

电缆桥架布线适用于电缆数量较多或较集中的室内外及电气竖井内等场所架空敷设,也可以在电缆沟和电缆隧道内敷设。

电缆桥架不仅可以用来敷设电力电缆、照明电缆,还可以用于敷设自动控制系统的控制电缆。

电缆桥架的形式是多种多样的,电缆桥架是由托盘、梯架的直线段、弯通、附件以及支(吊)架等构成,用以支承电缆的连续性的刚性结构系统的总称。

电缆桥架有:钢制电缆桥架、铝合金制电缆桥架和玻璃钢(玻璃纤维增强塑料)制电缆桥

架。最常用的钢制电缆桥架。铝金合和玻璃钢电缆桥架在个别工程中也有应用。

1) 桥架的结构类型

目前电缆桥架产品还没有完全系列化和标准化。产品型号命名系各生产厂家自定,产品结构形式多样化,技术数据、外形尺寸、标准符号字样也不一致,设计、施工选用中应注意差别。

根据桥架的结构类型可分为:有孔托盘、无孔托盘、梯架和组装式托盘。

① 有孔托盘:是由带孔眼的底板和侧边所构成的槽形部件,或由整块钢板冲孔后弯制成的部件。

② 无孔托盘:是由底板与侧边构成的或由整块钢板制成的槽形部件。

③ 梯架:是由侧边与若干个横档构成的梯形部件。

④ 组装式托盘:是由适于工程现场任意组合的有孔部件用螺栓或插接方式连接成托盘的部件,也称做组合式托盘。

2) 桥架的结构品种

桥架一般由直线段和弯通组成。

① 直线段:是指一段不能改变方向或尺寸的用于直接承托电缆的刚性直线部件。

桥架直线段是由冷轧钢板(或热轧钢板)制成的,标准长度为 2、3、4、6m 四种,宽度为 50～1200mm 不等。托盘、梯架高度由 35～200mm 规格不一,梯架的横档间距一般为 250mm 和 300mm 两种。

② 弯通:是指一段能改变电缆桥架方向或尺寸的一种装置,是用于直接承托电缆的刚性非线性部件,也是由冷轧(或热轧)钢板制成的,可包含下列品种:

a. 水平弯通:在同一水平面改变托盘、梯架方向的部件,水平弯通按角度区别有 30°、45°、60°、90°四种。

b. 水平三通:在同一水平面上以 90°分开三个方向连接托盘、梯架的部件,分等宽和变宽两种。

c. 垂直三通:在同一垂直面上以 90°分开三个方向连接托盘、梯架的部件,分等宽和变宽两种。

d. 水平四通:在同一水平面上以 90°分开四个方向连接托盘、梯架的部件,分等宽和变宽两种。

e. 垂直四通:在同一垂直面上以 90°分开四个方向连接托盘、梯架的部件,分等宽和变宽两种。

f. 上弯通:使托盘、梯架从水平面改变方向向上的部件,分 30°、45°、60°、90°四种。

g. 下弯通:使托盘、梯架从水平面改变方向向下的部件,分 30°、45°、60°、90°四种。

h. 变径直通:在同一水平面上连接不同宽度或高度的托盘、梯架的部件。

3) 桥架的附件

桥架附件是用于直线段之间、直线段与弯通之间的连接,以构成连续性刚性的桥架系统所必需的连接固定或补充直线段、弯通功能的部件,即包括各种连接板,又包括盖板、隔板、引下装置等部件:

① 直线连接板(直接板);

② 铰链连接板(铰接板),分水平、垂直两种;

③ 连续铰连板(软接板);

④ 变宽连接板(变宽板);

⑤ 变高连接板(变高板);

⑥ 伸缩连接板(伸缩板);

⑦ 转弯连接板(弯接板);

⑧ 上下连接板(上下接板),分 30°、45°、60°、90°四种;

⑨ 盖板;

⑩ 隔板;

⑪ 压板;

⑫ 终端板;

⑬ 引下件;

⑭ 竖井;

⑮ 紧固件。

4) 桥架的支吊架

支、吊架是指直接支承托盘、梯架的部件,可包括:

① 托臂:直接支承托盘、梯架且单端固定的刚性部件,分卡板式、螺栓固定式;

② 立柱:直接支承托臂的部件,分工字钢、槽钢、角钢、异形钢立柱;

③ 吊架:悬吊托盘、梯架的刚性部件,分圆钢单、双杆式;角钢单、双杆式;工字钢单、双杆式;槽钢单、双杆式;异形钢单、双杆式;

④ 其他固定支架:如垂直、斜面等固定用支架。

5) 桥架按安装场所选择

需屏蔽电气干扰的电缆回路,或有防护外部影响如油、腐蚀性液体、易燃粉尘等环境的要求时,应选用有盖无孔型托盘,是一种全封闭的金属壳体;当需要因地制宜组装的场所,宜选用组装式托盘。除此之外可用有孔托盘或梯架。

在容易积灰和其他需遮盖的环境或户外场所,宜带有盖板。

在公共通道或户外跨越道路段使用梯架时,底层梯架上宜加垫板,或在该段使用托盘。

低压电力电缆与控制电缆共用同一托盘或梯架时,应选用中间设置隔板的托盘或梯架。

在托盘、梯架分支、引上、引下处宜有适当的弯通;因受空间条件限制不便装设弯通或有特殊要求时,可选用软接板、铰接板;伸缩缝应设置伸缩板;连接两段不同宽度或高度的托盘、梯架可配置变宽或变高板。支、吊架和其他所需附件,可根据托盘、梯架的型号、规格、路径、安装方式和工程布置条件选择。

6) 托盘、梯架规格选择

托盘、梯架的宽和高度,应按下列要求选择:

① 电缆在桥架内的填充率,不应超过有关标准规范的规定值。电力电缆可取 40%~50%;控制电缆可取 50%~70%,并应留有 10%~25%的备用空位,以便今后为增添电缆用;

② 所选托盘、桥架规格的承载能力应满足规定。其工作均布荷载不应大于所选托盘、梯架荷载等级的额定均布荷载;

③ 工作均布荷载下的相对挠度不宜大于 1/200。

托盘、梯架直线段,可按单件标准长度选择。单件标准长度虽然规定为2、3、4、6m,但实际工程中,在明确长度后,供方可提供非标长度。托盘、梯架的宽度与高度按常用规格及图纸尺寸选择。

选择各类弯通及附件规格,应适合工程布置条件,并与托盘、梯架配套,并在同类型中规格尺寸相吻合,以利于安装。

托盘、梯架常用弯通内侧的弯曲半径如下:

① 折弯形:两条内侧直角边的内切圆半径 R 为 300、600、900mm;

② 圆弧形:300、600、900mm。

选用托盘、梯架弯通的弯曲半径,不应小于该桥架上的电缆最小允许弯曲半径的规定。

支、吊架规格选择,应按托盘、梯架规格层数、跨距等条件配置,并应满足荷载的要求。

连接板、连接螺栓等受力附件,应与托盘、梯架、托臂等本体结构强度相适应。

钢制桥架的表面处理方式,应按工程环境条件、重要性、耐久性和技术经济性等因素进行选择适宜的防腐处理方式。当采用防腐方式为镀锌镍合金、高纯化等其他防腐处理的桥架,应按规定试验验证,并应具有明确的技术质量指标及检测方法。

(3) 桥架的外观检查

桥架产品包装箱内应有装箱清单、产品合格证及出厂检验报告。托盘、梯架板材厚度应满足表3.4-38的规定。表面防腐层材料应符合国家现行有关标准的规定。

托盘、梯架允许最小板材厚度   表 3.4-38

托盘、梯架宽度(mm)	允许最小厚度(mm)
<400	1.5
400~800	2.0
>800	2.5

热浸镀锌的托盘、梯架镀层表面应均匀,无毛刺、过烧、挂灰、伤痕、局部未镀锌(直径2mm以上)等缺陷,不得有影响安装的锌瘤。螺纹的镀层应光滑,螺栓连接件应能拧入。

电镀锌的锌层表面应光滑均匀,致密。不得有起皮、气泡、花斑、局部未镀、划伤等缺陷。喷涂应平整、光滑、均匀、不起皮、无气泡水泡。桥架焊缝表面均匀,不得有漏焊、裂纹、夹渣、烧穿、弧坑等缺陷。桥架螺栓孔径,在螺杆直径不大于M16时,可比螺杆直径大1.5mm,螺杆直径不小于M20时,可比螺杆直径大2mm。

螺栓连接孔的孔距允许偏差:

同一组内相邻两孔间±0.7mm;同一组内任意两孔间±1mm;相邻两组的端孔间±1.2mm。

(4) 桥架的保管

电缆桥架暂时不能安装时,其贮存场所宜干燥、有遮盖,应避免酸、盐、碱等腐蚀性物质的侵蚀。

在保存场所一定要分类码放,不得摔打,层间应用适当软垫物隔开,避免高压,以防变形和防腐层损坏,影响施工和桥架质量。在有腐蚀的环境,还应有防腐蚀的措施,一经发现有变形和防腐层损坏,应及时处理后再存放。

(5) 桥架的敷设位置

电缆桥架的总平面布置应做到距离最短,经济合理,安全运行,并应满足施工安装、维修和敷设的要求。

电缆桥架应尽可能在建筑物、构筑物(如墙、柱、梁、楼板等)上安装,与土建专业密切配合。

梯架或托盘式桥架(有孔托盘)水平敷设时距地高度一般不宜低于2.5m,槽板桥架(无孔托盘)距地高度可降低到2.2m。

桥架垂直敷设时,在距地1.8m以下易触及部位,为防止人直接接触或避免电缆遭受机械损伤,应加金属盖保护,但敷设在电气专用房间(如配电室、电气竖井、技术层等)内时除外。

电缆桥架如需多层载荷吊装时,要尽量采取双边敷设,避免偏载。

电缆桥架多层敷设时,为了散热和维护及防止干扰的需要,桥架层间应留有一定的距离:

桥架最上部距离楼板或顶棚或其他障碍物不应小于0.3m;

电缆桥架多层敷设时,各层间距离应符合设计规定;

弱电缆与电力电缆间不应小于0.5m,如有屏蔽盖板可减少到0.3m;

控制电缆间不应小于0.2m;

电力电缆间不应小于0.3m。

当设计无规定时,桥架层间允许最小距离应符合表3.4-39的规定。但层间净距不应小于2倍电缆外径加10mm,35kV及以上高压电缆不应小于2倍电缆外径加50mm。

电缆桥架的层间允许最小距离值(mm)　　　　表3.4-39

电缆类型和敷设特征		桥架
控制电缆		200
电力电缆	10kV及以下(除6~10kV交联聚乙烯绝缘外)	250
	6~10kV交联聚乙烯绝缘	300
	35kV单芯	300
	35kV三芯 110kV及以上,每层多于1根	350
	110kV及以上,每层1根	300

几组电缆桥架在同一高度平行或交叉敷设时,各相邻电缆桥架间应考虑维护,检修距离,一般不宜小于0.6m。

电缆桥架与各种管道平行或交叉敷设时,其净距应符合表3.4-40的规定。

电缆桥架与各种管道的最小净距　　　　表3.4-40

管道类别		平行净距(m)	交叉净距(m)
一般工艺管道		0.4	0.3
具有腐蚀性液体(或气体)管道		0.5	0.5
热力管道	有保温层	0.5	0.3
	无保温层	1.0	0.5

(6) 支、吊架位置的确定

在确定支、吊架、支撑距离时,应符合设计规定,当设计无明确规定时,也可按生产厂家提供的产品特性数据确定。

电缆桥架水平敷设时,支撑跨距一般为 1.5~3m。

电缆桥架垂直敷设时,固定点间距不宜大于 2m。

非直线段的支、吊架,桥架弯通或三通、四通弯曲半径不大于 300mm 时,应在距弯曲段与直线段接合处 300~600mm 的直线段侧设置一个支吊架。当弯曲半径大于 300mm 时,还应在弯通中部增设一个支、吊架。

(7) 门型角钢支架的制作安装

电缆桥架沿墙垂直安装,可使用门型角钢支架固定托盘或梯架,门形角钢支架一种是用整根角钢割角煨制焊接制作,如图 3.4-57 所示;另一种是支架横梁和支架腿由角钢组装而成,如图 3.4-58 所示。

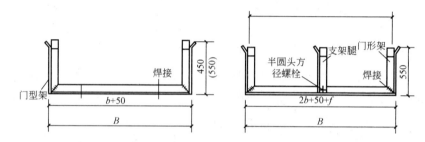

图 3.4-57 角钢焊接支架制作图

b—梯架或托盘宽度;f—两梯架或托盘中间距离(100mm)

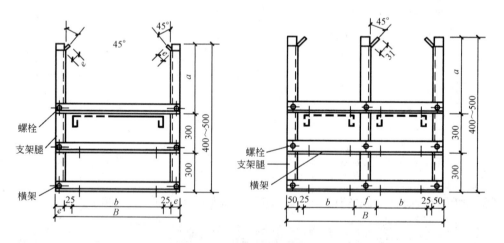

图 3.4-58 角钢组装支架制作图

b—梯架或托盘宽度;f—梯架或托盘间距(100mm);e—角钢宽度

支架角钢的规格应根据托盘、梯架的规格和层数选用。组装式支架的支架腿开孔尺寸应相同,左右两个支架的开孔位置应对称布置,支架角钢掰角长度应与角钢的宽度相同,并向两个方向掰角。

门形角钢支架在建筑物墙体上的安装方式,有直接埋设和用预埋螺栓固定两种方法单层桥架的支架埋深一般为150mm,多层支架的埋设深度为200~300mm。

门形角钢支架用预埋螺栓固定时,应使用 M10×150 螺栓,螺栓可随墙体砌筑也可将螺栓埋设在预制混凝土砌块内,待墙体施工时,再把预制混凝土砌块随墙砌在给定的位置上。

(8) 梯形角钢固定支架的制作安装

桥架沿墙、柱水平安装时,当柱、墙表面不在同一平面上时,在柱上可以直接安装托臂,而在墙体上托臂需安装在异形钢或工字钢立柱上,立柱要焊接在梯形角钢支架上,支柱在墙、柱上需用膨胀螺栓固定,使柱和墙上的桥架固定支架(或托臂)在同一条直线上。梯形角钢固定支架可以由厂家供应或用角钢自行煨制,角钢固定支架构造,梯型角钢支架的上、下固定板制作时的开孔个数和开孔位置,如图 3.4-59 所示。框架角钢与 8mm 厚的上、下固定板需焊接固定,焊接时焊缝高度为 5mm。

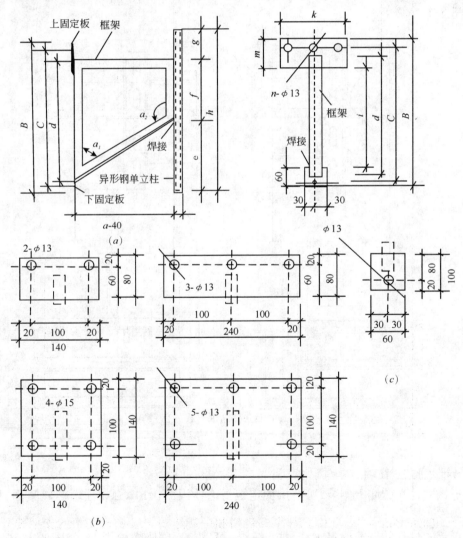

图 3.4-59 梯形角钢支架制作图
(a) 支架制作;(b) 上固定板;(c) 下固定板

(9) 电缆桥架立柱安装

立柱是直接支承托臂的部件,分工字钢、槽钢、角钢、异形钢及T形钢立柱。立柱可以在墙、柱上安装,也可以悬吊在梁、板上安装。

1) 工字钢立柱侧壁式安装

工字钢立柱沿砖墙侧壁式安装可将预制混凝土块随墙砌筑在适当位置处,工字钢立柱与墙体内的预制砌块内预埋件采用焊接固定,焊缝高度为 6mm。

工字钢立柱靠混凝土柱安装有两种安装方式:其一将预埋铁件与柱筋固定后一同浇筑在混凝土柱内,立柱与柱内铁件采用焊接固定,焊缝高度为 6mm,如图 3.4-60(a)。其中当混凝土柱为独立柱时,也可采用抱箍焊接固定,工字钢立杆、焊缝高度为 4mm。抱箍应使用 -40×4 镀锌扁钢制作,抱箍的长度为混凝土柱的半周长增加 80mm,抱箍用两根 M8×30 螺栓紧固,如图 3.4-60(b)所示。工字钢立柱在安装时与抱箍进行焊接固定,焊接处涂刷防腐漆两道。

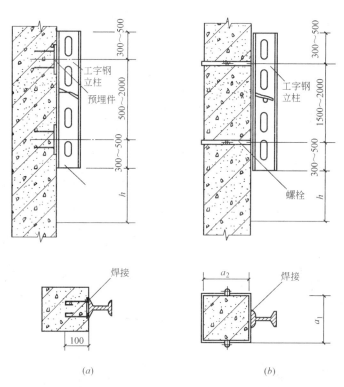

图 3.4-60 工字钢立柱沿混凝土柱侧壁式安装
(a)用预埋铁件固定;(b)用抱箍固定

2) 异形钢立柱在墙、柱上侧壁安装

异形钢立柱在砖墙上侧装,可使用固定板与墙体内的 M10×200 预埋螺丝紧固,将异形钢立柱固定。

异形钢支柱在砖墙或混凝土墙、柱上安装,可以使用膨胀螺栓固定,如图 3.4-61 所示。当托臂层数多于3层时,应对膨胀螺栓的受力进行验算。

3) 工字钢立柱直立式安装

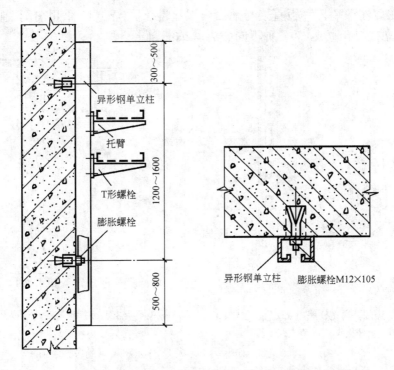

图 3.4-61　异形钢立柱在砖墙或混凝土墙、柱上侧壁安装做法

① 一端固定直立式安装

工字钢立柱直立式安装方式很多,基本上可分为:一端固定直立式、两端固定直立式和悬臂直立式、混合直立式等。

工字钢立柱一端固定直立式,适用于工字钢立柱在混凝土地面上直接安装。工字钢立柱应使用立柱接头与地面固定,待混凝土地面强度达到标准强度后,先将立柱接头与地面内螺栓紧固,然后将工字钢立柱插入到立柱接头内,用 M10×30 螺栓紧固,如图 3.4-62 所示。

② 两端固定直立式安装

工字钢两端固定直立式,是在工字钢立柱两端均使用立柱接头,安装立柱时,应在立柱起立前将立柱接头插入立柱两端,然后再将立柱接头固定在地面及顶部楼板内的膨胀螺栓或预埋螺栓上,如图 3.4-63 所示。

③ 悬臂直立式安装

工字钢立柱采用悬臂式直立安装,就是使用两套钳形夹板或固定板在工字钢适当位置上与建筑物墙体进行固定,此种方法不需要使用立柱接头固定立柱的端部。

固定工字钢立柱的钳形夹板由角钢制成,钳形夹板需要随土建墙体施工预埋,也可以在墙体施工后进行填埋;固定板是由钢板制作而成,固定板既可以预埋也可用预埋螺栓或直接用膨胀螺栓固定。

钳形夹板和固定板样式很多,使用钳形夹板和固定板来进行工字钢立柱的悬臂直立式安装做法,如图 3.4-64 所示。

④ 混合直立式立柱安装

混合直立式立柱安装,就是在立柱上部适当位置处用一套钳形夹板或固定板与建筑物墙体固定,在立柱下端将底板直接与地面内螺栓进行固定,或者采用前图立柱接头进行固定。工字钢立柱混合直立式,各种不同做法,如图 3.4-65 所示。

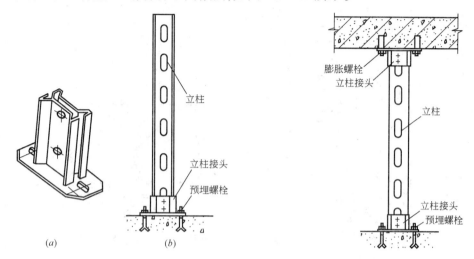

图 3.4-62 工字钢立柱一端固定直立式安装
(a)立柱接头;(b)直立式安装

图 3.4-63 工字钢立柱两端固定直立式安装

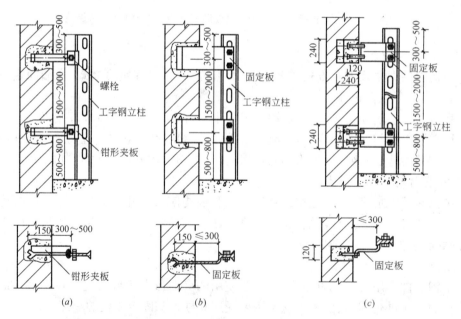

图 3.4-64 工字钢悬臂直立式安装做法
(a)立柱用钳形夹板安装;(b)立柱用预埋夹板安装;(c)用预制砌块固定夹板安装立柱

(10) 桥架吊架安装

桥架吊架有圆钢单杆式吊架和圆钢双杆式吊架。

1) 圆钢单杆式吊架安装

单层梯架水平敷设时,可用圆钢单杆吊架悬吊安装,圆钢吊杆直径与吊杆长度应视工程设计或实际需要决定。

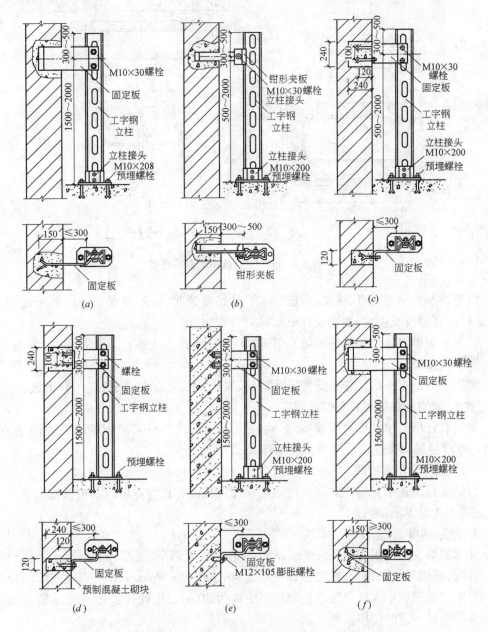

图 3.4-65 工字钢立柱混合直立式安装做法
(a) 用预埋固定板和立柱接头安装;(b) 用钳形夹板和立柱接头安装;
(c) 用砌块固定夹板和立柱接头安装;(d) 用砌块固定板和预埋螺栓安装;
(e) 用膨胀螺栓固定板和立柱接头安装;(f) 用预埋固定板和预埋螺栓安装立柱

圆钢单杆吊架,应使用 M12 膨胀螺栓与混凝土楼板固定。吊架下端吊杆与支持梯架的槽钢横担用垫圈及螺母固定,如图 3.4-66 所示。

2) 圆钢双杆式吊架安装

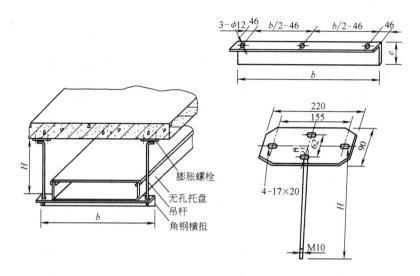

图 3.4-66 用双杆吊架悬吊托盘

电缆桥架为单层托盘、梯架,而进行水平悬吊安装时,使用圆钢双杆吊架吊装的方式较多,吊杆的直径及长度,视工程设计或实际需要选用。

托盘用圆钢双杆吊架悬吊安装,如图 3.4-66 所示。吊架下部可用扁钢、角钢、异形钢或槽钢横担支持。

梯架用圆钢双杆吊架悬吊安装,使用夹板夹持固定梯架时,夹板与吊杆的连接,应在夹板的上、下侧使用双垫圈和双螺母固定。

圆钢双杆吊架与楼板的固定方法,可根据不同形式的吊架使用膨胀螺栓固定,也可用 M10×40 连接螺母来连接吊杆和膨胀螺栓。

(11) 立柱悬吊式安装

桥架立柱的悬吊安装方式因立柱形式及托臂长度和托臂数量以及楼板或梁等的结构不同,安装方式也各不相同。

1) 异形钢单、双立柱悬吊安装

异形钢单立柱使用托臂长≤450mm,层数在 2 层及以下时,在预制混凝土楼板或梁上悬吊安装时,可以采用 M12×105 膨胀螺栓固定,由 220mm×90mm×6mm 钢板制成的异形钢单立柱底座。异形钢单立柱只限于托臂层间距离为 300mm,托臂长≤450mm,层数 2 层及以下或与其相当的情况时使用。

异形钢双立柱在预制混凝土楼板或梁上悬吊安装做法及底座尺寸和膨胀螺栓规格与异形钢单立柱均相同。当托臂长≥450mm,托臂层数在 3 层及以上时,应对固定点受力情况进行校验。

异形钢单、双立柱在现浇混凝土楼板或梁上悬吊安装,还有一种安装方法,需要土建专业在施工阶段埋设 160mm×160mm×6mm 钢板制成的预埋件,一定要测量好准确的埋设位置,待安装时将无底座异形钢单立柱与预埋件焊接,在焊接前应再次测量定位,焊缝高度为 4mm,如图 3.4-67 所示。

异形钢双立柱悬吊与预埋件焊接安装,适用于托臂层间距为 300mm,当托臂长≥

450mm，层数为 3 层及以上时，应对固定点受力情况进行校验。

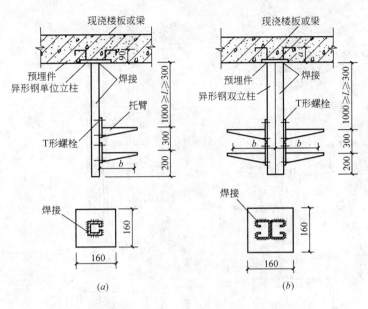

图 3.4-67 异形钢单、双立柱悬吊焊接安装
(a) 异形钢单立柱；(b) 异形钢双立柱

2) 工字钢立柱悬吊安装

工字钢立柱在预制板板缝中悬吊安装，应用圆钢制作预埋件，然后配合土建施工安装好预埋件。

安装立柱时，将工字钢立柱托起，使其工宇钢中心线在预埋件两根外露圆钢的中心，工字钢立柱与圆钢焊接牢固，焊缝高度为 8mm，如图 3.4-68(a)所示。

带底座的工字钢立柱在现浇板或梁上悬吊安装应使用预埋件，每个立柱应使用两个预埋件。在立柱安装时，应将工字钢立柱底座与预埋件钢板焊接，如图 3.4-68(b)所示，焊角高度为 8mm。

工字钢立柱沿现浇矩形梁悬吊安装，采用 470mmϕ8 圆钢与 120mm×120mm×6mm 钢板焊接做预埋件，焊接悬吊工字钢立柱，焊缝高度为 8mm。

工字钢立柱沿现浇矩形梁侧面悬吊安装，采用长 390mmϕ8 圆钢与 120mm×120mm×6mm 钢板焊接做预埋件，配合梁钢筋绑扎进行预埋，待安装立柱时，焊接悬吊工字钢立柱，焊缝高度为 8mm。

工字钢立柱在预制混凝土梁底部悬吊安装，应使用有底座立柱，使用两根 M12×105 膨胀螺栓固定住立柱的底座。

工字钢立柱在混凝土梁下及梁侧悬吊安装方式，同样也适用于角钢和槽钢立柱有底座或无底座悬吊式的安装。

3) 桥架立柱在斜面上悬吊安装

工字钢、槽钢、角钢立柱需要与建筑物倾斜面安装或在墙壁上做倾斜支撑时，应使用立柱倾斜底座与建筑物连接。立在倾斜底座有固定底座和可调角度底座两种，可与建筑物采用膨胀螺栓固定。如斜面为钢结构时，可将底座与钢结构直接焊接，焊缝高度为 10mm。主柱与底座的连接应使用连接板和连接螺栓进行连接。

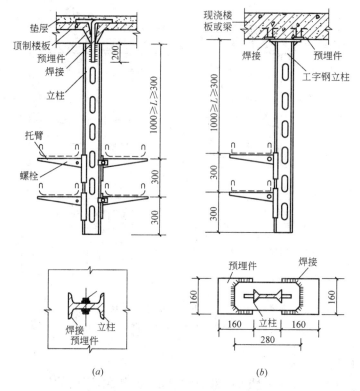

图 3.4-68 工字钢立柱在楼板上悬吊安装
(a)立柱在预制楼板上安装；(b)立柱在现浇楼板或梁上安装

4) 立柱在异形梁上悬吊安装

工字钢、槽钢、角钢立柱在工字形或梯形梁上悬吊安装，可采用 $\phi16$ 抱箍和 M16 双头螺栓固定，梁上的开孔应由土建专业预留，尺寸可见土建有关图纸。在工字梁上使用的垫块应根据需要确定。

(12) 托臂的安装

托臂是直接支承托盘、梯架且单独固定的刚性部件；托臂的种类很多，可根据工程设计和实际需要选用。托臂的固定方法与其安装位置有关，常用的有螺栓固定式和卡接式等。

1) 托臂固定的预埋件

托臂在建筑物墙、柱上安装，可根据情况用膨胀螺栓或预埋螺栓固定，也可与墙体内的预埋件，进行焊接固定，预埋螺栓及预埋件可随土建施工预埋，也可将埋好的预埋件的预制混凝土砌块随墙砌入。

2) 托臂用预埋螺栓固定安装

墙体上安装用螺栓固定式托臂，是在砌体墙配合土建施工时，找好位置，将预埋有 M10×150 地脚螺栓的尺寸为 120mm×120mm×240mm 的预制混凝土砌块随墙砌入，待安装托臂时进行紧固。

3) 托臂用膨胀螺栓固定安装

托臂如采用膨胀螺栓固定时,混凝土构件强度不应小于C15,在相当于C15混凝土强度的砖墙上也允许使用,但不适宜在空心砖建筑物上使用。

膨胀螺栓钻孔前,应先拉通线定好孔、眼的位置,经校验准确无误后,再开始钻孔,钻孔直径误差不应超过+0.5mm、-0.3mm;深度误差不超过3mm。钻孔后,应将孔内残存碎屑清除干净。螺栓固定后,螺栓头部偏差值不大于2mm。

4) 托臂在立柱上安装

桥架托臂在立柱上安装,因立柱种类的不同安装方式也不尽相同。

① 托臂在工字钢立柱上安装

卡接式托臂是与工字钢立柱配套所使用的托臂,它可以自由升降,与工字钢立柱配合使用,可以做单边敷设和双边敷设。

② 托臂在槽(角)钢立柱上安装

在槽钢、角钢立柱上安装的托臂形式相同,也采用螺栓固定式托臂,用M10×50六角螺栓连接固定。

③ 托臂在异形钢立柱上安装

在异形钢立柱上安装托臂,使用相应的螺栓固定式托臂,用M10×35 T形螺栓连接托臂和立柱。

5) 扁钢托臂安装

扁钢托臂也称扁钢支架,适用于各种形式电缆桥架在建筑物墙体上或竖井内作为垂直引上、引下或过梁时固定用。扁钢支架可以购买成品也可以用-40×4或-60×6镀锌扁钢制作。扁钢支架(托臂)使用M10×125或M12×110膨胀螺栓固定。

6) 终端托臂安装

当电缆桥架至墙臂(或柱壁)终止或越过时,可在墙或柱上安装终端托臂,以支撑电缆梯架或托盘。终端托臂就是∟30×30角钢,角钢的长度尺寸为桥架宽度加10mm。

(13) 电缆桥架支、吊架及托臂的调整

电缆桥架安装中,对桥架的支、吊装及托臂位置误差,应该严格控制。电缆桥架支、吊架及托臂或立柱应安装牢固,横平竖直。托臂及支、吊架的固定方式应按设计要求进行。各支、吊架及托臂的同层横档应在同一水平面上,其高低偏差不应大于5mm,防止纵向偏差过大使安装后的托盘、梯架在支、吊点悬空而不能与支、吊架或托臂直接接触;桥架支、吊架及托臂沿桥架走向左右的偏差不应大于10mm,支、吊架或托臂的横向偏差过大可能会使相邻梯架、托盘错位而无法连接或安装后的电缆桥架不直而影响美观。

(14) 电缆托盘、梯架安装

电缆桥架配线工程施工,当支、吊架或托臂安装调整后,即可进行托盘或梯架的安装。托盘或梯架的安装,应先从始端直线段开始,先把起始端托盘或梯架位置确定好,固定牢固,然后再沿桥架的全长逐段地对托盘或梯架进行布置。

1) 梯架用夹板安装

梯架沿建筑物墙体垂直引上、引下安装时,最简单的敷设方法是直接用夹板支持梯架,夹板使用M10×85膨胀螺栓与墙体固定。

梯架底部的夹板距地面一般为0.5~0.8m,上部夹板距梯架边缘可为0.3~0.5m,两夹板之间的垂直距离不应大于2m。

2) 托盘、梯架用压板固定

压板是电缆桥架附件中的一种,连接各种托臂和梯架(或托盘)。不同的压板适用于梯架(或托盘)沿墙垂直安装及梯架(或托盘)在支、吊架及托臂上固定使用。压板与梯架(或托盘)的固定是用 M6×10~30 半圆方径螺栓来连接的,压板固定梯架或托盘如图 3.4-69。

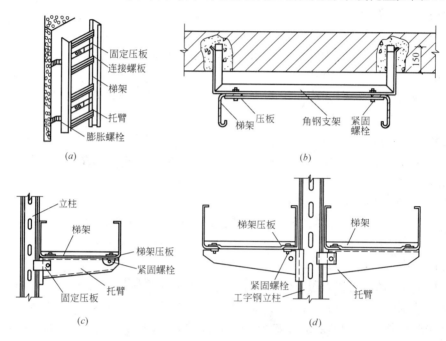

图 3.4-69 用压板固定梯架
(a) 梯架用扁钢托臂与压板固定;(b) 梯架用压板与门形角钢支架固定;
(c) 单侧托臂用压板固定梯架;(d) 双侧托臂用压板固定梯架

3) 电缆桥架的组装

电缆桥架安装时,进入现场应戴好安全帽。桥架下方不应有人停留。电缆桥架托盘或梯架的直线段和各类弯通端部的侧边上均有螺栓连接孔,当托盘、梯架的直线段与直线段之间以及直线段与弯通之间需要连接时,在其外侧应使用与其配套的直线连接板(简称直接板)和连接螺栓进行连接。有的托盘、梯架的直线段之间连接时在侧边内侧还可以使用内衬板进行辅助连接。

电缆桥架水平安装时,其直接板的连接处,不应该置于支撑跨距的 1/2 处或支撑点上。桥架的连接处,应尽量置于支撑跨距的 1/4 处。

在同一平面上连接两段需要变换宽度或高度的直线段托盘、梯架,可以配置变宽连接板或变高连接板,连接螺栓的螺母应置于托盘、梯架的外侧。

托盘、梯架需要引上、引下时,宜安装适当的弯通,与托盘、梯架的直线段连接。在托盘、梯架敷设时因受空间条件限制,不便装设弯通或有特殊要求时,可使用绞链连接板,进行连接。

托盘、梯架敷设水平方向需要改变角度时,用水平弯通可以进行 90°转向。当桥架需要在水平方向进行小角度转向时,应使用转弯连接板在托盘或梯架直线段中间进行连接。

当托盘、梯架需要垂直改变方向时,可以使用上弯通改变敷设角度。托盘、梯架如果需要在垂直方向调节小角度敷设时,可使用上下连接板进行连接。

低压电力电缆与控制电缆共用同一托盘或梯架时,应在托盘或梯架纵向中部两种电缆之间设置隔板,隔板底部有螺孔,可用连接螺栓与托盘或梯架固定。使用隔板分开电力电缆和控制电缆,防止电磁干扰,以确保控制电缆正常运行。

电缆桥架的末端,应使用终端板进行连接封闭。

上述各种连接板及其终端板均属于电缆桥架的附件,用来与托盘、梯架进行连接的连接螺栓均应紧固,螺母应位于托盘、梯架的外侧,方便于维护安装。

钢制电缆桥架的托盘或梯架的直线段长度超过 30m,铝合金或玻璃钢电缆桥架超过 15m 时,应有伸缩节,其连接处宜采用伸缩连接板,简称伸缩板;电缆桥架在跨越建筑物伸缩缝处也应装设伸缩板,还可以把桥架断开,断开的长度不宜小于 100mm。

电缆桥架组装好以后,直线段应该在同一条直线上,偏差不应该大于 10mm。

由托盘或桥架需要引出配管时,应使用钢管,引出位置可以在底板上也可以在侧边上。当托盘或梯架需要开孔时,应该使用开孔机开孔,底板或侧边不变形,开孔处应切口整齐,管孔径吻合。严禁使用电焊割孔或气焊吹孔。钢管与托盘或梯架连接时,应使用管接头固定。

电缆桥架在穿过防火墙及防火楼板时,应采取防火隔离措施,防止火灾沿线路延燃。

防火隔离段施工中,应配合土建施工预留洞口,在洞口处预埋好护边角钢。施工时,根据电缆敷设的根数和层数用∟50×5 角钢制作固定框,同时将固定框焊在护边角钢上。电缆过墙处应尽量水平敷设,若有困难时,弯曲部分应满足电缆弯曲半径的要求。电缆穿墙时,放一层电缆就垫一层厚 60mm 的泡沫石棉毡,同时用泡沫石棉毡把洞堵平,再有些小洞就用电缆防火堵料堵塞。墙洞两侧应用隔板将泡沫石棉毡保护起来。在防火墙两侧 1m 以内对塑料、橡胶电缆直接涂改性氨基膨胀防火涂料 3~5 次达到厚度 0.5~1mm。对铠装油浸纸绝缘电缆,先包一层玻璃丝布,再涂涂料厚度 0.5~1mm 或直接涂涂料 1~1.5mm。

4) 电缆桥架在工业管道架上安装

电缆桥架在工业管架上安装,可以单层、二层或三层,电缆桥架在同工业管架共架安装时,电缆桥架应布置在管架的一侧,在混凝土管架上,电缆桥架立柱底座与预埋件焊接。

立柱底座与混凝土管架之间还可以用膨胀螺栓固定,如在钢结构管架上安装时,还可以直接焊接固定。

电缆桥架与一般工业管道平行架设时,净距离不应小于 0.4m。电缆桥架与一般工业管道交叉敷设时,净距离不应小于 0.3m,如电缆桥架在工业管道下方交叉安装时,桥架的托盘或梯架应使用盖板保护,盖板长度不应小于 $D+2m$(D 为管道外径)。

电缆桥架与热力管道平行安装时,净距离不应小于 1m,当热力管道有保温层时,净距离不应小于 0.5m;电缆桥架不宜在热力管道的上方平行安装,如无法避免时,净距离不应小于 1m,其间应采取有效的隔热措施;电缆桥架与热力管道交叉安装时,净距离不应小于 1m,热力管道有保温层时,净距离不应小于 0.5m;当电缆桥架在热力管道下方安装时,交叉处桥架的上方应用隔热板(如石棉板)将桥架的托盘或梯架保护起来,隔热板长度应不小于 $D+2m$(D 为热力管道保温层的外径)。

电缆桥架与具有腐蚀性气体管道平行架设时,净距离不应小于 0.5m;电缆桥架不宜在运输具有腐蚀性液体管道的下方或具有腐蚀性气体管道的上方平行安装,当无法避免时,应不小于 0.5m,且其间应用防腐隔板隔开;电缆桥架与具有腐蚀性液体管道下方或在具有腐蚀性气体的上方交叉安装时,净距离不应小于 0.5m,且应在交叉处用防腐盖板(如 $\delta = 5$mm 硬质聚氯乙烯板)将电缆桥架的托盘或梯架保护起来,盖板的长度不应小于 $D + 2$m(D 为管道外径)。

(15)电缆桥架在电缆沟和电缆隧道内安装

电缆桥架在电缆沟和隧道内可以单侧安装也可以双侧安装,立柱应选择为异形钢单立柱及其配套的托臂来支持梯架,托臂与立柱的固定使用 T 形螺栓。

异形钢的单立柱的间距和托臂层间距离应由工程设计决定,也可以根据厂家产品要求进行安装。

异形钢单立柱的安装方式,可以与预埋件焊接固定,也可以使用前述的固定板安装。还可以使用膨胀螺栓固定安装。当异形钢单立柱使用预埋件焊接固定时,应使用 120mm × 120mm × 240mm 预制混凝土砌块;立柱与预埋件钢板焊接时,焊缝高度为 3mm。

电缆桥架的接地线应使用镀锌扁钢,镀锌扁钢应在电缆敷设前与异形钢单立柱进行焊接,焊缝应清除焊渣并涂红丹两道,灰油漆两道做防腐处理。

电缆桥架在电缆沟内安装,如图 3.4 – 70 所示。

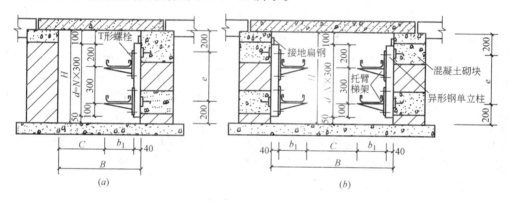

图 3.4 – 70 电缆桥架在电缆沟内安装
(a)单排梯架;(b)双排梯架

电缆桥架在电缆隧道内安装,如图 3.4 – 71 所示。

(16)电缆桥架的接地

电缆桥架装置系统应具有可靠的电气连接并接地。金属电缆支架、电缆导管必须与 PE 或 PEN 线连接可靠。在接地孔处,应将丝扣、接触点和接触面上任何不导电涂层和类似的表层清理干净。

为使钢制电缆桥架系统有良好的接地性能,托盘、梯架之间接头处的连接电阻值不应大于 0.00033Ω。托盘、梯架连接电阻测试,应用 30A 的直流电流通过试样,在接头两边相距 150mm 处的两个点上测量电压降,由测量得到的电压降与通过试样的电流计算出接头的电阻值。

在电缆桥架的伸缩缝或软连接处需采用编织铜线连接,以保证桥架的电气通路。

多层桥架当利用桥架的接地保护干线时,应将每层桥架的端部用 16mm² 的软铜线并联连接起来,再与总接地干线相通。长距离的电缆桥架每隔 30~50m 接地一次。

安装在具有爆炸危险场所的电缆桥架,如无法与已有的接地干线连接时,必须单独敷设接地干线进行接地。

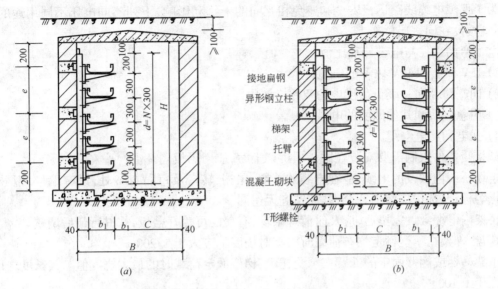

图 3.4-71 电缆桥架在电缆隧道内安装
(a)单排梯架；(b)双排梯架

沿桥架全长敷设接地保护干线时，每段(包括非直线段)托盘、梯架应至少有一点与接地保护干线可靠连接。

对于振动场所，在接地部位的连接处应装置弹簧垫圈，防止因振动引起连接螺栓松动，而造成接地电气通路中断。

(17)电缆敷设

电缆桥架配线时，电缆敷设严禁有绞拧、铠装压扁、护层断裂和表面严重划伤等缺陷。为了防止发生火灾时火焰蔓延，电缆不应有黄麻或其他易燃材料外护层。

在有腐蚀或特别潮湿的场所采用电缆桥架配线时，宜选用外护套具有较强的耐酸、碱腐蚀能力的塑料护套电缆。

电缆沿桥架敷设前，应防止电缆排列不整齐，出现严重交叉现象，必须事先就将电缆敷设位置排列好，规划出排列图表，按图表进行施工。

施放电缆时，对于单端固定的托臂可以在地面上设置滑轮施放，放好后拿到托盘或梯架内；双吊杆固定的托盘或梯架内敷设电缆，应将电缆直接在托盘或梯架内安放滑轮施放，电缆不得直接在托盘或梯架内拖拉。

电缆沿桥架敷设时，应单层敷设，电缆与电缆之间可以无间距敷设，电缆在桥架内应排列整齐，不应交叉，并敷设一根，整理一根，卡固一根。

垂直敷设的电缆每隔 1.5~2m 处应加以固定；水平敷设的电缆，在电缆的首尾两端、转弯及每隔 5~10m 处进行固定，对电缆在不同标高的端部也应进行固定。

电缆固定可以用尼龙卡带、绑线或电缆卡子进行固定。

在桥架内电力电缆的总截面(包括外护层)不应大于桥架有效横断面的 40%，控制电缆不应大于 50%。

电缆桥架内敷设的电缆，在拐弯处电缆的弯曲半径应以最大截面电缆允许弯曲半径为准。

为了保障电缆线路运行安全和避免相互间的干扰和影响,下列不同电压不同用途的电缆,不宜敷设在同一层桥架上:

电缆弯曲半径与电缆外径比值

1) 1kV 以上和 1kV 以下的电缆;

2) 同一路径向一级负荷供电的双路电源电缆;

3) 应急照明和其他照明的电缆;

4) 强电和弱电电缆。

如果受条件限制需要安装在同一层桥架上时,应用隔板隔开。

电缆桥架内敷设的电缆,应在电缆的首端、尾端、转弯及每隔 50m 处,设有编号、型号及起止点等标记,标记应清晰齐全,挂装整齐无遗漏。

桥架内电缆敷设完毕后,应及时清理杂物,有盖的可盖好盖板,并进行最后调整。

托盘、梯架在承受额定均布荷载时的相对挠度不应大于 1/200。

吊架横档或侧壁固定的托臂在承受托盘、梯架额定荷载时的最大挠度值与其长度之比,不应大于 1/100。

(18) 电缆托盘、梯架盖板的安装

盖板是与托盘、梯架配套使用的,可防雨、防尘、防晒及控制电缆的屏蔽和高压电缆对外干扰,还可以防止机械损伤。

盖板和托盘或梯架的连接,有的使用锁扣固定,还有的用带钩螺栓钩在托盘或梯架上固定。

下列情况之一者,电缆桥架应加盖板保护:

1) 电缆桥架在户外安装时,其最上层或每一层;

2) 电缆桥架在铁算子板或相类似的带孔装置下安装时,最上层电缆桥架应加盖板保护,如果最上层电缆桥架宽度小于下层的电缆桥架宽度时,下层电缆桥架也应加盖板保护;

3) 电缆桥架垂直敷设时,离所在地面 1.8m 以内的电缆桥架;

4) 电缆桥架安装在容易受到机械损伤的场所、安装在多粉尘的场所和有特殊要求的场所,都需要安装盖板保护。

电缆桥架盖板安装后,在两盖板的接头处,有的还需要安装压盖板或水平夹带。

5. 质量标准

(1) 主控项目

1) 金属电缆桥架及其支架和引入或引出的金属电缆导管必须与 PE 或 PEN 线连接可靠,且必须符合下列规定:

① 金属电缆桥架及其支架全长应不少于 2 处与 PE 线或 PEN 线干线相连接;

② 非镀锌电缆桥架间连接板的两端跨接铜芯接地线,接地线最小允许截面积不小于 4mm^2;

③ 镀锌电缆桥架间连接板的两端不跨接接地线,但连接板两端不少于 2 个有防松螺帽或防松垫圈的连接固定螺栓。

检查方法:全数检查,目测检查。

2) 电缆敷设严禁有绞拧、铠装压扁、护层断裂和表面严重划伤等缺陷。

检查方法:全数检查,要在每层电缆敷设完成后,进行检查,目测检查。

(2) 一般项目

1) 电缆桥架安装应符合下列规定：

① 直线段钢制电缆桥架长度超过30m、铝合金或玻璃钢制电缆桥架长度超过15m设有伸缩节；电缆桥架跨越建筑物变形缝处设置补偿装置；

② 电缆桥架转弯处的弯曲半径，不小于桥架内电缆最小允许弯曲半径，电缆最小允许弯曲半径见表3.4-41；

电缆最小允许弯曲半径表　　　　　　　　表3.1-41

序号	电 缆 种 类	最小允许弯曲半径
1	无铅包钢铠护套的橡皮绝缘电力电缆	10D
2	有钢铠护套的橡皮绝缘电力电缆	20D
3	聚氯乙烯绝缘电力电缆	10D
4	交联聚氯乙烯绝缘电力电缆	15D
5	多芯控制电缆	10D

③ 当设计无要求时，电缆桥架水平安装的支架间距为1.5~3m；垂直安装的支架间距不大于2m；

④ 桥架与支架间螺栓、桥架连接板螺栓固定紧固无遗漏，螺母位于桥架外侧；当铝合金桥架与钢支架固定时，有相互间绝缘的防电化腐蚀措施；

⑤ 电缆桥架敷设在易燃易爆气体管道和热力管道的下方，当设计无要求时，与管道的最小净距，符合表3.4-42的规定；

电缆桥梁与管道的最小净距(m)　　　　　　　　表3.4-42

管道类别		平行净距	交叉净距
一般工艺管道		0.4	0.3
易燃易爆气体管道		0.5	0.5
热力管道	有保温层	0.5	0.3
	无保温层	1.0	0.5

⑥ 敷设在竖井内和穿越不同防火区的桥架，按设计要求位置，有防火隔堵措施；

⑦ 支架与预埋件焊接固定时，焊缝饱满；膨胀螺栓固定时，选用螺栓适配，连接紧固，防松零件齐全。

检查方法：全数检查，目测检查或实测及检查隐蔽工程记录。

2) 桥架内电缆敷设应符合下列规定：

① 大于45°倾斜敷设的电缆每隔2m处设固定点；

② 电缆敷设排列整齐，水平敷设的电缆，首尾两端、转弯两侧及每隔5~10m处设固定点；敷设于垂直桥架内的电缆固定点间距，不大于表3.4-43的规定。

③ 电缆出入电缆沟、竖井、建筑物、柜(盘)、台处以及管子管口处等做密封处理。

电缆固定点的间距表(mm)　　　　表 3.4-43

电缆种类		固定点的间距
电力电缆	全塑型	1000
	除全塑型外的电缆	1500
控制电缆		1000

检查方法:抽查总数的5%,但不少于5处,目测检查或尺量检查。

3)电缆的首端、末端的分支处应设标志牌。

检查方法:抽查总数的5%,但不少于5处,目测检查。

6. 成品保护

(1)室内沿桥架或托盘敷设电缆,宜在管道及空调工程基本施工完毕后进行,防止其他专业施工时损伤电缆。

(2)电缆两端头处的门窗装好,并加锁,防止电缆丢失或损毁。

7. 其他

(1)电缆排列沿桥架敷设电缆时,应防止电缆排列混乱,不整齐,交叉严重。在电缆敷设前须将电缆事先排列好,画出排列图表,按图表进行施工。电缆敷设时,应敷设一根整理一根、卡固一根。

(2)电缆弯曲半径不符合要求。在电缆桥架施工时,应事先考虑好电缆路径,满足桥架上敷设的最大截面电缆的弯曲半径的要求,并考虑好电缆的排列位置。

(四)电线、电缆穿管和线槽敷线

1. 工程概况(略)

2. 工程质量目标和要求(略)

3. 施工准备

(1)设备及材料要求:

1)所有材料规格型号及电压等级应符合设计要求,并有产品合格证。

2)每轴电缆上应标明电缆规格、型号、电压等级、长度及出厂日期,电缆轴应完好无损。

3)电缆外观完好无损,铠装无锈蚀、无机械损伤,无明显褶皱和扭曲现象。油浸电缆应密封良好,无漏油及渗油现象。橡套及塑料电缆外皮及绝缘层无老化及裂纹。

4)各种金属型钢不应有明显锈蚀,管内无毛刺。所有紧固螺栓,均应采用镀锌件。

5)其他附属材料:电缆盖板、电缆标示桩、电缆标志牌、油漆、汽油、封铅、硬脂酸、白布带、橡皮包布、黑包布等均应符合要求。

(2)主要机具:

1)电动机具、敷设电缆用支架及轴、电缆滚轮、转向导轮、吊链、滑轮、钢丝绳、大麻绳、千斤顶。

2)绝缘摇表、皮尺、钢锯、手锤、扳手、电气焊工具、电工工具。

3)无线电对讲机(或简易电话)、手持扩音喇叭(有条件可采用多功能扩大机作通信联络)。

(3)作业条件:

1) 土建工程应具备下列条件:
① 预留孔洞、预埋件符合设计要求、预埋件安装牢固,强度合格。
② 电缆沟、隧道、竖井及人孔等处的地坪及抹面工作结束,电缆沟排水畅通,无积水。
③ 电缆沿线模板等设施拆除完毕。场地清理干净、道路畅通,沟盖板齐备。
④ 放电缆用的脚手架搭设完毕,且符合安全要求,电缆沿线照明照度满足施工要求。
⑤ 直埋电缆沟按图挖好,电缆井砌砖抹灰完毕,底砂铺完,并清除沟内杂物。盖板及砂子运至沟旁。

2) 设备安装应具备下列条件:
① 变配电室内全部电气设备及用电设备配电箱柜安装完毕。
② 电缆桥架、电缆托盘、电缆支架及电缆过管、保护管安装完毕,并检验合格。

4. 操作工艺

(1) 工艺流程:

电缆外观检查→绝缘摇测→电缆搬运→电缆敷设→铺砂盖砖→挂标志牌

(2) 准备工作:

1) 施工前应对电缆进行详细检查,规格、型号、截面、电压等级均符合设计要求,外观无扭曲、坏损及漏油、渗油等现象。

2) 电缆敷设前进行绝缘摇测或耐压试验。
① 1kV 以下电缆,用 1kV 摇表摇测线间及对地的绝缘电阻应不低于 $10M\Omega$。
② 3~10kV 电缆应事先作耐压和泄漏试验,试验标准应符合国家和当地供电部门规定。必要时敷设前仍需用 2.5kV 摇表测量绝缘电阻是否合格。
③ 纸绝缘电缆,测试不合格者,应检查芯线是否受潮,如受潮,可锯掉一段再测试,直到合格为止。检查方法是:将芯线绝缘纸剥下一块,用火点着,如发出叭叭声,即电缆已受潮。
④ 电缆测试完毕,油浸纸绝缘电缆应立即用焊料(铅锡合金)将电缆头封好。其他电缆应用橡皮包布密封后再用黑包布包好。

3) 放电缆机具的安装:采用机械放电缆时,应将机械选好适当位置安装,并将钢丝绳和滑轮安装好。人力放电缆时将滚轮提前安装好。

4) 临时联络指挥系统的设备:
① 线路较短或室外的电缆敷设,可用无线电对讲机联络,手持扩音嗽叭指挥。
② 高层建筑内电缆敷设,可用无线电对讲机做为定向联络,简易电话作为全线联络,手持扩音喇叭指挥(或采用多功能扩大机,它是指挥放电缆的专用设备)。

5) 在桥架或支架上多根电缆敷设时,应根据现场实际情况,事先将电缆的排列,用表或图的方式画出来,以防电缆的交叉和混乱。

6) 冬期电缆敷设,温度达不到规范要求时,应将电缆提前加温。

7) 电缆的搬运及支架架设:
① 电缆短距离搬运,一般采用滚动电缆轴的方法。滚动时应按电缆轴上箭头指示方向滚动。如无箭头时,可按电缆缠绕方向滚动,切不可反缠绕方向滚运,以免电缆松驰。
② 电缆支架的架设地点应选好,以敷设方便为准,一般应在电缆起止点附近为宜。架设时应注意电缆轴的转动方向,电缆引出端应在电缆轴的上方。

(3) 直埋电缆敷设:

1) 清除沟内杂物,铺完底砂或细土。

2) 电缆敷设

① 电缆敷设可用人力拉引或机械牵引。采用机械牵引可用电动绞磨或托撬(旱船法)电缆敷设时,应注意电缆弯曲半径应符合规范要求。

② 电缆在沟内敷设应有适量的蛇型弯,电缆的两端、中间接头、电缆井内、过管处、垂直位差处均应留有适当的余度。

3) 铺砂盖砖

① 电缆敷设完毕,应请建设单位、监理单位及施工单位的质量检查部门共同进行隐蔽工程验收。

② 隐蔽工程验收合格,电缆上下分别铺盖 10cm 砂子或细土,然后用砖或电缆盖板将电缆盖好,覆盖宽度应超过电缆两侧 5cm。使用电缆盖板时,盖板应指向受电方向。

4) 回填土。回填土前,再做一次隐蔽工程检验,合格后,应及时回填土并进行夯实。

5) 埋标桩:电缆的拐弯、接头、交叉、进出建筑物等地段应设明显方位标桩。直线段应适当加工工业设标桩,标桩露出地面以 15cm 为宜。

6) 直埋电缆进出建筑物,室内过管口低于室外地面者,对其过管按设计或标准图册做防水处理。

7) 有麻皮保护层的电缆,进入室内部分,应将麻皮剥掉,并涂防腐漆。

(4) 电缆沿支架、桥架敷设:

1) 水平敷设

① 敷设方法可用人力或机械牵引。

② 电缆沿桥架或托盘敷设时,应单层敷设,排列整齐。不得有交叉,拐弯处应以最大截面电缆允许弯曲半径为准。

③ 不同等级电压的电缆应分层敷设,高压电缆应敷设在上层。

④ 同等级电压的电缆沿支架敷设时,水平净距不得小于 35mm。

2) 垂直敷设

① 垂直敷设,有条件最好自上而下敷设。土建未拆吊车前,将电缆吊至楼层顶部。敷设时,同截面电缆应先敷设低层,后敷设高层,要特别注意,在电缆轴附近和部分楼层应采取防滑措施。

② 自下而上敷设时,低层小截面电缆可用滑轮大绳人力牵引敷设。高层、大截面电缆宜用机械牵引敷设。

③ 沿支架敷设时,支架距离不得大于 1.5m,沿桥架或托盘敷设时,每层最少加装两道卡固支架。敷设时,应放一根立即卡固一根。

④ 电缆穿过楼板时,应装套管,敷设完后应将套管用防火材料封堵严密。

(5) 挂标志牌:

1) 标志牌规格应一致,并有防腐性能,挂装应牢固。

2) 标志牌上应注明电缆编号、规格、型号及电压等级。

3) 直埋电缆进出建筑物、电缆井及两端应挂标志牌。

4) 沿支架桥架敷设电缆在其两端、拐弯处、交叉处应挂标志牌,直线段应适当增设标志牌。

5. 质量标准

(1) 保证项目:
1) 电缆的耐压试验结果、泄漏电流和绝缘电阻必须符合施工规范规定。
检验方法:检查试验记录。
2) 电缆敷设必须符合以下规定:电缆严禁有绞拧、铠装压扁、护层断裂和表面严重划伤等缺损,直埋敷设时,严禁在管道上面或下面平行敷设。
检验方法:观察检查和检查隐蔽工程记录。
(2) 基本项目:
1) 坐标和标高正确,排列整齐,标志桩和标志牌设置准确;防燃、隔热和防腐要求的电缆保护措施完整。
2) 在支架上敷设时,固定可靠,同一侧支架上的电缆排列顺序正确,控制电缆在电力电缆下面,1kV 及其以下电力电缆应放在 1kV 以上电力电缆下面;直埋电缆埋设深度、回填土要求、保护措施以及电缆间和电缆与地下管网间平行或交叉的最小距离均能符合施工规范规定。
3) 电缆转弯和分支处不紊乱,走向整齐清楚、电缆标志桩、标志牌清晰齐全,直埋电缆隐蔽工程记录及坐标图齐全、准确。
检验方法:观察检查和检查隐蔽工程记录及坐标图。
(3) 电缆最小弯曲半径和检验方法应符合表 3.4-44 的规定。

电缆最小弯曲半径及检验方法 表 3.4-44

项 目			弯曲半径	检验方法
电缆最小允许弯曲半径	油浸纸绝缘电力电缆	单芯	≥20d	尺量检查
		多芯	≥15d	
	橡皮绝缘电力电缆	橡皮或聚氯乙烯护套	≥10d	尺量检查
		裸铅护套	≥15d	
		铅护套钢带铠装	≥20d	
	塑料绝缘电力电缆		≥10d	
	控制电缆		≥10d	

注:d 为电缆外径。

6. 成品保护
(1) 直埋电缆施工不宜过早,一般在其他室外工程基本完工后进行,防止其他地下工程施工时损伤电缆。如已提前将电缆敷设完,其他地下工程施工时,应加强巡视。
(2) 直埋电缆敷设完后,应立即铺砂、盖板或砖及回填夯实,防止其他重物损伤电缆。并及时画出竣工图,标明电缆的实际走向方位坐标及敷设深度。
(3) 室内沿电缆沟敷设的电缆施工完毕后应立即将沟盖板盖好。
(4) 室内沿桥架或托盘敷设电缆、宜在管道及空调工程基本施工完毕后进行,防止其他专业施工时损伤电缆。
(5) 电缆两端头处的门窗装好,并加锁、防止电缆丢失或损毁。

7. 应注意的质量问题

(1) 直埋电缆铺砂盖板或砖时应防止不清除沟内杂物、不用细砂或细土、盖板或砖不严、有遗漏部分。施工负责人应加强检查。

(2) 电缆进入室内电缆沟时,防止套管防水处理不好,沟内进水。应严格按规范和工艺要求施工。

(3) 油浸电缆要防止两端头封铅不严密、有渗油现象。应对施工操作人员进行技术培训,提高操作水平。

(4) 沿支架或桥架敷设电缆时,应防止电缆排列不整齐,交叉严重。电缆施工前须将电缆事先排列好,划出排列图表,按图表进行施工。电缆敷设时,应敷设一根整理一根,卡固一根。

(5) 有麻皮保护层的电缆进入室内,防止不做剥麻刷油防腐处理。

(6) 沿桥架或托盘敷设的电缆应防止弯曲半径不够。在桥架或托盘施工时,施工人员应考虑满足该桥架或托盘上敷设的最大截面电缆的弯曲半径的要求。

(7) 防止电缆标志牌挂装不整齐,或有遗漏,应由专人复查。

四、电气动力

(一) 成套配电柜、控制柜(屏、台)和动力、照明配电箱(盘)及控制柜安装

1. 工程概况(略)
2. 工程质量目标和要求(略)
3. 施工准备

(1) 设备及材料要求:

1) 设备及材料均符合国家或部颁发现行技术标准,符合设计要求,并有出厂合格证。设备应有铭牌,并注明厂家名称,附件、备件齐全。

2) 安装使用的材料:

① 型钢应无明显锈蚀,并有材质证明,二次结线导线应有带"长城"标志的合格证。

② 镀锌螺丝、螺母、垫圈、弹簧垫、地脚螺栓。

③ 其他材料:铅丝、酚醛板、相色漆、防锈漆、调合漆、塑料软管、异形塑料管、尼龙卡带、小白线、绝缘胶垫、标志牌、电焊条、锯条、氧气、乙炔气等均应符合质量要求。

(2) 主要机具:

1) 吊装搬运机具:汽车、汽车吊、手推车、卷扬机、捯链、钢丝绳、麻绳索具等。

2) 安装工具:台钻、手电钻、电锤、砂轮、电焊机、气焊工具、台虎钳、锉刀、扳手、钢锯、榔头、克丝钳、改锥、电工刀等。

3) 测试检验工具:水准仪、兆欧表、万用表、水平尺、试电笔、高压侧试仪器、钢直尺、钢卷尺、吸尘器、塞尺、线坠等。

4) 送电运行安全用具:高压验电器、高压绝缘靴、绝缘手套、编织接地线粉沫灭火器。

(3) 作业条件:

1) 土建施工条件:

① 土建工程施工标高、尺寸、结构及埋件均符合设计要求。

② 墙面、屋顶喷浆完毕、无漏水、门窗玻璃安装完、门上锁。

③ 室内地面工程完、场地干净、道路畅通。

2) 施工图纸、技术资料齐全,技术、安全、消防措施落实。

3) 设备、材料齐全,并运至现场库。

4. 操作工艺

(1) 工艺流程:

设备开箱检查 → 设备搬运 → 柜(盘)稳装 → 柜(盘)上方母带配制 → 柜(盘)二次回路结线 → 柜(盘)试验调整 → 送电运行验收

(2) 设备开箱检查:

1) 安装单位、供货单位或建设单位共同进行,并做好检查记录。

2) 按照设备清单、施工图纸及设备技术资料,核对设备本体及附件、备件的规格型号应符合设计图纸要求;附件、备件齐全;产品合格证件、技术资料、说明书齐全。

3) 柜(盘)本体外观检查应无损伤及变形,油漆完整无损。

4) 柜(盘)内部检查:电器装置及元件、绝缘瓷件齐全、无损伤、裂纹等缺陷。

(3) 设备搬运

1) 设备运输:由起重工作业,电工配合。根据设备重量、距离长短可采用汽车、汽车吊配合运输、人力推车运输或卷扬机滚杠运输。

2) 设备运输、吊装时注意事项:

① 道路要事先清理,保证平整畅通。

② 设备吊点。柜(盘)顶部有吊环者,吊索应穿在吊环内,无吊环者吊索应挂在四角主要承力结构处,不得将吊索吊在设备部件上。吊索的绳长应一致,以防柜体变形或损坏部件。

③ 汽车运输时,必须用麻绳将设备与车身固定牢,开车要平稳。

(4) 柜(盘)安装:

1) 基础型钢安装:

① 调直型钢。将有弯的型钢调直,然后,按图纸要求预制加工基础型钢架,并刷好防锈漆。

② 按施工图纸所标位置,将预制好的基础型钢架放在预留铁件上,用水准仪或水平尺找平、找正。找平过程中,需用垫片的地方最多不能超过3片。然后,将基础型钢架、预埋铁件、垫片用电焊焊牢。最终基础型钢顶部宜高出抹平地面10mm,手车柜按产品技术要求执行。基础型钢安装允许偏差见表3.4-45。

基础型钢安装的允许偏差　　　　　表3.4-45

项 目	允 许 偏 差	
	mm/m	mm/全长
不直度	<1	<5
水平度	<1	<5
位置误差及不平行度	—	<5

注:环形布置按设计要求。

③ 基础型钢与地线连接：基础型钢安装完毕后，将室外地线扁钢分别引入室内（与变压器安装地线配合）与基础型钢的两端焊牢，焊接面为扁钢宽度的二倍，然后将基础型钢刷两遍灰漆。

2）柜（盘）稳装：

① 柜（盘）安装。应扫施工图纸的布置，按顺序将柜放在基础型钢上。单独柜（盘）只找柜面和侧面的垂直度。成列柜（盘）各台就位后，先找正两端的柜，在从柜下至上 2/3 高的位置绷上小线，逐台找正，柜不标准以柜面为准。找正时采用 0.5mm 铁片进行调整，每处垫片最多不能超过 3 片。然后按柜固定螺孔尺寸，在基础型钢架上用手电钻钻孔。一般无要求时，低压柜钻 ϕ12.2 孔，高压柜钻 ϕ16.2 孔，分别用 M12、M16 镀锌螺丝固定，允许偏差见表 3.4-46。

盘、柜安装的允许偏差 表 3.4-46

项 目		允许偏差(mm)
垂直度(每米)		<1.5
水平偏差	相邻两盘顶部	<2
	成列盘顶部	<5
盘面偏差	相邻两盘边	<1
	成列盘面	<5
盘间接缝		<2

② 柜（盘）就位，找正、找平后，除柜体与基础型钢固定，柜体与柜体、柜体与侧档板均用镀锌螺丝连接。

③ 柜（盘）接地：每台柜（盘）单独与基础型钢连接。每台柜从后面左下部的基础型钢侧面上焊上鼻子，用 6mm^2 铜线与柜上的接地端子连接牢固。

(5) 柜（盘）顶上母线配制见"母带安装"要求。

(6) 柜（盘）二次小线连接：

1) 按原理图逐台检查柜（盘）上的全部电器元件是否相符，其额定电压和控制、操作电源电压必须一致。

2) 按图敷设柜与柜之间的控制电缆连接线。敷设电缆要求见"电缆敷设"。

3) 控制线校线后，将每根芯线煨成圆圈，用镀锌螺丝、眼圈、弹簧垫连接在每个端子板上。端子板每侧一般一个端子压一根线，最多不能超过两根，并且两根线间加眼圈。多股线应涮锡，不准有断股。

(7) 柜（盘）试验调整：

1) 高压试验应由当地供电部门许可的试验单位进行。试验标准符合国家规范、当地供电部门的规定及产品技术资料要求。

2) 试验内容：高压柜框架、母线、避雷器、高压瓷瓶、电压互感器、电流互感器、高压开关等。

3) 调整内容：过流继电器调整，时间继电器、信号继电器调整以及机械连锁调整。

4) 二次控制小线调整及模拟试验。

① 将所有的接线端子螺丝再紧一次。

②绝缘摇测:用500V摇表在端子板处测试每条回路的电阻,电阻必须大小0.5MΩ。

③二次小线回路如有晶体管,集成电路、电子元件时,该部位的检查不准使用摇表和试铃测试,使用万用表测试回路是否接通。

④接通临时的控制电源和操作电源;将柜(盘)内的控制、操作电源回路熔断器上端相线拆掉,接上临时电源。

⑤模拟试验:按图纸要求,分别模拟试验控制、连锁、操作继电保护和信号动作,正确无误,灵敏可靠。

⑥拆除临时电源,将被拆除的电源线复位。

(8)送电运行验收:

1)送电前的准备工作:

①一般应由建设单位备齐试验合格的验电器、绝缘靴、绝缘手套、临时接地编织铜线、绝缘胶垫、粉沫灭火器等。

②彻底清扫全部设备及变配电室、控制室的灰尘。用吸尘器清扫电器、仪表元件,另外,室内除送电需用的设备用具外,其他物品不得堆放。

③检查母线上、设备上有无遗留下的工具、金属材料及其他物件。

④试运行的组织工作、明确试运行指挥者,操作者和监护人。

⑤安装作业全部完毕、质量检查部门检查全部合格。

⑥试验项目全部合格,并有试验报告单。

⑦继电保护动作灵敏可靠,控制、连锁、信号等动作准确无误。

2)送电:

①由供电部门检查合格后,将电源送进室内,经过验电、校相无误。

②由安装单位合进线柜开关,检查PT柜上电压表三相是否电压正常。

③合变压器柜子开关,检查变压器是否有电。

④合低压柜进线开关,查看电压表三相是否电压正常。

⑤按上述2~4项,送其他柜的电。

⑥在低压联络柜内,在开关的上下侧(开关未合状态)进行同相校核。用电压表或万用表电压档500V,用表的两个测针,分别接触两路的同相,此时电压表无读数,表示两路电同一相。用同样方法,检查其他两相。

⑦验收。送电空载运行24h,无异常现象、办理验收手续,交建设单位使用。同时提交变更洽商记录、产品合格证、说明书、试验报告单等技术资料。

5. 质量标准

(1)保证项目

1)柜(盘)的试验调整结果必须符合施工规范规定。

检验方法:检查试验调整记录。

2)高压瓷件表面严禁有裂纹、缺损和瓷釉损坏等缺陷、低压绝缘部件完整。

检验方法:观察检查。

3)柜(盘)内设备的导电接触面与外部母线连接处必须接触紧密。应用力矩扳手紧固。紧固力矩见"母线安装"要求。

检验方法:实测与检查安装记录。

(2) 基本项目

1) 柜(盘)安装

① 柜(盘)与基础型钢间连接紧密,固定牢固,接地可靠,柜(盘)间接缝平整。

② 盘面标志牌、标志框齐、正确并清晰。

③ 小车、抽屉式柜推拉灵活,无卡阻碰撞现象;接地触头接触紧密、调整正确,投入时接地触头比主触头先接触,退出时接地触头比主触头后脱开。

④ 小车、抽屉式柜动、静触头中心线调整一致,接触紧密;二次回路的切换接头或机械、电气连锁装置的动作正确、可靠。

⑤ 油漆完整均匀,盘面清洁,小车或抽屉互换性好。

检验方法:观察检查。

2) 柜(盘)内的设备及接线

① 完整齐全,固定牢靠。操动部分动作灵活准确。

② 有两个电源的柜(盘)母线的相序排列一致,相对排列的柜(盘)母线的相序排列对称,母线色标正确。

③ 二次小线接线正确,固定牢靠,导线与电器或端子排的连接紧密,标志清晰、齐全。

④ 盘内母线色标均匀完整;二次结线排列整齐,回路编号清晰、齐全,采用标准端子头编号,每个端子螺丝上接线不超过两根。柜(盘)的引入、引出线路整齐。

检验方法:观察和试操作检查。

3) 柜(盘)及其支架接地(零)支线敷设,连接紧密、牢固,接地(零)线截面选用正确,需防腐的部分涂漆均匀无遗漏。线路走向合理,色标准确,涂刷后不污染设备和建筑物。

检验方法:观察检查。

(3) 允许偏差项目:

柜(盘)安装的允许偏差和检验方法见表3.4-47。

柜(盘)安装允许偏差和检验方法　　　　表 3.4-47

项次	项 目		允许偏差(mm)	检验方法
1	基础型钢	顶部平直度 每米	1	拉线尺量检查
		顶部平直度 全长	5	
2		侧面平直度 每米	1	
		侧面平直度 全长	5	
3	柜(盘)安装	每米垂直度 每米	1.5	吊线、尺量检查
4		柜(盘)顶平直度 相邻两柜	2	直尺、塞尺检查
		柜(盘)顶平直度 成排柜顶部	5	拉线、尺量检查
5		柜(盘)面平整度 相邻两柜	1	直尺、塞尺检查
		柜(盘)面平整度 成排柜面	5	拉线、尺量检查
6		柜(盘)间接缝	2	塞尺检查

6. 成品保护

(1) 设备运到现场后,暂不安装就位,应及时用苫布盖好,并把苫布绑扎牢固,防止设备风吹、日晒或雨淋。

(2) 设备搬运过程中,不许将设备倒立,防止设备油漆、电器元件损坏。

(3) 设备安装完毕后,暂时不能送电运行,变配电室门、窗要封闭,设人看守。

(4) 未经允许不得拆卸设备零件及仪表等,防止损坏或丢失。

7. 应注意的质量问题

(1) 成套配电柜(盘)及动力开关柜安装应注意的质量问题见表3.4-48。

常产生的质量问题和防治措施　　　　　表3.4-48

序号	常产生的质量问题	防治措施
1	基础型钢焊接处焊渣清理不净,除锈不净,油漆刷不均匀,有漏刷现象	提高质量意识,加强作业者责任心,做好工序搭接和自、互检检查
2	柜(盘)内,电器元件、瓷件油漆损坏	加强责任心,保护措施具体
3	柜(盘)内控制线压接不紧,接线错误	加强技术学习,提高技术素质。加强学习,提高工作责任心
4	手车式柜二次小线回路辅助开关切换失灵,机械性能差	反复试验调整,达不到要求的部件要求厂方更换

(二) 低压电动机、电加热器及电动执行机构检查、接线

1. 工程概况(略)

2. 工程质量目标和要求(略)

3. 施工准备

(1) 施工人员

(2) 施工机具设备和测量仪器

1) 搬运吊装机具:

汽车吊、汽车、卷扬机、吊链、龙门架、道木、钢丝绳、带子绳、滚杠。

2) 安装机具:

台钻、砂轮、电焊机、气焊工具、电锤、台虎钳、活板子、榔头、套丝板、油压钳。

3) 测试器具:

钢卷尺、钢板尺、水平尺、线坠、兆欧表、万用表、转速表、电子点温计、测电笔、卡钳电流表。

(3) 材料要求

1) 设备要求

① 应装有铭牌。铭牌上应注明制造厂名、出厂日期、设备的型号、容量、电压、接线方法、电动机转速、温升、工作方法、绝缘等级等有关技术数据。

② 设备技术数据必须符合设计要求。

③ 附件、备件齐全,并有出厂合格证及技术文件。

2) 控制、保护和起动附属设备:应与低压电动机、电加热器及电动执行机构配套,并有铭牌,注明制造厂名、出厂日期、规格、型号及出厂合格证等有关技术资料。

3) 型钢：各种规格型钢应符合设计要求，无明显锈蚀，并有材质证明。

4) 螺栓：除电机稳装用螺栓外，均应采用镀锌螺栓，并配相应的镀锌螺母，平垫圈和弹簧垫。

5) 其他材料：绝缘带、电焊条、防锈漆、调合漆、润滑脂等，均应符合设计要求，并有产品合格证。

(4) 施工条件

1) 施工图及技术资料齐全无误。

2) 土建工程基本施工完毕，门窗玻璃安装好。

3) 在室外安装的电机，应有防雨措施。

4) 电动机已安装完毕，且初验合格。

5) 电动执行机构的载体设备（电动调节阀、电动蝶阀、风阀、机械传动机构等）安装完成，且初验合格。

6) 安装场地清理干净，道路畅通。

4．施工工艺

(1) 工艺流程

设备开箱点件→安装前的检查→设备安装→抽芯检查→干燥→控制、保护和超动设备安装→试运行前的检查→试运行及验收

(2) 设备开箱点件

1) 设备开箱点件应由安装单位、供货单位会同建设单位代表共同进行，并做好记录。

2) 按照设备清单、技术文件，对设备及其附件、备件的规格、型号、数量进行详细核对。

3) 电动机、电加热器、电动执行机构本体、控制和起动设备外观检查应无损伤及变形，油漆完好。

4) 电动机、电加热器、电动执行机构本体、控制和起动设备应符合设计要求。

(3) 安装前的检查

由电气专业会同其他相关专业共同进行安装前的检查工作，主要进行以下检查：

1) 电动机、电加热器、电动执行机构本体、控制和起动设备应完好，不应有损伤现象。盘动转子应轻快，不应有卡阻及异常声响。

2) 定子和转子分箱装运的电机，其铁心转子和轴颈应完整无锈蚀现象。

3) 电机的附件、备件应齐全无损伤。

4) 电动机的性能应符合电动机周围工作环境的要求。

5) 电加热器的电阻丝无短路和断路情况。

(4) 电动机、电加热器及电动执行机构安装

由于电动机、电加热器及电动执行机构与其他设备配套连接，因此其安装工序主要由其他专业进行，电气专业配合进行检查，大型电动机需电气专业和相关专业密切配合进行，在此不进行描述。

(5) 电动机抽芯检查

1) 除电动机随带技术文件说明不允许在施工现场抽芯检查外，有下列情况之一的电动机，应抽芯检查：

① 出厂日期超过制造厂保证期限,无保证期限的已超过出厂时间一年以上；
② 外观检查、电气试验、手动盘转和试运转,有异常情况。
2) 抽芯检查：
电动机抽芯检查应符合 GB 50303—2002《建筑电气工程施工质量验收规范》中的 7.2.3 条的规定。
(6) 电机干燥
1) 电机由于运输、保管或安装后受潮,绝缘电阻或吸收比达不到规范要求,应进行干燥处理。
2) 电机干燥工作,应由有经验的电工进行,在干燥前应根据电机受潮情况制定烘干方法及有关技术措施。
3) 烘干温度要缓慢上升,铁芯和线圈的最高温度应控制在 70~80℃。
4) 当电机绝缘电阻值达到规范要求时,在同一温度下经 5h 稳定不变时,方可认为干燥完毕。
5) 烘干工作可根据现场情况,电机受潮程度选择以下方法进行：
① 采用循环热风干燥室进行烘干。
② 灯泡干燥法。灯泡可采用红外线灯泡或一般灯泡使灯光直接照射在绕组上,温度高低的调节可用改变灯泡瓦数来实现。
③ 电流干燥法。采用低压电压,用变阻器调节电流,其电流大小宜控制在电机额定电流的 60% 以内,并应设置测温计,随时监视干燥温度。
(7) 控制、保护和起动设备安装
1) 电机的控制和保护设备安装前应检查是否与电机容量相符。
2) 控制和保护设备的安装位置应按设计要求确定,一般应在电机附近就近安装。
3) 电动机、控制设备和所拖动的设备应对应编号。
4) 引至电动机接线盒明敷导线长度应小于 0.3m,并应加强绝缘,易受机械损伤的地方应套保护管。
5) 直流电动机、同步电机与调节电阻回路及励磁的连接,应采用铜导线,导线不应有接头。调节电阻器应接触良好,调节均匀。
6) 电动机应装设过流和短路保护装置,并应根据设备需要装设相序断相低电压保护装置。
7) 电动执行机构的控制箱(盒)与其接线盒一般为分开就近安装,需落实保护接零是否完善,执行器的机械传动部分是否灵活。
(8) 试运行前的检查
1) 土建工程全部结束,现场清扫整理完毕。
2) 电机、电加热器、电动执行机构本体安装检查结束。
3) 冷却、调速、滑润等附属系统安装完毕,验收合格,分部试运行情况良好。
4) 电动机保护、控制、测量、信号、励磁等回路的调试完毕动作正常。
5) 电动机应做以下试验：
① 测量绝缘电阻：低压电动机使用 1kV 兆欧表进行测量,绝缘电阻值不低于 1MΩ。
② 1000kW 以上、中性关连线已引至出线端子板的定子绕组应分相做直流耐压级泄漏

试验。

③ 100kW 以上的电动机应测量各相直流电阻值,其相互阻值差不应大于最小值的 2%。

④ 无中性点引出的电动机,测量线间直流电阻值,其相互阻值差不应大于最小值的 1%。

6) 电刷与换向器或滑环的接触应良好。

7) 盘动电机转子应转动灵活,无碰卡现象。

8) 电机引出线应相位正确,固定牢固,连接紧密。

9) 电机外壳油漆完整,保护接地良好。

10) 电动执行机构通电前,需检查与执行机构技术文件所要求的电源电压是否相符,电动执行器与控制器输出的标准信号是否匹配。

5. 质量标准

(1) 主控项目

1) 电动机、电加热器及电动执行机构的可接近裸露导体必须接地(PE)或接零(PEN)。

2) 电动机、电加热器及电动执行机构的绝缘电阻值应大于 0.5MΩ。

3) 功率在 100kW 以上的电动机应测量各相直流电阻值,各相阻值相互差不应大于最小值的 2%。

4) 无中性点引出的电动机,测量线间直流电阻值,相互差不应大于最小值的 1%。

(2) 一般项目

1) 电气设备安装应牢固,螺栓及防松零件齐全,不松动。防水防潮电气设备的接线入口盒盖等应做密封处理。

2) 除电动机随带技术文件说明不允许在施工现场抽芯检查外,有下列情况之一的电动机,应抽芯检查:

① 出厂日期已超过制造厂保证期限,无保证期限的已超过出厂时间一年以上;

② 外观检查、电气试验、手动盘车和试运转,有异常情况。

3) 电动机抽芯检查应符合下列规定:

① 线圈绝缘层完好、无伤痕,端部绑线不松动,槽楔固定、无断裂,引线焊接爆满,内部情节,通风孔道无堵塞;

② 轴承无锈斑,注油(脂)的型号、规格和数量正确,转子平衡块紧固,平衡螺丝锁紧,风扇叶片无裂纹;

③ 连接用紧固件的防松零件齐全完整;

④ 其他指标符合产品技术文件的特有要求。

4) 在设备接线盒内裸露的不同相导线间和导线对地间最小距离应大于 8mm,否则应采取绝缘防护措施。

6. 成品保护

(1) 电动机及其配套设备安装在机房内时,机房门应加锁。未经设备专业人员允许,非专业人员不得入内。

(2) 电动机及其配套设备安装在室内时,根据现场情况需采取必要的保护措施,控制设备的箱柜必须加锁。

(3) 施工时各专业之间需配合进行,确保设备不受损坏。

(4) 电动机安装完毕,应保证机房的干燥和清洁,以防设备锈蚀。

(5) 高压电动机安装调试过程中,应设专人值班看护。

(6) 电加热器安装完毕需做好标识。

(7) 电动执行机构及其配套元器件属宜损部件,需采取相应保护措施。一般由配套设备的安装专业负责进行。

7. 其他

(1) 电机接线盒内裸露导线应排列整齐,线间对地距离不够应加强绝缘保护。

(2) 小容量电机接电源线时要做好技术交底,提高摇测绝缘的必要性认识,加强安装人员的责任心。

(3) 严格按电源电压和电机标注电机接线方式接线。

(4) 接地线应接在接地专用的接线柱(端子)上,接地线截面必须符合规范要求,并压牢。

(5) 调试前要检查热继电器的电流是否与电机相符,电源开关选择是否合理。

(6) 做好专业之间的交接工作,加强对技术文件、资料的收集、整理、归档、登记和收发记录等工作。

(三) 低压电气动力设备检测、试验和空载试运行

1. 工程概况(略)

2. 工程质量目标和要求(略)

3. 施工准备

(1) 施工人员

(2) 施工机具设备和测量仪器

低压大电流变压器、多量程电流互感器、仪用电压互感器、双宗双扫示波器、交直流稳压器、携带式晶体管参数测试仪、数字式频率计、钳形交流电流电压表、单相相位表、三相相序表、携带式直流单臂电桥、单相携带式电度表、交直流电流表、交直流电压表、电磁式电流表、直流电压表、直流电流表、电磁式毫安表、交直流电子稳压电源、接地电阻测定仪、兆欧表、滑杆式变阻器、秒表、电秒表、线路试验器、自耦调压器、万用表、转速表、半导体点温、红外线遥测温度仪、低压验电笔。

(3) 材料要求

1) 设备、仪器仪表、材料进场检验结论应有记录,确认符合规范(GB 50303—2002)的规定,才能在施工中应用。

2) 依法定程序批准进入市场的新设备、仪器仪表、材料验收,除符合规范(GB 50303—2002)的规定外,尚应提供安装、使用、维修和试验要求等技术文件。

3) 进口电气设备、仪器仪表和材料进场验收,除符合规范(GB 50303—2002)的规定外,尚应提供商检证明和中文的质量合格证明文件、规格、型号、性能检测报告及中文的安装、使用、维修和试验要求等技术文件。

4) 电气设备上计量仪表和与电气保护有关的仪表应检定合格,当投入试运行时,应在有效期内。

5) 因有异议送有资质试验室进行抽样检测,试验室应出具检测报告,确认符合规范(GB 50303—2002)和相关技术标准规定,才能在施工中应用。

(4) 施工条件

1) 门窗安装完毕。

2) 运行后无法进行的和影响安全运行的施工工作完毕。

3) 施工中造成的建筑物损坏部分应修补完整。

4. 施工工艺

(1) 工艺流程

准备工作 → 接地或接零的检查 → 二次接线的检查 → 现场单独安装的低压电器交接试验 → 控制回路模拟动作试验 → 盘车或手动操作 → 电气部分与机械部分的转动或动作协调一致检查 → 整理编写试调记录报告 → 试运行

(2) 准备工作

1) 认真学习和审查图纸资料，组织技术学习。

2) 编制调整试验、试运行方案(包括安全技术措施)。

3) 试验用电源已准备就绪。

4) 工作场所应尽可能地保持整洁，试验时不必要的工具、试验设备等应搬离工作场所。

5) 在二次回路检验以前，应使一次设备在操作过程中不致带上运行电压。在检查盘的相邻盘上设明显的警示牌，应将所检验的回路与新安装而暂时不检验或已运行回路之间的连接线断开，以免引起误动作。

6) 对远距离操作设备进行检验前，在设备附近应设专人监视其动作情况，并装设对电话(或步话机)。

7) 工作场所应有适当的照明装置，在需要读取仪表指示数的地方，必须有足够的照明。

(3) 接地或接零的检查

1) 逐一复查各接地点是否正确，接触是否牢固可靠，是否正确无误地连接到接地网上。

① 设备的可接近裸露导体接地或接零连接完成。

② 接地点应与接地网连接，不可将设备的机身或电机的外壳代替使用。

③ 各设备接地点应接触良好，牢固可靠且标识明显。要接在专为接地而设的螺钉上，不可用管卡子等附属物为接地点。

④ 接地线路走向合理，不要置于易碰伤和砸断之处。

⑤ 禁止用一根导线做各处的串联接地。

⑥ 不允许将一部分电气设备金属外壳采用保护接地，将另一部分电气设备金属外壳采用保护接零。

2) 柜(屏、台、箱、盘)接地或接零检查。

① 装有电器的可开启门，门和框架的接地端子应用裸纺织期铜线连接，且有标识。

② 柜(屏、台、箱、盘)内保护导体应有裸露的连接外部保护导体的端子，当设计无要求时，柜(屏、台、箱、盘)内保护导体最小截面积不应小于 GB 50303—2002 表 6.1.2 的规定。

③ 照明箱(盘)内，应分别设置零线(N)和保护地线(PE 线)汇流排，零线和保护地线经汇流排配出。

3) 明敷接地干线，沿长度方向，每段为 15~100mm，分别涂以黄色和绿色相间的条纹。

4) 测试接地装置的接地电阻值必须符合设计要求。

(4) 二次接线的检查

1) 柜内检查

① 依据施工设计图纸及变更文件,核对柜内的元件规格、型号,安装位置应正确。

② 柜内两侧的端子排不能缺少。

③ 各导线的截面是否符合图纸的规定。

④ 逐线检查柜内各设备间的连线及由柜内设备引至端子排的连线不能有错误,接线必须正确。为了防止因并联回路而造成错误,接线时可根据实际情况,将被查部分的一端解开然后检查。检查控制开关时,应将开关转动至各个位置逐一检查。

2) 柜间联络电缆检查(通路试验)

柜与柜之间的联络电缆需逐一校对。通常使用查线电话或电池灯泡、电铃、摇表等校线方法。

在回路查线的同时,应检查导线、电缆、继电器、开关、按钮、接线端子的标记,与图纸要相符,对有极性关系的保护,还应检查其极性关系的正确性。

3) 操作装置的检查。

回路中所有操作装置都应进行检查,主要检查接线是否正确,操作是否灵活,辅助触点动作是否准确。一般用导通法进行分段检查和整体检查。

检查时应使用万用表,不宜用兆欧表(摇表)检查,因为摇表检查不易发现接触不良或电阻变值。另外,检查时应注意拔去柜内熔丝,并将与被测电路并联的回路断开。

4) 电流回路和电压回路的检查。

电流互感器接线正确,极性正确,二次侧不准开路(而电压互感器二次侧不准短路),准确度符合要求,二次侧有1点接地。

5) 二次接线绝缘电阻测量及交流耐压试验。

① 测量绝缘电阻:

二次回路的绝缘电阻值必须大于1MΩ(用500V兆欧表检查)。48V及以下的回路使用不超过500V的兆欧表。

② 交流耐压试验。

柜(屏、台、箱、盘)间二次回路交流工频耐压试验,当绝缘电阻值大于10MΩ时,用2500V兆欧表摇测1min,应无闪络击穿现象;当绝缘电阻在1~10MΩ时,做1000V交流工频耐压试验,时间1min,应无闪络击穿现象。

回路中的电子元件不应参加交流工频耐压试验;48V及以下回路可不做交流工频耐压试验。

(5) 现场单独安装的低压电器交接试验。

低压电器包括电压为60~1200V的刀开关、转换开关、熔断器、自动开关、接触器、控制器、主令电器、起动器、电阻器、变阻器及电磁铁等。

产品出厂时都经过检查合格,故在安装前一般只做外观检验。但在试运前,要对相关的现场单独安装的各类低压电器进行单体的试验和检测,符合规范规定,才具备试运行的必备条件。

低压电器的试验项目,应包括下列内容:测量低压电器连同所连接电缆及二次回路的绝缘电阻;电压线圈动作值校验;低压电器动作情况检查;低压电器采用的脱扣器整定;测量电阻器和变阻器直流电阻；低压电器连同所连接电缆及二次回路的交流耐压试验。

低压断路器检查试验。

1) 一般性的检查。

各零、部件应完整无缺，装配质量良好；

可动部分动作灵活，无卡阻现象；

分、合闸迅速可靠，无缓慢停顿情况；

开关自动脱扣后重复挂钩可靠；

缓慢合上开关时，三相触点应同时接触，触头接触的不同时不大于0.5mm；

动静触头的接触良好；

对于大容量的低压断路器，必要时要测定动、静触头及内部接点的接触电阻。

2) 电磁脱扣器通电试验。

当通以90%的整定电流时，电磁脱扣部分不应动作，当通以110%的整定电流时，电磁脱扣器应瞬时动作。

5．质量标准

6．成品保护

(1) 二次回路接线施工完毕在测试绝缘时，应有防止弱电设备损坏的安全技术措施。

(2) 工作环境应保持清洁、干燥，无外磁场影响，要防止灰尘和潮气侵入，以免可动系统、轴和弹簧等受到腐蚀、氧化和污染。

(3) 对所有继电保护用的继电器，在整定好以后应加铅封（若出厂时已整定好，应检查封印是否存在及完整）。

(4) 安装调试完毕后，建筑物中的预留洞口及电缆管口，应做好封堵。

(5) 变配电室门、窗要封闭，要设人看守。未经允许不得擅自拆卸设备零件及仪表，防止损坏和丢失。

(6) 室外电机及附属设备应根据现场实际情况采取必要的保护措施，控制设备的箱、柜门要上锁。

(7) 要注意对土建工程的成品保护，在作业中，要注意保护建筑物、构筑物的墙面、地面、门窗及油漆等。

7．其他

(1) 调整试验和试运行前，技术指挥和负责人（调整负责人）应对参加调试与试运人员进行安全技术交底。

(2) 凡从事调整试验和送电试运人员，均应戴手套、穿绝缘鞋。但在用转速表测试电机转速时，不可戴手套；推力不可过大或过小。

(3) 通电前应对被通电设备与线路进行再次检查。

(4) 试运通电区域应设围栏或警告指示牌，非操作人员禁止入内。

(5) 对即将送电或送电后的变配电室，应派人看守或上锁。

(6) 带电的配电箱、开关柜应挂上"有电"的指示牌；在停电的线路或设备上工作时应在断电的电源开关、盘柜或按钮上挂上"有人工作"、"禁止合闸"等指示牌（电力传动装置系统及各类开关调试时，应将有关的开关手柄取下或锁上）。

(7) 试运的电源线路应绝缘良好，设单独专用开关，合理选择熔体规格，不准在大容量母线上直接引电源。

（8）如果在已生产或部分投入生产的车间和变电所等处进行调整试验、试运行时，应按规定办理工作证，并和生产人员密切配合。

（9）凡地架空线上或变电所引出的电缆线路上工作时，必须在工作前挂上地线，工作结束后撤除。

（10）凡临时使用的各种线路（短路线、电源线）、绝缘物和隔离物，在调整试验或试运后应立即清除，恢复原状。

（11）合理选择仪器、仪表设备的量程和容量，不允许超容量、超量程使用。

（12）试运的安全防护用品未准备好时，不得进行试运。参加试运的指挥人员和操作人员，应严格按试运方案、操作规程和有关规定进行操作，操作及监护人员不得随意改变操作命令。

（13）试运行中的试车方法是电气设备的常规试车方法，未包括设备为直流传动系统。

（14）GB 50303—2002 中规定"电气设备上计量仪表和与电气保护有关的仪表应检定合格，当投入试运行时，应在有效期内"。虽然出厂试验时，这些仪表都经过检定合格，投入试运行时，也在有效期内，但由于长途运输和现场的长久保管，可能受到外界因素影响导致仪表误差的增大，精度下降，因此，在投入试运行前，就有必要进行一次校验。校验方法可参见"电气测量仪表检验规程"。

（15）由于低压电器产品种类繁多，本工艺标准中仅列出建筑电气工程常用的低压电器。

（16）建筑电气动力工程的空载试运行，应按《建筑电气工程施工质量验收规范》GB 50303—2002 规定执行。建筑电气动力工程的负荷试运行，依据电气设备及相关建筑设备的种类、特性编制试运行方案或作业指导书，并应经施工单位批准，监理单位确认后执行。

五、电气照明安装

（一）照明配电箱安装

1. 分项（子分项）工程概况（略）
2. 分项（子分项）工程质量目标和要求（略）
3. 施工准备

（1）施工人员

施工人员应培训合格，认真熟悉图纸，必须持证上岗。

（2）施工机具设备和测量仪器

1）木钻、克丝钳子、电工刀、螺丝刀、毛刷等。

2）托线板、铁板尺、卷尺等。

（3）材料要求

1）成套照明配电箱，自制木制配电箱用红、白松板材、三合板等。

2）合页、多种规格木螺丝、红丹防锈漆、油漆、沥青漆、白乳胶等。

（4）施工条件

暗装配电箱需配合土建主体施工进行箱体预埋，土建主体工程施工中要在配电箱安装部位，由放线员给出建筑标高线。安装开关箱门（贴脸）前应抹灰或粉刷工程结束。

4. 施工工艺

(1) 工艺流程

本质配电箱箱体制作 → 防腐处理 → 配合土建预埋箱体 → 管与箱连接 → 安装盘面 →

安装贴脸及箱门或成套铁制配电箱箱体现场预埋 → 管与箱体连接 → 安装盘面 → 装盖板(贴脸及箱门)

(2) 配电箱的选择

由于国家只对照明配电箱用统一的技术标准进行审查和鉴定,而不做统一设计,且国内生产厂家繁多,故而规格、型号很多,选用标准配电箱时,应查阅有关的产品目录和电气设计手册等书籍。

照明配电箱应根据使用要求、进户线制式、用电负荷大小以及分支回路数等以及设计要求,选用符合标准的配电箱。

标准照明配电箱铁制箱体,应用厚度不小于 2mm 的钢板制成,应除锈后涂防锈漆一道、油漆两道。

配电箱箱体与配管的连接孔,应是进出线在箱体上、下部有压制的标准敲落孔,敲落孔不应留长孔,也不应在侧面开孔。敲落孔的数量应与需用的回路数相符合。

照明配电箱箱门(箱盖)应是可拆装的,箱体上应有不小于 M8 的专用接地螺栓,位置应设在明显处,配件应齐全。

配电箱内设有专用保护线端子板的应与箱体连通,工作 N 线端子板应与箱体绝缘(用作总配电箱的除外),耐压不低于 2kV;端子板应用大于箱内最大导线截面 2 倍的矩形母线制做(但最小截面应不小于 $60mm^2$,厚度不小于 3mm),端子板所用材料,使用铜芯导线时应为铜制品,使用铝芯导线时应为铝制品,端子板上用以紧固的机螺栓应不小于 M5。

带电体之间的电气间隙不应小于 10mm,漏电距离不应小于 15mm。

计量箱内的母线应涂有黄(L_1)、绿(L_2)、红(L_3)、淡蓝(N)等颜色。

计量与开关共用的配电箱应使用符合国家或各省内地方标准的标准箱,电能表和总开关应设间隔并加锁。

配电箱所使用的设备均应符合国家或行业标准,并有产品合格证,设备应有铭牌。

住宅用电表箱内的所有开关必须使用经过国家有关部门检定合格的具有过载和短路保护的低压断路器。

用电设备总容量在 100kW 以下,可以采用标准计量箱;用电设备总容量超过 100kW,应装设标准计量柜。

照明配电箱(板)为了防止火灾的发生,不应采用可燃材料;在干燥无尘的场所,采用的木制配电箱(板)应经难燃处理。配电箱(板)的面板出线孔应光滑、无毛刺,为加强绝缘,金属面板出线孔应装设绝缘保护套。

(3) 配电箱制作

非标准自制照明配电箱可根据实际需要由施工单位自制。

非标准配电箱中,电流互感器、电能表、总开关以及分开关可以合装在一个箱内。但表前总开关以及电流互感器与电能表应装在单独的间隔内,以便加封加锁。

在配电箱制作时,应先确定盘面尺寸,根据盘面尺寸决定箱体尺寸。

盘面尺寸的确定要根据所装置的电器元件的型号、规格、数量按电气要求,合理的布置在配电箱盘面上,如图 3.4-72 所示,并保证电器元件之间的安全距离。

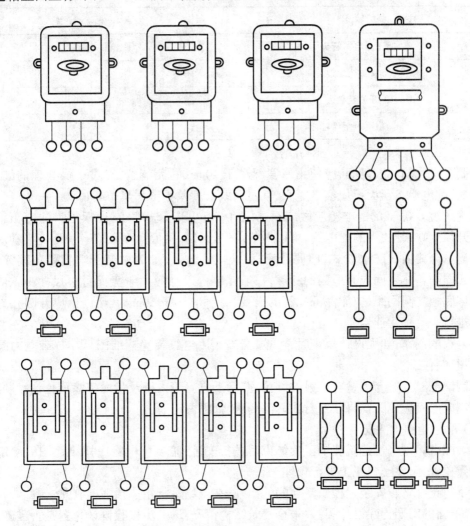

图 3.4-72 盘面电器排列尺寸图

盘面上的各种电气器具最小允许净距不得小于表 3.4-49 的规定。

配电箱盘面器具最小允许净距(mm)　　　　　　表 3.4-49

电 器 名 称		最小净距
并列电度表间		60
并列开关或单极保险间		30
进出线管头至开关上下沿	10~15A	30
	20~30A	50
	60A	80
电度表接线管头至表下沿		60

续表

电器名称	最小净距
上下排电器管头间	25
管头至盘边	40
开关至盘边	40
电度表至盘边	60

木制配电箱箱体及盘面,应使用厚度不小于20mm的无节裂、经过干燥处理的红、白松板材制成,配电箱及盘面板应横平竖直,其对角线长度差不得大于10mm。

宽度超过600mm的配电箱应做成双扇门,门上可以装玻璃、三合板等。配电箱箱门应能向外开启180°,开关多的配电箱,可以做成前、后开门,两面盘面板应有一面能活动。用于室外的配电箱要做成防水坡式,门要严密,防止雨水进入,如为木制配电箱要包镀锌铁皮。盘面板四周与箱体之间应有适当的缝隙,一般箱体内尺寸应大于盘面每边尺寸10mm,盘面板与箱体底板之间间距,应能保证配管的需要,且不应小于50mm。箱体上应开圆孔方便管与箱体进行一孔一管连接。

配电箱的制作,如无设计规定时,可按《全国通用电气装置标准图》"非标准电力配电箱(盘)"进行制作。

木制配电箱外壁与墙壁有接触的部位,要涂沥青。箱内壁及盘面应涂浅色油漆两遍。

铁制配电箱应先除锈再涂红丹防锈漆一遍,油漆两遍。

(4) 配电箱箱体的安装

明装配电箱须等待建筑装饰工程结束后进行安装;暗装配电箱应按设计图纸给定的标高和大致位置,配电土建施工进行预埋。

为了防止配电箱安装工程质量通病的出现,在现场进行箱体预埋前,应按照配电箱的规格尺寸,严格的对照土建设计图,并根据建筑结构情况,进一步核验设计位置是否准确。

1) 箱体预埋

预埋电箱箱体前应先做好准备工作,配电箱运到现场后应进行外观检查和检查产品合格证。

由于箱体预埋和进行箱内盘面安装接线的间隔周期较长,箱体和箱盖(门)和盘面应解体后,并做好标记,以防盘内电器元件及箱盖(门)损坏或油漆剥落,并按其安装位置和先后顺序分别存放好,待安装时对号入座。

预埋配电箱箱体时,应按需要打掉箱体敲落孔的压片。当箱体敲落孔数量不足或孔径与配管管径不相吻合时,可使用开孔机开孔。如用手电钻开孔时应沿孔径周边钻小孔,再用圆锉或半圆锉锉齐开孔处。箱体自行开孔或扩孔后,箱体孔径应适宜,切口处整洁、光滑、间距正确,箱体不应被损坏变形。

配电箱严禁有电、气焊开孔或扩孔,箱体上不应开长孔,也不允许在箱体侧面开孔。

在土建主体施工中,到达配电箱安装高度(箱底边距地面一般为1.5m),将箱体埋入墙内,箱体的宽度与墙体厚度的比例关系要正确,箱体不应倒置。箱体要放置平正,箱体放置后用托线板找好垂直使之符合要求,放置箱体时,要根据箱体的结构形式和墙面装饰面的厚度来确定突出墙面的尺寸。木制箱体宜突出墙面 10~20mm,尽量与抹灰面相平。铁制箱体是否突出墙面,应根据面板安装方式决定。

宽度超过 500mm 的配电箱,其顶部要安装混凝土过梁;箱宽度 300mm 及其以上时,在顶部应设置钢筋砖过梁,φ6mm 以上钢筋,不少于 3 根,钢筋两端伸出箱体不应小于 250mm,钢筋两端应弯成弯钩,使箱体本身不受压,箱体周围应用砂浆填实。在 240mm 墙上安装配电箱时,要将箱后背凹进墙内不小于 20mm,后壁要用 10mm 厚石棉板,或钢丝直径为 2mm 孔洞为 10mm×10mm 的钢丝网钉牢,再用 1:2 水泥砂浆抹好,以防墙面开裂。

2) 明装配电箱的安装

明装配电箱安装,用燕尾螺栓固定箱体时,燕尾螺栓宜随土建墙体施工预埋。

明装配电箱用预埋燕尾螺栓固定箱体的方法施工较费力,可以采用金属膨胀螺栓的方法进行安装。

目前,各种配电箱还有很多新的样式面世,除严格检查其质量保证书外,在安装时按其说明书要求进行安装。

(5) 配管与箱体的连接

配电箱箱体埋设后,随着土建工程的进展,将要进行配管与配电箱箱体的连接,连接各种电源、负荷管应由左至右按顺序排列整齐。住宅楼各户配管位置应与住户的位置对应排列,形成规律。

不应该采用那种在砌体墙施工时,在箱体顶部留槽或留置垂直洞口,进行后配管的错误做法。

配管与箱体的连接,应根据配管的种类,采用不同的连接方法。

1) 钢导管螺纹连接

钢导管与配电箱采用螺纹连接时,应先将管口端部适当长度套丝,拧入锁紧螺母(根母),然后插入箱体内,管口处再拧紧护圈帽(护口),也可以再拧一个锁紧螺母(根母),露出 2~3 扣的螺纹长度,拧上护圈帽(护口),如图 3.4-73 所示。

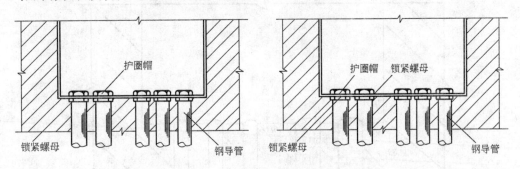

图 3.4-73 钢导管与配电箱采用螺纹连接
(a) 钢导管与箱体用护圈帽和锁紧螺母固定;(b) 钢导管与箱体用二个锁紧螺母和护圈帽固定

为了使上部入箱管长度一致,可在箱内使用木制平托板,在箱体的适当位置上用木方或普通砖顶住平托板。在入箱管管口处先拧好一个锁紧螺母,留出适当长度的管口螺纹,插入箱体敲落(连接)孔内顶在托板上,待墙体工程施工后拆去箱内托板,在管口处拧上锁紧螺母和护圈帽,如图3.4-74所示。

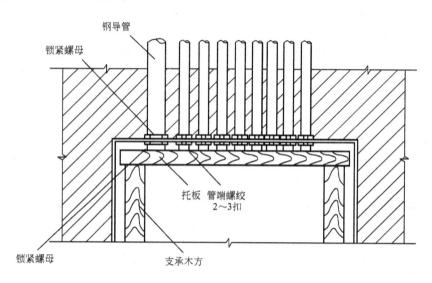

图3.4-74 使用托板固定入箱管

镀锌钢导管与配电箱箱体采用螺纹连接时,宜采用专用接地线卡用适当截面的铜导线做跨接接地线,进行镀锌钢导管与配电箱箱体的跨接,不应采用熔焊连接。

明配的黑色钢导管与配电箱箱体采用螺纹连接时,连接处的两端应用适当直径的圆钢,焊接跨接接地线,把钢管与箱体焊接起来。也可以采用专用跨接接地线卡跨接配管与箱体。

2) 钢导管焊接连接

暗配的非镀锌钢导管与配电箱的连接可以采用焊接连接,管口宜高出箱体内壁3~5mm,如图3.4-75所示。应在管内穿线前在管口处用塑料内护口保护导线也可以用PVC管加工制作喇叭口插入管口处保护导线。

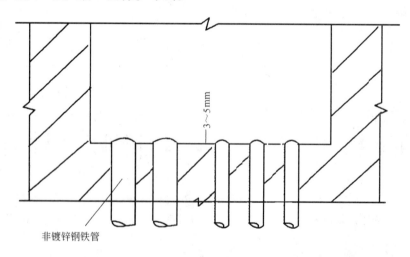

图3.4-75 钢导管与配电箱采用焊接连接

施工中钢导管与金属配电箱采用焊接连接时,不宜把管与箱体敲落或连接孔直径焊接,易烧穿箱体或造成箱体变形。

配电箱引下管与箱体连接时,可在入箱管端部适当位置上,用两根圆钢在钢管端部两侧做横向焊接,用以托住配电箱箱体,其中一根圆钢可用来作为跨接接地线,此圆钢在与钢导管焊接处应弯成弧形,配管插入箱体敲落孔后,管口露出箱体3~5mm,再把做为跨接接地线的圆钢弯起焊在箱体的棱边上;引上管施工,当配管引出数量较多时,可在平整的地面上把配管按顺序排列整齐,留出适当的间距,用钢筋把配管进行横向焊接,在反方向用一根做跨接接地线的钢筋再与管做弧形横向焊接,待插入箱体连接孔后,把跨接线与箱体棱边或引下管上的跨接线进行焊接。

钢导管采用焊接连接时,采用跨接接地线做法。

3) 刚性绝缘导管与箱体的连接

刚性绝缘导管与配电箱箱体的连接,各地的习惯做法不一,称得上是五花八门。有的使用连接器件;也有的在箱内用托板或砖顶住入箱管的管口,使之管入箱露出长度小于5mm;还有的是把上部入箱管落入箱的底部,待引上管固定牢固后,用白线绳依靠摩擦生热的作用拉断多余的管头;更为甚者是预先不控制入箱管的长度,在清扫管路时用钳子掰断多余的管头,使入箱管锯齿狼牙。

原《建筑电气工程施工质量验收规范》GB 50303—2002中规定:绝缘导管与盒(箱)应用连接器件,连接处结合面应涂专用胶粘剂,接口应牢固密封。

刚性绝缘导管使用连接器件与配电箱连接,如图3.4-76所示。

刚性绝缘导管与箱体连接的最佳方法是,管端采用做喇叭口的方法,可以节省大量的连接器件,如图3.4-77所示。

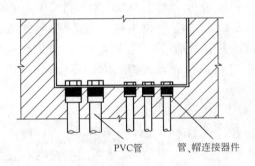

图3.4-76 PVC管用连接器与箱体连接

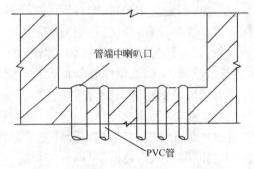

图3.4-77 管端做喇叭口与箱体连接

配电箱引上管应根据需要长度下料切断,加热软化管口处,用胎具把管口处加工成喇叭口状,由箱体内插出敲落孔,在箱体内用木板或木方把管口顶在箱体上沿处,使喇叭口紧贴接触面,如图3.4-78,待墙面达到配电箱安装高度后,把箱体连同引上管稳固在墙体上,待引上管处墙体施工牢固后,拆除支撑物,配电箱内管口处既美观大方,又可节省配管管材;配电箱下部管可在箱体就位后,加热管口用胎具做好喇叭口。如果下部管敷设长度不到位,可以用一段适当长度已做好喇叭口的短管,与下部管进行连接,连接套管处应涂胶粘剂。但不能用异径管连接此段入箱管。

自配电箱箱体向上配管,当建筑物有吊顶时,为以后连接吊顶内的配管,引上管的上端应在适当高度处弯成90°弯曲,配管沿墙体内垂直进入吊顶顶棚内。

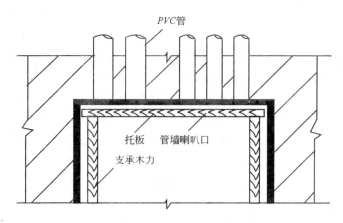

图 3.4-78 配电箱引上管连接做法

配电箱由下引来的配管,在管路敷设部位的墙体施工时,要随时调整配管的部位及垂直度,当墙体施工到一定的高度时,可用靠尺板测量管距墙表面的距离,与箱底敲落孔距箱体箱口的距离对比,使上、下层配电箱箱体始终保持在同一条垂直线上,配管对准箱体的敲落孔引上。待墙体砌筑到安装箱体的高度时,可用不同的方法将配管拉断,其中用白线绳拉断塑料管的方法最省力。

如果不进行预埋施工,而在墙体上先留洞,后安装配电箱,不但进行重复劳动,还影响建筑物的结构强度,也给配管与箱体连接带来一定的麻烦,这种做法不应提倡。

但是,由于某种原因,配电箱没到位,土建继续施工而无法进行预埋箱体时,应在埋设箱体的位置上,留置一个洞口,洞口下沿应比箱体下沿安装标高略低,这是为了利于引上管与箱体敲落孔连接,洞口高度应比箱体高度大 200mm 以上。箱体到达现场后,倾斜向预留洞口内放置,把入箱管插入敲落孔内,如管口对不准敲落孔,刚性绝缘导管配管时,可加热入箱管,使管端成鸭脖弯状,使配管管口入箱处保持顺直状态。如果入箱管为钢导管时,应接一段已弯好鸭脖弯的短管与配管连接,进入到箱体内。

(6) 盘面电器元件安装

盘面电器元件安装,应根据设计要求,选用符合标准的电器元件。为了防止误接线造成短路和防止误操作、方便检修、确保人身安全及保护设备的正常使用,照明配电箱内不宜装设不同电压等级的电气装置。如必须装置时,照明配电箱内的交流、直流或不同电压等级的电源,应具有明显的标志或用隔板隔开。

安装盘面电器元件时,将盘面板放平,把全部电器元件置于其上,进行实物排列。对照设计图纸及电器元件的规格和数量,选择最佳位置使之符合间距要求;并保证操作、维修方便及外型美观。

当电器位置确定后,用方尺找正,画出水平线,定出每种电器的安装孔和出线孔,电器上、下两侧的出线孔中心一般应对正电器的边缘,如图 3.4-79 所示,出线孔距应均匀。

盘面上划好线后撤去元件,进行钻孔,孔径应与绝缘管头相吻合,钻好孔后,木制盘面要刷好油漆;对铁制盘面还要除锈,刷防锈漆和油漆,待油漆干后装上管头,并将全部电器摆平、找正固定牢固。木制盘面应使用瓷(或塑料)管头保护导线,铁制盘面要用橡胶压铸套管保护。

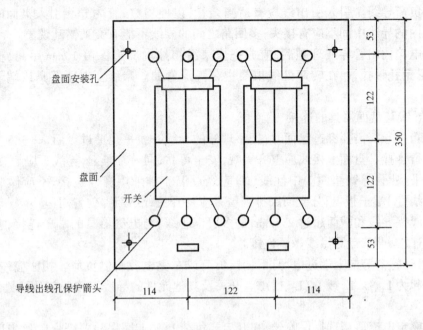

图 3.4-79 器具出线孔位置

盘上开关应垂直安装,总开关应装在盘面板的左面。电度表应安装牢固、垂直,不可出现纵向或横向的倾斜,否则要影响计量的准确性。当计算负荷电流在 30A 及以上时应装电流互感器,其精度应为 0.5 级。

盘面上电器控制回路的下方,要设好标志牌,标明所控制的回路名称编号。住宅楼配电箱内安装的开关及电度表,应与用户位置对应,在无法对应的情况下,也要设好编号。

塑料配电箱盘面板上安装电器时,先钻出一个 $\phi 3mm$ 小孔,再用木(或自攻)螺丝拧紧元件。

(7) 盘内配线

盘内配线应在盘面上电器元件安装后进行,配线时应根据电器元件规格、容量和所在位置及设计要求和有关规定,选好导线的截面和长度,剪断后进行配线。盘前盘后配线应成把成束排列整齐、美观,安全可靠,必要时采用线卡固定。压头时,将导线剥出线芯逐个压牢。

电流互感器的二次线应采用单股铜导线,电流回路的导线截面不应小于 $2.5mm^2$;电压回路的导线截面不应小于 $1.5mm^2$。

电能计量用的二次回路的连接导线中间不应有接头,导线与电器元件的压接螺丝必须牢固,压线方向应正确。所有二次线必须排列整齐,导线两端应穿有带有明显标记和编号的标号头。导线的色别按相序依次为黄、绿、红色,专用保护线为黄绿相间色,工作 N 线为淡蓝色。

(8) 配电箱内盘面板安装

室内电气照明器具安装完毕后,把组装好的盘面板拿到现场,即可以进行配电箱盘面板的安装。安装前,应对箱体的预埋质量,线管配制情况进行检验,确定符合设计要求及施工质量验收规范规定后,再进行安装。

安装前必须清除箱内杂物,检查盘面安装的各种元件是否齐全、牢固,并整理好配管内的电源和负荷导线。引入引出线应有适当余量,以便检修,管内导线引入盘面时应理顺整齐。箱盘内的导线中间不应有接头,多回路之间的导线不能有交叉错乱现象。

对配电箱内出管导线理顺后,应成把成束沿箱体内周边保留 10mm 距离,横平竖直布置,并用尼龙扎带扎紧,在转弯处线束要进行弧形弯曲。余线要对正器具或端子板进行接线。

(9) 导线与盘面器具的连接

配电箱内导线需要穿过盘面时,把整理好的导线一线一孔穿过盘面,一一对应与器具或端子等进行连接。盘面上接线应整齐美观,安全可靠,同一端子上,导线不应超过两根,螺钉固定应有平垫圈、弹簧垫圈。中性线(N)应经过汇流排采用螺栓连接,不应做成鸡爪线连接。中性线(N)端子板上,分支回路排列位置应与开关或熔断器位置对应。

凡多股铝导线和截面超过 2.5mm² 的多股铜芯线,与电气器具的端子连接,应焊或压接端子后再连接,严禁盘圆做线鼻子连接。

开关、互感器等应上端进电源,下端接负荷或左侧电源右侧负荷。相序应一致,面对开关从左侧起为 L_1、L_2、L_3 或 $L_1(L_2、L_3)N$。开关及其他元件的导线连接处,牢固压紧,不损伤芯线。

根据额定电流适当选择保险丝,在开启式负荷开关上摆保险要把保险丝中部压在沟槽内,不能拉直,防止在保险丝熔断时产生弧光短路。

熔断器安装时,对磁插式熔断器应上端接电源,下端接负荷,横装时左侧接电源,右侧接负荷。磁插式熔断器底座中心明露螺丝孔应有填充绝缘物,以防止对地放电,磁插件不得裸露金属螺丝,应填充火漆。

螺旋式熔断器安装时,底座严禁松动,电源线应接在底座中心触头的端子上,负荷线接在螺纹的端子上。

电能表接线时,单相电能表的电流线圈必须与相线连接,三相电能表的电压线圈不准装熔丝。

单相和三相四线电能表的接线,如图 3.4-80 及图 3.4-81 所示。

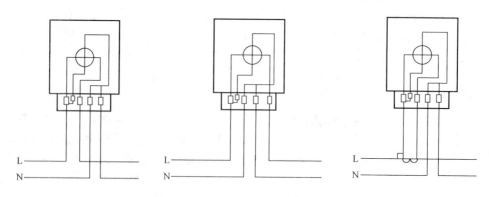

图 3.4-80 单相电能表接线图
(a) 直通表跳入式接线;(b) 直通表顺入式接线;(c) 经电流互感器接线

(10) 漏电保护器安装

漏电保护器是漏电电流动作保护器的简称,是断路器的一个重要分支。主要用来保护人身电击伤亡及防止因电气设备或线路漏电而引起的火灾事故。

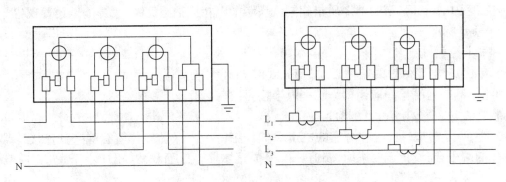

图 3.4-81 三相电能表接线图
(a) 直通式接线；(b) 经电流互感器接线

漏电保护器是在断路器内增设一套漏电保护元件组成，所以漏电保护器除具有漏电保护的功能外，还具有断路器的功能。

1) 漏电保护器选择

选择漏电保护器不同于一般的电器产品，要认真阅读产品说明书。打开产品说明书，要检查一下有无产品生产许可证和产品的安全认证标志，产品主要安全部件的技术性能，说明书内容与铭牌标志内容是否一致。

漏电保护器属于强制性认证产品，无论任何厂家生产的漏电保护器，都必须经过产品认证。用户在选择漏电保护器时，必须检查产品外壳的明显处有无认证标志。

我国电工产品的安全认证标志为"CCC"，即 3C 标志。

2) 漏电保护器的安装接线

单相漏电保护器，一般安装在电源末端。安装时可以与单相电能表、熔断器固定在一起。必须指出：没有过载、短路功能的漏电保护器，在安装时必须与短路保护配合使用。

在安装前应核对漏电保护器铭牌上的数据是否符合使用要求，并操作数次，检查其动作是否灵活，有无卡涩现象。

应按漏电保护器产品标志进行电源侧和负荷侧接线。漏电保护器接线时，应注意其上的标志，L线与N线不能接错。漏电保护器前侧 N 线上不应设有熔断器，防止 N 线保险丝熔断后，一旦线路出现 L 线漏电时，漏电保护器不会动作。

电流型漏电保护器安装后，除应检查接线无误外，还应通过试验按钮检查其动作性能，并应满足要求。

(11) 配电箱面板(箱盖、贴脸)的安装

当配电箱(盘、板)导线连接完成后，应再次清理箱内杂物，然后再固定盘、板，固定盘、板时，不能挤压盘后导线，也不能把导线压在盘面板的四周边缘上。同时还应注意箱内导线接头处经绝缘包扎后，不应接触箱内金属物上，防止对地漏电。

配电箱盘、板面固定完成后，最后一道工序是安装箱门。

配电箱面板四周边缘应紧贴墙面，不能缩进抹灰层内，也不得突出抹灰层。

木制配电箱安装贴脸前，如箱口突出墙面要刨平，凹进抹灰面时，加钉木条与抹灰面平齐，箱门应能向外开启180°，超过600mm宽时应打双扇门。

箱门油漆颜色除施工图中有特殊要求外,一般与工程中门窗的颜色相同。刷油后的质量应与工程中木制门、窗的油漆质量相同。铁制配电箱应油漆完整,无掉漆返锈等现象。

5. 质量标准

(1) 主控项目

1) 照明配电箱(盘)的箱体必须与 PE 线或 PEN 线连接可靠;盘面和装有电器的可开启门,和箱体的接地端子间应用裸编织铜线连接,且有标识。

检查方法:全数检查,目测检查。

2) 照明配电箱(盘)应有可靠的电击保护。箱(盘)内保护导体应有裸露的连接外部保护导体的端子,当设计无要求时,箱(盘)内保护导体最小截面积 S_P 不应小于表 3.4 – 48 的规定。

检查方法:全数检查,目测检查。

3) 照明配电箱(盘)安装应符合下列规定:

① 箱(盘)内配线整齐,无绞接现象。导线连接紧密,不伤芯线,不断股。垫圈下螺丝两侧压的导线截面积相同,同一端子上导线连接不多于 2 根,防松垫圈等零件齐全;

② 箱(盘)内开关动作灵活可靠,带有漏电保护的回路,漏电保护装置动作电流不大于 30mA,动作时间不大于 0.1s。

③ 照明箱(盘)内,分别设置中性线(N)和保护线(PE)汇流排,中性线和保护线经汇流排配出。

检查方法:全数检查,1、3 项目测检查,2 项漏电装置动作数据值,查阅测试记录或用适配检测工具进行检测。

(2) 一般项目

照明配电箱(盘)安装应符合下列规定:

1) 位置正确,部件齐全,箱体开孔与导管管径适配,暗装配电箱箱盖紧贴墙面,箱(盘)涂层完整;

2) 箱(盘)内接线整齐,回路编号齐全,标识正确;

3) 箱(盘)不采用可燃材料制作;

4) 箱(盘)安装牢固,垂直度允许偏差为 1.5‰;底边距地面为 1.5m,照明配电板底边距地面不小于 1.8m。

检查方法:1、2、3 项目测检查,4 项尺量检查。

6. 成品保护

(1) 配电箱应防止在运输和保管过程中,受潮或挤压变形。

(2) 在刷油过程中,应注意不污染建筑物墙面和地面。

(3) 配电箱安装后为防止箱内电气元器件受损,箱门应加锁。

7. 其他

(1) 木制箱体在制作时,不能用钉子钉,应按标准做铆榫。生产厂家制作的配电箱要进一步加强制作质量,施工购买者要严格检查,运输与保管时要妥善。

(2) 箱体预埋后,顶部应正确设置过梁,防止箱体顶部受压变形。

(3) 木制配电箱开长孔;铁制箱体用电、气焊割大孔。在配电箱制作时应开圆孔。铁箱开孔数量不能少于配线回路,箱体要配合土建施工预埋,不能先留墙洞后安装配电箱,往往会造成管与箱体敲落孔无法对正。不可用电、气焊割孔,应用开孔器开孔,或者用钻扩孔后再用锉刀锉圆。

(4) 预埋箱体时要按建筑标高线找好高度,不能查砖行放箱体,安装箱体时同时用线锤吊好,直至垂直度符合要求。

(5) 在240mm墙上安装配电箱,后部缩进墙内,正确的设置钢丝网或石棉板,防止直接抹灰致使墙体开裂、空鼓。

(6) 为防止管插入箱内长短不一,不顺直,硬塑管入箱过长,穿线前打断,有的断在箱外,钢管入箱时要先拧好根母再插入箱内使其长度一致,做焊接连接时长度不应超过5mm;入箱管路较多时要把管路固定好防止倾斜,管和入箱时最好能利用自制平档板,使其管口入箱长度一致,用砖或木板在箱内把管顶平也可以。

(7) 自制木配电箱预埋时应先安箱体,抹灰完成后再钉贴脸;箱体突出抹灰面时,突出部位应砍或刨去,使贴脸背部与抹灰面一平;铁制配电箱要选择活面板的产品,待抹灰完成后再安装。

箱门安装方法应合理,使之能开启180°,图纸会审应加强,在不合乎要求的位置上,不能安装配电箱。

(8) 保护线使用不当,不能使中性线与保护线混同,应单独敷设保护线。

(9) 保护线,必须连接牢固、可靠,不能压在盘面的固定螺栓上,防止拆盘时断开。

(10) 安装安全开关时,要防止其丢失或损坏,要先把开关保护盖和固定钮保管好,待交工前一并拧好,或在配电箱上锁时再拧好。

(二) 槽板配线

1. 分项(子分项)工程概况(略)

2. 分项(子分项)工程质量目标和要求(略)

3. 施工准备

(1) 施工人员

施工人员应培训合格,认真熟悉图纸,必须持证上岗。

(2) 施工机具设备和测量仪器

1) 线坠、粉线袋、卷尺、电工工具等;

2) 槽板加工用自制模具、钢锯等。

(3) 材料要求

1) 木槽板、塑料槽板及其附件等;

2) 各种规格的导线等;

3) 木螺丝、钉子等。

(4) 施工条件

1) 对槽板配线工程会造成污损的建筑装修工作应全部结束;

2) 对配合施工有影响的模板、脚手架等应拆除,室内杂物应清除。

4. 施工工艺

(1) 工艺流程

| 选择槽板 | → | 定位划线 | → | 槽板加工 | → | 固定槽板底座 | → | 导线敷设 | → | 固定盖板 | → | 平直度、垂直度测量 |

(2) 槽板选择

槽板配线就是把绝缘导线敷设在槽板底板（或盖板）的线槽中，上部再用盖板把导线盖住的配线方式。

槽板配线适用于相对湿度经常在60%及以下的干燥房屋，如办公室、生活间内明配敷设。

槽板配线方式比瓷（塑料）夹板配线整齐、美观，也比线管配线便宜，但由于裸露，较之并不美观。

在建筑电气工程的照明工程中，随着人们物质生活水平的提高，大型公用建筑已基本不用槽板配线，在一般民用建筑或有些古建筑的修复工程中，以及个别地区仍有较多的使用。

常用槽板有两种，一种是木槽板，另一种是塑料槽板。木槽板有双线的，也有三线的，其外形如图3.4-82所示。

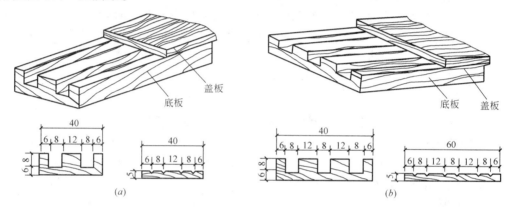

图3.4-82 木槽板外形示意图
（a）双线木槽板；（b）三线木槽板

木槽板应使用干燥、坚固、无节裂的木材制成。木槽板的内、外应平整光滑、无棱刺，并应经阻燃处理；塑料槽板表面应有阻燃标记，内、外应平整光滑无棱刺、无脆裂和扭曲变形现象。

槽板布线应根据线路每段的导线根数，选用合适的双线槽或三线槽的槽板。

运到施工现场的槽板，在安装前首先要进行外观检查和验收，合格的槽板方可使用。应剔除开裂和过分扭曲变形的次品。挑选平直的用于长段线路和明显的场所，略次的设法用于较隐蔽场所或截短后用于转角、绕梁、柱等地方敷设。

(3) 槽板配线的定位划线

槽板配线施工，应在室内抹灰及装饰工程结束后进行，在槽板安装前也应进行定位划线。

槽板配线不允许埋入或穿过墙壁，也不允许直接穿过楼板。但在主体施工阶段，应配合土建施工进行保护管的预埋，防止后期施工打洞。槽板布线在穿过楼板时必须用钢管保护。

槽板配线的定位划线，要根据设计图纸，结合规范的规定，确定较为理想的线路布局。槽板配线宜敷设于隐蔽的地方。应尽量沿建筑物的线脚、横梁、墙角等处敷设，与建筑物的线条平行或垂直布置。槽板布线在水平敷设时至地面的最小距离，不应小于2.5m；垂直敷设时不应小于1.8m。

为使槽板配线线路安装的整齐、美观,可用粉线袋沿槽板水平和垂直的敷设路径的一侧弹浅色粉线。

(4) 槽板的加工

槽板布线应按线路敷设的位置和走向,加工好各种形状的槽板。槽板的加工,可使用手工钢锯锯断。在槽板锯断前应先制作小模具,模具可用硬质木材或金属制作,用木材制作时选用三条厚度适当长度相等的木板条,其中一条木板的宽度应略宽于槽板的宽度,用此板条做模具的底部,另两条宽度适当且相等的木板条做侧面;钉在做底的木条的两侧呈木槽状的模具。在木模具长度上选择两个适当的位置,用钢锯条顺向模具交叉锯两个45°的斜口,同时,横向模具锯一个90°的锯口,如图3.4-83所示。

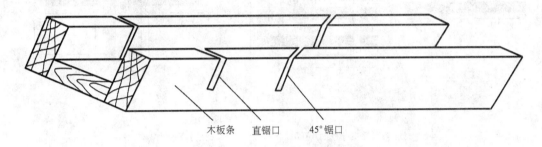

图 3.4-83　槽板加工用模具

槽板的加工模具制作好以后,就可以根据计算好的每根盖板和底板的所需长度和形状在模具内进行锯割加工。

槽板由于敷设部位不同,锯割的形状也不同,在直线段上和在同一平面90°转角或不同平面90°转角时,盖板和底板均应锯成45°的斜口对接。线路分支时,接头处可以做成"T"字接法,也可以将槽板端部锯成90°进行T字三角叉接。

(5) 槽板底板的固定

槽板配线要先固定槽板底板,槽板要根据不同的建筑结构及装饰材料,采用不同的固定方法。

在木结构上,槽板底板可以直接用木螺丝或钉子固定;在灰板条墙或顶棚上,可用木螺丝固定;在砖墙上可用木螺丝或钉子把槽板底板固定在预先埋设好的木砖上,也可以用木螺丝把槽板底板固定在塑料胀管上;在混凝土上,可以用水泥钉或塑料胀管固定。

无论采用什么方法固定,槽板应在距底板端部50mm处加以固定,三线槽的槽板应交错进行固定或用双钉固定,底板的固定点不应设在底槽的线槽内。特别应注意塑料槽板固定时底板与盖板不能颠倒使用。

槽板布线由于每段槽板长度各有不同,在整条线路上,不可能各段都一样,尤其是在槽板转弯和端部更为明显,同时受建筑物结构限制,中间固定点的间距无法要求一致,但每段槽板的底板中间固定点的距离应小于500mm。两相邻固定点间的间距要均匀一致。固定好后的槽板底板应紧贴建筑物或构筑物表面,无缝隙,且平直整齐;多条槽板并列敷设时,应无明显缝隙。

槽板底板对接时,接口处底板的宽度应一致,线槽要对准,对接处斜角角度应正确,接口应紧密。在直线段对接时两槽板应在同一条直线上,槽板转角时应呈90°角,并把线槽内侧削成圆形,防止布线时刮伤导线绝缘层。在槽板分支处应做三角叉接,如做"T"字接法时,在分支处应把底板线槽中部分用小锯条锯断铲平,使导线在线槽中能够宽畅通过。

槽板在封端处应呈斜角。在加工底板时应将底板坡向底部锯成斜角。线槽与保护管呈90°连接,有条件时可在底板端部适当位置上钻孔与保护管进行连接,把保护管压在槽板内,槽板盖板的端部也应呈斜角封端。

槽板布线底板的固定如图 3.4-84 所示。

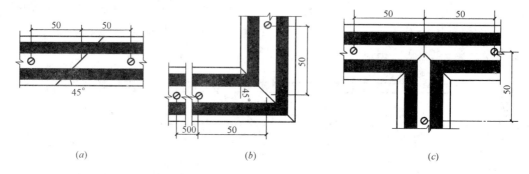

图 3.4-84 槽板布线底板的固定
(a)底板对接的做法;(b)底板拐角做法;(c)底板分支接头做法

塑料槽板敷设时的环境温度,不应低于 -15℃。

塑料槽板的固定方法与木槽板固定方法是一样的,但在现场施工中很多操作者没有分清塑料槽板的底板与盖板,错误地把底板当成盖板,把盖板又当成底板。在施工时应本着槽板应紧贴建筑物表面的原则进行。

(6) 导线敷设

槽板的底板固定好后,就可以敷设导线了。敷设塑料绝缘导线时环境温度不应低于-15℃。

槽板内敷设的绝缘导线的额定电压不应低于500V。使用铜芯导线时,最小线芯截面不应小于$1.0mm^2$;使用铝芯导线时,最小线芯截面不应小于$1.5mm^2$。为了便于接线,使用塑料绝缘导线时应分色。

木槽板布线时,可以直接把绝缘导线敷设在底板的线槽内,也可以边敷设导线边固定盖板;塑料槽板布线时,导线需直接敷设在盖板上的线槽内,并应与盖板的固定同时进行。

为了使槽板布线的导线在接头时易于辩认、接线正确,在一条槽板内应敷设同一回路导线。

为了使同线槽导线,当其线芯发生碰触也不会造成相间短路,在一条宽线槽内应敷设同一相位的导线。在同一照明回路中的电源相线和经过开关控制后的开关线,属于同一相位,可以同时敷设在一个宽线槽内。

导线在槽板内不得受挤压。槽板内敷设导线不许有中间接头,因槽板内接头会给今后维修、检查带来困难,导线接头可设在槽板外面或器具及接线盒内,槽板布线使用的接线盒如图 3.4-85 所示。

当导线敷设到灯具、开关、插座或接头处,为了方便器具接线,要留出适当余量,一般不宜小于150mm。在配电箱(盘)或集中控制的开关板处,地线要留出不小于盘、板面半周长的余量。

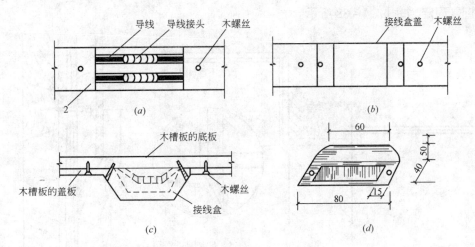

图 3.4-85 木槽板布线接线盒
(a) 接线盒盖打开时;(b) 接线盒盖盖上时;(c) 侧面图;(d) 接线盒盖

槽板布线的导线连接方法,总的要求是:不伤芯线,连接牢固,包扎严密,绝缘良好。

(7) 槽板盖板的固定

塑料槽板布线固定盖板的方法与木槽板盖的固定方法不同,塑料槽板盖板的固定与导线同时进行。塑料盖板与底板的一侧相咬合后,向下轻轻一按,另一侧盖板与底槽即可咬合,盖板上不需再用螺丝固定。

木槽板的盖板与底板之间应使用木螺丝固定。使用钉子固定盖板不便线路的检修,不宜提倡。

盖板两端固定点,距离盖板的端部应为 30mm,中间固定点应小于 300mm。如图 3.4-86 所示。盖板固定螺丝,应沿底板的中心线布置,注意对中、放直,不应损伤线槽内的导线。

三线槽的盖板应用双螺丝钉固定,双螺丝应相互平行。盖板顺向固定的木螺丝应在同一条直线上,但木螺丝顶部的开口朝向应一致。

槽板布线直线段盖板接口处与底板的接口应相互错开。其错开距离不应小于 20mm。接口处的 45°斜角应接触紧密,不留空隙,如图 3.4-87 所示。

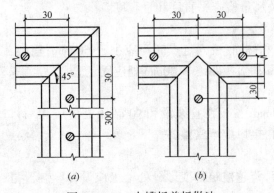

图 3.4-86 木槽板盖板做法
(a) 盖板拐角做法;(b) 盖板分支接头做法

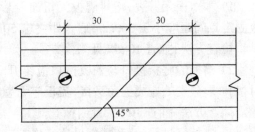

图 3.4-87 盖板对接做法

盖板在终端处的封端,是将盖板按底板锯出斜度,将盖板的里面锯成半豁口,按底板斜角覆盖折复固定,如图 3.4-88 所示。

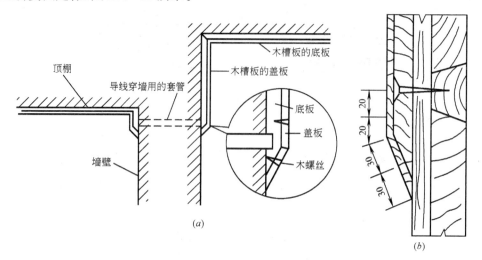

图 3.4-88 木槽板封端做法
(a) 示意图;(b) 局部做法图

槽板盖板固定完成后,应进行线路水平和垂直的测量。无论是水平敷设还是垂直敷设,其直线段的平直度和垂直度的允许偏差均不应大于 5mm。

5. 质量标准

(1) 主控项目

1) 导线及槽的材质必须符合设计要求和有关规定,木槽板应经难燃处理,塑料槽板表面应有难燃标识;导线间和导线对地间的绝缘电阻值必须大于 0.5MΩ。

检查方法:抽查 10 个回路,目测检查,绝缘电阻值进行实测或检查绝缘电阻测试。

2) 槽板内电线无接头,电线连接设在器具处;槽板与多种器具连接时,导线应留有余量,器具底座应压住槽板端部。

检查方法:全数检查,目测检查。

3) 槽板敷设应紧贴建筑物表面,且横平竖直、固定可靠。严禁用木楔固定槽板。

检查方法:全数检查,目测检查和用拉线及尺量检查平直度和垂直度。

(2) 一般项目

1) 木槽板无劈裂,塑料槽板无扭曲变形。槽板底板固定点间距应小于 500mm;槽板盖板固定点间距应小于 300mm;底板距终端 50mm 和盖板距终端 30mm 处应固定。

检查方法:抽查 10 处,目测检查。

2) 槽板的底板接口与盖板接口应错开 20mm,盖板在直线段和 90°转角处应成 45°斜口对接,T 形分支处应成三角叉接,盖板应无翘角,接口应严密整齐。

检查方法:抽查 10 处,目测检查。

3) 槽板穿过梁、墙和楼板处应有保护套管,跨越建筑物变形缝处槽板应设补偿装置,且与槽板结合严密。

检查方法:全数检查,目测检查。

6. 成品保护

(1) 在槽板配线时,应注意保持建筑物表面清洁。

(2) 槽板配线完成后,不应再进行室内建筑物表面的装修工作,以防止破坏或污染槽板和电气器具。

7. 其他

(1) 为防止槽板扭曲变形。在选料时要认真,把平直的用于长段线路和明显的场所,略次的设法用于其他较隐蔽场所。

(2) 加 X2-F 料槽板时,在槽板锯断前应先制做好小模具,然后再根据盖板和底板每段所需要的长度和形状在模具内锯割加工,防止盖板接口不严密。

(3) 器具绝缘台或底座应压住槽板端部,避免器具的绝缘台与槽板对接处有缝隙。

(三) 钢索配线

1. 分项(子分项)工程概况(略)

2. 分项(子分项)工程质量目标和要求(略)

3. 施工准备

(1) 施工人员

施工人员应培训合格,认真熟悉图纸,必须持证上岗。

(2) 施工机具设备和测量仪器

1) 钢锯、型钢切割机(无齿锯)、套丝机、弯管器或弯管机。

2) 煨管机或弯管器、活扳手、电工工具等。

(3) 材料要求

1) 配线用各种规格、材质的钢索;

2) 支(吊)架、拉环、花篮螺栓、钢索卡;

3) 钢索吊装用钢导管、刚性绝缘导管;

4) 各种规格导线、塑料护套线等。

(4) 施工条件

1) 配合土建结构施工,做好预埋件;

2) 配合土建装修进行钢索配线安装。

4. 施工工艺

(1) 工艺流程

预埋件施工 → 钢索安装 → 钢索吊装配管、配线

(2) 钢索及其附件选择

在一般工业厂房内,由于房架较高,跨度较大,而又要求将灯具安装较低时,照明线路常采用钢索配线。

钢索配线是在建筑物两端安装一根用花篮螺栓拉紧的钢索,再将导线和灯具悬挂在钢索上。

钢索配线按所使用的绝缘导线和固定方式不同,可分为钢索吊管配线、钢索吊鼓形绝缘子配线、钢索塑料护套线配线。其中钢索吊管配线,又分为钢索吊钢导管配线和钢索吊刚性绝缘导管配线。

1) 配线用钢索

钢索配线的钢索,应优先使用镀锌钢索,钢索的单根钢丝直径应小于0.5mm。在潮湿或有腐蚀性介质及易贮纤维灰尘的场所,为防止钢索锈蚀,影响安全运行,应使用塑料护套钢索。钢索配线由于含油芯的钢索易积贮灰尘而锈蚀,故不得使用含油芯的钢索。

为了保证钢索的强度,使用的钢索不应有扭曲、松股和断股、抽筋现象。

选用圆钢作钢索时,在安装前应调直、拉伸和刷防锈漆。

如采用镀锌圆钢,在调直、拉伸时不得损坏镀锌层。

不同的配线方式,不同截面的导线,使钢索承受的拉力也不相同。钢索配线用的钢绞线和圆钢的截面,应根据跨距、荷重、机械强度选择。采用钢绞线时,最小截面不宜小于 $10mm^2$;采用镀锌圆钢作为钢索,直径不应小于10mm。

2) 钢索配线附件

钢索配线附件拉环、花篮螺栓、钢索卡和索具套环及各种盒等均应用镀锌制品或刷防腐漆。

① 钢索用拉环

拉环用于在建筑物上固定钢索,为增加其强度,拉环应用不小于 $\phi 16$ 圆钢制作,二式拉环的接口处应焊死,二式拉环适用于受拉≤3900N考虑。

② 花篮螺栓

花篮螺栓用于拉紧钢索,并起调整松紧作用。

钢索的弛度大小影响钢索所受的张力,钢索的弛度是靠花篮螺栓调整的,如果钢索长度过大靠一个花篮螺栓不易调整好钢索的弛度。钢索长度在50m及以下时,可在一端装花篮螺栓;超过50m时,两端均应装花篮螺栓;每超过50m时应增加一个中间花篮螺栓。

③ 钢索卡

钢索卡又称钢丝绳轧头、钢丝绳夹等,与钢索套环配合作夹紧钢索末端用。

④ 索具套环

索具套环也叫钢丝绳套环、心形环,是钢绞线的固定连接附件。在钢绞线与钢绞线或其他附件间连接时,钢绞线一端嵌在套环的凹槽中,形成环状,可保护钢绞线在连接弯曲部分受力时不易折断。

(3) 钢索安装

钢索配线,钢索是悬挂灯具和导线及其附件的主要承力部件,它是否安全可靠与两端锚固程度有关,施工中要注意建筑物能否承受钢索及其荷载的拉力,应取得土建专业人员的同意。

钢索的安装应在土建工程基本结束,并对施工有影响的模板、脚手架拆除完毕,杂物清理干净后进行。

钢索配线绝缘导线至地面的最小距离,在室内时不应小于2.5m。

钢索配线敷设导线及安装灯具后,钢索的弛度不应大于100mm,如不能达到时,应增加中间吊钩。

钢索在安装前应先用略大于设计值的拉力预拉伸,以减少安装后的伸长率。

用钢绞线作钢索时,钢索端头绳头处应用镀锌铁线扎紧,防止绳头松散。然后穿入拉环中的索具套环(心形环)内。用不少于两个钢索卡(钢丝绳轧头)固定,确保钢索连接可靠,防止钢索发生脱落事故。如果钢索为圆钢,端部可顺着索具套环(心形环)煨成环形圈,并将圈口焊牢,当焊接有困难时,也可使用钢索卡(钢丝绳轧头)固定两道。

钢索的两端需要拉紧固定,在中间也需要进行固定。为保证钢索张力不大于钢索允许应力,固定点的间距不应大于12m,中间吊钩宜使用圆钢,圆钢直径不应小于8mm。为了防止钢索受外界干扰的影响发生跳脱现象,造成钢索张力加大,导致钢索拉断,吊钩的深度不应小于20mm,并应设置防止钢索跳出的锁定装置。

固定钢索的支架、吊钩在加工后应镀锌处理或刷防腐漆。

为了防止由于配线而造成钢索漏电,钢索应可靠接地。一般需在钢索的一端装有明显的保护地线,在花篮螺栓处做好跨接接地线。

1) 钢索在墙体上安装

在墙体上安装钢索,使用的拉环根据拉力的不同,安装方法也不相同,左右两种拉环及其安装方法,应视现场施工条件选用。

拉环应能承受钢索在全部荷载下的拉力。拉环应固定牢固、可靠,防止拉环被拉脱,造成重大事故。图3.4-89中的右侧拉环在砌体墙上安装,应在墙体施工阶段配合土建专业施工预埋DN25的钢管做套管,一式拉环受力按≤3900N考虑,应预埋一根套管,二式拉环应预埋两根DN25套管。左侧拉环需在混凝土梁或圈梁施工中进行预埋。

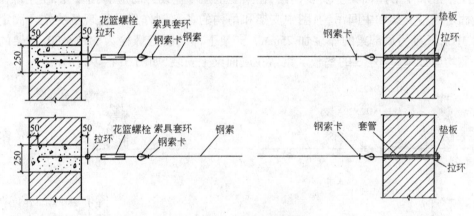

图3.4-89 墙上安装钢索
(a)安装做法一;(b)安装做法二

右侧一式拉环在穿入墙体内的套管后,需在靠外墙的一侧垫上一块120mm×75mm×5mm的钢制垫板;右侧二式拉环需垫上一块250mm×100mm×6mm垫板。在垫板外每个螺纹处各自用一个垫圈、两个螺栓拧牢固,使能承受钢索在全部负载下的拉力。

在拉环的环形一端在不安装花篮螺栓时,应套好索具套环(心形环)。

钢索在一端固定好后,在另一端拉环上装上花篮螺栓。但花篮螺栓的两端螺杆,均应旋进螺母内,使其保持最大距离,以备进一步调整钢索的弛度。

在钢索的另一端,可用紧线器拉紧钢索,与花篮螺栓吊环上的索具套环(心形环)相连接,剪断余下的钢索,将端头用金属线扎紧。再用钢索卡(钢丝绳轧头)固定不少于两道。紧线器要在花篮螺栓受力后才能取下,花篮螺栓应紧至适当程度,最后,用铁线将花篮螺栓绑扎,防止脱钩。

2) 柱上安装钢索

在柱上安装钢索,使用 φ16 圆钢抱箍固定终端支架和中间支架,如图 3.4-90 所示,抱箍的尺寸可根据柱子的大小由现场决定。

在柱上安装钢索支架用∟50×50×5 角钢制作,角钢支架如图 3.4-91 所示。图中尺寸 L 在不同拉力情况下,有不同的数值,拉力为 9800N 时为 31mm;拉力为 5800N 时为 27mm;拉力为 3900N 时为 25mm。

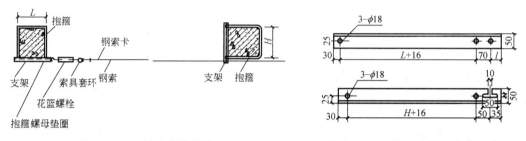

图 3.4-90 柱上安装钢索　　　　图 3.4-91 柱上安装钢索角钢支架

3) 工字形和 T 形屋面梁上安装钢索

在工字形和 T 形屋面梁上安装钢索,在梁上土建专业设计时应有预留孔,使用螺栓穿过预留孔固定终端支架和中间吊钩,图中支架和吊钩的各部制作尺寸由现场决定。固定螺栓规格为 M12,长度为局部梁的厚度加 25mm。支架下部的固定螺栓为 M12×30,支架的固定螺栓一侧均应加垫 -40×3 的垫板。钢索在屋面梁上安装,如图 3.4-92 所示。

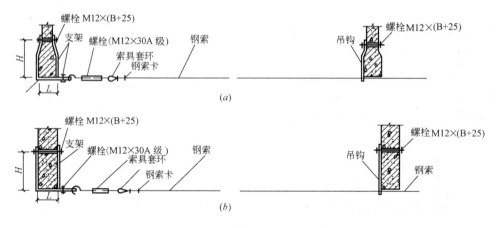

图 3.4-92 屋面梁上安装钢索
(a) 工字形梁上钢索安装;(b) T 形梁上钢索安装

在工字形和 T 形屋面梁上安装钢索,使用的终端支架受拉按 3900N 考虑,用 -40×4 扁钢制作,中间吊钩是按 490N 考虑,用 φ8 圆钢制作。

4) 钢索在无预留安装孔屋面梁上安装

在有风道的无预留安装孔的屋面梁上安装钢索,如图 3.4-93 所示。图中尺寸 L、H 按现场决定,尺寸 L 在拉力为 9800N 时为 31mm,拉力为 5800N 时为 27mm,拉力为 3900N 时为 25mm。终端支架的受拉按 9800N 考虑,但屋面梁能否承受设计荷载,须征得土建专业的许可。

在此屋面梁上安装钢索,终端支架用∟50mm×50mm×5mm 角钢制作,使用 φ16mm。

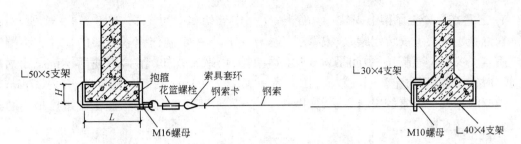

图 3.4-93 双梁屋面梁安装钢索

圆钢制作抱箍固定。钢索的中间支架是用∟30mm×30mm×4mm的角钢和-40×4扁钢制作的,如图3.4-94所示。

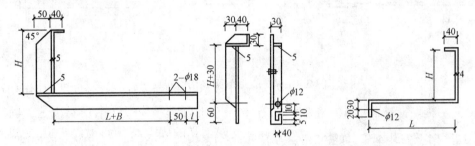

图 3.4-94 双梁屋面梁上支架

5) 钢索在平行于屋面梁上悬臂吊挂

在平行于屋面梁上悬臂吊挂钢索及其悬臂的安装制作,如图3.4-95所示。图中尺寸H、L、l均由具体工程确定。悬臂的方式有两种,一种是∟50×50×5角钢悬臂,用∟40×40×4角钢抱箍固定,另一种是50mm钢管做悬臂,在梁内预埋100mm×100mm×8mm钢板,用12mm圆钢卡环与预埋件焊接固定。

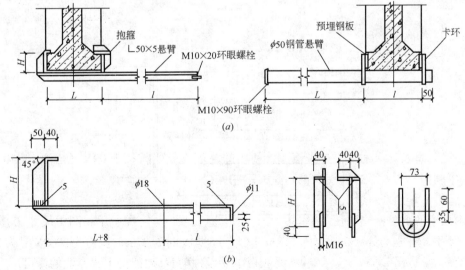

图 3.4-95 平行屋面梁吊挂钢索
(a)钢索安装示意图;(b)支架

6) 钢索在混凝土屋架上安装

在混凝土屋架上安装钢索,应根据屋架大小由现场决定制作钢索支架的尺寸。终端支架应用 $-40×4$ 扁钢制作,中间吊钩支架用 $-25×4$ 扁钢制作。吊钩可使用 $\phi 8mm$ 圆钢制作,长度按工程需要决定。

混凝土屋架上钢索的安装方法,如图 3.4-96 所示,图中支架上悬挂花篮螺栓吊环的孔眼尺寸应与花篮螺栓配合。

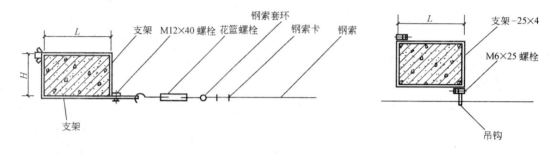

图 3.4-96 矩形屋架梁钢索安装

7) 钢索在钢屋架上安装

在钢屋架上安装钢索,如图 3.4-97 所示。钢索抱箍和吊钩的尺寸应由钢屋架决定,抱箍中尺寸 d 应与花篮螺栓配合。但钢屋架能否承受设计荷载,须征得土建专业的许可。

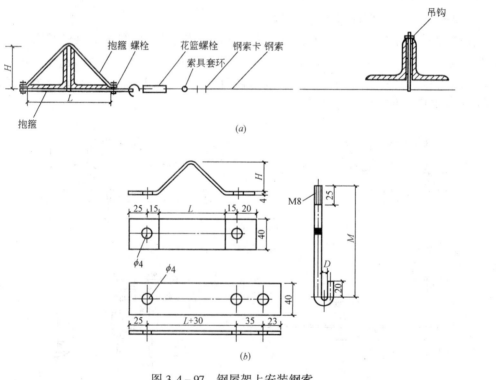

图 3.4-97 钢屋架上安装钢索
(a) 钢索安装示意图;(b) 支架

(4) 钢索吊装塑料护套线配线

钢索吊装塑料护套线的配线方式,是采用铝线卡将塑料护套线固定在钢索上,使用塑料接线盒与接线盒安装钢板把照明灯具吊装在钢索上。

在配线时,按设计要求先在钢索上确定好灯位的准确位置,把接线盒的固定钢板吊挂在钢索的灯位处,将塑料接线盒如图3.4-98所示底部与固定钢板上的安装孔连接牢塑料护套线的敷设,可根据线路长短距离,采用不同的敷设方法。

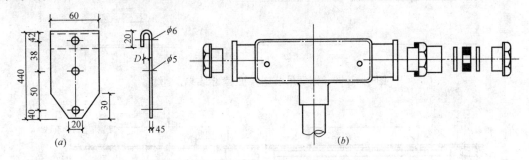

图 3.4-98 塑料接线盒及固定件
(a) 接线盒固定钢板;(b) 塑料接线盒

敷设短距离护套线,可测量出两灯具间的距离,留出适当余量,将塑料护套线按段剪断,进行调直然后卷成盘。敷线从一端开始,一只手托线,另一只手用铝线卡(钢精轧头)将护套线平行卡吊于钢索上。

敷设长距离塑料护套线时,将护套线展放并调直后,在钢索两端做临时绑扎,要留足灯具接线盒处导线的余量,长度过长时中间部位也应做临时绑扎,把导线吊起。把铝线卡根据最大距离的要求,把护套线平行卡吊于钢索上。

用铝线卡在钢索上固定护套线,为确保钢索吊装护套线配线固定牢固,应均匀分布线卡间距,线卡距灯头盒间的最大距离为100m;线卡之间最大间距为200mm,线卡间距应均匀一致。

为了准确确定线卡位置并使其均匀一致,在敷设时可用经始线(白线绳)或白布带制作长度适当的软尺,最大在每隔200mm处用红色钢笔水划一标记,配线前把软尺拉紧在灯位处做临时固定,夹持铝线卡即可根据软尺上的标记进行,能够保证线卡间距均匀。

敷设后的护套线应紧贴钢索,无垂度、缝隙、扭劲、弯曲、损伤。

钢索吊装塑料护套线配线,照明灯具一般使用吊链灯,灯具吊链可用螺栓与接线盒固定钢板下端的螺栓连接固定。当采用双链吊链灯时,另一根吊链可用-20×1的扁钢吊卡和M6×20螺栓固定,如图3.4-99所示。

照明灯具软线应与吊链灯吊链交叉编花,在塑料护套线接线盒处把导线连接完成后,盖上盒盖并拧严。

安装好的钢索吊装塑料护套线布线,如图3.4-100所示。

(5) 钢索吊管配线

钢索吊管配线方法是采用扁钢吊卡将钢导管或刚性绝缘导管以及灯具吊装在钢索上。

钢索吊管配线,先按设计要求确定好灯位的位置,测量出每段管子的长度,然后加工。使用钢导管时应进行调直,然后切断、套丝、揻弯。使用刚性绝缘导管时,要先揻管、切断，为配管的连接做好准备工作。

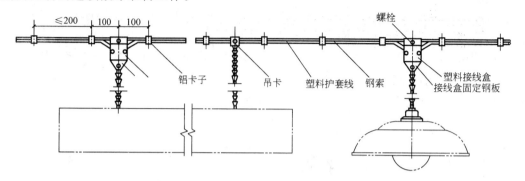

图3.4-99 钢索吊装塑料护套线配线吊链灯

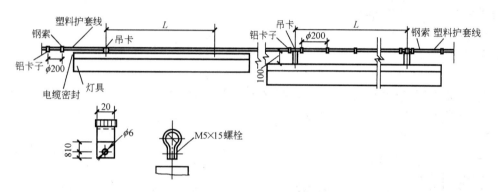

图3.4-100 钢索吊装塑料护套线布线

1) 钢索吊装金属管

要根据设计要求选择适当规格的金属管、铸铁吊灯接线盒以及相应规格的吊卡。

在吊装钢导管配管时，应按照先干线后支线的顺序进行，把加工好的管子从始端到终端按顺序连接，管与铸铁接线盒的丝扣应拧牢固。将导管逐段用扁钢卡子与钢索固定。

扁钢吊卡的安装应垂直，平整牢固，间距均匀，每个灯位铸铁接线盒应用2个吊卡固定，钢导管上的吊卡距接线盒间的最大距离不应大于200mm，吊卡之间的间距不应大于1500mm。

当双管并行吊装时，可将两个管吊卡对接起来进行吊装，管与钢索的中心线应在同一平面上。此时灯位处的铸铁接线盒应吊2个管吊卡与下面的配管吊装。

吊装钢导管配管完成后应做整体的接地保护，管接头两端和铸铁接线盒两端的钢导管应用适当的圆钢做焊接地线焊牢，并应与接线盒焊接。

钢索吊装钢导管配线，如图3.4-101所示。

2) 钢索吊装刚性绝缘导管

钢索吊装刚性绝缘导管配管，应根据设计要求选择管材、明配灯位处接线盒以及管接头、管卡头和扁钢吊卡等。

配管的吊装方法基本同于钢导管的吊装，在管进入灯位处接线盒时，可以用管卡头连接管与盒，管与管的连接处应使用相应的管接头连接，在连接处管与管接头或管卡头间应使用粘接法进行粘接。

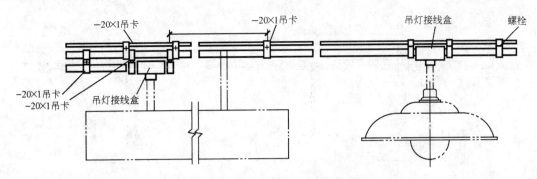

图 3.4-101 钢索吊装钢导管配线

扁钢吊卡应固定平整、间距均匀,吊卡距灯位接线盒间最大距离不应大于 150mm。吊卡之间的间距不应大于 1000mm。

(6) 钢索吊装鼓形绝缘子配线

钢索吊装鼓形绝缘子配线,是采用扁钢吊架将鼓形绝缘子和灯具吊装在钢索上的配线方式。

配线时,要根据设计要求找好灯位及吊架的位置。加工好二线式或四线式扁钢吊架及固定卡子,把鼓形绝缘子用 M5 贯穿螺栓垂直平整、牢固地组装在吊架上,如图 3.4-102 所示。

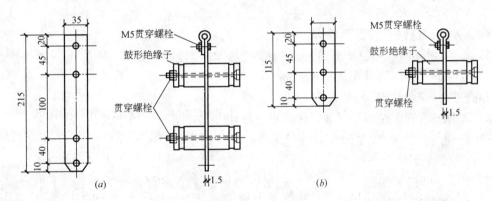

图 3.4-102 扁钢吊架
(a) 四线式扁钢吊架;(b) 二线式扁钢吊架

先将组装好的扁钢吊架用 M5 贯穿螺栓安装在灯位处的钢索上,再安装其余的扁管吊架,在灯位处两端的扁钢吊架的距离不应大于 100mm,其他各扁钢吊架的间距应均匀布置,最大间距不应大于 1500mm。钢索上的吊架不应有歪斜和松动现象。

为了防止始端和终端吊架承受不平衡拉力,应在始端或终端吊架外侧适当位置上,装好固定卡子。固定卡子与扁钢吊架之间应用镀锌铁线拉结牢固。

配线时,将导线放好伸直,准备好绑线后,由一端开始先将导线在鼓形绝缘子上绑牢,另一端拉紧导线后,进行绑扎。导线在两端均应绑回头,中间绝缘子的绑扎,可采用单绑法或双绑法。

钢索吊装鼓形绝缘子配线,如图 3.4-103 所示。

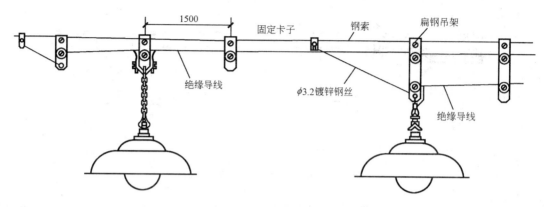

图 3.4-103 钢索吊装鼓形绝缘子安装示意图

5. 质量标准

(1) 主控项目

1) 应采用镀锌钢索,不应采用含油芯的钢索。钢索的钢丝直径应小于 0.5mm,钢索不应有扭曲和断股等缺陷。

检查方法:全数检查,目测检查和尺量检查。

2) 钢索的终端拉环埋件应牢固可靠,钢索与终端拉环套接处应采用心形环、固定钢索的线卡不应少于 2 个,钢索端头应用镀锌铁线绑扎紧密,且应与 PE 线或 PEN 线连接可靠。

检查方法:全数检查,目测检查。

3) 当钢索长度在 50m 及以下时,应在钢索一端装设花篮螺栓紧固;当钢索长度大于 50m 时,应在钢索两端装设花篮螺栓紧固。

检查方法:全数检查,目测检查。

4) 钢索配线的导线间及导线对地间的绝缘电阻值必须大于 0.5MΩ。

检查方法:全数检查,实测或检查绝缘电阻测试记录。

(2) 一般项目

1) 钢索中间吊架间距不应大于 12m,吊架与钢索连接处的吊钩深度不应小于 20mm,并应有防止钢索跳出的锁定零件。

检查方法:抽查 5 段,目测检查和尺量检查。

2) 电线和灯具在钢索上安装后,钢索应承受全部负载,且钢索表面应整洁无锈蚀。

检查方法:抽查 5 段,目测检查。

3) 钢索配线的零件间距离应符合表 3.4-50 的规定。

钢索配线的零件间距离表(mm)　　　表 3.4-50

配线类别	支持件之间最大距离	支持件与灯头盒之间最大距离
钢 管	1500	200
刚性绝缘导管	1000	150
塑料护套线	200	100

检查方法:抽查总数的5%,但不少于10处,用尺量检查。

6. 成品保护

(1) 在钢索配线施工的过程中,应注意不要碰坏其他设备及建筑物的门窗、墙面、地面等。

(2) 钢索配线完成后,应防止把已敷设好的钢索碰动松弛,同时防止器具松动变位。

(3) 钢索配线完成后,土建其他专业不应进行喷浆、刷油等工作,以免污染线路和电气器具。

7. 其他

(1) 为防止安装后的钢索弛度过大,钢索在吊装前应进行预拉伸,增加了安装后的伸长率,应调整钢索花篮螺栓,使钢索的弛度不大于100mm。

(2) 钢索配线应按规定做明显可靠的专用保护线,其保护线的截面应考虑好与相线截面的关系。

(3) 钢索配线各支持件的距离不一致,差别过大时,应按允许偏差的规定值重新进行调整。

(四) 普通灯具安装

1. 工程概况(略)

2. 工程质量目标和要求(略)

3. 施工准备

(1) 材料要求:

1) 各型灯具:灯具的型号、规格必须符合设计要求和国家标准的规定。灯内配线严禁外露,灯具配件齐全,无机械损伤、变形、油漆剥落、灯罩破裂、灯箱歪翘等现象。所有灯具应有产品合格证。

2) 灯具导线:照明灯具使用的导线其电压等级不应低于交流500V,其最小线芯截面应符合表3.4-51所示的要求。

线芯最小允许截面　　　　　　　　表3.4-51

安装场所的用途		线芯最小截面(mm^2)		
		铜芯软线	铜 线	铝 线
照明用灯头线	民用建筑室内	0.4	0.5	2.5
	工业建筑室内	0.5	0.8	2.5
	室外	1.0	1.0	2.5
移动式用电设备	生活用	0.4	—	—
	生产用	1.0	—	—

3) 吊扇:其型号、规格必须符合设计要求,扇叶不得有变形现象,有吊杆时应考虑吊杆长短、平直度问题,并有产品合格证。

4) 塑料(木)台:塑料台应有足够的强度,受力后无弯翘变形等现象;木台应完整,无劈裂。油漆完好无脱落。

5) 吊管:采用钢管作为灯具的吊管时,钢管内径一般不小于10mm。

6) 吊钩：花灯的吊钩其圆钢直径不小于吊挂销钉的直径，且不得小于 6mm；吊扇的挂钩不应小于悬挂销钉的直径，且不得小于 10mm。

7) 瓷接头：应完好无损，所有配件齐全。

8) 支架：必须根据灯具的重量选用相应规格的镀锌材料做成支架。

9) 灯卡具（爪子）：塑料灯卡具（爪子）不得有裂纹和缺损现象。

10) 其他材料：胀管、木螺丝、螺栓、螺母、垫圈、弹簧、灯头铁件、铅丝、灯架、灯口、日光灯脚、灯泡、灯管、镇流器、电容器、起辉器、起辉器座、熔断器、吊盒（法兰盘）、软塑料管、自在器、吊链、线卡子、灯罩、尼龙丝网、焊锡、焊剂（松香、酒精）、橡胶绝缘带、粘塑料带、黑胶布、砂布、抹布、石棉布等。

(2) 主要机具：

1) 红铅笔、卷尺、小线、线坠、水平尺、手套、安全带、扎锥。

2) 手锤、錾子、钢锯、锯条、压力案子、扁锉、圆锉、剥线钳、扁口钳、尖嘴钳、丝锥、一字改锥、十字改锥。

3) 活扳子、套丝板、电炉、电烙铁、锡锅、锡勺、台钳等。

4) 台钻、电钻、电锤、射钉枪、兆欧表、万用表、工具袋、工具箱、高凳等。

(3) 作业条件：

1) 在结构施工中做好预埋工作，混凝土楼板应预埋螺栓，吊顶内应预下吊杆。

2) 盒子口修好，木台、木板油漆完。

3) 对灯具安装有影响的模板、脚手架已拆除。

4) 顶棚、墙面的抹灰工作、室内装饰浆活及地面清理工作均已结束。

4．操作工艺

(1) 工艺流程：

检查灯具、吊扇 → 组装灯具、吊扇 → 安装灯具吊扇 → 通电试运行

(2) 灯具、吊扇检查：

1) 灯具检查：

① 根据灯具的安装场所检查灯具是否符合要求：

a．在易燃和易爆场所应采用防爆式灯具；

b．有腐蚀性气体及特征潮湿的场所应采用封闭式灯具，灯具的各部件应做好防腐处理；

c．潮湿的厂房内和户外的灯具应采用有汇水孔的封闭式灯具；

d．多尘的场所应根据粉尘的浓度及性质，采用封闭式或密闭式灯具；

e．灼热多尘场所（如出钢、出铁、轧钢等场所）应采用投光灯；

f．可能受机械损伤的厂房内，应采用有保护网的灯具；

g．振动场所（如有锻锤、空压机、桥式起重机等），灯具应有防振措施（如采用吊链软性连接）；

h．除开敞式外，其他各类灯具的灯泡容量在 100W 及以上者均应采用瓷灯口。

② 灯内配线检查：

a．灯内配线应符合设计要求及有关规定；

b．穿入灯箱的导线在分支连接处不得承受额外应力和磨损，多股软线的端头需盘圈，

涮锡；

　　c. 灯箱内的导线不应过于靠近热光源，并应采取隔热措施。

　　d. 使用螺灯口时，相线必须压在灯芯柱上；

　　e. 日光灯接线见图 3.4-104。

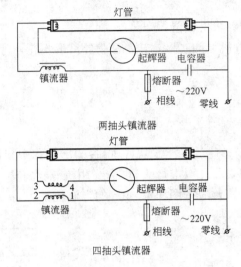

图 3.4-104　日光灯接线图

③ 特征灯具检查：

　　a. 各种标志灯的指示方向正确无误；

　　b. 应急灯必须灵敏可靠；

　　c. 事故照明灯具应有特殊标志；

　　d. 供局部照明的变压器必须是双圈的，初次级均应装有熔断器；

　　e. 携带式局部照明灯具用的导线，宜采用橡套导线，接地或接零线应在同一护套内。

2) 吊扇检查

① 吊扇的各种零配件是否齐全。

② 扇叶有无变形和受损现象。

③ 吊杆上的悬挂销钉必须装设防振橡皮垫及防松装置。

(3) 灯具、吊扇组装：

1) 灯具组装：

① 组合式吸顶花灯的组装：

　　a. 首先将灯具的托板放平，如果托板为多块拼装而成，就要将所有的边框对齐，并用螺丝固定，将其连成一体，然后按照说明书及示意图把各个灯口装好。

　　b. 确定出线和走线的位置，将端子板(瓷接头)用机螺丝固定在托板上。

　　c. 根据已固定好的端子板(瓷接头)至各灯口的距离掐线，把掐好的导线削出线芯，盘好圈后，进行涮锡。然后压入各个灯口，理顺各灯头的相线和零线，用线卡子分别固定，并且按供电要求分别压入端子板。

② 吊顶花灯组装：

首先将导线从各个灯口穿到灯具本身的接线盒里。一端盘圈、涮锡后压入各个灯口。理顺各个灯头的相线和零线,另一端涮锡后根据相序分别连接,包扎并甩出电源引入线,最后将电源引入线从吊杆中穿出。

2) 吊扇的组装要求:

① 严禁改变扇叶角度。

② 扇叶的固定螺钉应有防松装置。

③ 吊杆之间,吊杆与电机之间,螺纹连接的啮合长度不得小于20mm,并且必须有防松装置。

(4) 灯具、吊扇安装:

1) 灯具安装:

① 普通灯具安装:

a. 塑料(木)台的安装。将接灯线从塑料(木)台的出线孔中穿出,将塑料(木)台紧贴住建筑物表面,塑料(木)台的安装孔对准灯头盒螺孔,用机螺丝将塑料(木)台固定牢固。如果在圆孔楼板上固定塑料(木)台,应按图3.4-105的方法施工。

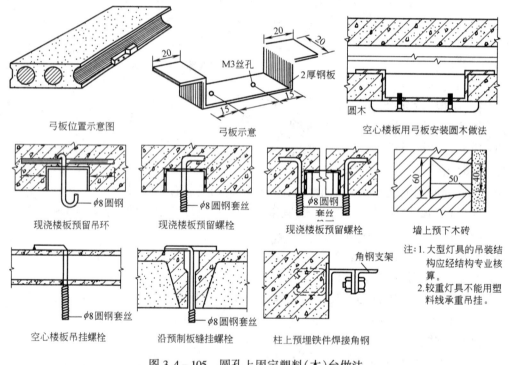

图 3.4-105 圆孔上固定塑料(木)台做法

b. 把从塑料(木)台甩出的导线留出适当维修长度,削出线芯,然后推入灯头盒内,线芯应高出塑料(木)台的台面。用软线在接灯线芯上缠绕5~7圈后,将灯线芯折回压紧。用粘塑料带和黑胶布分层包扎紧密。将包扎好的接头调顺,扣于法兰盘内,法兰盘(吊盒、平灯口)应与塑料(木)台的中心找正,用长度小于20mm的木螺丝固定。

c. 自在器吊灯安装:首先根据灯具的安装高度及数量,把吊线全部预先掐好,应保证在吊线全部放下后,其灯泡底部距地面高度为800~1100mm之间。削出线芯,然后盘圈、涮锡、砸扁。根据已掐好的吊线长度断取软塑料管,并将塑料管的两端管头剪成两半,其长度为20mm,然后把吊线穿入塑料管。把自在器穿套在塑料管上。将吊盒盖和灯口盖分别套入吊线两端,挽好保险扣,再将剪成两半的软塑料管端子紧密搭接,加热粘合,然后将灯线压在吊盒和灯口螺柱上。如为螺钉口,找出相线,并做好标记,最后按塑料(木)台安装接头方法将吊线灯安装好。

② 日光灯安装:

a. 吸顶日光灯安装:根据设计图确定出日光灯的位置,将日光灯贴紧建筑物表面,日光灯的灯箱应完全遮盖住灯头盒,对着灯头盒的位置打好进线孔,将电源线甩入灯箱,在进线孔处应套上塑料管以保护导线。找好灯头盒螺孔的位置,在灯箱的底板上用电钻打好孔,用机螺丝拧牢固,在灯箱的另一端应使用胀管螺栓加以固定。如果日光灯是安装在吊顶上的,应该用自攻螺丝将灯箱固定在龙骨上。灯箱固定好后,将电源线压入灯箱内的端子板(瓷接头)上。把灯具的反光板固定在灯箱上,并将灯箱调整顺直,最后把日光灯管装好。

b. 吊链日光灯安装:根据灯具的安装高度,将全部吊链编好,把吊链挂在灯箱挂钩上,并且在建筑物顶棚上安装好塑料(木)台,将导线依顺序偏叉在吊链内,并引入灯箱,在灯箱的进线孔处应套上软塑料管以保护导线,压入灯箱内的端子板(瓷接头)内。将灯具导线和灯头盒中甩出的电源线连接,并用粘塑料带和黑胶布分层包扎紧密。理顺接头扣于法兰盘内,法兰盘(吊盒)的中心应与塑料(木)台的中心对正,用木螺丝将其拧牢固。将灯具的反光板用机螺丝固定在灯箱上,调整好灯脚,最后将灯管装好。

③ 各型花灯安装:

a. 组合式吸顶花灯安装:根据预埋的螺栓和灯头盒的位置,在灯具的托板上用电钻开好安装孔和出线孔,安装时将托板托起,将电源线和从灯具甩出的导线连接并包扎严密,应尽可能的把导线塞入灯头盒内,然后把托板的安装孔对准预埋螺栓,使托板四周和顶棚贴紧,用螺母将其拧紧,调整好各个灯口,悬挂好灯具的各种装饰物,并上好灯管和灯泡。

b. 吊式花灯安装:将灯具托起,并把预埋好的吊杆插入灯具内,把吊挂销钉插入后要将其尾部掰开成燕尾状,并且将其压平。导线接好头,包扎严实,理顺后向上推起灯具上部的扣碗,将接头扣于其内,且将扣碗紧贴顶棚,拧紧固定螺丝。调整好各个灯口。上好灯泡,最后再配上灯罩。

④ 光带的安装:

根据灯具的外型尺寸确定其支架的支撑点,再根据灯具的具体重量经过认真核算,选用支架的型材制作支架,做好后,根据灯具的安装位置,用预埋件或用胀管螺栓把支架固定牢固。轻型光带的支架可以直接固定在主龙骨上;大型光带必须先下好预埋件,将光带的支架用螺丝固定在预埋件上,固定好支架,将光带的灯箱用机螺丝固定在支架上,再将电源线引入灯箱与灯具的导线连接并包扎紧密。调整各个灯口和灯脚,装上灯泡和灯管,上好灯罩,最后调整灯具的边框应与顶棚面的装修直线平行。如果灯具对称安装,其纵向中心轴线应在同一直线上,偏斜不应大于5mm。

⑤ 壁灯的安装:

先根据灯具的外形选择合适的木台(板)或灯具底托把灯具摆放在上面,四周留出的余量要对称,然后用电钻在木板上开好出线孔和安装孔,在灯具的底板上也开好安装孔,将灯具的灯头线从木台(板)的出线孔中甩出,在墙壁上的灯头盒内接头,并包扎严密,将接头塞入盒内。把木台或木板对正灯头盒,贴紧墙面,可用机螺丝将木台直接固定在盒子耳朵上,如为木板就应该用胀管固定。调整木台(板)或灯具底托使其平正不歪斜,再用机螺丝将灯具拧在木台(板)或灯具底托上,最好配好灯泡,灯伞或灯罩。安装在室外的壁灯,其台板或灯具底托与墙面之间应加防水胶垫,并应打好泄水孔。

2) 特殊灯具的安装应符合下列规定:

① 行灯安装:

a. 电压不得超过 36V;

b. 灯体及手柄应绝缘良好,坚固耐热,耐潮湿;

c. 灯头与灯体结合紧固,灯头应无开关;

d. 灯泡外部应有金属保护网;

e. 金属网、反光罩及悬吊挂钩,均应固定在灯具的绝缘部分上。

在特别潮湿场所或导电良好的地面上,或工作地点狭窄,行动不便的场所(如在锅炉内、金属容器内工作),行灯电压不得超过 12V。

② 携带式局部照明灯具所用的导线宜采用橡套软线,接地或接零线应在同一护套线内。

③ 手术台无影灯安装:

a. 固定螺丝的数量,不得少于灯具法兰盘上的固定孔数,且螺栓直径应与孔径配套;

b. 在混凝土结构上,预埋螺栓应与主筋相焊接,或将挂钩末端弯曲与主筋绑扎锚固;

c. 固定无影灯底座时,均须采用双螺母。

④ 安装在重要场所的大型灯具的玻璃罩,应有防止其碎裂后向下溅落的措施(除设计要求外),一般可用透明尼龙丝编织的保护网,网孔的规格应根据实际情况决定。

⑤ 金属卤化物灯(钠铊铟灯、镝灯等)安装:

a. 灯具安装高度宜在 5m 以上,电源线应经接线柱连接,并不得使电源线靠近灯具的表面;

b. 灯管必须与触发器和限流器配套使用。

⑥ 投光灯的底座应固定牢固,按需要的方向将驱轴拧紧固定。

⑦ 事故照明的线路和白织灯泡容量在 100W 以上的密封安装时,均应使用 BV – 105 型的耐温线。

⑧ 36V 及其以上照明变压器安装:

a. 变压器应采用双圈的,不允许采用自耦变压器。初级与次级应分别在两盒内接线;

b. 电源侧应有短路保护,其熔丝的额定电流不应大于变压器的额定电流;

c. 外壳、铁芯和低压侧的一端或中心点均应接保护地线。

⑨ 手术室工作照明回路要求:

a. 照明配电箱内应装有专用的总开关及分路开关;

b. 室内灯具应分别接在两条专用的回路上。

⑩ 公共场所的安全灯应装有双灯。

⑪ 固定在移动结构(如活动托架等)上的局部照明灯具的敷线要求:

a. 导线的最小截面应符合表 3.4 – 51 的要求;

b. 导线应敷于托架的内部;

c.导线不应在托架的活动连接处受到拉力和磨损,应加套塑料套予以保护。

3)吊扇安装:

将吊扇托起,并把预埋的吊钩将吊扇的耳环挂牢。然后接好电源接头,注意多股软铜导线盘圈涮锡后进行包扎严密,向上推起吊杆上的扣碗,将结头扣于其内,紧贴建筑物表面,拧紧固定螺丝。

(5)通电试运行:

灯具、吊扇、配电箱(盘)安装完毕,且各条支路的绝缘电阻摇测合格后,方允许通电试运行。通电后应仔细检查和巡视,检查灯具的控制是否灵活、准确;开关与灯具控制顺序相对应,吊扇的转向及调带开关是否正确,如果发现问题必须先断电,然后查找原因进行修复。

5.质量标准

(1)保证项目:

1)灯具、吊扇的规格、型号及使用场所必须符合设计要求和施工规范的规定。

2)吊扇和3kg以上的灯具,必须预埋吊钩或螺栓,预埋件必须牢固可靠。

3)低于2.4m以下的灯具的金属外壳部分应做好接地或接零保护。

4)吊扇的防松装置齐全可靠,扇叶距地不应小于2.5m。

检验方法:观察检查和检查安装记录。

(2)基本项目:

1)灯具、吊扇的安装:

灯具、吊扇安装牢固端正,位置正确,灯具安装在木台的中心。器具清洁干净,吊杆垂直,吊链日光灯的双链平行、平灯口,马路弯灯、防爆弯管灯固定可靠,排列整齐。

检验方法:观察检查。

2)导线与灯具、吊扇的连接:

导线进入灯具、吊扇处的绝缘保护良好,留有适当余量。连接牢固紧密,不伤线芯。压板连接时压紧无松动,螺栓连接时,在同一端子上导线不超过两根,吊扇的防松垫圈等配件齐全。吊链灯的引下线整齐美观。

检验方法:观察、通电检查。

(3)允许偏差项目:

器具成排安装的中心线允许偏差5mm。

检验方法:拉线、尺量检查。

6.成品保护

(1)灯具、吊扇进入现场后应码放整齐、稳固。并要注意防潮,搬运时应轻拿轻放,以免碰坏表面的镀锌层、油漆及玻璃罩。

(2)安装灯具、吊扇时不要碰坏建筑物的门窗及墙面。

(3)灯具、吊扇安装完毕后不得再次喷浆,以防止器具污染。

7.应注意的质量问题

(1)成排灯具、吊扇的中心线偏差超出允许范围。在确定成排灯具、吊扇的位置时,必须拉线,最好拉十字线。

(2)木台固定不牢,与建筑物表面有缝隙。木台直径在150mm及以下时,应用两条螺丝固定;木台直径在150mm以上时,应用三条螺丝时成三角形固定。

(3) 法兰盘、吊盒、平灯口不塑料（木）台的中心上。其偏差超过1.5mm。安装时应先将法兰盘、吊盒、平灯口的中心对正塑料（木）台的中心。

(4) 吊链日光灯的吊链选用不当，应按下列标进行更换：

1) 单管无罩日光灯链长不超过1m时，可使用爪子链。

2) 带罩或双管日光灯以及单管家无罩日光灯链长超过1m时，应使用铁吊链。

(5) 采用木结构明（暗）装灯具时，导线接头和普通塑料导线裸露，应采取防火措施，导线接头应放在灯头盒内或器具内，塑料导线应改用护套线进行敷设，或放在阻燃型塑料线槽内进行明配线。

（五）插座、开关风扇安装

1. 工程概况（略）

2. 工程质量目标和要求（略）

3. 施工准备

(1) 材料要求：

1) 各型开关：规格型号必须符合设计要求，并有产品合格证。

2) 各型插座：规格型号必须符合设计要求，并有产品合格证。

3) 塑料（台）板：应具有足够的强度。塑料（台）板应平整，无弯翘变形等现象，并有产品合格证。

4) 木制（台）板：其厚度应符合设计要求和施工验收规范的规定。其板面应平整，无劈裂和弯翘变形现象，油漆层完好无脱落。

5) 其他材料：金属膨胀螺栓、塑料胀管、镀锌木螺丝、镀锌机螺丝、木砖等。

(2) 主要机具：

1) 红铅笔、卷尺、水平尺、线坠、绝缘手套、工具袋、高凳等。

2) 手锤、錾子、剥线钳、尖嘴钳、扎锥、丝锥、套管、电钻、电锤、钻头、射钉枪等。

(3) 作业条件：

1) 各种管路、盒子已经敷设完毕，盒子收口平整。

2) 线路的导线已穿完，并已做完绝缘摇测。

3) 墙面的浆活、油漆及壁纸等内装修工作均已完成。

4. 操作工艺

(1) 工艺流程：

清理 → 接线 → 安装

(2) 清理：

用錾子轻轻地将盒子内残存的灰块剔掉，同时将其他杂物一并清出盒外，再用湿布将盒内灰尘擦净。

(3) 接线：

一般接线规定：

1) 开关接线：

① 同一场所的开关切断位置应一致，且操作灵活，接点接触可靠。

② 电器、灯具的相线应经开关控制。

2) 插座连线：

① 单相两孔插座有横装和竖装两种。横装时,面对插座的右极接相线,左极接中性;竖装时,面对插座的上极接相线,下极接中性,见图3.4-106和图3.4-107所示。

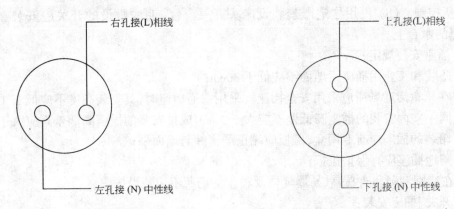

图3.4-106　插座横装示意图　　　　　图3.4-107　插座竖装示意图

② 单相三孔及三个四孔插座结线示意,见图3.4-108及图3.4-109保护接地线注意应接在上方。

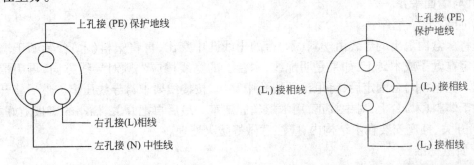

图3.4-108　单相三孔插座示意图　　　　图3.4-109　三相四孔插座示意图

③ 交、直流或不同电压的插座安装在同一场所时,应有明显区别,且其插头与插座配套,均不能互相代用。

④ 插座箱多个插座导线连接时,不允许拱头连接,应采用LC型压接帽压接总头后,再进行分支线连接。

(4) 安装开关、插座准备:

先将盒内甩出的导线留出维修长度,削出线芯,注意不要碰伤线芯。将导线按顺时针方向盘绕在开关、插座对应的接线柱上,然后旋紧压头。如果是独芯导线,也可将线芯直接插入接线孔内,再用顶丝将其压紧。注意线芯不得外露。

1) 开关、插座安装:

① 一般安装规定:

开关安装规定:(a) 接线开关距地面的高度一般为2~3m,距门口为150~200mm;且拉线的出口应向下。(b) 扳把开关距地面的高度为1.4m,距门口为150~200mm;开关不得置于单扇门后。(c) 暗装开关的面板应端正、严密并与墙面平。(d) 开关位置应与灯位相对应,同一室内开关方向应一致。(e) 成排安装的开关高度应一致,高低差不大于2mm,拉线开关相邻间距一般不小于20mm。(f)多尘潮湿场所和户外应选用防水瓷制拉线开关或加装保护箱。(g)在易燃、易爆和特别潮湿的场所,开关应分别采用防爆型、密闭型或安装在其他处所控制。(h)民用住宅严禁装设床头开关。(i)明线敷设的开关应安装在不少于15mm厚的木台上。

② 插座安装规定:

a. 暗装和工业用插座距地面不应低于30cm;

b. 在儿童活动场所应采用安全插座。采用普通插座时,其安装高度不应低于1.8m;

c. 同一室内安装的插座高低差不应大于5mm,成排安装的插座高低差不应大于2mm;

d. 暗装的插座应有专用盒,盖板应端正严密并与墙面平;

e. 落地插座应有保护盖板;

f. 在特别潮湿和有易燃、易爆气体及粉尘的场所不应装设插座。

2) 开关、插座安装:

① 暗装开关、插座:

按接线要求,将盒内甩出的导线与开关、插座的面板连接好,将开关或插座推入盒内(如果盒子较深,大于2.5cm时,应加装套盒),对正盒眼,用机螺丝固定牢固。固定时要使面板端正,并与墙面平齐。

② 明装开关、插座:

先将从盒内甩出的导线由塑料(木)台的出线孔中穿出,再将塑料(木)台紧贴于墙面用螺丝固定在盒子或木砖上,如果是明配线,木台上的隐线槽应先顺对导线方向,再用螺丝固定牢固。塑料(木)台固定后,将甩出的线孔中穿出,按接线要求将导线压牢。然后将开关或插座贴于塑料(木)台上,对中找正,用木螺丝固定牢。最后再把开关、插座的盖板上好。

③ 开关、插座安装在木结构内,应注意做好防火处理。

5. 质量标准

(1) 保证项目:

插座连接的保护接地线措施及相线与中性线的连接导线位置必须符合施工验收规范有关规定。

插座使用的漏电开关动作应灵敏可靠。

检验方法:观察检查和检查安装记录。

(2) 基本项目:

1) 开关、插座的安装位置正确。盒子内清洁,无杂物,表面清洁、不变形,盖板紧贴建筑物的表面。

2) 开关切断相线。导线进入器具处绝缘良好,不伤线芯。插座的接地线单独敷设。

检验方法:观察和通电检查。

(3) 允许偏差项目:

1) 明开关,插座的底板和暗装的开关、插座的面板并列安装时,开关,插座的高度差允许为0.5mm。

2) 同一场所的高度差为5mm。

3) 面板的垂直允许偏差为0.5mm。

检验方法:吊线、尺量检查。

6. 成品保护

(1) 安装开关、插座时不得碰坏墙面,要保持墙面的清洁。

(2) 开关、插座安装完毕后,不得再次进行喷浆,以保持面板的清洁。

(3) 其他工种在施工时,不要碰坏和碰歪开关、插座。

7. 应注意的质量问题

(1) 开关、插座的面板不平整,与建筑物表面之间有缝隙,应调整面板后再拧紧固定螺丝,使其紧贴建筑物表面。

(2) 开关未断相线,插座的相线、零线及地线压接混乱,应按要求进行改正。

(3) 多灯房间开关与控制灯具顺序不对应。在接线时应仔细分清各路灯具的导线,依次压接,并保证开关方向一致。

(4) 固定面板的螺丝不统一(有一字和十字螺丝)。为了美观,应选用统一的螺丝。

(5) 同一房间的开关、插座的安装高度之差超出允许偏差范围,应及时更正。

(6) 铁管进盒护口脱落或遗漏。安装开关、插座接线时,应注意把护口带好。

(7) 开关、插座面板已经上好,但盒子过深(大于 2.5cm),未加套盒处理,应及时补上。

(8) 开关、插销箱内拱头接线,应改为鸡爪接导线总头,再分支导线接各开头或插座端头。或者采用 LC 安全型压线帽压接总头后,再分支进行导线连接。

六、柴油发电机组安装

(一) 工程概况(略)

(二) 工程质量目标和要求(略)

(三) 施工准备

1. 施工人员

2. 施工机具设备和测量仪器

(1) 主要机具:

汽车吊、卷扬机、钢丝绳、吊链、龙门架、绳扣、台钻、滚杠、砂轮机、手电钻、联轴节顶出器、台虎钳、油压钳、千斤顶、扳手、电锤、板挫、榔头、钢板尺、圆钢套丝板、电焊机、气焊工具、真空泵、油桶、撬杠等。

(2) 测试机具:

塞尺、水准仪、水平尺、转速表、兆欧表、相序表、万用表、卡钳电流表、测电笔、试铃、电子点温计、水电阻等。

3. 材料要求

(1) 各种规格的型钢:型钢应符合设计要求,无明显的锈蚀,并有材质证明。

(2) 螺栓:均采用镀锌螺栓,并配有相应的镀锌平垫圈、弹簧垫。

(3) 导线与电缆:各种规格的导线与电缆,要有出厂合格证。

(4) 其他材料:绝缘带、电焊条、防锈漆、调合漆、变压器油、润滑油、清洗剂、氧气、乙炔。

4. 施工条件

(1) 施工图和技术资料齐全。

(2) 土建工程基本施工完毕,门窗封闭好。

(3) 在室外安装的柴油发电机组应有防雨措施。

(4) 柴油发电机组的基础、地脚螺栓孔、沟道、电缆管线的位置应符合设计要求。
(5) 柴油发电机组的安装场地清理干净、道路畅通。

(四) 施工工艺

1. 工艺流程

基础验收→设备开箱检验→机组稳装→油、气、水冷、烟气排放等系统和隔振防噪声设施的安装施工验收→蓄电池、充电检查→柴油机空载试运行→发电机静态试验、随机配电盘控制柜接线检查→发电机空载试运行和试验调整→发电机负荷试运行→投入备用状态

2. 基础验收：

柴油发电机组本体安装前应根据设计图纸、产品样本或柴油发电机组本体实物对设备基础进行全面检查，是否符合安装尺寸要求。

3. 设备开箱检验：

设备开箱点件应有安装单位、供货单位、建设单位、工程监理共同进行，并做好记录。

依据装箱单，核对主机、附件、专用工具、备品备件和随带技术文件，查验合格证和出厂试运行记录，发电机及其控制柜有出厂试验记录。

外观检查，有铭牌；机身无缺件，涂层完整。

柴油发电机组及其附属设备均应符合设计要求。

4. 机组安装

如果安装现场允许吊车作业时，用吊车将机组整体吊起，把随机减振器装在机组的底下。

在柴油发电机组施工完成的基础上，放置好机组。一般情况下，减振器无须固定，只要在减振器下垫一层薄薄的橡胶板就可以了。如果需要固定，划好减振器的地脚孔的位置，吊起机组，埋好螺栓后，放好机组，最后拧紧螺栓。

若现场不允许吊车作业，可将机组放在滚杠上，滚至选定位置。

用千斤顶(千斤顶规格根据机组重量选定)将机组一端抬高，注意机组两边的升高一致，直至底座下的间隙能安装抬高一端的减振器。

释放千斤顶，再抬机组另一端，装好剩余的减振器，撤出滚杠，释放千斤顶。

5. 燃料系统的安装：

供油系统一般由储油罐、日用油箱、油泵和磁阀、连接管路构成，当储油罐位置低(低于机组油泵吸程)或高于油门所能承的压力时，必须采用日用油箱，日用油箱上有液位显示及浮子开关(自动供油箱装备)，油泵系统的安装要求参照水系统设备的安装规范要求。

6. 排烟系统的安装：

(1) 排烟系统一般由排烟管道、排烟消声器以及各种连接件组成。
(2) 将导风罩按设计要求固定在墙壁上。
(3) 将随机法兰与排烟管焊接(排烟管长度及数量根据机房大小及排烟走向)，焊接时注意法兰之间的配对关系。
(4) 根据消声器及排烟管的大小和安装高度，配置相应的套箍；
(5) 用螺栓将消声器、弯头、垂直方向排烟管、波纹管按图纸连接好，保证各处密封良

好;

(6) 将水平方向排烟管与消声器出口用螺栓连接好,保证接合面的密封性;

(7) 排烟管外围包裹一层保温材料;

(8) 柴油发电机组与排烟管之间的连接常规使用波纹管,所有排烟管的管道重量不允许压在波纹管上,波纹管应保持自由状态。

7. 通风系统的安装:

(1) 将进风预埋铁框,预埋至墙壁内,用水泥护牢,待干燥后装配:

(2) 安装进风口百叶或风阀用螺栓固定;

(3) 通风管道的安装详见相关工艺标准。

8. 排风系统的安装:

(1) 测量机组的排风口的坐标位置尺寸;

(2) 计算排风口的有关尺寸;

(3) 预埋排风口;

(4) 安装排风机、中间过渡体、软连接、排风口,有关工艺标准见相关专业。

9. 冷却水系统的安装:

(1) 核对水冷柴油发电机组的热交换器的进、出水口,与带压的冷却水源压力方向一致,连接进水管和出水管;

(2) 冷却水进、出水管与发电机组本体的连接应使用软管隔离。

10. 蓄电池充电检查。

按产品技术文件要求进蓄电池充液(免维护蓄电池除外),充电。

11. 柴油机空载试运:

柴油发电机组的柴油机需空载试运行,经检查无油、水泄漏,且机械运转平稳,转速自动或手动符合要求。柴油机空载试运行合格,做发电机空载试验。

试运行前的检查准备工作:

(1) 发电机容量满足负荷要求;

(2) 机房留有用于机组维护的足够空间;

(3) 机房地势不受雨水的侵入;

(4) 所有操作人员必须熟悉操作规程;

(5) 所有操作人员掌握安全性方法措施;

(6) 检查所有机械连接和电气连接的情况是否良好;

(7) 检查通风系统和废气排放系统连接是否良好;

(8) 灌注润滑油、冷却剂和燃料;

(9) 检查润滑系统的渗漏情况;

(10) 检查燃料系统的渗漏情况。

12. 发电机静态试验与随机配电盘控制柜接线检查:

按照主控项目中的附表完成柴油发电机组本体的定子电路、转子电路、励磁电路和其他项目的试验检查,并做好记录,检查时最好有厂家在场或直接由厂家完成;

根据厂家提供的随机资料,检查和校验随机控制屏的接线是否与图纸一致。

13. 发电机组空载试运行:

(1) 断开柴油发电机组负载侧的断路器或 ATS；

(2) 将机组控制屏的控制开关打到"手动"位置,按启动按钮；

(3) 检查机组电压、电池电压、频率是否在误差范围内,否则进行适当调整；

(4) 检查机油压力表。

以上一切正常,可接着完成正常停车与紧急停车试验。

14. 发电机组带载试验：

(1) 发电机组空载运行合格以后,切断负载"市电"电源,按"机组加载"按钮,先进行假性负载(水电阻)试验运行合格后,再由机组向负载供电；

(2) 检查发电机运行是否稳定、频率、电压、电流、功率是否保持额定值。

一切正常,发电机停机,控制屏的控制开关打到"自动"状态。

15. 自启动时间试验：

当市电二路电源同时中断时,备用发电机自动投入运行,它将在设计要求的时间内(一般为15s)投入到满载负荷状态。当市电恢复供电时,所有备用电负荷自动倒回市供电系统,发电机组自动退出运行(按产品技术文件要求进行调整,一般为300s后退出运行)。

(五) 质量标准

1. 主控项目

自备电源的柴油发电机组应选用380V/220V的低压发电机,发电机应做出厂试验,并应有出厂检验合格证明,柴油发电机组安装完成以后,完成下列试验。

(1) 测量定子绕组的绝缘电阻和吸收比。绝缘电阻值大于0.5MΩ,沥清浸胶及烘卷云母绝缘吸收比大于1.3,环氧粉云母绝缘吸收比大于1.6。

(2) 在常温,定子电路绕组表面温度与空气温度差在±3℃度范围内测量各相直流电阻,相互间差值不大于最小值2%,与出厂值在同温度下比差值不大于2%。

(3) 定子电路交流工频耐压试验1min,试验电压为 $1.5U_n + 750V$,无闪络击穿现象(U_n 为发电机额定电压)。

(4) 用1000V兆欧表测量转子绝缘电阻,其值大于0.5MΩ。

(5) 在常温下,转子电路绕组表面温度与空气温度差在±3℃范围内测量绕组直流电阻,其值与出厂值在同温度下比差值不大于2%。

(6) 转子电路交流工频耐压试验1min,用2500V摇表测量绝缘电阻。

(7) 退出励磁电子电路器件以后,测量励磁电路的线路设备的绝缘电阻,其值大于0.5MΩ。

(8) 退出励磁电子电路器件以后,进行交流工频耐压试验1min,试验电压为1000V,无闪络击穿现象。

(9) 有绝缘轴承的用1000V兆欧表测量轴承绝缘电阻,其值大于0.5MΩ。

(10) 测量检温计(埋入式)绝缘电阻,校验检温计精度,用250V兆欧表检测不短路,精度符合出厂规定。

(11) 测量灭磁电阻,自同步电阻器的直流电阻,与铭牌比较,其差值为±10%。

(12) 发电机空载特性试验,按设备说明书比对,符合要求。

(13) 测量相序,相序与出线标识相符。

(14) 测量空载和负荷后轴电压,按设备说明书比对,符合要求。

发电机组至低压配电柜馈电线路的相间、相对地间的绝缘电阻值应大于 0.5MΩ 塑料绝缘电缆馈电线路直流耐压试验为 2.4kV,时间 15min,泄露电流稳定,无击穿现象。

柴油发电机组馈电线路连接以后,应核对柴油发电机组与原馈电线路的相序,相序必须一致。

发电机组中性线(工作零线)应与接地干线直接连接,螺栓防松零件齐全,且有标识。

2．一般项目

(1) 检查柴油发电机组的控制柜和配电柜的接线应正确,紧固件紧固状态良好,无遗漏脱落。检查保护装置的型号、规格正确,验证出厂试验的锁定标记应无位移,如有位移应由试验厂重新标定。

(2) 发电机本体和机械部分的可接近裸露导体应接地或接零可靠,且有标识。

(3) 柴油发电机组的有关电气线路及其元器件的试验合格,柴油发电机组满载试验12h,无机械和电气故障,无漏油、漏水、漏气等不正常现象。

(六) 成品保护

1．机房内的柴油发电机组的成品保护。

柴油发电机组及其辅助设备安装在机房内,机房门应加锁,未经安装及有关人员允许,非安装人员不得入内。

2．柴油发电机组及其辅助设备安装在室外的成品保护。

柴油发电机组及其辅助设备安装在室外,根据现场情况采取必要的保护措施,控制设备的箱、柜应加锁。

3．施工各工种之间要相互配合,保护设备不受碰撞损伤。

4．柴油发电机组安装完成以后,应保持机房干燥,以防设备锈蚀。

5．柴油发电机组安装完成以后,应保持清洁。

6．系统调试过程中,各主要环节应有专人值班。

7．柴油发电机房室内应保持通风良好,室内温度应保持在 10~40℃,室内严禁用火和吸烟。

(七) 其他

1．柴油发电机组对人体有危险的部位必须张贴危险标志。

2．柴油发电机主体:

开机前所有的防护罩,特别是风扇罩必须正确地安装在机器上;

开机前所有的电气接头必须正确地连接,所有的仪器设备必须检查一遍以保安全。

所有接地必须良好。

开机前所有带锁的配电盘的门必须锁好。

维修人员必须经过培训,不要独自一人在机器旁维修,这样一旦事故发生时能得到帮助。

维修时禁止启动机器,可以按下紧急停机按钮或拆下启动电瓶。

3．燃油和润滑油:

在燃油系统施工和运行期间,不允许有明火、香烟、机油、火星或其他易燃物接近柴油发电机组和油箱。

燃油和润滑油碰到皮肤会引起皮肤刺痛,如果油碰到皮肤上,立即用清洗液或水清洗皮肤。如果皮肤过敏(或手部都有伤者)要戴上防护手套。

燃油管要固定牢固且不渗漏,与发电机组连接的燃油管要用合格的软管。

保证所有进油口要装有正向关闭阀。

除非油箱与发电机是分离的,否则在发电机工作时不要往油箱内注油,燃油与热发电机组及废气接触是潜在的火患。

4. 蓄电池:

如果蓄电池使用的是铅酸电池,如果要与蓄电池的电解液接触,一定要戴防护手套和特别的眼罩。

蓄电池中的稀硫酸具有毒性和腐蚀性,接触后会烧伤皮肤和眼睛。如果硫酸溅到皮肤上,用大量的清水清洗,如果电解液进入眼睛,用大量的清水清洗并立即去医院就诊。

蓄电池可释放易爆气体。火花和火焰要远离电瓶,特别是电瓶充电时,在拆装蓄电池时不能让正负极相碰,以防产生火花。启动前,拧紧接头,蓄电池的摆放或充电地点必须保持通风。

制作电解液时,浓硫酸必须用蒸馏水或离子水稀释。装电解液的容器必须是铅衬的木盒或陶制容器。

制作电解液时,先把蒸馏水或离子水倒入容器,然后加入酸,缓缓地不断地搅动,每次只能加入少量酸。不要往酸中加水,酸会溅出,这样危险,制作时要穿上防护衣、防护鞋,戴上防护手套,蓄电池使用前电解液要冷却到室温。

除油剂的使用,三氯乙烯等除油剂有毒性,使用时注意不要吸进它的气体,也不要溅到皮肤和眼睛里,在通风良好的地方使用,要穿戴劳保用品保护手眼和呼吸道。

5. 转动部分:

勿在不设皮带护档和电器附件的情况下操作。

当在转动的部件驸近或电力设备附近工作时,不要穿过分宽松的衣服及佩戴首饰,宽松的衣服可能会被转动部分挂住,首饰可能引起电线短路而触电起火。

保证发电机组的紧固件拧紧,在风扇或传动带上要有设置好的防护装置。

开始在发电机组工作前,应先断开启动电池,负极先断,以防止意外启动。

如果设备运转时进行调整,对于热的管道及移动的部件要特别当心。

6. 噪声:

如果在机组附近工作,耳朵一定要采取保护措施,如果柴油发电机组外有罩壳,则在罩壳外不需要采取保护措施,但进入罩壳内则需采取。在需要耳部保护的地区标上记号。尽量少去这些地区。若必须要去,则一定要使用护耳器。一定要对使用护耳器的人员讲明使用规则。

不要在柴油发电机组的消声系统安装完成之前启动柴油发电机组,否则会造成难以预测的后果。

7. 排烟系统:

排烟系统排出的气体,含有大量的一氧化碳,必须经管道安全的排到室外去,在排烟管道施工完成之前,不能开启发电机组。

排烟管道的使用材质不允许使用铜质管道,排除的含硫气体会迅速腐蚀管道,可能会引起排气泄漏。

8. 触电的预防：

在进行电气维修时，请严格遵照电气说明书进行，确保发电机组接地正确。

不能用湿手，或站在水中和潮湿地面上，触摸电线和设备。

不要将发电机组与建筑物的电力系统直接连接。电压从发电机组进入公用线路是很危险的，这将导致触电死亡和财产损失。

9. 其他预防措施：

有压力时冷却剂的沸点比水高，当发电机运转时不要打开散热器或热交换器的压力帽，应先让发电机组冷却和系统压力下降后再进行。

装备合适的灭火器在方便的位置。

不要将碎布放在发电机上或留在发电机附近。

需要将机器上的污油清理干净，过量的油污可能引起引擎过热而引起火患。

七、防雷及接地装置安装

(一) 工程概况（略）

(二) 工程质量目标和要求（略）

(三) 施工准备

1. 材料要求

(1) 镀锌钢材有扁钢、圆钢、钢管等，使用时应意采用冷镀锌还是采用热镀锌材料，应符合设计规定。产品应有材质检验证明及产品出厂合格证。

(2) 镀锌辅料有铜丝（即镀锌铁丝）、螺栓、垫圈、弹簧垫圈、U形螺栓、元宝螺栓、支架等。

(3) 电焊条、氧气、乙炔、沥青漆、混凝土支架、预埋铁件、小线、水泥、砂子、塑料管、红油漆、白油漆、防腐漆、银粉、黑色油漆等。

2. 主要机具

(1) 常用电工工具、手锤、钢锯、锯条、压力案子、铁锹、铁镐、大锤、夯桶。

(2) 线坠、卷尺、大绳、粉线袋、绞磨（或捯链）、紧线器、电锤、冲击钻、电焊机、电焊工具等。

3. 作业条件

(1) 接地体作业条件：

1) 按设计位置清理好场地。

2) 底板筋与柱筋连接处已绑扎完。

3) 桩基内钢筋与柱筋连接处已绑扎完。

(2) 接地干线作业条件：

1) 支架安装完毕。

2) 保护管已预埋。

3) 土建抹灰完毕。

(3) 支架安装作业条件：

1) 各种支架已运到现场。

2) 结构工程已经完成。

3)室外必须有脚手架或爬梯。
(4)防雷引下线暗敷设作业条件：
1)建筑物(或构筑物)有脚手架或爬梯，达到能上人操作的条件。
2)利用主筋作引下线时，钢筋绑扎完毕。
(5)防雷引下线明敷设作业条件：
1)支架安装完毕。
2)建筑物(或构筑物)有脚手架或爬梯达到能上人操作的条件。
3)土建外装修完毕。
(6)避雷带与均压环安装作业条件：
土建圈梁钢筋正在绑扎时，配合做此项工作。
(7)避雷网安装作业条件：
1)接地体与引下线必须做完。
2)支架安装完毕。
3)具备调直场地和垂直运输条件。
(8)避雷针安装作业条件：
1)接地体及引下线必须做完。
2)需要脚手架处，脚手架搭设完毕。
3)土建结构工程已完，并随结构施工做完预埋件。

(四)操作工艺

1．工艺流程

引下线明敷 → 支架 → 接地干线 → 接地体 → 避雷网 → 引下线暗敷 → 避雷带或均环压

2．接地体安装工艺：

人工接地体(极)安装应符合以下规定：

(1)人工接地体(极)的最小尺寸见表3.4-52所示。

钢接地体和接地线的最小规格　　　　表3.4-52

种类、规格及单位		地　上		地　下	
		室内	室外	交流电流回路	直流电流回路
圆钢直径(mm)		6	8	10	12
扁钢	截面(mm²)	60	100	100	100
	厚度(mm)	3	4	4	6
角钢厚度(mm)		2	2.5	4	6
钢管管壁厚离(mm)		2.5	2.5	3.5	4.5

(2)接地体的埋设深度其顶部不应小于0.6m，角钢及钢管接地体应垂直配置。
(3)垂直接地体长度不应小于2.5m，其相互之间间距一般不应小于5m。
(4)接地体埋设位置距建筑物不宜小于1.5m；遇在垃圾灰渣等埋设接地体时，应换土，并分层夯实。

(5) 当接地装置必须埋设在距建筑物出入口或人行道小于 3m 时,应采用均压带做法或在接地装置上面敷设 50~90mm 厚度沥青层,其宽度应超过接地装置 2m。

(6) 接地体(线)的连接应采用焊接,焊接处焊缝应饱满并有足够的机械强度,不得有夹渣、咬肉、裂纹、虚焊、气孔等缺陷,焊接处的药皮敲净后,刷沥青做防腐处理。

(7) 采用搭接焊时,其焊接长度如下:

1) 镀锌扁钢不小于其宽度的 2 倍,三面施焊(当扁钢宽度不同时,搭接长度以宽的为准)。敷设前扁钢需调直,撅弯不得过死,直线段上不应有明显弯曲,并应立放。

2) 镀锌圆钢焊接长度为其直径的 6 倍并应双面施焊(当扁钢宽度不同时,搭接长度以宽的为准)。敷设前扁钢需调直,撅弯不得过死,直线段上不应有明显弯曲,并应立放。

3) 镀锌圆钢焊接长度为其直径的 6 倍并应双面施焊(当直径不同时,搭接长度以直径大的为准)。

4) 镀锌圆钢与镀锌扁钢连接时,其长度为圆钢直径的 6 倍。

5) 镀锌扁钢与镀锌钢管(或角钢)焊接时,为了连接可靠,除应在其接触部位两侧进行焊接处,还应直接将扁钢本身弯成弧形(或直角形)与钢管(或角钢)焊接。

(8) 当接地线遇有白灰焦渣层而无法避开时,应用水泥砂浆全面保护。

(9) 采用化学方法降低土壤电阻率时,所用材料应符合下列要求:

1) 对金属腐蚀性弱;

2) 水溶性成分含量低。

(10) 所有金属部件应镀锌。操作时,注意保护镀锌层。

3. 人工接地体(极)安装

(1) 接地体的加工:

根据设计要求的数量、材料规格进行加工,材料一般采用钢管和角钢切割,长度不应小于 2.5m。如采用钢管打入地下应根据土质加工成一定的形状,遇松软土壤时,可切成斜面形。为了避免打入时受力不均使管子歪斜,也可加工成扁尖形;遇土土质很硬时,可将尖端加工成锥形详见图 3-80 所示。如选用角钢时,应采用不小于 40mm×40mm×4mm 的角钢,切割长度不应小于 2.5m,角钢的一端应加工成尖头形状详见图 3.4-110 所示。

(2) 挖沟:

根据设计图要求,对接地体(网)的线路进行测量弹线,在此线路上挖掘深为 0.8~1m,宽为 0.5m 的沟,沟上部稍宽,底部如有石子应清除见图 3.4-111 所示。

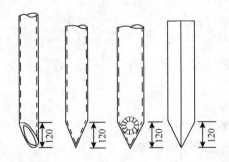

图 3.4-110 接地体的加工

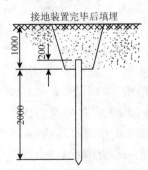

图 3.4-111 接地体的挖沟及填埋

(3) 安装接地体(极):

沟挖好后,应立即安装接地体和敷设接地扁钢,防止土方坍塌。先将接地体放在沟的中心线上,打入地中,一般采用手锤打入,一人扶着接地体,一人用大锤敲打接地体顶部。为了防止将接钢管或角钢打劈,可加一护管帽套入接地管端,角钢接地可采用短角钢(约10cm)焊在接地角钢一即可,见图3.4-112所示。使用手锤敲打接地体时要平稳,锤击接地体正中,不得打偏,应与地面保持垂直,当接地体顶端距离地600mm时停止打入。

(4) 接地体间的扁钢敷设:

扁钢敷设前应调直,然后将扁钢放置于沟内,依次将扁钢与接地体用电焊(气焊)焊接。扁钢应侧放而不可放平,侧放时散流电阻较小。扁钢与钢管连接的位置距接地体最高点约100mm。焊接时应将扁钢拉直,焊好后清除药皮,刷沥青做防腐处理,并将接地线引出至需要位置,留有足够的连接长度,以待使用见图3.4-113所示。

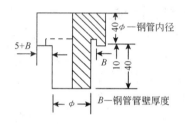

图 3.4-112 接地体的安装

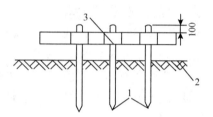

图 3.4-113 接地体间的扁钢敷设
1—接地体;2—自然地坪;3—接地卡子焊接处

(5) 核验接地体(线):

接地体连接完毕后,应及时请质检部门进行隐检、接地体材质、位置、焊接质量,接地体(线)的截面规格等均应符合设计及施工验收规范要求,经检验合格后方可进行回填,分层夯实。最后,将接地电阻摇测数值填写在隐检记录上。

4. 自然基础接地体安装

(1) 利用无防水底板钢筋或深基础做接地体。

利用无防水底板钢筋或深基础做接地体:按设计图尺寸位置要求,标好位置,将底板钢筋搭接焊好。再将柱主筋(不少于2根)底部与底板筋搭接焊好,并在室外地面以下将主筋焊好连接板,消除药皮,并将两根主筋用色漆做好标记,以便于引出和检查,应及时请质检部门进行隐检,同时做好隐检记录。

(2) 利用柱形桩基及平台钢筋做好接地体,按设计图尺寸位置,找好桩基组数位置,把每组桩基四角钢筋搭接封焊,再与柱主筋(不少于2根)焊好,并在室外地面以下,将主筋预埋好接地连接板,清除药皮,并将两根主筋用色漆做好标记,便于引出和检查,并应及时请质检部门进行隐检,同时做好隐检记录。

5. 接地干线的安装应符合以下规定

(1) 接地干线穿墙时,应加套管保护,跨越伸缩缝时,应做撼弯补偿。

(2) 接地干线应设有为测量接地电阻而预备的断接卡子,一般采用暗盒装入,同时加装盒并做上接地标记。

(3) 接地干线跨越门口时应暗敷设于地面内(做地面以前埋好)。

(4) 接地干线距地面应不小于 200mm,距墙面应不小于 10mm,支持件应采用 40mm × 4mm 的扁钢,尾端应制成燕尾状,入孔深度与宽度各为 50mm,总长度为 70mm。支持件间的水平直线距离一般为 1m,垂直部分为 1.5m,转弯部分为 0.5m。

(5) 接地干线敷设应平直,水平度与垂直度允许偏差 2/1000,但全长不得超过 10mm。

(6) 转角处接地干线弯曲半径不得小于扁钢厚度的 2 倍。

(7) 接地干线应刷黑色油漆,油漆应均匀无遗漏,但断接卡子及接地端子等处不得刷油漆。

6. 接地干线安装

接地干线应与接地体连接的扁钢相连接,它分为室内与室外连接两种,室外接地干线与支线一般敷设在沟内。室内的接地干线多为明敷,但部分设备连接的支线需经过地面,也可以埋设在混凝土内。具体安装方法如下:

(1) 室外接地干线敷设:

1) 首先进行接地干线的调直、测位、打眼、喷弯,并将断接卡子及接地端子装好。

2) 敷设前按设计要求的尺寸位置先挖沟。然后将扁钢放平埋入。回填土应压实但不需打夯,接地干线末端露出地面应不超过 0.5m,以便接引地线。

(2) 室内接地干线明敷设:

1) 预留孔与埋设支持件:

按设计要求尺寸位置,预留出接地线孔,预留孔的大小应比敷设接地干线的厚度、宽度各大出 6mm 以上。其方法有以下三种:

① 施工时可按上述要求尺寸截一段扁钢预埋在墙壁内,当混凝土还未凝固时,抽动扁钢以便待凝固后易于抽出。

② 将扁钢上包一层油毛毡或几层牛皮纸后埋设在墙壁内,预留孔距墙壁表面应为15~20mm。

③ 保护套可用厚 1mm 以上铁皮做成方形或圆形,大小应使接地线穿入时,每边有 6mm 以上的空隙。

2) 支持件固定:

根据设计要求先在砖墙(或加气混凝土墙、空心砖墙)上确定坐标轴线位置,然后随砌墙将预制成 50mm × 50mm 的方木样板放入墙内,待墙砌好后将方木样板剔出,然后将支持件放入孔内,同时洒水淋湿孔洞,再用水泥砂浆将支持件埋牢,待凝固后使用。现浇混凝土墙上固定支架,先根据设计图要求弹线定位,钻孔,支架做燕尾埋入孔中,找平正,用水泥砂浆进行固定。

3) 明敷接地线的安装要求

① 敷设位置不应妨碍设备的拆卸与检修,并便于检查。

② 接地线应水平或垂直敷设,也可沿建筑物倾斜结构平行在直线段上,不应有高低起伏及弯曲情况。

③ 接地线沿建筑物墙壁水平敷设时,离地面应保持 250~300mm 的距离,接地线与建筑物墙壁间隙应不小于 10mm。

④ 明敷的接地线表面应涂以 15~100mm 宽度相等的绿色漆和黄色漆相间的条纹,其标志明显。

⑤ 在接地线引向建筑物内的入口处或检修用临时接地点处,均应刷白色漆后标以黑色符号,其符号标为"?",标志明显。

4) 明敷接地线安装:

当支持件埋设完毕,水泥砂浆凝固后,可敷设墙上的接地线。将接地扁钢沿墙吊起,在支持件一端用卡子将扁钢固定,经过隔墙时穿跨预留孔,接地干线连接处应焊接牢固。末端预留或连接应符合设计要求。

7. 避雷针制作与安装

(1) 避雷针制作与安装应符合以下规定

1) 所有金属部件必须镀锌,操作时注意保护镀锌层。

2) 采用镀锌钢管制做针尖,管壁厚度不得小于 3mm,针尖刷锡长度不得小于 70mm。

3) 多节避雷针各节尺寸见表 3.4-53。

针体各节尺寸　　　　表 3.4-53

项目	针全高(mm)				
	1.0	2.0	3.0	4.0	5.0
上节	1000	2000	1500	1000	1500
中节	—	—	1500	1500	1500
下节	—	—	—	1500	1200

4) 避雷针应垂直安装牢固,垂直度允许偏差为 3/1000。

5) 焊接要求详见 463 页(7)清除药皮后刷防锈漆。

6) 避雷针一般采用圆钢或钢管制成,其直径不应小于下列数值:

① 独立避雷针一般采用直径为 19mm 镀锌圆钢。

② 屋面上的避雷针一般宜采用直径 25mm 镀锌钢管。

③ 水塔顶部避雷针采用直径 25mm 或 40mm 的镀锌钢管。

④ 烟囱顶上避雷针采用直径 25mm 镀锌圆钢或直径为 40mm 镀锌钢管。

⑤ 避雷环用直径 12mm 镀锌圆钢或截面为 100mm² 镀锌扁钢,其厚度应为 4mm。

(2) 避雷针制作:

按设计要求的材料所需的长度分上、中、下三节进行下料。如针尖采用钢管制作,可先将上节钢管一端锯成锯齿形,用手锤收尖后,进行焊缝磨尖,涮锡,然后将另一端与中、下二节钢管找直,焊好。

(3) 避雷针安装:

先将支座钢板的底板固定在预埋的地脚螺栓上,焊上一块肋板,再将避雷针立起,找直、找正后,进行点焊,然后加以校正,焊上其他三块肋板。最后将引下线焊在底板上,清除药皮刷防锈漆。

8. 支架安装

(1) 支架安装应符合下列规定:

1) 角钢支架应有燕尾,其埋注深度不小于 100mm,扁钢和圆钢支架埋深不小于 80mm。

2) 所有支架必须牢固,灰浆饱满,横平竖直。

3) 防雷装置的各种支架顶部一般应距建筑物表面 100mm;接地干线支架其顶部应距墙面 20mm。

4) 支架水平间距不大于 1m(混凝土支座不大于 2m);垂直间距不大于 1.5m。各间距应均匀,允许偏差 30mm。转角处两边的支架距转角中心不大于 250mm。

5) 支架应平直,水平度每 2m 检查段允许偏差 3/1000,垂直度每 3m 检查段允许偏差 2/1000;但全长偏差不得大于 10mm。

6) 支架等铁件均应做防腐处理。

7) 埋注支架所用的水泥砂浆,其配合比不应低于 1:2。

(2) 支架安装

1) 应尽可能随结构施工预埋支架或铁件。

2) 根据设计要求进行弹线及分档定位。

3) 用手锤、錾子进行剔洞,洞的大小应里外一致。

4) 首先埋注一条直线上的两端支架,然后用铅丝拉直线埋注其他支架。在埋注前应先把洞内用水浇湿。

5) 如用混凝土支座,将混凝土支座分档摆好。先在两端支架间拉直线,然后将其他支座用砂浆找平找直。

6) 如果女儿墙预留有预埋铁件,可将支架直接焊在铁件上,支架的找直方法同前。

9. 防雷引下线暗敷设

(1) 防雷引下线暗敷设应符合下列规定:

1) 引下线扁钢截面不得小于 25mm×4mm;圆钢直径不得小于 12mm。

2) 引下线必须在距地面 1.5~1.8m 处做断接卡子或测试点(一条引下线者除外)。断接线卡子所用螺栓的直径不得小于 10mm,并需加镀锌垫圈和镀锌弹簧垫圈。

3) 利用主筋作暗敷引下线时,每条引下线不得少于三根主筋。

4) 现浇混凝土内敷设引下线不做防腐处理。

5) 建筑物的金属构件(如消防梯、烟囱的铁爬梯等)可作为引下线,但所有金属部件之间均应连成电气通路。

6) 引下线应沿建筑的外墙敷设,从接闪器到接地体,引下线的敷设路径,应尽可能短而直。根据建筑物的具体情况不可能直线引下时,也可以弯曲,但应注意弯曲开口处的距离不得等于或小于弯曲部经线段实际长度的 0.1 倍。引下线也可以暗装,但截面应加大一级,暗装时还应注意墙内其他金属构件的距离。

7) 引下线的固定支点间距离不应大于 2m,敷设引下线时应保持一定松紧度。

8) 引下线应躲开建筑物的出入口和行人较易接触到的地点,以免发生危险。

9) 在易受机械损坏的地方、地上约 1.7m 至地下 0.3m 的一段地线应加保护措施,为了减少接触电压的危险,也可用竹筒将引下线套起来或用绝缘材料缠绕。

10) 采用多根明装引下线时,为了便于测量接地电阻,以及检验引下线和接地线的连接状况,应在每条引下线距地 1.8~2.2m 处放置断接卡子。利用混凝土柱内钢筋作为引下线时,必须将焊接的地线连接到首层、配电盘处并连接到接地端子上,可在地线端子处测量接地电阻。

11) 每栋建筑物至少有两根引下线(投影面积小于 50m² 的建筑物例外)。防雷引下线最好为对称位置,例如两根引下线成"—"字形或"乙"字形,四根引下线要做"I"字形,引下线间距离不应大于 20m,当大于 20m 时应在中间多引一根引下线。

(2) 防雷引下线暗敷设做法:

1) 首先将所需扁钢(或圆钢)用手锤(或钢筋扳子)进行调直或拉直。

2) 将调直的引下线运到安装地点,按设计要求随建筑物引上,挂好。

3) 及时将引下线的下端与接地体焊接好,或与断接卡子连接好。随着建筑物的逐步增高,将引线敷设于建筑物内至屋顶为止。如需接头则应进行焊接,焊接后敲掉药皮并刷防锈漆(现浇混凝土除外),并请有关人员进行隐检验收,做好记录。

4) 利用主筋(直径不少于 $\phi16mm$)作引下线时,按设计要求找出全部主筋位置,用油漆做好标记,距室外地坪 1.8m 处焊好测试点,随钢筋逐层串联焊接至顶层,焊接出一定长度的引下线,搭接长度不应小于 100mm,做完后请有关人员进行隐检,做好隐检记录。

5) 土建装修完毕后,将引下线在地面上 2m 的一段套上保护管,并用卡子将其固定牢固,刷上红白相同的油漆。

10. 防雷引下线明敷设

(1) 防雷引下线明敷设应符合下列规定:

1) 引下线的垂直允许偏差为 2/1000。

2) 引下线必须调直后进行敷设,弯曲处不应小于 90°,并不得弯成死角。

3) 引下线除设计有特殊要求者外,镀锌扁钢截面不得小于 48mm²,镀锌圆钢直径不得小于 8mm。

4) 有关断接卡子位置应按设计及规范要求执行。

(2) 防雷引下线明敷设

1) 引下线如为扁钢,可放在平板上用手锤调直;为圆钢可将圆钢放开。一端固定在牢固地锚的机具上,另一端固定在绞磨(或捯链)的夹具上进行冷拉直。

2) 将调直的引下线运到安装地点。

3) 将引下线用大绳提升到最高点,然后由上而下逐点固定,直至安装断接卡子处。如需接头或安装断接卡子,则应进行焊接。焊接后,清除药皮,局部调直,刷防锈漆。

4) 将接地线地面以上 2m 段,套上保护管,并卡固及刷红白油漆。

5) 用镀锌螺栓将断接卡子与接地体连接牢固。

11. 避雷网安装

(1) 避雷网安装应符合以下规定

1) 避雷应平直、牢固,不应有高低起伏和弯曲现象,距离建筑物应一致,平直度每 2m 检查段允许偏差 3/1000,但全长不得超过 10mm。

2) 避雷线弯曲处不得小于 90°,弯曲半径不得小于圆钢直径的 10 倍。

3) 避雷线如用扁钢,截面不得小于 48mm;如为圆钢直径不得小于 8mm。

4) 遇有变形缝处应作喷管补偿。

(2) 避雷网安装

1) 避雷线如为扁钢,可放在平板上用手锤调节器调直;如为圆钢,可将圆钢放开一端固定在牢固地锚的夹具上,另一端固定在绞磨(或捯链)的夹具上,进行冷拉调直。

2) 将调直的避雷线运到安装地点。

3) 将避雷线用大绳提升到顶部、顺直、敷设、卡固、焊接连成一体,同引下线焊好。焊接处的药皮应敲掉,进行局部调直后刷防锈漆及铜油(或银粉)。

4) 建筑物屋顶上有突出物,如金属旗杆,透气管、金属天沟、铁栏杆、爬梯、冷却水塔、电视天线等,这些部位的金属导体都必须与避雷网焊接成一体。顶层的烟囱应做避雷带或避雷针。

5) 在建筑物的变形缝处应做防雷跨越处理。

6) 避雷网分明网和暗网两种,暗网格越密,其可靠性就越好。网格的密度应视建筑物的防雷等级而定,防雷等级高的建筑物可使用 10m×10m 的网格,防雷等级低的一般建筑物可使用 20m×20m 的网格,如果设计有特殊要求应按设计要求执行。

12. 均压环(或避雷带)安装

(1) 均压环(或避雷带)应符合下列规定:

1) 避雷带(避雷线)一般采用的圆钢直径不小于 6mm,扁钢不小于 24mm×4mm。

2) 避雷带明敷设时,支架的高度为 10~20cm,其各支点的间距不应大于 1.5m。

3) 建筑物高于 30m 以上的部位,每隔 3 层沿建筑物四周敷设一道避雷带并与各根引下线相焊接。

4) 铝制门窗与避雷装置连接。在加工订货铝制门窗时应按要求甩出 30cm 的铝带或扁钢 2 处,如超过 3m 时,就需 3 处连接,以便进行压接或焊接。

(2) 均压环(或避雷带)安装:

1) 避雷带可以暗敷设在建筑物表面的抹灰层内,或直接利用结构钢筋,并应与暗敷的避雷网或楼板的钢筋相焊接,所以避雷带实际上也就是均压环。

2) 利用结构圈梁里的主筋或腰筋与预先准备好的约 20cm 的连接钢筋头焊接成一体,并与柱筋中引下线焊成一个整体。

3) 圈梁内各点引出钢筋头,焊完后,用圆钢(或扁钢)敷设在四周,圈梁内焊接好各点,并与周围各引下线连接后形成环形。同时在建筑物外沿金属门窗、金属栏杆处甩出 30cm 长 φ12mm 镀锌圆钢备用。

4) 外檐金属门、窗、栏杆、扶手等金属部件的预埋焊接点不应少于 2 处,与避雷带预留的圆钢焊成整体。

5) 利用屋面金属扶手栏杆做避雷带时,拐弯处应弯成圆弧活弯,栏杆应与接地引下线可靠的焊接。

(3) 节日彩灯沿避雷带平敷设时、避雷带的高度应高于彩灯顶部,当彩灯垂直敷设时,吊挂彩灯的金属线应可靠接地,同时应考虑彩灯控制电源箱处按装低压避雷器或采取其他防雷击措施。

(五) 质量标准

1. 保证项目

(1) 材料的质量符合设计要求;接地装置的接地电阻值必须符合设计要求。

(2) 接至电气设备、器具和可拆卸的其他非带电金属部件接地的分支线,必须直接与接地干线相连,严禁串联连接。

检验方法:实测或检查接地电阻测试记录,观察检查或检查安装记录。

2. 基本项目

(1) 避雷针(网)及其支持件安装位置正确,固定牢靠,防腐良好;针体垂直,避雷网规格尺寸和弯曲半径正确;避雷针及支持件的制作质量符合设计要求。设有标志灯的避雷针灯具完整,显示清晰。避雷网支持间距均匀;避雷针垂直度的偏差不大于顶端针杆的直径。

检验方法:观察检查和实测或检查安装记录。

(2) 接地(接零)线敷设:

1) 平直、牢固,固定点间距均匀,跨越建筑物变形缝有补偿装置,穿墙有保护管,油漆防腐完整。

2) 焊接连接的焊缝平整、饱满,无明显气孔、咬肉等缺陷;螺栓连接紧密、牢固,有防松措施。

3) 防雷接地引下线的保护管固定牢靠;断线卡子设置便于检测,接触面镀锌或镀锡完整,螺栓等紧固件齐全。防腐均匀无污染建筑物。

检验方法:观察检查。

(3) 接地体安装:

位置正确,连接牢固,接地体埋设深度距地面不小于0.6m。隐蔽工程记录齐全、准确。

检验方法:检查隐蔽工程记录。

3. 允许偏差项目

搭接长度≥2b;圆钢≥6D;圆钢和扁钢≥6D;

注:b为扁钢宽度;D为圆钢直径。

(六) 成品保护

1. 接地体

(1) 其他工程在挖土方时,注意不要损坏接地体。

(2) 安装接地体时,不得破坏散水和外墙装修。

(3) 不得随意移动已经绑好的结构钢筋。

2. 支架

(1) 剔洞时,不应损坏建筑物的结构。

(2) 支架稳注后,不得碰撞松动。

3. 防雷引下线明(明)敷设

(1) 安装保护管时,注意保护好土建结构及装修面。

(2) 拆架子时不要磕碰引下线。

4. 避雷网敷设

(1) 遇坡顶瓦屋面,在操作时应采取措施,以免踩坏屋面瓦。

(2) 不得损坏外檐装修。

(3) 避雷网敷设后,应避免砸碰。

5. 避雷带与均压环

预甩扁铁或圆钢不得超过30cm。

6. 避雷针

(1) 拆除脚手架时,注意不要碰坏避雷针。

(2) 注意保护土建装修。

7. 接地干线安装

(1) 电气施工时,不得磕碰及弄脏墙面。

(2) 喷浆前,必须预先将接地干线纸包扎好。

(3) 拆除脚手架或搬运物件时,不得碰坏接地干线。

(4) 焊接时注意保护墙面措施。

(七) 应注意的质量问题

1. 接地体

(1) 接地体埋深或间隔距离不够,按设计要求执行。

(2) 焊接面不够,药皮处理不干净,防腐处理不好,焊接面按质量要求进行纠正,将药皮敲净,做好防腐处理。

(3) 利用基础、梁柱钢筋搭接面积不够,应严格按质量要求去做。

2. 支架安装

(1) 支架松动,混凝土支座不稳固。将支架松动的原因找出来,然后固定牢靠;混凝土支座放平稳。

(2) 支架间距(或预埋铁件)间距不均匀,直线段不直,超出允许偏差。重新修改好间距,将直线段校正平直,不得超出允许编差。

(3) 焊口有夹渣、咬肉、裂纹、气孔等缺陷现象。重新补焊,不允许出现上述缺陷。

(4) 焊接处药皮处理不干净,漏刷防锈漆。应将焊接处药皮处理干净,补刷防锈漆。

3. 防雷引下线暗(明)敷设

(1) 焊接面不平,焊口有夹渣、咬肉、裂纹、气孔及药皮处理不干净等现象,应按规范要求修补更改。

(2) 漏刷防锈漆,应及时被刷。

(3) 主筋错位,应及时纠正。

(4) 引下线不垂直,超出允许偏差。引下线应横平竖直,超差应及时纠正。

4. 避雷网敷设

(1) 焊接面不平,焊口有夹渣、咬肉、裂纹、气孔及药皮处理不干净等现象,应按规范要求修补更改。

(2) 防锈漆不均匀或有漏刷处,应刷均匀,漏刷处补好。

(3) 避雷线不平直、超出允许偏差,调整后应横平竖直,不得超出允许偏差。

(4) 卡子螺丝松动,应及时将螺丝拧紧。

(5) 变形缝处未做补偿处理,应补做。

5. 避雷带与均压环

(1) 焊接面不够,焊口有夹渣、咬肉、裂纹、气孔等,应按规范要求修补更好。

(2) 钢门窗、铁栏杆接地引线遗漏,应及时补上。

(3) 圈梁的接头未焊,应进行补焊。

6. 避雷针制作与安装

(1) 焊接处不饱满,焊药处理不干净,漏刷防锈漆。应及时予以补焊,将药皮敲净,刷上防锈漆。

(2) 针体弯曲,安装的垂直度超出允许偏差。应将针体重新调直,符合要求后再安装。

7. 接地干线安装

(1) 扁钢不平直,应重新进行调整。

(2) 接地端子漏垫弹簧垫,应及时补齐。

(3) 焊口有夹渣、咬肉、裂纹、气孔及药皮处理不干净等现象,应按规范要求修补更改。

8. 漏刷防锈漆处,应及时补刷。

9. 独立避雷针及其接地装置与道路或建筑物的出入口保护距离不符合规定。其距离应大于3m,当小于3m时,应采取均压措施或铺设卵石或沥青地。

10. 利用主筋作防雷引下线时,除主筋截面不得小于90mm² 外,其焊接方法可采用压力埋弧焊、对焊等;机械方法可采用冷挤压、丝接等,以上接头处可做防雷引下线,但需进行隐蔽工程检查验收。

八、电气设备安装工程技术交底案例

(一) 工程概况

天津某钢铁公司新建钢板镀锌生产线工程,工程项目是引进国外技术,生产线占地面积9800m²。镀锌线采用外国某公司的机组设备,生产汽车专用板,原料板为酸洗、热轧和冷轧低碳钢板,带钢宽度为900~150mm,厚度为0.5~3mm,镀层重量双面最大重量300g/m²。钢板镀锌线在36m宽的厂房内,全长218m。

该工程镀锌线工艺电气设备引进国外技术,由国内设计。镀锌线工程电气部分主要有两个电气室,头部、尾部操作室,中间一个操作室,炉区电气及在线电气设备安装调试。由缆桥架由甲方供货,国外部分的电气安装调试由外国专家指导。主要安装内容见表3.4-54。

设备安装内容   表3.4-54

序号	安装设备名称	数 量	备 注
1	高压控制柜	51 台	
2	变压器	8 台	
3	低压控制柜	120 台	
4	钢型材	18t	
5	电缆桥架	190t	
6	电缆	190km	

(二) 工程质量目标和要求

项目质量目标:按标准安装,一次试车成功。该工程调试部分是关键过程,难度很大,要安装富有经验的调试技师、工程师和实力很强的调整班,密切配合外国专家。

工期要求:供电线路及工艺电气设备安装调试:7月30日~翌年3月20日,共240d。

(三) 施工准备

1. 人力资源配备(表3.4-55)

人力资源配备   表3.4-55

安装电工	安装钳工	配管工	起重工	电焊工	气焊工	调整工	管理人员	合计
25人	22人	2人	2人	8人	2人	10人	4人	75人

2. 技术文件

(1) 按合同要求,甲方提供的有关标准、技术文件或国际通用标准;当引进国外设备装设调试要领书有技术标准时,执行制造厂标准。

(2)《电气装置安装工程施工及验收规范》GB 50254—50259—1996。

(3)《电气装置安装工程高压电施工及验收规范》GBJ 147—90。

(4)《电气装置安装工程母线施工及验收规范》GBJ 149—90。

(5)《电气装置安装工程自力变压器、油浸电抗器、互感器施工及验收规范》GBJ 148—90。

(6)《电气装置安装工程接地装置施工及验收规范》GB 50169—92。

(7)《电气装置安装工程电气交接实验标准》GB 50150—91。

(8)《施工现场临时用电安装技术规范》JGJ 46—2005。

(9)《建筑施工安全检验评分标准》JGJ 59—99。

(10) 该工程施工组织设计。

3. 施工机具设备和测量仪器(表3.4-56)

施工机具设备和测量仪器   表3.4-56

序号	机具名称	规格型号	数量	备注
1	液压吊	40t/20t	各1台	
2	交流耐压试验仪		2台	
3	直流漏泄试验仪		1台	
4	液压力矩扳手/套筒扳手		各3套	
5	等离子切割机 KL3-30		1台	
6	交流电焊机	30kVA	5台	
7	水平尺		4个	
8	电子稳压器	AC	2台	
9	调压器		4台	
10	数字万用表		6块	
11	交流电流表、电压表		8块	
12	直流电流表、电压表		8块	
13	标准电流、电压发生器	2553型	1台	

续表

序号	机 具 名 称	规 格 型 号	数 量	备 注
14	标准电阻器	2793 型	1 台	
15	接地电阻测试仪	3235 型	1 台	
16	高压摇表、低压摇表		各 1 台	
17	液压母线钻孔器		1 台	
18	手电钻		4 把	
19	磨光机		4 台	
20	切割机		2 台	
21	对讲机		6 副	

(四)施工工艺

1. 电气配管安装

(1) 电气配管工艺流程图(图 3.4-114)

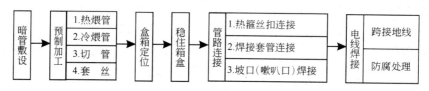

图 3.4-114 电气配管安装工艺流程图

(2) 施工方法及技术要求:

暗设的钢管采用套管和管箍连接。套管用电焊焊接;焊口不得有裂缝。管与管的对口处,要位于套管的中心。无论用套管还是用管箍连接,连接处的管内表面要平整、光滑。管箍连接时其管箍处用 $\phi 8$ 圆钢焊在管箍两边;所有钢管外表与接地母线相连接。

电缆(线)管弯曲半径不小于管外径 6 倍,埋设地下或混凝土内时不小于管外径 10 倍;弯曲处不得有折皱、凹陷和裂缝,弯曲程度不大于管外径 10%。

明配管排列整齐,固定间距均匀;其水平或垂直安装允许偏差 1.5mm;全长偏差不大于管内径的 1/20 钢管的内壁、外壁均要做防腐处理;埋设于混凝土内时外壁可不做防腐处理;采用镀锌钢管时,锌层剥落处要涂刷防腐漆。

钢管与盒(箱)或设备连接:明、暗敷设管根据其长度或弯曲数量,过伸缩缝中间适当增设接线盒或拉线箱。暗配黑色钢管与盒(箱)连接可采用焊接连接;管口高出盒(箱)内壁 3~5mm。

明配钢管或暗配镀锌管与盒连接采用锁紧螺母或护圈帽固定。

钢管与设备连接的管口距地面要大于 300mm,也可直到设备接线盒内,也可通过金属软管或可挠金属电线保护管与设备连接,但金属软管不超过 2m 长,金属软管与钢管口的连接采用相配套的专用接头;特殊场所可采用防水弯头、阻燃软管等。

2. 电缆桥架安装

(1) 电缆桥架安装施工流程图

立柱安装 → 横撑(托臂)组装 → 桥架安装 → 桥架盖板安装 → 桥架接地安装

(2) 立柱安装

立柱有工字钢立柱、丁字钢立柱、异型立柱、角钢立柱及底座。立柱安装要横平竖直，不得有明显倾斜，其垂直度偏差不得大于 $2/L$mm。型钢立柱可直接焊在预埋件或钢结构上，焊接牢固。每侧焊接长度为 40~50mm，采用胀锚螺栓固定时，螺栓直径 M10~M160 用薄钢加工的异型立柱宜采用预埋螺栓或胀锚螺栓紧固在建筑物上，不得将立柱直接焊在预埋件上，若需用带有螺栓的过渡板上，要焊在预埋件或钢结构上。

立柱间距与结构型式、安装方式与每一层架上负载有关，除符合设计要求外；在水平转弯的前、后约 350mm 处及转弯中间。

水平方向转向方上或立下时；在其转向前、后 150mm 处；过伸缩缝的前、后约 350mm，要增加立柱。在同一区段内，立柱不得大于 160mm。

(3) 横撑(托臂)组装

横撑与立柱用卡板、开口销、螺栓连接时要牢固。各层的横撑要横平竖直，并与立柱垂直，不得有左右倾斜或上翘、下塌，偏差不得大于 2mm；层间间距根据设计调定。同层横撑要在同一水平面上，直线上的高低差不大于 4mm。最上一层横撑距沟顶、楼板不小于 300mm；最下一层距底不小于 80mm。横撑(托臂)可直接焊接在或用螺栓固定在沟壁埋设件上，预埋件要有锚板，螺栓埋入深度不得小于 100mm。不得在半砖墙或在砖缝处打入钢筋接立柱或托臂。

(4) 桥架安装

桥架可靠地紧固在横撑上，并要横平竖直，不得有明显的扭曲或向一边倾斜，直线上水平倾斜不大于 +4mm，中心线左右偏差不得大于 ±8mm，高低偏差不得大于 +4mm。

桥架连接安装可在地面上两节或三节连接好后再上举在横撑上，接头处宜放在两立柱间 1/4 处，避免在 1/2 处。

桥架延续连接要用专用的与边框高度相配套的接板。采用的螺栓，螺栓头在桥架外侧，螺帽在内侧。不能用圆杆螺栓代用或电焊焊接。除伸缩缝外接头间隙不得大于 10mm；接头处要光滑、平直、无错口现象。桥架在过建筑物沉降缝处、户外桥架每隔 30m 处均要断理桥架；预留缝隙在 16~20mm 之间。中间桥架变宽或变高，须使用专用的变宽变高构件。

(5) 标准弯头和组合弯头安装要求

使用标准弯头，其弯曲半径、连接框高度均要符合设计要求，弯头的延续连接要接合自如；接口处不要受力；连接后不得有凸起或扭曲现象；其纵向、横向中心线相互垂直；经弯头前后的中心线要重合或相互平行；同层桥架在弯头前后要在同一立面上，其偏差不得大于 5mm。

现场组合的弯头，使用专用的转弯连接板，其弯曲角度一般为 135°，但不得小于 90°。

(6) 桥架盖板的安装

盖板接头处间隙不得大于 2mm；除伸缩缝外；中间连接要严密。

盖板卡接严密，不得有虚盖或扭曲、变形现象，卡锁牢固。盖板两端光滑，无毛或卷口现象。

(7) 桥架接地安装

装配式电缆桥架的接地,按设计规定。如设计无规定,镀锌架可利用本身做接地线,但须在全线路内均贯通的桥架或槽架、托盘。桥架的中间连接要作电气连接,每隔 30~40mm 用镀锌扁钢 25~3mm 或 φ10 圆钢横撑的上、下层作电气连接。桥架的立上、立下部分如用型钢支架,要用接地线将其连通。

桥架的两端与接地干线连通;接地线过伸缩缝要留有余量,做成 Ω 形。喷塑、喷漆、烤漆及刷漆的电缆桥架不宜作接地干线用,要设专用接地干线;接地干线与立柱焊接;桥架连接处作电气连接,立柱与横撑、横撑与架体间隔 30~40m 作一次电气连接或点焊。

(8) 其他

根据设计选路径,测量安装标高,放线、安装立柱、横撑。架体首先宜安弯头,由转弯处放射安装直线桥架。

电缆井及垂直安装的桥架,其垂直度偏差不大于长度的 2‰,对角线偏差不大于对角线长度的 5‰。

安装在高温区的桥架要采用全封闭型,并在桥架内侧衬以 5~10mm 石棉板拼装完整无损;固定牢靠。

3. 盘箱柜安装施工流程

(1) 安装在室内的电气设备的吊装,ER2 电气室 +14.3m 高压柜,采用其 40t 汽车式起重机进行吊装,进入室内后利用 1.5~2.5t 液压叉车进行搬运。ER1、ER2 电气室 +7.3m,+0.00m 采用 20t 吊车吊装,搬运时要平稳,不可倾斜。

设备和器材到达现场后,包装密封良好,开箱检查型号、规格,要符合设计要求。设备无损伤,附件、备件齐全,产品的技术文件齐全。要求设备厂家、建设单位及安装单位相关人员在场,并有交接手续,必要时留下照相资料。

(2) 盘、箱、柜二次配线流程图(图 3.4 - 115)

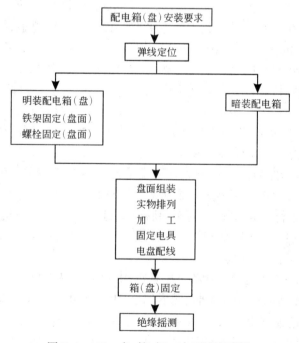

图 3.4 - 115 盘、箱、柜二次配线流程图

二次接线要准确,连接可靠,端号牌标志齐全、清晰,配线整齐、美观。

(3) 盘、箱、柜基础型钢安装要求

变压器、高压柜、各电气控制柜、控制电源柜、操作台、动力配电箱、机旁操作箱等都要安装基础,基础由槽钢或用钢制作。槽钢或角钢事先校直平整,用切割机按设计尺寸切割做成条状。经防腐处理后,用电焊焊在预埋件上,并接地牢靠。

基础型钢安装允许偏差:全长小于4mm,平整度和垂直度小于1mm/m,标高要高于正式抹平地面50mm。手车式配电柜要考虑绝缘板厚度,其标高要与柜前敷设之橡皮绝缘板平面一致。

落地式动力配电箱、柜在车间、户外安装时,其基础型钢要高出地面220mm。

盘、箱、柜在基础型钢上要采用螺栓或焊接固定。盘、柜单独或成列安装,安装允许偏差如表3.4-57。

盘、柜安装的允许偏差　　　　　　　表3.4-57

序号	项　目	允许偏差
01	垂直度(每米)	1.5
02	盘项水平度　相邻两盘间成列盘项部	25
03	盘面不平度　相邻两盘间成列盘间	15
04	盘间接缝	2

小型操作箱、开关箱、端子箱单独安装要端正;纵列安装时要使中心成一直线;成列安装时排列整齐;端子箱安装密封良好。

计算机专用的盘、柜等需绝缘安装时,用绝缘垫和绝缘套管使其与基础型钢绝缘。

盘、柜内母线连接安装(随设备配套供应):加工制作安装母线,其母线平直、弯曲、焊接、钻孔等严格遵守国家标准规定。

4. 电力特殊变压器及电抗器安装要求

(1) 运输与装卸:

电力变压器、特殊变压器、电抗器由于电压等级、容量、冷却方式,本体和附体不同,所以重量不同。运输与装卸时要选择适当的方式。

(2) 设备安装完毕,投入运行前,建筑配套工程要符合下列要求:

门窗安装完毕;地坪抹光工作结束,室外场地平整;保护性网门、栏杆等安全设施齐全;变压器、电抗器的蓄坑清理干净,排油水管畅通,卵石铺设完毕;通风及消防装置安装完毕。

(3) 设备安装前的检查与保管

外观检查:无锈蚀及机械损伤、附件和技术文件齐全、油浸变压器密封良好不渗漏、整体无损伤;本体绝缘电阻测试值符合规定,接线组别、极性符合设计要求。

(4) 本体及附件安装

变压器基础的轨道或型钢要水平,轨距要匹配,升高高度符合设备制造厂规定。当与封闭母线连接时,其套管中心要与封闭母线中心线相符。干式变压器的安装除执行GBJ 148—

90、GB 450—86 外,还要参照制造厂家的有关技术说明。

5. 电缆敷设

(1) 电缆敷设安装施工流程图(图 3.4-116)。

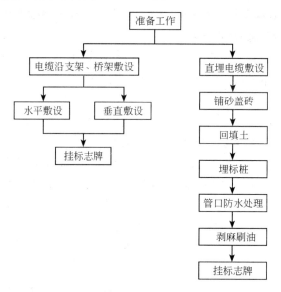

图 3.4-116 电缆敷设安装施工流程图

(2) 电缆敷设方法和措施

1) 电缆型号、电压规格符合设计,电缆外观无损伤,绝缘试验良好。

2) 电缆放线架要放置稳妥,钢轴的强度和长度与电缆盘重量和宽度相配合。

3) 电缆敷设前按设计和实际路径计算每根长度,合理安排,组合每盘电缆,减少电缆接头和浪费。

4) 电缆的最小弯曲半径和允许敷设的最低温度要符合规定要求。电缆钢管的弯曲半径不要小于电缆最小允许的弯曲半径,电缆最小允许弯曲半径见表 3.4-58。

电缆最小弯曲半径 表 3.4-58

序号	电缆种类	最小允许弯曲半径
1	高压电力电缆	10D
2	聚氯乙烯绝缘电力电缆	10D
3	交联聚氯乙烯绝缘电力电缆	15D
4	多芯控制电缆	10D

注:D 为电缆外径。

5) 进入 11 月份,在冬季低温下敷设电缆,电缆允许敷设最低温度,塑料绝缘电力电缆为 0℃,聚氯乙烯绝缘聚氯乙烯护套控制电缆为 -10℃。当温度低于规定时要采取措施。并列敷设 66 电力电缆中间接头的位置要相互错开,直埋电缆接头外面要有防止机械损伤保护盒。

当环境温度低于所规定的数值时,要将电缆预先加热。预热电缆的方法有两种:一种是室内加热,室温25℃时,约需1~2昼夜;在40℃时,需18h,另一种方法是电流加热法,将电缆芯通入电流,使电缆本身发热,此法速度快,在短时间内达到所需温度,但必须严格,经常测量通入电缆的电流和电缆表面温度。

6)电气管道内电缆敷设前,管道要疏通,清除杂物,直埋电缆敷设,电缆表面距地面不小于1.1m,电缆上、下部铺不小于150mm,厚软土或砂层,并加盖保护或砖块,覆盖宽度要超过电缆两侧各60mm,隐蔽工程经验收合格后回填土要分层夯实,电缆沟及走向要设明显的方位标志或标桩。

7)电缆敷设时要排列整齐,不得用尼龙带交叉绑扎固定。倾斜敷设电缆角度超过45°时,倾斜敷设的电缆每个支架上,桥架上每隔2m处,水平敷设的电缆,在电缆首、末端及转弯、电缆头的两端处。并及时装设标志牌在电缆终端头、接头、拐弯处、夹层内、隧道及竖井的两端、入口内等地方设置。标志牌上要注明线路编号、电缆编号、规格及起止点;标志牌的字迹要清晰、不易脱落;标志牌规格统一,能防腐,挂装牢固。

8)电缆进电缆沟,隧道、竖井、建筑物、盘(柜)以及穿入管子时,出入口要封闭,管口要密封。

9)电缆在电缆桥架上的排列,高压与低压;电力与控制电缆要分层敷设排列;若敷设于同一层时要在中间加隔板。其顺序为上层高压下层低压控制电缆。分层敷设时从上而下排列次序为:

① 高压交流电力电缆;
② 低压交流电力电缆;
③ 控制电缆;
④ 屏蔽的低电平控制电缆;
⑤ 通信电缆。

(3)电缆头制作与安装

电缆终端和中间接头的制作安装前要先熟悉安装工艺资料和规程,选用的终端或中间接头的形式、规格与电缆类型如电压、芯数、截面、线芯连接金具,护套结构和环境要求一致。接地线用镀锡编织线,其截面不小于10mm^2。

制作时从剥切电缆开始要连续操作直至完成,缩短绝缘曝露时间,关键环节如剥切、清除半导电屏蔽层、压接金具、焊接地线、包绕绝缘材料,应力锥、热缩分支手套等。

6.电气设备调试交底

(1)系统调试大纲

施工中所有电气设备的试验标准要严格执行(GB 50150—90)国家标准,电气设备和电缆安装,要根据具体的调试流程依次进行各项调试验,并作好调试记录;系统各继电保护整定值须以施工图给出的计算数为准,进行反复调校整定,确保数值整定准确合理,保护动作灵敏可靠、系统工作安全。

主要调试项目:

1)干式变压器调试
① 变比、极性试验;

② 绝缘及工频耐压试验;
2) 高压开关柜调试
① 真空断路器试验;
② 隔离开关试验;
③ 负荷开关试验;
④ 综合保护器试验。
3) 高压电器试验
① 互感器试验;
② 避雷器试验;
③ 套千家万户和绝缘子试验;
④ 母线试验。
4) 高压电机调试(由于图纸未到期,如无高压电机,此项取消)
① 直流电阻和工频耐压试验;
② 绕组极性连接检测;
③ 电动机空载运转试验。
5) 电力电缆试验
① 测量绝缘电阻;
② 直流耐压并测量泄漏电;
③ 检查电缆线路的相序。
(2) 电气传动系统调试
1) 调试的基本原则

先查线后通电;先弱电,后强电;先单元,后系统;先开环,后闭环;先不可逆,后可逆;先低速,后高速;先静态,后动态;先粗调,后精调;先单体,后联动。

2) 一般性检查和要求

对现场安装各种控制箱、柜要按施工规范要求进行各项检查。

外观检查:主要是控制箱、柜有无损伤;内部元件、插件模块的规格、数量、质量等是否符合产品技术要求,控制电源电压等级相序要符合设计要求。

线路检查:主要包括回路;保护控制回路接线与设计图纸一致;柜内接线牢固、线号正确清晰;各种接地连接合理、可靠;各种绝缘测试要按规定逐项进行;测量记录正确、完整、清楚;并做好整理保存。

3) 电动机控制中心在三相交流 50HZ380V 供配电系统中,作动力供配电、电动机控制、照明配电、自动化仪表供电总电源及空调、加热器等环境设备供电的电气设备。电动机控制中心的调试包括:对抽屉式功能单元要检查抽屉推拉的灵活性、插接件电气接触的可靠性,抽屉与柜体间接地触头接触可靠性。需进行的调试项目与要求,均与常元曲低压电气屏、柜、自动化仪表供电屏相同。主要检查调试项目:配线检查、绝缘电阻测定、保护装置、保护继电器整定和动作试验,通电试验(操作试验、模拟故障试验等),带电机手动单体试验,带机械设备试车等。

7. 技术质量要求

(1) 设备安装工程中,采用全站仪放线和各个设备中心线定位,以保证设备中心线的相对位置控制;结构安装采用经纬仪校正;设备安装中标高、中心线分别用 NA2 精密水准仪、O10 精密经纬仪进行放线。

(2) 对于电气盘、箱、柜的安装;先使用水准仪对基础预埋件进行测量和检查,尽量达到盘柜与基础槽钢间无垫板;对于盘、柜的安装,采用线坠、直尺;对于盘柜的检验,使用拉线、线坠、直尺和塞尺,以满足规范要求。安装前建筑环境和基础确认。楼板施工完毕,不得渗漏;室内地面基层施工完毕,混凝土基础及构架达要到允许安装强度;预埋件牢固,场地清理干净,道路通畅。

(3) 电缆支架及桥架施工,用水准仪、经纬仪测好标高线和中心线。用卷尺对桥架及支架间距进行控制和检验。

(4) 电气配管采用拉线、吊线及卷尺进行控制和检验。

(5) 电缆线的压接端子要牢固,并逐个检查;对于没有电缆线标识的电缆线要校线后接线,并要穿线号、挂电缆牌,保证所有接线正确。

8. 安全技术要求

(1) 所有孔洞在设置临时安全标杆或挂设安全网,危险地段设置安全警示标志或设禁区,立体作业各层次要有防护措施,上下互保;夜间施工照明亮度要足够,手持灯必须用安全手灯。

(2) 手持电动工具必须要有可靠接地。电焊机二次线接头线必须进行绝缘包扎,不得裸露,焊接回路不得通过转机等设备,各用电开关箱加锁管理。

(3) 由于是分阶段送电,存在带电区域施工的情况,所以必须做好隔离措施,加防护栏,加隔离板,设明显的警示标志。

(4) 对于立体交叉作业区域要设专人监护,施工中落实互保对子,不许单人作业,严格执行送电制度,作业前必须先验电,后施工。

(5) 对于用电机具要安装漏电保安器,严禁使用一火一地方式用电。

(6) 作业现场要准备好完好的消防器具,随施工区域携带。

(7) 电气操作严格按照停、送电规程进行,带电工作必须设专人监护;送电标志明显,并有防误操作措施,试车联络信号要准确明了,在效运行。

(8) 对缆和电气设备进行高压试验时,要对试验的设备(或区域)进行认真检查,安全措施及安全设施要完善可靠,设禁区、围栏,专人监护。

(9) 吊运设备时要有专业的吊车司机和指吊工进行作业,不许无证人员操作。吊运要稳当、准确,挂钩牢固,以免伤及其他设备。

(10) 试车前,要制定详细周密的试车计划和规程,各单位、各专业之间要密切配合,统一指挥,加强监控,加强监视,不得随便停送电和擅自起动设备。

(11) 各种线路一定要安全可靠,不得有裸露,包扎要严密。

(12) 用电设备连接一定安全可靠,并设漏电保安器。

(13) 加强成品保护,要求整洁完好交付建设单位。

第五节 智能建筑

一、通信网络系统

(一) 卫星及有线电视系统

1. 工程概况(略)
2. 工程质量目标和要求(略)
3. 施工准备

(1) 材料要求：

1) 电视接收天线选择要求：应根据不同的接收频道、场强、接收环境以及共用天线电视系统的设施规模来选择天线，以满足接收电视机图像清晰，色彩鲜明的要求，并有产品合格证。

2) 各种铁件应全部采用镀锌处理。不能镀锌处理时，应进行防腐处理。如采用8号铅丝和钢丝绳及各种规格的铁管、角钢、槽钢、扁铁、圆钢、14号绑线、钢索卡、花篮螺栓、拉环等均应采用镀锌处理。各种规格的机螺丝、金属涨管螺栓、木螺丝、垫圈、弹簧垫等应镀锌。

3) 用户盒(又称接线盒或终端盒)是系统与用户电视机连接的端口，用户盒分明装和暗装，暗装盒又有塑料盒和铁盒两种，明装一般采用塑料盒，盒子不应有破损变形，插孔阻搞必须与电视机阻搞匹配，盒体与盖颜色一致，并有产品合格证。

4) 平行扁馈线(即 300Ω 扁馈线)构造简单，造价低廉，又容易与折合振子天线连接，因而在甚高频段应用广泛。它适用于电视机与共用天线电视插座之间，并有产品合格证。

5) 同轴电缆馈线。它是由同轴的内外导体组成，内导体为实芯导体，外导体为金属网，内外导体间垫以聚乙烯高频绝缘介擀材料，最外面一层为聚氯乙烯保护层。特性阻抗有 50Ω、70Ω、100Ω 三种，选用时应注意阻抗要求，并有产品合格证。

6) 分配器：通常有二分、三分、四分和六分等分配器，选择时，应按设计要求选用，并有产品合格证。

7) 应根据设计要求，选择相应型号及性能的天线放大器、混合器、频道转换器、分支器、干线放大器、分支(分配)放大器、线路放大器、机箱、机柜等。应检查仪器外观是否完整无损，机内部件是否齐全，然后进行通电试验，检查工作是否正常。产品说明书和技术资料齐全，并有产品合格证。

8) 其他材料：焊条、防水弯头、焊锡、焊剂、接插件、绝缘子等。

(2) 主要机具：

1) 手电钻、冲击钻、克丝钳、一字改锥、十字改锥、电工刀、尖嘴钳、扁口钳。
2) 水平尺、线坠、大绳、高凳、工具袋等。

(3) 作业条件：

1) 随土建结构砌墙时，预埋管和用户盒、箱已完成。
2) 土建内容装修油漆浆全部施工完。
3) 同轴电缆已敷设完工。

4. 操作工艺

(1) 工艺流程:

天线安装 → 前端设备和机房设备安装 → 传输分配部分安装 → 用户终端安装 → 电缆的明(暗)线敷设 → 分配系统明(暗)线敷设 → 系统内的接地 → 系统统调验收

(2) 天线安装:

1) 天线安装一般要求

① 天线位置的选择

a. 选择在接收电平最高处,在安装天线前,应用场强仪实测场强大小,选择天线的最佳位置及安装高度。

b. 在空旷处架设天线时,应避开电波传播方向上的遮挡物。

c. 架设在建筑物群至高点处或山区的山头上时,天线基座应离开建筑物边缘 3m 以上。

d. 应该远离干扰源。例如,不要距离公路太近,避开金属物,远离电力线、电梯机房。

e. 应避免天线间的相互干扰。出现干扰时,天线增益下降,使图像出现脉冲斜条。几种天线可共杆架设,也可各自单独分开架设。天线间必须保持一定的距离,一般对于 VHF 波段天线,立杆间平行距离不得小于 5m;同一方向的立杆前后距离不得小于 15m。一般不采用前后架设天线,同一根立杆两层天线间距不应小于 $\lambda/2$ 见图 3.5 - 1。

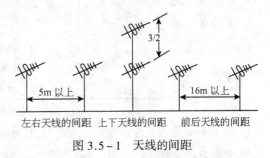

图 3.5 - 1 天线的间距

f. 天线的位置要适中,在 CATV 系统中,按上述要求选择好天线安装位置,并选择在整个系统的中心位置,这样便于向四周架设干线,减少干线传输长度,扩大系统的规模。

② 天线高度的选择:

天线距离地面或屋顶的高度不应小于一个波长,应考虑电波在传播过程中,不仅有反射,还应考虑因空气媒介质的不均匀性产生的折射现象,应适当调整水平位置和高度,以接收信号质量最佳为准。

③ 天线方向选择:

选择电平最强的天线方向。一般都是接收天线的最大接收方向对准电视发射塔。但是有时为了避开干扰源或者因为前方有遮挡物,可根据实际情况,使接收天线的最大接收方向稍调偏一些,甚至可以接收反射波。

2) 天线安装:

① 天线基座的埋设:

天线基座(底座)应随土建结构施工,在做屋面板时,做好预埋螺栓或底板顶埋螺栓。预埋螺栓不应小于 ϕ8mm;连接用钢板厚度不应小于 6mm;基座高度不应低于 200mm;用水泥砂浆将基座平面、立面抹平齐。同时预埋好地锚,三点夹角在 120°位置上,拉环采用直径 ϕ8mm 以上镀锌圆锌制成,底部与结构钢筋焊接,焊接长度为圆钢直径 6 倍,同时除掉焊药皮,并用水泥砂浆抹平整。

② 天线竖杆与拉线的安装:

a. 多节杆组接的竖杆：多节杆组接的竖杆应从下到上逐段变细和减短，如图 3.5-2 所示。

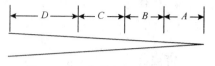

图 3.5-2 多节竖杆示意图

(a) DC 两段长度之和不小于一个波长（一般为 2.5～6m），否则也会影响天线的正常接收；

(b) B 段为固定天线部分，它的长度与固定天线的数量有关，一般为 3m 左右；

(c) A 段为避雷针，一般在 2m 以上。

b. 防止天线架设因大风、地震而倒塌造成的触电事故。要求天线与照明线高压线保持较远的距离，如表 3.5-1 所示。

天线与架空线间距　　　　表 3.5-1

电　压	架空电线种类	与电视天线的距离(m)
低压架空线	裸　线	1 以上
	低压绝缘电线或多芯电缆	0.6 以上
	高压绝缘电线或低压电源	0.3 以上
高压架空线	裸　线	1.2 以上
	高压绝缘线	0.8 以上
	高压电源	0.4 以上

c. 竖杆：现场要干净整齐，与竖杆无关的构件放到不妨碍竖杆以外的地方。人员和工具应准备齐全，一般竖杆时有指挥 1 人，工作人员 4～5 人。首先把上、中、下节杆连接好，紧固螺丝，再把天线杆的拉线套绑扎紧，挂在杆上，各拉线钢索卡应卡牢固，中间绝缘瓷珠套接好，花篮螺栓至适当位置，并放在拉线预定地锚位置上，把天线杆放在起杆位置，杆底放在基础位置上；全部准备就绪。现场指挥下达口令统一行动，将杆立起，起杆时用力要均衡，防止杆身忽左忽右摆动。然后利用花篮螺栓校正拉线松紧程度。并用 8～10 号铅丝把花篮螺栓封住。拉线与竖杆的角度一般为 30°～45°；在距离天线较近的一段间隔内，每隔小于 1/4 中心波长的距离内串一个瓷绝缘子，每根拉线串入 2～3 个瓷绝缘子。

③ 天线的安装：

a. 架设天线前，应对天线本身进行认真的检查和测试。例如：天线的振子应水平放置。引向天线的折合振子可与地面平行放置，也可上下垂直放置，相邻振子之间应平行，以保持振子间距的正确；天线与馈线应匹配，牢固可靠；馈线应固定好，以免随风摆动等。天线电气性能的测试可用仪器检测其驻波比、方向图和增益等指标。对条件不具备的地方，可用天线与电视机相连，看天线对接收质量有无明显提高，若有明显提高说明可以架设。如果接收质量还不如电视机本身的拉杆天线，则必须更换合格的天线才能接收。

b. 把经检查合格的天线组装在横担上，天线各部件组装好，用绳子通过杆顶滑轮，把组装好天线的横担吊起到预定的位置，由杆上工作人员把横担与天线卡子连接牢固。

c. 各频道天线按上述做法在天线杆上适当部位；原则上二副天线的高频道天线在上边，低频道天线在下边，三副以上时高频道天线在横担上，低频道天线在天线杆上，层与层间的距离要大于 $1/2\lambda$。

d. 经过天线位置的统调后,认为满足接收要求时,最后将天线上各部件进行最后一次紧固。

④ 接地线的制做:

建筑物有避雷网时,可用扁钢或圆钢将天线杆、基座与建筑物避雷网电焊连接为一体。有关避雷针的具体做法见有关章节。接地电阻值应小于 4Ω,天线必须在避雷针保护角之内。

(3) 前端设备和机房设备的安装:

1) 作业条件:

① 机房内土建装修完成,基础槽钢做完。

② 暗装机箱的箱体稳装完毕。

③ 暗装管路导线已经敷设完毕,并引入机房(机箱)内。

④ 220V 交流电源管线全部敷设完毕。

2) 操作工艺

① 机房设备安装

a. 机柜稳装在槽钢基础上,并用螺栓加防松垫圈固定,台式机柜直接放置在机房地面上。

b. 按设计图要求(出产厂有组装图),将放大器、混合器、频道变换器等组装在机柜内。

c. 用同轴电缆和 F 形插头按系统图连接各设备,将 220V 电源引至稳压电源供各设备使用。

② 机箱安装

a. 首先按系统图(出产厂的设备安装图)将各设备安装在前端箱板芯上,并用同轴电缆和 F 形插头正确连接各设备。

b. 然后将有设备的机箱板芯装进箱体内,连接由天线引来的同轴电缆和传输干线。

c. 接好 220V 交流电源线。

(4) 传输分配部分安装:

1) 线路放大器(或称干线放大器)及延长放大器的安装

① 小型天线系统工程

建筑物比较集中,电缆传输较短,电平损失小,可将线路放大器安装在前端设备共用机箱内。

② 大型天线系统工程

建筑物较分散,为了补偿信号经电缆远距离传输造成的电平损失,一般在传输的中途应加装干线放大器。

a. 明装时:电缆需通过电线杆架空,干线放大器则吊装在电杆上,距离杆顶部架空线以下 1m 左右处,且应固定在吊线上,野外型放大器应采用密封橡皮垫圈防雨密封,外壳的连接面宜采用网状金属高频屏蔽圈,保证良好与地接触,外壳可采用铸铝外壳,插接件要有良好的防水抗腐蚀性能,最外面采用橡皮套防水。

不具备防水条件的放大器(包括分配器和分支器)要安装在防水箱内。

b. 暗装时:根据设计的规定,在传输中途设中继放大站,用电缆井或专门砌成空心牌,里面可以放置一只干线放大器及配电板。井或碑应注意防潮,上面标明电缆的走向及信号输入、输出电平,以便维修检查。

c. 线路放大器及干线放大器有的是自带电源,有的本身不带电源,而是由前端设备共用箱内的稳压电源通过电缆馈送的,应根据具体情况将电源接好。

d. 延长放大器是为了补足每一幢楼内的分配器或分支器及电缆传输的电平损耗而增加的。一般在该楼房的进线口放置一只信号分配共用箱,箱内除放一只延长放大器外,还需装有磁闸盒(装电源保险丝用),并装有电源插座及分配器或分支器。

2) 分配器与分支器的安装

① 明装:

a. 安装方法是按照部件的安装孔位,用 φ6mm 合金钻头打孔后,塞进塑料膨胀管,再用木螺丝对准安装孔加以紧固。塑料型分支器、分配器或安装孔在盒盖内的金属型分配、分支器,则要揭开盒盖,对准安装盒钻眼;压铸型分配、分支器,则对准安装孔钻眼。

b. 对于非防水性分配器和分支器,明装的位置一般是在分配共用箱内或走廊、阳台下面,必须注意防止雨淋受潮,连接电缆水平部分留出长 250~300mm 左右的余量,然后导线向下弯曲,以防雨水顺电缆流入部件内部。

② 暗装:

暗装有木箱与铁箱两种,并装有单扇或双扇箱门,颜色与墙面相同。在木箱上装分配器或分支器时,可按安装孔位置,直接用木螺丝固定。采用铁箱结构,可利用二层板将分配器或分支器固定在二层板上,再将二层板固定在铁箱上。

(5) 用户终端安装

1) 检查修理盒子口:

检查盒子口有不平整处,应及时检修平整。暗盒的外口应与墙面平齐;盒子标高应符合设计规范要求;明装盒应固定牢固。相邻两个用户盒安装见图 3.5-3 所示。

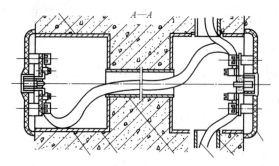

图 3.5-3 相邻两个用户盒安装示意图

2) 结线压接

先将盒内电缆接头剪成 100~150mm 的长度,然后把 25mm 的电缆外绝缘层剥去,再把外导线铜网套如卷袖口一样翻卷 10mm,留出 3mm 的绝缘台和 12mm 芯线,将线芯的绝缘台和 12mm 芯线,将线芯压在端子上,用 Ω 卡压牢铜网套处见图 3.5-4 所示。

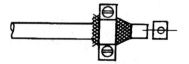

图 3.5-4 Ω 卡压接铜网套示意图

3) 固定盒盖

一般用户盒插孔的阻抗为75Ω(也有300Ω),彩色电视机其天线输入插孔阻抗为75Ω,同时可配 CT-75 型插头及 SYKV-75-5L 型白色同轴电缆见图 3.5-5 所示。把固定好导线的面板(即盒盖)固定在暗装盒的两个固定点处,同时调整好面板再固定牢固。

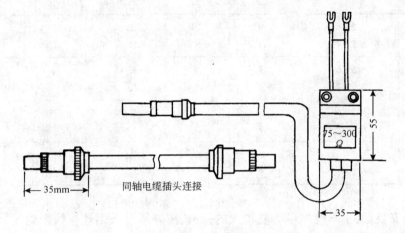

图 3.5-5 同轴电缆与盒连接

(6) 电缆明线敷设与暗线敷设

1) 电缆的明线敷设

① 建杆施工:室外架空电缆敷设时,可利用通信电缆共杆架设。如需专门建杆时,木杆的选择与杆距之间的关系见表 3.5-2 及表 3.5-3 所示。

② 电杆的埋入深度:在一般地区埋入全杆长的 1/6,最少不能少于 1m 的深度;在水田和松软的土质中,埋入长度为杆长的 1/5;在山区坚硬的土质中,埋入深度为杆长的 1/6。有关竖杆的具体方法见有关章节施工。

木杆和末端直径(两杆跨距 40m)　　　　表 3.5-2

杆长(m)	末 端 直 径 (cm)							
	8	9	10	11	12	13	14	15
5.0	15	20	25	32	39	48	58	69
5.5	14	19	24	30	36	45	54	65
6.0	14	18	23	29	35	43	51	61
6.6	13	17	22	28	34	41	49	59
7.0	13	17	22	27	35	40	47	57
7.5	13	17	21	26	32	39	45	55
8.0							44	53
8.5								53

不同电缆线种的杆长、杆距 表3.5-3

电缆线路	杆长(m)	两杆的距离(m)				
		25	30	35	40	50
干线 SYKV-75-9	5~6	9	10	10	11	12
	6.5~7.5	9	10	11	11	12
干线 SYKV-75-7	5~6	9	9	10	10	11
	6.5~7.5	9	9	10	10	11
分配线 SYKV-75-5	5~6	7	7	8	8	9
	6.5~7.5	7	7	8	8	9
分配线 SYKV-75-5	5~6	8	9	10	11	
	6.5~7.5	9	9	10	11	

③ 架空电缆安装：为了不使电缆承受很大的拉力，需要用一条钢丝拉线把电缆吊起来。

a. 同轴电缆的架设及高度规定见表3.5-4所示。

同轴电缆的架设及高度规定 表3.5-4

地面的情况	必要的架设高度(m)	地面的情况	必要的架设高度(m)
公路上	5.5以上	横跨公路桥	3.0以上
一般横过公路	5.5以上	横跨铁路	6.0以上
在其他公路上	4.5以上	横跨河流	满足最大船只通行高度

b. 在室外架空电缆做法见图3.5-6所示。

c. 室外防水箱做法见图3.5-7所示。

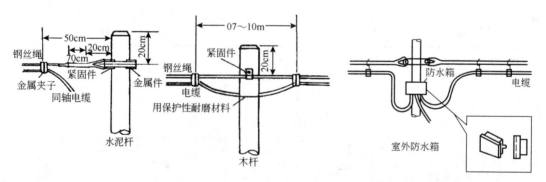

图3.5-6 室外架空电缆做法　　　图3.5-7 室外防水箱做法

d. 钢索上悬吊敷设水平间距0.6m，垂直间距0.75m；过墙应穿套管保护。

e. 电缆线弛度不应大于50mm，在两杆间拉一绳进行调整。

2）电缆线的暗敷设时，应每100m设置天井一个，井盖上标明电缆走向，电缆接头必须装有防水箱。

直埋电缆时,应注意埋设地点,避开下水道和有水流过的地方,在每隔200~300m接续点、拐弯点、分岐点、盘弯处与其管线交叉处,穿越公路,铁路两侧应设置标志。埋设电缆的深度见表3.5-5所示。

电缆埋设深度 表3.5-5

埋设场所	埋设深度(m)	要求
交通频繁的地段	1.2	穿钢管安装在电缆沟内
交通量少的地段	0.60	穿硬乙烯管内
人行道	0.60	穿硬乙烯管内
无垂直负荷地段	0.60	直埋

出地面2.5m处应穿管敷设,套管应固定在建筑物上,电缆线接头处做好防水处理。

(7) 分配系统的明线敷设与暗线敷设

1) 分配系统的明线敷设

可参阅护套线安装工程的布线要求和做法。

2) 分配系的暗线敷设

可参阅钢管敷设工程的布线要求和做法。

(8) 系统内的接地:

1) 屏蔽层及器件金属接地:

为了减少对CATV系统内器件的干扰和防止雷击,器件金属部位要求屏蔽接地,即线路中设置的放大器、衰减器、混合器、分配器等的金属屏蔽层、电缆线屏蔽层电缆吊索及器件金属外壳应全部连通,保证接地良好。

2) 金属管干线与支路线和建筑物防雷接地应有良好的整体接地。

3) 在使用中,为了确保安全,雷雨天气应将电视机电源插头和共用天线插头从插座中拔出。

4) 要求电视天线维护人员,对防雷接地做定期检查。

(9) 系统统调验收:

1) 调整天线系统

① 天线架设完毕,检查各接收频道安装位置是否正常。

② 将天线输出的75Ω同轴电缆接场强计输入端,测量信号电平大小,微调天线方向使场强计指示最大。如果转动天线时,电平指示无变化,则天线安装、阻抗变换器有问题,应检查排除故障。

③ 测量电平正常时,接电视接收机检查图像和声音质量。有重影时,反复微调天线方向直至消除重影为止。

④ 各频道天线调整完毕后,方可接入共用天线系统的前端设备中。

2) 前端设备调试

① 各频道天线信号接入混合器

接入有源放大型混合器输出端,调整输入端电位器,使输出电平差在2dB左右。

② 接入无源混合器输入端(在强信号频道的混合器输入端加接衰减器),调整混合器输出端,各频道电平差控制在 ±2dB 内。

③ 调整交、互调干扰:

a. 混合器输出端与线路放大器输入端相接,以提高电视信号的输出电平。

b. 放大器输出端接一电视接收机观察:

(a) 放大器产生交、互调干扰,可适当减少放大器输入端电平,消除干扰。

(b) 放大器输出端各频道电平应大于 105dB;如果过小,此放大器的抗交、互调干扰性能差,输出最大电平达不到线路电平的要求,则应更换放大器。

④ 按设计系统要求,送入自办节目,逐个检查设备的正常工作情况及输出电平的大小,将前端设备调试到正常工作状态。

⑤ 前端设备调试完毕后,送信号至干线系统。

3) 调试干线系统

① 调整各频道信号电平差(用频率均衡方法)。干线放大器输入端串入一只频率均衡器,根据放大器输出信号电平差的情况,分别串 6dB、10dB、12dB 等均衡量不等的频率均衡器,调整到正常工作。

② 同时调整干线放大器输入端电平大小,当产生交、互调干扰时,适当减少输入端电平,可直接串入衰减器,调到输出电平符合原设计要求。

4) 调试分配系统

① 工程无源分配网络调试

按设计要求,在无源分配网络的输入端送一个电视信号(一般选用 UHF 频道,或用电视信号发生器产生),调整输出端电平,使与原设计的输入电平相等。用场强计(或电平表)测量电视接收机在分配、分支器各输出端的电平,观察分析信号电平和重影现象,判断安装质量好坏,发现问题及时解决。

② 有源分配网络调试

a. 首先不接入电源给放大器,用万用表检查分支线路有无短路和断路,经检查无误后,才能通电调试。

b. 调整网络中,各延长放大器的输入电平和输出电平、各频道信号之间的电平差应符合设计要求。

输入电平过低或过高,应调整放大器增益。

交、互调干扰调整。在系统的输入端送高、中、低三个频道信号进行试验。有交、互调干扰时,调整延长放大器的输入衰减或前端放大器的输出电平解决。低频道电平过高时,调整斜率控制电路,达到"全倾斜"或"半倾斜"方式。

③ 无源(或有源)分配系统调整完毕后,可接入干线送来的射频电视信号进行统调。

④ 如果分配系统中含有调频广播信号,则应对较强的调频信号加以衰减,以免干扰电视信号。

5) 验收:

按照广播电影电视部 GY/T 106—92,有线电视广播系统及技术规范,以及北京市广播电视局有线电视系统技术规程进行验收。经过系统调试达到设计要求指标(主要指标如用户端电平、重影和交、互调干扰等),达到用户满意,办理验收交接手续。

5. 质量标准

(1) 保证项目

1) 共用电视天线器件、盒、箱电缆、馈线等安装应牢固可靠。

2) 防雷接地电阻应小于 4Ω,设备金属外壳及器件屏蔽接地线截面应符合有关要求。接地端连接导体应牢固可靠。

3) 电视接收天线的增益 G 应尽可能高,频带特性好,方向性敏锐、能够抑制干扰、消除重影,并保持合适的色度、良好的图像和声音。

检验方法:观察检查或使用仪器设备进行测试检验。

(2) 基本项目

1) 共用电视天线的组装、竖杆、各种器件、设备的安装,盒、箱的安装应符合设计要求,布局合理,排列整齐,导线连接正确,压接牢固。

2) 防雷接地线的截面和焊接倍数应符合规范要求(详见有关规定)。

3) 各用户电视机应能显示合适的色度、良好的图像和声音,并能对本地区的频道有选择性。

检验方法:观察检查或使用仪器设备进行测试检验。

6. 成品保护

(1) 安装共用天线及其组件时,不得损坏建筑物,并注意保持墙面的整洁。

(2) 设置在吊顶内的容纳箱、盒在安装部件时,不应损坏龙骨和吊顶。

(3) 补修浆活时,不得把器件表面弄脏,并防止水进入部件内。

(4) 使用高凳或搬运物件时,不得碰撞墙面和门窗等。

7. 应注意的质量问题

(1) 无信号

1) 前端的电源失效或设备失效,应检查电源电压 220V 或测量输入信号有无;

2) 天线系统故障。应检查短路和开路传输线,插头变换器,天线放大器电源(18V 或 220V);

3) 线路放大器的电源失效。检查输入插头是否开路,再检电源(DC21~18V)IA 型 220V,从头测量每只放大器的输出信号和稳压电源是否工作正常;

4) 干线电缆故障,检查首端至各级放大器之间电缆是否开路或短路,并检查各种连接插头。

(2) 信号微弱所有信号均有雪花

1) 天地分支器短路或前端设备故障,断开分支器、分支信号,若信号电平正常,可能馈线和引下线短路;

2) 天线系统故障,检查天线放大短线路;

3) 线路放大器故障,检查每只放大器的输出信号和稳压电源是否正常。

4) 干线故障,检查电缆和线路放大器电平是否过低,是否有短路或开路。

5) 分支器短路,电缆损坏,放大器中间可能短路。

(3) 只有一个频道的信号

1) 前端设备或天线系统故障,测量这段频道放大器输出;

2) 单频道天线自身故障。广播中止,用电视机在前端连接判断。

(4) 一个或多个频道信号微弱,其余正常。线路、放大器故障或需调节,并检查频率响应曲线。

(5) 重影(在所有引入线处)

天线引出线路放大器或干线故障,用便携式电视机检查天线系统和图像,或隔断故障电缆部分,并判断是否是放大器发生的故障。

(6) 重影(同一分配器电缆传送到所有引下线处)

1) 桥接放大器、分配或馈线电缆故障,在桥接输出用电视机检查图像质量,并分析故障所在部位;

2) 电缆终端故障,断开终端电阻,用电视机检查图像质量,若良好时更换终端电阻;

3) 分支外故障,从线路每一端入手,一次一个用电话联系,同时用电视机检查图像质量。

(7) 图像失真:

信号电平输出偏高,测量线路放大器和用户分支器的信号电平。

(8) CB通讯站干扰所有用户:

首端有谐波和寄生参量的接收,在前端用可调接机检查是否落在有干扰电视机的频道上。在天线传输线终端接滤波器或安装高通滤波器,并检查有否开路和短路。

(9) 来自CB通讯站的干扰仅在一个或多个用户出现;

由于用户接收机对谐波和寄生参量的接收,应在电视机天线终端高通滤波器。

(10) 在同一频道同时收到两个电视频道(经常)来自远地方的跳跃传输,采用抗同频干扰天线来消除。

(二) 公共广播系统

1. 工程概况(略)

2. 工程质量目标和要求(略)

3. 施工准备

(1) 材料设备要求:

1) 喇叭(扬声器):有电动式、静电式、电磁式和离子式等多种。其中电动式扬声器应用最广,它又分纸盒扬声器和号筒扬声器两种。选用时应根据设计要求的规格型号,注意标称功率和阻抗等参数,并有产品合格证。

2) 音箱:它包括喇叭(扬声器)、箱体、护罩等附件,是定型产品,选用时应符合设计要求的规格型号,并有产品合格证。

3) 线间变压器(输送变压器)。它用于扩音机与扬声器之间进行阻抗变换,扩音机输出端为高阻抗输出,扬声器端为低阻抗匹配。选用时应符合设计要求的规格型号,并有产品合格证。

4) 分线箱、端子箱:干路与支路分线路之用,箱体采用定型产品。并附有产品合格证。

5) 控制器:控制音量大小的装置,应选用定型产品,并有产品合格证。

6) 外接插座:为广播专用插座,采用定型产品并附有产品合格证。

7) 扩音机:它是扩声系统主机,应根据扩声系统的音质标准和所需容量选择相应等级和规格的产品。根据设计要求进行选择,并有产品合格证。

8) 增音机:前级增音机又称调音盒,应根据设计要求选用定型产品,并有产品合格证。

9) 声频处理设备：它包括频率均衡器、人工混响器、延时器、压缩器、限幅器以及噪声增益自动控制器等，应根据设计要求选用定型产品，并有产品合格证。

10) 常用连线规格见表3.5-6。

连线规格表　　　　　　　　　　　　表3.5-6

导线规格	铜丝股数	导线截面积	每根导线每100m
	每股铜丝线径(mm)	（mm²）	的电阻值(Ω)
12/0.15		0.2	7.5
16/0.15		0.2	6
23/0.15		0.4	4
40/0.15		0.7	2.2
40/0.193		1.14	1.5

应根据设计要求选择相应规格的绝缘塑料铜芯多股导线，并有产品合格证。

11) 单芯、双芯、四芯屏蔽线或屏蔽电缆应根据设计要求选用，并有产品合格证。

12) 其他音响设备如唱机、收录机、话筒、控制电源、稳压电源等设备都必须符合设计要求的规格型号。

13) 镀锌材料：有机螺丝、平垫、弹簧垫圈、金属膨胀螺栓。

14) 其他材料：塑料胀管、接线端子、钻头、焊锡、焊剂、各类插头等。

(2) 主要机具：

1) 手电钻、冲击钻、克丝钳子、剥线钳、电工刀、一字改锥、十字改锥、尖嘴钳、偏口钳。

2) 万用表、工具袋、水平尺、拉线、线坠。

(3) 作业条件：

1) 广播系统的管线、盒、箱均已敷设完毕。

2) 土建装修及浆活全部完成。

3) 大型机柜的基础槽钢设置完成。

4) 吊顶的喇叭预留孔按实际尺寸已经留好。

4. 操作工艺

(1) 工艺流程：

控制电源→端子箱→控制器→扬声器

(2) 广播喇叭安装：

1) 如需现场组装的喇叭，线间变压器、喇叭箱应按设计图要求预制组装好。

2) 明装声柱：根据设计要求的高度和角度位置预先设置胀管螺栓或预埋吊挂件。

3) 具有不同功率和阻抗比的成套喇叭，事先按设计要求将所需接用的线间变压器的端头焊出引线，剥去10~15mm绝缘外皮待用。

4) 明装壁挂式分线箱、端子箱或声柱箱时，先将引线与盒内导线用端子作过渡压接，然后将端子放回接线盒。找准标高进行钻孔，埋入胀管螺栓进行固定，要求箱底与墙面平齐。

5) 设置在吊顶内嵌入式喇叭,将引线用端子与盒内导线连接好,用手托着喇叭使其与顶棚贴紧,用螺丝将喇叭固定在吊顶支架板上。当采用弹簧固定喇叭时,将喇叭托入吊顶内再拉伸弹簧,将喇叭罩钗住并使其紧贴在顶棚上,并找正位置。

6) 紧急广播系统,按设计说明(产品说明书)正确连接一根广播线。

7) 会场、多功能厅、大型组合声柱箱安装时,应按图挂装并有一定的倾斜角度。

8) 外接插座面板安装前盒子应收口平齐,内部清理干净,导线接头压接牢固。面板安装平整。

9) 音量控制器安装时应将盒内清理干净,再将控制器安装平整、牢固。

(3) 广播用扩音机及机房设备安装:

1) 当大型机柜采用槽钢基础时,应先检查槽钢基础是否平直,其尺寸是否满足机柜尺寸。当机柜直接稳装在地面时,应先根据设计图要求在地面上弹上线。

2) 根据机柜内固定孔距,在基础槽钢上或地面钻孔,多台排列时,应从一端开始安装,逐台对准孔位,用镀锌螺栓固定。然后拉线找平直,再将各种地脚螺栓及柜体用螺栓拧紧、牢固。

3) 设有收扩音机、录音机、电唱机、激光温暖机等组合音响设备系统时,应根据提供设备的厂方技术要求,逐台将各设备装入机柜,上好螺栓,固定平整。

4) 采用专用导线将各设备进行连接好,各支路导线线头压接好,设备及屏蔽线应压接好保护地线。

5) 当扩音机等设备为桌上静置式时,先将专用桌放置好,再进行设备安装,连接各支路导线。

6) 设备安装完好,调试前应将电源开关置于断开位置,各设备采取獐试运转后,然后整个系统进行统调,调试完毕后应经过有关人员进行验收后交付使用,并办理验收手续。

5. 质量标准

(1) 保证项目:

1) 喇叭、声柱箱、控制器、插座板等器具安装牢固可靠,导线连接排列整齐,线号正确清晰。

2) 屏蔽线和设备保护地线不应大于4Ω(有特殊要求除外)。压接时应配有平垫和弹簧垫,压接应牢固可靠。

3) 自立式柜如果设置在活动地板上,基础槽钢必须在地面内生根。大型自立式柜或多台柜不允许浮摆在活动地板上。

检验方法:观察检查。

(2) 基本项目:

1) 同一室内的吸顶喇叭应排列均匀、成行、成线,所装的喇叭箱、控制器、插座等标高应一致,平整牢固。喇叭周围不允许有破口现象,装饰罩不应有损伤并且应平整。

2) 各设备导线连接正确、可靠、牢固。箱内电缆(线)应排列整齐,线路编号正确清晰。线路较多时应绑扎成束,并在箱(盒)内留有适当余量。

检验方法:观察检查。

(3) 允许偏差项目:

1) 自立式柜安装应牢固、平整,其垂直度允许偏差1.5‰;成排柜在同一立面上的水平度允许偏差 3mm；柜间连接缝不得大于 2mm。

2）基础槽钢应平直，允许偏差 1/1000，但全长不得超出 3mm。基础槽钢应可靠地接地。稳装后，其顶部应高出地面 10mm。

检验方法：吊线、尺量检查。

6. 成品保护

（1）安装喇叭（箱）时，应注意保护吊顶、墙面整洁。

（2）其他工种作业时，应注意不得碰撞及损伤喇叭箱或护罩。

（3）机房内应采取防尘、防潮、防污染及防水措施。为了防止损坏设备和丢失零部件，应及时关好门窗，门上锁并派专人负责。

7. 应注意的质量问题

（1）设备之间、干线与端子之间连接不牢固，应及时检查，将松动处紧牢固。

（2）使用屏蔽线时，外铜网与芯线相碰，按要求外铜网应与芯线分开，压接应特别注意。

（3）用焊油焊接时，非焊接处被污染。焊接好应及时用棉丝（布条）擦去焊油。

（4）由于屏蔽线或设备未接地，会造成干扰，应按要求将屏蔽线和设备的地线压好。

（5）喇叭接线不牢固、阻抗不匹配，造成无声或音量不符合要求，应及时进行修复，并更换不适合的设备。

（6）大型喇叭箱安装不牢、不平整，音量较大时会产生共振，应将喇叭箱安装牢固，并且安装位置准确。

（7）紧急广播线与普通广播线的连接不正确。造成功能不齐备，应及时将错接的线改正过来。

（8）喇叭的护罩被碰扁，应及时地进行修复或更换。

（9）修补浆活时，喇叭被污染或安装孔开得过大。应将污物擦净，并将缝隙修补好。

（10）同一室内喇叭的排列间距不均匀，标高不一致。在安装前应弹好线，找准位置，如标高的差距超出允许偏差范围应调整到规定范围内。

（三）广播及同声传译系统

1. 工程概况（略）

2. 工程质量目标和要求（略）

3. 施工准备

（1）材料设备要求：

1）喇叭、声箱、线间变压器、分线箱、端子箱、控制器、外接插座、扩音机、增音机、声频处理设备应选用定型产品，并有合格证。

2）各种线及电缆应根据设计要求选用，并有合格证。

3）其他音响设备如唱机、收录机、话筒、控制电源、稳压电源等设备必须符合要求的规格型号。

4）镀锌材料：机螺丝、平垫、弹簧垫圈、金属膨胀螺栓。

5）其他材料：塑料胀管、接线端子、钻头、焊锡、焊剂、各类插头等。

（2）主要机具

1）手电钻、冲击钻、克丝钳字、剥线钳、一字改锥、十字改锥、电工刀、尖嘴钳、扁口钳。

2）万用表、水平尺、线坠、拉线、工具袋等。

(3) 作业条件

1) 广播系统的管线、盒、箱均已敷设完毕。

2) 土建装修及浆活全部完毕。

3) 大型机柜的基础槽钢设置完毕。

4) 吊顶的喇叭位置尺寸已经留好。

4. 操作工艺

(1) 广播喇叭安装:喇叭要有合格证,做好固定安装并接线。

(2) 广播用扩音机及机房设备安装:

1) 机柜采用槽钢基础安装时,应先检查槽钢基础是否直,尺寸是否满足机柜尺寸,机柜直接稳装在地面时先在地面上弹线。

2) 用螺栓、地脚螺栓固定;将各设备装入机柜,上好螺丝,固定平整。

3) 将各设备用导线连接好,做好接地。

4) 当扩音机等设备为桌上静置式时,先将专用桌放置好,再进行设备安装,连接各支路导线。

5) 设有收扩音机、录音机、电唱机、激光唱机等组合音响设备系统时,应根据提供设备的厂方技术要求,将各设备装入机柜,上好螺栓,固定平整。

(3) 同声传译系统的设备及用房宜根据二次翻译的工作方式设置,同声传译应满足语音清晰的要求。

(4) 同声传译宜设专用的译音室并应符合下列规定:

1) 靠近会议大厅(或观众厅),译音员可以从观察窗清楚地看到主席台(或观众席)的主要部分,以便译音员能看清发言人的口型和节奏变化以及发言者使用投影设备显示的内容。观察窗应采用中间有空气层的双层玻璃隔声窗。

2) 译音室与机房间设联络信号,室外设译音工作指示信号。

3) 译音员之间应加隔声板,有条件时设置隔声间,本低噪声不应高于 20dB。

4) 译音室应设空调设施并做好消声处理。

5) 译音室应做声学处理并设置带有声锁的双层隔声门。

6) 系统调试合格后,办理验收手续。

5. 质量标准

(1) 保证项目

1) 喇叭、声柱箱、控制器、插座板等器具安装应牢固可靠,导线连接排列整齐,线号正确清晰。

2) 屏蔽线和设备保护地线不应大于 4Ω(有特殊要求除外)。压接时应配有平垫和弹簧垫,压接应牢固可靠。

3) 自立式柜如果设置在活动地板上,基础槽钢必须在地面内生根。大型自立式柜或多台柜不允许浮摆在活动地板上。

检验方法:观察检查。

(2) 基本项目:

1) 同一室内的吸顶喇叭应排列均匀、成行、成线,所装的喇叭箱、控制器、插座等标高应一致,平整牢固。喇叭周围不允许有破口现象,装饰罩不应有损伤,并应平整。

2) 各设备导线连接正确、可靠、牢固。箱内电缆(线)应排列整齐,线路编号正确清晰。线路较多时应绑扎成束,并在箱(盒)内留有余量。

检验方法:观察检查。

(3) 允许偏差项目:

1) 自立式柜安装应牢固、平整,其平直度允许偏差为 1.5/1000;成排柜在同一立面上的水平度允许偏差 3m;柜间连接缝不得大于 2mm。

2) 基础槽钢应平直,允许偏差 1/1000,单全长不得超出 3mm。基础槽钢应可靠接地。稳装后,其顶部应高出地面 10mm。

检验方法:吊线、尺量检查。

6. 成品保护

(1) 安装喇叭(箱)时,应注意保持吊顶、墙面整洁。

(2) 其他工种作业时,应注意不得碰撞及损坏喇叭箱或护罩。

(3) 机房内应采取防尘、防潮、防污染及防水措施。为了防止损坏设备和丢失零部件,应及时关好门窗,门上锁并派专人负责。

7. 应注意的质量问题

(1) 设备之间、干线与端子之间连接不牢固;应及时检查,将松动处紧牢固。

(2) 使用屏蔽线时,外铜网与芯线相碰:按要求外铜网应与芯线分开,压接应特别注意。

(3) 用焊油焊接时,非焊接处被污染:焊接后应及时用棉丝擦去焊油。

(4) 由于屏蔽线或设备未接地,会造成干扰:应按要求将屏蔽线和设备的地线压接好。

(5) 喇叭接线不牢固、阻抗不匹配,造成无声或者音量不符合要求:应及时进行修复,并更换不适合的设备。

(6) 大型喇叭箱安装不牢,不平整,音量较大时会产生共振:应将喇叭箱安装牢固,并且安装位置正确。

(7) 紧急广播线与普通广播线的连接不准确,造成功能不齐备:应及时将错接的线改正过来。

(8) 喇叭的护罩被碰扁:应及时进行修复或更换。

(9) 修补浆活时,喇叭被污染,或安装孔开得过大:应将污物擦净,并将缝陷修补好。

(10) 同一室内的喇叭的排列间距不均匀,标高不一致:在安装前应弹好线,找准位置,如标高的差距超出允许偏差范围应调整到规定范围内。

二、火灾报警控制系统

(一) 工程概况(略)

(二) 工程质量目标和要求(略)

(三) 施工准备

1. 接到施工任务后,首先应对图纸进行会审,同时熟悉结构图、建筑图、装修图及其他专业的有关图纸,找到影响施工的设计问题组织设计交底,解决设计施工方面存在的问题,办理好技术变更洽商,确定施工方法和配备相应的劳动力、设备、材料、机具等。同时配备配套的生活、生产临时设施。

2. 主要设备材料:

(1) 一般火灾自动报警系统的主要设备材料选用应符合"消防工程安装的通用要求"的有关内容。

(2) 主要设备(图3.5-8)

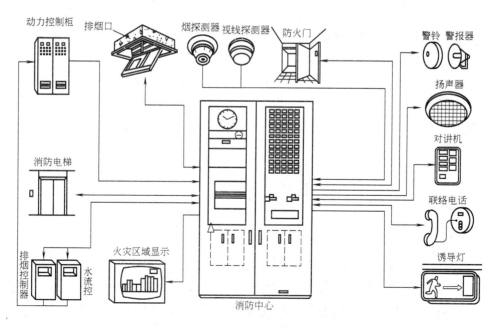

图3.5-8 火灾报警控制系统主要设备

火灾报警控制器;集中报警控制设备;消防中心控制设备;图像显示与打印操作设备;消防备用电源;火灾探测器(感烟、感温、燃气等);手动火灾报警按钮;声光显示报警器;各类模块(中继器);各种联动控制及信号反馈设备;消防通讯设备(如消防电话);消防广播设备。

(3) 一般常用的材料:

管材、型钢、线槽、电线、电缆、金属软管、防火涂料、异形塑料管、阻燃塑料管、接线盒、管箍、根母、护口、管卡子、焊条、氧气、乙炔、钢丝、铅丝、防锈漆、膨胀螺栓、胀塞、成套螺丝、焊油、焊锡、电池、机油、锯条、记号笔、绑带等。

3. 主要机具:

套丝机、套丝板、液压揻弯器、手动揻弯器、电焊机、气焊工具、台钻、手电钻、砂轮锯、电锤、开孔器、压线钳子、射钉枪、钢锯、手锤、活扳手、水平尺、直尺、角尺、钢卷尺线坠、电烙铁、电炉子、锡锅、扁锉、圆锉、压力案子、压力钳子、电工工具、高凳、工具袋、工具箱、万能表、兆欧表、试铃、对讲电话、步话机、试烟器、手提电吹风机等机具。

4. 劳动力配备:

根据工程工期要求,合理安排施工进度和劳动力计划,做到保工期、保质量、保安全、配备的施工员、电工、焊工等应持证上岗。

5. 编写施工方案和技术交底,组织施工人员根据工程特点进行交底和培训,使每个操作者应熟知技术、质量、安全消防的要求。

6. 应按设计要求,在施工现场配备用的规程规范、图册、工艺要求、质量记录、表格及各种有关文件。

（四）施工工艺

1. 工艺流程

2. 钢管和金属线槽安装主要要求

(1) 进场管材、型钢、金属线槽及其附件应有材质证明或合格证，并应检查质量、数量、规格型号是否与要求相符合，填写检查记录。钢管要求壁厚均匀，焊缝均匀，无劈裂和砂眼棱刺，无凹扁现象，镀锌层内外均匀完整无损。金属线槽及其附件，应采用经过镀锌处理的定型产品。线槽内外应光滑平整，无棱刺不应有扭曲翘边等变形现象。

(2) 配管前应根据设计、厂家提供的各种探测器、手动报警器、广播喇叭等设备的型号、规格，选定接线盒，使盒子与所安装的设备配套。

(3) 电线保护管遇到下列情况之一时，应在便于穿线的位置增设接线盒：

管路长度超过 30m，有弯曲时；

管路长度超过 20m，有一个弯曲时；

管路长度超过 15m，有二个弯曲时；

管路长度超过 8m，有三个弯曲时。

(4) 电线保护管的弯曲处不应有褶皱、凹陷裂缝，且弯扁程度不应大于管外径的 10%。

(5) 明配管时弯曲半径不宜小于管外径的 6 倍，暗配管时弯曲半径不应小于管外径的 6 倍，当埋于地下或混凝土内时，其弯曲半径不应小于管外径的 10 倍。

(6) 当管路暗配时，电线保护管宜沿最近的线路敷设并应减少弯曲。埋入非燃烧体的建筑物、构筑物内的电线保护管与建筑物、构筑物墙面的距离不应小于 30mm。金属线槽和钢管明配时，应按设计要求采取防火保护措施。

(7) 电线保护管不宜穿过设备或建筑、构筑物的基础，当必须穿过时应采取保护措施，如采用保护管等。

(8) 水平或垂直敷设的明配电线保护管安装允许偏差 1.5‰，全长偏差不应大于管内径的 1/2。

(9) 敷设在多尘或潮湿场所的电线保护管，管口及其各连接处均应密封处理。

(10) 管路敷设经过建筑物的变形缝（包括沉降缝、伸缩缝、抗震缝等）时应采取补偿措施。如图 3.5 – 9。

(11) 明配钢管应排列整齐，固定点间距应均匀，钢管卡间的最大距离如表 3.5 – 7，管卡与终端、弯头中点、电气器具或盒（箱）边缘的距离宜为 0.15~0.5m。

(12) 吊顶内敷设的管路宜采用单独的卡具吊装或支撑物固定，经装修单位允许，直径 20mm 及以下钢管可固定在吊杆或主龙骨上。

(13) 暗配管在没有吊顶的情况下，探测器盒的位置就是安装探头的位置，不能调整，所以要求确定盒的位置应按探测器安装要求定位。

(14) 明配管使用的接线盒和安装消防设备盒应采用明装式盒。

(15) 钢管安装敷设进入箱、盒，内外均应有根母锁紧固定，内侧安装护口。钢管进箱盒的长度以带满护口贴进根母为准。

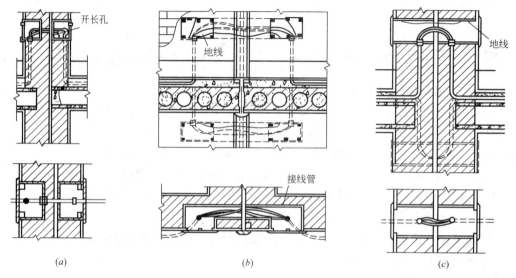

图 3.5-9 管路经过变形缝的补偿措施

钢管管卡间的最大距离(m) 表 3.5-7

敷设方式	钢管种类	钢管直径(mm)			
		15~20	25~32	40~50	65以上
吊架、支架或沿墙敷设	厚壁钢管	1.5	2.0	2.5	3.5
	薄壁钢管	1.0	1.5	2.0	—

(16) 箱、线槽和管使用的支持件宜使用预埋螺栓、膨胀螺栓、胀管螺钉、预埋铁件、焊接等方法固定,严禁使用木塞等。使用胀管螺钉、膨胀螺栓固定时,钻孔规格应与胀管相配套。

(17) 各种金属构件、接线盒、箱安装孔不能使用电、气焊割孔。

(18) 钢管螺纹连接时管端螺经纬度长度不应小于管接头长度的1/2,连接后螺纹宜外露2~3扣,螺纹表面应光滑无缺损。

(19) 镀锌钢管应采用螺纹连接或套管紧固螺钉连接,不应采用熔焊连接,以免破坏镀锌层。

(20) 配管及线槽安装时应考虑不同系统、不同电压、不同电流类别的线路,不应穿于同一根管内或线槽同槽孔洞。

(21) 配管和线槽安装时应考虑横向敷设的报警系统的传输线路如采用穿管布线时,不同防火分区的线路不应穿入同一根管内,但探测器报警线路若采用总线制时不受此限制。

(22) 弱电线路的电缆竖井应与强电线路的竖井分别设置,如果条件限制合用同一竖井时,应分别布置在竖井的两侧。

(23) 在建筑物的顶棚内必须采用金属管、金属线槽布线。

(24) 钢管敷设与热水管、蒸汽管同侧敷设时应敷设在热水管、蒸汽管的下面。有困难时可敷设在其上面,相互间净距离不应小于下列数值:

1) 当管路敷设在热水管下面时为0.20m,上面时为0.3m,当管路敷设在蒸汽管下面时为0.5m,上面时为1m。

2) 当不能满足上述要求时应采用隔热措施。对有保温措施的蒸汽管上、下净距可减至0.2m。

(25) 钢管与其他管道如水管平行净距不应小于0.10m。当与水管与同侧敷设时宜敷设在水管上面(不包括可燃气体及易燃液体管道)。当管路交叉时距离不宜小于相应上述情况的平行净距。

(26) 线槽应敷设在干燥和不易受机械损伤的场所。

(27) 线槽敷设宜采用单独卡具吊装或支撑物固定,吊件的直径不应小于6mm,固定支架间距一般不应大于1~1.5m,在进出接线盒、箱、柜、转角、转弯和弯形缝两端及丁字接头的三端0.5m以内,应设置固定支撑点。

(28) 线槽接口应平直、严密,槽盖应齐全、平整、无翘角。

(29) 固定或连接线槽的螺钉或其他紧固件紧固后其端部应与线槽内表面光滑相接,即螺母放在线槽壁的外侧,紧固时配齐平垫和弹簧垫。

(30) 线槽的出线口和转角、转弯处应位置正确、光滑、无毛刺。

(31) 线槽敷设应平直整齐,水平和垂直允许偏差为其长度的2‰,且全长允许偏差为20mm,并列安装时槽盖应便于开启。

(32) 金属线槽的连接处不应在穿过楼板或墙壁等处进行。

(33) 金属管或金属线槽与消防设备采用金属软管和可挠性金属管做跨接时,其长度不宜大于2m,且应采用卡具固定,其固定点间距不应大于0.5m,且端头用锁母或卡箍固定,并按规定接地。

(34) 暗装消火栓配管时,接线盒不应放在消火栓箱的后侧,而应侧面进线。

(35) 消防设备与管线的工作接地、保护地应按设计和有关规范、文件要求施工。

3. 钢管内绝缘导线敷设和线槽配线要求:

(1) 进场的绝缘导线和控制电缆的规格、型号、数量、合格证等应符合设计要求,并及时填写进场材料检查记录。

(2) 火灾自动报警系统传输线路,应采用铜芯绝缘线或铜芯电缆,其电压等级不应低于交流250V,最好选用500V,以提高绝缘和抗干扰能力。

(3) 为满足导线和电缆的机械强度要求,穿管敷设的绝缘导线,线芯截面最小不应小于$1mm^2$;线槽内敷设的绝缘导线最小截面不应小于$0.75mm^2$;多芯电缆线芯最小截面不应小于$0.5mm^2$。

(4) 穿管绝缘导线或电缆的总面积不应超过管内截面积的40%,敷设于封闭式线槽内的绝缘导线或电缆的总面积不应大于线槽的净截面积的50%。

(5) 导线在管内或线槽内,不应有接头或扭结。导线的接头应在接线盒内焊接或压接。

(6) 不同系统、不同电压、不同电流类别的线路不应穿在同一根管内或线槽的同一槽孔内。

(7) 横向敷设的报警系统传输线路如果采用穿管布线时,不同防火分区的线路不宜穿入同一根管内。采用总线制不受此限制。

(8) 火灾报警器的传输线路应选择不同颜色的绝缘导线,探测器的"+"线为红色,"-"线应为蓝色,其余线应根据不同用途采用其他颜色区分。但同一工程中相同用途的导线颜色应一致,接线端子应有标号。

(9) 导线或电缆在接线盒、伸缩缝、消防设备等处应留有足够的余量。

(10) 在管内或线槽内穿线应在建筑物抹灰及地面工程结束后进行。在穿线前应将管内或线槽内的积水及杂物清除干净,管口带上护口。

(11) 敷设垂直管路中的导线,截面积为 50mm² 以下时,长度每超过 30m 应在接线盒处进行固定。

(12) 目前我国的消防事业发展很快,使用总线制线路控制的很多,对线路敷设长度,线路电阻均有要求,施工时应严格按厂家技术资料要求来敷设线路和接线。

(13) 导线连接的接头不应增加电阻值,受力导线不应降低原机械强度,亦不能降低原绝缘强度,为满足上述要求,导线连接时应采取下述方法:

1) 塑料导线 4mm² 以下时一般应使用剥削钳剥削掉导线绝缘层,如有编织的导线应用电工刀剥去外层编织层,并留有约 12mm 的绝缘台,线芯长度随接线方法和要求的机械强度而定。

2) 导线绝缘台并齐合拢,在距绝缘台约 12mm 处用其中一根线芯在另一根线芯缠绕 5~7 圈后剪断,把余头并齐折回压在缠绕线上,并进行涮锡处理。

3) LC 安全型压线帽:是铜线压线帽,分为黄、白、红三色,分别适用于 1.0、1.5、2.5、4mm² 的 2~4 根导线的连接。其操作方法是:将导线绝缘层剥去 10~13mm(按帽的型号决定),清除氧化物,按规定选用适当的压线帽,将线芯插入压线帽的压接管内,若填不实,可半线芯折回头(剥长加倍),填满为止。线芯插到底后,导线绝缘层应与压接管的管口平齐,并包在帽壳内,然后用专用压接钳压实即可。如表 3.5-8、图 3.5-10。

LC 安全型压线帽　　　　表 3.5-8

压线管内导线规格(mm²) BV(铜芯)				色别	配用压线帽型号	线芯进入压接管削线 L(mm)	压线管内加压所需充实线芯总根数	组合方案实际工作线芯根数
1.0	1.5	2.5	4.0					
导线根数								
2	—	—	—	黄	YMT-1	13	4	2
3	—	—	—				4	3
4	—	—	—				4	4
1	2	—	—				4	3
6	—	—	—	白	YMT-2	15	6	6
—	4	—	—				4	4
3	2	—	—				5	5
1	—	2	—				3	3
2	1	1	—				4	4F

续表

压线管内导线规格(mm²)				色 别	配用压线帽型号	线芯进入压接管削线 L(mm)	压线管内加压所需充实线芯总根数	组合方案实际工作线芯根数
BV(铜芯)								
1.0	1.5	2.5	4.0					
导线根数								
—	—	2	—	红	YMT-3	18	4	2
—	—	3	—				4	3
—	—	4	—				4	4
—	2	3	—				5	5
—	4	2	—				6	6
1	—	2	1				4	4
—	2	—	2				4	4
8	—	1	—				9	9
BLV(铝芯)								
—	—	2	—	绿	YML-1	18	4	2
—	—	3	—				4	3
—	—	4	—				4	4
—	—	3	2	蓝	YML-2	18	5	5
—	—	—	4				4	4

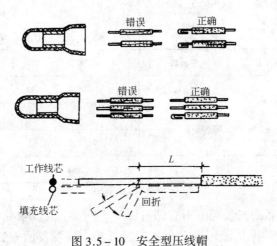

图 3.5-10 安全型压线帽

4) 多股铜芯软线用螺丝压接时,应将软线芯扭紧做成眼圈状,或采用小铜鼻子压接,涮锡涂净后将其压平再用螺丝加垫紧牢固。

5) 铜单股导线与针孔式接线桩连接(压接),要把连接的导线的线芯插入接线桩头针孔内,导线裸露出针孔 1~2mm,针孔大于线芯直径 1 倍时,需要折回头插入压接。如果是多股软铜丝,应氯紧涮锡,擦干净再压接。如图 3.5-11。

6) 导线连接包扎:

选用橡胶(或塑料)绝缘带从导线接头始端的完好绝缘层开始,缠绕1~2个绝缘带幅宽度,再以半幅度重叠进行缠绕。在包扎过程中应尽可能的收紧绝缘带。最后在绝缘层上缠绕1~2圈后,再进行回缠。然后再用黑胶布包扎,包扎时要衔接好,以半幅宽度边压边进行缠绕,同时在包扎过程中收紧胶布,导线接头处两端用黑胶布封严密。

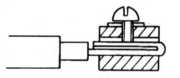

图3.5-11 铜单股导线与针孔式接线桩连接(压接)

(14) 导线敷设连接完成后,应进行检查,无误后采用500V、量程为0~500MΩ的兆欧表,对导线之间、线对地、线对屏蔽层等进行摇测,其绝缘电阻值不应低于20MΩ。注意不能带着消防设备进行摇测。摇动速度应保持在120r/min左右,读数时应采用1min后的读数为宜。

4. 火灾自动报警设备安装要求:

(1) 进厂火灾自动报警设备应根据设计图纸的要求,对型号、数量、规格、品种、外观等进行检查,并提供给国家消防电子产品,质量监督检测中心有效的检测检验合格的报告,及其他有关安装接线要求的资料,同时与提供设备的单位办理进厂设备检查手续。

(2) 点型火灾探测器、气体火灾探测器、红外光束火灾探测器的安装要求:

1) 感烟感温探测器的保护面积和保护半径应符合要求,见表3.5-9。

感烟、感温探测器的保护面积和保护半径 表3.5-9

火灾探测器的种类	地面面积 $S(m^2)$	房间高度 $h(m)$	探测器的保护面积 A 和保护半径 R					
			屋顶坡度 θ					
			$\theta \leqslant 15°$		$15° < \theta \leqslant 30°$		$\theta > 30°$	
			$A(m^2)$	$R(m)$	$A(m^2)$	$R(m)$	$A(m^2)$	$R(m)$
感烟探测器	$S \leqslant 80$	$h \leqslant 12$	80	6.7	80	7.2	80	8.0
	$S > 80$	$6 < h \leqslant 12$	80	6.7	100	8.0	120	9.9
		$h \leqslant 6$	60	5.8	80	7.2	100	9.0
感温探测器	$S \leqslant 30$	$h \leqslant 8$	30	4.4	30	4.9	30	5.5
	$S > 30$	$h \leqslant 8$	20	3.6	30	4.9	40	6.3

2) 感烟感温探测器的安装间距不应超过图3.5-12中的极限曲线 $D_1 \sim D_{11}$(含 $D9'$)所规定的范围,并由探测器保护面积 A 和保护半径 R 确定探测器的安装间距的极限曲线。

3) 一个探测器区内需设置的探测器数量应按下式计算:

$$N = S/K \cdot A$$

式中 N——一个探测区域内所需设置的探测器数量(只),并取整数;

S——一个探测器区域的面积(m^2);

A——一个探测器的保护面积(m^2);

K——修正系数,重点保护建筑取0.7~0.9,其余取1.0。

4) 在顶棚上设感烟、感温探测器时,梁的高度对探测器安装数量影响。

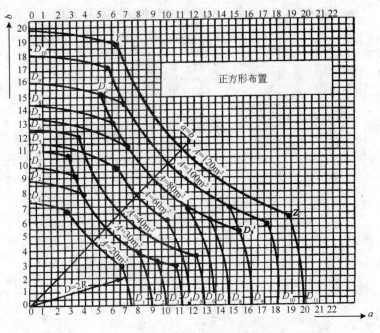

图 3.5-12　极限曲线

① 梁突出顶棚高度小于 200mm 的顶棚上设置感烟、感温探测器时，可不考虑对探测器保护面积的影响。

② 当梁突出顶棚的高度在 20～600mm 时，应按图 3.5-13 和表 3.5-10 来确定梁的影响和一只探测器能保护的梁间区域的个数。

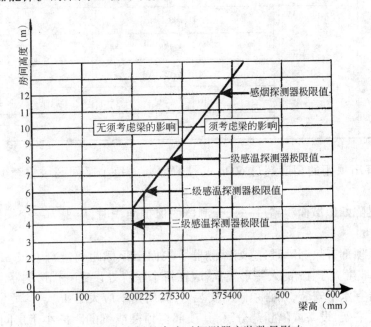

图 3.5-13　梁的高度对探测器安装数量影响

按梁间区域面积确定一只探测器能够保护的梁间区域的个数　　　　表 3.5-10

探测器的保护面积 $A(\text{m}^2)$		梁隔断的梁间区域面积 $Q(\text{m}^2)$	一只探测器保护的梁同区域的个数
感温探测器	20	$Q > 12$	1
		$8 < Q \leqslant 12$	2
		$6 < Q \leqslant 8$	3
		$4 < Q \leqslant 6$	4
		$Q \leqslant 4$	5
	30	$Q > 18$	1
		$12 < Q \leqslant 18$	2
		$9 < Q \leqslant 12$	3
		$6 < Q \leqslant 9$	4
		$Q \leqslant 6$	5
感烟探测器	60	$Q > 36$	1
		$24 < Q \leqslant 36$	2
		$218 < Q \leqslant 24$	3
		$12 < Q \leqslant 18$	4
		$Q \leqslant 12$	5
	80	$Q > 48$	1
		$32 < Q \leqslant 48$	2
		$24 < Q \leqslant 32$	3
		$16 < Q \leqslant 24$	4
		$Q \leqslant 16$	5

③ 当梁突出顶棚的高度超过 600mm,被梁隔断的每个梁间区域应至少设置一只探测器。

④ 当被梁隔断区域面积超过一只探测器的保护面积时,应视为一个探测区域,计算探测器的设置数量。

5) 当房屋顶部有热屏障时,感烟探测器下表面至顶棚距离应符合表 3.5-11 的规定。锯齿形屋顶和坡度大于 15°的人字形屋顶,应在每个屋脊处设置一排探测器。

6) 探测器宜水平安装,如必须倾斜安装时,倾斜角不应大于 45°。

7) 房间被书架、设备或隔断等分隔,其顶部至顶棚或梁的距离小于房间净高的 5% 时,则每个被隔开的部分应设置探测器。

感烟探测器下表面距顶棚(或屋顶)的距离　　　　　　　　表 3.5-11

探测器的安装高度 h(m)	感烟探测器下表面距顶棚(或屋顶)的距离 d(mm)					
	顶棚(或屋顶)坡度 θ					
	$\theta \leqslant 15°$		$15° < \theta \leqslant 30°$		$\theta > 30°$	
	最小	最大	最小	最大	最小	最大
$h \leqslant 6$	30	200	200	300	300	500
$6 < h \leqslant 8$	70	250	250	400	400	600
$8 < h \leqslant 10$	100	300	300	500	500	700
$10 < h \leqslant 12$	150	350	350	600	600	800

8) 探测器周围 0.5m 内,不应有摭挡物,探测器至墙壁、梁边的水平距离,不应小于 0.5m。见图 3.5-14。

9) 探测器至空调送风口边的水平距离不应小于 1.5m,见图 3.5-15,至多孔送风顶棚孔口的水平距离不应小于 0.5m(是指在距离探测器中心半径为 0.5m 范围内的孔洞用非燃烧材料填实,或采取类似的挡风措施)。

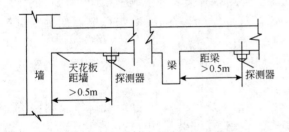

图 3.5-14　探测器室内安装位置图　　　图 3.5-15　探测器在有空调的室内安装位置图

10) 在宽度小于 3m 的走道顶棚上设置探测器时,宜居中布置。感温探测器的安装间距不应超过 10m,感烟探测器安装间距不应超过 15m,探测器至端墙的距离,不应大于探测器安装间距的一半。

11) 在电梯井、升降机设置探测器时其位置宜在井道上方的机房顶棚上。

12) 下列场所可不设火灾探测器:

① 厕所、浴室等潮湿场所;

② 不能有效探测火灾的场所;

③ 不便于使用、维修的场所。

(重点部位除外)

13) 可燃气体探测器应安装在气体容易泄漏出来,气体容易流经的场所,及容易滞留的场所,安装位置应根据被测气体的密度、安装现场气流方向、温度等各种条件来确定。见图 3.5-16。

① 密度大、比空气重的气体,如液化石油气应安装在下部,一般距地 0.3m,且距气灶小

于 4mm 的适当位置。

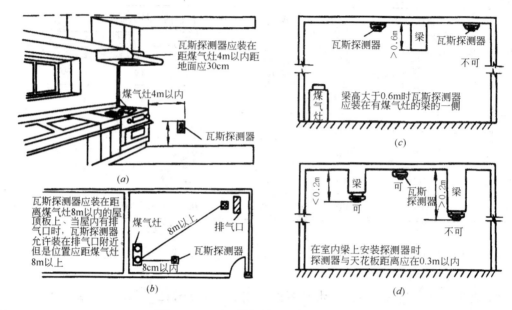

图 3.5-16　可燃气体探测器安装位置

② 人工煤气密度小且比空气轻,可燃气体控制测器应安装在上,距气灶小于 8m 的排气口旁处的顶棚上。如没有排气口应安装在靠近煤气灶梁的一侧,梁高与探测器的关系见第 8)条的规定。

③ 其他种类可燃气体,可按厂家提供的并经国家检测合格的产品技术条件来确定其探测器的安装位置。

14) 红外光束探测器的安装位置,应保证有充足的视场,发出的光束应与顶棚保持平行,远离强磁场,避免阳光直射底座应牢固地安装在墙上,安装见图 3.5-17。

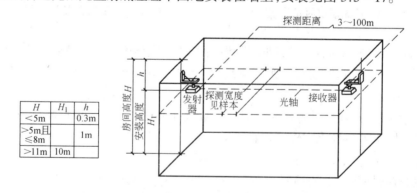

图 3.5-17　红外光束感烟探测器安装

15) 其他类型的火灾探测器的安装要求,应按设计和厂家提供的技术资料进行安装。

16) 探测器的底座应固定可靠,在吊顶上安装时应先把盒子固定在主龙骨上或顶棚上生根作支架,其连接导线必须可靠压接或焊接,当采用焊接时不得使用带腐蚀性的助焊剂,外接导线应有 0.15m 的余量,入端处应有明显标志。

17) 探测器确认灯应面向便于人员观察的主要入口方向。
18) 探测器底座的穿线孔宜封堵,安装时应采取保护措施(如装上防护罩)。
19) 探测器的接线应按设计和厂家要求接线,但"+"线应为红色,"-"线应为蓝色,其余线根据不同用途采用其他颜色区分,但同一工程中相同的导线颜色应一致。
20) 探测器的头在即将调试时方可安装,安装前应妥善保管,并应采取防尘、防潮、防腐蚀等措施。

(3) 手动火灾报警按钮的安装。

1) 报警区的每个防火分区应至少设置一只手动报警按钮,从一个防火分区内的任何位置到最近一个手动火灾报警按钮的步行距离不应大于30m。
2) 手动火灾报警按钮应安装在明显和便于操作的墙上,距地高度1.5m,安装牢固并不应倾斜。
3) 手动火灾报警按钮外接导线应留有0.10m的余量,且在端部应有明显标志。

(4) 端子箱和模块箱安装。

1) 端子箱和模块箱一般设置在专用的竖井内,应根据设计要求的高度用金属膨胀螺栓固定在墙壁上明装,且安装时应端正牢固,不得倾斜。
2) 用对线器进行对线编号,然后将导线留有一定的余量,把控制中心来的干线和火灾报警器及其他的控制线路分别绑扎成束,分别设在端子板两侧,左边为控制中心引来的干线,右侧为火灾报警探测器和其他设备来控制线路。
3) 压线前应对导线的绝缘进行摇测,合格后再按设计和厂家要求压线。
4) 模块箱内的模块按厂家和设计要求安装配线,合理布置,且安装应牢固端正,并有用途标志和线号。

(5) 火灾报警控制器安装。

1) 火灾报警控制器(以下简称控制器)接收火灾探测器和火灾报警按钮的火灾信号及其他报警信号,发出声、光报警,指示火灾发生的部位,按照预先编制的逻辑,发出控制信号,联动各种灭火控制设备,迅速有效的扑灭火灾。为保证设备的功能必须做到精心施工,确保安装质量,火灾报警器一般应设备在消防中心、消防值班室、警卫室及其他规定有人值班的房间或场所。控制器的显示操作面板应避开阳光直射,房间内无高温、高湿、尘土、腐蚀性气体;不受振动、冲击等影响。见图3.5-18。
2) 设备安装前土建工作应具备下列条件:
① 屋顶、楼板施工已完毕,不得有渗漏。
② 结束室内地面、门窗、吊顶等安装。
③ 有损设备安装的装饰工作全部结束。
3) 区域报警控制器在墙上安装时,基底边距地面高度不应小于1.5m,可用金属膨胀螺栓或埋注螺栓进行安装,固定要牢固、端正,安装在轻质墙上时应采取加固措施。靠近门轴的侧面距离不应小于0.5m。正面操作距离不应小于1.2m。
4) 集中报警控制室或消防控制中心设备安装应符合下列要求:
① 落地安装时,其底宜高出地面0.05~0.2m,一般用槽钢或打水台作为基础,如有活动地板使用的槽钢基础应在水泥地面生根固定牢固。槽钢要先调直除锈,并刷防锈漆,安装时用水平尺、小线找好平直度,然后用螺栓固定牢固。

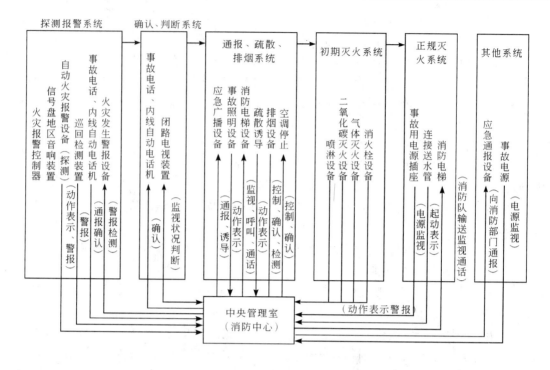

图 3.5-18 火灾报警控制器系统图

② 控制柜按设计要求进行排列,根据柜的固定孔距在基础槽钢上钻孔,安装时从一端开始逐台就位,用螺丝固定,用小线找平找直后再将各螺栓紧固。

③ 控制设备前操作距离,单列布置时不应小于 1.5m,双列布置时不应小于 2m,在有人值班经常工作的一面,控制盘到墙的距离不应小于 3m,盘后维修距离不应小于 1m,控制盘排列长度大于 4m 时,控制盘两端应设置宽度不小于 1m 的通道。

④ 区域控制室安装落地控制盘时,参照上述的有关要求安装施工。

5) 引入火灾报警控制器的电缆、导线接地等应符合下列要求:

① 对引入的电缆或导线,首先应用对线器进行校线。按图纸要求编号,然后摇测相间、对地等绝缘电阻,不应小于 20MΩ,全部合格后按不同电压等级、用途、电流类别分别绑扎成束引到端子板,按接线图进行压线,注意每个接线端子接线不应超过二根,盘圈应按顺时针方向,多股线应涮锡,导线应有适当余量,标志编号应正确且与图纸一致,字迹清晰,不易褪色,配线应整齐,避免交叉,固定牢固。

② 导线引入线完成后,在进线管处应封堵,控制器主电源引入线应直接与消防电源连接,严禁使用接头连接,主电源应有明显标志。

③ 凡引入有交流供电的消防控制设备,外壳及基础应可靠接地,一般应压接在电源线的 PE 线上。

④ 消防控制室一般应根据设计要求设置专用接地装置作为工作接地(是指消防控制设备信号地域逻辑地)。当采用独立工作接地时电阻应小于 4Ω,当采用联合接地时,接地电阻应小于 1Ω,控制室引至接地体的接地干线应采用一根不小于 16mm² 的绝缘铜线或独芯电缆,穿入保护管后,两端分别压接在控制设备工作接地板和室外接地体上。消防控制室的工

作接地板引至各消防控制设备和火灾报警控制器的工作接地线应采用不小于 $4mm^2$ 铜芯绝缘线穿入保护管构成一个零电位的接地网络,以保证火灾报警设备的工作稳定可靠。接地装置施工过程中,分不同阶段应作电气接地装置隐检,接地电阻摇测,平面示意图等质量检查记录。

(6) 其他火灾报警设备和联动设备安装,按有关规范和设计厂家要求进行安装接线。

5．调试要求(图 3.5-19)

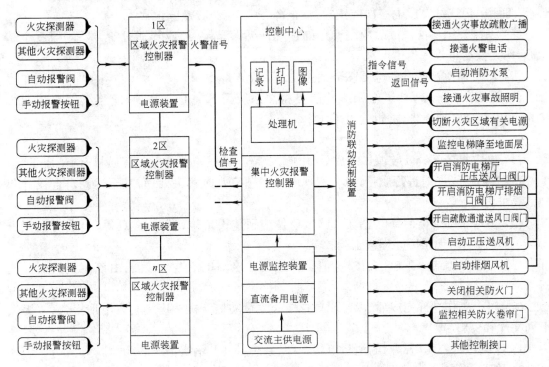

图 3.5-19　调试系统图

(1) 火灾自动报警系统调试,应在建筑内部装修和系统施工结束后进行。

(2) 调试前施工人员应向调试人员提交竣工图、设计变更记录、施工记录(包括隐蔽工程验收记录)、检验记录(包括绝缘电阻、接地电阻测试记录)、竣工报告。

(3) 调试负责人必须由有资格的专业技术人员担任。一般由生产厂工程师或生产厂委托的经过训练的人员担任。其资格审查由公安消防监督机构负责。

(4) 调试前应按下列要求进行检查:

1) 按设计要求查验,设备规格、型号、备品、备件。

2) 按火灾自动报警系统施工及验收规范的要求检查系统的施工质量。对属于施工中出现的问题,应会同有关单位协商解决,并有文字记录。

3) 检查检验系统线路的配线、接线、线路电阻、绝缘电阻,接地电阻、终端电阻、线号、接地、线的颜色等是否符合设计和规范要求,发现错线、开路、短路等达不到要求的应及时处理,排除故障。

(5) 火灾报警系统应先分别对探器、消防控制设备等逐个进行单机通电检查试验。单机检查试验合格,进行系统调试,报警控制器通电接入系统做火灾报警自检功能、消音、复位功能、故障报警功能、火灾优先功能、报警记忆功能、电源自动转换和备用电源的自动荡不安充电功能、备用电源的欠压和过压报警功能等功能检查。在通电检查中上述所有功能都必须符合条例 GB 4717《火灾报警控制器通用技术条件》的要求。

（6）按设计要求分别用主电源和备用电源供电,逐个逐项检查试验火灾报警系统的各种控制功能和联动功能,其控制功能和联动功能应正常。

（7）检查主电源:火灾自动报警系统的主电源和备用电源,其容量应符合有关国家标准要求,备用电源连续充放电三次应正常,主电源、备用电源转换应正常。

（8）系统控制功能调试后应用专用的加烟加温等试验器,应分别对各类探测器逐个试验,运作无误后可投入运行。

（9）对于其他报警设备也要逐个试验无误后投入运行。

（10）按系统调试程序进行系统功能自检。系统调试完全正常后,应连续无故障运行 120h,写出调试开通报告,进行验收工作。

6. 系统验收程序

（1）火灾报警系统安装调试完成后,由施工单位、调试验单位对工程质量、调试质量、施工资料进行预检,同时进行质量评定,发现质量问题应及时解决处理,直至达到符合设计和规范要求为止。

（2）预检全部合格后,施工单位、调试单位应请建设单位、设计、监理等单位,对工程进行竣工验收检查,无误后办理竣工验收单。

（3）建设单位或施工单位请建筑消防设施技术检测单位进行检测,由该单位提交检测报告。

（4）以上工作全部完成后,由建设单位向公安消防监督机构提交验收申请报告,并提供下列文件和资料：

1）建设过程中消防部门的消防审核文件、备忘备及其落实情况。

2）施工单位、设备厂家的资质证书和产品的检测证书。

3）施工记录(隐蔽工程验收、设计变更洽商、绝缘摇测记录、接地电阻记录、主要材质证明、合格证)等。

4）调试报告。

5）建设单位组织施工单位、设计单位、监理单位等办理的竣工验收单。

6）检测单位提出的检测报告。

7）系统竣工图、系统竣工表。

8）管理、维护人员登记表。

（5）消防工程经公安消防监督机构对施工质量复验和对消防设备功能抽验,全部合格后,发给建设单位《建筑工程消防设施验收合格证书》,建设单位可投入使用,进入系统的运行阶段。

（五）质量标准

火灾自动报警系统工程目前国家还没有质量评定统一标准,为提高工程质量,加强质量管理,使工程质量有一个考核标准,特套用 GB 50300—2001,GB 50303—2002 部分的质量评定标准和制订新的分项工程质量评定要求。

1. 配管及管内穿线,套用 GB 50303—2002 中表 2-3-1"配管及管内穿线工程质量检验

评定表"的有关内容,但有的内容应作如下更改:

(1) 保证项目中导线间和导线对地间的绝缘电阻改为必须大于 20MΩ。

(2) 基本项目管路敷设中,暗配管的保护层应改为 30mm。

(3) 允许偏差项目中,管子最小弯曲半径明暗配管的弯曲半径改成大于或等于 6 倍($\geqslant 6D$),在地下或混凝土内暗配管改成$\geqslant 10D$。

(4) 配管与穿线应分开检验评定(用一张表记录两次评定的时间)。

2. 火灾报警控制器和联动柜安装的盘柜可套用 GB 50303—2002 中表 4-3-1"成套配电柜(盘)及动力开关节柜安装分项工程质量检验评定表"的有关部分。

3. 端子箱和模块箱安装质量评定可套用 GB 50303—2002 中表 4-7-1"电气照明器具及其配电箱(盘)安装分项工程质量检验评定表"有关部分。

4. 工作接地线的安装质量评定套用 GB 50303—2002 中表 5-0-1"避雷针(网)及接地装置分项工程质量检验评定表"的有关部分。

5. 报警探测器分项工程质量评定表,目前还没有一个标准,这里只是按保证项目、基本项目、允许偏差项目等提出一些要求,可制定表格进行质量评定。

(1) 保证项目:探测器的类别、型号、位置、数量、功能等应符合设计和规范要求。

(2) 基本项目:应符合以下要求:

1) 探测器安装牢固,确认灯朝向正确,且配件齐全,无损伤变形和破损等现象。

2) 探测器其导线连接必须可靠压接或焊接,并应有榷志,外接导线应有余量。

3) 探测器安装位置应符合保护半径、保护面积要求。

(3) 允许偏差项目:

1) 探测器距离墙壁、梁边和四周遮挡物$\geqslant 0.5m$,距离空调送风口的距离$\geqslant 1.5m$,到多孔顶栅口$\geqslant 0.5m$。

2) 在宽度小于 3m 以内走道顶上设置探测器时宜居中布置,温感探测器安装距离 10m,感烟探测器安装距离 15m,探测器距端墙的距离不应大于探测器安装距离的一半。

3) 探测器宜水平安装,如必须倾斜安装时,其倾斜角不应大于 45°。

6. 以上各项只是分项工程质量评定内容,如果是分包工程,总包单位质量评定时应把这几项分项工程质量评定内容加到建筑电气分部安装工程内共同评定。如果是直包工程,把这几项分项工程质量评定内容作为一个建筑电气安装单位(分部)工程,按 GB 50300—2001 的有关要求评定质量等级。

(六) 成品保护

1. 钢管敷设在混凝土或墙内时,要及时封堵管口和盒子,以免进入杂物影响下道工序穿线,千万剔凿;土建打混凝土或砌墙时要有专人配合,以免敷设的钢管移位造成返工。

2. 管内穿线:线槽内配线时要把导线的余量放在盒子或箱子里面,封上盖,同时线槽及时上盖,以免导线损坏或丢失。

3. 消防自动报警系统的设备存储时,要做防尘、防潮、防碰、防砸、防压等措施,妥善保管,同时办理进厂检验和领用手续。

4. 自动报警设备安装时,土建工程应达到地面、墙面、门窗、喷浆完毕,在有专人看管的条件下进行安装。

5. 消防控制室和装有控制器的房间工作完毕后应及时上锁,关好门窗,设备应罩上防尘防潮罩。

6. 报警探测器应先装上底座,并戴上防尘罩调试时再装探头。

7. 端子箱和模块箱在工作完毕后要箱门上锁,把箱体罩上以保护箱体不被污染。

8. 易丢失损坏的设备如手动报警按钮、喇叭、电话及电话插孔等应最后安装,应采取安装措施以确保墙面、地面、吊顶不受损坏和污染。

(七) 应注意的质量问题

1. 施工人员应严格遵守消防工程安装的通用要求及有关规定,它是保证工程质量和使用功能的重要条件。

2. 加强进厂设备、材料的检验,其质量必须符合有关规范和本工艺的要求,不合格产品不能使用。

3. 施工中应注意的质量问题。

(1) 撅弯处发现凹扁过大或弯曲半径不够倍数的现象时,解决的办法是使用手扳撅弯器移动要适度,用力不要过猛,直到符合要求为止。

(2) 预埋盒、箱、支架、吊杆等歪斜,或者盒箱里进外出过于严重时,应根据实际情况重新调整或重新埋设。

(3) 明管或吊顶内配管,固定点不牢固、铁卡子松动、固定点距过大和不均匀,均应采用配套管卡固定牢固,档距应找均匀。

(4) 暗配钢管堵塞,配管后应及时加管堵把管口堵严实,并应经常检查,发现有漏堵或掉落应及时补堵,如发现管已经堵塞时应及时处理修复。

(5) 严禁使用电气焊割断管子。支架和在箱盘上开孔,而应使用锯和开孔器进行施工,断管要求平齐,用锉去掉毛刺再配管。

(6) 箱、盒、镀锌钢管等被破坏的镀锌层应及时进行防腐处理。

(7) 使用金属软管时不宜长于 2m,其固定间距不应大于 0.5m,两端固定应牢固。

(8) 导线应按工艺和规范要求进行颜色选择和安装,探测器的"+"线为红色,"-"线为蓝色,其余线根据不同用途采用其他颜色区分,但同一工程中相同用途导线颜色应一致。

(9) 穿线时管口必须戴上护口,以保护导线的绝缘层。

(10) 导线的接头压接、涮锡、包扎,应符合本工艺和有关规范要求。

(11) 导线的相间、相对地绝缘电阻不应小于 20MΩ。摇测绝缘电阻时不能带着火灾自动报警设备摇测。

(12) 探测器安装的位置和型号应符合设计和工艺规范要求,安装位置确定的原则首先要保证功能,其次是美观,如与其他工种设备安装相干扰时,应通知设计及有关单位协商解决。

(13) 设备上压接的导线,要按设计和厂家要求编号,压接要牢结,不允许出现反圈现象,同一端子不能压接二根以上导线。

(14) 调试时要先单机后联调,逐台逐项百分之百地进行功能调试,不能有遗漏,以确保整个火灾自动报警系统有效运行。

(15) 施工过程中,施工技术资料收集、填写、保管等应与工程进度同步进行。

三、消防联动系统

(一) 工程概况(略)

(二) 工程质量目标和要求(略)

(三) 施工准备

1．接到施工任务后，认真熟悉图纸及施工现场，发现有影响施工的设计问题时，及时与有关人员研究，办理洽商手续。按照工程特点确定施工方法，配备相应的劳动力、设备、材料、机具等。同时配备配套的生活、生产临时设施。

2．设备、材料：

(1) 自动喷水灭火系统主要设备材料的选用应符合"消防工程安装的通用要求"的有关内容。

(2) 主要设备：喷淋泵、水泵结合器、报警阀及组件、信号控制阀、水流指示器、喷洒头、气压给水装置、稳压泵等，其中喷洒头、报警阀、压力开关、水流指示器等主要系统组件应有国家消防产品质量监督检验中心检测报告。

(3) 一般常用材料：管材及连接件、型钢、焊条、氧气、乙炔、厚漆、麻、聚四氟乙烯带、膨胀螺栓、密封垫、螺栓、螺母、机油、防腐漆、稀料、小线、铅丝、电池等。

3．主要机具：套丝机、砂轮锯、台钻、电锤、手砂轮、手电钻、电焊机、电动试压泵等机械；套丝板、管钳、压力钳、链钳、手锤、钢锯、扳手、射钉枪、捯链、电气焊等工具；钢卷尺、平尺、角尺、油标卡尺、线坠、水平尺等质量。

4．作业条件：

1) 施工图纸及有关技术文件应齐全；现场水电气应满足连续施工要求，系统设备材料应能保证正常施工。

2．预留预埋件随结构完成；管道安装所需要的基准线应测定并标明：如吊顶标高、地面标高、内隔墙位置线等。设备安装前，基础应检验合格。喷洒头及支管安装应配合吊顶装修进行。

(四) 操作工艺

1．工艺流程

安装准备 → 管网安装 → 设备安装 → 喷头支管安装 → 喷头及系统组件安装 → 通水调试

2．安装准备

(1) 熟悉图纸并对照现场复核管路、设备位置、标高是否有交叉成排列不当，及时与设计人员研究解决，办理洽商手续。检查预埋式预留孔洞是否正确，需临时剔凿应与设计土建协商好。

(2) 安装前进场设备材料检验：进场设备材料规格、型号应满足设计要求；外观整洁，无缺损、变形及锈蚀；镀锌或涂漆均匀无脱落；法兰密封面应完整光洁，无毛刺及径向沟槽；丝扣完好无损伤；水泵盘车应灵活无阻滞及异常声响；设备配件应齐全；报警阀逐个渗漏试验，阀门、喷头抽样强度、严密性试验结果应满足施工验收规范规定。

3．管网安装

(1) 自动喷水灭火系统管材应根据设计要求选用，一般采用镀锌钢管及管件，当管子公称直径小于或等于100mm时，应采用螺纹连接；当管子公称直径大于100mm时，可采用法兰连接和焊接,焊口内外表面做好防腐措施。

(2) 管道安装前应校直管子并清除内部杂物,停止安装时已安装的管道敞口应封堵好。如需在镀锌管上开孔焊接时应提前预制,必要时管道两端有法兰活接,焊接后做完清理防腐再安装。严禁在已安装好的镀锌管道上开孔施焊。

(3) 管道穿过伸缩缝时应设置柔性短管,管道水平安装宜设 0.002 ~ 0.005 的坡度,坡向泄水装置。

(4) 自动喷水灭火系统管道支吊架选材及做法应满足施工图册要求,支吊架最大间距符合规定要求。

(5) 干管安装:

1) 喷洒干管用法兰连接,每根配管长度不宜超过 6m,直管段可把几根连接在一起使用捯链安装,但不宜过厚。也可调直后编号依顺序安装,吊装时应先吊起管道一端,待稳定后再吊起一端。

2) 管道连接紧固法兰时,检查法兰端面是否干净。采用 3 ~ 5mm 的橡胶垫片。法兰螺栓的规格应符合规定。紧固螺栓应先紧固最不利点,然后依次对称紧固。法兰接口应安装在易拆装的位置。

3) 水平安装管道的卡架一般以吊架为主,每段干管应设 1 个防晃支架。管道改变方向时,应增设防晃支架。

4) 立管暗装在竖井内时,在管井内预埋铁件上安装卡架固定,安装位置距地面或楼面距离宜为 1.5 ~ 1.8m,层高超过 5m 应增设支架。

(6) 支管安装:

1) 管道的分支预留口在吊装前应先预制好。丝接的采用三通定位预留口。焊接可在干管开口,焊上熟铁管箍。所有预留口均加好临时堵板。

2) 当管道变径时,宜采用异径接头。在管道弯头处不得采用补心。当需要采用补心时,三通上可用 1 个,四通上不应超过 2 个。

3) 配水支管上每一直管段,相邻两喷头之间的管段设置的吊架均不宜少于 1 个,当喷头三间距离小于 1.8m 时可隔段设置,但吊架的间距不宜大于 3.6m。每一配水支管宜设一个防晃支架。管道支吊架的安装位置不应妨碍喷头的喷水效果。

(7) 水压试验:

1) 喷洒管道水压试验可分层分段进行,上水时最高点要有排气装置,高低点各装一块压力表,上满水后检查管路有无泄漏,如有法兰、阀门等部位泄漏,应在加压前紧固,升压后再出现泄漏时做好标记,卸压后处理。必要时泄水处理。

2) 水压试验压力应根据工作压力确定。当系统工作压力等于或小于 1MPa 时,试验压力采用 1.4MPa;当系统工作压力大于 1MPa 时,试验压力采用工作压力再加 0.4MPa。试压时稳压 30min,目测管网应无泄漏和变形,且压力降不大于 0.05MPa。试压合格后及时办理验收手续。

3) 冬期试水压,环境温度不得低于 +5℃,若低于 +5℃应采取防冻措施。

(8) 冲洗:

1) 喷洒管道试压完可连续做冲洗工作。冲洗时应确保管内有足够的水流量。排水管道应与排水系统可靠连接,其排放应畅通和安全。管网冲洗时应连续进行,当出口处水的颜色,透明度与入水口的颜色基本一致时方可结束。管网冲洗的水流方向应与灭火时管网的水流方向一致。冲洗合格后应将管内的水排干净并及时办理验收手续。

2) 当现场不能满足上水流量及排水条件时,应结合现场情况与设计协商解决。

4. 设备安装

(1) 水泵安装:

1) 水泵的规格型号应符合设计要求,水泵应采用自灌式吸水,水泵基础按设计图纸施工,吸水管水平管段上不应有气囊和漏气现象,与消防水池刚性连接时应加减振器。加压泵可不设减振装置,但恒压泵应加减振装置,进出水口加防噪声设施,水泵出口宜加缓闭式逆止阀。

2) 水泵配管安装应在水磁定位找平正,稳固后进行。水泵设备不得承受管道的重量。安装顺序为逆止阀。阀门依次与水泵紧牢,与水泵相接配管的一片法兰先与阀门法兰紧牢,用线坠找直找正,量出配管尺寸,配管先点焊在这片法兰上,再把法兰松开取下焊接,冷却后再与阀门连接好,最后再焊与配管相接的另一法兰。

3) 配管法兰应与水泵、阀门的法兰相符,阀门安装手轮方向应便于操作,标高一致,配管排列整齐。

(2) 高位水箱安装:高位水箱应在结构封顶前就位,并应做满水试验。消防用水与其他用水共用水箱时应确保消防用水不被他用,留有 10min 的消防总用水量。与生活水合用时,应使水经常处于流动状态,防止水质变坏。消防出水管应加单向阀。所有水箱管口均应预制加工,如果现场开口焊接应在水箱上焊加强板。

(3) 报警阀安装:安装报警阀时应先安装水源控制阀、报警阀,然后根据设备说明书再进行辅助管道及附件安装。水源控制阀、报警阀与配水干管的连接,应使水流方向一致。报警阀组安装的位置应符合设计要求。当设计无要求时,报警阀组应安装在便于操作的明显位置,距室内地面高度宜为 1.2m,两侧与墙的距离不宜小于 0.5m;正面与墙距离不宜小于 1.2m。安装报警阀组的室内地面应有排水设施。

(4) 水泵结合器安装:水泵结合器规格应根据设计选定,计有三种类型:墙壁型、地上型、地下型。其安装位置宜有明显标志,阀门位置应便于操作,结合器附近不应有障碍物。安全阀按系统工作压力定压,结合器应装有泄水阀。

5. 喷洒头支管安装

(1) 喷洒头支管安装指吊顶型喷洒头的末端一段支管,这段管不能与分支干管同时顺序完成,要与吊顶装修同步进行。吊顶龙骨装完,根据吊顶材料厚度定出喷洒头的预留口标高,按吊顶装修图确定喷洒头的坐标,使支管预留口做到位置准确。支管管径一律为 25mm,末端用 25mm×15mm 的异径管箍口,拉线安装。支管末端的弯头处 100mm 以内应加卡件固定,防止喷头与吊顶接触不牢,上下错动。支管装完,预留口用丝堵拧紧。

(2) 向上喷的喷洒头有条件的可与支管同时安装好。其他管道安装完后不易操作的位置也应先安装好向上喷的喷洒头。

(3) 喷洒系统试压:封吊顶前进行系统试压,为了不影响吊顶装修进度可分层分段进行。试压合格后将压力降至工作压力做严密性试验,稳压 24h 不渗不漏为合格。

6. 系统组件及喷洒头安装

(1) 水流指示器安装:一般安装在每层或某区域的分支干管上。水流指示器前后应保持有5倍安装管径长度的直管段,安装时应水平立装,注意水流方向与指示的箭头方向保持一致,安装后的水流指示器浆片,膜片应动作灵活,不应与管壁发生碰撞。

(2) 报警阀配件安装:报警阀配件一般包括压力表、压力开关、延时器、过滤器、水力警铃、泄水管等。应严格按照说明书或安装图册进行安装。水力警铃应安装在公共通道或值班室附近的外墙上,且应安装检修测试用的阀门。水力警铃与报警阀的连接应采用镀锌钢管,当公称直径为15mm时,长度不应大于6m;当公称直径为20mm时,其长度不应大于20m。安装后的水力警铃启动压力不应小于0.5MPa。

(3) 喷洒头安装:喷洒头一般在吊顶板装完后进行安装,安装时应采用专用扳手。安装在易受机械损伤处的喷头,应加设防护罩。喷洒头丝扣填料应采用聚四氟乙烯带。

(4) 节流装置安装:节流装置应安装在公称直径不小于50mm的水平管段上;减压孔板应安装在管道内水流转弯处下游一侧的直管上,且与转弯处的距离不应小于管子公称直径的2倍。

7. 通水调试

(1) 喷洒系统安装完进行整体通水,使系统达到正常的工作压力准备调试。

(2) 通过末端装置放水,当管网压力下降到设定值时,稳压泵应启动,停止放水,当管网压力恢复到正常值时,稳压泵应停止运行。当末端装置以 0.94~1.5L/s 的流量放水时,稳压泵应自锁。水流指示器、压力开关。水力警铃和消防水泵等应及时动作并发出相应信号。

(五) 质量标准

1. 保证项目

(1) 消防系统水压试验结果及使用的管材品种、规格、尺寸必须符合设计要求和施工规范规定。

(2) 水泵的规格型号必须符合设计要求,水泵试运转的轴承温升必须符合规定。

(3) 自动喷洒和水幕消防装置的喷头位置、间距和方向必须符合设计要求和施工规范规定。

2. 基本项目

(1) 镀锌管道螺纹连接应牢固,接口处无漏油且防腐良好。

(2) 法兰连接应对接平行、紧密且与管中心线垂直,螺杆露出螺母长度不大于螺杆直径的1/2。

(3) 镀锌钢管焊接,焊口平直度,焊缝加强面符合施工规范规定,表面无烧穿裂纹、夹渣、气孔等缺陷,焊口内外做好防腐。

3. 允许偏差项目

(1) 水平管道安装坡度在 0.002~0.005 之间。

(2) 吊架与喷头的距离不应小于300mm,距末端喷头的距离不大于750mm。

(3) 吊架应设在相邻喷头间的管段上,当相邻喷头间距不大于3.6m,可设1个。小于1.8m,允许隔段设置。

(六) 成品保护

1. 消防系统施工完毕后,各部位的设备组件要有保护措施,防止碰动跑水,损坏装修成品。

2. 报警阀配件及各部位的仪表等均应加强管理,防止丢失和损坏。

3. 消防管道安装与土建及其他管道矛盾时,不得私自拆改,要经过设计办理洽商妥善解决。

4. 喷洒头安装时不得损坏和污染吊顶装修面。

(七)应注意的质量问题

1. 由于各专业工序安装协调不好,没有总体安排,使得喷洒管道拆改严重。

2. 由于尚未试压就封顶,造成通水后渗漏。

3. 由于支管末端弯头处未加卡件固定,支管尺寸不准,使喷洒头与吊顶接触不牢,护口盘不正。

4. 由于未拉线安装,使喷洒头不成排、不成行。

5. 由于水流指示器安装方向相反;电接点有氧化物造成接触不良或水流指示器浆片与管径不匹配造成其工作不灵敏。

6. 水泵结合器不能加压。由于阀门未开启,单向阀装反或有盲板未拆除造成。

四、安全防范系统

(一)电视监控系统

1. 工程概况(略)

2. 工程质量目标和要求(略)

3. 施工准备

(1) 施工人员

(2) 施工机具设备和测量仪器

1) 克线钳、电工刀、一字改锥、十字改锥、剥线钳、尖嘴钳。

2) 万用表、兆欧表、高凳、升降车(或临时搭架子)、工具袋等。

(3) 材料要求

1) 摄像机:

① 设备在进扬前由施工单位或建设单位委托鉴定单位对其类型、分辨率、照度、稳定性等检测,并出具检测报告。

② 安装前应确保型号、外形尺寸与图纸相符,金属壳表面涂覆不能露出底层金属,并无起泡、腐蚀、缺口、毛刺、疵点、涂层脱落和砂孔等,有出厂合格证。

③ 塑料外壳表面无裂痕、褪色及永久性污渍,亦无明显变形和划痕。

2) 摄像机镜头:

① 摄像机镜头要求能够采集光信号至摄像机,并且能够通过调节光圈、焦距、摄像距离使图像清晰。

② 设备在进场由施工单位或建设单位委托鉴定单位对其类型、焦距、光圈类型、放大倍数、稳定性等检测,并出具检测报告。

③ 安装前应确保型号、外型尺寸与图纸相符,金属壳表面涂覆不能露出底层金属,并无起泡、腐蚀、缺口、毛刺、疵点、涂层脱落和砂孔等,有出厂合格证。

④ 塑料外壳表面应无裂痕、褪色及永久性污渍,亦无明显变形和划痕。

3) 云台:

① 云台要求能使摄像机做上、下、左、右旋转等运动。

② 设备在进场前由施工单位或建设单位委托鉴定单位对其负重量、左右旋转速度、左右旋转角度、上下移动速度、上下移动范围、安装方式、稳定性等检测,并出具检测报告。

③ 安装前应确保型号、外形尺寸与图纸相符,金属壳表面涂覆不能露出底层金属,并无起泡、腐蚀、缺口、毛刺、疵点、涂层脱落和砂孔等,有出厂合格证。

④ 塑料外壳表面应无裂痕、褪色及永久性污渍,亦无明显变形和划痕。

4) 护罩:

① 护罩要求能够使摄像机在使用过程中外部环境保持在能够良好工作的状态。

② 设备在进场前由施工单位或建设单位委托鉴定单位对其类型、密封性、附加功能等检测,并出具检测报告。

③ 安装前应确保型号、外形尺寸与图纸相符,金属壳表面涂覆不能露出底层金属,并无起泡、腐蚀、缺口、毛刺、疵点、涂层脱落和砂孔等。有出厂合格证。

④ 外壳表面应无裂痕、褪色及永久性污渍,亦无明显变形和划痕。

5) 解码器(室内、室外):

① 解码器要求能够对管理中心通过总线传输的控制信号转换为相应的电机控制信号。

② 设备在进场前由施工单位或建设单位委托鉴定单位对其类型、密封性、输出/入电压电流、功率等检测,并出具检测报告。

③ 安装前应确保型号、外形尺寸与图纸相符,金属壳表面涂覆不能露出底层金属,并无起泡、腐蚀、缺口、毛刺、疵点、涂层脱落和砂孔等,有出厂合格证。

④ 外壳表面应无裂痕、褪色及永久性污渍,亦无明显变形和划痕。

6) 画面分割器:

① 画面分割器要求具有顺序切换、画中画、多画面输出显示、回放影像、时间、日期、标题显示等功能。

② 设备在进场前由施工单位或建设单位委托鉴定单位对其类型、功率等检测,并出具检测报告。

③ 安装前应确保型号、外形尺寸与图纸相符,金属壳表面涂覆不能露出底层金属,并无起泡、腐蚀、缺口、毛刺、疵点、涂层脱落和砂孔等,有出厂合格证。

④ 塑料外壳表面应无裂痕、褪色及永久性污渍,亦无明显变形和划痕。.

7) 矩阵控制主机:

① 要求功能:

a. 分区控制功能:对键盘、监视器、摄像机进行授权。

键盘到监视器:设定哪些键盘可以控制哪些监视器。

监视器到摄像机的分区:设定哪些监视器可显示哪些摄像机的图像。

键盘到摄像机的分区:设定哪些键盘可调用哪些摄像机的图像。

键盘到摄像机控制的分区:设定哪些键盘可控制哪些摄像机的动作。

b. 分组同步切换。将系统中全部或部分摄像机分成若干组,每一组摄像机可以同步地切换到一组监视器上。

c. 任意切换。是指摄像机的任意组合,而且任意一台摄像机画面的显示时间独立可调,同一台摄像机的画面可以多次出现在同一组切换中,随时将任意一组切换调到任意一台监视器上。

d. 任意切换定时自动启动。任意一组万能切换可编程在任意一台监视器上定时自动执行。

e. 报警自动切换。具有报警信号输入接口和输出接口,当系统收到报警信号时将自动切换到报警画面及启动录像机设备,并将报警状态输出到指定的监视器上。

f. 报警状态自动输出系统。可将报警状态自动输出到打印机和监视器上。

g. 报警处理。报警显示:

时序显示方式:时序显示多个报警点,每一点的显示时间独立可调。

固定显示方式:显示第一个报警点,直到确认为止。

双监视显示方式:多个报警点分组时序显示在一组监视器上。

报警复位:具有手动复位、延时自动复位、报警信号消失自动复位。

h. 多个控制键盘输入接口:

② 设备在进场前由施工单位或建设单位委托鉴定单位对其类型、功率、控制等检测并出具检测报告。

③ 质量要求:安装前应确保外形尺寸与图纸相符,金属壳表面涂覆不能露出底层金属,并无起泡、腐蚀、缺口、毛刺、疵点、涂层脱落和砂孔等。

④ 塑料外壳表面应无裂痕、褪色及永久性污渍,亦无明显变形和划痕。

8) 监视器:

① 监视器要求将前端摄像机传送到终端的视频信号由监视器再现为图像。按功能的不同可分为图像监视器和电视监视器。

a. 图像监视器。它与电视接收机相比不含高频调谐、中频放大、检波、音频放大等电路。其特点是:视频带宽可达 7~8MHz,水平清晰度达 500~600 线以上。显像管框内的画面在水平和垂直方向的大小可自由调整,以便于对图像的全部画面进行检查。

b. 电视监视器。这种监视器兼有图像监视器和电视接收机的功能。其特点是:可作为录像机的监视接收机,将广播电视信号转换为视频信号,在屏幕显示的同时送往录像机进行录像。作为录像机的录像信号重放时的图像显示设备。可以输入摄像机直接传送来的视频信号和音频信号,进行监视和监听,并同时送往记录设备录音、录像。

② 设备在进场前由施工单位或建设单位委托鉴定单位对其类型、功率、视频带宽、清晰度等检测,并出具检测报告。

③ 安装应确保外形尺寸与图纸相符,金属壳表面涂覆不能露出底层金属,并无起泡、腐蚀、缺口、毛刺、疵点、涂层脱落和砂孔等。

④ 塑料外壳表面应无裂痕、褪色及永久性污渍,亦无明显变形和划痕。

9) 录像机:

① 录像机的要求是能够把视频和音频信号用磁信息方式记录在磁介质上,并可将磁介质上的磁信息还原为音视频电信号。

② 确认以标准速度记录的图像有无用慢速度或静像方式进行重放功能。

③ 确认以长时间记录的图像有无用快速或静像方式重放。

④ 设备在进场前由施工单位或建设单位委托鉴定单位对其类型、功率、清晰度等检测,并出具检测报告。

⑤ 安装前应确保外形尺寸与图纸相符,金属壳表面涂覆不能露出底层金属,并无起泡、

腐蚀、缺口、毛刺、疵点、涂层脱落和砂孔等。

⑥ 塑料外壳表面应无裂痕、褪色及永久性污渍,亦无明显变形和划痕。

10) 传输电缆:

① 确认线缆型号、长度。

② 设备/电缆在进场前由施工单位或建设单位委托鉴定单位对其信号衰减、阻抗等检测,并出具检测报告。

11) 其他辅助材料。

(4) 施工条件

1) 土建内外装修及油漆浆活全部完成。

2) 管线、导线、预埋盒(盒口全部修好)全部完成。

3) 导线间绝缘电阻经摇测符合国家规范要求,并编号完毕。

4. 施工工艺

(1) 工艺流程

闭路电视系统安装要求 → 监视器安装 → 管理机安装 → 调试验收

(2) 闭路电视系统安装要求

1) 配管要求:

① 暗配管用管材须选用金属管、硬质 PVC 管等。

② 暗配管管路宜沿最短的路由敷设,尽量减少弯曲。在相邻拉线盒之间,禁止 S 形弯或 U 形弯。埋入墙体或混凝土构件内的暗配管,其表面保护层不应小于 15mm。

③ 所有管路接头、管口、进出箱盒处,均应做密封处理,以防混凝土、砂石进入暗配管内。

④ 暗配管不宜穿越电气设备基础,必须穿越时,应加穿金屑保护管并就近良好接地。

⑤ 如系 PVC 管,宜以捆扎稳固。

⑥ PVC 管明配安装时每 6m 长直线段做一个补偿接头。

⑦ 当管道长度大于 30m 或拐弯处多于 2 处时,应加装拉线盒。

⑧ 保证管道平滑无毛刺。

2) 布线要求:

① 系统建筑物内垂直干线应采取金属管、封闭式金属线槽等保护方式进行布线,与裸放的电力电缆的最小净距 800mm;与放在有接地的金属线槽或钢管中的电力电缆最小净距 150mm。

② 水平子系统应穿钢管埋于墙内,禁止与电力电缆穿同一管内。

③ 吊顶内施工时,须穿于 PVC 管或蛇皮软管内;安装设备处须放过线盒,PVC 管或蛇皮软管进过线盒,线缆禁止暴露在外。

④ 穿管绝缘导线或电缆的总截面积不应超过管内截面积的 40%。

⑤ 敷设于封闭线槽内的绝缘导线或电缆的总截面积不应大于线槽净截面积的 50%。

3) 监视器安装:

先将预留的导线用剥线钳剥去绝缘外皮,露出线芯 10~15mm(注意不要碰掉线号套管),顺时针压接在底座的各级接线端上,然后将底座用配套的机螺丝固定在预埋盒上。采用总线制,并要进行编码的,应在安装前对照厂家技术说明书的规定,按层或区域事先进行编码分类,然后再按照上述工艺要求安装。

4) 管理机安装:

管理机是一台符合探测器运行条件的 PC 机。按照 PC 机放置标准配置中心控制室。按照探测器产品说明安装运行软件以及用总线接各监视设备至矩阵,然后接至管理机。

5) 调试验收:

闭路监视系统各种设备的系统调试,由局部到系统进行。在调试过程中应遵照公安部颁发的《中华人民共和国公共安全行业标准》,深入检查各部件和设备安装是否符合规范要求。在各种设备系统连接与试运转过程中,应由有关厂家参加协调,进行统一系统调试,发现问题及时解决,并做好详细的统调记录。

经过统调无误后,再请公安有关部门、建设单位的主要负责人及技术专家进行验收,确认合格后办理交验手续,交付使用。

5. 质量标准

(1) 主控项目:

1) 导线接头或线缆敷设严禁有拧绞、护层断裂和表面严重划伤、缺损等现象,必须留有足够的余量以备压接和检测,并且导线或电缆一定要做好线路线号标记。各路导线接头正确牢固,编号清晰,绑扎成束。

2) 端子箱内各线路电缆排列整齐,线号清楚,导线绑扎成束,端子号相互对应,字迹清晰。

3) 组线箱、盒内应保证清洁无杂物,摄像机、摄像机镜头、监视器、录像机也要求保证清洁,没有划痕和破损现象。

4) 除设计有特殊要求外,一般都应按以上要求执行,各地线压接应牢固可靠,并有防松垫圈。

检验方法:观察检查或用仪器设备进行测试检验。

5) 系统应等电位接地。接地装置应满足系统抗干扰和电气安全的双重要求,不得与强电的电网零线短接或混接。系统单独接地时,接地电阻不得大于 4Ω。

6) 系统应有防雷击措施。应设置电源避雷装置,宜设置信号避雷或隔离装置。

7) 室外装置和线路的防雷和接地应结合建筑物的防雷要求统一考虑。

(2) 一般项目:

1) 安装在墙面或顶棚吊板下面的云台必须与顶棚吊板生根固定好,再安装摄像机镜头。

2) 摄像机镜头监视范围内不准有障碍物,云台摄像机镜头的摆动不准有阻挡,要保证摄像机镜头的高清晰度。

3) 端子箱内各回路电缆排列整齐,线号清楚,导线绑扎成束,端子号相互对应,字迹清晰。

4) 除设计有特殊要求外,一般都应按以上要求执行,各地线压接应牢固可靠,并有防松垫圈。

5) 各路导线接头正确牢固,编号清晰,绑扎成束。

检验方法:观察检查。

6) 水平度允许偏差 1mm。

7) 导线间绝缘电阻经摇测符合国家规范要求。
检验方法:尺量检查。

6. 成品保护

(1) 安装面板时应注意保持地面、墙面的整洁,不得损伤和破坏墙面和地面。
(2) 修补浆活时,应注意保护已安装的面板,不得将其污染。
(3) 地面插座应采用有防水措施的出线口。
(4) 端子箱安装完毕后应注意箱门上锁,保护箱体不被污染。
(5) 柜(盘)除采用防尘和防潮等措施外,最好及时将房门上锁,以防止设备损坏和丢失。

7. 其他

(1) 面板安装应牢固,如有不合格现象应及时修理好。
(2) 面板的标高超出允许偏差:应及时修正。
(3) 导线压接松动,反圈,绝缘电阻值低:应重新将压接不牢的导线压牢固,反圈的应按顺时针方向调整过来,绝缘电阻值低于标准值的应找出原因,否则不准投入使用。
(4) 导线压接后编号混乱:应全部进行仔细核对后重新编号。
(5) 端子箱固定不牢固,暗装箱贴脸四周有破口、不贴墙:就重新稳装牢固、贴脸破损进行修复,损坏严重应重新更换。与墙贴不实的应找一下墙面是否平整,修平后再稳装端子箱。
(6) 压接导线时,应认真摇测各回路的绝缘电阻,如造成调试困难时,应拆开压接导线重新进行复核,直到准确无误为止。
(7) 柜(盘)、箱的平直度超出允许偏差:应及时纠正。
(8) 柜(盘)、箱的接地导线截面不符合要求、压接不牢:应按要求选用接地导线,压接时应配好防松垫圈且压接牢固,并做明显接地标记,以便于检查。
(9) 面板、柜(盘)、箱子等被水泥浆污染应将其清理干净。
(10) 运行中出现误报:应检查接地电阻值是否符合要求、是否有虚接现象,直到调试正常为止。

(二) 入侵报警系统

1. 分项(子分项)工程概况(略)
2. 分项(子分项)工程质量目标和要求(略)
3. 施工准备

(1) 施工人员

开工前及施工过程中,应对现场施工人员进行业务培训,所有人员应持证上岗。施工人员应认真熟悉图纸,配备相应规程、规范。

(2) 施工机具设备和测量仪器

1) 测电笔、钢丝钳、螺丝刀、活络扳手、剥线钳、尖嘴钳、电烙铁、压接钳、电钻、电锤。
2) 电缆剪、电缆刀、万用表、兆欧表等。

(3) 材料要求

1) 振动入侵探测器(又称振动传感器),能探测出人的走动,门、窗移动及撬保险柜发出的振动,可用在背景噪声较大的场所。常用的振动传感器有机械式、电动式和压电晶体式。

电动式又比压电式传感器灵敏度高,探测范围大,主要用于室外掩埋式周界报警系统。

2) 红外入侵探测器可分为主动式和被动式两种类型。主动式红外入侵探测器属于线控制型,其控制范围为一线状分布的狭长的空间,具有较好的隐蔽性。

被动式红外入侵探测器可作为直线型探测器,也能作为空间探测器,一般多用于室内和空间的立体防范,其隐蔽性更优于主动式红外入侵探测器。

3) 激光入侵探测器适于用做远距离的直线型探测器。

4) 电场畸变探测器主要用于户外的周界防范。

5) 声控探测器属于空间控制型,常用于空间防范,兼作报警复核用。选用选频式声控报警器可抑制室外噪声,不易引起误报。根据同一原理,可做成探测不同声音频率的其他类型报警器,诸如玻璃破碎报警器等。

次声波是频率低于 20Hz 的声波,属于不可闻声波。次声探测器通常用于密封的环境防范。

6) 超声波探测器属于探测移动物体的空间型。按其结构和安装方法的不同可分为声场型和多普勒型。前者适用于封闭的室内,后者防范为一椭球区域内运动物体。

7) 微波探测器用于空间防范任何运动物体。它又可分为墙式和雷达式两类。

8) 开关式报警器是一种结构简单、使用方便的报警器,它是通过各种类型开关的闭合和断开来控制电路产生通和断,从而能发出报警的开关,有磁控开关、微动开关、压力垫或金属丝、金属条、金属箔等来代用的多种类型的开关。

(4) 施工条件

1) 土建内外装修及油漆浆活全部完成。

2) 管线、导线、预埋盒(盒口全部修好)全部完成。

3) 导线间绝缘电阻经摇测符合国家规范要求,并编号完毕。

4. 施工工艺

(1) 超声波报警器安装:

1) 安装超声波报警器时,要注意使发射角对准入侵者最有可能进入的场所,这样可以提高探测的灵敏度,因为多普勒型超声波报警器的探测灵敏度与移动人体运动方向有关。即当入侵者向着或背着超声波收、发机的方向行走时,因可使超声波产生较大的多普勒频移,故探测灵敏度也较高。

2) 室内的密封性应较好,控制区内不应有大容量的空气流动,不能有过多的门和窗且均需紧闭。收、发机不应靠近空调器、排风扇;风机;暖气等,即避开通风的设备及气体的流动。在门窗密封性不太好的场所,应采取必要的措施,如透气孔需要用百叶窗挡风,这样在六级风以下仍可正常工作。

3) 房间隔声性能要好,这样可以避免室外的超声波噪声所引起的误报警。象铃声、汽笛声、蒸汽或压缩气体的泄漏或排气的咝咝声等都可能产生超声波而形成干扰源;甚至某些电话铃声所含的超声波频谱也很丰富,此时应将铃声改用蜂鸣器来代替则可避免误报警。

4) 由于超声波对物体没有穿透性能,因此,要避免室内的家具挡住超声波而形成探测盲区。同时,超声波收、发机也不应对着玻璃、软隔板墙、房门等放置,因这些物体对超声波的反射能力较差。

5) 由于超声波是以空气作为传输介质的,因此,空气的温度和相对湿度会影响超声波探测灵敏度。如当温度为21℃相对湿度在38%时,超声波的衰减最为严重,故此时超声波报警器的探测范围也最小。当环境条件发生变化时,探测范围甚至能扩大到原来的两倍。如果超声波报警器在最小作用范围的条件下安装时调节的灵敏度合适,那么,当温度和相对湿度发生变化时,报警器会因变得太灵敏而增加了误报的可能性;而且,由于报警器探测范围的扩大,使原来不成为干扰的超声波源,这时也会作用而造成误报警。因此,在不同的气候条件下安装时,应将灵敏度调整到一个合适的值,并留有余量,以防止气候变化后误报警。

(2) 声控报警器

1) 利用由声电传感器做成的监听头对监控现场进行立体式空间警戒的报警系统通常称为声控报警器。它由声控头和报警监听控制器两大部分组成,声控报警器的核心部件是声电传感器。

2) 声控报警器属于空间控制型探测器,适合于在环境噪声较小的仓库、博物馆、金库、机密室等处使用。

3) 声控报警器通常将灵敏度调节成如下状态:即当现场声响大于防范区经常出现的背景噪声的声强时才可触发报警,这样可以减少由于这些背景噪声而引起的误报警。但当报警阈值调得过高时,又会出现对发声较小的入侵者造成漏报的现象。对于声控报警器而言,引起其误报的声源是相当多的,出现漏报特别是误报的情况也在所难免。因此,单独使用声控报警是不太合适的,应配合其他种类的警戒措施。

4) 一般而言,大部分的声音频率是在1500~1600Hz范围以内,而马路上的噪声频率往往属于1500Hz以下的低频范围。若采用滤波远频技术使报警器只对1500~1600Hz频率范围内的声音起作用。这样,室外的噪声就不易引起误报了。

(3) 振动报警器安装

1) 振动式传感器安装在墙壁或天花板等处时,与这些物体必须固定牢固,否则将不易感受到振动。用于探测地面振动时,应将传感器周围的泥土压实,否则振动波也不易传到传感器,探测灵敏度会下降。此外,在地质板结的冻土地带或土质松软的泥砂沼泽地带,由于都不能很好地传送振动波,探测能力会大大下降。

2) 振动传感器安装的位置应远离振动源(如旋转的电机)。在室外应用时,埋入地下的振动传感器应与其他埋入地中的一些物体,如树木、电线杆、栏网桩柱等保持适当的距离。否则,这些物体因遇风吹引起的晃动而导致地表层的振动也会引起误报。因此,振动传感器与这些物体之间一般应保持1~3m以上的距离。

3) 电动式振动传感器主要用于室外掩埋式周界报警系统中,其探测灵敏度比压电晶体振动传感器的探测灵敏度要高。缺点在于该种传感器中的活动部件随着使用时间的增加,逐渐会磨损、老化,性能变差。因此,往往在使用几百至数千小时之后,需要进行定期地检修,以确保其探测的灵敏度。

(4) 玻璃破碎报警器安装

1) 安装时,应将声电传感器正对着警戒的主要方向。传感器部分可适当加以隐蔽,但在其正面不应有遮挡物。也就是说,探测器对防护玻璃面必须有清晰的视线。以免影响声波的传播,降低探测的灵敏度。

2) 安装时要尽量靠近所要保护的玻璃,尽可能地远离噪声干扰源,以减少误报警。例如象尖锐的金属撞击声、铃声、汽笛的啸叫声等均可能会产生误报警。实际上,声控型玻璃破碎报警器已对外界的干扰因素已做了一定的考虑。只有当声强超过一定的数值,频率处于带通放大器的频带之内的声音信号才可以触发报警。显然,这就起到了抑制远处高频噪声源干扰的作用。

实际应用中,探测器的灵敏度应调整到一个合适的值。一般以能探测到距探测器最远的被保护玻璃即可。灵敏度过高或过低,都可能会产生误报或漏报。

3) 不同种类的玻璃破碎报警器,根据其工作原理的不同,有的需要安装在窗框旁边(一般距离框 5cm 左右),有的可以安装在靠近玻璃附近的墙壁或天花板上,但要求玻璃与墙壁或天花板之间的夹角不得大于 90°,以免降低其探测力。

4) 也可以用一个玻璃破碎探测器来保护多面玻璃窗。这时可将玻璃破碎探测器安装在房间的天花板上,并应与几个被保护玻璃窗之间保持大致相同的探测距离,以使探测灵敏度均衡。

5) 窗帘、百叶窗或其他遮盖物会部分吸收玻璃破碎时发出的能量,特别是厚重的窗帘将严重阻挡声音的传播。在此情况下,探测器应安装在窗帘背面的门窗框架上或门窗的上方。

6) 探测器不要装在通风口或换气扇的前面,也不要靠近门铃,以确保工作可靠性。

7) 声控型单技术玻璃破碎探测器仅用于无人环境。声控—振动型双鉴玻璃破碎探测器安装地点受限制,最好安装在和玻璃同面的墙上,因为既易于探测到经建筑物传送的振动,又能"听"到玻璃破碎声,此时探测器工作最有效;它也可以安装在邻近的墙上或天花板上,但装置只能与玻璃有 90°转角;不能安装在玻璃对面墙上;这种探测器作用范围小,通常为 6.1m,并且必须沿墙表面测量,若安装在邻近侧面墙上,必须沿墙到墙角,再沿墙角到安装处测量,这样从窗到它的直线距离实际小于其作用范围。次声波—玻璃破碎高频声响双技术玻璃破碎器,因其两种被探测信号的传播都是靠空气传播,故可消除安装上的限制因素,作用距离大,至少可提供 50% 以上的覆盖范围,并且可以装在玻璃对面的墙上及任何地点。

(5) 泄露同轴电缆传感器安装要点如下:

1) 泄露同轴电缆一般埋于周界的地下,常埋于周界的外侧,掩埋深度及两根电缆之间的距离视电缆结构、环境、介质情况及发射机的功率而定。例如,某种电缆掩埋深度为 10 ~ 15cm,间隔为 106cm,其探测器宽度可达 2m。若需要加宽探测区域,可再加入一根接收电缆,构成三线式布局方式(一发两收),这样可使有效探测区域加宽至 4m 多。

2) 泄露同轴电缆也可安装入墙内,可以做到十分隐蔽,同时又能形成一道理想的警戒墙,如探测区宽可达 4m,探测区高可达 1m。

3) 一般一对收、发电缆可保护约 100 ~ 150m 的周界。当警戒周界较长时,可将几对收、发电缆与收、发机适当串接在一起,即可构成一道长长的警戒线。

4) 泄露同轴电缆可环绕任意形状的周界,不受地形限制,全线探测灵敏度均匀,不受气候环境影响;但对鸟、猫等小动物或其他小物体通过会引起误报警,这时可通过准确调节其灵敏度加以消除。

5) 在掩埋泄露电缆的地表面上不能放置成堆的金属物体,以免影响一个良好的电磁场探测区的形成。

6) 报警器主机应靠近泄露电缆的外侧安装,并通过高频电缆与泄露电缆连接;而其交流电源线及报警信号输出线则是用导线连到置于值班中心的报警控制器上。

(6) 振动电缆传感器的安装

1) 振动电缆安装简便,可安装在原有的防护栅、网上,适宜在地形复杂的周界布防。

2) 从技术指标而言,控制主机可控制多个区域,每个区域的传感电缆最长可达 1000m。但若以 1000m 长的周界范围来划分区域,则会因警戒区域太长,报警后不能很快确定入侵者入侵的具体位置,而延误后期的行动。因此,只要条件许可,应多划分几个探测区域,即尽量缩短每个区域所控制的探测电缆的长度。

3) 根据电磁感应式振动电缆传感器的工作原理,为了达到将振动信号转变为电信号的目的,电缆中的固定导体与可移动导线在电缆的终端应当短路相接。系统中控制器与置于防护区的传感电缆之间的馈线以及所需电源的馈电电缆,可采用一般的双绞式电缆。

4) 振动电缆传感器为无源的长线分布式,对气候、气温环境适应性强,也适合于易燃易爆场所安装。但是,它对外界较大的非入侵性质的振动干扰(如小动物翻爬栅网、振动电缆受到非入侵人的触摸时)也会引起报警。因此,振动电缆应固定在较牢固的栅、网上,并经常与其他的周界防御报警器配合使用,以便加以复核。

(7) 电容变化式传感器安装

1) 该传感器的平衡电桥伸出的感应线细小、轻便、柔软,安装不受地形地物限制,可将它安装在建筑物的房顶和天窗的边缘、墙或栅网的顶部;室内使用时也可安装在门、窗附近及其他入侵者可能翻爬、靠近的场所。

一般每隔 5m 安装一个支架,感应线应保持平直,与墙面距离 50cm 为宜,太近会降低灵敏度。

2) 为了防止误报和漏报,应调整好报警的灵敏度,一般以靠近感应线可触发报警的最远距离来表示灵敏度的高低。一般在室外调整的灵敏度距离要小些,而在室内调整的灵敏度距离要大些,如某种型号电容变化式传感器的报警灵敏度在 10~40cm 可调,一般室外调为 20cm,室内调为 30cm。

5. 质量标准

(1) 器具的接地(接零)保护措施和其他安全要求必须符合施工规范规定。

检验方法:实测或检查记录。

(2) 导线的压接必须达到牢固可靠,线号正确齐全,导线规格必须符合设计要求和国家标准的规定。

检验方法:观察检查。

6. 成品保护

(1) 安装面板时应注意保持地面、墙面的整洁,不得损伤和破坏墙面和地面。

(2) 修补浆活时,应注意保护已安装的面板,不得将其污染。

(3) 地面插座应采用有防水措施的出线口。

(4) 端子箱安装完毕后应注意箱门上锁,保护箱体不被污染。

(5) 柜(盘)除采用防尘和防潮等措施外,最好及时将房门上锁,以防止设备损坏和丢失。

7. 其他

(1) 从传感器到控制报警器的信号线,过去一般采用塑料铜芯软线,现在选用双绞线,线长以不超过100m为宜。

(2) 信号线不与强电线路同管或平行敷设；若非要平行敷设，则两者间距不得小于50mm。

(3) 探头信号线与避雷线平行间距不得小于3m，垂直交叉间距不得小于1.5m。

(4) 探头与报警设备两端均要接上滤波电容。

(5) 探头离日光灯至少1m以上。

(6) 探头不得靠近和直接近距离朝向发热体、发光体、风口、气流通道、窗口和玻璃门、窗。

(7) 探头入线口不能开得太大，否则会造成虫、蚁的侵入和风吹，以及灰尘的进入。

(8) 探头周围应无遮挡物和小动物搭脚的固定物。

(9) 探头的实际使用距离与产品标称距离应有20%～30%的余量。

(10) 同一室内不能用同一频率的微波探头。

(11) 报警器的供电尽可能不与大功率设备和易产生电磁辐射的电器共线。

(12) 当探头离报警控制器距离较远时，要注意工作电流与线路压降。

(13) 在实际安装时，要求做到报警探测器交叉探测，不留死区。在风险等级高的地方，还要加装不同种类的探测器的交叉保护。

(三) 巡更系统

1. 工程概况(略)

2. 工程质量目标和要求(略)

3. 施工准备

(1) 施工人员

开工前及施工过程中，应对现场施工人员进行业务培训，所有人员应持证上岗。施工人员应认真熟悉图纸，配备相应规程、规范。

(2) 施工机具设备和测量仪器

克线钳、电工刀、一字改锥、十字改锥、剥线钳、尖嘴钳。

万用表、兆欧表、高凳、升降车(或临时搭架子)、工具袋等。

(3) 材料要求

1) 巡更棒：

① 巡查员及巡更过程进行记录和管理的工具。巡更棒要求操作简单使用方便。可存储巡查记录，内置实时时钟。使用电池供电。

② 坚固耐用，结实防破坏性高，防水、防振、防拆功能。

③ 设备在进场前由施工单位或建设单位委托鉴定单位对其类型、响应速度、稳定性等检测，并出具检测报告。

④ 安装前应确保型号、外秀尺寸与图纸相符，金属壳表面涂覆不能露出底层层金属，并无起泡、腐蚀、缺口、毛刺、疵点、涂层脱落和砂孔等，有出厂合格证。

⑤ 塑料外壳表面应无裂痕、褪色及永久性污渍，亦无明显变形和划痕。

2) 信息纽扣(含纽托)

① 要求能够存储位置或身份信息。防水、防磁、防振、耐高温和低温，无须电源，安装方便。

② 安装前应确保外形尺寸与图纸相符,金属壳表面涂覆不能露出底层金属,并无起泡、腐蚀、缺口、毛刺、疵点、涂层脱落和砂孔等。

③ 塑料外壳表面应无裂痕、褪色及永久性污渍,亦无明显变形和划痕。

④ 设备在进场前由施工单位或建设单位委托鉴定单位对其类型、功能、稳定性等检测,并出具检测报告。

3) 管理软件:

要求具有如下功能:巡查人员登记、巡更点设置、巡更棒注册、巡查时间注册、巡查时间设置、巡查任务设置、巡查点编辑、巡查记录读取、记录数据处理(存盘、打印、查询等)、系统管理功能等。

4) 电脑传输器:

要求能够读取巡更棒记录、信息纽资料及与巡更棒双向通信的工具。可读取巡更棒记录、清零巡更棒记录、对巡更棒校时和设置等。能够通过接口电路与计算机连接。

(4) 施工条件

1) 土建内外装修及油漆活全部完成。

2) 管线、导线、预埋盒(盒口全部修好)全部完成。

3) 导线间绝缘电阻经摇测符合国家规范要求,并编号完毕。

4. 施工工艺

(1) 工艺流程

电子巡更系统安装条件 → 信息纽扣安装 → 管理机安装 → 调试验收

(2) 电子巡更安装要求:

1) 巡更点应安装于无化学物质腐蚀、灰尘少、雨水淋不到的地方。

2) 安装时应保持良好的高度,建议高度为1.45m。

(3) 信息纽扣安装:

巡更点的安装通过不锈钢固定座将其固定在需要巡更的地方。

(4) 管理机安装:

管理机是一台符合探测器运行条件的PC机。按照PC机放置标准配置中心控制室。按照产品说明将巡更管理软件装入计算机并注册巡更点。

(5) 调试验收:

电子巡更系统各种设备的系统调试,由局部到系统进行。在调试过程中应遵照公安部颁发的《中华人民共和国公共安全行业标准》,深入检查各部件和设备安装是否符合规范要求。在各种设备系统连接与试运转过程中,应由有关厂家参加协调,进行统一系统调试,发现问题及时解决,并做好详细的统调记录。

经过统调无误后,再请公安有关部门、建设单位的主要负责人及技术专家进行验收,确认合格后办理交验手续,交付使用。

5. 质量标准

(1) 主控项目:

1) 器具的接地(接零)保护措施和其他安全要求必须符合施工规范规定。

检验方法:实测或检查记录。

2) 导线的压接必须达到牢固可靠,线号正确齐全。导线规格必须符合设计要求和国家标准的规定。

检验方法:观察检查。

(2) 一般项目:

1) 巡更棒要求不仅可以准确地读入各巡更点信息纽的 ID 码,并且同时记录下读信息的时间,还要求巡更棒内部自带时钟,专用电池供电,不怕掉电丢失数据。

2) 各巡更点安全隐蔽,设置灵活,安装方便,不用布线,经济实用。

3) 各巡更点要求采用不怕水、磁、碰撞的金属信息纽和固定座,还要内置永久性存储器,信息保持时间长久。

6. 成品保护

巡更点应安装于无化学物质腐蚀、灰尘少且雨水直接淋不到的地方。

7. 其他

(1) 安装时应保持良好的高度。

(2) 如工作不正常,且未查明故障原因,请联系代理商或产品售后服务部,切勿自行修理。

(四) 出入口控制(门禁)系统

1. 工程概况(略)

2. 工程质量目标和要求(略)

3. 施工准备

(1) 施工人员

开工前及施工过程中,应对现场施工人员进行业务培训,所有人员应持证上岗。施工人员应认真熟悉图纸,配备相应规程、规范。

(2) 施工机具设备和测量仪器

1) 卡线钳、电工刀、一字改锥、十字改锥、剥线钳、尖嘴钳。

2) 万用表、兆欧表、高凳、升降车(或临时搭架子)、工具袋等。

(3) 材料要求

1) 门禁控制器:

① 门禁控制器的主要技术指标及其功能应符合设计和使用要求,并有产品合格证。

② 设备在进场前由施工单位或建设单位委托鉴定单位对其相应速度、防撬功能等检测,并出具检测报告。

③ 安装前应确保型号、外形尺寸与图纸相符,塑料外壳表面应无裂痕、褪色及永久性污渍,亦无明显变形和划痕。

④ 零部件应紧固无松动。

2) 读卡头(生物识别器):

① 要求能读取卡片中数据(生物特征信息)。

② 设备在进场前由施工单位或建设单位委托鉴定单位对其读卡功能检测,并出具检测报告。

③ 安装前应确保外形尺寸与图纸相符,塑料外壳表面应无裂痕、褪色及永久性污渍,亦无明显变形和划痕。

④ 零部件应紧固无松动。

3) 内出按钮：

① 要求按下能打开门，适用于对出门无限制的情况。

② 设备在进场前由施工单位或建设单位委托鉴定单位对其功能检测，并出具检测报告。

③ 安装前应确保外形尺寸与图纸相符，塑料外壳表面应无裂痕、褪色及永久性污渍，亦无明显变形和划痕。

4) 电源：

① 要求能供给整个系统各个设备的电源，分为普通和后备式(带蓄电池的)两种。

② 设备在进场前由施工单位或建设单位委托鉴定单位对其功能检测，并出具检测报告。

③ 安装前应确保外形尺寸与图纸相符，塑料外壳表面应无裂痕、褪色及永久性污渍，亦无明显变形和划痕。

5) 闭门器：

① 要求开门后能自动使门恢复至关闭状态。

② 设备在进场前由施工单位或建设单位委托鉴定单位对其功能检测，并出具检测报告。

③ 安装前应确保型号、外形尺寸与图纸相符，塑料外壳表面应无裂痕、褪色及永久性污渍，亦无明显变形和划痕。

6) 电控锁：

① 要求电控锁的主要技术指标及其功能，应符合设计和使用要求，并有产品合格证。

② 用户应根据门的材料、出门要求等需求选取不同的锁具。

③ 设备在进场前由施工单位或建设单位委托鉴定单位对其功能检测，并出具检测报告。

④ 安装前应确保型号、外形尺寸与图纸相符，塑料外壳表面应无裂痕、褪色及永久性污渍，亦无明显变形和划痕。

7) 智能卡：

① 要求通过卡片能够开启大门，相当于开门钥匙。

② 设备在进场前由施工单位或建设单位委托鉴定单位对其功能检测，并出具检测报告。

③ 安装前应确保型号、外形尺寸与图纸相符，塑料外壳表面应无裂痕、褪色及永久性污渍，亦无明显变形和划痕。

8) 绝缘导线：

① 门禁系统的传输线路应采用铜芯绝缘导线或钢芯电缆，其电压等级不应低于交流250V，并有产品合格证。

② 门禁系统传输线路的线芯截面选择除满足自动报警装置技术条件的要求外，还应满足机械强度的要求。

③ 设备在进场前由施工单位或建设单位委托鉴定单位对其功能检测，并出具检测报告。

(4) 施工条件

1) 土建内外装修及油漆浆活全部完成。
2) 管线、导线、预埋盒(盒口全部修好)全部完成。
3) 导线间绝缘电阻经摇测符合国家规范要求,并编号完毕。

4. 施工工艺

(1) 工艺流程

门禁系统安装要求 → 门禁系统安装 → 端子箱安装 → 管理机安装 → 调试验收

(2) 门禁系统安装要求:

1) 配管要求:

① 暗配管用管材须选用金属管、硬质 PVC 管等。

② 暗配管管路宜沿最短的路由敷设,尽量减少弯曲。在相邻拉线盒之间,禁止 S 形弯或 U 形弯。埋入墙体或混凝土构件内的暗配管,其表面保护层不应小于 15mm。

③ 所有管路接头、管口、进出箱盒处,均应做密封处理,以防混凝土、砂石进入暗配管内。

④ 暗配管不宜穿越电气设备基础,必须穿越时,应加穿金屑保护管并就近良好接地。

⑤ 如系 PVC 管,宜以捆扎稳固。

⑥ PVC 管明配安装时每 6m 长直线段做一个补偿接头。

⑦ 当管道长度大于 30m 或拐弯处多于 2 处时,应加装拉线盒。

⑧ 保证管道平滑无毛刺。

2) 布线要求:

① 系统建筑物内垂直干线应采取金属管,封闭式金属线槽等保护方式进行布线,与裸放的电力电缆的最小净距 800mm;与放在有接地的金属线槽或钢管中的电力电缆最小净距 150mm。

② 水平子系统应穿钢管埋于墙内,禁止与电力电缆穿同一管内。

③ 吊顶内施工时,须穿于 PVC 管或蛇皮软管内,安装设备处须放线盒,PVC 管或蛇皮软管进过线盒,线缆禁止暴露在外。

④ 弱电线路的电缆竖井应与强电线路的电缆竖井分别设置。如受条件限制必须合用同一竖井时,应分别布置在竖井的两侧。

⑤ 穿绝缘导线或电缆的总截面积不应超过管内截面积的 40%。

⑥ 敷设于封闭槽内的绝缘导线或电缆的总截面积不应大于线槽净截面各的 50%。

3) 门禁系统安装使用:

① 编码:在安装使用本产品之前必须对它进行编码,若使用多个本产品组成的联网型门禁系统,它们之间的编码不能一致,以便识别各个门口人员的进出情况。

② 编码方式请按产品说明书操作。

③ 卡的注册:在使用本产品之前必须将所有用户卡的信息注册至本产品的内部存储器中。卡的注册方法采用本公司的写卡控制器正确接入本产品的总线端,确认无误后,方可进行相关命令操作。

4) 端子箱安装:

① 设置在专用竖井内的端子箱,应根据设计要求的高度及位置,采用金属膨胀螺栓将箱体固定在墙壁上(明装),管进箱处应带好护口,将干线电缆和支线分别引入。

② 剥去电缆绝缘层和导线绝缘层,使用校线耳机,两人分别在线路两端逐根核对导线

编号。

③ 将导线留有一定长度的余量,然后绑扎成束,分别设置在端子板两侧。

④ 原则上先压接从中心引来的干线,后压接水平线路。

5) 管理机安装:

管理机是一台符合探测器运行条件的 PC 机。按照 PC 机放置标准配置中心控制室。按照探测器产品说明安装运行软件以及用总线接各建筑物门禁至管理机。

6) 调试验收:

门禁系统各种设备的系统调试,由局部到系统进行。在调试过程中应遵照公安部颁发的《中华人民共和国公共安全行业标准》,深入检查各部件和设备安装是否符合规范要求。在各种设备系统联接与试运转过程中,应由有关厂家参加协调,进行统一系统调试,发现问题及时解决,并做好详细的统调记录。

经过统调无误后,再请公安有关部门、建设单位的主要负责人及技术专家进行验收,确认合格后办理交验手续,交付使用。

5. 质量标准

(1) 主控项目

1) 器具的接地(接零)保护措施和其他安全要求必须符合施工规范规定。

检验方法:实测或检查记录。

2) 端子箱安装可参照配电箱安装工艺标准。

3) 导线的压接必须达到牢固可靠,线号正确齐全。导线规格必须符合设计要求和国家标准的规定。

检验方法:观察检查。

4) 上述器具、箱体、线缆的敷设与安装必须按照国家标准有关规定和产品使用说明严格执行。

检验方法:观察检查。

(2) 一般项目

1) 端子箱内各线路电缆排列整齐,线号清楚,导线绑扎成束,端子号相互对应,字迹清晰。

2) 导线接头或线缆敷设严禁有拧绞、护层断裂和表面严重划伤、缺损等现象,必须留有足够的余量以备压接和检测,并且导线或电缆一定要做好线路线号标记。各路导线接头正确牢固,编号清晰,绑扎成束。

检验方法:观察检查。

3) 组线箱、盒内应保证清洁无杂物。

4) 除设计有特殊要求外,一般都应按以上要求执行,各地线压接应牢固可靠,并有防松垫圈。

检验方法:观察和检查记录检查。

6. 成品保护

(1) 安装读卡器时应注意保持墙面的整洁。安装后应采取防尘措施。

(2) 端子箱安装完毕后应注意箱门上锁,保护箱体不被污染。

(3) 柜(盘)除采用防尘和防潮等措施外,最好及时将房门上锁,以防止设备损坏和丢失。

7. 其他

(1) 安装应牢固,如有不合格现象应及时修理好。

(2) 导线压接松动,反圈,绝缘电阻值低:应重新将压接不牢的导线压牢固,反圈的应按顺时针方向调整过来,绝缘电阻值低于标准值的应找出原因,否则不准投入使用。

(3) 端子箱固定不牢固,暗装箱贴脸四周有破口、不贴墙:就重新稳装牢固、贴脸破损进行修复,损坏严重应重新更换。与墙贴不实的应找一下墙面是否平整,修平后再稳装端子箱。

(4) 压接导线时,应认真摇测各回路的绝缘电阻,如造成调试困难时,应拆开压接导线重新进行复核,直到准确无误码为止。

(5) 柜、盘、箱的平直度超出允许偏差:应及时纠正。

(6) 柜(盘)、箱的接地导线截面不符合要求、压接不牢:应按要求选用接地导线,压接时应配好防松垫圈且压接牢固,并做明接地标记,以便于检查。

(7) 探测器、柜、盘、箱等被子浆活污染:应将其清理干净。

(8) 运行中出现误报:应检查接地电阻值是否符合要求、是否有虚接现象,直到调试正常为止。

(五) 停车管理系统

1. 分项(子分项)工程概况(略)

2. 分项(子分项)工程质量目标和要求(略)

3. 施工准备

(1) 施工人员

开工前及施工过程中,应对现场施工人员进行业务培训,所有人员应持证上岗。施工人员应认真熟悉图纸,配备相应规程、规范。

(2) 施工机具设备和测量仪器

卡线钳、电工刀、一字改锥、十字改锥、剥线钳、尖嘴钳。

万用表、兆欧表、高凳、升降车(或临时搭架子)、工具袋等。

(3) 材料要求

设备在进场前由施工单位或建设单位委托鉴定单位对其功能检测,并出具检测报告。

安装前应确保外形尺寸与图纸相符,塑料外壳表面应无裂痕、褪色及永久性污渍,亦无明显变形和划痕。

(4) 施工条件

土建内外装修及油漆浆活全部完成。

管线、导线、预埋盒(盒口全部修好)全部完成。

导线间绝缘电阻经摇测符合国家规范要求,并编号完毕。

4. 施工工艺

(1) 工艺流程

车辆出入的检测与控制 → 车位和车满的显示与管理 → 计时收费管理

(2) 车辆出入检测与控制系统

车辆出入检测与控制系统如图 3.5-20 所示。

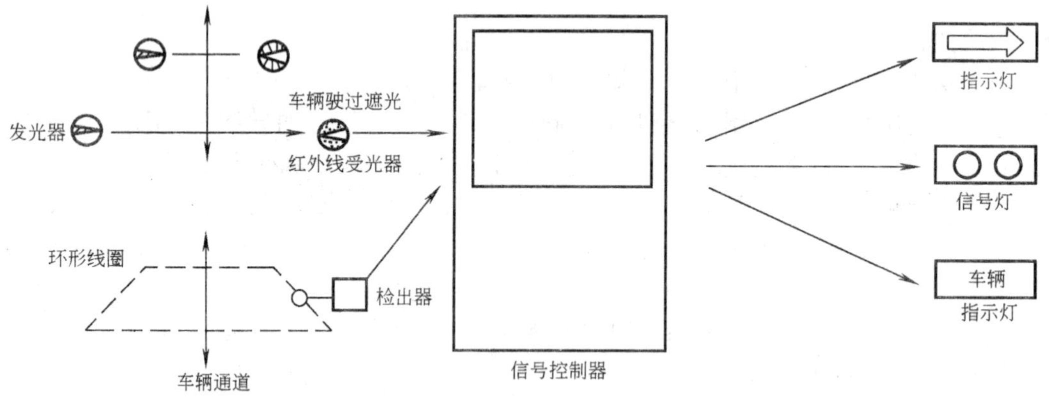

图 3.5-20 车辆出入检测与控制系统

目前有两种典型的检测方式:光电检测(红外线)方式和环形感应线圈方式,如图 3.5-21 所示。如图 3.5-21(a)所示,在水平方向上相对设置红外收、发装置,当车辆通过时,红外光线被遮断,接收端即发出检测信号。图中一组检测器使用两套收发装置,是为了区分通过的是人还是汽车;而采用两组检测器是利用两组的遮光顺序来同时检测车辆行进方向。

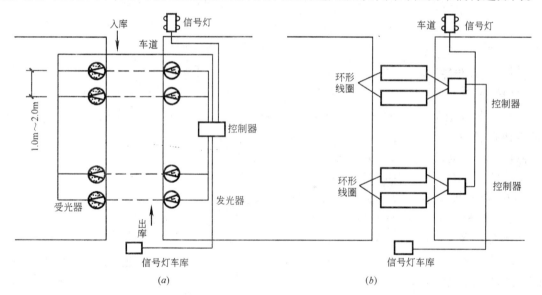

图 3.5-21 检测出入车辆的两种方式
(a)红外光电方式;(b)环形线圈方式

安装红外光电方式,除了收、发装置相互对准外,还应注意接收装置(受光器)不可让太阳光线直射到,其安装如图 3.5-22 所示。

环形线圈方式如图 3.5-21(b)所示,使用电缆或绝缘电线做成环形,埋在车路地下,当车辆(金属)驶过时,其金属车体使线圈发生短路效应而形成检测信号。在线圈埋入车路的施工时,应特别注意有否碰触周围金属,环形线圈 0.5m 平面范围内不可有其他金属物。环形线圈的施工如图 3.5-23 所示。

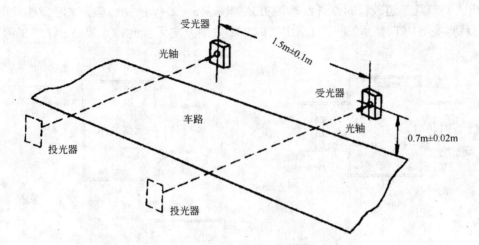

图 3.5-22　红外光电式检测器的安装

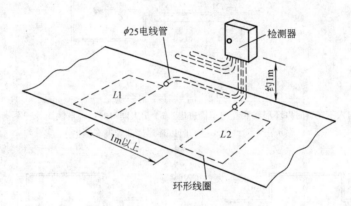

图 3.5-23　环形线圈的施工

(3) 信号灯控制系统

信号灯控制系统,根据车辆检测方式和不同进出口形式,有下列六种组合方式,如图 3.5-24 和 3.5-25 所示。

1) 出入不同口时环形线圈检测方式,如图 3.5-24(a)所示,通过环形线圈 $L1$ 使灯 $S1$ 动作;通过线圈 $L2$ 使灯 $S2$ 动作。

2) 出入同口且车道较短时环形线圈检测方式,如图 3.5-24(b)所示,通过环形线圈 $L2$ 先于 $L2$ 动作而使灯 $S1$ 动作,表示"进车";通过线圈 $L2$ 先于 $L1$ 而使灯 $S2$ 动作,表示"出车"。

3) 出入同口且车道较长时环形线圈检测方式,如图 3.5-24(c)所示,在引车道上设置四个环形线圈 $L1 \sim L4$。当 $L1$ 先于 $L2$ 动作时,检测控制器 $D1$ 动作并点亮 $S1$ 灯,显示"进车";反之,当 $L4$ 先于 $L3$ 动作时,检测控制器 $D2$ 动作并点亮 $S2$ 灯,显示"出车"。

4) 出入不同口时红外线检测方式如图 3.5-25(a)所示,车进来时,$D1$ 动作并点亮 $S1$ 灯;车出去时,$D2$ 动作并点亮 $S2$ 灯。

5) 出入同口且车道较短时红外线检测方式如图 3.5-25(b)所示,通过红外线检测器辨识车向,核对"出"方向无误时,才点亮 S 灯而显示"出车"。

6) 出入同口且车道较长时红外线检测方式如图 3.5-25(c) 所示，车进来时，D1 检测方向无误时就点亮 S1 灯，显示"进车"；车出去时 132 检测方向无误时就点高 S2 灯并显示"出车"。

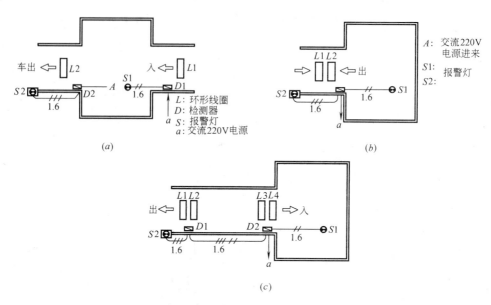

图 3.5-24　信号灯控制系统之一
(a) 出入不同口时以环形线圈管理车辆进出；(b) 出入同口时以环形线圈管理车辆进出；
(c) 出入同口而车道长时以环形线圈管理车辆进出

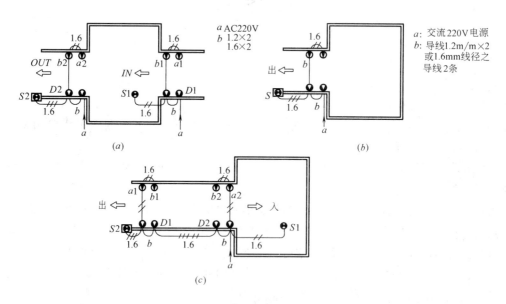

图 3.5-25　信号灯控制系统之二
(a) 出入不同口时以光电眼管理车辆进出；(b) 出入同口时以光电眼管理车辆进出；
(c) 出入同口而车道长时以光电眼管理车辆进出

安装时还要注意信号灯与环形线圈或红外装置的距离至少应在 5m 以上,最好有 10～15m。对于车道两侧无墙壁时,虽可竖杆来安装红外收发装置,但不美观,此时宜用环形线圈方式。在北方高寒积雪地区,若车道下设有解雪电热器,则不可使用环形线圈方式。两种检测方式各有所长,但从检测的准确性而言,尤其对于与计费系统相结合的场合,大多采用环形线圈方式。

(4) 车满显示系统

车满显示系统的原理是按车辆数计数或按车位上检测车辆是否存在。前者是利用车道上的检测器来加减进出的车辆数(即利用信号灯系统的检测信号),或是进出车库信号而加减车辆数。

按检测车位车满与否的方式,是在每个车位设置探测器。探测器的探测原理有光反射法和超声波反射法两种,由于超声法探测器易维护使用较多。

停车场管理系统的信号灯、指示灯的安装高度如下:停车位置 2.1m 以上;场内车道 2.3m 以上;步行道上 2.5m 以上;车道上 4.5m 以上。

5. 质量标准

(1) 主控项目:

1) 器具的接地(接零)保护措施和其他安全要求必须符合施工规范规定。

检验方法:实测或检查记录。

2) 导线的压接必须达到牢固可靠,线号正确齐全。导线规格必须符合设计要求和国家标准的规定。

检验方法:观察检查。

3) 上述器具、箱体、线缆的敷设与安装必须按照国家标准有关规定和产品使用说明严格执行。

检验方法:观察检查。

(2) 一般项目:

1) 导线接头或线缆敷设严禁有拧绞、护层断裂和表面严重划伤、缺损等现象,必须留有足够的余量以备压接和检测,并且导线或电缆一定要做好线路线号标记。各路导线接头正确牢固,编号清晰,绑扎成束。

检验方法:观察检查。

2) 组线箱、盒内应保证清洁无杂物。

3) 各地线压接应牢固可靠,并有防松垫圈。

检验方法:观察和检查记录检查。

6. 成品保护

注意接收装置(受光器)不可让太阳光线直射到。

7. 其他

(1) 安装应牢固,如有不合格现象应及时修理好。

(2) 信号灯、指示灯的安装高度应符合要求。

五、综合布线系统

(一) 工程概况(略)

(二) 工程质量目标和要求(略)
(三) 施工准备
1. 施工人员
施工人员应培训合格,认真熟悉图纸,必须持证上岗。
2. 施工机具设备和测量仪器
(1) 克丝钳、一字改锥、十字改锥、电工刀、尖嘴钳、剥线钳。
(2) 万用表、兆欧表、高凳、升降车(或临时搭架子)、工具袋等。
(3) 配线工具、线测试仪、网络电缆测试仪。
3. 材料要求
(1) 对器材规格、数量、质量进行检查,并应有产品合格证。
(2) 对各种管材、型材与铁件的材质、规格、型号、外观检查,应符合设计规定。
(3) 工程使用的对绞电缆和光缆规格、型号应符合设计规定,电缆所附标志、标签内容应齐全、清晰,对光缆特性进行测试,并应有产品合格证。
(4) 检查接插件。
(5) 电缆交接设备的型号、规格应符合设计规定。
4. 作业条件
(1) 交接间、设备间、工作区土建工程已全部竣工。
(2) 预留地槽、暗管、孔洞的位置、数量、尺寸均应符合设计要求。
(3) 交接间、设备间应提供可靠的施工电源和接地装置。
(4) 设备间活动地板铺设、防静电措施的接地应符合设计和产品说明要求。
(四) 操作工艺
1. 设备安装
(1) 机架安装:
机架安装应牢固;各种零件齐全,漆面完好,标志清晰;水平、垂直度应符合规定;架前、架后留有一定距离。
(2) 配线设备机架安装:
各垂直误差不应大于 3mm,底座水平误差不应大于 2mm;接线端子各种标志应齐全,
(3) 各类接线模块安装:
模块设备应完整、安装就位、标志齐全;安装螺丝拧紧、面板应保持在一个水平面内。
(4) 信息插座安装:
安装在活动地板或地面上,应固定在接线盒内,接线盒盖应可开启,并应防水;安装在墙体上,宜高出地面 300mm;信息插座应有标签,安装位置符合设计要求。
(5) 桥架、槽道、钢管、接地体安装应符合各自的要求。
2. 缆线敷设
(1) 缆线布放前应核对规格、程式、路由及位置与设计规定相符;缆线布放应平直,不扭绞、打圈;缆线两端应有标签;各种缆线按要求分开敷设,并应有冗余,符合表3.5-12。
(2) 暗敷设电缆的敷设管道两端应有标志;管道内应无阻挡,并有引线或拉线;直线管道的利用率应为 50%~60%,弯管道为 40%~50%,暗管布防4对对绞电缆时管道利用率应为 25%~30%。

对绞电缆与电力线最小净距　　　　　表3.5-12

条件\单位范围	最小间距（m）		
	小于2kVA(380V)	2-5kVA(380V)	大于5kVA(380V)
对绞、电力电缆平行	130	300	600
一方在槽道、管道中	70	150	300
双方在槽道、管道中	10	80	150

3．缆线终端

缆线终端应有标签，接线无误，接触良好，缆线中间不得产生接头现象，符合系统设计要求。

4．工程电气测试

符合系统设计要求。

5．工程竣工验收

（五）质量标准

1．保证项目

（1）所有器材的规格型号、材料的材质及使用场所必须符合设计要求和设计规范的要求。

（2）屏蔽线、接地线不应大于4Ω（有特殊要求的除外），压接应牢固可靠。

（3）盒、箱、电缆安装应牢固可靠。

检验方法：观察检查和使用仪器设备进行测试实验。

2．基本项目

（1）各种器件、设备的安装，盒、箱的安装应符合设计要求，布局合理，排列整齐，导线连接正确，压接牢固。

（2）防雷接地线的截面和焊接倍数应符合规范要求。

（3）导线和保护地线应留有补偿余量。

检验方法：观察检查或使用仪器设备进行测试检验。

（六）成品保护

1．安装敷设电缆、电线时，不得损坏建筑物，并注意保持墙面的整洁。

2．安装布线部件时，不应损坏龙骨和吊顶。

3．修补浆活时，不得把器件表面弄脏，并防止水进入部件内。

4．使用高凳或搬运物件时，不得碰撞墙面和门窗等。

（七）应注意的质量问题

1．设备之间、干线与端子之间连接不牢固：应及时检查，将松动处紧牢固。

2．使用屏蔽线时，外铜网与芯线相碰：按要求外铜网应与芯线分开，压接应特别注意。

3．由于屏蔽线或设备未接地，会造成干扰：应按要求将屏蔽线和设备的地线压接好。

4．导线编号混乱，颜色不统一：应根据产品说明书的要求，按编号进行查线，并将标注清楚的异形端子编号管装牢，相同回路的导线应颜色一致。

5. 导线压接松动,反圈,绝缘电阻值偏低:应重新将压接不牢的导线压牢固,反圈的应按顺时针方向调整过来,绝缘电阻值低于标准电阻值的应找出原因,否则不准投入使用。

6. 安装位置距墙、吊顶不符合要求:应按消防规范规定执行。

7. 端子箱固定不牢固,暗装箱贴脸四周有破口、不贴墙:应重新稳装牢固,贴脸破损进行修复,损坏严重应重新更换。与墙贴不实的应找一下墙面是否平整,修平后再稳装端子箱。

8. 压接导线时,应测各回路绝缘电阻。

9. 线缆敷设杂乱:应理顺并绑扎成束。

六、楼宇设备自控系统

（一）工程概况(略)

（二）工程质量目标和要求(略)

（三）施工准备

1. 施工人员
2. 施工机具设备和测量仪器
（1）克丝钳、一字改锥、十字改锥、电工刀、尖嘴钳、剥线钳。
（2）万用表、兆欧表、高凳、升降车(或临时搭架子)、工具袋等。
（3）校验仪器:数字电压表、数字电流表、电阻箱、信号发生器等。
3. 材料要求
（1）型材与铁件的材质、规格、型号、外观检查,应符合设计规定。
（2）用的线缆规格、型号的核对,应符合设计规定,电缆所附标志、标签内容应齐全、清晰,对线缆特性进行测试,并应有产品合格证。
（3）仪器的检查,外观、型号、仪表量程应符合设计规定,并应有产品合格证。进口设备应有报关单、商检证、质量证明材料。
4. 作业条件
（1）浆活全部完毕。
（2）给排水、高低压供电设备等安装开始。
（3）槽钢设置完毕。
（4）暗管、孔洞的位置、数量、尺寸均应符合设计要求。
（5）供可靠的施工电源和接地装置。

（四）操作工艺

1. 机柜安装:机柜安装应牢固;各种零件齐全,漆面完好,标志清晰;水平、垂直度应符合规定;架前、架后留有一定距离。

2. 机柜安装:各垂直误差不应大于3mm,底座水平误差不应大于2mm;接线端子各种标志应齐全。

3. 桥架、槽道、钢管、接地体安装应符合各自的要求。

4. 缆线布放前应核对规格、程式、路由及位置与设计规定相符;缆线布放应平直、不扭绞、打圈;缆线两端应有标签;各种缆线按要求分开敷设,并应有冗余。

5. 暗敷设电缆的敷设管道两端应有标志;管道内应无阻挡,并有引线或拉线;直线管道的利用率应为 50%~60%,弯管道为 40%~50%。

6. 对附设完的电缆,接线前要逐个回路进行检查核对。

7. 缆线终端应有标签,接线无误,接触良好,缆线中间不得产生接头现象,符合系统设计要求。

8. BAS 系统中的中央操作站与现场控制器 DDC 及现场控制器之间采用截面积为 $1.0mm^2$ 的 RVVP 聚氯乙烯绝缘、聚氯乙烯护套铜芯电缆或 DJYP2V 计算机专用通讯电缆。DDC 与现场控制设备如传感器、阀门之间的控制电缆,一般采用 $1~1.0mm^2$ 聚氯乙烯绝缘、聚氯乙烯护套铜芯电缆,是否采用软线或屏蔽线应根据设备而定。

9. 每台 DDC 的输入输出接口数量与种类应与所控制的设备要求相适应,并留有10%~15%的余量。

10. 应由变配电所引出专用回路向中央控制室供电;应设不间断电源(UPS)装置,并考虑容量。

11. 系统的静态调试,应保证系统所有设备、仪表工作正常。

12. 系统的联调投运,系统指标符合设计要求。

13. 工程竣工验收。

(五)质量标准

1. 保证项目

(1) 所有器材的规格型号、材料的材质及使用场所必须符合设计要求和设计规范的要求。

(2) 屏蔽线、接地线接地电阻不应大于 4Ω(有特殊要求的除外),压接应牢固可靠。

(3) 盒、箱、电缆安装应牢固可靠。

检验方法:观察检查和使用仪器设备进行测试实验。

2. 基本项目

(1) 各种器件、设备的安装,盒、箱的安装应符合设计要求,布局合理,排列整齐,导线连接正确,压接牢固。

(2) 防雷接地线的截面和焊接倍数应符合规范要求。

(3) 导线和保护地线应留有补偿余量。

检验方法:观察检查或使用仪器设备进行测试检验。

(六)成品保护

1. 安装敷设电缆、电线时,不得损坏建筑物,并注意保持墙面的整洁。

2. 安装设备及敷设电缆时,不应损坏龙骨和吊顶。

3. 修补浆活时,不得把器件表面弄脏,并防止水进入部件内。

4. 使用高凳或搬运物件时,不得碰撞墙面和门窗等。

(七)应注意的质量问题

1. 设备之间、干线与端子之间连接不牢固;应及时检查,将松动处紧牢固。

2. 使用屏蔽线时,外铜网与芯线相碰:按要求外铜网应与芯线分开,压接应特别注意。

3. 由于屏蔽线或设备未接地,会造成干扰:应按要求将屏蔽线和设备的地线压接好。

4. 导线编号混乱,颜色不统一:应根据产品说明书的要求,按编号进行查线,并将标注清楚的异形端子编号管装牢,相同回路的导线应颜色一致。

5. 导线压接松动,反圈,绝缘电阻值偏低:应重新将压接不牢的导线压牢固,反圈的应按顺时针方向调整过来,绝缘电阻值低于标准电阻值的应找出原因,否则不准投入使用。

6. 安装位置距墙、吊顶不符合要求:应按消防规范规定执行。

7. 端子箱固定不牢固,暗装箱贴脸四周有破口、不贴墙:应重新稳装牢固,贴脸破损进行修复,损坏严重应重新更换。与墙贴不实的应找一下墙面是否平整,修平后再稳装端子箱。

8. 压接导线时,应测各回路绝缘电阻。

9. 线缆敷设杂乱:应理顺并绑扎成束。

第六节 通风与空调

一、送排风系统

(一) 风管与配件制作

1. 工程概况(略)

2. 工程质量目标和要求(略)

3. 施工准备

(1) 材料要求及主要机具:

1) 所使用板材、型钢的主要材料应具有出厂合格证明书或质量鉴定文件。

2) 制作风管及配件的钢板厚度应符合表 3.6-1 的规定。

风管及配件钢板厚度　　　　　表 3.6-1

长边尺寸(mm)或直径(mm) 　类别　厚度	圆形风管	矩形风管		除尘系统风管
		中低压系统	高压系统	
80～320	0.5	0.5		1.5
340～450	0.6	0.6	0.8	
480～630	0.8			2.0
670～1000	0.8	0.8		
1120～1250	1.0	1.0	1.0	
1320～2000	1.2		1.2	3.0
2500～4000		1.2		按设计要求

3) 镀锌薄钢板表面不得有裂纹、结疤及水印等缺陷,应有镀锌层结晶花纹。

4) 制作不锈钢板钢板风管和配件的板材厚度应符合表 3.6-2 的规定。

5) 不锈钢板材应具有高温下耐酸耐碱的抗腐蚀能力。板面不得有划痕、刮伤、锈斑和凹穴等缺陷。

不锈钢板风管和配件板材厚度　　　　　　表3.6-2

圆形风管直径或矩形风管大边长(mm)	不锈钢板厚度(mm)
100～500	0.5
560～1120	0.75
1250～2000	1.00
2500～4000	1.2

6）制作铝板风管和配件的板材厚度应符合表3.6-3的规定。

铝板风管和配件板材厚度　　　　　　表3.6-3

圆形风管直径或矩形风管大边长(mm)	铝板厚度(mm)
100～320	1.0
360～630	1.5
700～2000	2.0
2500～4000	2.5

7）铝板材应具有良好的塑性、导电、导热性能及耐酸腐蚀性能，表面不得有划痕及磨损。

8）龙门剪板机、电冲剪、手用电动剪倒角机、咬口机、压筋机、折方机、合缝机、振动式曲线剪板机、卷圆机、圆弯头咬口机、型钢切割机、角（扁）钢卷圆机、液压钳钉钳、电动拉铆枪、台钻、手电钻、冲孔机、插条法兰机、螺旋卷管机、电、气焊设备、空气压缩机油漆喷枪等设备及不锈钢板尺、钢直尺、角尺量器、划规、划针、洋冲、铁锤、木锤、拍板等小型工具。

排烟系统钢板厚度可参照高压系统。

(2) 作业条件：

1）集中加工应具有宽敞、明亮、洁净、地面平整、不潮湿的厂房。

2）现场分散加工应具有能防雨雪、大风及结构牢固的设施。

3）作业地点要有相应加工工艺的基本机具、设施及电源和可靠的安全防护装置，并配有消防器材。

4）风管制作应有批准的图纸、经审查的大样图、系统图，并有施工员书面的技术质量及安全交底。

4. 操作工艺

(1) 工艺流程：

领料→展开下料→剪切→倒角→成型→风管连接→加固→防腐、喷漆→检验→出厂

(2) 划线的基本线有：直角线、垂直平分线、平行线、角平分线、直线等分、圆等分等。展开方法宜采用平行线法、放射线法和三角线法。根据图及大样风管不同的几何形状和规格、分别进行划线展开。

(3) 板材剪切必须进行下料的复核,以免有误,按划线形状用机械剪刀和手工剪刀进行剪切。

(4) 剪切时,手严禁伸入机械压板空隙中。上刀架不准放置工具等物品,调整板料时,脚不能放在踏板上。使用固定式震动剪两手要扶稳钢板,手离刀口不得小于5cm,用力均匀适当。

(5) 板材下料后在轧口之前,必须用倒角机或剪刀进行倒角工作。倒角形状如图3.6-1。

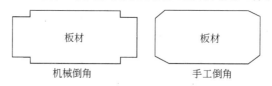

图3.6-1 倒角形状

(6) 金属薄板制作的风管采用咬口连接、铆、焊接等不同方法。不同板材咬接或焊接界限如表3.6-4规定。

金属风管的咬接或焊接界限　　　　表3.6-4

板　厚（mm）	材　质		
	钢板(不包括镀锌钢板)	不锈钢板	铝　板
$\delta \leqslant 1.0$	咬　接	咬　接	咬　接
$1.0 < \delta \leqslant 1.2$			
$1.2 < \delta \leqslant 1.5$	焊　接（电　焊）	焊　接（氩弧焊及电焊）	焊　接（气焊或氩弧焊）
$\delta > 1.5$			

1) 咬口连接类型宜用图3.6-2的形式。咬口宽度和留量根据板材厚度,应符合表3.6-5的要求。

图3.6-2 咬口连接类型

咬口宽度表(mm)表　　　　表3.6-5

钢板厚度	平咬口宽 B	角咬口宽 B
0.7以下	6~8	6~7
0.7~0.82	8~10	7~8
0.9~1.2	10~12	9~10

2) 焊接时可采用气焊、电焊或接触焊,焊缝形式应根据风管的构造和焊接方法而定,可选图 3.6-3 几种形式。

图 3.6-3 焊接形式

3) 铆钉连接时,必须使铆钉中心线垂直于板面,铆钉头应把板材压紧,使板缝密合并且铆钉排列整齐、均匀。

板材之间铆接,一般中间可不加垫料,设计有规定时,按设计要求进行。

(7) 咬口连接根据使用范围选择咬口形式。适用范围可参照表 3.6-6。

常用咬口及其适用范围　　　　　表 3.6-6

形　式	名　称	适　用　范　围
	单咬口	用于板材的拼接和圆形风管的闭合咬口
	立咬口	用于圆形管或直接的管节咬口
	联合角咬口	用于矩形风管、变管、三通管及四通管的咬接
	转角式咬口	较多的用于矩形直管的咬缝,和有净化要求的空调系统,有时也用于弯管成三通管的转角咬口缝
	接扣式咬口	现在矩形风管大多采用此咬口,有时也用于弯管、三通管或四通管

(8) 咬口时手指距滚轮护壳不小于 5cm,手柄不准放在咬口机轨道上,扶稳板料。

(9) 咬口后的板料将画好的折方线放在折方机上,置于下模的中心线。操作时使机械上刀片中心线与下模中心线重合,折成所需要的角度。

(10) 折方时应互相配合并与折方机保持一定距离,以免被翻转的钢板或配重碰伤。

(11) 制作圆风管时,将咬口两端拍成圆弧状放在卷圆机上圈圆,按风管圆径规格适当调整上、下辊间距,操作时,手不得直接推送钢板。

(12) 折方或卷圆后的钢板用合口机或手工进行合缝。操作时,用力均匀,不宜过重。单、双口确实咬合,无胀裂和半咬口现象。

(13) 法兰加工：

1) 矩形风管法兰加工：

① 方法兰由四根角钢组焊而成，划料下料时应注意使焊成后的法兰内径不能小于风管的外径，用型钢切割机按线切断。

② 下料调直后放在冲床上冲击铆钉孔及螺栓孔、孔距不应大于150mm。如采用8501阻燃密封胶条做垫料时，螺栓孔距可适当增大，但不得超过300mm。

③ 冲孔后的角钢放在焊接平台上进行焊接，焊接时按各规格模具卡紧。

④ 矩形法兰用料规格应符合表3.6-7的规定。

矩形风管法兰　　　　　表3.6-7

矩形风管大边长(mm)	法兰用料规格(mm)
≤630	∟24×3
800~1250	∟30×4
1600~2500	∟40×4
3000~4000	∟50×5

注：矩形法兰的四角应设置螺孔。

2) 圆形法兰加工：

① 先将整根角钢或扁钢放在冷煨法兰卷圆机上按所需法兰直径调整机械的可调零件，卷成螺旋形状后取下。

② 将卷好后的型钢画线割开，逐个放在平台上找平找正。

③ 调整的各支法兰进行焊接、冲孔。

④ 圆法兰用料规格应符合表3.6-8的规定。

圆形加风管法兰　　　　　表3.6-8

圆形风管直径(mm)	法兰用料规格	
	扁钢(mm)	角钢(mm)
≤140	-20×4	∟25×3
150~280	-25×4	∟30×4
300~500		∟40×4
530~1250		
1320~2000		

3) 无法兰加工：

无法兰连接风管的接口应采用机械加工，尺寸应正确、形状应规则，接口处应严密。无法兰矩形风管接口自制四角应有固定措施。

风管无法兰连接可采用承插、插条、薄钢板法兰弹簧夹等形式详见表3.6-9~3.6-11。

圆形风管无法兰连接形式 表3.6-9

序号	无法兰形式		附件板厚	接口要求	使用范围	备注
1	承插连接			插入深度大于30mm,有密封措施	低压风管	直径<700mm
2	带加强筋承插			插入深度大于20mm,有密封措施	中、低压风管	
3	角钢加固承插			插入深度大于20mm,有密封措施	中、低压风管	
4	芯管连接		≥管板厚	插入深度大于20mm,有密封措施	中、低压风管	
5	立筋抱箍连接		≥管板厚	四角加90°贴角,并固定	中、低压风管	
6	抱箍连接		≥管板厚	接头尽量靠近不重叠	中、低压风管	宽≥100mm

常用矩形风管无法兰连接形式表 表3.6-10

序号	无法兰形式		附件板厚不小于(mm)	转角要求	使用范围	备注
1	S形插条		0.7	立面插条两端压到两平面各20mm左右	低压风管	单独使用
2	C形插条		0.7	立面插条两端压到两平面各20mm左右	中、低压风管	
3	立插条		0.7	四角加90°平板条固定	中、低压风管	
4	立咬口		0.7	四角加90°贴角并固定	中、低压风管	
5	包边立咬口		0.7	四角加90°贴角并固定	中、低压风管	
6	薄钢板法兰插条		0.8	四角加90°,贴角	高、中低压风管	
7	薄钢板法兰弹簧夹		0.8	四角加90°贴角	高、中低压风管	
8	直角型平插条		0.7	四角两端固定	低压风管	采用此法连接时,风管大边尺寸不得大于630mm
9	立联合角插条		0.8	四角加90°贴角并固定	低压风管	

圆形风管芯连接　　　　　　　表 3.6-11

直径 D(mm)	芯管长度 l(mm)	自攻螺丝或抽芯铆钉数量(个)	外径允许偏差(mm)	
			圆管	芯管
120	60	3×2	-1~0	-3~-4
300	80	4×2		
400	100	4×2		
700	100	6×2	-2~0	-4~-5
900	100	8×2		
1000	100	8×2		

4）不锈钢、铝板风管法兰用料规格应符合表 3.6-12 的规定。

法兰用料规格(mm)　　　　　　　表 3.6-12

圆、矩形不锈钢风管	≤280		-25×4	
	320~560		-30×4	
	630~1000		-35×4	
	1120~2000		-40×4	
圆、矩形铝板风管	≤280	∟30×4		-30×6
	320~560	∟35×4		-35×8
	630~1000			-40×10
	1120~2000			-40×12

在风管内铆法兰腰箍冲眼时，管外配合人员面部要避开冲孔。

(14) 矩形风管边长大于或等于 630mm 和保温风管边长大于或等于 800mm，其管段长度在 1200mm 以上时均应采取加固措施。边长小于或等于 800mm 的风管，宜采用楞筋、楞线的方法加固。

中、高压风管的管面长度大于 1200mm 时，应采用加固框的形式加固。

高压几管的单咬口缝应有加强措施。

风管的板材厚度大于或等于 2mm 时，加固措施的范围可适当放宽。

风管的加固形式详见图 3.6-4 及图 3.6-5。

图 3.6-4　圆形风管加固形式

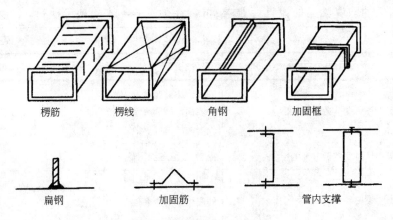

图 3.6-5　矩形风管加固形式

(15) 风管与法兰组合成形时,风管与扁钢法兰可用翻边连接;与角钢法兰连接时,风管壁厚小于或等于 1.5mm 可采用翻边铆接,铆钉规格,铆孔尺寸见表 3.6-13 的规定。

圆、矩形风管法兰铆钉规格及铆孔尺寸　　　　表 3.6-13

类　型	风管规格	铆孔尺寸	铆钉规格
方法兰	120~630	$\phi4.5$	$\phi4\times8$
	800~2000	$\phi5.5$	$\phi5\times10$
圆法兰	200~500	$\phi4.5$	$\phi4\times8$
	530~2000	$\phi5.5$	$\phi5\times10$

风管壁厚大于 1.5mm 可采用翻边点焊和沿风管管口周边满焊,点焊时法兰与管壁外表面贴合;满焊时法兰应伸出风管管口 4~5mm,为防止变形,可采用图 3.6-6 的方法。

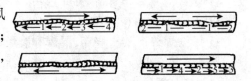

图 3.6-6　防止变形的焊法

图 3.6-7 中表示常用的几种焊接顺序,大箭头指示总的焊接方向,小箭头表示局部分段的焊接方向,数字表示焊接先后顺序。这样可以使焊件比较均匀地受热和冷却,从而减少变形。

(16) 风管与法兰铆接前先进行技术质量复核,合格后将法兰套在风管上,管端留出 10mm 左右翻边量,管折方线与法兰平面应垂直,然后使用液压铆钉钳或手动夹眼钳用铆钉将风管与法兰铆固,并留出四周翻边。

(17) 翻边应平整,不应遮住螺孔,四角应铲平,不应出现豁口,以免漏风。

(18) 风管与小部件(嘴子、短支管等)连接处、三通、四通分支处要严密、缝隙处应利用锡焊或密封胶堵严以免漏风。使用锡焊、熔漏时锡液不许着水,防止飞溅伤人,盐酸要妥善保管。

(19) 风管喷漆防腐不应在低温(低于 +5℃)和潮湿(相对湿度不大于 80%)的环境下进行,喷漆前应清除表面灰尘、污垢与锈斑并保持干燥。喷漆时应使漆膜均匀,不得有堆积、漏涂、皱纹、气泡及混色等缺陷。

普通钢板在压口时必须先喷一道防锈漆,保证咬缝内不易生锈。

(20) 薄钢板的防腐油漆如设计无要求,可参照表 3.6-14 的规定执行。

薄钢板油漆 表 3.6-14

序号	风管所输送的气体介质	油漆类别	油漆遍数
1	不含有灰尘且温度不高于 70℃ 的空气	内表面涂防锈底漆 外表面涂防锈底漆 外表面涂面漆(调和漆等)	2 1 2
2	不含有灰尘且温度高于 70℃ 的空气	内、外表面各涂耐热漆	2
3	含有粉尘或粉屑的空气	内表面涂防锈底漆 外表面涂防锈底漆 外表面涂面漆	1 1 2
4	含有腐蚀性介质的空气	内外表面涂耐酸底漆 内外表面涂耐酸面漆	≥2 ≥2

注:需保温的风管外表面不涂胶粘剂时,宜涂防锈漆二遍。

(21) 风管成品检验后应按图中主干管、支管系统的顺序写出连接号码及工程简名,合理堆放码好,等待运输出厂。

5. 质量标准

(1) 保证项目

1) 风管的规格、尺寸必须符合设计要求。

检验方法:尺量和观察检查。

2) 风管咬缝必须紧密、宽度均匀、无孔洞半咬口和胀裂等缺陷。直管纵向咬缝应错开。

检验方法:观察检查。

3) 风管焊缝严禁有烧穿、漏焊和裂纹等缺陷,纵向焊缝必须错开。

检验方法:观察检查。

(2) 基本项目

1) 风管外观质量应达到折角平直,圆弧均匀,两端面平行,无翘角,表面凹凸不平大于 5mm;风管与法兰连接牢固,翻边平整,宽度不大于 6mm,紧贴法兰。

检验方法:拉线、尺量和观察检查。

2) 风管法兰孔距应符合设计要求和施工规范的规定,焊接应牢固,焊缝处不设置螺孔。螺孔具备互换性。

检验方法:尺量和观察检查。

3) 风管加固应牢固可靠、整齐,间距适宜,均匀对称。

检验方法:观察和手扳方法检查。

4) 不锈钢板、铝板风管表面应无刻痕、划痕、凹穴等缺陷。复合钢板风管表面无损伤。

检验方法:观察检查。

5) 铁皮插条法兰宽窄要一致,插入两端后应牢固可靠。

检验方法:观察检查。

(3) 允许偏差项目

风管及法兰制作尺寸的允许偏差和检验方法应符合表3.6–15的规定。

风管及法兰制作尺寸的允许偏差和检验方法　　　表3.6–15

项次	项目		允许偏差(mm)	检验方法
1	圆形风管外径	$\phi \leqslant 300mm$	0 −1	用尺量互成90°的直径
		$\phi > 300mm$	0 −2	
2	矩形风管大边	≤300mm	0 −1	尺量检查
		>300mm	0 −2	
3	圆形法兰直径		+2 0	用尺量互成90°的直径
4	矩形法兰边长		+2 0	用尺量四边
5	矩形法兰两对角线之差		3	尺量检查
6	法兰平整度		2	法兰放在平台上，用塞尺检查
7	法兰焊缝对接处的平整度		1	

6. 成品保护

(1) 要保持镀锌钢板表面光滑洁净，放在宽敞干燥的隔潮木头垫架上，叠放整齐。

(2) 不锈钢板、铝板要立靠在木架上、不要平叠，以免拖动时刮伤表面。下料时应使用不产生划痕的画线工具操作时应使用木锤或有胶皮套的锤子，不得使用铁锤，以免落锤点产生锈斑。

(3) 法兰用料分类理顺码放，露天放置应采取防雨、雪措施、减少生锈现象。

(4) 风管成品应码放在平整，无积水，宽敞的场地，不与其他材料，设备等混放在一起，并有防雨、雪措施。码放时应按系统编号，整齐、合理，便于装运。

(5) 风管搬运装卸应轻拿轻放、防止损坏成品。

7. 应注意的质量问题

金属风管制作时易产生的质量问题和防止措施参照表3.6–16。

风管制作易产生质量问题及防止措施　　　表3.6–16

序号	常产生的质量问题	防治措施
1	铆钉脱落	增强责任心，铆后检查 按工艺正确操作 加长铆钉
2	风管法兰连接不方	用方尺找正使法兰与直管棱垂直管口四边翻边量宽度一致

续表

序号	常产生的质量问题	防治措施
3	法兰翻边四角漏风	管片压口前要倒角 咬口重叠处翻边时铲平 四角不应出现豁口
4	管件连接孔洞	出现孔洞用焊锡或密封胶堵严
5	风管大边上下有不同程度下沉,两侧面小边稍向外凸出,有明显变形	按《通风与空调工程施工质量验收规范》GB 50243—2002 选用钢板厚度,咬口形式的采用应根据系统功能按《通风与空调工程施工质量验收规范》GB 50243—2002 进行加固
6	矩形风管扭曲、翘角	正确下料 板料咬口预留尺寸必须正确,保证咬口宽度一致
7	矩形弯头、圆形弯头角度不准确	正确展开下料
8	圆形风管不同心 圆形三通角度不准、咬合不严	正确展开下料

（二）部件制作

1．工程概况（略）

2．工程质量目标和要求（略）

3．施工准备

（1）材料要求及主要机具：

1）各种材料应具有出厂合格证明书或质量鉴定文件。

2）除上述文件外,应进行外观检查,各种板材表面应平整,厚度均匀,无明显伤痕,并不得有裂纹、锈蚀等质量缺陷,型材应等型、均匀、无裂纹及严重锈蚀等情况。

3）其他材料不能因其本身缺陷而影响或降低产品的质量或使用效果。

4）剪板机、折方机、咬口机、冲床、电焊机、点焊机、亚弧焊机、车床、台钻、型材切割机、空压机及喷漆设备、手动、电动液压铆钉钳、电动拉铆枪和直尺、方尺、划规、划针、铁锤、木锤、洋冲、扳手、螺丝刀、钢丝钳、钢卷尺及专用冲压模具、工装等。

（2）作业条件：

1）应具备有宽敞、明亮、地面平整、洁净的厂房。

2）作业地点要有满足加工工艺要求的机具设备、相应的电源,安全防护装置及消防器材。

3）各种风管部件均应按国家有关标准设计图纸制作,并有施工员书面的技术、质量、安全交底和施工预算。

4．操作工艺

（1）风口工艺流程：

领料 → 外框（叶片）下料 → (专用模具)成型 → 机加件及其他零部件加工组装 → 焊接 → 表面处理 → 成品 → 检验 → 出厂

(2) 领料：

风口的制作应按其类型、规格、使用要求选用不同的材料制作。

(3) 下料、成型：

1) 风口的部件下料及成型应使用专用模具完成。

2) 铝制风口所需材料应为型材，其下料成型除应使用专用模具外，还应配备有专用的铝材切割机具。

(4) 组装：

1) 风口的部件成型后组装，应有专用的工装，以保证产品质量。产品组装后，应进行检验。

2) 风管表面应平整，与设计尺寸的允许偏差不应大于2mm，矩形风口两对角线之差不应大于3mm；圆形风口任意两正交直径的允许偏差不应大于2mm。

3) 风口的转动调节部分应灵活，叶片应平直，同边框不得碰撞。

4) 插板式及活动蓖板式风口，其插板、蓖板应平整，边缘光滑，拉动灵活。活动蓖板式风口组装后应能达到安全开启和闭合。

5) 百叶风口的叶片间距应均匀，两端轴的中心应在同一直线上。手动式风口叶与边框铆接应松紧适当。

6) 散流器的扩散环和调节环应同轴，轴向间距分布应均匀。

7) 孔板式风口，孔口不得有毛刺，孔径和孔距应符合设计要求。

8) 旋转式风口，活动件应轻便灵活。

9) 球形风口内外球面间的配合应松紧适度，转动自如，风量调节片应能有效地调节风量。

10) 风口活动部分，如轴、轴套的配合等，应松紧适宜，并应在装配完成后加注润滑油。

(5) 焊接：

1) 钢制风口组装后焊接可根据不同材料，选择气焊或电焊的焊接方式。铝制风口应采用亚弧焊接。

2) 焊接均应在非装饰面处进行，不得对装饰面外观产生不良影响。

3) 焊接完成后，应对风口进行一次调整。

(6) 表面处理：

1) 风口的表面处理，应满足设计及使用要求，可根据不同材料选择如喷漆、喷塑、氧化等方式。

2) 如风口规格较大，应在适当部位对叶片及外框采以加固补强措施。

(7) 风阀工艺流程：

领料→外框(叶片)下料→成形→焊接→组装机加件及其他零部件加工→检验调整→喷漆→装配执行机构→成品→检验→出厂

(8) 领料：

风阀制作所需材料应根据不同类型严格选用。

(9) 下料、成型：

外框及叶片下料应使用机械完成，成型应尽量采用专用模具。

(10) 零部件加工：

同阀内的转动部件应采用有色金属制作，以防锈蚀。

(11) 焊接组装：

1) 外框焊接可采用电焊或气焊方式，并保证使其焊接变形控制在最小限度。

2) 风阀组装应按照规定的程序进行，阀门的制作应牢固，调节和制动装置应准确、灵活、可靠，并标明阀门的启闭方向。

3) 多叶片风阀叶片应贴合严密，间距均匀，搭接一致。

4) 止回阀阀轴必须灵活，阀板关闭严密，转动轴采用不易锈蚀的材料制作。

5) 防火阀制作所需钢材厚度不得小于 2mm，转动部件有任何时候都应转动灵活。易熔片应为批准的并检验合格的正规产品，其熔点温度的允许偏差为 -2℃。

(12) 风阀组装完成后应进行调整检验，并根据要求进行防腐处理。

(13) 若风阀规格过大，可将其割成若干个小规格的阀门制作。

(14) 防火阀在阀体制作完成后要加装执行机构并逐台进行检验。

(15) 罩类工艺流程：

领料 → 下料 → 成型 → 组装 → 成品 → 检验 → 出厂

(16) 领料：

罩类部件根据不同要求可选用普通钢板、镀锌钢板、不锈钢板及聚氯乙烯等材料制作。

(17) 下料：

根据不同的罩类形式放样后下料，并尽量采用机械加工形式。

(18) 成型、组装：

1) 罩类部件的组装根据所用材料及使用要求，可采用咬接、焊接等方式，其方法及要求详见风管制作部分。

2) 用于排出蒸汽或其他潮湿气体的伞形罩，应在罩口内边采取排队凝结液体的措施。

3) 排气罩的扩散角不应大于 60°。

4) 如有要求，在罩类中还应加有调节阀、自动报警、自动灭火、过滤、集油装置及设备。

(19) 成口检验：

罩类制作尺寸应准确，连接处应牢固，其外壳不应有尖锐的边缘。

(20) 风帽工艺流程：

领料 → 下料 → 成型 → 组装 → 成品 → 检验 → 出厂

(21) 风帽的制作应严格按照国家标准要求进行。

(22) 风帽制作可采用镀锌钢板、普通钢板及其他适宜的材料。

(23) 风帽的形状应规整、旋转风帽重心应平衡。

(24) 风帽的下料、成型、组装等工序可参见风管制作部分。

(25) 柔性管工艺流程：

领料 → 下料 → 缝制 → 成型 → 法兰组装

(26) 柔性管制作可选用人造革、帆布树脂玻璃布、软橡胶板、增强石棉布等材料。

(27) 柔性管的长度一般为 150~250mm，不得作为变径管。

(28) 下料后缝制可采用机械或手工方式，但必须保证严密牢固。

(29) 如需防潮,帆布柔性管可刷帆布漆,不得涂刷油漆,防止失去弹性和伸缩性。

(30) 柔性管与法兰组装可采用钢板压条的方式,通过铆接使二者联合起来,铆钉间距为 60~80mm。

(31) 柔性管不得出现扭曲现象,两侧法兰应平行。

5. 质量标准

(1) 保证项目:

1) 各类部件的规格、尺寸必须符合设计要求。

检验方法:尺量和观察检查。

2) 防火阀必须关闭严密,转动部件必须采用耐腐蚀材料,外壳、阀板材料厚度严禁小于 2mm。

检验方法:尺量、观察和操作检查。

3) 各类风阀的组合件尺寸必须正确,叶片与外壳无摩擦。

检验方法:操作检查。

4) 洁净系统阀门的活动件及拉杆等,如采用碳素钢板制作,必须做镀锌处理,轴与阀体连接处的缝隙必须封闭。

检验方法:观察检查。

5) 洁净系统柔性管所用材料必须不产尘、不透气、内壁光滑。柔性管与风管设备的连接必须严密不漏风。

检验方法:灯光和观察检查。

(2) 基本项目:

1) 部件组装应连接严密、牢固,活动件灵活可靠,松紧适度。

检验方法:手扳和观察检查。

2) 风口外观质量应合格,孔、片、扩散圈间距一致,边框和叶片平直整齐,外观光滑、美观。

检验方法:观察和尺量检查。

3) 各类风阀的制作应有启闭标记,多叶阀叶片贴合,搭接一致,轴距偏差不大于 1mm,阀板与手柄方向一致。

检验方法:观察和尺量检查。

4) 罩类制作。罩口尺寸偏差每米应不大于 2mm,连接处牢固,无尖锐的边缘。

检验方法:观察和尺量检查。

5) 风帽的制作的尺寸偏差每米不大于 2mm,形状规整,旋转风帽重心平衡。

检验方法:观察和尺量检查。

6) 柔性管应松紧适度,长度符合设计要求和施工规范的规定,无开裂现象,无扭曲现象。

检验方法:尺量和观察检查。

(3) 允许偏差项目:

风口制作尺寸的允许偏差和检验方法应符合表 3.6-17 的规定。

6. 成品保护

(1) 部件成品应存放在有防雨、雪措施的平整的场地上,并分类码放整齐。

风口制作尺寸的允许偏差和检验方法　　　　表3.6-17

项次	项　　目	允许偏差(mm)	检　验　方　法
1	外形尺寸	2	尺量检查
2	圆形最大与最小直径之差	2	尺量互成90°的直径
3	矩形两对角线之差	3	尺量检查

(2) 风口成品应采取防护措施,保护装饰面不受损伤。
(3) 防火阀执行机构应加装保护罩,防止执行机构受损或丢失。
(4) 多叶调节阀要注意调整连杆的保护,保持螺母在拧紧状态。
(5) 在装卸、运输、安装、调试过程中,应注意成品的保护。

7．应注意的质量问题
(1) 风口的装饰面极易产生划痕,在组装过程中应在操作台上垫以橡胶板等软性材料。
(2) 风阀叶片应根据阀门的规格计算好叶片的数量及展开宽度尺寸。
(3) 风阀、风口的制作要方、正、平,各种尺寸偏差应控制在允许范围之内。
(4) 部件产品的活动部件,在喷漆后,会产生操作不灵活的现象,在加工中应注意相互配合尺寸。
(5) 部件产品在制作过程中的板材连接,一定要牢固、可靠,尤其是防火阀产品。
(6) 防火阀产品要注意叶片与阀体的间隙,以保证其气密性满足要求。
(7) 在安装过程中,不能将柔性短管作为找平找正的连接管或异径管来使用。

(三) 风管系统安装

1．工程概况(略)
2．工程质量目标和要求(略)
3．施工准备
(1) 材料要求及主要机具:
1) 各种安装材料产品应具有出厂合格证明书或质量鉴定文件及产品清单。
2) 风管成品不许有变形、扭曲、开裂、孔洞,法兰脱落、法兰开焊、漏铆、漏打螺栓眼等缺陷。
3) 安装的阀体、消声器、罩体、风口等部件应检查调节装置是否灵活,消声片,油漆层有无损伤。
4) 安装使用材料有:螺栓、螺母、垫圈、垫料、自攻螺丝、铆钉、拉铆钉、电焊条、气焊条、焊丝、不锈钢焊丝、石棉布、帆布、膨胀螺栓等,都应符合产品质量要求。
5) 手锤、电锤、手电钻、手锯、电动双刃剪、电动砂轮锯、角向砂轮锯、台钻、电气焊具、扳手、改锥、木锤、拍板、手剪、捯链、高凳、滑轮绳索、尖冲、錾子、射钉枪、刷子、安全帽、安全带等。
(2) 作业条件:
1) 一般送排风系统和空调系统的安装,要在建筑围护结构施工完,安装部位的障碍物已清理,地面无杂物的条件下进行。
2) 对空气洁净系统的安装,应在建筑物内部安装部位的地面做好、墙面已抹完灰完毕,室内无灰尘飞扬,或有防尘措施的条件下进行。
3) 一般除尘系统风管安装,宜在厂房的工艺设备安装完或设备基础已确定,设备的连接管、罩体方位已知的情况下进行。

4）检查现场结构预留孔洞的位置、尺寸是否符合图纸要求,有无遗漏现象,预留的孔洞应比风管实际截面每边尺寸大100mm。

5）作业地点要有相应的辅助设计,如梯子、架子等,及电源和安全防护装置、消防器材等。

6）风管安装应有设计的图纸及大样图,并有施工员的技术、质量、安全交底。

4．操作工艺

（1）工艺流程：

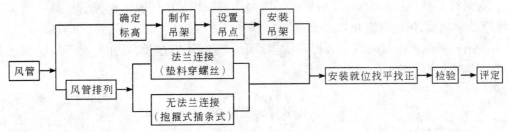

（2）确定标高：

按照设计图纸并参照土建基准线找出风管标高。

（3）制作吊架：

1）标高确定后,按照风管系统所在的空间位置,确定风管支、吊架形式（图3.6-7）。

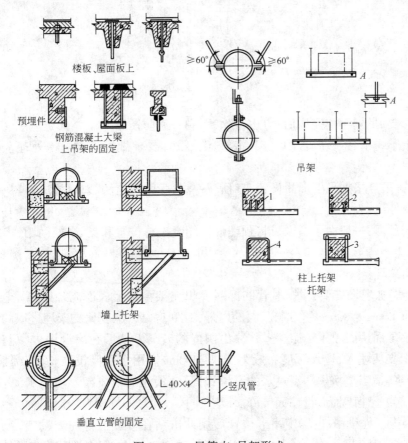

图3.6-7 风管支、吊架形式

2) 风管支、吊架的制作应按照华北标准办公室编制用料规格和做法制作。

3) 风管支、吊架的制作应注意的问题：

① 支架的悬臂、吊架的吊铁采用角钢或槽钢制成；斜撑的材料为角钢；吊杆采用圆钢；扁铁用来制作抱箍。

② 支、吊架在制作前，首先要对型钢进行矫正，矫正的方法分冷矫正和热矫正两种。小型钢材一般采用冷矫正。较大的型钢须加热到900℃左右后进行热矫正。矫正的顺序应该先矫正扭曲、后矫正弯曲。

③ 钢材切断和打孔，不应使用氧气-乙炔切割。抱箍的圆弧应与风管圆弧一致。支架的焊缝必须饱满，保证具有足够的承载能力。

④ 吊杆圆钢应根据风管安装标高适当截取。套丝不宜过长，丝扣末端不应超出托盘最低点。挂钩应喷成图3.6-8形式。

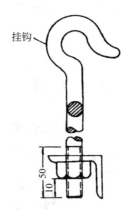

图3.6-8 挂钩形式

⑤ 风管支、吊架制作完毕后，应进行除锈，刷一遍防锈漆。

⑥ 用于不锈钢、铝板风管的支架，抱箍应按设计要求做好防腐绝缘处理。防止电化学腐蚀。

(4) 设置吊点根据吊架形式设置，有预埋件法、膨胀螺栓法、射钉枪法等。

1) 预埋件法：

① 前期预埋：一般由预留人员将预埋件按图纸坐标位置和支、吊架间距，牢固固定在土建结构钢筋上。

② 后期预埋：

a. 在砖墙上埋设支架：根据风管的标高算出支架型钢上表面离地距离，找到正确的安装位置，打出80mm×80mm的方洞。洞的内外大小应一致，深度比支架埋进墙的深度大30~50mm。打好洞后，用水把墙洞浇湿，并冲出洞内的砖屑。然后在墙洞内先填塞一部分1:2水泥砂浆，把支架埋入，埋入深度一般为150~200mm。用水平尺校平支架，调整埋入深度，继续填塞砂浆，适当填塞一些浸过水的石块和碎砖，便于固定支架。填入水泥砂浆时，应稍低于墙面，以便土建工种进行墙面装修。

b. 在楼板下埋设吊件：确定吊卡位置后用冲击钻在楼板上打一透眼，然后在地面剔出一个300mm长、深20mm的槽（图3.6-9）。将吊件嵌入槽中，用水泥砂浆将槽填平。

2) 膨胀螺栓法：特点是施工灵活、准确、快速（图 3.6－10）。

3) 射钉枪法：用于周边小于 800mm 的风管支管的安装。其特点同膨胀螺栓，使用时应特别注意安全（图 3.6－11）。

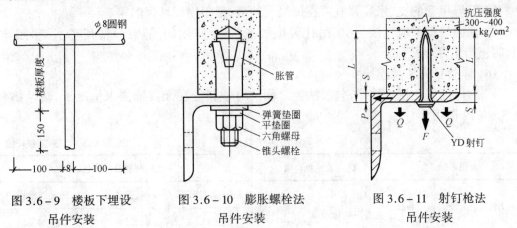

图 3.6－9　楼板下埋设　　图 3.6－10　膨胀螺栓法　　图 3.6－11　射钉枪法
　　　　吊件安装　　　　　　　　　吊件安装　　　　　　　　　吊件安装

(5) 安装吊架：

1) 按风管的中心线找出吊杆敷设位置，单吊杆在风管的中心线上；双吊杆可以按托盘的螺孔间距或风管的中心线对称安装。

2) 吊杆根据吊件形式可以焊在吊件上，也可挂在吊件上。焊接后应涂防锈漆。

3) 立管管卡安装时，应先把最上面的一个管件固定好，再用线锤在中心处吊线，下面的管卡即可按线进行固定。

4) 当风管较长时，需要安装一排支架时，可先把两端的安好，然后以两端的支架为基准，用拉线法找出中间支架的标高进行安装。

5) 支吊架的吊杆应平直、螺纹完整。吊杆需拼接时可采用螺纹连接或焊接。连接螺及应长于吊杆直径 3 倍，焊接宜采用搭接，搭长度应大于吊杆直径的 8 倍，并两侧焊接。

6) 支、吊架安装应注意的问题：

① 风管安装，管路较长时，应在适当位置增设吊架防止摆动。

② 支、吊架的标高必须正确，如圆形风管管径由大变小，为保证风管中心线水平，支架型钢上表面标高，应作相应提高。对于有坡度过要求的风管，托架的标高也应按风管的坡度要求。

③ 风管支、吊架间距如无设计要求时，对于不保温风管应符合表 3.6－18 要求。对于保温风管，支、吊架间距无设计要求时按表间距要求值乘以 0.85。螺旋风管的支、吊架间距可适当增大。

支、吊架间距　　　　　　　　　　　　　表 3.6－18

圆形风管直径或矩形风管长边尺寸	水平风管间距	垂直风管间距	最少吊架数
≤400mm	不大于 4m	不大于 4m	2 副
≤1000mm	不大于 3m	不大于 3.5m	2 副
>1000mm	不大于 2m	不大于 2m	2 副

④ 支、吊架的预埋件或膨胀螺栓埋入部分不得油漆,并应除去油污。

⑤ 支、吊架不得安装在风口、阀门、检查孔等处,以免妨碍操作。吊架不得直接吊在法兰上。

⑥ 保温风管的支、吊装置宜放在保温层外部,但不得损坏保温层。

⑦ 保温风管不能直接与支、吊托架接触,应垫上坚固的隔热材料,其厚度与保温层相同,防止产生"冷桥"。

(6) 风管排列法兰连接:

1) 为保证法兰接口的严密性,法兰之间应有垫料。在无特殊要求情况下,法兰垫料按表 3.6-19 选用。

法兰垫料选用 表 3.6-19

应用系统	输送介质	垫料材质及厚度(mm)		
一般空调系统及送排风系统	温度低于 70℃的洁净空气或含温气体	8501 密封胶带 3	软橡胶板 2.5~3	闭孔海绵橡胶板 4~5
高温系统	温度高于 70℃的空气或烟气	石棉绳 φ8	耐热胶板 3	
化工系统	含有腐蚀性介质的气体	耐酸橡胶板 2.5~3	软聚氯乙烯板 2.5~3	
洁净系统	有净化等级要求的洁净空气	橡胶板 5	闭孔海绵橡胶板 5	
塑料风道	含腐蚀性气体	软聚氯乙烯板 3		

2) 垫法兰热料应注意的问题:

① 了解各种垫料的使用范围,避免用错垫料。

② 擦试掉法兰表面的异物和积水。

③ 法兰垫料不能挤入或凸入管内,否则会增大流动阻力,增加管内积尘。

④ 空气洁净系统严禁使用石棉绳等易产生粉尘的材料。法兰垫料应尽量减少接头,接头应采用梯形或榫形连接,见图 3.6-12。并涂胶粘牢。法兰均匀压紧后的垫料宽度,应与风管内壁取平。

⑤ 法兰连接后严禁往法兰缝隙填塞垫料。

3) 垫料 8501 密封胶带使用方法:

① 将风管法兰表面的异物和积水清理掉。

② 从法兰一角开始粘贴胶带,胶带端头应略长于法兰(图 3.6-13)。

③ 沿法兰均匀平整地粘贴,并在粘贴过程中用手将其按实,不得脱落,接口处要严密,各部位均不得凸入风管内(图 3.6-14)。

④ 沿法兰粘贴一周后与起端交叉搭接,剪去多余部分(图 3.6-15)。

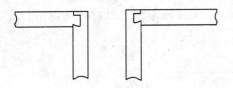

图 3.6-12 法兰垫料接头梯形或榫形连接

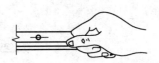

图 3.6-13 风管法兰表面粘贴胶带

图 3.6-14 胶带接口处理

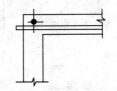

图 3.6-15 胶带多余部分处理

⑤剥去隔离纸。

4) 法兰连接时,按设计要求规定垫料,把两个法兰先对正,穿上几条螺栓并戴上螺母,暂时不要上紧。然后用尖冲塞进穿不上螺栓的螺孔中,把两个螺孔撬正,直到所有螺栓都穿上后,再把螺栓拧紧。为了避免螺栓滑扣,紧螺栓时应按十字交叉逐步均匀地拧紧。连接好的风管,应以两端法兰为准,拉线检查风管连接是否平直。

5) 法兰连接应注意的问题:

① 法兰如有破损(开焊、变形等)应及时更换,修理。

② 连接法兰的螺母应在同一侧。

③ 不锈钢风管法兰连接的螺栓,宜用同材质的不锈钢制成,如用普通碳素钢,应按设计要求喷涂涂料。

④ 铝板风管法兰连接应采用镀锌螺栓,并在法兰两侧垫镀锌垫圈。

(7) 风管排列无法兰连接:

1) 抱箍式连接:主要用于钢板圆风管和螺旋风管连接,先把每一管段的两端轧制出鼓筋,并使其一端缩为小口。安装时按气流方向把水口插入大口,外面用钢制抱箍将两个管端的鼓箍抱紧连接,最后用螺栓穿在耳环中固定拧紧(图 3.6-16)。

2) 插接式连接:主要用于矩形或圆形风管连接。先制作连接管,然后插入两侧风管,再用自攻螺丝或拉铆钉将其紧密固定(图 3.6-17)。

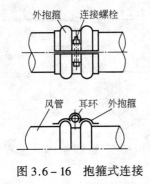

图 3.6-16 抱箍式连接

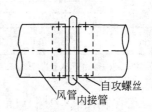

图 3.6-17 插接式连接

3) 插条式连接:主要用于矩形风管连接。将不同形式的插条插入风管两端,然后压实。其形状和接管方法见图 3.6－18。

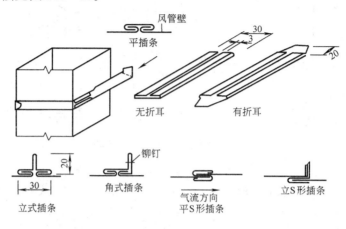

图 3.6－18 插条式连接

4) 软管式连接:主要用于风管与部件(如散流器,静压箱侧送风口等)的相连。安装时,软管两端套在连接的管外,然后用特制软卡把软管箍紧。

(8) 风管安装:根据施工现场情况,可以在地面连成一定的长度,然后采用吊装的方法就位;也可以把风管一节一节地放在支架上逐节连接。一般安装顺序是先干管后支管。具体安装方法参照表 3.6－20 及表 3.6－21。

水平管安装方式　　　　　表 3.6－20

建筑物	(单层)厂房、礼堂、剧场(多层)厂房、建筑			
	风管标高≤3.5	风管标高>3.5	走廊风管	穿墙风管
主风管	整体吊装	分节吊装	整体吊装	分节吊装
安装机具	升降机、倒链	升降机、脚手架	升降机、倒链	升降机、高凳
支风管	升降机、高凳	分节吊装	分节吊装	分节吊装
安装机具	—	升降机、脚手架	升降机、高凳	长降机、高凳

立风管安装方式　　　　　表 3.6－21

室内	风管标高≤3.5m		风管标高>3.5m	
	分节吊装	滑轮、高凳	分节吊装	滑轮、脚手架
室外	分节吊装	滑轮、脚手架	分节吊装	滑轮、脚手架

注:竖风管的安装一般由下至上进行。

(9) 风管接长吊装:是将地面上连接好的风管,一般可接长至 10～20m 左右,用倒链或滑轮将风管升至吊架上的方法。风管吊装步骤:

1) 首先应根据现场具体情况,在梁柱上选择两个可靠的吊点,然后挂好倒链或滑轮。

2) 用麻绳将风管捆绑结实。麻绳结扣方法见图3.6-19。塑料风管如需整体吊装时，绳索不得直接捆绑在风管上，应用长木板托住风管的底部，四周应有软性材料做垫层，方可起吊。

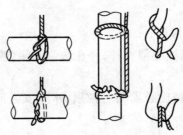

图3.6-19 麻绳结扣方式

3) 起吊时，当风管离地200～300mm时，应停止起吊，仔细检查捯链或滑轮受力点和捆绑风管的绳索，绳扣是否牢靠，风管的重心是否正确。没问题后，再继续起吊。

4) 风管放在支、吊架后，将所有托盘和吊杆连接好，确认风管稳固好，才可以解开绳扣。

(10) 风管分节安装：对于不便悬挂滑轮或因受场地限制，不能进行吊装时，可将风管分节用绳索拉到脚手架上，然后抬到支架上对正法兰逐节安装。

(11) 风管安装时应注意的安全问题：

1) 起吊时，严禁人员在被吊风管下方，风管上严禁站人。

2) 应检查风管内、上表面有无重物，以防起吊时，坠物伤人。

3) 对于较长风管，起吊速度应同步进行，首尾呼应，防止由于一头过高，中段风管法兰受力大而造成风管变形。

4) 抬到支架上的风管应及时安装，不能放置太久。

5) 对于暂时不安装的孔洞不要提前打开；暂停施工时，应加盖板，以防坠人坠物事故发生。

6) 使用梯子不得缺挡，不得垫高使用。使用梯子的上端要扎牢，下端采取防滑措施。

7) 送风支管与总管采用直管形式连接时，插管接口处应设导流装置。

(12) 部件安装：

1) 风管各类调节装置应安装在便于操作的部位。

2) 防火阀安装，方向位置应正确，易熔件应迎气流方向。排烟阀手动装置（预埋导管）不得出现死弯及瘪管现象。

3) 止回阀宜安装在风机压出端，开启方向必须与气流方向一致。

4) 变风量末端装置安装，应设独立支吊架，与风管接前应做动作试验。

5) 各类排气罩安装宜在设备就位后进行。风帽滴水盘或槽安装要牢固、不得渗漏。凝结水应引流到指定位置。

6) 手动密闭阀安装时阀门上标志的箭头方向应与受冲击波方向一致。

5. 质量标准

(1) 保证项目：

1) 安装必须牢固，位置、标高和走向符合设计要求，部件方向正确，操作方便。防火阀检查孔的位置必须设在便于操作的部位。

检验方法:观察检查。

2) 支、吊、托架的形式、规格、位置、间距及固定必须符合设计要求和施工规范规定,严禁设在风口、阀门及检视门处。不锈钢,铝板风管采用碳素钢支架必须进行防腐绝缘及隔绝处理。

检验方法:观察、尺量和手扳检查。

3) 铝板风管的法兰连接螺栓必须镀锌,并在法兰两侧垫镀锌垫圈。

检验方法:观察检查。

4) 斜插板阀垂直安装时,阀板必须向上拉启;水平安装时,阀板顺气流方向插入,阀板不应向下拉启。

检验方法:观察检查。

5) 风帽安装必须牢固,风管与屋面交接处严禁漏水。

检验方法:观察和泼水检查。

6) 洁净系统风管连接必须严密不漏;法兰垫料及接头方法必须符合设计要求和施工规范规定。

检验方法:观察检查。

7) 洁净系统柔性短管所采用的材料,必须不产尘、不透气,内壁光滑;柔性短管与风管,设备的连接必须严密不漏。

检验方法:灯光和观察检查。

8) 洁净系统风管,静压箱安装后内壁必须清洁,无浮尘、油污、锈蚀及杂物等。

检验方法:白绸布擦拭或观察检查。

(2) 基本项目:

1) 输送产生凝结水或含有潮湿空气的风管安装坡度符合设计要求,底部的接缝均做密封处理。接缝表面平整、美观。

检验方法:尺量和观察检查。

2) 风管的法兰连接对接平行,严密,螺栓紧固。螺栓露出长度适宜一致,同一管段的法兰螺母在同一侧。

检验方法:扳手拧拭和观察检查。

3) 风口安装位置正确,外露部分平整美观,同一房间内标高一致,排列整齐。

检验方法:观察和尺量检查。

4) 柔性短管松紧适宜,长度符合设计要求和施工规范规定,无开裂和扭曲现象。

检验方法:尺量和观察检查。

5) 罩类安装位置正确,排列整齐,牢固可靠。

检验方法:尺量和观察检查。

(3) 允许偏差项目:

允许偏差项目见表3.6-22。

6. 成品保护

(1) 安装完的风管要保护风管表面光滑洁净,室外风管应有防雨防雪措施。

(2) 暂停施工的系统风管时,应将风管开口处封闭,防止杂物进入。

(3) 风管伸入结构风道时,其末端应安装上钢板网,以防止系统运行时,杂物进入金属风管内。

风管、风口安装的允许偏差和检验方法　　　　　表 3.6-22

项次	项　目		允许偏差(mm)	检 验 方 法
1	明装风管	水平度	每 米	拉线、液体连通器和尺量检查
			总 偏	
2		垂直度	每 米	吊线和尺量检查
			总 偏 差	
3	单个风口	水平度	3‰	拉线、液体连通器和尺量检查
		垂直度	2‰	吊线和尺量检查

注：暗装风管位置应正确，无明显偏差。

(4) 交叉作业较多的场地，严禁以安装完的风管作为支、吊、托架，不允许将其他支、吊架焊在或挂在风管法兰和风管支、吊架上。

(5) 运输和安装不锈钢、铝板风管时，应避免产生刮伤表面现象。安装时，尽量减少与铁质物品接触。

(6) 运输和安装阀件时，应避免由于碰撞而产生的执行机构和叶片变形。露天堆放应有防雨、雪措施。

7. 应注意的质量问题

风管与部件安装过程中应注意的质量问题见表 3.6-23。

风管与部件安装应注意的质量问题　　　　　表 3.6-23

序号	常产生的质量问题	防 治 措 施
1	支、吊架不刷油、吊杆过长	增强责任心，制完后应及时刷油，吊杆截取时应仔细核对标高
2	支、吊架间距过大	贯彻规范，安装完后，认真复查有无间距过大现象
3	法兰、腰箍开焊	安装前仔细检查，发现问题，及时修理
4	螺丝漏穿，不紧、松动	增加责任心，法兰孔距应及时调整
5	帆布口过长，扭曲	铆接帆布应拉直、对正，铁皮条要压紧帆布，不要漏铆
6	修改管、铆钉孔未堵	修改后应用锡焊或密封胶堵严
7	垫料脱落	严格按工艺去做，法兰表面应清洁
8	净化垫料不涂密封胶	认真学习规范
9	防火阀动作不灵活	阀片阀体不得碰擦检查执行机构与易熔片
10	各类风口不灵活	叶片应平行、牢固不与外框碰擦
11	风口安装不合要求	严格执行规程规范对风口安装的要求

(四)空气处理设备安装

1．工程概况

2．工程质量目标和要求

3．施工准备

(1)材料要求及主要机具：

1)安装过程中所使用的各类型材、垫料、五金用品应有出厂合格证或有关证明文件。

2)除上述证明文件还应进行外观检查、无严重损伤及锈蚀等缺陷。

3)法兰连接使用的垫料应按照设计要求选用,并满足防火、防潮、耐腐蚀性能的要求。

4)其他安装所使用的材料不能因具有质量问题影响安装质量及使用效果。

5)卷扬机、地牛车、捯链、滑轮、绳索、钢直尺、角尺、活动扳手、钢丝钳、螺丝刀、线坠、钢卷尺、水平尺、木锤等工具。

(2)作业条件：

1)安装前检查现场,应具备足够的运输空间。

2)安装前应清理干净安装地点,并无其他管道或设备妨碍。

3)设备型号、设备基础尺寸及位置应符合设计要求。

4)与建设单位共同进行设备的开箱检验、设备所带备、配件应齐备有效。随设备所带资料和产品合格证应完备。进口设备必须具有商检部门的检验合格文件。

5)做好开箱检查记录。

4．操作工艺

(1)工艺流程：

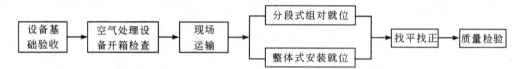

(2)设备开箱检查：

1)会同建设单位和设备供应部门共同进行开箱检查。

2)开箱前先核对箱号、箱数量是否与单据提供的相符。然后对包装情况进行检查,有无损坏与受潮等。

3)开箱后认真检查设备名称、规格、型号是否符合设计图纸要求。产品说明书、合格证是否齐全。

4)按装箱清单和设备技术文件,检查主机附件、专用工具等是否齐全,设备表面有无缺陷、损坏、锈蚀、受潮等现象。

5)打开设备活动面板、用手盘动风机有无叶轮与机壳相碰的金属摩擦声、风机减震部分是否符合要求。

6)将检验结果做好记录,参与开箱检查责任人员签字盖章,作为交接资料和设备技术档案依据。

(3)设备现场运输：

1)设备水平搬运时应尽量采用小拖车运输。

2)设备起吊时,应在设备的起吊点着力,吊装无吊点时,起吊点起应设在金属空调箱的基座主梁上。

(4) 空调机组分段组对安装：

组合式空调机组是指不带冷、热源，用水、蒸汽为媒体，以功能段为组合单元的定型产品，安装时按下列步骤进行：

1) 安装时首先检查金属空调箱各段体与设计图纸是否相符，各段体内所安装的设备、部件是否完备无损，配件必须齐全。

2) 准备好安装所用的螺栓、衬垫等材料和必需的工具。

3) 安装现场必须平整，加工好的空调箱槽钢底座就位(或浇筑的混凝土墩)并找正找平。

4) 当现场有几台空调箱安装时，注意不要将段位拉错，分清左式、右式(视线顺气流方向观察或按厂家说明书)。段体的排列顺序必须与图纸相符。安装前对各段体进行偏号。

5) 从空调设备上的一端开始，逐一将段体抬上底座校正位置后，加上衬垫将相邻的两个段体用螺栓连接严密牢固。每连接一个段体前，将内部清除干净。

6) 与加热段相连接的段体，应采用耐热片作衬垫，表面式换热器之间的缝隙应用耐热材料堵严。

7) 用于冷却空气用的表面式换热器，在下部应设排水装置。

8) 安装完的组合式空调机组，其各功能段之间的连接应严密、整体平直。检查门开启灵活水路畅通。

9) 现场组装的空气调节机组，应做漏风量测试。漏风率要求见表3.6-24。

漏风率要求 表3.6-24

机 组 性 质	静 压	漏 风 率
一般空调机组	保护 700Pa	不大于 3%
低于 1000 级洁净用	保持 1000Pa	不大于 2%
高于、等于 1000 级洁净用	保护 1000Pa	不大于 1%

(5) 空调机组安装：

带冷源空气调节机组(分体式和风冷整体机组)：

1) 分体式室外机组和风冷式整体机组的安装，周边空间能满足冷却风循环及环保规定的要求。

2) 室内机组安装位置正确，目测水平，凝结水排放畅通。

3) 整体机组安装按下列顺序进行：

① 安装前认真熟悉图纸、设备说明书以及有关技术资料。

② 空调机组安装的地方必须平整，一般应高出地面 100~150mm。

③ 空调机组如需安装减振器，应严格按设计要求的减振器型号、数量和位置进行安装、找平找正。

④ 空调机组的冷却水系统、蒸汽、热水管道及电气动力与控制线路，由管道工和电工安装。

⑤ 空调机组制冷机如果没有充注氟利昂,应在高级工或厂家指导下,按产品使用说明书要求进行充注。

(6) 其他类设备安装

中效或高效过滤器安装必须在洁净室全部完工,清扫完试车 12h 后才能开箱检查,合格后立即安装。

1) 过滤器与框架之间须加密封垫料,厚度为 6~8mm。安装后垫料压缩率应大于 50%。

2) 采用液槽密封,槽架安装应水平,槽内密封液不少于 2/3 槽深。

3) 安装时,外框上箭头应与气流方向一致,波纹板组合的过滤器在竖向安装时波纹必须垂直于地面,不得反向。

4) 多个过滤器组合安装时,要根据各台过滤器初阻力大小合理配置,每台额定阻力和各台平均阻力相差应小于 5%。

5. 质量标准

(1) 保证项目:

1) 空气处理室分段组装连接必须严密,喷淋段严禁渗水。

检验方法:观察检查。

2) 高效过滤器安装方向必须正确;用波纹板组合的过滤器在竖向安装时,波纹板必须垂直于地面。过滤器与框架之间的连接严禁渗漏、变形、破损和漏胶等现象。

检验方法:观察检查和检查漏风试验记录。

3) 洁净系统的空调箱、中效过滤器室等安装后必须保证内壁清洁,无浮尘、油污、锈蚀及杂物等。

检验方法:观察或白绸布擦试检查。

(2) 基本项目:

1) 空气处理室整体安装或分段安装时,安装平稳、平正、牢固,四周无明显缝隙。一次、二次回风调节阀及新风调节阀调节灵活。

检验方法:尺量和观察检查。

2) 密闭检视门应符合门及门框平正、牢固、无渗漏,开关灵活的要求,凝结水的引流管(槽)畅通。

检验方法:泼水和启闭检查。

3) 表面式热交换器的安装应框架平正、牢固,安装平稳。热交换器之间和热交换器与围护结构四周缝隙封严。

检验方法:手扳和观察检查。

4) 空气过滤器的安装应安装平正、牢固;过滤器与框架、框架与围护结构之间缝隙封严;过滤器便于拆卸。

检验方法:手扳和观察检查。

5) 窗式空调器安装应符合固定牢固、遮阳、防雨措施,不阻挡冷凝器排风,凝结水盘应有坡度与四周缝隙封闭。正面横平竖直与四周缝隙封严,与室内协调美观。

检验方法:观察检查。

(3) 允许偏差项目:

空气处理室设备安装允许偏差值和检验方法应符合表 3.6-25。

设备安装允许偏差和检验方法　　　表 3.6-25

项　目		允许偏差(mm)	检 验 方 法
金属空调设备	水平误差　每1m	≮3	拉线、液体连通器和尺量检查
	垂 直 度　每1m	≮2	吊线和尺量检查
	5m以上	≮10	

6．成品保护

(1) 空气处理室安装就位后,应在系统联通前做好外部防护措施,应不受损坏。防止杂物落入机组内。

(2) 空调机组安装就绪后未正式移交使用单位的情况下,空调机房应有专人看管保护。防止损坏丢失零部件。

(3) 如发生意外情况应马上报告有关部门领导,采取措施进行处理。

(4) 中、高效过滤器应按出厂标志竖向搬运和存放于清洁室内,并应有防潮措施。

7．应注意的质量问题

空调设备安装时应注意的质量问题见表 3.6-26。

空调设备安装时应注意的质量问题　　　表 3.6-26

序号	常产生的质量问题	防 治 措 施
1	坐标、标高不准、不平、不正	加强责任心,严格按设计和操作工艺要求进行
2	段体之间连接处,垫料规格不按要求作,有漏垫现象	认真按工艺要求操作,加强自检、互检工作
3	表冷器段体存水排不出	(示意图：空调机基础、冷凝水接头、存水弯、地漏)
4	高效过滤器框架或高效风口有泄漏现象	严格按设计和操作工艺执行

(五) 消声设备制作与安装

1．工程概况(略)

2．工程质量目标和要求(略)

3．施工准备

(1) 材料要求及主要机具：

1) 各种板材、型钢应具有出厂合格证明书或质量鉴定文件。

2) 除上述证明文件外,应进行外观检查。板材表面应平整,厚度均匀,无凸凹及明显压伤现象,并不得有裂纹、分层、麻点及锈蚀情况。型钢应等型,不应有裂纹、划痕、麻点及其他影响质量的缺陷。

3) 吸声材料应严格按照设计要求选用,并满足对防火、防潮和耐腐蚀性能的要求。

4) 其他材料不能因具有缺陷而导致成品强度的降低或影响其使用效果。

5) 龙门剪板机、振动式曲线剪板机、手动电动剪、倒角机、咬口机、折方机、咬口压实机、合缝机、型钢切割机、冲孔机、台钻、手电钻、液压铆钉钳、电动拉铆枪、空气压缩机、油漆喷枪、钢直尺、角尺、量角器、划规、划针、洋冲、铁锤、木锤、拍板、滑轮、捯链、绳索、活动扳手、钢丝钳、螺丝刀、钢锯、线锤、钢卷尺、水平尺等。

(2) 作业条件：

1) 应具有宽敞、明亮、地面平整、洁净的厂房。

2) 作业地点要有满足加工工艺要求的机具、设施、电源、安全防护装置及消防器材。

3) 消声器制作应按照设计图纸和标准图的要求进行，并有施工员书面的质量、技术、安全交底。

4) 消声器制作所运用的材料，应符合设计规定的防火、防腐、防潮和卫生的要求。

4. 操作工艺

(1) 工艺流程：

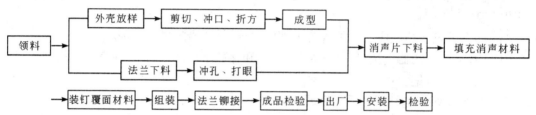

(2) 消声器制作。各种金属板材加工应采用机械加工，如剪切、折方、折边、咬口等，做到一次成型，减少手工操作。镀锌钢板施工时，应注意使镀锌层不受损坏，尽量采用咬接或铆接。

(3) 消声器框架应牢固，壳体不得漏风。消声器外管、内盖板、隔板制作、法兰制作及铆接等要求参照空调风管、支架、法兰制作及铆接的内容。

(4) 阻性消声器(图 3.6-20)在加工时，内部尺寸不能随意改变。其阻性消声片(图 3.6-21)是用木筋制成木框(如设计要求用金属结构，则按设计要求加工)，内填超细玻璃棉等吸声材料，外包玻璃布等覆面材料制成。在填充吸声材料时，应按设计的容重，厚度等要求铺放均匀，覆面层不得破损。装钉吸声片时，与气流接触部分均用漆泡钉，其余部分用鞋钉装钉。钉泡钉时，在泡钉处加一层垫片，可减少破损现象。对于容积较大的吸声片，为了防止因消声器安装或移动而造成吸声材料下沉，可在容腔内装设适当的托挡板。

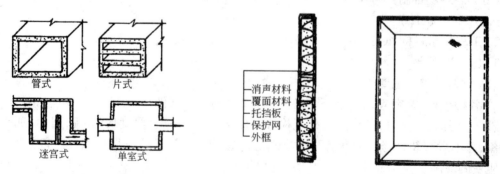

图 3.6-20 阻性消声器制作　　图 3.6-21 阻性消声片制作

(5) 抗性消声器(图 3.6-22)是利用管道内截面突变，起到消声作用。加工制作时，不能任意改变膨胀室的尺寸。

(6) 共振性消声器(图3.6-23)制作应按设计要求加工。不能任意改变关键部分的尺寸。穿孔板的孔径和穿孔率应符合设计要求。穿孔板经冲(钻)孔后,应将孔口的毛刺锉平。共振腔的隔板尺寸应正确,隔板与壁板连接处紧贴。

图3.6-22　抗性消声器制作　　　　　图3.6-23　共振性消声器制作

(7) 阻抗复合式消声器(图3.6-24)组装时,应先用圆钉将制成的消声片装钉成消声片组,现时用铆钉将横隔板与内管分段铆接好,然后用半圆头木螺丝将各段内管与消声片组固定,再将处管与横隔板、外管与消声器两端盖板、盖板与内管分别用半沉头自攻螺丝固定,最后在铆接两端法兰。

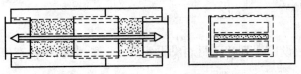

图3.6-24　阻抗复合式消声器制作

(8) 消声风管、消声静压箱及消声弯头内所衬的消声材料应均匀贴紧,不能脱落,并且拼缝要密实,表面平整,不能凹凸不平。

(9) 消声器内的消声材料覆面层不得破损,搭接时应顺气流,且界面不得有毛边。消声器内直接逆风面布质要有保护措施。

(10) 消声弯管的平面边长大于800mm时,应加调导流吸声片。导流吸声片表面应平滑、圆弧均匀、与弯管连接紧密牢固,不得有松动现象。

(11) 消声百叶窗,框架应牢固,叶片的片距应均匀,吸声面方向应符合设计要求。

(12) 消声器内外金属构件表面应涂刷红丹防锈漆两道(优质镀锌板材可不涂防锈漆)。涂刷前,金属表面应按需要做好处理,清除铁锈、油脂等杂物。涂刷时要求无漏涂、起沟、露底等现象。

(13) 组装后的成品应按照设计文件及施工验收规范要求进行检验,产品达到要求方可出厂。

(14) 消声器、消声弯头等在安装应单独设支、吊架,使风管不承受其重量。

(15) 支吊架应根据消声器的型号、规格和建筑物的结构情况,按照国标或设计图纸的规定选用。消声器在安装前应检查支、吊架等固定件的位置是否正确,预埋件或膨胀螺栓是否安装牢固、可靠。支、吊架必须保证所承担的载荷。

(16) 消声器支、吊架托铁上穿吊杆的螺孔距离,应比消声器稍宽40~50mm。为了便于调节标高,可以吊杆端部套有50~60mm的丝扣,以便找平、找正,也可用在托铁上加垫的方法找平、找正。

(17) 消声器的安装方向必须正确,与风管或管件的法兰连接应保证严密、牢固。

(18) 当空调系统为恒温,要求较高时,消声器外壳应与风管同样做保温处理。

(19) 消声器安装后,可用拉线或吊线的方法进行检查,不符合要求的应进行修整。

(20) 消声器安装就位后,应加强管理,采取防护措施。严禁其他支、吊架固定在消声器法兰及支吊架上。

5. 质量标准

(1) 保证项目:

1) 消声器的型号、尺寸必须符合设计要求,并标明气流方向。

检验方法:尺量和观察检查。

2) 消声器框架必须牢固,共振腔的隔板尺寸正确,隔板与壁板结合处紧贴,外壳严密不漏。

检验方法:手扳和观察检查。

3) 消声片单体安装,固定端必须牢固,片距均匀。

检验方法:手扳和观察检查。

4) 消声器安装方向必须正确,并单独设置支吊架。

检验方法:观察检查。

(2) 基本项目:

1) 消声材料的敷设应达到片状材料粘贴牢固,平整;散状材料充填均匀、无下沉。

检验方法:观察检查。

2) 消声材料的覆盖面应顺气流方向拼接,拼接整齐,无损坏;穿孔板无毛刺,孔距排列均匀。

检验方法:观察检查。

6. 成品保护

1) 消声器成品应在平整、无积水的室内场地上码放整齐,下部设有垫托,并有必要的防水措施。

2) 成品应按规格、型号进行编号。妥善保管,不得遭受雨雪,泥土、灰尘和潮气的侵蚀。

3) 消声器在装卸、运输和安装过程中应轻拿轻放,以防损坏成品。

4) 消声器在安装前应进行检查,充填的吸声材料不应有明显下沉。发现质量缺陷要进行修复。

5) 消声器安装后如遇暂停工阶段,应将端口包扎严密,以免损坏或进入碴土等。

7. 应注意的质量问题

1) 消声器的覆面材料容易破损,使吸声材料外露或脱落,影响功能。制作时,钉覆面材料的泡钉应加垫片。发现覆面材料有破损现象,应根据情况及时修复或更换。

2) 消声片敷设的消声材料容易下沉,出现空隙而影响吸声效果。制作时对容积较大的吸声片可在容腔内装设适当的托挡板,搬运及安装时应轻拿轻放。安装前应进行检查,消声材料不得有明显下沉。

3) 消声器外壳拼接处及角部易产生孔洞而漏风,制作时应加以注意,发现孔洞后应及时用锡焊或密封胶堵严。

4) 穿孔板经钻孔后产生的毛刺易划破覆面材料或产生噪声,应将孔口的毛刺锉平。

5) 消声材料填充不均匀、覆面层不紧,消声孔颁不均匀、孔径小、总面积不足等使性能降低，要根据设计或规范严格工艺操作。

6) 消声弯头弧形片的弧度不均匀、消声片片距不相等，应认真执行工工艺标准，缺陷予以消除。

(六) 风机按扎

1. 工程概况(略)
2. 工程质量目标和要求(略)
3. 施工准备

(1) 材料要求及主要机具：

1) 所采用的风机盘管、诱导器、设备应具有出厂合格证明书或质量鉴定文件。

2) 风机盘管、诱导器设备的结构形式、安装形式、出口方向、进水位置应符合设计安装要求。

3) 设备安装所使用的主料和辅助材料规格、型号应符合设计规定，并具有出厂合格证。

4) 电锤、手电钻、活扳手、套筒扳手、钢锯、管钳子、手锤、台虎钳、丝锥、套丝板、水平尺、线坠、手压泵、压力案子、汽焊工具等。

(2) 作业条件：

1) 风机盘管、诱导器和主、副材料已运抵现场，安装所需工具已准备齐全，且有安装前检测用的场地、水源、电源。

2) 建筑结构工程施工完毕，屋顶做完防水层，室内墙面、地面抹完。

3) 安装位置尺寸符合设计要求，空调系统干管安装完毕，接往风机盘管的支管预留管口位置标高符合要求。

4. 操作工艺

(1) 工艺流程：

预检→施工准备→电机检查试转→表冷器水压检验→吊架制安→风机盘管安装发愤器安装→连接配管→检验

(2) 风机盘管在安装前应检查每台电机壳体及表面交换器有无损伤、锈蚀等缺陷。

(3) 电机盘管和诱导器应每台进行通电试验检查，机械部分不得摩擦，电气部分不得漏电。

(4) 风机盘管和诱导器应逐台进行水压试验，试验强度应为工作压力的1.5倍，定压后观察2~3min不渗不漏。

(5) 卧式吊装风机盘管和诱导器，吊架安装平整牢固，位置正确。吊杆不应自由摆动，吊杆与托盘相联应用双螺母坚固找平正。

(6) 诱导器安装前必须逐台进行质量检查，检查项目如下：

1) 各联接部分不能松动、变形和产生破裂等情况；喷嘴不能脱落、堵塞。

2) 静压箱封头处缝隙密封材料，不能有裂痕和脱落；一次风调节阀必须灵活可靠，并调到全开位置。

(7) 诱导器经检查合格后按设计要求的型号就位安装，并检查喷嘴型号是否正确。

1) 暗装卧式诱导器应由支、吊架固定，并便于拆卸和维修。

2) 诱导器与一次风管连接处应严密，防止漏风。

3) 诱导器水管接头方向和回风面朝向应符合设计要求。立式双面回风诱导器为利于回风,靠墙一面应留 50mm 以上空间。卧式双回风诱导器,要保证靠楼板一面留有足够空间。

(8) 冷热媒水管与风机盘管、诱导器连接宜采用钢管或紫铜管,接管应平直。紧固时应用扳手卡住六方接头,以防损坏铜管。凝结水管宜软性连接,软管长度不大于 300mm 材质宜用透明胶管,并用喉箍紧固严禁渗涌,坡度应正确、凝结水应畅通地流到指定位置,水盘应无积水现象。

(9) 风机盘管、诱导器同冷热媒管连接,应在管道系统冲洗排污后再连接,以防堵塞热交换器。

(10) 暗装的卧式风机盘管、吊顶应留有活动检查门,便于机动组能整体拆卸和维修。

5. 质量标准

(1) 保证项目:

1) 风机盘管、诱导器安装必须平稳、牢固。

检验方法:用水平尺和线坠测量。

2) 风机盘管、诱导器与进出水管的连接严禁渗漏,凝结水管的坡度必须符合排水要求,与风口及回风室的连接必须严密。

检验方法:尺量,观察检查和检查试验记录。

(2) 基本项目:

风机盘管、诱导器风口连接严密不得漏风。

检验方法:观察检查。

6. 成品保护

(1) 风机盘管和诱导器运至现场后要采取措施,妥善保管,码放整齐。应有防雨、防雪措施。

(2) 冬期施工时,风机盘管水压试验后必须随即将水排放干净,以防冻坏设备。

(3) 风机盘管诱导器安装施工要随运随装,与其他工种交叉作业时要注意成品保护,防止碰坏。

(4) 立式暗装风机盘管,安装完后要配合好土建安装保护罩。屋面喷浆前应采取防护措施,保护已安装好的设备,保证清洁。

7. 应注意的质量问题

应注意的质量问题见表 3.6-27。

常见质量问题及防治措施 表 3.6-27

序号	常产生质量问题	防治措施
1	冬期施工易冻坏表面交换器	试水压后必须将水放净以防冻坏
2	风机盘管运输时易碰坏	搬运时单排码放轻装轻卸
3	风机盘管表冷器易堵塞	风机盘管和管道连接后未经冲洗排污,不得投入运行以防堵塞
4	风机盘管结水盘易堵塞	风机盘管运行前应清理结水盘内杂物保证凝结水畅通

(七) 系统调试

1. 工程概况(略)
2. 工程质量目标和要求(略)
3. 施工准备

(1) 仪器仪表要求及主要仪表工具:

1) 通风与空调系统调试所使用的仪器仪表应有出厂合格证明书和鉴定文件。

2) 严格执行计量法,不准在调试工作岗位上使用无检定合格印、证或超过检定周期以及经检定不合格的计量仪器仪表。

3) 必须了解各种常用测试仪表的构造原理和性能,严格掌握它们的使用和校验方法,按规定的操作步骤进行测试。

4) 综合效果测定时,所使用的仪表精度级别应高于被测对象的级别。

5) 搬运和使用仪器仪表要轻拿轻放,防止震动和撞击,不使用仪表时应放在专用工具仪表箱内,防潮湿防污秽等。

6) 测量温度的仪表;测量湿度的仪表;测量风速的计价表;测量风压的仪表;其他常用的电工仪表、转数表、粒子计数器、声级仪、钢卷尺、手电钻、活扳子、改锥、克丝钳子、铁锤、高凳、手电筒、对讲机、计算器、测杆等。

(2) 作业条件

1) 通风空调系统必须安装完毕,运转调试之前会同建设单位进行全面检查,全部符合设计、施工及验收规范和工程质量检验评定标准的要求,才能进行运转和调试。

2) 通风空调系统运转所需用的水、电、汽及压缩空气等,应具备使用条件,现场清理干净。

3) 运转调试之前做好下列工作准备:

① 应有运转调试方案,内容包括调试目的要求,时间进度计划,调试项目,程序和采取的方法等;

② 按运转调试方案,备好仪表和工具及调试记录表格;

③ 熟悉通风空调系统的全部设计资料,计算的状态参数,领会设计意图,掌握风管系统、冷源和热源系统、电系统的工作原理。

④ 风道系统的调节阀、防火阀、排烟囱、送风口和回风口内的阀板、叶片应在开启的工作状态位置。

4) 通风空调系统风量调试之前,先应对风机单机试运转,设备完好符合设计要求后,方可进行调试工作。

4. 操作工艺

(1) 调试工艺程序如下:

(2) 准备工作:

1) 熟悉空调系统设计图纸和有关技术文件,室内、外空气计算参数,风量、冷热负荷、恒温精度要求等,弄清送(回)风系统、供冷和供热系统、自动调节系统的全过程。

2) 绘制通风空调系统的透视示意图。

3) 调试人员会同设计、施工和建设单位深入现场,查清空调系统安装质量不合格的地方,查清施工与设计不符的地方,记录在缺陷明细表中,限期修改完。

4) 备好调试所需的仪器仪表和必要工具,消除缺陷明细表中的各种毛病。电源、水源、冷、热源准备就绪后,即可按计划进行运转和调试。

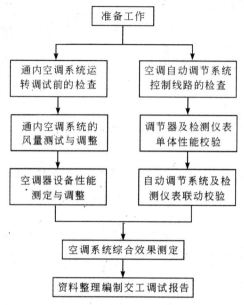

(3) 通风空调系统运转前的检查:
1) 核对通风机、电动机的型号、规格是否与设计相符。
2) 检查地脚螺栓是否拧紧、减振台座是否平,皮带轮或联轴器是否找正。
3) 检查轴承处是否有足够的润滑油,加注润滑油的种类和数量应符合设备技术文件的规定。
4) 检查电机及有接地要求的风机、风管接地线连接是否可靠。
5) 检查风机调节阀门,开启应灵活、定位装置可靠。
6) 风机启动可连续运转,运转应不少于 2h。
7) 通风空调设备单机试运转和风管系统漏风量测定合格后,方可进行系统联动试运转,并不少于 8h。

(4) 通风空调系统的风量测定与调整:
1) 按工程实际情况,绘制系统单线透视图、应标明风管尺寸,测点截面位置,送(回)风口的位置,同时标明设计风量、风速、截面面积及风口外框面积(图3.6-25)。

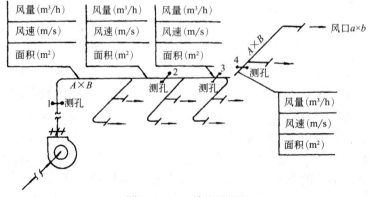

图 3.6-25　单线透视图

2) 开风机之前,将风道和风口本身的调节阀门,放在全开位置,三通调节阀门放在中间位置(图 3.6-26)空气处理室中的各种调节门也应放在实际运行位置。

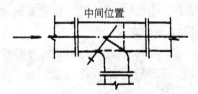

图 3.6-26 三通调节阀门位置图

3) 开启风机进行风量测定与调整,先粗测总风量是否满足设计风量要求,做到心中有数,有利于下步调试工作。

4) 系统风量测定与调整,干管和支管的风量可用皮托管、微压计仪器进行测试。对送(回)风系统调整采用"流量等比分配法"或"基准风口调整法"等,从系统的最远最不利的环路开始,逐步调向通风机。

5) 风口风量测试可用热电风速仪、叶轮风速仪或转杯风速仪,用定点法或匀速移动法测出平均风速,计算出风量。测试次数不少于 3~5 次。

6) 系统风量调整平衡后,应达到:

① 风口的风量、新风量、排风量,回风量的实测值与设计风量的允许值不大于 10%。

② 新风量与回风量之和应近似等于总的送风量,或各送风量之和。

③ 总的送风量应略大于回风量与排风量之和。

④ 系统风量测定包括风量及风压测定,系统总风压以测量风机前后的全压差为准;系统总风量以风机的总风量或总风的风量为准。

7) 系统风量测试调整时应注意的问题。

① 测定点截面位置选择应在气流比较均匀稳定的地方,一般选在产生局部阻力之后 4~5 倍管径(或风管长边尺寸)以及局部阻力之前约 1.5~2 倍管径(或风管长边尺寸)的直风管段上(图 3.6-27)。

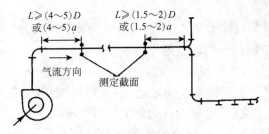

图 3.6-27 系统风量测定点截面位置

a—为风管大边;D—为风管直径

② 在矩形风管内测定平均风速时,应将风管测定截面划分若干个相等的小截面使其尽可能接近于正方形;在圆形风管内测定平均风速时,应根据管径大小,将截面分成若干个面积相等的同心圆环,每个圆环应测量四个点。

③ 没有调节阀的风道,如果要调节风量,可在风道法兰处临时加插板进行调节,风量调

好后,插板留在其中并密封不漏。

(5) 空调器设备性能测定与调整。

1) 喷水量的测定和喷水室热工特性的测定应在夏季或接近夏季室外计算参数条件下进行,它的冷却能力是否符合设计要求。

2) 过滤器阻力的测定、表冷器阻力的测定、冷却能力和加热能力的测定等应计算出阻力值及空气失去的热量值和吸收的热量值是否符合设计要求。

3) 在测定过程中,保证供水、供冷、供热源,做好详细记录,与设计数据进行核对是否有出入,如有出入时应进行调整。

(6) 空调自动调节系统控制线路检查:

1) 核实敏感元件、调节仪表或检测仪表和调节执行机构的型号、规格和安装的部位是否与设计图纸要求相符。

2) 根据接线图纸,对控制盘下端子的接线(或接管)进行核对。

3) 根据控制原理图和盘内接线图,对上端子的盘内接线进行核对。

4) 对自调节系统的联锁,信号,远距离检测和控制等装置及调节环节核对是否正确,是否符合设计要求。

5) 敏感元件和测量元件的装设地点,应符合下列要求:

① 要求全室性控制时,应放在不受局部热源影响的区域内;局部区域要求严格时,应放在要求严格的地点;室温元件应放在空气流通的地点。

② 在风管内,宜放在气流稳定的管段中心。

③ "露点"温度的敏感元件和测量元件宜放在挡水板后有代表性的位置,并应尽量避免二次回风的影响。不应受辐射热、振动或水滴的直接影响。

(7) 调节器及检测仪表单体性能校验:

1) 敏感元件的性能试验,根据控制系统所选用的调节器或检测仪表所要求的分度号必须配套,应进行刻度误差校验和支特性校验,均应达到设计精度要求。

2) 调节仪表和检测仪表,应作刻度特性校验,调节特性的校验及动作试验与调整,均应达到设计精度要求。

3) 调节阀和其他执行机构的调节性能,全行程距离,全行程时间的测定,限位开关位置的调整,标出满行程的分度值等均应达到设计精度要求。

(8) 自动调节系统及检测仪表联动校验:

1) 自动调节系统在未正式投入联动之前,应进行模拟试验,以校验系统的动作是否正确,是否符合设计要求,无误时,可投入自动调节运行。

2) 自动调节系统投入运行后,应查明影响系统调节品质的因素,进行系统正常运行效果的分析,并判断能否达到预期的效果。

3) 自动调节系统各环节的运行调整,应使空调系统的"露点"、二次加热器和室温的各控制点经常保持所规定的空气参数,符合设计精度要求。

(9) 空调系统综合效果测定是在各分项调试完成后,测定系统联动运行的综合指标是否满足设计与生产工艺要求,如果达不到规定要求时,应在测定中作进一步调整。

1) 确定经过空调节器处理后的空气参数和空调房间工作区的空气参数。

2) 检验自动调节系统的效果,各调节元件设备经长时间的考核,应达到系统安全可靠地运行。

3) 在自动调节系统投入运行条件下,确定空调房间工作区内可能维持的给定空气参数的允许波动范围和稳定性。

4) 空调系统连续运转时间,一般舒适性空调系统不得少于 8h;恒温精度在 ±1℃时,应在 8~12h;恒温精度在 ±0.5℃时,应在 12~24h;恒温精度在 ±0.1~0.2℃时,应在 24~36h。

5) 空调系统带生产负荷的综合效能试验的测定与调整,应由建设单位负责,施工和设计单位配合进行。

(10) 资料整理编制交工调试报告。

将测定和调整后的大量原始数据进行计算和整理,应包括下列内容:

1) 通风或空调工程概况。

2) 电气设备及自动调节系统设备的单体试验及检测、信号,连锁保护装置的试验和调整数据。

3) 空调处理性能测定结果。

4) 系统风量调整结果。

5) 房间气流组织调试结果。

6) 自动调节系统的整定参数。

7) 综合效果测定结果。

8) 对空调系统做出结论性的评价和分析。

5. 质量标准

(1) 测定系统总风量、风压及风机转数,将实测总风量值与设计值进行对比,偏差值不应大于 10%。

(2) 风管系统的漏风率应符合设计要求或不应大于 10%。

(3) 系统与风口的风量必须经过调整达到平衡,各风口风量实测值与设计值偏差不应大于 15%。

(4) 洁净系统高效过滤器及高效过滤器与框架连接处的漏渗率必须符合设计要求。

(5) 无负荷联合运转试验调整后,应使空气的各项参数维持在设计给定的范围内。

(6) 风机风量为吸入端风量和压出端风量的平均值,且风机前后的风量之差不应大于 5%。

6. 成品保护

(1) 通内空调机房的门、窗必须严密,应设专人值班,非工作人员严禁入内,工作需要进入时,应由保卫部门发放通行工作证方可进入。

(2) 风机、空调设备动力的开动、关闭,应配合电工操作,坚守工作岗位。

(3) 系统风量测试调整时,不应损坏风管保温层。调试完成后,应将测点截面处的保温层修复好,测孔应堵好,调节阀门固定好,划好标记以防变动。

(4) 自动调节系统的自控仪表元件,控制盘箱等应作特殊保护措施,以防电气自控元件丢失及损坏。

(5) 空调系统全部测定调整完毕后,及时办理交接手续,由使用单位运行启用,负责空调系统的成品保护。

7. 应注意的质量问题

通风空调系统调试后产生的问题和解决办法见表3.6-28。

系统调试后产生的问题和解决方法 表3.6-28

序号	产生的问题	原 因 分 析	解 决 办 法
1	实际风量过大	系统阻力偏小	调节风机风板或阀门,增加阻力
		风机有问题	降低风机转速,或更换风机
2	实际风量过小	系统阻力偏大	放大部分管段尺寸,改进部分部件,检查风道或设备有无堵塞
		风机有问题	调紧传动皮带,提高风机转速或改换风机
		漏 风	堵严法兰接缝、人孔检查门或其他存在的漏缝
3	气流速度	风口风速过大,送风量过大,气流组织不合理	改大送风口面积,减少送风量,改变风口形式或加挡板使气流组织合适
4	噪声超过规定	风机、水泵噪声传入,风道风速偏大,局部部件引起,消声器质量不好	做好风机平衡,风机和水泵的隔震;改小风机转速;放大风速偏大的风道尺寸;改进局部部件;在风道中增贴消声材料

二、防排烟系统风机安装

(一)工程概况(略)

(二)工程质量目标和要求(略)

(三)施工准备

1. 材料及主要机具

(1)通风、空调的风机安装所使用的主要材料,成品或半成品应有出厂合格证或质量鉴定文件。

(2)风机开箱检查皮带轮、皮带、电机滑轨及地脚螺栓是否齐备,符合设计要求。有无缺损等情况。

(3)风机轴承清洗,充填润滑剂其黏度应符合设计要求,不应使用变质或含有杂物的润滑剂。

(4)地脚螺栓灌注时,应使用与混凝土基础同等级混凝土,决不能使用失效水泥灌注。

(5)捯链、滑轮、绳索、撬棍、活动扳手,铁锤、钢丝钳、螺丝刀、水平尺、钢板尺、钢卷尺、线坠、平板车、高凳、电锤、油桶、刷子、棉布、棉丝等。

2. 作业条件

(1)施工现场环境,除机房内的装修和地面未完外,基本具备安装条件。

(2)风机安装应按照设计要求进行,并有施工员书面的质量、技术和安全交底。

(四)操作工艺

1. 工艺流程

基础验收 → 开箱检查 → 搬运 → 清洗 → 安装、找平、找正 → 试运转、检查验收

2. 基础验收

(1) 风机安装前应根据设计图纸对设备基础进行全面检查,是否符合尺寸要求。

(2) 风机安装前、应在基础表面铲出麻面,以使二次浇筑的混凝土或水泥砂浆能与基础紧密结合。

3. 通风机开箱检查应符合下列规定

(1) 按设备装箱清单,核对叶轮、机壳和其他部位的主要尺寸,进、出风口的位置方向是否符合设计要求,做好检查记录。

(2) 叶轮旋转方向应符合设备技术文件的规定。

(3) 进、出风口应有盖板严密遮盖。检查各切削加工面,机壳的防锈情况和转子是否发生变形或锈蚀、碰损等。

(4) 风机设备搬运应配合起重工专人指挥使用的工具及绳索必须符合安全要求。

4. 设备清洗

(1) 风机设备安装前,应将轴承、传动部位及调节机构进行拆卸、清洗,装配后使其转动,调节灵活。

(2) 用煤油或汽油清洗轴承时严禁吸烟或用火,以防发生火灾。

5. 风机安装

(1) 风机设备安装就位前,按设计图纸并依据建筑物的轴线、边缘线及标高线放出安装基准线。将设备基础表面的油污、泥土杂物清除和地脚螺栓预留孔内的杂物清除干净。

(2) 整体安装的风机,搬运和吊装的绳索不得捆绑在转子和机壳或轴承盖的吊环上。

(3) 整体安装风机吊装时直接放置在基础上,用垫铁找平找正,垫铁一般应放在地脚螺栓两侧,斜垫铁必须成对使用。设备安装好后同一组垫铁应点焊在一起,以免受力时松动。

(4) 风机安装在无减振器支架上,应垫上 4～5mm 厚的橡胶板,找平找正后固定牢。

(5) 风机安装在有减振器的机座上时,地面要平整,各组减振器承受的荷载压缩量应均匀,不偏心,安装后采取保护措施,防止损坏。安装在减振机座上通风机的吊装方式见图 3.6-28。

(6) 通风机的机轴必须保持水平度,风机与电动机用联轴节连接时,两轴中心线应在同一直线上。

(7) 通风机与电动机用三角皮带传动时进行找正,以保证电动机与通风机的轴线互相平行,并使两个皮带轮的中心线相重合。三角皮带拉紧程度一般可用手敲打已装好的皮带中间,以稍有弹跳为准。

(8) 通风机与电动机安装皮带轮时,操作者应紧密配合,防止将手碰伤。挂皮带时不要把手指入皮带轮内,防止发生事故。

(9) 风机与电动机的传动装置外露部分应安装防护罩,风机的吸入口或吸入管直通大气时,应加装保护网或其他安全装置。

(10) 通风机出口的接出风管应顺叶轮旋方向接出弯管。在现场条件允许的情况下,应保证出口至弯管的距离 A 大于或等于风口出口长边尺寸 1.5～2.5 倍(图 3.6-29)。如果受现场条件限制达不到要求,应在弯管内设导流叶片弥补(图 3.6-30)。

(11) 现场组装的风机,绳索的捆绑不得损伤机件表面,转子、轴颈和轴封等处均不应作为捆绑部位。通风机散装部件的吊装方式见图 3.6-31。

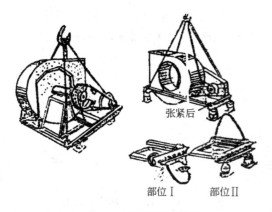

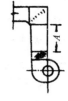

图 3.6-28　通风机的吊装方式　　　　图 3.6-29　出口至弯管的距离

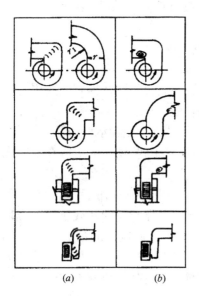
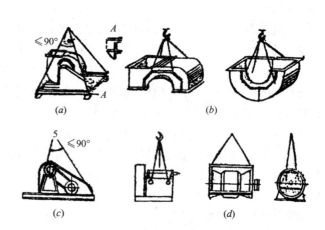

图 3.6-30　弯管内导流叶片设置　　　图 3.6-31　通风机散装部件的吊装方式
　　　　　　　　　　　　　　　　　(a)吊索装整机；(b)吊装机罩；(c)吊装传动机构；(d)吊装机制

　　(12) 输送特殊介质的通风机转子和机壳内如涂有保护层、应严加保护、不得损坏。
　　(13) 大型轴流风机组装，叶轮与机壳的间隙应均匀分布，并符合设备技术文件要求。叶轮与进风外壳的间隙见表 3.6-29。

叶轮与主体风筒对应两侧间隙允差　　　　　表 3.6-29

叶轮直径(mm)	≤600	600~1200	1200~2000	2000~3000	3000~5000	5000~8000	>8000
对应两侧半径间隙之差不应超过(mm)	0.5	1	1.5	2	3.5	5	6.5

　　(14) 通风机附属的自控设备和观测仪器。仪表安装，应按设备技术文件规定执行。
　　(15) 风机试运转：经过全面检查手动盘车，供应电源相序正确后方可送电试运转，运转前必须加上适度的润滑油;并检查各项安全措施;叶轮旋转方向必须正确;在额定转速下试运转时间不得少于2h。运转后,再检查风机减震基础有无移位和损坏现象,做好记录。

(五) 质量标准

1. 保证项目

(1) 风机叶轮严禁与壳体碰擦。

检验方法:盘动叶轮检查。

(2) 散装风机进风斗与叶轮的间隙必须均匀并符合技术要求。

检验方法:尺量和观察检查。

(3) 地脚螺栓必须拧紧,并有防松装置;垫铁放置位置必须正确,接触紧密,每组不超过3块。

检验方法:小锤轻击,扳手拧拭和观察检查。

(4) 试运转时,叶轮旋转方向必须正确。经不少于2h的运转后,滑动轴承温升不超过35℃,最高温度不超过70℃,滚动轴承温升不超过40℃,最高温度不超过80℃。

检验方法:检查试运转记录或试车检查。

2. 允许偏差项目

通风机安装的允许偏差和检验方法应符合表3.6-30的规定。

通风机安装的允许偏差和检验方法　　　　　　表3.6-30

项次	项　　目		允许偏差	检　验　方　法
1	中心线的平面位移		10mm	经纬仪或拉线和尺量检查
2	标　　高		±10mm	水准仪或水平仪、直尺、拉线和尺量检查
3	皮带轮轮宽中心平面位移		1mm	在主、从动皮带轮端面拉线和尺量检查
4	传动轴水平度		0.2/1000	在轴或皮带轮0°和180°的两个位置上,用水平仪检查
5	联轴器同心度	径向位移	0.05mm	在联轴器互相垂直的四个位置上,用百分表检查
		轴向倾斜	0.2/1000	

(六) 成品保护

1. 整体安装的通风机、搬运和吊装时。与机壳边接触的绳索,在棱角处应垫好柔软的材料,防止磨损机壳及绳索被切断。

2. 解体安装的通风机,绳索捆绑不能损坏主轴、轴衬的表面和机壳、叶轮等部件。

3. 风机搬动时,不应将叶轮和齿轮轴直接放在地上滚动或移动。

4. 通风机的进排气管、阀件、调节装置应设有单独的支撑;各种管路与通风机连接时,法兰面应对中贴平,不应硬拉使设备受力。风机安装后,不应承受其他机件的重量。

(七) 应注意的质量问题

1. 风机运转中皮带滑下或产生跳动。应检查两皮带轮是否找正,并在一条中线上,或调整两皮带轮的距离;如皮带过长应更换。

2. 风机产生与转速相符的振动。应检查叶轮重量是否对称,或叶片上是否有附着物;

双进通风机应检查两侧进气量是否相等。如不等,可调节挡板,使两侧进气口负压相等。

3. 通风机和电动机整体振动。应检查地脚螺栓是否松动,机座是否紧固;与通风机相连的风管是否加支撑固定;柔性短管是否过紧。

4. 用型钢制作的风机支座,焊接后应保证支座的平整,若有扭曲,校正好后方能安装。

5. 风机减震器所承受压力不均。应适当调整减振器的位置,或检查减振器的底板是否同基础固定。

三、除尘系统除尘器与排污设备安装

(一)工程概况(略)

(二)工程质量目标和要求(略)

(三)施工准备

1. 施工人员

2. 施工机具设备和测量仪器

主要机具:电锤、手电钻、电焊机、气焊设备、捯链、扳手水平尺、线坠等。

3. 材料要求

(1) 通风专业常用的除尘器类型有:旋风除尘器、双级涡旋除尘器、湿式除尘器、过滤式除尘器、多管除尘装置、电除尘器等。除尘器的安装分为整体式和组装式。

(2) 除尘器应有产品合格证,其型号、规格及尺寸必须符合设计要求。

(3) 除尘器本体和配套件应齐全、完整,其内表面平整、无明显凹凸,圆弧均匀,拼缝错开,焊缝表面无裂纹、夹渣、明显砂眼、气孔等缺陷。

(4) 除尘器制作的板厚应按照设计要求、标准样本材料明细表执行,并对其外观进行检查,确认后填写设备开箱检查记录单,经双方确认后方可安装。如有损坏应修复合格,损坏严重时应及时更换。

4. 施工条件

(1) 土建施工已完毕,现场已具备施工条件且无障碍物及其他杂物。

(2) 已进行技术交底。

(四)施工工艺

1. 工艺流程

设备验收 → 搬运 → 安装及调整 → 检验

2. 设备验收

(1) 除尘器各部件的连接应严密,进出口方向必须符合设计要求,安装牢固平稳,因除尘器有时设计在风机负压端,有时在正压端,不能装反,故安装时要弄清进、出口方向后再行安装。

(2) 除尘器涡旋方向要与风机旋转方向配套一致,即右旋除尘器配用右旋引风机,左旋除尘器配用左旋引风机。

3. 安装及调整

(1) 安装时,法兰密闭垫应加在螺栓内侧,以保证密封性能。

(2) 湿式除尘器的水系统,其水管连接处和存水部位必须严密不漏,排水畅通。

(3) 现场组装除尘器的各部位连接处必须严密。

(4) 除尘器的排灰阀、卸料阀、排泥阀的安装必须严密,并便于操作和维修。

(5) 双级蜗旋除尘器的叶片方向必须正确;旁路分离室的泄灰口必须光滑无毛刺。

(6) 旋筒式水膜除尘器的外筒体内壁严禁有突出的横向接缝。

(7) 脉冲袋式除尘器安装分整体式和组装式两种:整体式脉冲袋式除尘器安装,应对外观及各部件进行检查,若无松动、破损等缺陷,整体完成,则可安装。组装式脉冲袋式除尘器安装时,应弄清其装配形式,按设计要求正确安装。

(8) 现场组装的布袋过滤式除尘器的安装应符合下列规定:

1) 其外壳应严密、不漏,各部件连接处必须严密,布袋应松紧适当,接入口应牢固。

2) 分室反吹袋式的滤袋安装必须平直。每条滤袋的拉紧力应保持在 25~35N/m,与滤袋连接接触的短管和帽袋应无毛刺。

3) 机械回转扁袋式除尘器的旋臂,转动应灵活可靠,净气室上部的顶盖应密封不漏气,旋转应灵活,无卡阻现象出现。

4) 脉冲袋式除尘器的喷吹管的孔眼应对准文氏管的中心,同心度允许偏差应不大于 2mm。

5) 震打式脉冲吹刷系统,应正常可靠。

(9) 除尘器应按照说明书的安装方式进行安装,并找平找正引风机入口要连接除尘器芯管法兰(即净化气体出口),引风机出口连接至烟道通过烟囱排入大气中。

(五) 质量标准

1. 除尘器安装的允许偏差和检验方法符合表 3.6-31 的规定。

除尘器安装的允许偏差和检验方法　　　　表 3.6-31

项次	项 目	允许偏差(mm)	检 验 方 法
1	平面位移	≤10	用经纬仪或拉线、尺量检查
2	标 高	±10	用水准仪或水平仪、直尺、拉线和尺量检查
3	垂直度	每米≤2 总偏差≤10	吊线和尺量检查

2. 除尘器的活动或转动部件的动作应灵活、可靠,并应符合设计要求。排灰阀、卸料阀、排泥阀的安装应严密,并便于操作与维护维修。

检查数量:按总数抽查 20%,不得少于 1 台。

检查方法:尺量、观察检查及检查施工记录。

3. 现场组装的静电除尘器安装时阳极板组合后的阳极排平面度允许偏差为 5mm,其对角线允许偏差为 10mm,阴极小框架组合后的偏差同上;阴极大框架的整体平面度允许偏差为 15mm,整体对角线允许偏差为 10mm;阳极板高度小于或等于 7m 的电除尘器,阴、阳极间距允许偏差为 5mm。阳极板高度大于 7m 电除尘器,阴、阳极间距允许偏差为 10mm;振打锤装置应可靠固定,且能灵活转动,锤头方向应正确,振打锤头与振打砧之间应保持良好的线接触状态,接触长度应大于锤头厚度的 0.7 倍。

4. 除尘器安装应符合下列规定:

(1) 型号、规格、进出口方向必须符合设计要求。

(2) 现场组装的除尘器壳体应做漏风试验,在设计工作压力下允许漏风率为5%,其中离心式除尘器为3%。

(3) 布袋除尘器、电除尘器的壳体及辅助设备可靠接地。

检查数量:按总数抽查20%,不得少于1台,接地全数检查。

检查方法:按图核对、检查测试记录和观察检查。

(六) 成品保护

1. 除尘器的成品要放在宽敞、干燥的地方排放整齐。

2. 除尘器搬运装卸应轻拿轻放,防止损坏成品。

3. 组装好的成品要设专人保护,防止丢失、损毁,不得将其作为其他用途的受力点使用。

(七) 其他

1. 当异形排出管与筒体连接不平时,在卷圆时用各种样板找准各段弧度。

2. 组装时边点焊边检查芯子的螺旋桨叶片角度是否正确。

3. 保证对接面及填料平整、均匀以确保接缝处不漏风。

四、净化空调系统消声设备制作与安装

(一) 工程概况(略)

(二) 工程质量目标和要求(略)

(三) 施工准备

1. 材料要求及主要机具

(1) 各种板材、型钢应具有出厂合格证明书或质量鉴定文件。

(2) 除上述证明文件外,应进行外观检查。板材表面应平整,厚度均匀,无凸凹及明显压伤现象,并不得有裂纹、分层、麻点及锈蚀情况。型钢应等型,不应有裂纹、划痕、麻点及其他影响质量的缺陷。

(3) 吸声材料应严格按照设计要求选用,并满足对防火、防潮和耐腐蚀性能的要求。

(4) 其他材料不能因具有缺陷而导致成品强度的降低或影响其使用效果。

(5) 龙门剪板机、振动式曲线剪板机、手动电动剪、倒角机、咬口机、折方机、咬口压实机、合缝机、型钢切割机、冲孔机、台钻、手电钻、液压铆钉钳、电动拉铆枪、空气压缩机、油漆喷枪、钢直尺、角尺、量角器、划规、划针、洋冲、铁锤、木锤、拍板、滑轮、捯链、绳索、活动扳手、钢丝钳、螺丝刀、钢锯、线锤、钢卷尺、水平尺等。

2. 作业条件

(1) 应具有宽敞、明亮、地面平整、洁净的厂房。

(2) 作业地点要有满足加工工艺要求的机具、设施、电源、安全防护装置及消防器材。

(3) 消声器制作应按照设计图纸和标准图的要求进行,并有施工员书面的质量、技术、安全交底。

(4) 消声器制作所运用的材料,应符合设计规定的防火、防腐、防潮和卫生的要求。

(四) 操作工艺

1. 工艺流程

领料→外壳放样→剪切、冲口、折方→成形→法兰下料→焊接→冲孔、打眼→消声片下料→填充消声材料→装钉覆面材料→组装→法兰铆接→成品检验→出厂→安装→检验

2. 消声器制作。各种金属板材加工应采用机械加工,如剪切、折方、折边、咬口等,做到一次成型,减少手工操作。镀锌钢板施工时,应注意使镀锌层不受损坏,尽量采用咬接或铆接。

3. 消声器框架应牢固,壳体不得漏风。消声器外管、内盖板、隔板制作、法兰制作及铆接等要求参照空调风管、支架、法兰制作及铆接的内容。

4. 阻性消声器(图3.6-32)在加工时,内部尺寸不能随意改变。其阻性消声片(图3.6-33)是用木筋制成木框(如设计要求用金属结构,则按设计要求加工),内填超细玻璃棉等吸声材料,外包玻璃布等覆面材料制成。在填充吸声材料时,应按设计的容重、厚度等要求铺放均匀,覆面层不得破损。装钉吸声片时,与气流接触部分均用漆泡钉,其余部分用鞋钉装钉。钉泡钉时,在泡钉处加一层垫片,可减少破损现象。对于容积较大的吸声片,为了防止因消声器安装或移动而造成吸声材料下沉,可在容腔内装设适当的托挡板。

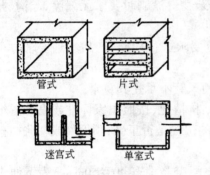  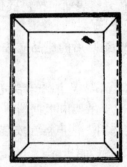

图3.6-32 阻性消声器构造示意图　　图3.6-33 阻性消声片构造示意图

5. 抗性消声器(图3.6-34)是利用管道内截面突变,起到消声作用。加工制作时,不能任意改变膨胀室的尺寸。

6. 共振性消声器(图3.6-35)制作应按设计要求加工。不能任意改变关键部分的尺寸。穿孔板的孔径和穿孔率应符合设计要求。穿孔板经冲(钻)孔后,应将孔口的毛刺锉平。共振腔的隔板尺寸应正确,隔板与壁板连接处紧贴。

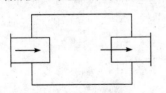 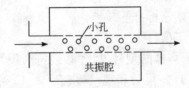

图3.6-34 抗性消声器构造示意图　　图3.6-35 共振性消声器构造示意图

7. 阻抗复合式消声器(图3.6-36)组装时,应先用圆钉将制成的消声片装钉成消声片组,现时用铆钉将横隔板与内管分段铆接好,然后用半圆头木螺丝将各段内管与消声片组固定,再将处管与横隔板、外管与消声器两端盖板、盖板与内管分别用半沉头自攻螺丝固定,最后在铆接两端法兰。

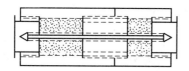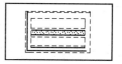

图 3.6-36 阻抗复合式消声器构造示意图

8. 消声风管、消声静压箱及消声弯头内所衬的消声材料应均匀贴紧,不能脱落,并且拼缝要密实,表面平整,不能凹凸不平。

9. 消声器内的消声材料覆面层不得破损,搭接时应顺气流,且界面不得有毛边。消声器内直接逆风面布质要有保护措施。

10. 消声弯管的平面边长大于 800mm 时,应加调导流吸声片。导流吸声片表面应平滑、圆弧均匀、与弯管连接紧密牢固,不得有松动现象。

11. 消声百叶窗,框架应牢固,叶片的片距应均匀,吸声面方向应符合设计要求。

12. 消声器内外金属构件表面应涂刷红丹防锈漆两道(优质镀锌板材可不涂防锈漆)。涂刷前,金属表面应按需要做好处理,清除铁锈、油脂等杂物。涂刷时要求无漏涂、起沟、露底等现象。

13. 组装后的成品应按照设计文件及施工验收规范要求进行检验,产品达到要求方可出厂。

14. 消声器、消声弯头等在安装应单独设支、吊架,使风管不承受其重量。

15. 支吊架应根据消声器的型号、规格和建筑物的结构情况,按照国家标准或设计图纸的规定选用。消声器在安装前应检查支、吊架等固定件的位置是否正确,预埋件或膨胀螺栓是否安装牢固、可靠。支、吊架必须保证所承担的载荷。

16. 消声器支、吊架托铁上穿吊杆的螺孔距离,应比消声器稍宽 40~50mm。为了便于调节标高,可以吊杆端部套有 50~60mm 的丝扣,以便找平、找正。也可用在托铁上加垫的方法找平、找正。

17. 消声器的安装方向必须正确,与风管或管件的法兰连接应保证严密、牢固。

18. 当空调系统为恒温,要求较高时,消声器外壳应与风管同样作保温处理。

19. 消声器安装后,可用拉线或吊线的方法进行检查,不符合要求的应进行修整。

20. 消声器安装就位后,应加强管理,采取防护措施。严禁其他支、吊架固定在消声器法兰及支吊架上。

(五)质量标准

1. 保证项目

(1) 消声器的型号、尺寸必须符合设计要求,并标明气流方向。

检验方法:尺量和观察检查。

(2) 消声器框架必须牢固,共振腔的隔板尺寸正确,隔板与壁板结合处紧贴,外壳严密不漏。

检验方法:手扳和观察检查。

(3) 消声片单体安装,固定端必须牢固,片距均匀。

检验方法:手扳和观察检查。

(4) 消声器安装方向必须正确,并单独设置支吊架。

检验方法：观察检查。

2．基本项目

(1) 消声材料的敷设应达到片状材料粘贴牢固，平整；散状材料充填均匀、无下沉。

检验方法：观察检查。

(2) 消声材料的覆盖而应顺气流方向拼接，拼接整齐，无损坏；穿孔板无毛刺，孔距排列均匀。

检验方法：观察检查。

(六) 成品保护

1．消声器成品应在平整、无积水的室内场地上码放整齐，下部设有垫托，并有必要的防水措施。

2．成品应按规格、型号进行编号。妥善保管，不得遭受雨雪、泥土、灰尘和潮气的侵蚀。

3．消声器在装卸、运输和安装过程中应轻拿轻放，以防损坏成品。

4．消声器在安装前应进行检查，充填的吸声材料不应有明显下沉。发现质量缺陷要进行修复。

5．消声器安装后如遇暂停工阶段，应将端口包扎严密，以免损坏或进入碴土等。

(七) 应注意的质量问题

1．消声器的覆面材料容易破损，使吸声材料外露或脱落，影响功能。制作时，钉覆面材料的泡钉应加垫片。发现覆面材料有破损现象，应根据情况及时修复或更换。

2．消声片敷设的消声材料容易下沉，出现空隙而影响吸声效果。制作时对容积较大的吸声片可在容腔内装设适当的托挡板，搬运及安装时应轻拿轻放。安装前应进行检查，消声材料不得有明显下沉。

3．消声器外壳拼接处及角部易产生孔洞而漏风，制作时应加以注意，发现孔洞后应及时用锡焊或密封胶堵严。

4．穿孔板经钻孔后产生的毛刺易划破覆面材料或产生噪声，应将孔口的毛刺锉平。

5．消声材料填充不均匀、覆面层不紧，消声孔颁不均匀、孔径小、总面积不足等使性能降低，要根据设计或规范严格工艺操作。

6．消声弯头弧形片的弧度不均匀、消声片片距不相等，应认真执行工工艺标准，缺陷予以消除。

五、制冷设备系统

(一) 制冷剂管道及配件安装

1．工程概况(略)

2．工程质量目标和要求(略)

3．施工准备

(1) 材料及主要机具

1) 所采用的管子和焊接材料应符合设计规定，并具有出厂合格证明或质量鉴定文件。

2) 制冷系统的各类阀件必须采用专用产品，并有出厂合格证。

3) 无缝钢管内外表面应无显著腐蚀、无裂纹、重皮及凹凸不平等缺陷。

4) 铜管内外壁均应光洁、无疵孔、裂缝、结疤、层裂或气泡等缺陷。

5) 施工机具:卷扬机、空气压缩机、真空泵、砂轮切割机、手砂轮、压力工作台、捯链、台钻、电锤、坡口机、铜管板边器、手锯、套丝板、管钳子、套筒扳手、梅花扳手、活扳子、水平尺、铁锤、电气焊设备等。

6) 测量工具:钢直尺、钢卷尺、角尺、半导体测温计、U形压力计等。

(2) 作业条件

1) 设计图纸、技术文件齐全,制冷工艺及施工程序清楚。

2) 建筑结构工程施工完毕,室内装修基本完成,与管道连接的设备已安装找正完毕,管道穿过结构部位的孔洞已配合预留,尺寸正确。预埋件设置恰当,符合制冷管道施工要求。

3) 施工准备工作完成,材料送至现场。

4. 操作工艺

(1) 工艺流程

预检 → 施工准备 → 管道等安装 → 系统吹污 → 系统气密性试验 → 系统抽真空 → 管道防腐 → 系统充制冷制 → 检验

(2) 施工准备

1) 认真熟悉图纸、技术资料,搞清工艺流程、施工程序及技术质量要求。

2) 按施工图所示管道位置、标高、测量放线、查找出支吊架预埋铁件。

3) 制冷系统的阀门,安装前应按设计要求对型号、规格进行核对检查,并按照规范要求做好清洗和严密性试验。

4) 制冷剂和润滑油系统的管子、管件应将内外壁铁锈及污物清除干净,除完锈的管子应将管口封闭,并保持内外壁干燥。

5) 按照设计规定,预制加工支吊管架、须保温的管道、支架与管子接触处应用经防腐处理的木垫隔垫。木垫厚度应与保温层厚度相同。支吊架形式间距见表3.6-32。

制冷管道支吊架间距表　　　表3.6-32

管径(mm)	<$\phi38\times2.5$	$\phi45\times2.5$	$\phi57\times3.5$	$\phi76\times3.5$ $\phi89\times3.5$	$\phi108\times4$ $\phi133\times4$	$\phi159\times4.5$	$\phi129\times6$	>$\phi77\times7$
管道支、吊架最大间距(m)	1.0	1.5	2.0	2.5	3	4	5	6.5

(3) 制冷系统管道、阀门、仪表安装。

1) 管道安装:

① 制冷系统管道的坡度及坡向,如设计无明确规定应满足表3.6-33的要求。

制冷系统管道的坡度坡向　　　表3.6-33

管 道 名 称	坡度方向	坡　度
分油器至冷凝器相连接的排气管水平管段	坡向冷凝器	3~5/1000
冷凝器至贮液器的出液管的水平管段	坡向贮液器	3~5/1000
液体分配站至蒸发器(排管)的供液管水平管段	坡向蒸发器	1~3/1000

续表

管道名称	坡度方向	坡度
蒸发器(排管)至气体分配站的回气管水平管段	坡向蒸发器	1~3/1000
氟利昂压缩机吸气水平管排气管	坡向压缩机 坡向油分离器	4~5/1000 1~2/100
氨压缩机吸气水平管排气管	坡向低压桶 坡向氨油分离器	≥3/1000
凝结水管的水平管	坡向排水器	≥8/1000

② 制冷系统的液体管安装不应有局部向上凸起的弯曲现象,以免形成气囊。气体管不应有局部向下凹的弯曲现象,以免形成液囊。

③ 从液体干管引出支管,应从干管底部或侧面接出,从气体干管引出支管,应从干管上部或侧面接出。

④ 管道成三通连接时,应将支管按制冷剂流向弯成弧形再行焊接(图3.6-37a),当支管与干管直径相同且管道内径小于50mm时,则需在干管的连接部位换上大一号管径的管段,再按以上规定进行焊接(图3.6-37b)。

⑤ 不同管径的管子直线焊接时,应采用同心异径管(见图3.6-37c)。

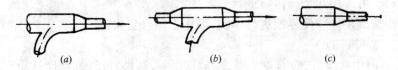

图3.6-37 管道三通连接方式示意图

⑥ 紫铜管连接宜采用承插口焊接,或套管式焊接,承口的扩口深度不应小于管径,扩口方向应迎介质流向(图3.6-38)。

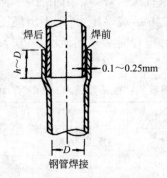

图3.6-38 紫铜管连接示意图

⑦ 紫铜管切口表面应平齐,不得有毛刺、凹凸等缺陷。切口平面允许倾斜偏差为管子直径的1%。

⑧ 紫铜管揻弯可用热弯或冷弯,随圆率不应大于8%。

2) 阀门安装：

① 阀门安装位置、方向、高度应符合设计要求不得反装。

② 安装带手柄的手动截止阀，手柄不得向下。电磁阀、调节阀、热力膨胀阀、升降式止回阀等，阀头均应向上竖直安装。

③ 热力膨胀阀的感温包，应装于蒸发器末端的回气管上，应接触良好，绑扎紧密，并用隔热材料密封包扎，其厚度与保温层相同。

④ 安全阀安装前，应检查铅封情况和出厂合格证书，不得随意拆启。

⑤ 安全阀与设备间若设关断阀门，在运转中必须处于全开位置，并预支铅封。

3) 仪表安装：

① 所有测量仪表按设计要求均采用专用产品，压力测量仪表须用标准压力表进行校正，温度测量仪表须用标准温度计校正并做好记录。

② 所有仪表应安装在光线良好，便于观察，不妨碍操作检修的地方。

③ 压力继电器和温度继电器应装在不受振动的地方。

(4) 系统吹污、气密性试验及抽真空。

1) 系统吹污：

① 整个制冷系统是一个密封而又清洁的系统，不得有任何杂物存在，必须采用洁净干燥的空气对整个系统进行吹污，将残存在系统内部的铁屑、焊渣、泥砂等杂物吹净。

② 吹污前应选择在系统的最低点设排污口。用压力 0.5~0.6MPa 的干燥空气进行吹扫；如系统较长，可采用几个排污口进行分段排污。

此项工作按次序连续反复地进行多次，当用白布检查吹出的气体无污垢时为合格。

2) 系统气密性试验。

① 系统内污物吹净后，应对整个系统（包括设备、阀件）进行气密性试验。

② 制冷剂为氨的系统，采用压缩空气进行试压。

制冷剂为氟利昂系统，采用瓶装压缩氮气进行试压。对于较大的制冷系统也可采用压缩空气，但须经干燥处理后再充入系统。

③ 检漏方法：用肥皂水对系统所有焊口、阀门、法兰等连接部件进行仔细涂抹检漏。

④ 在试验压力下，经稳压 24h 后观察压力值，不出现压力降为合格（温度影响除外）。

⑤ 试压过程中如发现泄漏，检修时必须在泄压后进行，不得带压修补。

⑥ 系统气密性试验压力见表 3.6-34。

系统气密性试验压力 MPa(kgf/cm²)　　　表 3.6-34

系统压力	制　冷　剂			
	活塞式制冷机			离心式制冷机
	R717	R22	R12	R11
低压系统 1.176(12)	1.176(12)		0.98(10)	0.196(2)
高压系统	1.764(18)		1.56(16)	0.196(2)

注：1. 括号内为 kgf/cm²。
2. 低压系统：指节流阀起经蒸发器到压缩机吸入口的试验压力；高压系统：指自压缩机排出口起经冷凝器到节流阀止的试验压力。

3) 系统抽真空试验

在气密性试验合格后,采用真空泵将系统抽至剩余压力小于 5.332kPa(40mm 汞柱),保持 24h 系统升压不应超过 0.667kPa(5mm 汞柱)。

(5) 系统充制冷剂:

1) 制冷系统充灌制冷剂时,应将装有质量合格的制冷剂钢瓶在磅秤上称好重量,做好记录,用连接管与机组注液阀接通,利用系统内的真空度,使制冷剂注入系统。

2) 当系统内的压力升至 $0.196 \sim 0.294$ MPa($2 \sim 3$ kgf/cm^2)时,应对系统再将进行检漏。查明泄漏后应予以修复,再充灌制冷剂。

3) 当系统压力与钢瓶压力相同时,即可起动压缩机,加快充入速度,直至符合系统需要的制冷剂重量。

(6) 管道防腐:

1) 制冷管道、型钢、托吊架等金属制品必须做好除锈防腐处理,安装前可在现场集中进行。如采用手工除锈时,用钢针刷或砂布反复清刷,直至露出金属本色,再用棉丝擦净锈尘。

2) 刷漆时,必须保持金属面干燥、洁净,漆膜附着良好,油漆厚度均匀、无遗漏。

3) 制冷管道刷色调合漆,按设计规定。

4) 制冷系统管道油漆的种类、遍数、颜色和标记等应符合设计要求。如设计无要求,制冷管道(有色金属管道除外)油漆可参照表 3.6-35。

制冷剂管道油漆 表 3.6-35

管道类别		油漆类别	油漆遍数	颜色标记
低压系统	保温层以沥青为胶粘剂	沥青漆	2	蓝色
	保温层不以沥青为胶粘剂	防锈底漆	2	
高压系统		防锈底漆	2	红色
		色漆	2	

5. 质量标准

(1) 保证项目:

1) 管子、管件、支架与阀门的型号、规格、材质及工作压力必须符合设计要求和施工规范规定。

检验方法:观察检查和检查合格证或试验记录。

2) 管子、管件及阀门内壁必须清洁及干燥、阀门必须按施工规范规定进行清洗。

检验方法:观察检查和检查清洗记录或安装记录。

3) 管道系统的工艺流向、管道坡度、标高、位置必须符合设计要求。

检验方法:观察和尺量检查。

4) 接压缩机的吸、排汽管道必须单独设立支架。管道与设备连接时严禁强制对口。

检验方法:观察检查。

5) 焊缝与热影响区严禁有裂纹,焊缝表面无夹渣、气孔等缺陷,氨系统管道焊口检查还必须符合《工业管道工程施工及验收规范》GBJ 235—82 的规定。

检验方法:放大镜观察检查,氨系统检查射线探伤报告。

6) 管道系统的吹污、气密性试验、真空度试验必须按施工规范规定进行。

检验方法:检查吹污试样或记录。

(2) 基本项目

1) 管道穿过墙或楼板时,应符合以下规定:

设金属套管并固定牢靠,套管内无管道焊缝、法兰及螺纹接头;穿墙套管两端与墙面齐平;穿楼板套管下边与楼板齐平,上边高出楼板 20mm;套管与管道四周间隙均匀,并用隔热不燃材料填塞紧密。

检验方法:观察和尺量检查。

2) 支、吊、托架安装应符合以下规定:

形式、位置、间距符合设计要求,与管道间的衬垫符合施工规范规定,与管道接触紧密;吊杆垂直,埋设平整、牢固,固定处与墙面齐平,砂浆饱满,不突出墙面。

检验方法:观察和尺量检查。

安装位置、方向正确,连接牢固紧密,操作灵活方便,排列整齐美观。

检验方法:观察和操作检查。

(3) 允许偏差项目:

管道安装及焊缝的允许偏差和检验方法应符合表 3.6-36 的规定。

管道安装及焊缝的允许偏差和检验方法　　　表 3.6-36

项次	项目			允许偏差(mm)	检查方法
1	坐标	室外	架空	15	按系统检查管道的起点、终点、分支点和变向点及各点间直管、用经纬仪、水准仪、液体连通器、水平仪、拉线和尺量检查
			地沟	20	
		室内	架空	5	
			地沟	10	
2	标高	室外	架空	±15	
			地沟	±20	
		室内	架空	±5	
			地沟	±10	
3	水平管道	纵横向弯曲	$DN100$ 以内 每 10m	5	用液体连通器、水平仪、直尺、吊锤、拉线和尺量检查
			$DN100$ 以上	10	
		横向弯曲全长 25m 以上		20	
4	立管垂直度	每 1m		2	
		全长 5m 以上		8	
5	成排管段及成排阀门在同一平面上			3	
6	焊口平直度	$\delta \leqslant 10mm$		$\dfrac{\delta}{5}$	用尺和样板尺检查
7	焊缝加强层	高度		$^{+1}_{\ 0}$	焊接检验尺检查
		宽度		$^{+1}_{\ 0}$	

续表

项次	项目		允许偏差(mm)	检查方法
8	咬肉	深度	<0.5	用尺和焊接检查尺检查
		连续长度	25	

注：DN 为公称，δ 为管壁厚，L 为焊缝总长。

6. 成品保护

(1) 管道预制加工、防腐、安装、试压等工序应紧密衔接，如施工有间断，应及时将敞开的管口封闭，以免进入杂物堵塞管子。

(2) 吊装重物不得采用已安装好的管道做为吊点，也不得在管道上施放脚手板踩蹬。

(3) 安装用的管洞修补工作，必须在面层粉饰之前全部完成。粉饰工作结束后，墙、地面建筑成品不得碰坏。

(4) 粉饰工程期间，必要时应设专人监护已安装完的管道、阀部件、仪表等。防止其他施工工序插入时碰坏成品。

7. 应注意的质量问题见表 3.6-37。

应注意的质量问题　　　　表 3.6-37

序号	常产生质量问题	防治措施
1	除锈不净，刷漆遗漏	操作人员按规程规范要求认真作业，加强自、互检，保证质量
2	阀门不严密	阀门安装前按设计规定做好检查、清洗、试压工作，施工班组要做好自检、互检和验收记录
3	随意用汽焊切割型钢、螺栓孔及管子等	1. 直径 $\phi50$mm 以下的管子切断和 $\phi40$mm 以下的管子同径三通开口，均不得用气焊割口，可用砂轮锯或手锯割口 2. 支、吊架钢结构上的螺栓孔 $\phi\leq13$mm 的不允许用气焊割孔。可用电钻打孔 3. 支、吊架金属材料均用砂轮锯或手锯断口
4	法兰接口渗漏	1. 严格工艺安装时注意平眼（如水平管道最上面两眼须是水平状，垂直管道靠墙两眼须与墙平行） 2. 螺栓均匀用力拧紧 3. 焊缝外型尺寸符合要求，对口选择适中，正确选择电流及焊条，严格焊接工艺

(二) 管道及设备的防腐与绝热

1. 工程概况（略）
2. 工程质量目标和要求（略）
3. 施工设备

(1) 材料及主要机具：

1) 保温材料应符合设计规定并具有制造厂合格证明或检验报告。

2) 保温材料有聚氨酯硬质（软质）泡沫塑料管壳、聚苯乙烯硬质（软质）泡沫塑料管壳、岩棉管壳等。以上材质应导热系数小,具有一定的强度能承受来自内侧和外侧的水湿或气体渗透,不含有腐蚀性的物质,不燃或不易燃烧,便于施工。

3) 保温材料在贮存、运输、现场保管过程中应不受潮湿及机械损伤。

4) 手电钻、刀锯、布剪子、克丝钳、改锥、腻子刀、油刷子、抹子、小桶、弯钩等。

(2) 作业条件:

1) 难燃材料必须对其耐燃性能验证,合格后方能使用。

2) 管道保温层施工必须在系统压力试验检漏合格,防腐处理结束后进行。

3) 场地应清洁干净,有良好的照明设施。冬、雨期施工应有防冻防雨雪措施。

4) 管道支吊架处的木衬垫缺损或漏装的应补齐。仪表接管部件等均已安装完毕。

5) 应有施工员的书面技术、质量、安全交底。保温前应进行隐检。

4. 操作工艺

(1) 工艺流程:

隐检 → 一般按绝热层、防潮层、保护层的顺序施工 → 检验

(2) 绝热层施工方法

1) 直管段立管应自下而上顺序进行,水平管应从一侧或弯头的直管段处顺序进行。

2) 硬质绝热层管壳,可采用16~18号镀锌铁丝双股捆扎,捆扎的间距不应大于400mm,并用粘结材料紧密粘贴在管道上。管壳之间的缝隙不应大于2mm并用粘结材料勾缝填满,环缝应错开,错开距离不小于75mm,管壳从缝应设在管道轴线的左右侧,当绝热层大于80mm时,绝热层应分两层铺设,层间应压缝。

3) 半硬质及软质绝热制品的绝热层可采用包装钢带,14~16号镀锌钢丝进行捆扎。其捆扎间距,对半硬质绝热制品不应大于300mm;对软质不大于200mm。

4) 每块绝热制品的捆扎件,不得少于两道。

5) 不得采用螺旋式缠绕捆扎。

6) 弯头处应采用定型的弯头管壳或用直管壳加工成虾米腰块,每个弯头应不少于3块,确保管壳与管壁紧密结合,美观平滑。

7) 设备管道上的阀门、法兰及其他可拆卸部件保温两侧应留出螺栓长度如25mm的空隙。阀门、法兰部位则应单独进行保温(图3.6-39)。

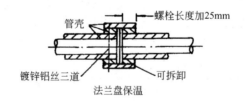

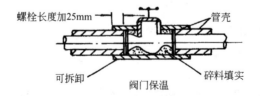

图 3.6-39 法兰盘、阀门保温

8) 遇到三通处应先做主干管,后分支管。凡穿过建筑物保温管道套管与管子四周间隙应用保温材料填塞紧密。

9) 管道上的温度计插座宜高出所设计的保温层厚度。不保温的管道不要同保温管道敷设在一起,保温管道应与建筑物保持足够的距离。

(3) 防潮层施工方法:

1) 垂直管应自下而上,水平管应从低点向高点顺序进行,环向搭缝口应朝向低端。

2) 防潮层应紧密粘贴在隔热层上,封闭良好,厚度均匀拉紧,无气泡、褶皱、裂缝等缺陷。

3) 用卷材做防潮层,可用螺旋形缠绕的方式牢固粘贴在隔热层上,开头处应缠2圈后再呈螺旋形缠绕,搭接宽度宜为30~50mm。

4) 用油毡纸作防潮层,可用包卷的方式包扎,搭接宽度为50~60mm。油毡接口应朝下,并用沥青玛琋脂密封,每300mm扎镀锌铅丝或铁箍一道。

(4) 保证层施工方法:

保温结构的外表必须设置保护层(护壳),一般采用玻璃丝布、塑料布、油毡包缠或采用金属护壳。

1) 用玻璃丝布、塑料布缠裹,垂直管应自下而上,水平管则应从最低点向最高点顺序进行。开始应缠裹2圈后再呈螺旋状缠裹,搭接宽度应二分之一布宽、起点和终点应用粘接剂粘接或镀锌铁丝捆扎。

应缠裹严密,搭接宽度均匀一致,无松脱、翻边、褶皱和鼓包,表面应平整。

2) 玻璃线布刷涂防火涂料或油漆,刷涂前应清除管道上的尘土、油污。油刷上蘸的涂料不宜太多,以防滴落在地上或其他设备上。

3) 金属保护层的材料,宜采用镀锌薄钢板或薄铝合金板。当采用普通钢板时,其里外表面必须涂敷防锈涂料。

立管应自下而上,水平管应从管道低点向高处顺序进行,使横向搭接缝口朝顺坡方向。纵向搭接缝应放在管子两侧,缝口朝下。如采用平搭缝,其搭缝宜30~40mm。搭缝处用自攻螺丝或拉拔铆钉,扎带紧固,螺钉间距应不大于200mm。不得有脱壳或凹凸不平现象。有防潮层的保温不得使用自攻螺丝,以免刺破防潮层。保护层端应封闭。

(5) 综合性工艺要求:

1) 管道穿墙、穿楼板套管处的绝热,应用相近效果的软散材料填实。

2) 绝热层采用绝热涂料时,应分层涂抹,厚度均匀,不得有气泡和漏涂,表面固化层应光滑,牢固无缝隙,并且不得影响阀门正常操作。

5. 质量标准

(1) 保证项目:

1) 保温材料的材质、规格及防火性能必须符合设计和防火要求。

检验方法:观察检查,检查合格证,做燃烧试验。

2) 阀门、法兰及其他可拆卸部件的两侧必须留出空隙,再以相同的隔热材料填补整齐。

检验方法:观察检查。

3) 保温层的端部和收头处必须做封闭处理。

检验方法:观察检查。

(2) 基本项目：

1) 聚氨酯硬质(软质)泡沫塑料管壳、聚苯乙烯硬质(软质)泡沫塑料管壳应符合以下规定：粘接应牢固、无断裂，管壳之间的拼缝应均匀整齐，平整一致，横向缝应错开。

检验方法：观察检查。

2) 棉毡管壳应符合以下规定：两个相临管壳的纵缝应错开180°，横向接缝应握紧对严，包扎应牢固、平整。

检验方法：观察检查。

3) 防潮层应符合以下规定：应紧密牢固地粘贴在绝热层上，搭接缝口朝向低端，搭接宽度应符合规定并应均匀整齐，封闭良好，无裂缝，外形美观。

检验方法：观察检查。

4) 玻璃布、塑料布保护层应符合以下规定：松紧适度，搭接宽度均匀，平整美观。

检验方法：观察检查。

5) 薄金属板保护层应符合以下规定：搭接顺水流方向，宽度均匀一致，接口平整，固定牢靠，外形美观。

检验方法：观察和尺量检查。

(3) 允许偏差项目：

保温层平整度、绝热层厚度的允许偏差和检验方法应符合表 3.6-38 的规定。

保温层平整度、绝热层厚度的允许偏差和检验方法表　　表 3.6-38

项次	项　目		允许偏差(mm)	检 验 方 法
1	保温层表面平整度	卷材壳及涂抹散材料或软质材料	5 10	用 1m 直尺和楔形塞尺检查
2	绝热层厚度		$+0.10\delta$ -0.05δ	用钢针刺入绝热层和尺量检查

注：δ 为绝热层厚度。

6. 成品保护

(1) 保温材料应放在干燥处妥善保管，露天堆放应有防潮、防雨、雪措施，防止挤压损伤变形(如矿纤材料)。

(2) 施工时要严格遵循先上后下、先里后外的施工原则，以确保施工完的保温层不被损坏。

(3) 操作人员在施工中不得脚踏挤压或将工具放在已施工好的绝热层上。

(4) 拆移脚手架时不得碰坏保温层由于脚手架或其他因素影响当时不能施工的地方应及时补好，不得遗漏。

(5) 当与其他工种交叉作业时要注意共同保护好成品，已装好门窗的场所下班后应关窗锁门。

7. 应注意的质量问题见表 3.6-39。

应注意的质量问题及防治措施　　　　表3.6-39

序号	质量问题	防治措施
1	镀锌铁丝结头松脱	严禁螺旋形缠绕
2	隔热层严密平整不够	加强责任心按工艺操作
3	管道穿楼板墙处结露	隔热材料填满填实
4	玻璃布、塑料布结头松脱	粘接绑扎应牢固加强检查
5	防火涂料油漆漏刷	加强责任心经常检查

六、冷却塔安装技术交底

（一）工程概况

上海某轧钢厂新建一个钢板镀锌线项目，该项目包括水淬火设备、管道安装，上升、下降、水平段冷却塔安装，空煤气设备管道安装，辐射管排烟系统设备、管道安装，空气冷却管排烟系统设备、管道安装，炉子保护气（N_2 气、H_2 气、N_2H_2 混合气）管道安装，空气设备；管道安装，光整段干燥器设备、管道安装。下面介绍的是上升、下降、水平段冷却塔安装技术交底。

（二）工程质量目标和要求

安装质量验收一次合格。

（三）安装内容

该公司承担上升、下降、水平段冷却塔安装工程任务。

1. 关键过程及工程难点

（1）工程难点

设备、管道空间体积大，且安装于各层钢结构中，设备管道吊装就位困难，但车间厂房内安装有2台50t/5t桥式起重机可以利用。

各种管道密集，安装及焊接作业困难。

立体交叉作业多，作业环境复杂。

（2）关键过程

该工程的关键过程是冷却塔与进口设备配套管件连接，该部位安装要求精度较高。

2. 该工程项目部组织机构图（略）

（四）工期及人力要求

冷却塔安装工期要求10月10日~25日，总工期16d。

人力资源配备见表3.6-40。

表3.6-40

安装钳工	配管工	电焊工	氩弧焊工	气焊工	起重工	电工	管理人员	合计
8人	8人	4人	2人	2人	2人	2人	2人	30人

（五）施工准备

主要工作为基础验收、设备开箱检查验收,需要施工人员管道钳工6人,2d时间。

1 设备安装阶段:主要工作为安装冷却塔垂直段、风机、附属管道、冷却塔水平段、导向辊等设备安装需要施工人员28人。其中需要安装钳工8人,配管工8人,电焊工4人,需要具有焊接压力容器资格的氩弧焊电焊工2人,气焊工2人,起重工2人,电工2人。工期10d。

2. 设备调试、管道试压、配合试车阶段:工程进入调试阶段,主要工作为设备安装完善,管道试压,配合试车,此阶段需要安装调试人员6人,电焊工2人、氩弧焊工2人。工期4d。

3. 人力资源配备

4. 施工主要机具(表3.6-41)

施工主要机具需用量　　　　表3.6-41

序号	机具名称	单位	数量	备注
1	交流电焊机	台	4	
2	直流电焊机	台	2	
3	桥式起重机	台	2	50t/5t 车间内原有
4	链式起重机	台	6	5t
5	磨光机	台	4	
6	框式水平仪	个	2	200mm×200mm
7	水平尺	台	1	400mm
8	千斤顶	台	4	10t
9	精密经纬仪	台	1	NA2
10	精密水准仪	台	1	010

(六)编制依据

1. 施工图及有关技术要求、图纸,3.15炉13 冷却水系统;3.15炉14 冷却塔。

2. 施工技术标准:

《机械设备安装工程施工及验收通用规范》GB 50231—98;

《工业金属管道工程施工及验收规范》GB 50235—97;

《压缩机、风机、泵安装工程施工及验收规范》。

3. 该工程施工组织设计。

(七)技术交底

1. 设备开箱、检查验收

设备开箱应在建设单位、设备提供方、安装单位有关人员参加下进行。检查内容:箱号、箱数以及包装情况;设备的名称、型号和规格、数量;装箱清单、设备技术文件资料及专用工具;设备有无缺损件、表面有无损坏和锈蚀等其他需要记录的情况。

如有缺损件应由建设单位或设备供货厂家解决,将来安装需要的机具、零部件、专用检具由安装单位保管,待工程验收时归还,不需要的部分及备件等,由建设单位保管。

2. 冷却塔设备安装顺序

待上道工序水淬设备、风机管道安装完毕,开始安装冷却塔。安装顺序:

冷却塔垂直段安装 → 风机、附属管道安装 → 冷却塔水平段安装 → 导向辊安装

每层设备就位后,应立即进行调整,达到安装精度要求后,交下道工序。

设备就位、安装 → 附属管道安装 → 试压 → 调试

3. 冷却塔设备安装

(1) 冷却塔设备安装需同结构安装同步协调进行。从底层开始,每层结构平台形成后,进行机械设备和大型管道安装,然后再进行上层平台敷设,以此类推。

(2) 设备的放线就位

冷却塔组件,与水淬设备等其他设备之间,不仅安装中心与工件运行中心相同,而且相互间需要衔接安装。因此就位前要设置统一的中心基准点,防止安装基准线发生错乱。设备的平面位置和标高对安装基准线的要求见表3.6-42。

设备的平面位置和标高对安装基准线的允许偏差　　　表3.6-42

项　目	允　许　偏　差	
	平面位置	标　高
与其他设备无机械联系的	±10	+20 -10
与其他设备有机械联系的	±2	±1

(3) 冷却塔设备及附属管道安装区域较集中,并且大部分设备、管道体积较大,安装时需同结构安装配合进行,结构每安装一层平台、设备应及时安装就位。

设备安装顺序:

标高+11.00m平台:后冷段1号上通道及2号下通道冷却塔、风机、管道。

标高+15.10m平台:轴承及其风机、管道。

标高+18.40m平台:后冷段2号上通道及1号下通道冷却塔、风机、管道。

标高+29.85m平台:水平冷却塔及其风机、管道。

(4) 冷却塔风机安装

冷却塔风机为整体的单体设备,其出口与冷却塔用异形变径管相连(随设备带)。风机中心位置应以冷却塔为基准找正。

风机安装顺序为: 减振弹簧 → 风机底座 → 风机

水平冷却塔风机减振弹簧的安装位置要严格按风机基础图找正,减振弹簧安装时必须保证其水平度,以免影响其使用性能。减振弹簧安装完毕后即可安装风机底座、风机。风机水平调整可以轴为基准面。

其他冷却塔风机减振弹簧的安装与水平冷却塔风机减振弹簧的安装类似。

(5) 设备的调整

1) 设备的单体调整:

单体设备的纵向中心以生产线永久中心点为基准,横向中心以测量人员给定的中心点

为基准,按给定冷却塔区域的横向中心点,需用刻度尺将中心点引至设备设计中心位置,再以此为基准挂钢丝调整设备。

2) 设备的最终调整:

对冷却塔区域的设备相对位置偏差要求较高,因此设备的最终调整要以保证工件能够畅通运行为原则,以工件走行轨迹作为调整基准。具体地说:上升段导向辊与辊缘切面在同一垂面内,上升段冷却塔以此垂面进行调整,水平段冷却塔应以导向辊的上缘切面为基准进行调整,下降段冷却塔以导向辊和水淬设备辊垂直面内的公共切面为基准进行调整。

4. 冷却塔附属管道安装

冷却水管道安装时,要注意供水、回水管道位置,供水管道必须高于回水管道。

5. 管道支架制作安装

管道支架制作时,钢材必须采用机械方法下料。管道支架安装要考虑炉子的膨胀方向。冷却水管道支架必须固定在钢结构上。

6. 管道安装标准(表3.6-43)

管道安装允许偏差　　　表3.6-43

序号	检查项目		允许偏差
1	坐标	架空	15
2	标高	架空	±15
3	水平管道平直度	$DN \leqslant 100$	$2L‰$,最大50
		$DN > 100$	$3L‰$,最大80
4	立管铅垂度	—	$5L‰$,最大30

7. 管道试压

(1) 管道试压要求用水进行强度试验,试验压力按照设计规定选取,选择工作压力的1.5倍作试验压力。

(2) 压力试验按以下步骤进行:

1) 检查管路连通是否完善,管端阀门是否关闭,盲板是否把紧,管路中的阀门是否全部开启。

2) 通入水,待管道充满后开始升压。

3) 升压时,压力需逐步升高,压力升至稳压点时停止升压,待压力稳定后再继续加压直至达到试验压力。

4) 压力升至试验压力后,保持15min,降至工作压力,检查管路是否有漏点,用气体作试验介质时,需在焊缝及管路连接处涂肥皂水试漏,如管路无渗漏点且压力表所示泄漏率在标准允许范围内,即为合格。

5) 排出试压用水,拆除试压用临时管路。

8. 技术质量要求

(1) 该工程施工前要对施工班组详细交底,对以往安装类似冷却塔设备所出现过的问题,逐个研究分析并进行交底。

(2) 在施工过程中,施工人员必须严格执行相关技术标准及验收规范、本工种操作规程施工。不得野蛮施工,防止损坏设备。

(3) 施工人员在施工中不得随意在设备、结构上焊接、开孔等,管道穿过平台开孔位置要准确,尺寸要适合。

(4) 型钢和小于 $DN80$ 钢管必须采用切割机下料。

(5) 管道组对时要符合规范要求。$DN \leqslant 32$ 钢管要用氩弧焊或气焊焊接,所有焊口焊药要清理干净,飞溅要清除,焊缝表面如有缺陷要用磨光机处理。

9. 安全技术要求

(1) 施工前由专职安全员组织全体施工人员熟悉现场,确认危险区域,进行全面的安全交底。

(2) 全体施工人员要熟悉掌握本工种操作规程,施工中严格按操作规程作业。上岗人员必须有本工种操作证,不准无证上岗。

(3) 施工区域内所有的孔、洞,必须加设盖板或围栏,施工平台周围需设置安全带。

(4) 高空作业必须系好安全带。

(5) 所有电动工具必须有漏电保护器。

(6) 立体交叉作业须上下呼应,上方施工时,下方停止作业。

(7) 施工用工、机具须放置妥当,避免掉落伤人。

(8) 起重用工机具,如卷扬、链葫芦等,必须保证性能良好,起重索具如钢绳、麻绳等不得有破损,吊装时选用钢丝绳的要在安全限荷内。作业过程必须有专职人员统一指挥,按操作规程进行,不得有斜拉硬拽、野蛮施工等违章行为。

(9) 施工现场不准随意动火,实行动火批准制度。动火区域不得有易燃物品,并配置好消防器具。

第七节 电 梯

一、导轨

(一) 工程概况

(二) 工程质量目标和要求

(三) 施工准备

1. 设备、材料要求

(1) 设备:电梯导轨、导轨支架、压道板、接道板、导轨基础座及相应的连接螺丝等规格、数量要和装箱单相符。产品要有出厂检验合格及技术文件。

(2) 材料:凡使用的材料应有检验合格证或检验资料。使用的材料见表 3.7 – 1,根据电梯设计不同分别采用。

2. 主要机具

小型卷扬机、电焊机、手砂轮、电锤、尼龙绳(提轨道用)、钢丝绳索(固定滑轮用)、滑轮、电焊工具、榔头、扳子、錾子、钢板尺、钢盒尺、塞尺、找道尺、铁锹、小铲、水桶、石灰桶、油石、对讲机(或耳机电话)。

安装导轨支架和导轨所使用的材料　　　　表 3.7－1

材料名称	规　　格	要　　求
镀锌膨胀螺栓	根据设计要求决定	
过墙穿钉	根据设计要求决定一般直径$\geqslant \delta 20$	
钢　板	$\delta = 16$ 或 $\delta = 20$ 的普通低碳钢	
电焊条	3.2mm 或 4.0mm 结 T－422 普通低碳钢焊条	
水　泥	强度等级不小于 325 号普通硅酸盐水泥	
砂　子	中　砂	含泥量小于 5%
石　子	豆　石	用水冲洗

3．作业条件

(1) 梯井墙面施工完毕,其宽度、深度(进深)、垂直度符合施工要求。底坑要按设计标高要求打好地面。

(2) 电梯施工用脚手架既要符合有关的安全要求,承载能力$\geqslant 2.5 \mathrm{kPa}(\approx 250 \mathrm{kg} \cdot \mathrm{f}/\mathrm{cm}^{2})$,又要符合安装轨道支架和安装轨道的操作要求。

(3) 井道施工要用 36V 以下的低压电照明。每部电梯井道要单独供电(用单独的开关控制),且光照亮度要足够大。

(4) 上、下通信联络设备要调试好。

(5) 厅门口、机房、脚手架上、井道壁上无杂物,厅门口、机房孔洞要用相应的防护措施,以防止物体坠落梯井。

(6) 要在无风和无其他干扰情况下作业。

(四) 操作工艺

1．工艺流程

确定导轨支架位置 → 安装导轨支架 → 安装导轨 → 调整导轨

2．确定导轨支架的安装位置

(1) 没有导轨支架预埋铁的电梯井壁,要按照图纸要求的导轨支架间距尺寸及安装导轨支架的垂线来确定导轨支架在井壁上的位置。

(2) 当图纸上没有明确规定最下一排导轨支架和最上一排导轨支架的位置时应按以下规定确定:最下一排导轨支架安装在底坑装饰地面上方 1000mm 的相应位置。最上一排道架安装在井道顶板下面不大于 500mm 的相应位置。

(3) 在确定导轨支架位置的同时,还要考虑导轨连接板(接道板)与导轨支架不能相碰。错开的净距离不小于 30mm(图 3.7－1)。

(4) 若图纸没有明确规定,则以最下层导轨支架为基点,往上每隔 2000mm 为一排导轨支架。个别处(如遇到接道板)间距可适当放大,但不应大于 2500mm。

(5) 长为 4m 以上(包含 4m)的轿厢导轨,每根至少应有两个导轨支架。4m～3m 长的轿厢导轨可不受此限，但导轨支架间距不得大于 2m。如厂方图纸有要求则按其要求施工。

3. 安装导轨支架

根据每部电梯的设计要求及具体情况选用下述方法中的一种。

(1) 电梯井壁有预埋铁：

1) 清除预埋铁表面混凝土。若预埋铁打在混凝土井壁内，则要从混凝土中剔出。

2) 按安装导轨支架垂线核查预埋铁位置，若其位置偏移，达不到安装要求，可在预埋铁上补焊铁板。铁板厚度 $\delta \geqslant 16mm$，长度一般不超过 300mm。当长超过 200mm 时，端部用不小于 $\phi 16$ 的膨胀螺栓固定于井壁。加装铁板与原预埋铁搭接长度不小于 50mm，要求三面满焊(图 3.7-2)。

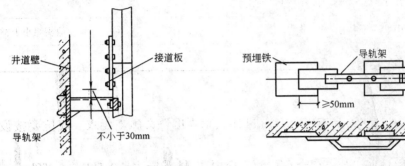

图 3.7-1 导轨连接板(接道板)
与导轨支架间距

图 3.7-2 加装铁板与原预埋铁搭接

3) 安装导轨支架：

a. 安装导轨支架前，要复核由样板上放下的基准线(基准线距导轨支架平面 1~3mm，两线间距一般为 80~100mm)，其中一条是以导轨中心为准的基准线，另一条是安装导轨支架辅助线(图 3.7-3)；

b. 测出每个导轨支架距墙的实际高度，并按顺序编号进行加工；

c. 根据导轨支架中心线及其平面辅助线，确定导轨支架位置，进行找平、找正，然后进行焊接；

d. 整个导轨支架不平度应不大于 5mm；

e. 为保证导轨支架平面与导轨接触面严实，支架端面垂直误差小于 1mm(图 3.7-4)；

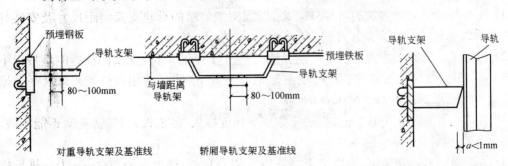

图 3.7-3 导轨支架尺寸位置图

图 3.7-4 导轨与支架间距位置图

f. 导轨支架与预埋铁接触面应严密,焊接采取内外四周满焊,焊接高度不应小于 5mm。焊肉要饱满,且不能夹渣、咬肉、气孔等。

(2) 用膨胀螺栓固定导轨支架:

混凝土电梯井壁没有预埋铁的情况多使用膨胀螺栓直接固定导轨支架的方法。

使用的膨胀螺栓规格要符合电梯厂图纸要求。若厂家没有要求,膨胀螺栓的规格不小于 $\phi 16$mm。

1) 打膨胀螺栓孔,位置要准确且要垂直于墙面,深度要适当。一向以膨胀螺栓被固定后,护套外端面和墙壁表面相平为宜(图 3.7-5)。

2) 若墙面垂直误差较大,可局部剔修,使之和导轨支架接触面间隙不大于 1mm,然后用薄垫片垫实(图 3.7-6)。

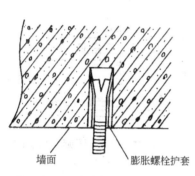

图 3.7-5 膨胀螺栓安装剖面图

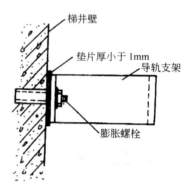

图 3.7-6 膨胀螺栓垫片安装位置图

3) 导轨支架编号加工。

4) 导轨支架就位,并打正找平。将膨胀螺栓紧固。

(3) 用穿钉螺栓固定导轨支架:

1) 若电梯井壁较薄,不宜使用膨胀螺栓固定导轨支架且又没有预埋铁,可采用井壁打透眼,用穿钉固定铁板($\delta \geq 16$mm)。穿钉处,井壁外侧靠墙壁要加 $100 \times 100 \times 12$(mm)的垫铁,以增加强度。见图 3.7-7,将导轨支架焊接在铁板上。

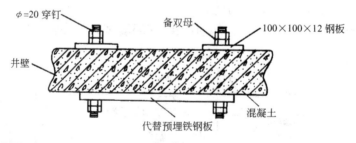

图 3.7-7 薄壁混凝土墙板安装图

2) 加工及安装导轨支架的方法和要求完全同有预埋铁的情况。

(4) 用混凝土筑导轨支架:

梯井壁是砖结构,一般采用剔导轨支架孔洞,用混凝土筑导轨支架的方法。

1) 导轨支架孔洞应剔成内大外小,深度不小于 130mm(图 3.7-8)。

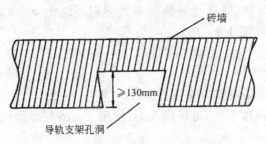

图 3.7-8　导轨支架混凝土孔洞尺寸外形图

2）导轨支架编号加工，且入墙部分的端部要劈开燕尾(图 3.7-9)。

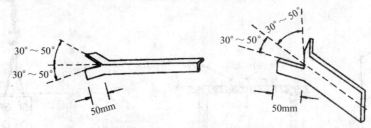

图 3.7-9　支架形状及尺寸图

3）用水冲洗孔洞内壁，使尘渣被冲出，洞壁被洇湿。

4）筑导轨支架用的混凝土用水泥、砂子、豆石按 1:2:2 的体积比加入适量的水搅拌均匀制成。筑导轨支架时要用此混凝土将孔洞填实。支架埋入墙内的深度不小于 120mm，且要找平找正。

5）导轨支架稳筑后不能碰撞，常温下经过 6~7d 的养护，达到规定强度后，才能安装导轨(轨道)。

6）对于导轨支架的水平误差要求同前。

4．安装导轨

(1) 从样板上放基准线至底坑(基准线距导轨端面中心 2~3mm)，并进行固定(图 3.7-10)。

(2) 底坑架设导轨槽钢基础座必须找平垫实，其水平误差不大于 1/1000。槽钢基础座位置确定后，用混凝土将其四周灌实抹平。槽钢基础两端用来固定导轨角钢架，先用导轨基准线找正后，再进行固定(图 3.7-11)。

(3) 若导轨下无槽钢基础座可在导轨下边垫一块厚度 $\delta \geqslant 12$mm，面积为 200mm×200mm 的钢板，并与导轨用电焊点焊(图 3.7-12)。

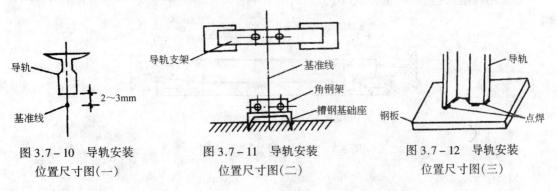

图 3.7-10　导轨安装位置尺寸图(一)　　图 3.7-11　导轨安装位置尺寸图(二)　　图 3.7-12　导轨安装位置尺寸图(三)

(4) 对用油润滑的导轨,需在立导轨前将其下端距地平 40mm 高的一段工作面部分锯掉,以留出接油盒的位置(图 3.7-13)。

(5) 在梯井顶层楼板下挂一滑轮并固定牢固。在顶层厅门口安装并固定一台 0.5t 的卷扬机(图 3.7-14)。

(6) 吊装导轨时要采用双钩勾住导轨连接板(图 3.7-15)。

若导轨较轻且提升高度不大,可采用人力,使用 $\delta \geqslant 16$ 尼龙绳代替卷扬机吊装导轨。

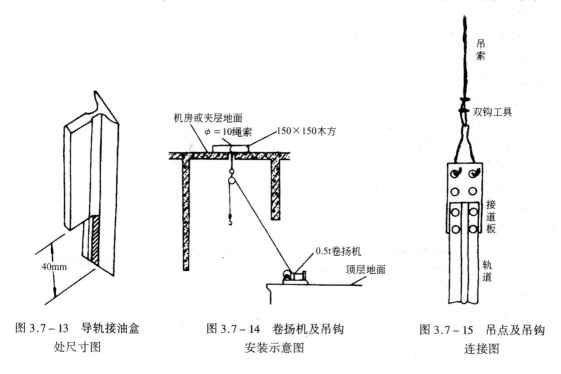

图 3.7-13 导轨接油盒处尺寸图   图 3.7-14 卷扬机及吊钩安装示意图   图 3.7-15 吊点及吊钩连接图

(7) 若采用人力提升,须由下而上逐根立起。若采用小型卷扬机提升,可将导轨提升到一定高度(能方便地连接导轨),连接另一根导轨。采用多根导轨整体吊装就位的方法,要注意吊装用具的承载能力,一般吊装总重不超过 3kN($\approx$300kg) 整条轨道可分几次吊装就位。

5. 调整导轨(轨道)

(1) 用钢板尺检查导轨端面与基准线的间距和中心距离,如不符合要求,应调整导轨前后距离和中心距离,然后再用找道尺进行细找。

(2) 用找道尺检查、找正导轨(图 3.7-16)。

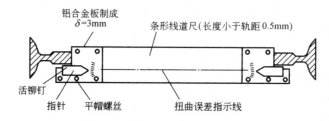

图 3.7-16 找道尺结构示意图

1) 扭曲调整:将找道尺端平,并使两指针尾部侧面和导轨侧工作面贴平、贴严,两端指针尖端指在同一水平线上,说明无扭曲现象。如贴不严或指针偏离相对水平线,说明有扭曲现象,则用专用垫片调整导轨支架与导轨之间的间隙(垫片不允许超过三片)使之符合要求。为了保证测量精度,用上述方法调整以后,将找道尺反向180°,用同一方法再进行测量调整,直至符合要求。

2) 调整导轨垂直度和中心位置:调整导轨位置,使其端面中心与基准线相对,并保持规定间隙(如规定3mm)(图3.7-17)。

3) 找间距:操作时,在找正点处将长度较导轨间距 L 小于 $0.5\sim1$mm 的找道尺端平,用塞尺测量找道尺与导轨端面间隙,使其符合要求,(找正点在导轨支架处及两支架中心处)。两导轨端面间距 L(图3.7-18),其偏差在导轨整个高度上应符合表3.7-2要求。

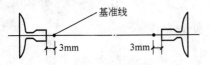

图3.7-17 导轨调整尺寸

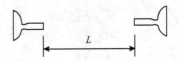

图3.7-18 导轨调距位置图示

两导轨端面间距的偏差要求　　　　　　　表3.7-2

电梯速度	2m/s 以上		2m/s 以下	
轨道用途	轿厢	对重	轿厢	对重
偏差不大于(mm)	+1 -0	+2 -0	+2 -0	+2 -0

上述三条必须同时调整,使之达到要求。

(3) 修正导轨接头处的工作面。

1) 导轨接头处,导轨工作面直线度可用500mm钢板尺靠在导轨工作面,用塞尺检查 a、b、c、d 处(图3.7-19),均应不大于表3.7-3的规定(接头处对准钢板尺250mm处)。

导轨工作面直线度允许偏差　　　　　　　表3.7-3

导轨连接处	a	b	c	d
不大于(mm)	0.15	0.06	0.15	0.06

2) 导轨接头处的全长不应有连续缝隙,局部缝隙不大于0.5mm(图3.7-19)。

3) 两导轨的侧工作面和端面接头处的台阶应不大于0.5mm(图3.7-20)。对台阶应沿斜面用手砂轮或油石进行磨平,磨修长度应符合表3.7-4的要求。

台阶磨修长度　　　　　　　表3.7-4

电梯速度(m/s)	3m/s 以上	3m/s 以下
修整长度(mm)	300	200

(五) 质量标准

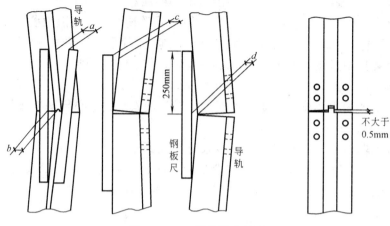

图 3.7-19 导轨接头缝隙

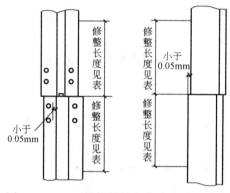

图 3.7-20 两导轨的侧工作面和端面接头

1. 保证项目

(1) 导轨安装牢固,相对内表面间距离的偏差和两导轨的相互偏差必须符合表 3.7-5 的要求。

轨距偏差和导轨的相互偏差　　　　表 3.7-5

项次	项　　目			偏差值	检　验　方　法
1	两导线相对内表面间距离(全高)	甲	轿厢	+1 -0	在两导轨内表面,用导轨检验尺、塞尺每 2~3m 检查一点
			对重		
		乙	轿厢	+2 -1	
		丙	对重		
2	两导轨的相互偏差(全高)			1	检查安装记录或用专用工具检查

注:电梯额定速度分为三类:
　　甲梯:2、2.5、3m/s(简称高速梯);
　　乙梯:1.5、1.75m/s(简称快速梯);
　　丙梯:0.25、0.5、0.75、1m/s(简称低速梯)。

(2) 当对重(或轿厢)将缓冲器完全压缩时,轿厢(或对重)导轨长度必须有不小于 0.1 + 0.035V(以米表示)的进一步制导行程。

检验方法:尺量检查。

2. 基本项目

导轨支架应安装牢固,位置正确,横竖端正。焊接时,双面焊牢,焊缝饱满,焊波均匀。

检验方法:观察检查。

3. 允许偏差项目

导轨组装的允许偏差、尺寸要求和检验方法应符合表 3.7-6 的规定。

导轨组装的允许偏差、尺寸要求和检验方法　　　　表 3.7-6

项次	项　目			允许偏差或尺寸要求(mm)	检 验 方 法
1	导轨垂直度(每 5m)			0.7	吊线、尺量检查
2	接头处	局部间隙		0.5	用塞尺检查
		台　阶		0.05	用钢板尺、塞尺检查
		修光长度	甲	≥300	尺量检查
			乙、丙	≥200	
3	顶端导轨架距导轨顶端的距离			≤500	尺量检查

(六) 成品保护

1. 运输导轨时不要碰撞地面。当地面已做好面层时要用草袋或纤维板等物保护,且要将导轨抬起运输,不可拖动或用滚杠滚动运输。

2. 当导轨较长,遇到往梯井内运输不便的情况,可先用和导轨长、短相似的木方代替导轨,反复进行试验,找出最佳的运输方法。若必须要破坏结构时,要和土建、设计单位协商解决,决不可自行操作。

3. 当剔层灯盒、按钮盒、导轨支架孔洞,剔出主钢筋或预埋件时,不要私自破坏,要找土建、设计单位等有关部门协商解决。

4. 在立导轨的过程中对已安装好的导轨支架要注意保持,不可碰撞。

5. 导轨及其他附件在露天放置必须有防雨、雪措施。设备的下面应垫起,以防受潮。

(七) 应注意的质量问题

1. 用混凝土浇筑的导轨支架若有松动,要剔出来,按前述的方法重新浇筑,不可在原有基础上修补。

2. 用膨胀螺栓固定的导轨支架若松动,要向上或向下改变导轨支架的位置,重新打膨胀螺栓进行安装。

3. 焊接的导轨支架要一次焊接成功。不可在调整轨道后再补焊,以防影响调整精度。

4. 组合式导轨支架在导轨调整完毕后,须将其连接部分点焊,以增加其强度。

5. 固定导轨用的压道板、紧固螺丝一定要和导轨配套使用。不允许采用焊接的方法或直接用螺丝固定(不用压道板)的方法将导轨固定在导轨支架上。

6. 调整导轨时,为了保证调整精度,要在导轨支架处及相邻的两导轨支架中间的导轨处设置测量点。

7. 冬期尽量不采用混凝土筑导轨支架的方法安装导轨支架。在砖结构井壁剔筑导轨支架孔洞时,要注意不可破坏墙体。

二、门系统

(一)工程概况(略)

(二)工程质量目标和要求(略)

(三)施工准备

1. 设备、材料要求

(1)厅门部件应与图纸相符,数量齐全。

(2)地坎、门滑道、厅门扇应无变形、损坏。其他各部件应完好无损,功能可靠。

(3)制作钢牛腿和牛腿支架的型钢要符合要求。

(4)电焊条和膨胀螺栓要有出厂合格证。

(5)水泥、砂子要符合规定。

2. 主要机具

台钻、电锤、水平尺、钢板尺、直角尺、电焊工具、气焊工具、线坠、斜塞尺、铁锹、小铲、榔头、凿子。

3. 作业条件

(1)各层脚手架横杆位置应不妨碍稳装地坎、厅门安装的施工要求。

(2)各层厅门口及脚手板上干净,无杂物。防护门安全可靠。有防火措施,设专人看火。

(四)操作工艺

1. 工艺流程

稳装地坎 → 安装门立柱、上滑道、门套 → 安装厅门、调整厅门 → 机锁、电锁安装

2. 稳装地坎

(1)按要求由样板放两根厅门安装基准线(高层梯最好放三条线,即门中一条线,门口两边两条线),在厅门地坎上划出净门口宽度线及厅门中心线,在相应的位置打上三个卧点,以基准线及此标志确定地坎、牛腿及牛腿支架的安装位置(图3.7-21)。

(2)若地坎牛腿为混凝土结构,用清水冲洗干净,将地脚爪装在地坎上。然后用细石混凝土浇筑(水泥强度等级不小于325号。水泥、砂子、石子的容积比是1:2:2)。稳放地坎时要用水平尺找平,同时三个卧点分别对正三条基准线,并找好与线的距离。

地坎稳好后应高于完工装修地面2~3mm,若完工装修地面为混凝土地面,则应高出5~10mm,且应按1:50坡度将混凝土地面与地坎平面抹平(图3.7-22)。

(3)若厅门无混凝土牛腿,要在预埋铁上焊支架,安装钢牛腿来稳装地坎,分两种情况:

1)电梯额定载重量在1000kg及以下的各类电梯,可用不小于65mm等边角钢做支架,进行焊接,并稳装地坎(图3.7-23)。牛腿支架不少于3个。

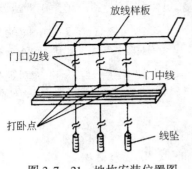

图 3.7-21 地坎安装位置图

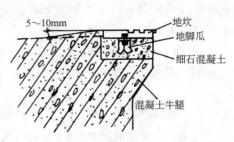

图 3.7-22 地坎牛腿剖面图

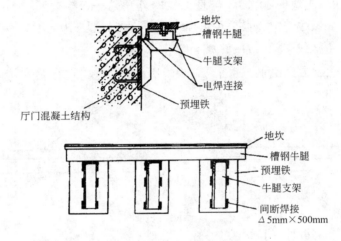

图 3.7-23 地坎支架图

2) 电梯额定载重量在 1000kg 以上的各类电梯(不包括 1000kg)可采用 $\delta=10$ 的钢板及槽钢制做牛腿支架,进行焊接,并稳装地坎(见图 3.7-24)。牛腿支架不少于 5 个。

(4) 电梯额定载重量在 1000kg 以下(包括 1000kg)的各类电梯,若厅门地坎处既无混凝土牛腿又无预埋铁,可采用 M14 以上的膨胀螺栓固定牛腿支架,进行稳装地坎(图 3.7-25)。

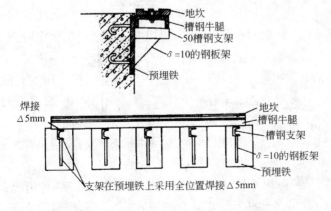

图 3.7-24 地坎槽钢支架与牛腿连接图

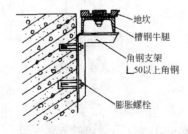

图 3.7-25 牛腿支架安装示意图

(5) 对于高层电梯,为防止由于基准线被碰造成误差,可以先安装和调整好导轨。然后以轿厢导轨为基准为确定地坎的安装位置。方法如下:

1) 在厅门地坎中心点 M 两侧的 1/2L 处 M1 及 M2 点分别做上标记(L 是轿厢导轨间距)。

2) 稳装地坎时,用直角尺测量尺寸,使厅门地坎距离轿厢两导轨前侧面尺寸均为:$B + H - d/2$

其中　B——轿厢导轨中心线到轿厢地坎外边缘尺寸;

　　　H——轿厢地坎与厅门地坎距离(一般是 25mm 或 30mm);

　　　d——轿厢导轨工作端面宽度。

3) 左右移动厅门底坎使 M_1、M_2 与直角尺的外角对齐,这样地坎的位置就确定了(图 3.7 - 26)。但为了复核厅门中心点是否正确,可测量厅门地坎中心点 M 距轿厢两导轨外侧棱角距离,S_1 及 S_2 应相等(图 3.7 - 27)。

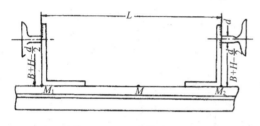

图 3.7 - 26　地坎位置图

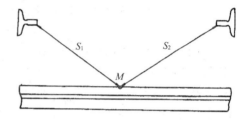

图 3.7 - 27　地坎中心点与导轨位置棱角距离图示

3. 安装门立柱、上滑道、门套

(1) 地坎混凝土硬结后安装门立柱。砖墙采用剔墙眼埋注地脚螺栓(图 3.7 - 28)。

(2) 混凝土结构墙若有预埋铁,可将固定螺丝直接焊于预埋铁上(图 3.7 - 29)。

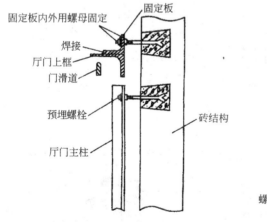

图 3.7 - 28　砖墙剔墙眼埋注地脚螺栓图示

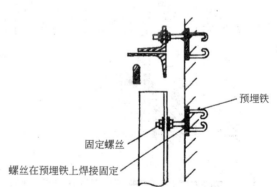

图 3.7 - 29　预埋铁连接示图

(3) 混凝土结构墙若没有预埋铁,可在相应的位置用 M12 膨胀螺栓 2 条安装 150 × 100mm × 10mm 的钢板做为预埋铁使用(图 3.7 - 30)。其他安装同上。

(4) 若门滑道、门立柱离墙超过 30mm 应加垫圈固定,若垫圈较高宜采用厚铁管两端加焊铁板的方法加工制成,以保证其牢固(图 3.7-31)。

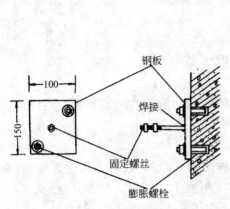

图 3.7-30 预埋铁膨胀螺栓位置图

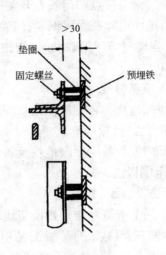

图 3.7-31 加垫圈固定法图示

(5) 用水平尺测量门滑道安装是否水平。如侧开门,两根滑道上端面应在同一水平面上,并用线坠检查上滑道与地坎槽两垂面水平距离和两者之间的平行度。

(6) 钢门套安装调整后,用钢筋棍将门套内筋与墙内钢筋焊接固定(图 3.7-32)。

4. 安装厅门、调整厅门

(1) 将门底导脚、门滑轮装在门扇上,把偏心轮调到最大值(和滑道距离最大)。然后将门底导脚放入地坎槽,门轮挂到滑道上。

(2) 在门扇和地坎间垫上 6mm 厚的支撑物。门滑轮架和门扇之间用专用垫片进行调整,使之达到要求,然后将滑轮架与门扇的连接螺丝进行紧固,将偏心轮调回到与滑道间距小于 0.5mm,撤掉门扇和地坎间所垫之物,进行门滑行试验,达到轻快自如为合格(图 3.7-33)。

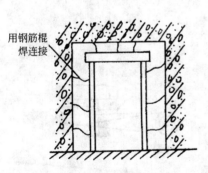

图 3.7-32 钢门套固定图

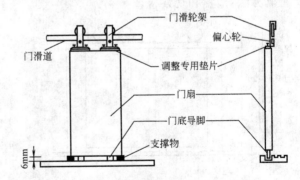

图 3.7-33 门扇、地坎和门滑轮架位置及调整示意图

5. 机锁、电锁、安全开关安装

(1) 安装前应对锁钩、锁臂、滚轮、弹簧等按要求进行调整,使其灵活可靠。

(2) 门锁和门安全开关要按图纸规定的位置进行安装。若设备上安装螺丝孔不符合图纸要求要进行修改。

(3) 调整厅门门锁和门安全开头,使其达到:只有当两扇门(或多扇)关闭达到有关要求后才能使门锁电接点和门安全开关接通。

如门锁固定螺孔为可调者,门锁安装调整就位后,必须加定位螺丝,防止门锁移位。

(4) 当轿门与厅门联动时,钩锁应无脱钩及夹刀现象,在开关门时应运行平稳,无抖动和撞击声。

(五) 质量标准

1. 轿厢地坎与各层厅门地坎间距的偏差均严禁超过 +2mm 及 -1mm。

检验方法:尺量检查。

2. 开门刀与各层厅门地坎及各层厅门开门装置的滚轮与轿厢地坎间的间隙均必须在 5~8mm 范围以内。

检验方法:尺量检查。

3. 厅门上滑道外侧垂直面与地坎槽内侧垂直面的距离 a,应符合图纸要求,在上滑道两端和中间三点(1、2、3)吊线测量相对偏差均应不大于 ±1mm。上滑道与地坎的平行度误差应不大于 1mm。导轨本身的不铅垂度 a' 应不大于 0.5mm(图 3.7-34)。

检查方法:吊线、尺量检查。

4. 厅门扇垂直度偏差不大于 2mm,门缝下口扒开量不大于 10mm,门轮偏心轮对门滑道间隙不大于 0.5mm。

检查方法:吊线、尺量检查。

5. 门扇安装、调整应达到:

门扇平整、洁净、无损伤。启闭轻快平稳。中分门关闭时上下部同时合拢,门缝一致。

6. 厅门框架立柱的垂度误差和上滑道的水平度误差均不应超过 1/1000。

检验方法:做启闭观察检查。

7. 厅门关好后,机锁应立即将门锁住,为使其动作灵活,钩头处有 1mm 的活动量(图 3.7-35),机锁钩头锁住后在厅门外,不可将门扒开。

检验方法:尺量和观察检查。

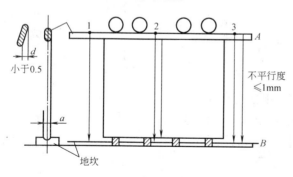

图 3.7-34 导轨垂直度示图

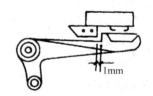

图 3.7-35 机锁尺寸位置图

8. 厅门关好后,门锁导电座与触点接触必须良好。如门锁固定螺丝孔为可调者,门锁安装调整后,必须加定位螺丝加以固定。

检验方法:观察检查。

9. 厅门门扇下端与地坎面的间隙为 6±2mm。

门套与厅门的间距为 6±2mm。

检验方法:尺量检查。

10. 允许偏差项目:

厅门地坎及门套安装的尺寸要求、允许偏差和检验方法应符合表3.7-7的规定。

厅门地坎及门套安装的尺寸要求、允许偏差和检验方法　　表3.7-7

项次	项　目	允许偏差或尺寸要求	检查方法
1	厅门地坎高出最终地面(mm)	2~5	尺量检查
2	厅门地坎水平度	1/1000	尺量检查
3	厅门门套垂直度	1/1000	吊线、尺量检查
4	中分式门关闭时缝隙不大于(mm)	2	尺量检查

(六) 成品保护

1. 门扇、门套、地坎有保护膜的要在竣工后才能把保护膜去掉。
2. 在施工过程中对厅门组件要注意保护,不可将其碰坏。
3. 填充门套和墙之间的空隙要求有防止门套变形的措施。

(七) 应注意的质量问题

1. 固定钢门套时,要焊在门套的加强筋上,不可在门套上直接焊接。
2. 所有焊接连接和膨胀螺栓固定的部件一定要牢固可靠。
3. 凡是需埋入混凝土中部件,一定要经有关部门办理隐蔽工程检查手续,才能浇筑混凝土。
4. 厅门各部件若有损坏、变形的,要及时修理或更换,合格后方可使用。

三、轿厢

(一) 工程概况(略)

(二) 工程质量目标和要求(略)

(三) 施工准备

1. 设备、材料要求

(1) 轿厢零部件应完好无损,数量齐全,规格符合要求。

(2) 各传动、转动部件应灵活,可靠(如安全钳连动机构)。

(3) 方木(200×200)或工字钢(I20号),M16膨胀螺栓,100×100角钢,直径大于50mm的圆钢或 $\phi75\times4$ 的钢管,8号铅丝。

2. 主要机具

电锤、捯链(3t以上)、钢丝绳扣、活扳子、榔头、手电钻、水平尺、线坠、钢板尺、盒尺、圆锉。

3. 作业条件

(1) 机房装好门窗,门上加锁,严禁非作业人员出入,机房地面无杂物。

(2) 顶层脚手架拆掉后,有足够作业空间。

(3) 施工照明应满足作业要求,必要时使用手把灯。

(4) 导轨安装、找正完毕。

(5) 顶层厅门口无堆积物,有足够搬运大型部件的通道。

(四) 操作工艺

1. 工艺流程

准备工作 → 安装底梁 → 安装立柱 → 安装上梁 → 装轿厢底盘 → 安装导靴 → 安装围扇 → 安装轿门 → 装轿顶装置 → 装限位开关碰铁 → 安装调整超载、满载开关

2. 准备工作

(1) 在顶层厅门口对面的混凝土井壁相应位置上安装两个角钢托架(用 100×100 角钢),每个托架用三条 φ16 膨胀螺栓固定。

在厅门口牛腿处横放一根木方。在角钢托架和横木上架设两根 200×200 木主(或两根 20 号工字钢)。然后把木方端部固定(图 3.7-36)。

大型客梯及货梯应根据梯井尺寸计算来确定方木及型钢尺寸、型号。

(2) 若井壁为砖结构,则在厅门口对面的井壁相应位置上剔两个与木方小大相适应的洞,用以支撑木方一端(图 3.7-37)。

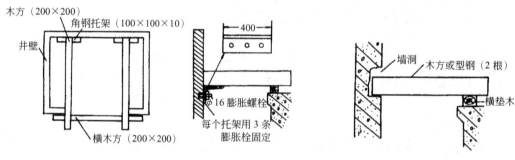

图 3.7-36 木方固定位置图   图 3.7-37 砖墙木方安装图

(3) 在机房承重钢梁上相应位置(若承重钢梁在楼板下,则在轿厢绳孔旁)横向固定一根直径不小于 φ75×4 的钢管,由轿厢中心绳孔处放下钢丝绳扣(不小于 φ13),并挂一个 3t 捯链,以备安装轿厢使用(图 3.7-38)。

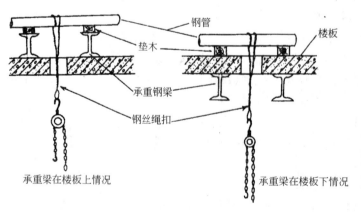

图 3.7-38 捯链安装图

3. 安装底梁

将底梁放在架设好的木方或工字钢上。调整安全钳钳口（老虎嘴）与导轨面间隙（图 3.7-39），如电梯厂图纸有具体规定尺寸，要按图纸要求），同时调整底梁的水平度，使其横、纵向不水平度均 ≤1/1000。

安装安全钳楔块，楔齿距导轨侧工作面的距离调整到 3~4mm（安装说明书有规定者按规定执行），且四个楔块距导轨侧工作面间隙应一致，然后用厚垫片塞于导轨侧面与楔块之间，使其固定（图 3.7-40），同时把老虎嘴和导轨端面用木楔塞紧。

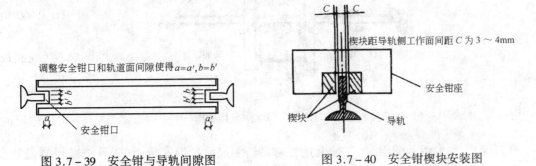

图 3.7-39　安全钳与导轨间隙图　　　图 3.7-40　安全钳楔块安装图

4. 安装立柱

将立柱与底梁连接，连接后应使立柱垂直，其不铅垂度在整个高度上 ≤1.5mm，不得有扭曲，若达不到要求则用垫片进行调整（图 3.7-41）。

5. 安装上梁

(1) 用捯链将上梁吊起与立柱相连接，装上所有的连接螺栓。

(2) 调整上梁的横、纵向水平度，使不水平度 ≤1/2000。然后分别紧固连接螺栓。

(3) 上梁带有绳轮时，要调整绳轮与上梁间隙 a、b、c、d 相等，其相互尺寸误差 ≤1mm，绳轮自身垂直偏差 ≤0.5mm（图 3.7-42）。

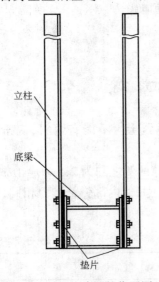
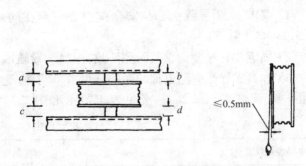

图 3.7-41　垫片调整位置图　　　图 3.7-42　轮与上梁间隙尺寸图

6. 装轿厢底盘

(1) 用捯链将轿厢底盘吊起,然后放于相应位置。将轿车厢底盘与立柱、底梁用螺丝连接(但不要把螺丝拧紧)。装上斜拉杆,并进行调整,使轿底盘不水平度≤2/1000,然后将斜拉杆用双母拧紧,把各连接螺丝紧固(图3.7-43)。

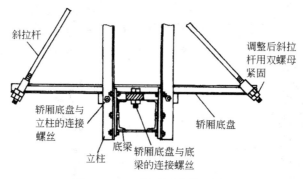

图3.7-43 螺丝固定位置图

(2) 若轿底为活动结构时,先按上述要求将轿厢底盘托架安装调好,且将减振器安装在轿厢底盘托架上。

(3) 用捯链将轿厢底盘吊起,缓缓就位。使减振器上的螺丝逐个插入轿底盘相应的螺丝孔中,然后调整轿底盘的水平度。使其不水平度≤2/1000。若达不到要求则在减振器的部位加垫片进行调整。

调整轿底定位螺丝,使其在电梯满载时与轿底保持1~2mm的间隙(图3.7-44)。调整完毕,将各连接螺丝拧紧。

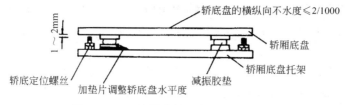

图3.7-44 电梯满载时与轿底的间隙

(4) 安装、调整安全钳拉杆,达到要求后,拉条顶部要用双母拧紧。

7. 安装导靴

(1) 要求上、下导靴中心与安全钳中心三点在同一条垂线上。不能有歪斜、偏扭现象(图3.7-45)。

(2) 固定式导靴要调整其间隙一致,内衬与导轨端面间隙两侧之和为2.5+0-1mm。

(3) 弹簧式导靴应随电梯的额定载重量不同而调整 b 尺寸,使内部弹簧受力相同,保持轿厢平衡,调整 $a = c = 2$mm。b 见表3.7-8和图3.7-46。

b 尺寸的调整　　　　表3.7-8

电梯额定载重量(kg)	b(mm)	电梯额定载重量(kg)	b(mm)
500	42	1500	25

电梯额定载重量(kg)	b(mm)	电梯额定载重量(kg)	b(mm)
750	34	2000~3000	25
1000	30	5000	20

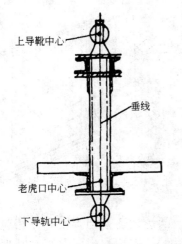

图 3.7-45 上下导靴中心与安全钳中心对应位置

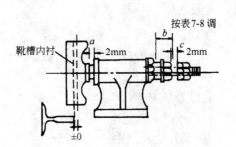

图 3.7-46 弹簧式导靴间隙尺寸

(4) 滚轮导靴安装平正,两侧滚轮对导轨压紧后,两轮压簧力量应相同,压缩尺寸按制造厂规定调整。若厂家无明确规定,则根据使用情况调整,使弹簧压力适中。要求正面滚轮应与导轨端面压紧,轮中心对准导轨中心(图 3.7-47)。

8. 安装围扇

(1) 围扇底座和轿厢底盘的连接及围扇与底座之间的连接要紧密。各连接螺丝要加相应的弹簧垫圈(以防因电梯的振动而使连接螺丝松动)。

若因轿厢底盘局部不平而使围扇底座下有缝隙时,要在缝隙处加调整垫片垫实(图 3.7-48)。

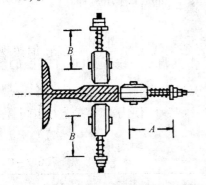

图 3.7-47 滚轮位置图

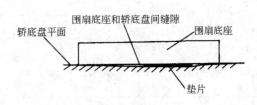

图 3.7-48 围扇底座和轿底盘间隙处理

(2) 若围扇直接安装在轿厢底盘上,其间若有缝隙,处理方法同上。

(3) 安装围扇,可逐扇安装,亦可根据情况将几扇先拼在一起再安装。围扇安装后再安装轿顶。但要注意轿顶和围扇穿好连接螺丝后不要紧固,要在调整围扇垂直度偏差不大于 1/1000 的情况下逐个将螺丝紧固。

安装完后要求接缝紧密,间隙一致,夹条整齐,扇面平整一致,各部位螺丝必须齐全,紧固牢靠。

9. 安装轿门

(1) 轿门安装要求参见厅门安装的有关条文。

(2) 安全触板安装后要进行调整,使之垂直。厅门全部打开后安全触板端面和轿门端面应在同一垂直平面上(图 3.7-49)。安全触板的动作应灵活,功能可靠。

(3) 在轿门扇和开关门机构安装调整完毕,安装开门刀。开门刀端面和侧面的垂直偏差全长均不大于 0.5mm,并且达到厂家规定的其他要求。

10. 安装轿顶装置

(1) 轿顶接线盒、线槽、电线管、安全保护开关等要按厂家安装图安装。若无安装图则根据便于安装和维修的原则进行布置。

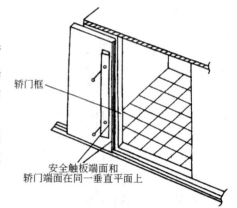

图 3.7-49 安全触板安装位置图

(2) 安装、调整开门机构和传动机构使其符合厂家的有关设计要求,若厂家无明确规定则按其传动灵活、功能可靠的原则进行调整。

(3) 护身栏各连接螺丝要加弹簧垫圈紧固,以防松动。护身栏的高度不得超过上梁高度。

(4) 平层感应器和开门感应器要根据感应铁的位置定位调整。要求横平竖直,各侧面应在同一垂直平面上,其垂直度偏差不大于 1mm。

11. 安装限位开关碰铁

(1) 安装前对碰铁进行检查,若有扭曲、弯曲现象要调整。

(2) 碰铁安装要牢固,要采用加弹簧垫圈的螺丝固定。

要求碰铁垂直,偏差不应大于 1/1000,最大偏差不大于 3mm(碰铁的斜面除外)。

12. 安装、调整超载满载开关

(1) 对超、满载开关进行检查,其动作应灵活,功能可靠。安装要牢固。

(2) 调整满载开关,应在轿厢额定载重量时可靠动作。调整超载开头,应在轿厢的额定载重量×110% 时可靠动作。

(五) 质量标准

1. 保证项目

(1) 轿厢地坎与各层地坎间距的偏差均严禁超过 +2mm 及 -1mm。

检验方法:尺量检查。

(2) 开门刀与各层厅门地坎以及各层门开门装置的滚轮与轿厢地坎间的间隙均必须在 5~8mm 范围以内。

检验方法:尺量检查。

2. 基本项目

(1) 轿厢组装牢固、轿壁结合处平整,开门侧壁的垂直度偏差不大于1/1000。轿厢洁净、无损伤。

检验方法:观察和吊线、尺量检查。

(2) 导靴组装应符合下列规定:

1) 刚性结构:能保证电梯正常运行,且轿厢两导轨端面与两导靴内表面间隙之和为 2.5+0-1mm。

2) 弹性结构:能保证电梯正常运行,且导轨顶面与导靴滑块面无间隙,导靴弹簧的伸缩范围不大于4mm。

3) 滚轮导轮:滚导轮导轨不歪斜,压力均匀,说明书有规定者按规定调整,中心接近一致,且在整个轮缘宽度上与导轨工作面均匀接触。

检验方法:观察和尺量检查。

(3) 门扇平整、洁净,无损伤。启闭轻快、平稳。中分式门关闭时上、下部同时合拢,门缝一致。

检验方法:做启闭观察检查。

(4) 安全钳楔块面与导轨侧面间隙应为3~4mm,各间隙最大差值不大于0.3mm。如厂家有要求时,应按产品要求进行调整。

检验方法:用塞尺或专用工具检查。

(5) 安全钳钳口(老虎嘴)与导轨顶面间隙不小于3mm,间隙差值不大于0.5mm。

检验方法:用塞尺或专用工具检查。

(6) 检查超载开关应在电梯额定载重量×110%时动作。满载开关应在电梯额定载重量时动作。

检验方法:实验检查。

3. 允许偏差项目

碰铁安装要垂直,垂直偏差不大于1/1000,最大偏差不大于3mm(碰铁的斜面除外)。

(六) 成品保护

1. 轿厢组件应放置于防雨、非潮湿处。

2. 轿厢组装完毕,应尽快挂好厅门,以免非工作人员随意出入。

3. 轿门、围扇的保护膜在交工前不要撕下,必要时再加保护层,如薄木板、牛皮纸等。工作人员离开,锁好梯门。

(七) 应注意的质量问题

1. 安装立柱时应使其自然垂直,达不到要求,要在上、下梁和立柱间加垫片。进行调整,不可强行安装。

2. 轿厢底盘调整水平后,轿厢底备用与底盘座之间,底盘座与下梁之间的各连接处都要接触严密,若有缝隙要用垫片垫实,不可使斜拉杆过分受力。

3. 斜拉杆一定要上双母拧紧,轿厢各连接螺丝压接紧固、垫圈齐备。

四、对重(平衡重)

(一) 工程概况(略)

(二) 工程质量目标和要求(略)

(三) 施工准备

1. 设备、材料要求

(1) 对重架规格应符合设计要求,完整、坚固,无扭曲及损伤现象。

(2) 对重导靴和固定导靴用的螺丝规格、质量、数量应符合要求。

(3) 调整垫片应符合要求。

2. 主要机具

捯链、钢丝绳扣、木方。

3. 作业条件

(1) 对重导轨安装、调整、验收合格后,在底层拆除局部脚手架排档,以对重能进入井道就位为准。

(2) 井道内电焊把线、照明线等整理好,具有方便的操作场地。

(四) 操作工艺

1. 工艺流程

吊装前的准备工作 → 对重框架吊装就位 → 对重导靴安装、调整 → 对重块安装及固定

2. 吊装前的准备工作

(1) 在脚手架上相应位置(以方便吊装对重框架和装入坨块为准)搭设操作平台(图3.7-50)。

(2) 在适当高度(以方便吊装对重为准)的两相对的对重导轨支架上拴上钢丝绳扣,在钢丝绳扣中央悬挂一捯链。钢丝绳扣应拴在导轨支架上,不可直接拴在导轨上,以免导轨受力后移位或变形。

(3) 在对重缓冲器两侧各支一根 100mm × 100mm 木方。木方高度 $C = A + B + $ 越程距离(见图3.7-51)。越程距离见表3.7-9。

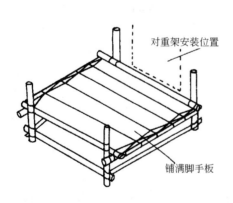

图3.7-50 搭设对重(平衡重)安装操作平台

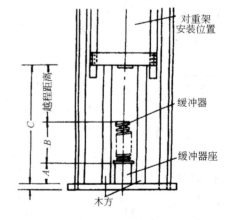

图3.7-51 对重缓冲器两侧木支方支设

(4) 若导靴为弹簧式或固定式的,要将同一侧的两导靴拆下。若导靴为滚轮式的,要将四个导靴都拆下。

越程距离　　　　　　　　　　　　　　　　　　　　　　　　表 3.7-9

电梯额定速度(m/s)	缓冲器型式	越程距离(mm)
0.5~1.0	弹簧	200~350
1.5~3.0	油压	150~400

3．对重框架吊装就位

(1) 将对重框架运到操作平台上,用钢丝绳扣将对重绳头板和捯链钩连在一起(图 3.7-52)。

(2) 操作捯链,缓缓对重框架吊起到预定高度,对于一侧装有弹簧式或固定式导靴的对重框架。移动对重框架,使其导靴与该侧导轨吻合并保持接触,然后轻轻放松捯链,使对重架平稳牢固地安放在事先支好的木方上,未装导靴的对重框架固定在木方上时,应使框架两侧面与导轨端面距离相等。

4．对重导靴的安装、调整

(1) 固定式导靴安装时要保证内衬与导轨端面间隙上、下一致,若达不到要求要用垫片进行调整(图 3.7-53)。

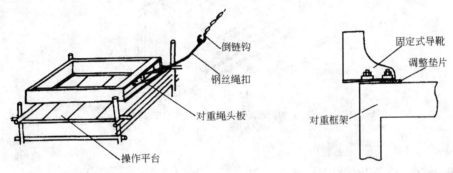

图 3.7-52　对重框吊装链钩位置图　　　图 3.7-53　导靴与对重框架调整图

(2) 在安装弹簧式导靴前,应将导靴调整螺母紧到最大限度,使导靴和导靴架之间没有间隙,这样便于安装(图 3.7-54)。

(3) 若导靴滑块内衬上、下与轨道端面间隙不一致,则在导靴座和对重框架间用垫片进行调整,调整方法同固定式导靴。

(4) 滚轮式导靴安装要平整,两侧滚轮对导轨压紧后两滚轮的压簧量应相等,压缩尺寸应按制造厂规定。如无规定则根据使用情况调整压力适中,正面滚轮应与道面压紧,轮中心对准导轨中心(图 3.7-55)。

5．对重块的安装及固定

(1) 装人相应数量的对重块。对重块数应根据下列公式求出:

装入的对重块数 = 轿厢自重 + 额定荷重 × 0.5 - 对重架重/每块坨的重量

(2) 按厂家设计要求装上对重块防振装置。图 3.7-56 为挡板式防振装置。

(五) 质量标准

1．保证项目

上、下导靴应在同一垂直线上,不允许有歪斜、偏扭现象。

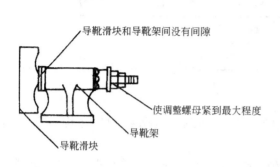

图 3.7-54 固定式导靴垫片调整图示

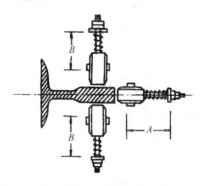

图 3.7-55 滚轮式导靴安装位置示意图

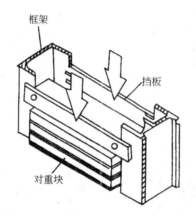

图 3.7-56 对重块的安装示意图

2. 基本项目

导靴组装应符合以下规定:

(1) 采用刚性结构,能保证对重正常运行,且两导轨端面与两导靴内表面间隙之和不大于 2.5mm。

(2) 采用弹性结构,能保证对重正常运行,且导轨端面与导靴滑块面无间隙,导靴弹簧的伸缩范围不大于 4mm。

(3) 采用滚轮导靴,滚轮对导轨不歪斜,压力均匀,中心一致,且在整个轮缘宽度上与导轨工作面均匀接触。

检验方法:观察和尺量检查。

(六) 成品保护

1. 对重导靴安装后,应用旧布等物进行保护,以免尘渣进入靴衬中,影响其使用寿命。

2. 施工中要注意避免物体坠落,以防砸坏导靴。

3. 对重框架的运输、吊装和装坨块的过程中,要格外小心,不要碰坏已装修好的地面、墙面及导轨和其他设施,必要时采取相应的保护措施。

(七) 应注意的质量问题

1. 导靴安装调整后,各个螺丝一定要紧牢。

2. 若发现个别的螺孔位置不符合安装要求,要及时解决。绝不允许空着不装。

3. 吊装对重过程中,不要碰基准线,以免影响安装精度。

五、悬挂装置

(一) 工程概况(略)

(二) 工程质量目标和要求(略)

(三) 施工准备

1. 设备、材料要求

(1) 钢丝绳规格型号符合设计要求,无死弯、锈蚀、松股、断丝现象,麻芯润滑油脂无干楔现象,且保持清洁。

(2) 绳头杆及其组件的数量、质量、规格符合设计要求。

(3) 钨金(巴氏合金)的数量级要备够。

(4) 截面 2.5mm² 以上的铜线、20 号铅丝、汽油、煤油、棉丝。

2. 主要机具

榔头、剁子(切断钢丝绳的工具)、成套气焊工具、喷灯、锡锅炉、盒尺、拉力秤。

3. 作业条件

(1) 做绳头的地方应保持清洁,熔化钨金的地方有防火措施。

(2) 放开钢丝绳场地应洁净、宽敞,保证钢丝绳表面不受脏污。

(四) 操作工艺

1. 单绕式工艺流程

| 确定钢丝绳长度 | → | 放开钢丝绳、剁钢丝绳 | → | 做绳头、挂钢丝 | → | 丝调整钢丝绳 |

2. 复绕式工艺流程

| 确定钢丝绳长度 | → | 放开钢丝绳、剁钢丝绳 | → | 挂钢丝绳、做绳头 | → | 安装绳头 | → | 调整钢丝绳 |

3. 确定钢丝绳长度

在轿厢及对重的绳头板上相应的位置分别装好一个绳头装置。绳头杆上装上双螺母,以刚好能装上开口销为准。提起绳头杆(使绳头杆上的弹簧向压缩方向受力),用 2.5mm² 以上的铜线按图 3.7-57 所示的方法测量轿厢绳头锥体出口至对重绳头锥体出口的长度 X。

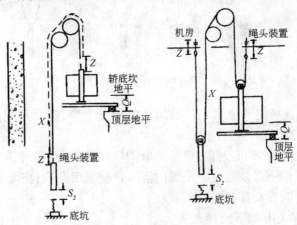

图 3.7-57 绳头装置安装示意图

则绳长 L 用下列公式确定：

单绕式：$L = 0.996 \times (X + 2Z + Q)$

复绕式：$L = 0.996 \times (X + 2Z + 2Q)$

其中：Z 为钢丝绳在锥体内的长度（包括钢丝绳在绳头锥套内回弯部分）；Q 为轿厢高出厅门地坎高度（图 3.7－57）。

4. 放钢丝绳、剁断钢丝绳

在清洁宽敞的地方放开钢丝绳，检查钢丝绳应无死弯、锈蚀、断丝情况。按上述方法确定钢丝绳长度后，从距剁口两端 5mm 处将钢丝绳用 0.7～1mm 的铅丝绑扎成 15mm 的宽度，然后留出钢丝绳在锥体内长度 Z，再按要求进行绑扎（图 3.7－58），然后用剁子剁断钢丝绳。

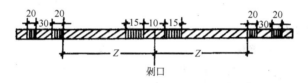

图 3.7－58　钢丝绳剁断尺寸图示

5. 挂钢丝绳、做绳头

（1）在挂绳之前，应先将钢丝绳放开，使之自由悬垂于井道内，消除内应力。挂绳之前若发现钢丝绳上油污、渣土较多，可用棉丝浸上煤油，拧干后对钢丝绳进行擦拭，禁止对钢丝绳直接进行清洗，防止润滑脂被洗掉。

（2）单绕式电梯先做绳头后挂钢丝绳。复绕式电梯由于绳头穿过复绕轮比较困难，所以要先挂钢丝绳后做绳头。若先做好一侧的绳头，待挂好钢丝绳后再做另一侧绳头。

（3）将钢丝绳剁开后，穿入锥体，将剁口处绑扎铅丝拆去，松开绳股，除去麻芯，用汽油将绳股清洗干净，按要求尺寸弯回，将弯好的绳股用力拉入锥套内，将浇口处用石棉布或水泥袋纸包扎好，下口用石棉绳或棉丝扎严，操作顺序见图 3.7－59。

图 3.7－59　做绳头操作顺序

（4）绳头浇灌前应将绳头锥套内部油质杂物清洗干净，浇灌前应采取缓慢加热的办法使锥套温度达到 100℃ 左右，再行浇灌。

（5）钨金浇灌温度以 350℃ 为宜，钨金采取间接加热熔化，温度采取热电偶测量或当放入水泥袋纸立即焦黑但不燃烧为宜。浇灌时清除钨金表面杂质，浇灌必须一次完成，浇灌时轻击绳头，使钨金灌实，灌后冷却前不可移动。

6. 调整钢丝绳张力有如下两种方法

（1）测量调整绳头弹簧高度，使其一致，其高度误差不可大于 2mm。

采用此法应事先对所有弹簧进行挑选,使同一个绳头板装置上的弹簧高度一致,绳头装置见图 3.7-60。

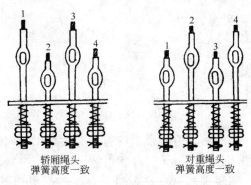

图 3.7-60 绳头装置

(2) 用 100~150N(10~15kg)的弹簧秤在梯井 3/4 高度处(人站在轿厢顶上)将各钢丝绳横拉出同等距离,其相互的张力差不得超过 5%,达不到要求进行调整。

钢绳张力调整后,绳头上双螺母必须拧紧,销钉穿好劈好尾,绳头紧固后,绳头杆上丝扣需留有 1/2 的调整量。

(五) 质量要求

1. 保证项目:

钢丝绳应擦拭干净,严禁有死弯、松股、锈蚀、断丝现象。

检验方法:观察检查。

2. 基本项目:

各钢丝绳的张力相互差值不大于 5%。

检验方法:轿厢在井道的 2/3 高度处,用 50~100N(≈5~10kg)的弹簧秤在轿厢上以同等拉开距离测拉对重侧各曳引绳张力,取其平均值。再将各绳张力的相互差值与平均值进行比较。

3. 绳头钨金浇灌密实、饱满、平整一致。一次与锥套浇平,并能观察到绳股的弯曲符合要求。

检验方法:观察检查。

(六) 成品保护

1. 钢丝绳、绳头组件等在运输、保管及安装过程中,严禁有机械性损伤。禁止在露天和潮湿的地方放置。

2. 使用电气焊时要注意不要损坏钢丝绳。不可将钢丝绳作导线使用。

(七) 应注意的质量问题

1. 若钢丝绳较脏,要用蘸了煤油且拧干后的棉丝擦拭,不可进行直接清洗,防止润滑脂被洗掉。

2. 断绳时不可使用电气焊,以免破坏钢丝绳强度。

3. 在作绳头需去掉麻芯时应用锯条锯断或用刀割断,不得用火烧断。

4. 安装钢丝绳前一定要使钢丝绳自然悬垂于井道,消除其内应力。

5. 复绕式电梯位于机房或隔音层的绳头板装置,必须稳装在承重结构上,不可直接稳装于楼板上。

六、电气装置

(一)工程概况(略)

(二)工程质量目标和要求(略)

(三)施工准备

1. 设备、材料要求

(1)各电气设备及部件的规格、数量、质量应符合有关要求,各种开关应动作灵活可靠;控制柜、励磁柜应有出厂合格证。

(2)槽钢、角钢无锈蚀,膨胀螺栓、螺丝、射钉、射钉子弹、电焊条等的规格、性能应符合图纸及使用要求。

2. 主要机具

电焊机及电焊工具、线坠、钢板尺、扳手、钢锯、盒尺、射钉器、防护面罩、电锤、脱线钳、螺丝刀、克丝钳、电工刀、手电钻。

3. 作业条件

(1)机房、井道的照明要求同第二章的有关要求。

(2)开慢车进行井道内安装工作时各层厅门关闭,门锁良好、可靠,厅门不能用手扒开。

(四)操作工艺

1. 工艺流程

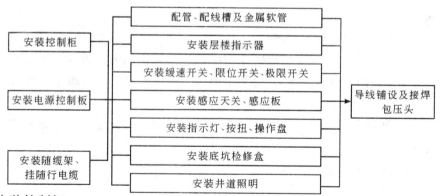

2. 安装控制柜

(1)根据机房布置图及现场情况确定控制柜位置。一般应远离门窗,与门窗、墙的距离不小于600mm,并考虑维修方便。

(2)控制柜的过线盒要按安装图的要求用膨胀螺栓固定在机房地面上。若无控制柜过线盒,则要制作控制柜型钢底座或混凝土底座(图3.7-61)。

控制柜与型钢底座采用螺丝连接固定。控制柜与混凝土底座采用地脚螺丝连接固定。

(3)控制柜安装固定要牢固。多台柜并排安装时,其间应无明显缝隙且柜面应在同一平面上。

(4)小型的励磁柜安装在距地面高1200mm以上的金属支架上(以便调整)。

3．安装极限开关

(1) 根据布置图,若极限开关选用墙上安装方式时,要安装在机房门入口处,要求开关底部距地面高度 1.2~1.4m。

当梯井极限开关钢丝绳位置和极限开关不能上下对应时,可在机房顶板上装导向滑轮,导向轮位置应正确动作灵活、可靠(图 3.7-62)。

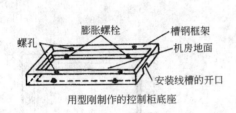

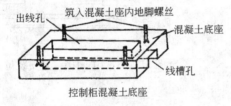

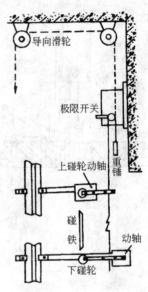

图 3.7-61　控制框混凝土底座　　　　图 3.7-62　极限开关安装位置图

极限开关、导向滑轮支架分别用膨胀螺栓固定在墙上和楼板上。

钢丝绳在开关手柄轮上应绕 3~4 圈,其作用力方向应保证使闸门跳开,切断电源。

(2) 根据布置图位置,若在机房地面上安装极限开关时,要按开关能和梯井极限绳上、下对应来确定安装位置。

极限开关支架用膨胀螺栓固定在梯房地面上。极限开关盒底面距地面 300mm(图 3.7-63)。将钢丝绳按要求进行固定。

4．安装中间接线盒、随缆架

(1) 中间接线盒设在梯井内,其高度按下式确定:

高度(最底层厅门地坎至中间接线盒底的垂直距离) = 1/2 电梯行程 + 1500mm + 200mm。

若中间接线盒设在夹层或机房内,其高度(盒底)距夹层或机房地面不低于 300mm。

(2) 中间接线盒水平位置要根据随缆既不能碰轨道支架又不能碰厅门地坎的要求来确定。

若梯井较小,轿门地坎和中间接线盒在水平位置上的距离较近时,要统筹计划,其间距不得小于 40mm(图 3.7-64)。

(3) 中间接线盒用膨胀螺栓固定在墙壁上。

在中间接线盒底面下方 200mm 处安装随缆架。固定随缆架要用不小于 $\phi16$ 的膨胀螺栓两条以上(视随缆重量而定),以保证其牢度(图 3.7-65)。

5．配管、配线槽

(1) 机房配管除图纸规定风吹草动墙敷设明管外,均要敷设暗管,梯井允许敷设明管。

电线管的规格要根据敷设导线的数量决定。电线管内敷设导线总面积(包括绝缘层)不应超过管内净面积的40%。

(2) 配 φ20 以下的管采用丝扣管箍连接。φ25 以上的管可采用焊接连接。管子连接口、出线口要用钢锉锉光,以免划伤导线。

管子焊接接口要齐,不能有缝隙或借口(图 3.7-66)。

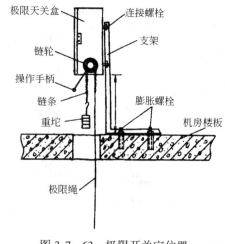

图 3.7-63 极限开关室位置

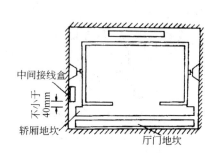

图 3.7-64 中间接线盒安装位置图

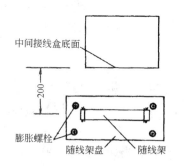

图 3.7-65 中间接线盒安装固定点

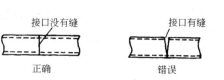

图 3.7-66 管口连接方法

(3) 进入落地式配电箱(柜)的电线管路,应排列整齐,管口高于基础面不小于50mm。

(4) 明配管以下各处需设支架:直管每隔 2~2.5m,横管不大于 1.5m,金属软管不大于1m,拐弯处及出入箱盒两端为 150mm。每根电线管不少于 2 个支架,支架可直埋墙内或用膨胀螺栓固定。

(5) 钢管进入接线盒及配电箱,暗配管可用焊接固定,管口露出盒(箱)小于 5mm,明配管应用锁紧螺母固定,露出锁母的丝扣为 2~4 扣。

(6) 钢管与设备连接,要把钢管敷设到设备外壳的进线口内,如有困难,可采用下述两种方法:

1) 在钢管出线口处加软塑料管引入设备,但钢管出线口与设备进线口距离应在 200mm以内。

2) 设备进线口和管子出线口用配套的金属软管和软管接头连接,软管应用管卡固定。

(7) 设备表面上的明配管或金属软管应随设备外形敷设,以求美观,如抱闸配管(图 3.7-67)。

(8) 井道内敷设电线管时,各层应装分支接线盒(箱),并根据需要加端子板。

(9) 管盒要用开孔器开孔,孔径不大于管外径 1mm。

(10) 机房配线槽除设计选定的厚线槽外,均应沿墙、梁或梯板下面敷设,线槽敷设应横平竖直。

(11) 梯井线槽到每层的分支导线较多时,应设分线盒并考虑加端子板。

(12) 由线槽引出分支线,如果距指示灯、按手盒较近,可用金属软管敷设;若距离超过 2m,应用钢管敷设。

(13) 线槽应有良好的接地保护,线槽接头应严密并作跨接地线(图 3.7-68)。

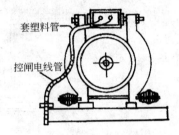
图 3.7-67 抱闸配管安装示意图

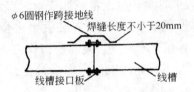
图 3.7-68 跨接地线安装图

(14) 切断线槽需用手锯操作(不能用气焊),拐弯处不允许锯直口,应沿穿线方向弯成 90°保护口,以防伤线(图 3.7-69)。

(15) 线槽采用射钉或膨胀螺栓固定。

(16) 线槽安装完后补刷沥青漆一道,以防锈蚀。

6. 挂随行电缆

(1) 随行电缆的长度应根据中线盒及轿厢底接线盒实际位置;加上两头电缆支架绑扎长度及接线余量确定。保证在轿厢蹲底或撞顶时不使随缆拉紧,在正常运行时不蹭轿厢和地需;蹲底时随缆距地面 100~200mm 为宜。

(2) 轿底电缆支架和井道电缆支架的水平距离不小于 8 芯电缆为 500mm,16~24 芯电缆为 800mm。

(3) 挂随缆前应将电缆自由悬垂,使其内应力消除。多根随缆不宜绑扎成排。

(4) 用塑料绝缘导线(BV1.5mm²)将随缆牢固地绑扎在随时缆支架上(图3.7-70)。

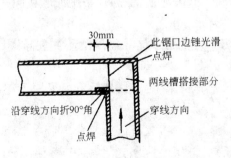
图 3.7-69 切线槽位置要求

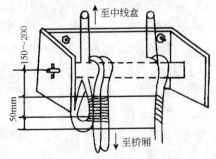
图 3.7-70 线缆支架详图

(5) 电缆入接线盒应留出适当余量,压接牢固,排列整齐。

(6) 当承缆距导轨支架过近时,为了防止承缆损坏,可自底坑沿导轨支架焊 φ6 圆钢至高于进道中部 1.5m 处,或设保护网。

7. 安装缓速开关、限位开关及其碰铁

(1) 碰铁应无扭曲、变形,安装后调整其垂直偏差不大于长度的 1/1000,最大偏差不大于 3m(碰铁的斜面除外)。

(2) 缓速开关、限位开关的位置按下述要求确定:

1) 一般交流低速成电梯(1m/s 及以下),开关的第一级做为强迫减速,将快速转换为慢速运行。第二级应做为限位用,当轿厢因故超过上下端站 50～100mm 时,即切断顺方向控制电路。

2) 端站强迫减速装置有一级或多级减速开头在,这些开关的动作时间略滞后于同级正常减速动作时间。当正常减速失效时,装置按照规定级别进行减速。

(3) 开关安装应牢固,安装后要进行调整,使其碰轮与磁铁可靠接触,开关触点可靠动作,碰轮略有压缩余量。碰轮距碰铁边不小于 5mm(图 3.7-71)。

(4) 开关碰轮的安装方向应符合要求,以防损坏(图 3.7-72)。

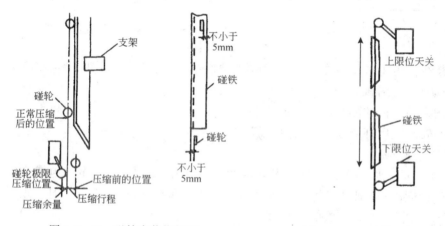

图 3.7-71 碰轮安装位置图　　图 3.7-72 开关碰轮的安装方向图

8. 安装感应开关和感应板:

(1) 无论装在轿厢上的平层感应开关及开门感应开关,还是装在轨道上的选层、截车感应开关(安种是没有选层器的电梯),其形式基本相同。安装应横平竖直,各侧面应在同一垂直面上,其垂直偏差不大于 1mm。

(2) 感应板安装应垂直,插入感应器时宜位于中间,若感应器灵敏度达不到要求时,可适当调整感应板,但与感应器内各侧间隙不小于 7mm(图 3.7-73)。

(3) 感应板应能上下、左右调节,调节后螺栓应可靠锁紧,电梯正常运行时不得与感应器产生摩擦,严禁碰撞。

9. 指示灯、按钮、操纵盘安装

(1) 指示灯盘、按钮盒、操纵盘箱安装应横平竖直,其误差应不大于 4/1000。指示灯盒中心与门中线偏差不大于 5mm(图 3.7-74)。

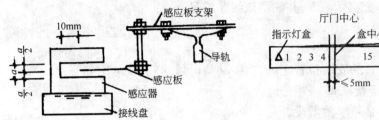

图 3.7-73 感应板安装位置图

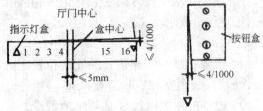

图 3.7-74 指示灯盒安装位置要求

(2) 指示灯、按钮、操纵盘的面板应盖平,遮光罩良好,不应有漏光和串光现象。

(3) 按钮及开关应灵活可靠,不应有阻塞现象。

10. 安装底坑检修盒

(1) 底坑检修盒的安装位置应选择在距线槽或接线盒较近、操作方便、不影响电梯运行的地方。图 3.7-75 为检修盒安装在靠线槽较近一侧的地坎下面。

(2) 底坑检修盒用膨胀螺栓固定在井壁上。检修盘、电线管、线槽之间都要跨越接地线。

11. 导线敷设及接、焊、包、压头

(1) 穿线前将钢管或线槽内清扫干净,不得有积水、污物。

(2) 根据管路的长度留出适当余量进行断线,穿线时不能出现损伤线皮,扭结等现象,并留出适当备用线(10~20 根备 1 根,20~50 根备 2 根,50~100 根备 3 根)。

(3) 导线要按布线图敷设,电梯的供电电源必须单独敷设。动力和控制线路宜分别敷设。微信号及电子线路应按产品要求单独敷设或采取抗干扰措施。若在同一线槽中敷设,其间要加隔板。

(4) 在线槽的内拐角处要垫橡胶板物质软物,以保护导线(图 3.7-76)。

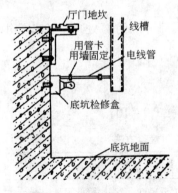

图 3.7-75 检修盒安装位置图

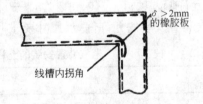

图 3.7-76 线槽内拐角处处理方法

(5) 截面 $6mm^2$ 以下铜线连接时,本身自缠不少于 5 圈,缠绕后涮锡。多股导线($10mm^2$ 及以上)与电气设备连接,使用连接卡或接线鼻子,使用连接卡时,多股铜线应有先涮锡。

(6) 接头先用橡胶布包严,再用黑胶布包好放在盒内。

(7) 设备及盘柜安装前应将导线沿接线端子方向整理成束,然后用小线或尼龙卡子绑扎,以便故障检查。

(8) 导线终端应设方向套或标记牌,并注明该线路编号。

(五) 质量要求

1. 保证项目

(1) 极限、限位、缓速装置的安装位置正确,功能必须可靠,开关安装牢固。

检验方法:观察和实际运行检查。

(2) 电梯的供电电源线必须单独敷设。

检验方法:观察检查。

(3) 电气设备和配线的绝缘电阻值必须大于 0.5MΩ。

检验方法:实测检查或检查安装记录。

(4) 保护接地(接零)系统必须良好,电气设备外皮有良好的保护接地(接零)。电线管、槽及箱、盒连接处的跨接地线必须紧密牢固、无遗漏。

检验方法:观察检查和检查安装记录。

(5) 电梯的随行电缆必须绑扎牢固、排列整齐,无扭曲,其敷设长度必须保证轿厢在极限位置时不受力、不拖地。

检验方法:观察检查。

2. 基本项目

(1) 机房内的配电、控制屏、柜、盘的安装应布局合理,横竖端正,整齐美观。

检验方法:观察检查。

(2) 配电盘、柜、箱、盒及设备配线应连接牢固,接触良好,包扎紧密,绝缘可靠,标志清楚,绑扎整齐美观。

检验方法:观察检查。

(3) 电线管、槽安装应牢固,无损伤,布局走向合理,出线口准确,槽盖齐全平整,与箱、盒及设备连接正确。

检验方法:观察检查。

(4) 电气装置的附属构架,电线管、槽等非带电金属部分的防腐处理应涂漆,均匀无遗漏。

检验方法:观察检查。

3. 允许偏差项目

电气装置安装的允许偏差、尺寸要求和检验方法见表 3.9-10。

电气装置安装的允许偏差、尺寸要求和检验方法 表 3.9-10

项次	项 目		允许偏差或尺寸要求	检验方法
1	机房内、柜、屏的垂直度		1.5/1000	吊线,尺量检查
2	电线管、槽的垂直度、水平误差	机房内	2/1000	吊线、尺量检查
		井道内	5/1000	
3	轿厢上配管的固定点间距(mm)		≤500	尺量检查
4	金属软管的固定点间距(mm)		≤1000	尺量检查

(六) 成品保护

1. 施工现场要有防范措施,以免设备被盗或被破坏。
2. 机房、脚手架上的杂物、尘土要随时清除,以免坠落井道砸伤设备或影响电气设备功能。

(七) 应注意的质量问题

1. 安装墙内、地面内的电线管、槽,安装后要经有关部门验收合格,且有验收签证后才能封入墙内或地面内。
2. 线槽不允许用气焊切割或开孔。
3. 对于易受外部信号干扰的电子线路,应有防干扰措施。
4. 电线管、槽及箱、盒连接处的跨接地线不可遗漏,若使用铜线跨接时,连接螺丝必须加弹簧垫。
5. 随行电缆敷设前必须悬挂松劲后,方可固定。

七、自动扶梯土建交接检验

(一) 工程概况(略)

(二) 工程质量目标和要求(略)

(三) 施工准备

1. 施工人员
2. 施工机具设备和测量仪器

主要机具包括:榔头、水平尺、钢板尺、钢卷尺、线坠、墨斗、红兰铅笔、透明水管等。

3. 材料要求

(1) 尼龙细线、$\phi 0.4 \sim \phi 1.0 mm$ 的钢丝。
(2) 扶梯支承预埋铁应为厚度≥20mm,宽度≥200mm,长度符合厂家设计要求。

4. 施工条件

(1) 扶梯井道施工已完毕。
(2) 汇同建设单位、监理单位、生产厂家进行开箱点件工作,检查随机文件是否齐全、机械部件、电气部件及备品备件是否完好,无缺损情况,并填写设备开箱检查记录表。

1) 产品合格证:原件每台一份,进口设备附中文译件。
2) 使用维护说明(含使用功能表及润滑汇总表)。
3) 装箱单及备品备件清单。
4) 土建布置图及电源布置图。
5) 电气接线图、电气原理图及符号代号说明。
6) 安装调试说明及部件安装图。
7) 如需要时,厂家还应提供以下文件:
① 计算资料及有关试验证明文件。
② 桁架的静应力分析资料或等效证明文件。
③ 梯级的型式报告复印件。
④ 公交型自动扶梯的扶手带断裂强度证书。
8) 扶梯现场周围必须设有良好的可搭拆的防护栏,其高度严禁小于1.2m。

(3) 扶梯井道周围应保持干净,基坑应保持干燥,无杂物。
(4) 建设单位或土建单位提供最终地面的标高及建筑物轴缕,并填写交接记录。
(5) 施工现场应有较强的照明。
(6) 实际测量检查提升高度、井道跨度、支承梁、底坑是否与图纸相符,并核算是否满足该扶梯安装要求。

(四) 施工工艺

1. 工艺流程

测量扶梯井道 → 确定基准线

2. 测量扶梯井道

扶梯井道所有必要的尺寸,扶梯间的相互位置,以及扶梯到墙面的位置都应参照布置图中的数据进行检查。

(1) 支承间的距离检验:

支承间的距离是指两支承间的水平距离。上支承的边线用铅锤投影到支承水平面上,然后用卷尺测量其水平距离。

(2) 净空水平尺寸的检验:

净空水平尺寸是指上支承与其相对应的本层楼面边缘间的水平距离。上支承的边线用铅锤投影到下支承面的水平面上,上支承相对楼层边线用铅锤投影到下支承面的水平面上,然后用卷尺测量其水平距离。

(3) 提升高度的检验:

提升高度是指下支承最终竣工楼面与上支承最终竣工楼面之间的垂直距离,测量现场业主提供的最终两楼层的标高之间的垂直距离来确定提升高度。

(4) 基坑深度与长度的检验:

1) 基坑深度的检验:

基坑深度是指下支承最终竣工地面与基坑底部之间的垂直距离,用卷尺现场测量业主提供的下支承最终楼面的标高与基坑之间的垂直距离来确定基坑深度。

2) 基坑长度的检验:

基坑长度是指下支承边线与基坑对面边线间的水平距离,用卷尺现场测量下支承边线的铅垂线到对面基坑边线铅垂线间的水平距离。

(5) 支承间的对角线检验:

支承间的对角线是指上下支承边线对角测量的数值,对角线检查可检查上下支承的平行度及井道偏扭,对角线相互差值应≤10mm。

(6) 扶梯中间支撑基础的检验:

用卷尺测量中间支撑与下支承的水平距离及基础的高度应符合土建布置图的要求。

3. 扶梯支承基础检验

(1) 扶梯支承基础预埋铁板的检验:

参照扶梯土建布置图上下支承预埋铁板的设计,向业主(土建部门)询问预埋铁埋设方法或一份埋设记录验证能否达到计要求并保存,并用卷尺测量预埋铁厚度及宽度、长度是否符合要求,如有不符,采取补救措施。

(2) 扶梯支承高度的检验:

支承高度是指支承最终竣工楼面与支撑预埋铁板之间的垂直距离,通过现场用卷尺测量支承处最终地面标高与支承预埋铁板之间的垂直距离,如有不符,采取补救措施,如调高(低)地面标高或加埋铁。

(3) 扶梯支承水平度的检验:用水平尺置于预埋铁板上测量,其不水平度应小于≤1/1000。

4. 扶梯桁架基准线

扶梯桁架安装位置中心线:

(1) 为使桁架就位准确,需参照土建布置图与井道实际情况,按业主(或土建部门)提供的轴线定位扶梯桁架安装中心线,使上部支承处尺寸 X 与下部支承处 Y 相等,并在上下支承处地面用墨斗弹线的方法作好标记。

(2) 如果有多台扶梯特别是在交叉布置或纵向垂直布置情况下,可以移动桁架安装中心线以便考虑墙面和外侧板之间的最终允差及上下各层扶梯外侧板之间垂直度的允差。

(五) 质量标准

1. 主控项目

(1) 扶梯支承基础预埋铁的受力必须符合图纸要求。

检查方法:检查土建设计图纸及支承预埋铁埋设记录。

(2) 净空水平距离的偏差应保证自动扶梯的梯级踏板上空与最近楼板最小垂直净空高度不应小于2.3m。

(3) 桁架两端支承角钢与支撑基础搭接长度应大于100mm,并应符合产品设计要求。

检查方法:吊线、尺量。

2. 一般项目

(1) 支承间距离偏差为 0~+15mm。

检查方法:吊线、尺量检查。

(2) 提升高度的尺寸偏差为 ±15mm。

检查方法:吊线、尺量检查。

(3) 基坑深度不得小于土建布置图规定的数值。

(4) 基坑长度不得小于土建布置图规定的数值。

(5) 支承间对角线相差不得超过10mm。

检查方法:吊线、尺量检查。

(6) 支承梁预埋铁应保持水平,其不水平度不大于1/1000。

检查方法:水平尺、尺量检查。

(7) 上、下支承梁与自动扶梯端部配合的侧面应垂直,不垂直度偏差应不大于5mm。

(8) 桁架安装位置中心线偏差应不大于1mm。

检查方法:吊线、尺量。

(六) 成品保护

1. 扶梯周围防护栏保持良好,以免非工作人员随意出入。

2. 扶梯桁架安装中心线定位后应加以覆盖保护。

3. 在测量定位时施工人员应正确有效地使用安全带,防止摔伤。

(七) 其他

1. 扶梯安装在最底层时,需设置混凝土基坑,基坑应有防水措施,不能渗水。

2. 基坑底部应为直角,若为圆角尺寸太大时,桁架安装时无法落底。

3. 扶梯吊点在土建勘察时也应特别检查其是否能够承受起吊时的受力。

4. 若多台扶梯垂直纵向或交叉布置时,为保证多台扶梯外沿垂直度其中心线可适当移动补偿,并注意照顾多数,但应保证桁架外必须搭设在预埋铁上。

交底的格式和内容:

技术交底记录 表C2-1		编号	
工程名称		交底日期	
施工单位		分项工程名称	
交底提要			

1 分项(子分项)工程概况
2 分项(子分项)工程质量目标和要求
3 施工准备 a) 施工人员
        b) 施工机具设备和测量仪器
        c) 材料要求
        d) 施工条件
4 施工工艺
5 质量标准
6 成品保护
7 其他

审核人		交底人		接受交底人	

1. 本表由施工单位填写,交底单位与接受交底单位各存一份。
2. 当做分项工程施工技术交底时,应填写"分项工程名称"栏,其他技术交底可不填写。